中文版 CorelDRAW X5 标准教程

超值版

超值DVD视频教学

杨 雁 郁 陶 李少勇 编著

中国铁道出版社
CHINA RAILWAY PUBLISHING HOUSE

内 容 简 介

本书从实用角度出发，详细介绍了CorelDRAW X5的各种常用命令和工具的功能与使用技巧。全书共分14章，分别介绍了：CorelDRAW X5操作基础，文件操作与绘图工具的使用，对象编辑，对象选取与组织，颜色填充与外框编辑，交互式工具的使用，图形、图像处理，文本处理等内容，最后通过抽奖券设计、手机的绘制、礼品盒的设计3个综合实例，深入讲解CorelDRAW X5在设计中的具体应用。

附赠光盘提供书中实例的源文件、素材文件、实例制作的语音视频教学文件，并赠送Photoshop基础和实例的语音视频教学文件。

本书适合CorelDRAW初、中级读者阅读学习，也可作为各类职业院校、大中专院校或电脑培训学校平面设计、广告设计等相关专业的教材。

图书在版编目（CIP）数据

中文版CorelDRAW X5标准教程 / 杨雁，郁陶，李少勇编著. -- 北京：中国铁道出版社，2012.5

ISBN 978-7-113-14189-9

Ⅰ. ①中… Ⅱ. ①杨… ②郁… ③李… Ⅲ. ①图形软件，CorelDRAW X5 —教材 Ⅳ. ①TP391.41

中国版本图书馆CIP数据核字（2012）第019042号

书　　名：**中文版CorelDRAW X5标准教程**
作　　者：杨　雁　郁　陶　李少勇　编著

责任编辑：于先军　　**读者热线电话**：010-63560056
特邀编辑：赵树刚
责任印制：赵星辰

出版发行：中国铁道出版社（北京市西城区右安门西街8号　　邮政编码：100054）
印　　刷：北京新魏印刷厂
版　　次：2012年5月第1版　　2012年5月第1次印刷
开　　本：787mm×1092mm　1/16　**印张**：25.25　**字数**：445千
书　　号：ISBN 978-7-113-14189-9
定　　价：49.80元（附赠1DVD）

前言

CorelDRAW 是一款图形绘制软件，它非凡的设计能力使其广泛地应用于商标设计、标志制作、模型绘制、插图描画、排版及分色输出等诸多领域，并在广告设计、制作等领域也有广泛的应用。本书实例来自于编者的设计和教学实践，有利于读者学习软件的实际应用知识。

本书内容

全书共分 14 章，其中前 11 章分别介绍了：CorelDRAW X5 操作基础，文件操作与绘图工具的使用，对象编辑，对象选取与组织，颜色填充与外框编辑，交互式工具的使用，图形、图像处理，文本处理等内容；第 12~14 章介绍 3 个大型项目练习案例，包括抽奖券设计、手机的绘制以及礼品盒的设计。

本书特色

本书面向 CorelDRAW 的初、中级用户，采用由浅入深、循序渐进的讲解方法，内容丰富，结构安排合理，实例来自工程实际。此外，本书提供了大量的习题，其类型有填空题、选择题和操作题，使读者在学习完一章内容后能够及时检查学习情况。

配书光盘

1. 书中实例的源文件和素材文件。
2. 书中实例制作的语音视频教学文件。
3. 赠送 Photoshop 基础和实例的语音视频教学文件。

读者对象

1. CorelDRAW X5 初学者。
2. 大中专院校和社会培训班平面设计及其相关专业的学员。
3. 平面设计从业人员。

编　者

2012 年 3 月

目录

第 1 章　CorelDRAW X5 操作基础

本章重点

- CorelDRAW X5 的启动与工作界面。
- 文件的操作及页面设置。
- 图形对象的导出与导入。
- 设置颜色及插入条形码。

CorelDRAW 是一个功能强大的矢量绘图工具，也是国内外最流行的平面设计软件之一。CorelDRAW 是集平面设计和电脑绘画功能为一体的专业设计软件，被广泛应用于平面设计、商标设计、标志制作、模型绘制、插图描画、排版及分色输出等诸多领域。其被喜爱的程度可用事实说明——用于商业设计和美术设计的 PC 几乎都安装了 CorelDRAW。

在开始讲解 CorelDRAW X5 的强大功能与用途之前，先对一些在该程序中要用到的基础知识、叙述约定及该程序的窗口和文件的操作等功能与知识进行操作、讲解，为后面更好地学习 CorelDRAW 打下坚实的基础。

1.1　启动 CorelDRAW X5

如果用户的计算机上已经安装好 CorelDRAW X5，即可启动程序。启动程序的方法如下：

01 在 Windows 系统的【开始】菜单中选择【程序】| CorelDRAW Graphics Suite X5 | CorelDRAW X5 命令，如图 1-1 所示。

02 选择该命令后即可出现如图 1-2 所示的启动界面。

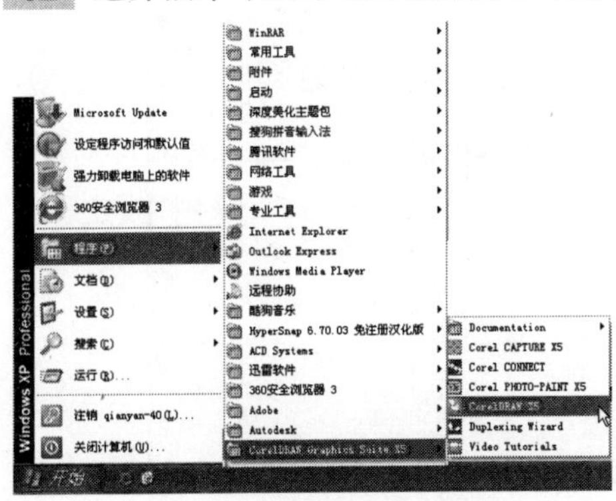

图 1-1　在程序菜单中启动

图 1-2　启动界面

03 在完成启动 CorelDRAW X5 后会出现如图 1-3 所示的欢迎屏幕窗口。

04 在欢迎屏幕窗口中单击【新建空白文档】图标，即可新建一个文件，从而正式进入 CorelDRAW X5 程序窗口，如图 1-4 所示。

这样，CorelDRAW X5 程序就启动完成了。

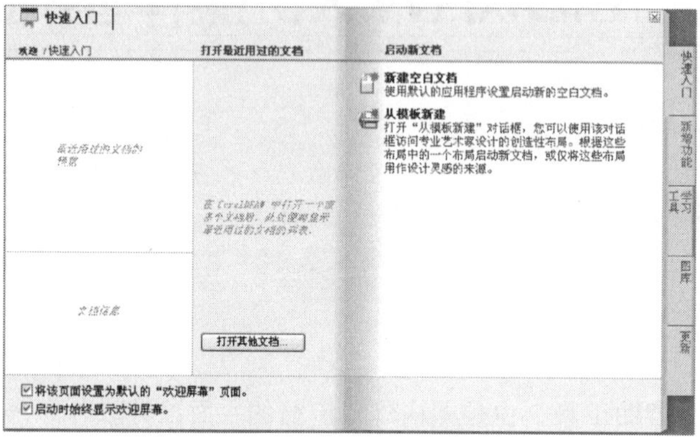

图 1-3 欢迎屏幕窗口

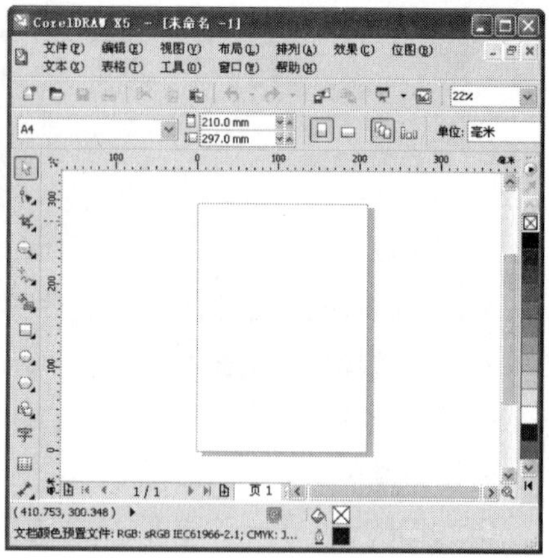

图 1-4 CorelDRAW X5 程序窗口

1.2 CorelDRAW X5 的工作界面

CorelDRAW X5 的工作界面主要由标题栏、菜单栏、工具栏、属性栏、标尺栏、工具箱、文档导航器、状态栏、绘图窗口（包括绘图页和草稿区）、泊坞窗、导航器和默认 CMYK 调色板等组成，如图 1-5 所示。

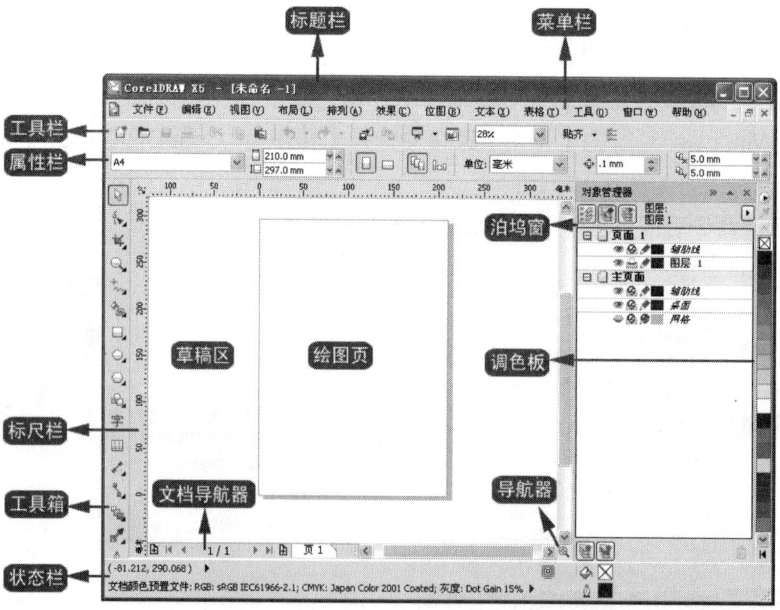

图 1-5 CorelDRAW X5 界面

窗口控制按钮由组成，它们的功能如下。

- 最小化按钮：在程序窗口中单击该按钮，可以将窗口缩小并存放到 Windows 的任务栏中，如果在任务栏中单击按钮，则会将程序窗口还原；在图形窗口中单击或按钮，可将窗口缩小，并存放到程序窗口的左下角。
- 或还原按钮：单击按钮，窗口缩小为一部分并显示在屏幕中间，当该按钮变成时成为最大化按钮，单击按钮，则窗口放大并且覆盖整个屏幕。
- 或关闭按钮：单击该按钮可以关闭窗口或对话框。

1.3　文件的操作

本节将介绍 CorelDRAW X5 程序文件的新建、打开、保存、关闭、退出等一些基本操作，同时对于用到的对话框以及按钮会进行说明。通过本节的学习可掌握管理对象文件的方法。

启动程序后可以在欢迎屏幕中直接单击相应的图标来进行新建、打开或查看相关的文件。用户完成一个作品的制作，需要对文件进行保存操作，以备将来使用。可以将其导出或者打印。

1.3.1　新建文件

在使用 CorelDRAW 进行绘图前，必须新建一个文件，用它来作为操作的平台，就好比画画前先准备一张白纸一样。新建会有不同的方法，在 CorelDRAW X5 中包括【新建空白文档】与【从模板新建】两项新建方式，下面分别对它们进行介绍。

提示：在第一次启动 CorelDRAW X5 程序时会显示欢迎屏幕窗口，如果用户此时取消勾选【启动时始终显示欢迎屏幕】复选框，则在下次启动 CorelDRAW X5 时不会显示欢迎屏幕窗口。

1．新建空白文档

新建一个空白文档的方法如下。

01　要新建空白文档时，除了可以在【欢迎屏幕】界面中单击【新建空白文档】按钮外，在一般情况下可以使用以下任意一种方法：

- 在菜单栏中选择【文件】|【新建】命令，单击【确定】按钮。
- 在工具栏中单击（新建）按钮，单击【确定】按钮。
- 按 Ctrl+N 组合键，执行【新建】命令，单击【确定】按钮。

只要选择上述任意一种方法即可在绘图区中新建一个纵向空白的绘图纸，如图 1-6 所示。

图 1-6　新建空白文档

提示：在工具栏中有一些常用的命令按钮，直接单击所需要的按钮就可以执行相应的命令。

02　此时在属性栏的【纸张类型／大小】下拉列表框中可以选择纸张的类型；通过【纸宽度和高度】微调框自定义纸张的大小，这里将纸张类型设置为“A4”，如图 1-7 所示。

图 1-7　属性栏

03 在默认状态下，新建文件后以纵向的页面方向摆放图纸，如果想变更页面的方向，可以通过单击属性栏中的（纵向）与（横向）两个按钮进行切换，现在我们单击（横向）按钮即可出现如图 1-8 所示的效果。

04 有时在绘图时需要对单位进行设置，在属性栏的【单位】下拉列表框中，用户可以自己更改绘图时使用的单位，其中包括英寸、毫米、picas，points、点、像素、英尺等，如图 1-9 所示。

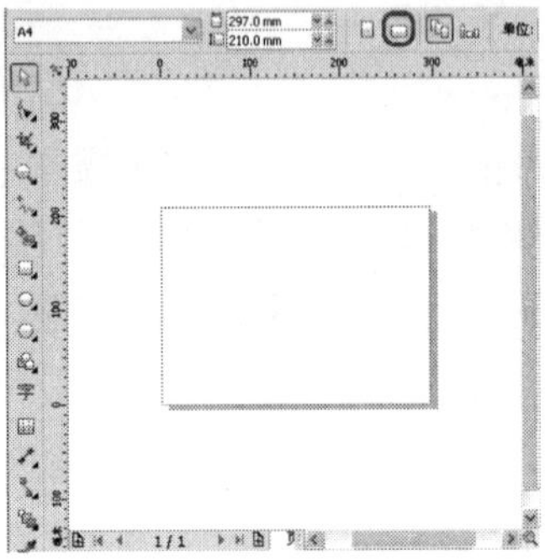

图 1-8　新建的横向文件

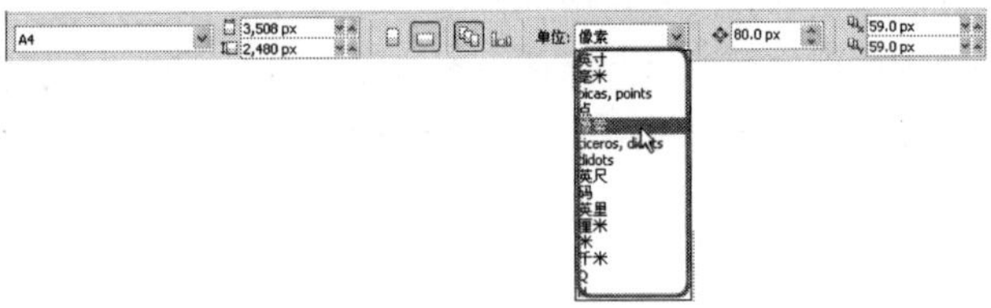

图 1-9　【单位】下拉列表框

2．从模板新建

CorelDRAW X5 提供了多种预设模板，这些模板已经添加了各种图形或者对象，可以将它们建立成一个新的图形文件，然后对文件进行更深一层的编辑处理，以便更快、更好地达到预期效果。

从模板新建文件的方法如下。

01 用户可以在【欢迎屏幕】界面中单击【从模板新建】图标，或者选择【文件】|【从模板新建】命令，弹出【从模板新建】对话框，如图 1-10 所示。

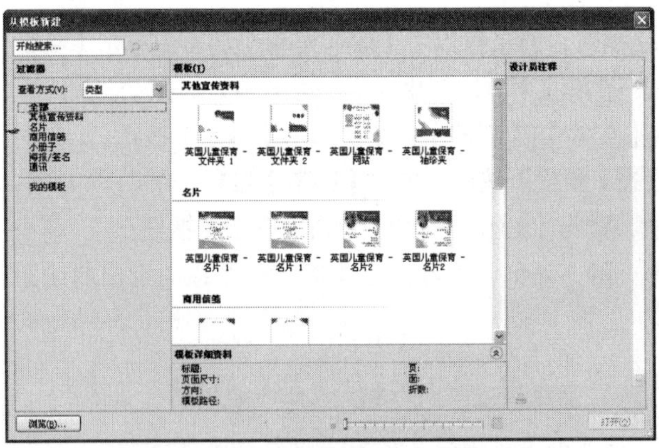

图 1-10　【从模板新建】对话框

02 【从模板新建】对话框中提供了多种类型的模板文件，通过它们可以选择不同类型的模板文件，这里选择的是“其他宣传资料”下的“英国儿童保育-袖珍夹”模板，单击【打开】按钮，如图 1-11 所示，即可新建一个由模板新建的文件，如图 1-12 所示。

03 这样用户就可以根据该模板进行编辑、输入相关文字或绘图了。

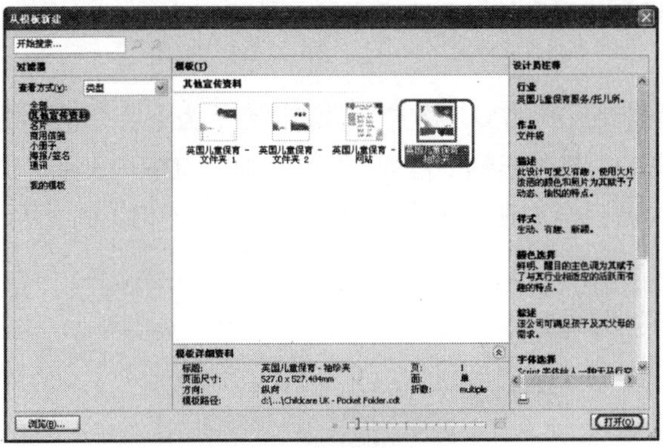

图 1-11　选择模板

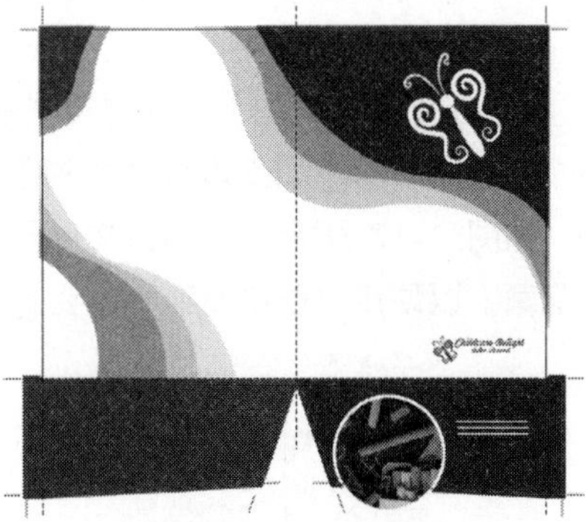

图 1-12　新建的模板效果

1.3.2　打开文件

如果我们需要编辑一些已存在的文件，或者一些图形素材，但它们又不在程序窗口中时，既可使用【打开】命令来打开电脑中已存在的图形文件，也可通过【欢迎屏幕】界面来完成。

打开已有文件的方法如下。

01 除了在【欢迎屏幕】界面中单击【打开其他文档】图标外，也可通过以下方法来打开如图 1-13 所示的【打开绘图】对话框。

- 在菜单栏中选择【文件】|【打开】命令。
- 在【标准】工具栏中单击（打开）按钮。
- 按 Ctrl+O 组合键，执行【打开】命令。

图 1-13 所示对话框右上方的图标的作用分别如下。

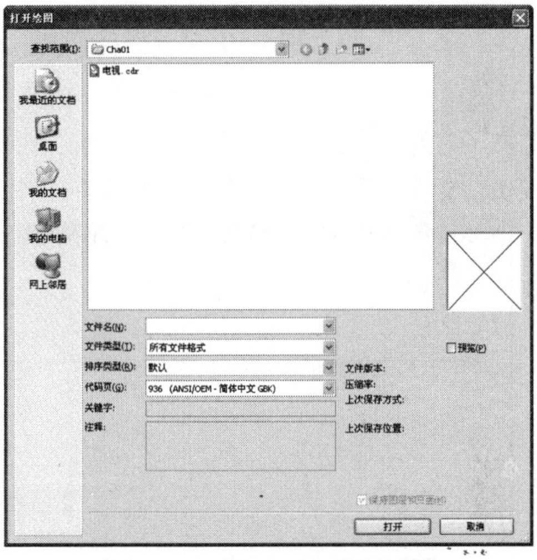

图 1-13　【打开绘图】对话框

- ：单击该按钮可以转到访问的上一个文件夹。
- ：单击该按钮可以指向上一级。
- ：单击该按钮可以创建一个新文件夹，可直接输入所需的名称，对新文件夹进行命名。
- ：单击该按钮即可出现如图 1-14 所示的下拉菜单，比如选择【图标】命令时，即可显示文件夹资料的名称，如图 1-15 所示。

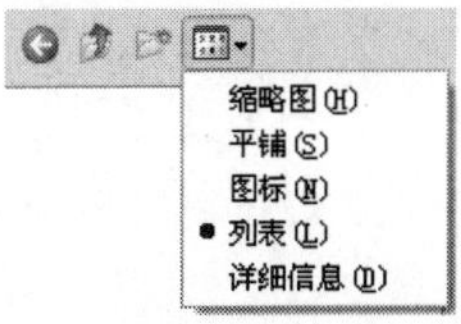

图 1-14　【查看】菜单

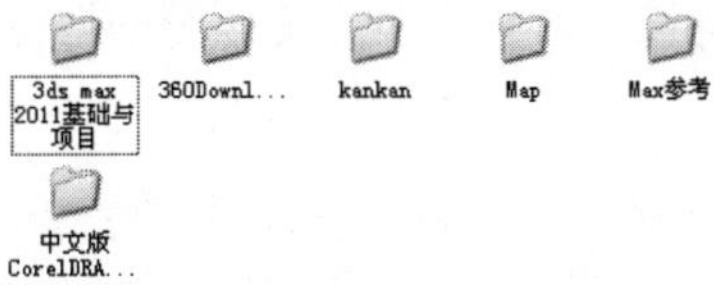

图 1-15　选择【图标】命令

02 在【查找范围】下拉列表框中找到我们所需要打开文件的所在位置，也可以在对话框左侧的【桌面】、【我的文档】、【我的电脑】、【网上邻居】等一列图标中快速选择图形文件所在之处，如图 1-16 所示。

03 在【文件类型】下拉列表框中选择需要打开的文件格式，默认状态下为【所有文件格式】选项，单击【文件类型】文本框后面的下三角按钮，在弹出的下拉列表框中选择【CDR-CorelDRAW】类型，如图 1-17 所示，这样在文件显示区中就只会出现所选格式的文件，其他不相关的文件即会自动隐藏，以便用户更快找到所需要的文件。

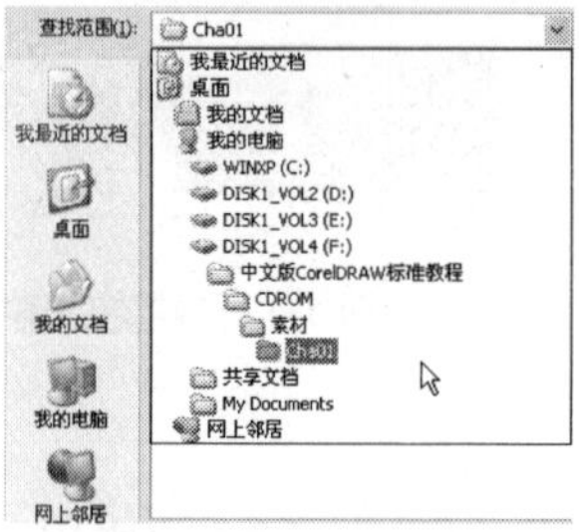

图 1-16 选择路径

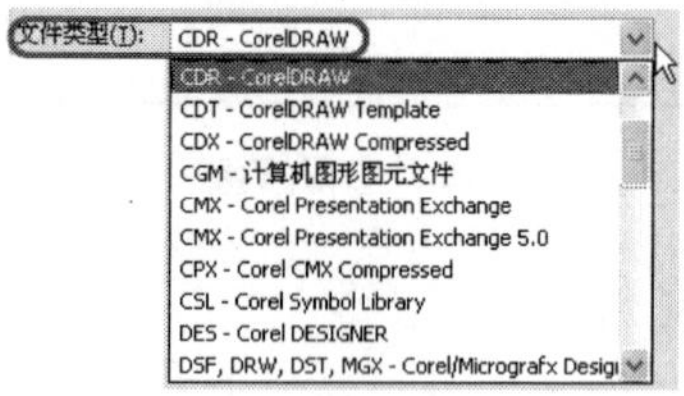

图 1-17 选择文件类型

04 在文件列表中选择需要打开的文件，如果我们在打开之前想要预览一下它的效果，可勾选右下方的【预览】复选框，即会出现文件缩图，如图 1-18 所示。单击【打开】按钮，或者直接双击该文件，用户所需要的文件就会在工作区中被打开，如图 1-19 所示。

图 1-18 勾选【预览】复选框

图 1-19 打开的文件

提示： 如果要同时打开多个连续的图形文件，可以选择第一个要打开的文件，然后在按住 Shift 键的同时选择需要打开的文件中的最后一个文件，再单击【打开】按钮。若目标文件比较分散时，可以在按住 Ctrl 键的同时选择所需文件。若不打开任何文件，则单击【取消】按钮即可。

1.3.3　保存文件

用户制作完成文件后，必须将其保存起来以便日后使用。在绘制图形的过程中，应当养成经常保存的好习惯，这样可以避免因电源故障或发生其他意外事件时出现数据丢失的问题。CorelDRAW X5 程序支持多种文件格式，用户可以根据自己的需要将文件以不同的格式进行保存。

1．保存文件

保存文件的步骤如下。

01 按 Ctrl+N 组合键新建一个文件，然后再使用 CorelDRAW X5 程序中的工具以及命令（具体操作步骤在以后的章节中会讲到），绘制出如图 1-20 所示的效果。

02 完成文件的绘制后，在菜单栏中选择【文件】|【保存】命令或者按 Ctrl+S 组合键，也可以在工具栏中单击（保存）按钮，都会弹出如图 1-21 所示的【保存绘图】对话框。

图 1-20　绘制完成的效果

图 1-21　【保存绘图】对话框

03 在【保存在】下拉列表框中选择要存放的路径。

04 在【文件名】文本框中输入文件的名称，接着在【保存类型】下拉列表框中选择保存类型。

05 在【排序类型】下拉列表框中选择【扩展名】，指定文件的保存位置下的文件排序类型，其中还包括【默认】、【描述】以及【向量】等选项。通过【关键字】与【注释】两个文本框还可以为文件添加简短的描述，以便于以后的再次查找。

06 单击（保存）按钮，即可将文件以设置后的属性保存于指定位置。

提示： 在【保存图形】对话框的右下方还提供了【高级】按钮，单击即可弹出【选项】对话框，并展示多项"保存"设置项目，如图 1-22 所示，有需要的话可以自行设置。

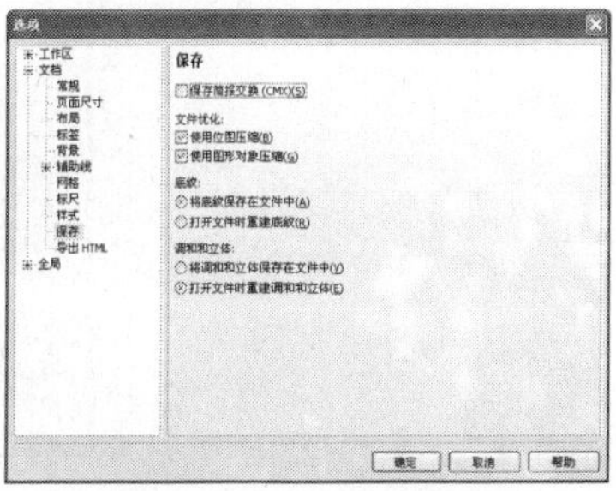

图 1-22　【选项】对话框

2．使用【另存为】命令

如果当前的图形已被保存过，那么再选择【文件】|【保存】命令时将不会弹出【保存图形】对话框，只会自动以增量的方式保存该图形的相关编辑处理，新的修改会添加到保存的文件中。

如果要将目前图形保存为一个新图形，而且不影响原图形时，可以选择【文件】|【另存为】命令，或者按下 Ctrl+Shift+S 组合键，再次打开【保存图形】对话框，用一个新名称、类型或者新路径来另存该文件。

提示：新建空白文件后并未进行任何编辑操作时，或者对图像进行保存后而又未再次编辑时，【保存】命令为灰色显示，表示该命令处于不可用状态，如图 1-23 所示。如果需要导入其他素材，可在【导入】对话框中进行选择，如图 1-24 所示。

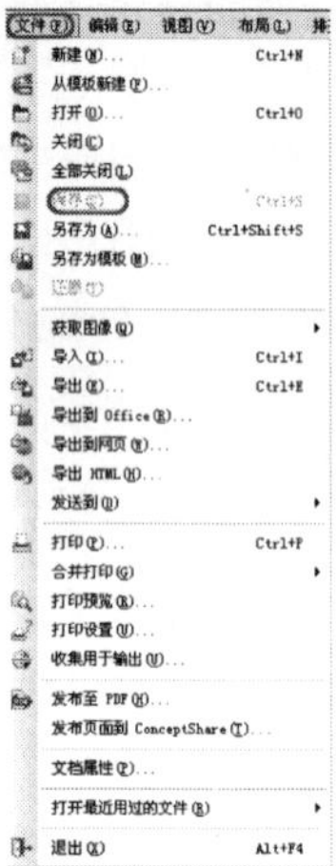

图 1-23 【保存】命令不可用状态

图 1-24 【导入】对话框

1.3.4 切换文件窗口

如果用户在程序窗口中打开了多个文件，就出现了文件窗口的切换问题。

一共有两种方式进行切换：一种方式是从【窗口】菜单中直接选择文件名称；另一种方式是在【窗口】菜单中选择【垂直平铺】或【水平平铺】命令，将所打开的多个文件平铺，然后直接在要作为当前编辑的绘图窗口中单击，即可使该文件成为当前可编辑的文件，如图 1-25 所示。

图 1-25 垂直平铺两个文件的效果

1.3.5　关闭文件

当用户编辑好一个文件后，需要将其关闭，有两种关闭文件的方法：

- 如果文件已经保存了，则只需在菜单栏中选择【文件】|【关闭】命令或在绘图窗口（在菜单栏的右边）的标题栏中单击（关闭）按钮，即可将文件关闭。
- 如果文件经过编辑后，但并未进行保存，在菜单栏中选择【文件】|【关闭】命令时，将会弹出如图 1-26 所示的警告对话框，如果需要保存编辑后的内容，单击【是】按钮；如果不需要保存编辑后的内容，单击【否】按钮；如果不想关闭文件，单击【取消】按钮。

图 1-26　警告对话框

1.4　页面的设置

页面设置是指设置页面打印区域（即绘图窗口中有阴影的矩形区域）的大小、方向、背景、版面等。之所以称为页面打印区域，是因为只有这部分区域的图形才会被打印输出。

绘图可从指定页面的大小、方向与布局样式设置开始。用户指定页面布局时选择的选项可以用做创建所有新绘图的默认值。

还可以调整页面的大小和方向设置，以便与用于打印的标准纸张设置匹配。有两种选择可以指定页面大小：选择预设页面大小并创建您自己的页面，可以从众多预设页面选项中进行选择，范围从法律公文纸与封套到海报与网页；如果预设页面大小达不到用户的要求，可以通过指定绘图尺寸来创建自定义的页面大小。可以将自定义页面尺寸保存为预设以供日后使用，还可以删除不再需要的任何自定义预设页面尺寸。

页面方向既可以是横向的，也可以是纵向的。在横向页面中，绘图的宽度大于高度；而在纵向页面中，绘图的高度大于宽度。添加到绘图项目中的任何页面都采用当前方向，但用户可以对绘图项目中的每个页面指定不同的方向。

准备好打印时，应用程序自动按打印和装订的要求排列页面。可以选择来自不同标签制造商超过 800 种预设的标签格式。用户可以预览标签的尺度并查看它们如何适合打印的页面。如果 CorelDRAW 未提供满足要求的标签样式，则可以修改现有的样式或者创建并保存自己原创的样式。

那么，如何对页面进行设置呢？

先按 Ctrl+N 组合键新建一个文件，再在菜单栏中选择【布局】|【页面设置】命令，弹出如图 1-27 所示的对话框，用户可以在【文档】项目中设置所需的页面尺寸、标签、背景与辅助线等。

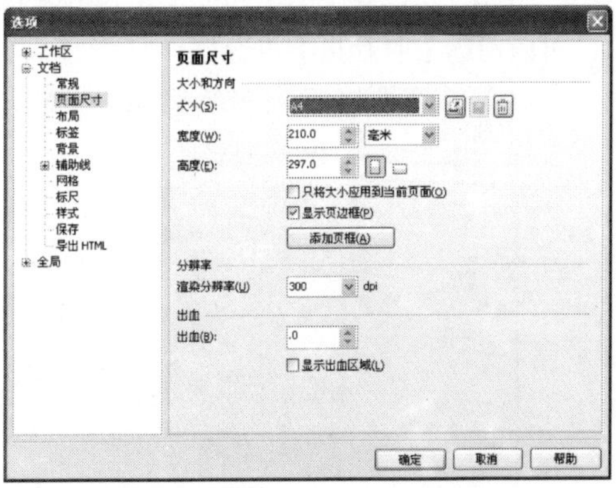

图 1-27　【选项】对话框

1.4.1　页面大小与方向设置

在【选项】对话框的左边栏中选择【页面尺寸】项目，这时，在右边栏中就会显示与它相关的设置，用户可以在【大小】下拉列表框中选择所需的预设页面大小，如图 1-28 所示；也可以在【宽度】与【高度】文本框中输入所需的数值，来自定义页面大小；如果只需调整当前页面大小，请勾选【只将大小应用到当前页面】复选框；如果需要从打印机设置，请单击【从打印机获取页面尺寸】按钮；如果需要添加页框，请单击【添加页框】按钮；如果要将页面设为横向，请单击【横向】按钮。

提示： 用户也可以在如图 1-29 所示的属性栏中设定页面的大小与方向。在 A4（页面大小）下拉列表框中选择所需的预设页面大小；在 210.0 mm 297.0 mm（页面度量）文本框中输入所需的纸张大小；单击（纵向）按钮，可以将页面设为纵向；单击（横向）按钮，可以将页面设为横向。

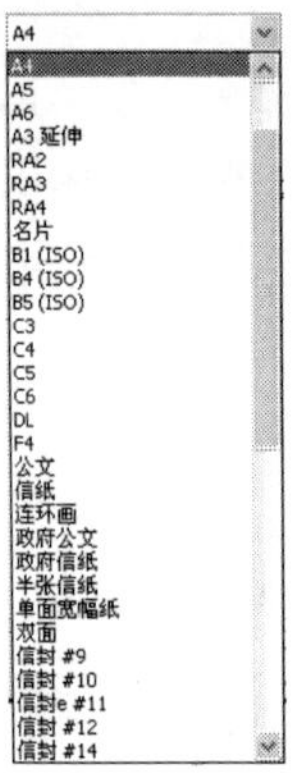

图 1-28 【大小】下拉列表框

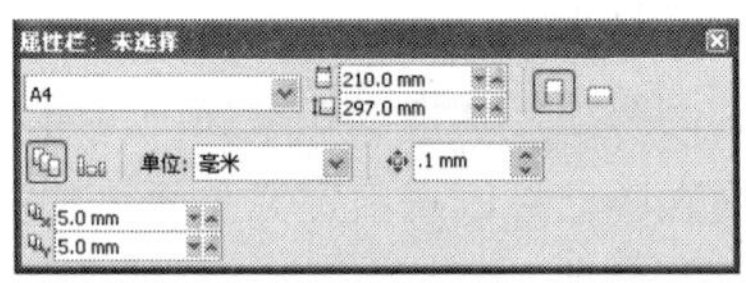

图 1-29 属性栏

1.4.2 页面版面设置

在【选项】对话框的左边栏中选择【布局】项目，就会在右边栏中显示它的相关设置，如图 1-30 所示。用户可以在其中的【布局】下拉列表框中选择所需的版式，如图 1-31 所示。如果需要对开页，可以勾选【对开页】复选框。

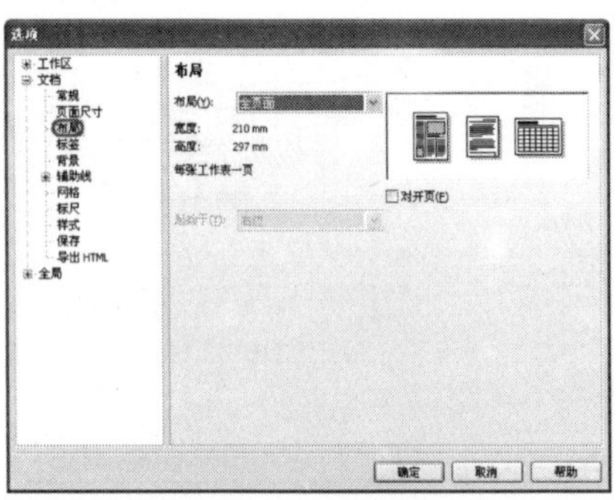

图 1-30 设置版面

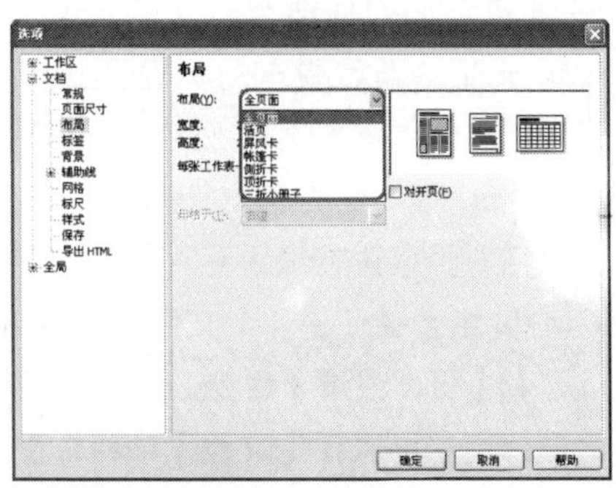

图 1-31 【布局】下拉列表

1.4.3 页面背景设置

在【选项】对话框的左边栏中选择【背景】项目，就会在右边栏中显示它的相关设置，如图 1-32

所示，用户可以在其中选择【纯色】或【位图】单选按钮来设置所需的背景颜色或图案，默认状态下为无背景。

如果选择【纯色】单选按钮，其后的按钮呈活动状态，这时可以打开调色板，用户可以在其中选择所需的背景颜色，如图 1-33 所示，选择好后在【选项】对话框中单击【确定】按钮，即可将页面背景设为如图 1-34 所示的颜色。

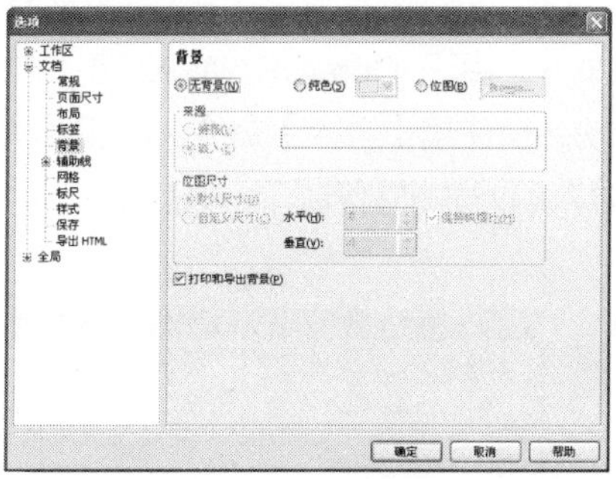

图 1-32 选择【背景】项目

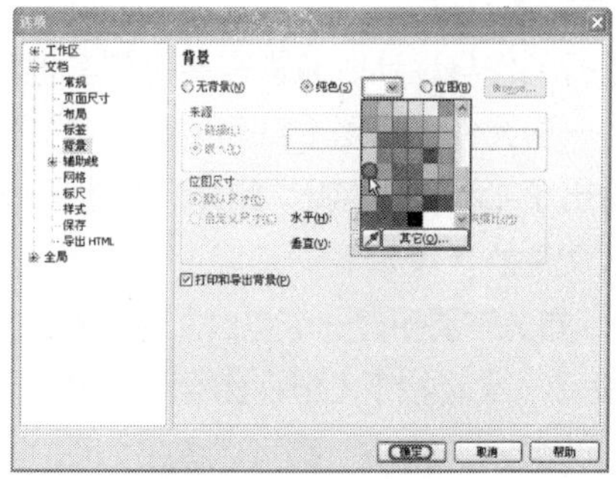

图 1-33 设置背景颜色

如果选择【位图】单选按钮，其后的【浏览】按钮呈活动状态，单击该按钮会弹出【导入】对话框，用户可在其中选择要作为背景的文件，如图 1-35 所示，选择好后单击【导入】按钮，【选项】对话框中的【来源】选项组呈激活状态，并且还显示了导入位图的路径，如图 1-36 所示。单击【确定】按钮，即可将选择的文件导入到新建文件中，并自动排列为文件的背景，如图 1-37 所示。

图 1-34 设置完页面背景颜色后的效果

图 1-35 选择要作为背景的文件

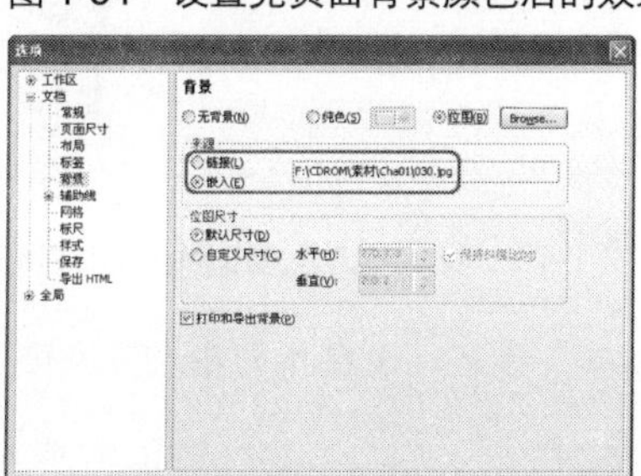

图 1-36 显示导入位图路径效果

图 1-37 设置完背景后的效果

1.5 图像的导入与导出

导出与导入对象都是应用程序间交换信息的途径。在导入或导出文件时，必须把该文件转换成其他程序所能支持的格式。

1.5.1 导入文件

在进行创作与设计时通常需要用到其他程序创建的文件，由于 CorelDRAW X5 是一款矢量绘图软件，一些文件无法用【打开】命令将其打开，此时就必须使用【导入】命令，将相关的位图打开或者输出于 CorelDRAW。此外，矢量图形亦可使用导入的方式来打开。

导入文件的步骤如下。

01 首先需要新建一个空白文件，再选择【文件】|【导入】命令，或者按下 Ctrl+I 组合键，又或者在工具栏中单击（导入）按钮，都可以弹出如图 1-38 所示的对话框。

图 1-38 【导入】对话框

02 在【导入】对话框中指定查找范围，找到文件所在位置，接着在【文件类型】下拉列表框中选择.JPG 格式。然后以缩略图的形式显示文件夹中的图像，选择要导入的文件，即可查看图像的代码页、图像大小、文件格式、注释等基本属性，最后单击【导入】按钮。

03 接下来出现如图 1-39 所示的文件大小等信息，此时将左上角的定点图标移至图纸的左上角，单击并按住鼠标左键不放，然后拖动至图纸的右下角，在合适位置上释放鼠标左键，确定导入图像的大小与位置，如图 1-40 所示。

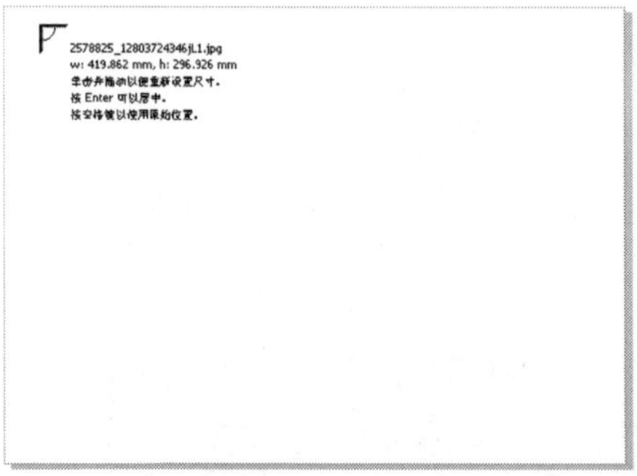

图 1-39 显示文件大小等信息

图 1-40 确定导入图像的大小和位置

提示： 如果用户需要将图片正好导入到绘图页的中心，那么，则在指定导入图像位置时，按 Enter 键就可以将其导入绘图页的中心了。

04 导入后的效果如图 1-41 所示，此时拖动图像周边的控制点亦可调整其大小。

在导入文件时，如果只需要导入图像中的某个区域或者要重新设置图像的大小、分辨率等属性，可以在【导入】对话框右下方的下拉列表框中选择【裁剪】或【重新取样】选项，如图 1-42 所示。

图 1-41 导入的图像

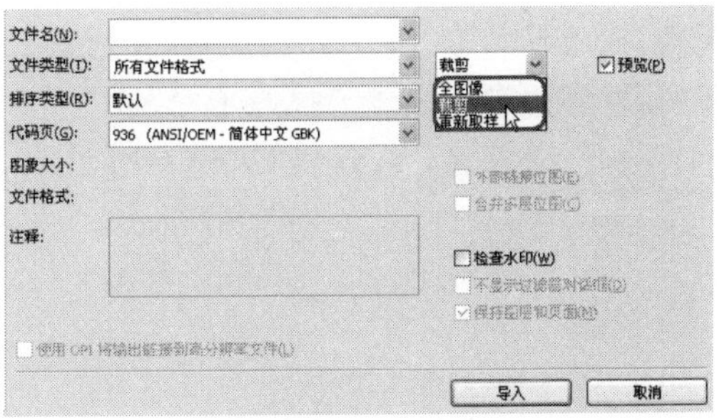

图 1-42 下拉列表框

1.5.2 导出文件

在 CorelDRAW 中完成文件的编辑后，即可根据实际需求使用其他外部软件对其进行更深一层的编辑处理。此时即可使用【导出】命令将它保存为一种指定的格式类型。CorelDRAW X5 支持多种导出格式，下面以 BMP 格式为例，介绍导出文件的操作。

导出文件的方法如下。

01 先在工作区中打开要导出的文件，选择【文件】|【导出】命令，也可以按下 Ctrl+E 组合键，或单击工具栏中的（导出）按钮，弹出如图 1-43 所示的【导出】对话框。

02 在【导出】对话框中的【保存在】下拉列表框中指定文件导出的位置，然后在【保存类型】下拉列表框中选择 BMP 位图格式，接着在【文件名】文本框中输入导出文件名，如图 1-44 所示。

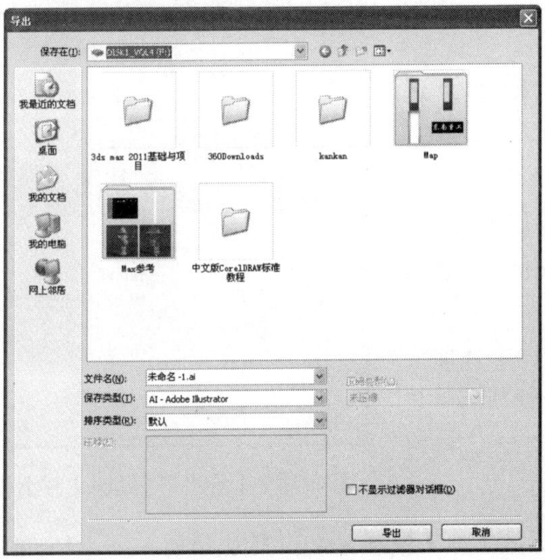

图 1-43 【导出】对话框

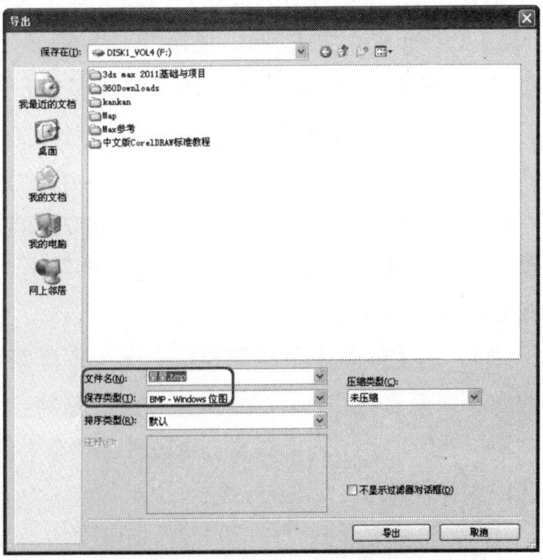

图 1-44 选择导出的类型

03 设置完成后单击【导出】按钮，将选择的文件导出，弹出【转换为位图】对话框，如图 1-45 所示。在该对话框中使用默认参数，单击【确定】按钮。

04 接着弹出【转换至调色板色】对话框，在该对话框中同样使用默认参数，单击【确定】按钮，如图 1-46 所示。

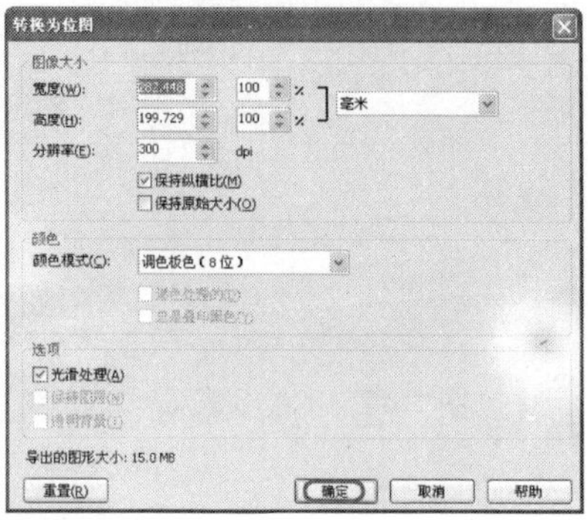

图 1-45 【转换为位图】对话框

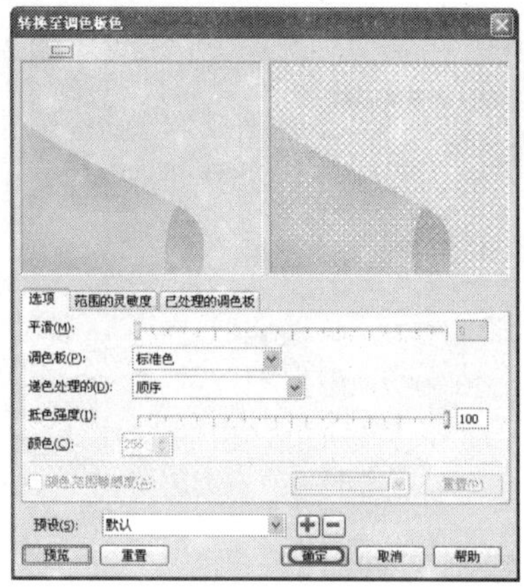

图 1-46 【转换至调色板色】对话框

1.5.3 导出到 Office

使用【导出到 Office】命令可以将矢量图导出为 Microsoft Office 与 Word Perfect Office 两种办公软件的格式。当导出为 Microsoft Office 时，可以将图形优化为【桌面打印】、【演示文稿】或者【商业印刷】的品质，图像品质较高。本小节以导出为兼容的.png 格式为例，介绍导出为 Microsoft Office 的方法。

将矢量图导出为 Microsoft Office 的步骤如下。

01 先打开要导出的文件，然后选择【文件】|【导出到 Office】命令，弹出如图 1-47 所示的对话框。

02 在【导出到】下拉列表框中选择 Microsoft Office 选项，若选择 WordPerfect Office 选项，即可将文件导出为.wpg 格式的专属文件，可以使用 Cord WordPerfect 程序打开。

03 在【图形最佳适合】下拉列表框中选择【兼容性】选项，若选择【编辑】选项，即可将文件导出为.emf 格式的 Windows 图元文件。

04 在【优化】下拉列表框中选择【桌面打印】选项，此时左下角显示的“估计文件大小”的容量将会比默认的“演示文稿”有所增大。若有需要，可以选择“商业印刷”，以得到更高的图像品质。

图 1-47 【导出到 Office】对话框

05 完成属性设置后，即可在预览区域中通过（放大按钮）、（缩小按钮）与（平移按钮）3 个按钮对图形进行缩放与移动操作，如图 1-48 所示，以查看其画质效果。

06 完成后，单击【确定】按钮，弹出【另存为】对话框，分别指定【保存在】、【文件名】与【保存类型】3 项属性，最后单击【保存】按钮，如图 1-49 所示，即可在指定位置保存一个格式为.png 的便携式网络图形文件。

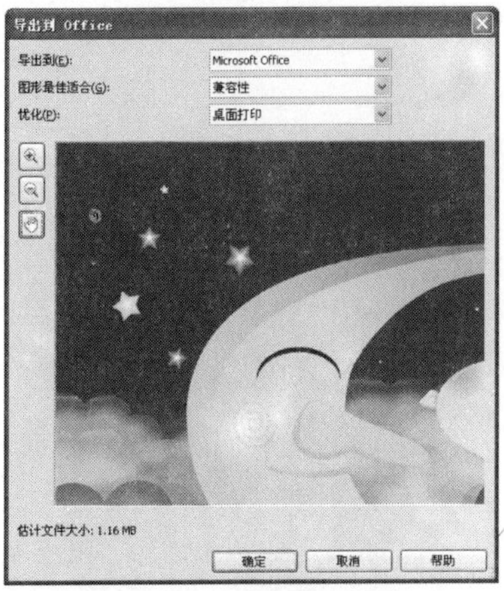

图 1-48　放大并平移窗口

图 1-49　【另存为】对话框

1.6　颜色的设置

CorelDRAW X5 允许用户使用各种各样符合行业标准的调色板、颜色混合器以及颜色模型来选择和创建颜色。可以创建并编辑自定义调色板，用于存储常用颜色以供将来使用。也可以通过改变色样大小、调色板中的行数和其他属性来自定义调色板在屏幕上的显示方式。

1.6.1　利用默认调色板填充对象

默认调色板包含了 CMYK 颜色模型中的 99 种颜色。给选择的对象填充颜色和轮廓颜色后，在状态栏中会显示它的色样。

默认情况 CMYK 调色板停放在程序窗口的最右边，用户也可根据自己的情况将其拖动到程序窗口中的任一位置，以便更快更直接地单击或右击所需的颜色。

1. 利用默认 CMYK 调色板给对象填充颜色

在工具箱中选择（标题形状）工具，用户可以根据自己的喜好，在属性栏中选择一种完美形状，如图 1-50 所示，移动指针到绘图窗口中适当位置按下鼠标左键向对角移动，到达所需大小后松开鼠标左键，即可绘制出一个形状，如图 1-51 所示；然后在默认 CMYK 调色板中单击红色，将形状填充为红色，如图 1-52 所示。

2. 利用默认 CMYK 调色板设置对象轮廓色

下面以刚绘制的标题形状为例，在默认 CMYK 调色板中右击蓝色色块，即可将轮廓色改为蓝色，如图 1-53 所示。

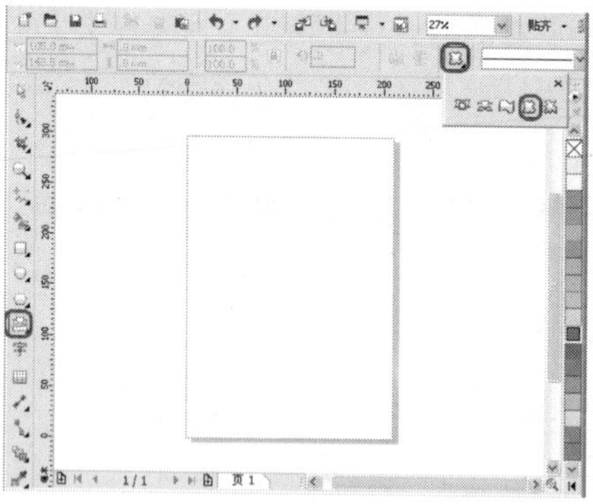

图 1-50　选择工具

图 1-51　绘制形状

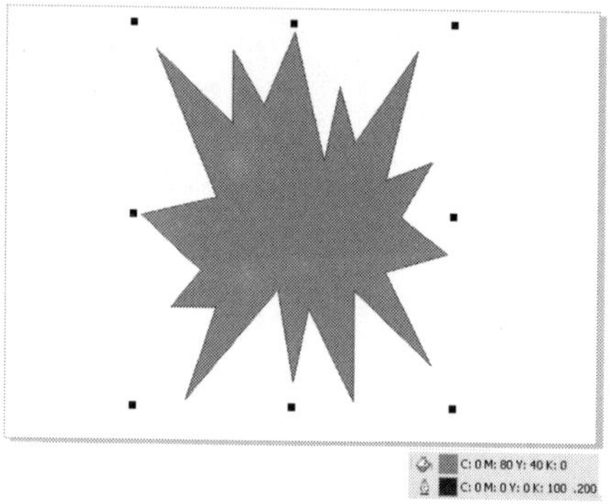

图 1-52　为图形填充颜色

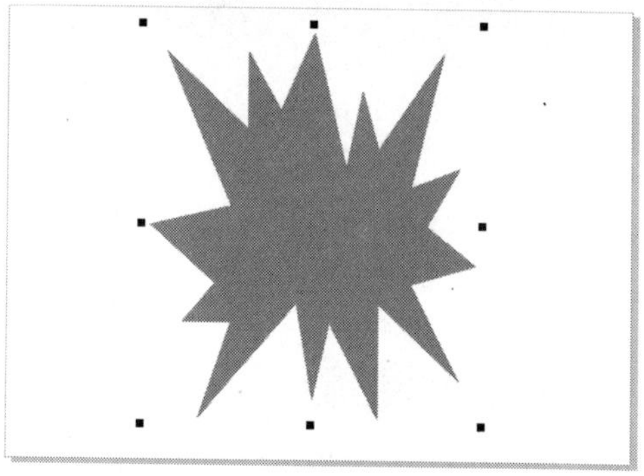

图 1-53　设置对象轮廓颜色效果

3. 设置新对象颜色

01 先在绘图窗口的空白处单击，取消对象的选择，在默认 CMYK 调色板中右击某一颜色（例如蓝色），便会弹出【轮廓颜色】对话框，并在其中根据需要选择所需的选项（例如图形），单击【确定】按钮，如图 1-54 所示。

02 在工具箱中选择 （复杂星形）工具，在属性栏中将复杂星形边数设置为 8，将复杂星形的锐度设置为 2，然后移动指针到绘图窗口中适当位置按下鼠标左键向右下方移动，得到所需的大小后松开鼠标左键，即可绘制出一个复杂星形，并且轮廓色为蓝色，如图 1-55 所示。

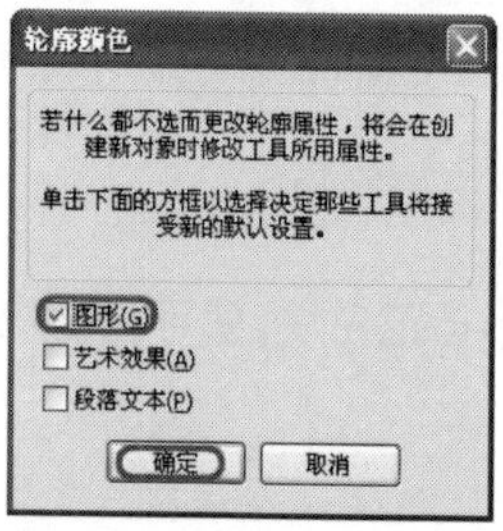

图 1-54　【轮廓颜色】对话框

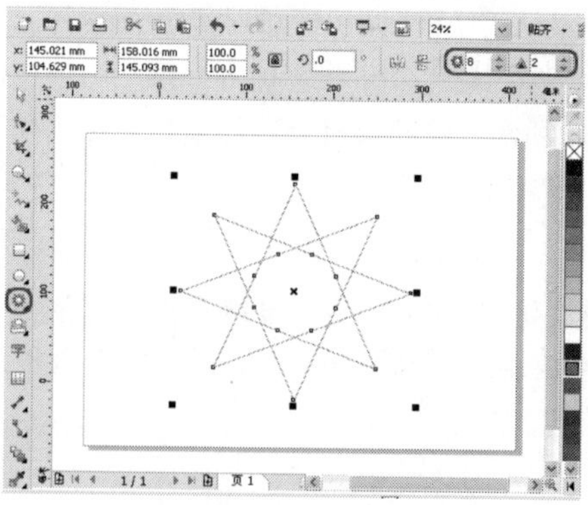

图 1-55　绘制复杂星形效果

▶**提示：**如果在绘图区中无对象或没有选择任何对象时在调色板中单击或右击，都可设置新对象的填充颜色或轮廓色。

1.6.2　利用【颜色】泊坞窗填充对象

除了使用调色板来设置对象的填充颜色与轮廓色外，还可以利用【颜色】泊坞窗来设置对象的填充颜色与轮廓色。

01 按 Ctrl+O 组合键打开随书附带光盘中的 CDROM|素材|Cha01|小牛.cdr 场景文件，如图 1-56 所示。

02 用【彩色】泊坞窗来填充对象。在菜单栏中选择【窗口】|【泊坞窗】|【彩色】命令，打开【颜色】泊坞窗，如图 1-57 所示。

图 1-56　打开的场景文件

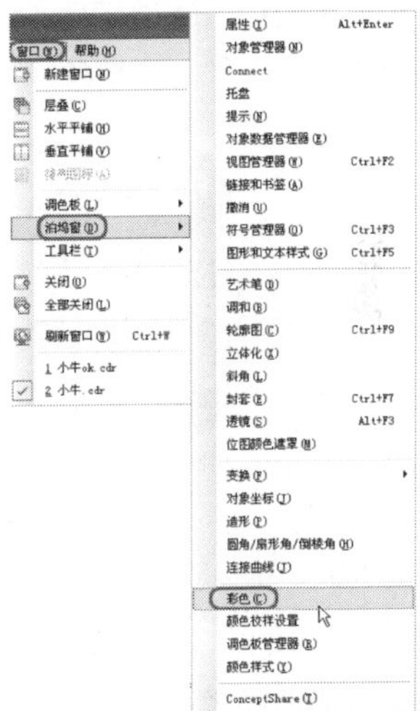

图 1-57　打开【颜色】泊坞窗

03 在工具箱中选择（选择）工具，在画面中单击如图 1-58 所示要填充颜色的对象。

04 在【颜色】泊坞窗中设定颜色为（C：80；M：26；Y：0；K：0），单击【填充】按钮，即可将选择的对象填充为该颜色，如图 1-59 所示。

图 1-58　选择要填充的对象

图 1-59　填充后的效果

05 在空白处单击，取消对象的选择，在画面中单击如图 1-60 所示要填充颜色的对象。

06 在【颜色】泊坞窗中设定颜色为（C：0；M：24；Y：38；K：0），单击【填充】按钮，即可将选择的对象填充为该颜色，填充后的效果如图 1-61 所示。

图 1-60　选择要填充的对象

图 1-61　填充后的效果

07 在空白处单击，取消对象的选择，再在画面中单击如图 1-62 所示要填充颜色的对象。

08 在【颜色】泊坞窗中设定颜色为（C：93；M：88；Y：89；K：80），单击【填充】按钮，即可将选择的对象填充为该颜色，填充后的效果如图 1-63 所示。

图 1-62　选择要填充的对象

图 1-63　填充后的效果

09 在空白处单击，取消对象的选择，再在画面中单击如图 1-64 所示要填充颜色的对象。

10 在【颜色】泊坞窗中设定颜色为（C：0；M：62；Y：100；K：0），单击【填充】按钮，即可将选择的对象填充为该颜色，填充后的效果如图 1-65 所示。

图 1-64　选择要填充的对象

图 1-65　填充后的效果

11 在空白处单击，取消对象的选择，在画面中单击如图 1-66 所示要填充颜色的对象。

12 在【颜色】泊坞窗中设定颜色为（C：3；M：75；Y：0；K：0），单击【填充】按钮，即可将选择的对象填充为该颜色，填充后的效果如图 1-67 所示。

图 1-66　选择要填充的对象

图 1-67　填充后的效果

1.6.3　自定义调色板

自定义调色板是用户所保存的颜色的集合，它们可以包含任何颜色模型中的颜色（包括专色）或调色板库中的调色板的颜色。用户可以创建一个自定义调色板来保存当前项目或将来项目需要使用的所有颜色。自定义调色板可从调色板管理器的【我的调色板】文件夹中访问。通过手动选择每种颜色或者使用所选对象或整个文档中的颜色可以创建自定义调色板。用户还可以编辑、重命名和删除自定义调色板。

自定义调色板会保存为.XML 文件，存储于 C:\Documents and Settings\your name\My Documents 文件夹中。

提示：默认状态下调色板直接保存在系统的默认位置，如果用户的操作系统是 Windows XP，则保存在安装系统所在的盘符（例如 C:\Documents and Settings\Administrator\Application Data\Corel\Graphics13\User Custom Data\Palettes）中，其中的 Administrator 是用户名称，它会根据安装计算机时命名的不同而不同。

下面来讲解如何自定义一个调色板。

01　在菜单栏中选择【窗口】|【调色板】|【调色板编辑器】命令，如图 1-68 所示，弹出【调色板编辑器】对话框，如图 1-69 所示。

图 1-68 打开【调色板编辑器】

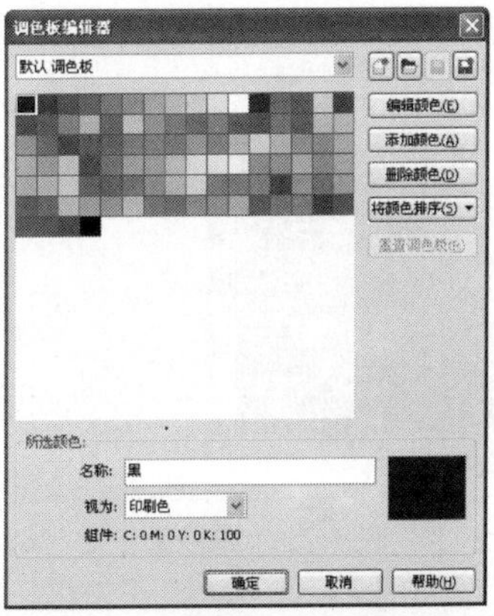

图 1-69　【调色板编辑器】对话框

提示：用户可以直接在【调色板编辑器】对话框为默认 CMYK 调色板中添加一些颜色，也可以直接在 Custom Spot Colors 调色板中添加颜色，还可以新建一个调色板来添加所需的颜色。

02 在【调色板编辑器】对话框中单击（新建调色板）按钮，弹出如图 1-70 所示的【新建调色板】对话框，用户可以直接在【文件名】文本框中输入所需的名称后单击【保存】按钮，将自定义调色板存放在默认位置中。

03 在【调色板编辑器】对话框中单击【添加颜色】按钮，弹出【选择颜色】对话框，如图 1-71 所示。

图 1-70 【新建调色板】对话框

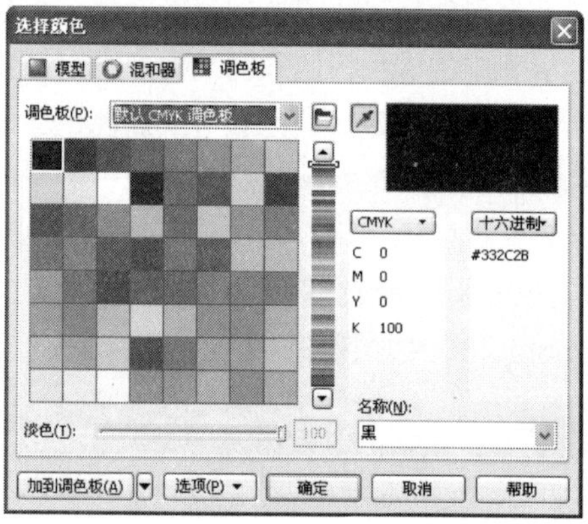

图 1-71 【选择颜色】对话框

04 在【选择颜色】对话框中，选择所需的颜色，并在所需的颜色上单击，如图 1-72 所示。

05 在【选择颜色】对话框中单击【加到调色板】按钮，然后单击【确定】按钮，即可向自定义调色板中添加一个色块，如图 1-73 所示。

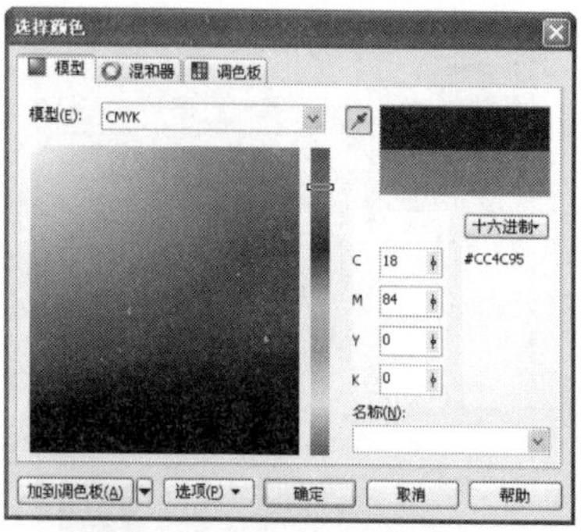

图 1-72 调整颜色

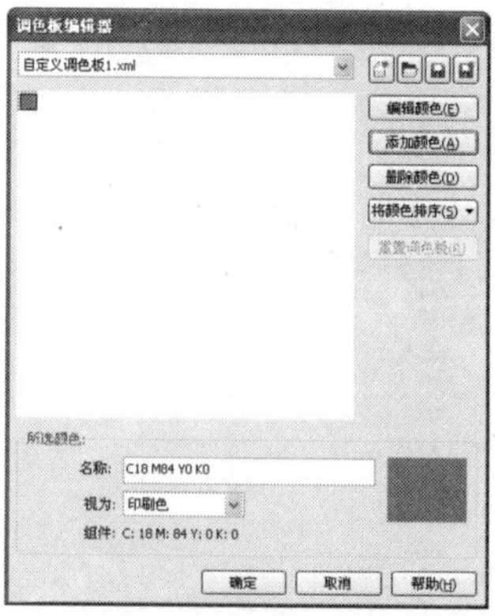

图 1-73 添加到调色板

提示：可一边移动光圈一边看右边的新建颜色区域，也可在【组件】栏的文本框中输入所需的颜色数值。

06 同样单击【添加颜色】按钮，在弹出的【选择颜色】对话框中移动光圈调整一种颜色，如图 1-74 所示。

07 在【选择颜色】对话框中单击【加到调色板】按钮，然后单击【确定】按钮，即可向自定义调色板中添加一个色块，如图 1-75 所示。

图 1-74　调整颜色

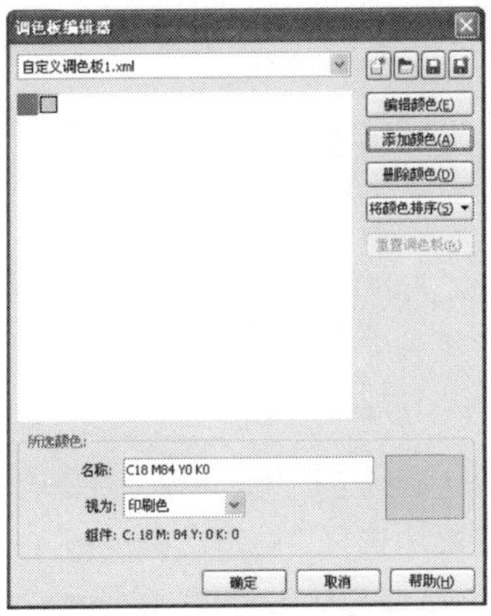

图 1-75　添加到调色板

08 这样重复在【选择颜色】对话框的色区中移动光圈并单击【加到调色板】按钮，即可在【调色板编辑器】对话框中添加多个颜色，添加好所需的颜色后单击【确定】按钮，如图 1-76 所示。

09 返回到【调色板编辑器】对话框中，单击（保存调色板）按钮，如图 1-77 所示，再单击【确定】按钮完成调色板编辑。

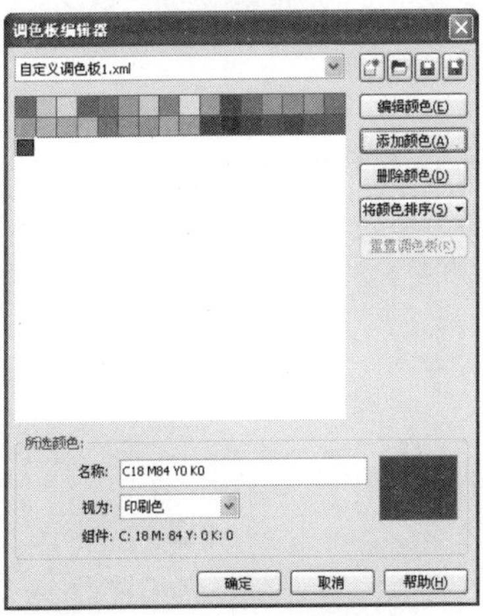

图 1-76　添加多个颜色到调色板

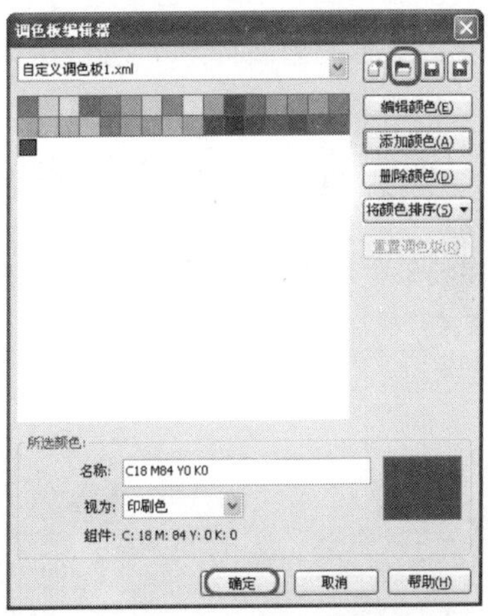

图 1-77　保存调色板

提示： 用户也可以在【模型】下拉列表框中选择所需的颜色模型（例如 RGB、灰度等），然后再设置所需的颜色。

10 如果要打开自定义的调色板，在菜单中选择【窗口】|【调色板】|【打开调色板】命令即可，如图 1-78 所示。

11 弹出【打开调色板】对话框，并在其左边目录栏中选择文件所在的位置，如图 1-79 所示。

图 1-78 选择【打开调色板】命令

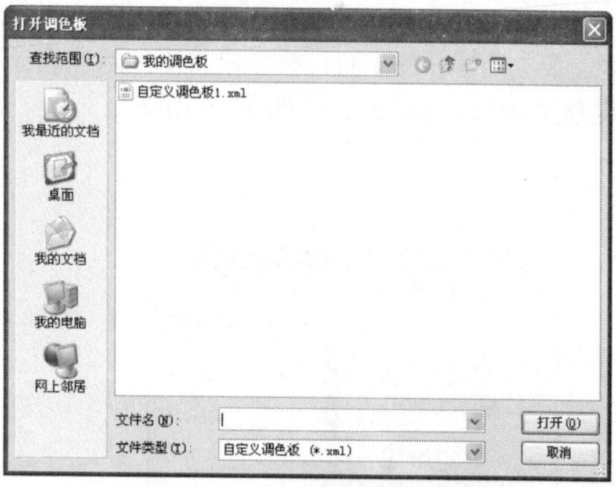

图 1-79 【打开调色板】对话框

12 在其中选择“自定义调色板 1. xml”，单击【打开】按钮，即可将自定调色板打开到程序窗口中，并自动排放到程序窗口的右侧，如图 1-80 所示。

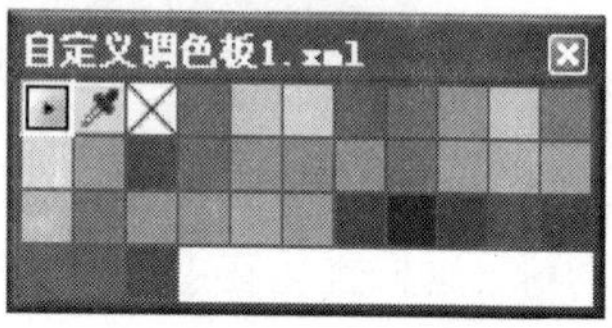

图 1-80 【自定义调色板 1】对话框

1.7 插入条形码

条形码技术是一种使用户可以收集数据的识别方法。CorelDRAW 的条形码向导可以生成各个行业标准格式的条形码。用户可以更改行业标准属性，设置条形码的高级选项，以及更改文本和条形码选项。更改条形码选项将会改变符号的整体外观。

插入条形码的方法如下。

01 按 Ctrl+O 组合键打开随书附带光盘中的 CDROM|素材|Cha01|茶道.cdr 场景文件，如图 1-81 所示。

02 在菜单栏中选择【编辑】|【插入条码】命令，如图 1-82 所示，弹出【条码向导】对话框，如图 1-83 所示。

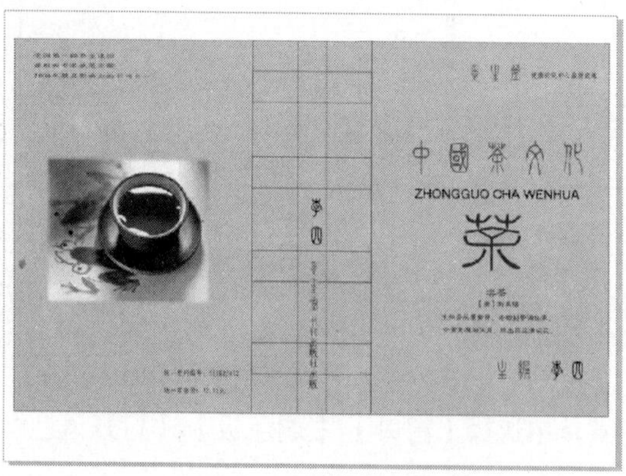

图 1-81 打开的素材图形

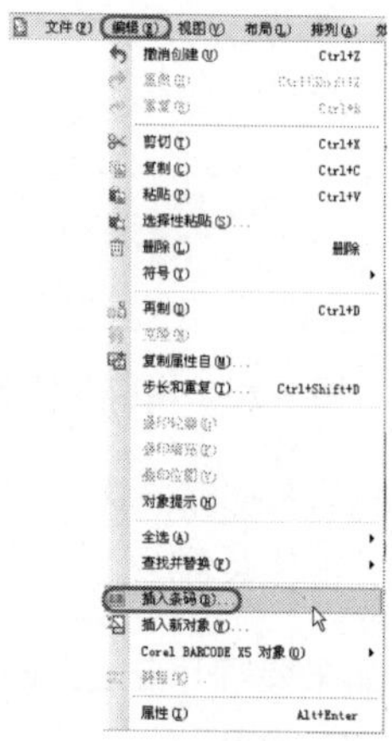

图 1-82 选择条形码命令

03 在【条码向导】对话框中，输入 9785302258925，如图 1-84 所示。

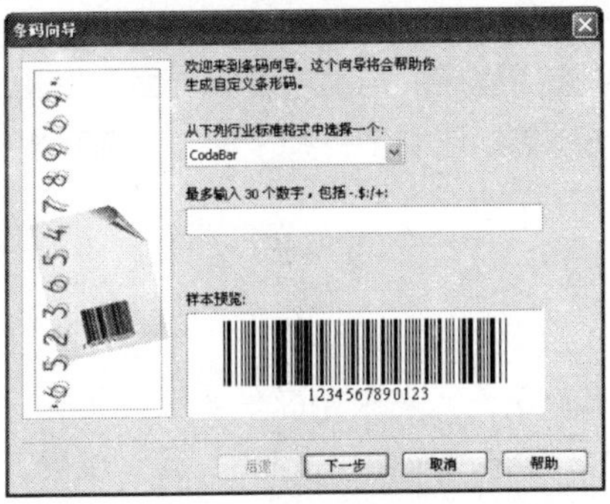

图 1-83　【条码向导】对话框

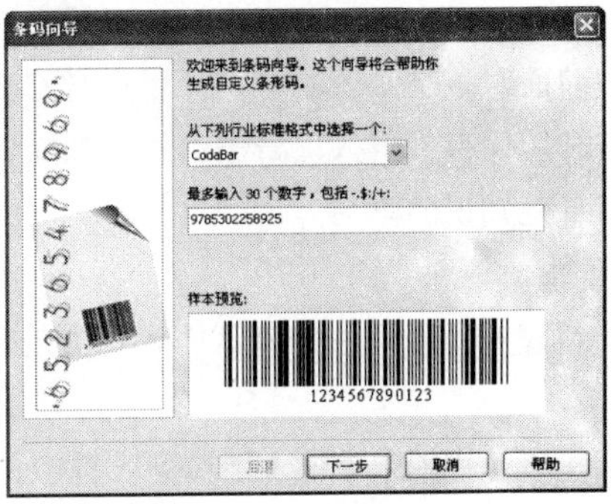

图 1-84　输入数字

04 单击【下一步】按钮，在弹出的对话框中将【缩放比例】设置为 90%，如图 1-85 所示。

05 再单击【下一步】按钮，在弹出的对话框中选择所需的字体、大小与对齐方式，也可以选择文字置于顶部、显示起始/结束字母，如图 1-86 所示。

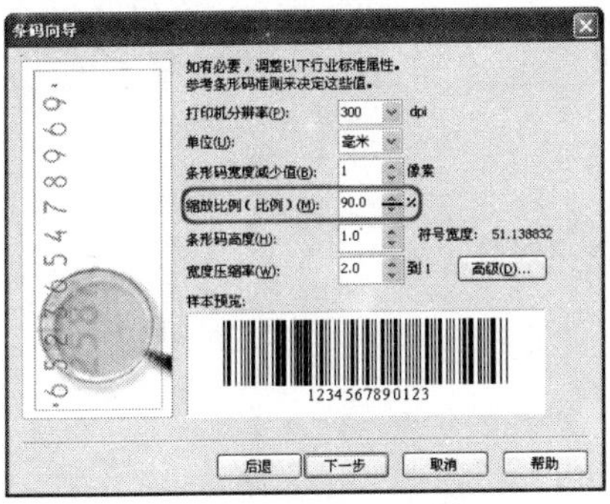

图 1-85　调整商业标准属性

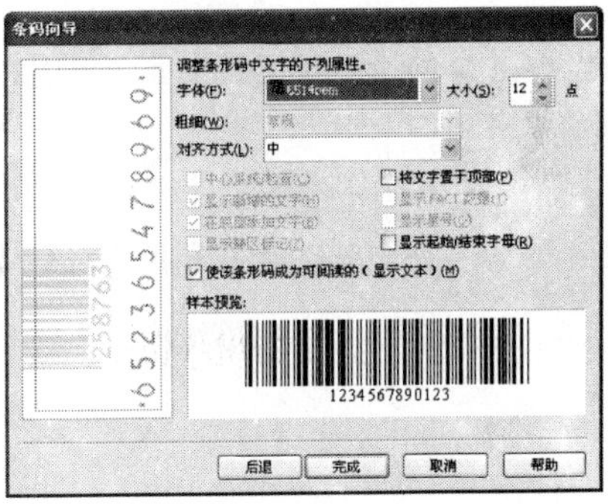

图 1-86　调整条形码中文字的属性

06 在【条码向导】对话框中单击【完成】按钮，即可将条码插入到页面的中心，如图 1-87 所示。

07 接着移动鼠标指针到中心控制柄上，按住鼠标左键向左下方拖到合适位置，其移动后的效果如图 1-88 所示。

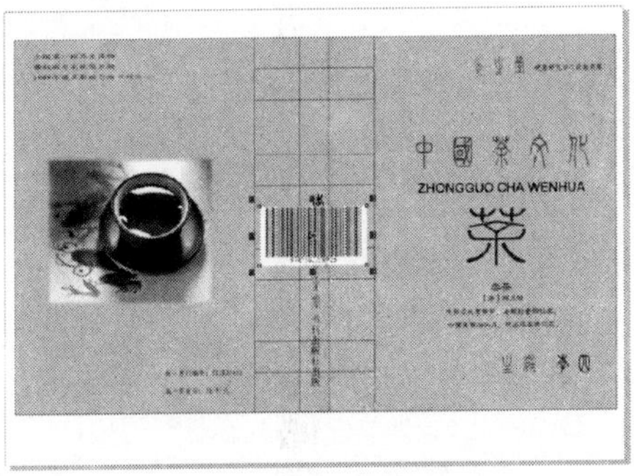

图 1-87　设置后的效果

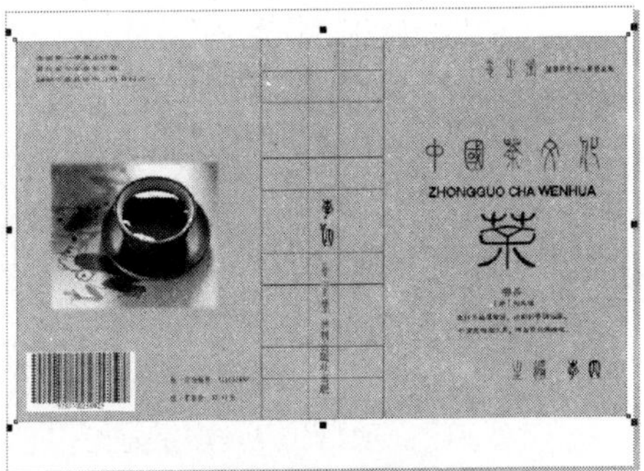

图 1-88　调整位置后的效果

本 章 习 题

通过前面对基础知识的学习，用户对 CorelDRAW 应用程序的启动与窗口界面，以及对文件的新建、打开、保存、导入、导出、关闭与文件窗口的切换等功能有了一些了解，下面再来通过习题巩固前面基础知识的学习。

1．选择题

（1）新建空白文档一共有（　　）种方法。

A．1　　B．2　　C．3　　D.4

（2）在属性栏的【单位】下拉列表框中，除了英寸、毫米、picas，points、点、像素、ciceros，didots、didots、英尺、码、英里、厘米、米、千米、Q 以外，还有（　　）单位。

A．N　　B．H　　C．R　　D．K

2．填空题

（1）CorelDRAW X5 的工作界面主要由________、________、________、________、________、________、________、________、________、________、________和________等组成。

（2）当导出为 Microsoft Office 时，可以将图形优化________、________为或者________的品质，图像品质较高。

3．上机操作

选择一幅没有颜色的图片并利用【颜色】泊坞窗填充对象。

第 2 章　绘图工具的使用

本章重点

- 使用手绘工具绘图。
- 使用贝塞尔工具绘图。
- 艺术笔工具的应用。
- 钢笔工具的应用。
- 矩形工具、椭圆工具的使用。
- 多边形、星形工具的使用。
- 基本形状的介绍。

CorelDRAW 程序中的绘图工具是绘制图形的基本工具，只有掌握了绘图工具的使用方法与应用，才能使我们在绘图的过程中运用自如，从而绘制出各种各样的图形，并且能随意地修改已经绘制好的图形。

2.1　手绘工具

利用手绘工具可以绘制出各种图形、线条、箭头，它就像我们日常生活中使用铅笔绘制图样，如果绘制手绘曲线时出了错，可以立即擦除不需要的部分并继续绘图。绘制直线或线段时，可以将它们限制为垂直直线或水平直线。手绘工具允许控制正在绘制的曲线的平滑度以及在现有线条中添加线段。用户还可以通过预先设定轮廓的样式与宽度来绘制所需的图形与线条。

2.1.1　使用手绘工具绘制曲线

下面介绍使用手绘工具绘制曲线，操作步骤如下。

01 新建一个空白文档，在工具箱中选择（手绘）工具，如图 2-1 所示。

02 移动指针到画面中，按下鼠标左键向所需的方向拖移，得到所需的长度与形状后松开鼠标左键，即可绘制出一条曲线（同时它还处于选择状态，这样以便于用户对其进行修改），如图 2-2 所示。

图 2-1　选择手绘工具

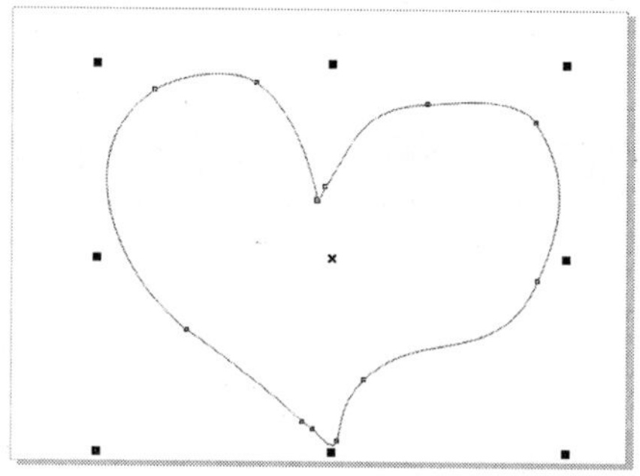

图 2-2　绘制图形

2.1.2　使用手绘工具绘制直线与箭头

下面介绍使用手绘工具绘制直线，其操作步骤如下。

01　选择工具箱中的（手绘）工具。

02　移动指针到画面中，在适当位置单击，确定起点，再移动指针到直线的终点处单击，即可完成直线的绘制，如图 2-3 所示。

提示： 使用手绘工具绘制直线的过程中，如果配合键盘上的 Ctrl 键进行绘制，即可将用手绘工具创建的线条限制为预定义的角度，称为限制角度。绘制垂直直线和水平直线时，此功能非常有用。配合 Ctrl 键绘制的直线效果如图 2-4 所示。

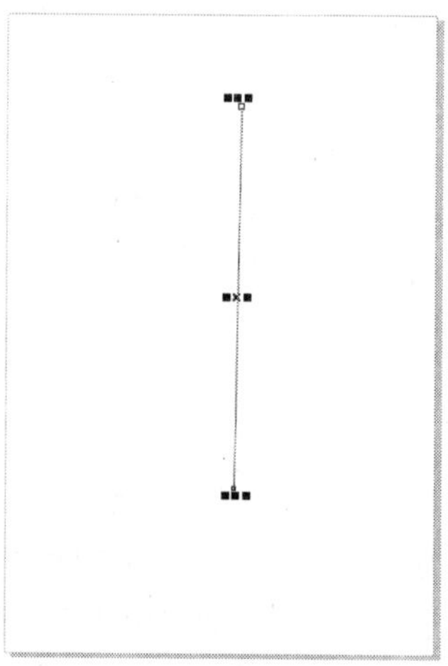

图 2-3　绘制直线

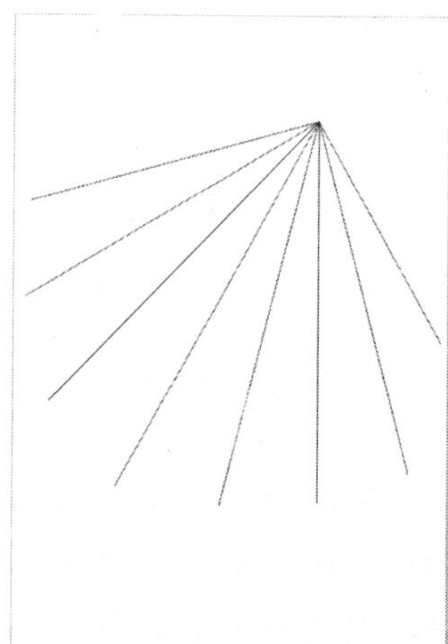

图 2-4　配合 Ctrl 键绘制的直线

下面介绍使用手绘工具绘制箭头，其操作步骤如下。

01　在工具箱中选择（手绘）工具，然后在属性栏的【起始箭头】选择器中选择所需的箭头，如图 2-5 所示。

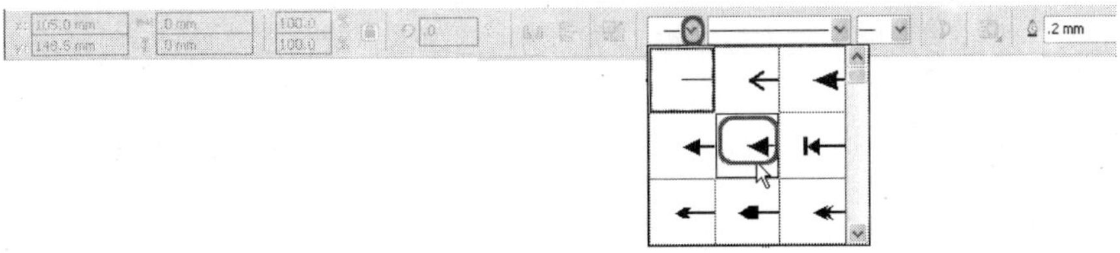

图 2-5　选择箭头

02 选择好箭头后弹出【轮廓笔】对话框，如图 2-6 所示，直接单击【确定】按钮，即可将要绘制的新直线或曲线都改为直线箭头或曲线箭头。

03 移动指针到绘图页中，然后在适当位置处单击，确定起点，再移动指针到终点处单击，完成直线箭头的绘制，如图 2-7 所示。

提示： 如果要将选择的直线或曲线改为箭头，在选择对象以后直接在属性栏的起始或终止箭头选择器中选择所需的箭头类型，即可将直线或曲线改为箭头。

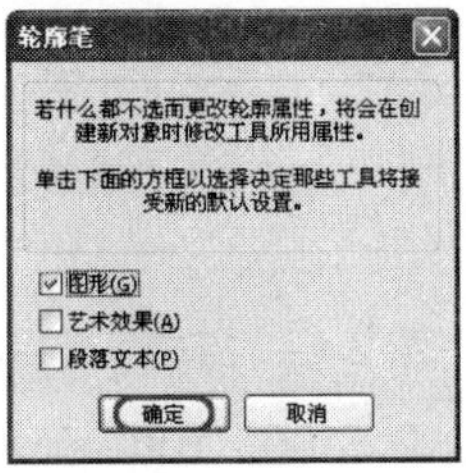

图 2-6　【轮廓笔】对话框

图 2-7　绘制箭头效果

2.1.3　修改对象属性

当用手绘工具绘制好对象后，它的属性栏就会自动显示与所绘制图形相关的选项，如图 2-8 所示，这样便于用户随时更改对象的属性，例如大小、位置、旋转角度、轮廓宽度等。

图 2-8　属性栏

下面介绍一下怎样更改对象属性。

01 以前面绘制的箭头为例，在属性栏中设定【轮廓宽度】为 2.0mm，如图 2-9 所示，即可将箭头的轮廓宽度加宽，如图 2-10 所示。

图 2-9　设定【轮廓宽度】

02 如果在【旋转角度】文本框中输入 60 后按回车键，可将箭头旋转 60°，效果如图 2-11 所示。

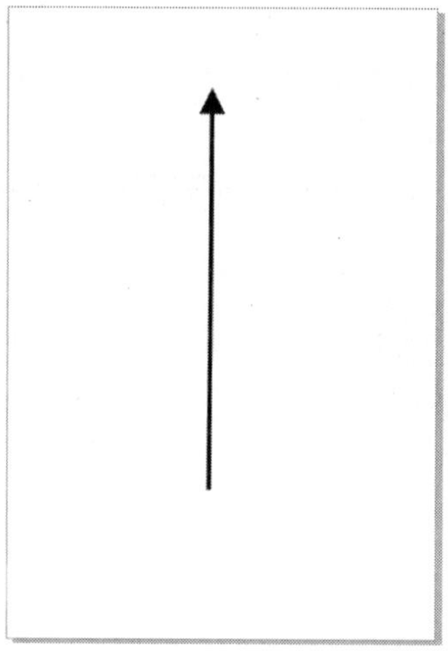

图 2-10 设置轮廓宽度后的效果

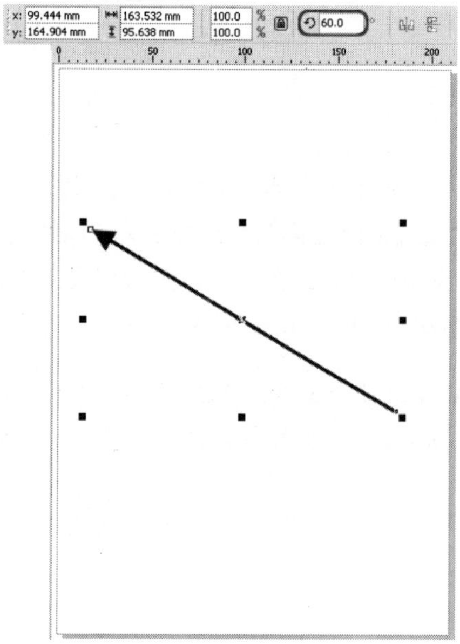

图 2-11 旋转角度后的效果

03 在默认的 CMYK 调色板中右击 CMYK 分别为 0、100、100、0 的色块，即可将对象的轮廓色改为红色，效果如图 2-12 所示。

04 在属性栏的【线条样式】选择器中选择所需的虚线，即可将实线箭头改为虚线箭头，如图 2-13 所示。

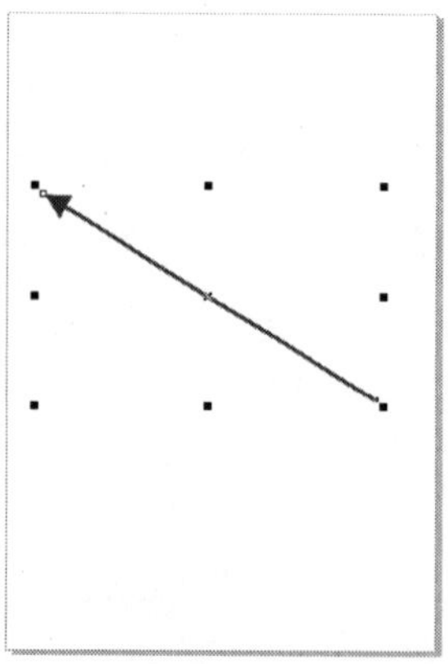

图 2-12 设置轮廓颜色后的效果

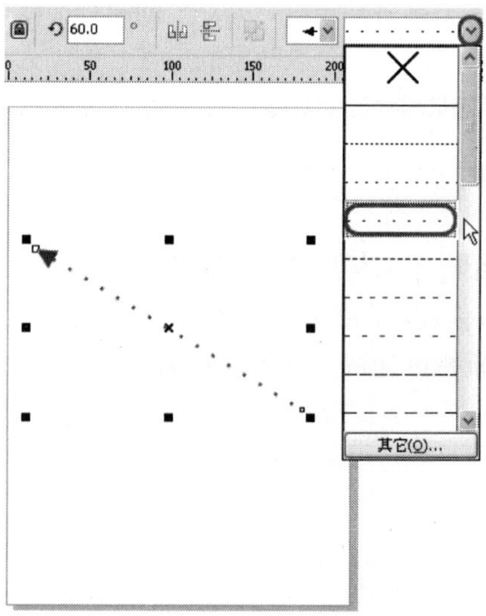

图 2-13 设置轮廓样式后的效果

2.2　贝塞尔工具

“贝塞尔曲线”又称“贝兹曲线”，是由法国数学家 Pierre E.Bezier（皮埃尔.E.贝塞尔）所发现，该曲线是用于定义曲线的一种独特的数学系统，由此为计算机矢量图形学奠定了基础。它的主要意义在于无论是直线或曲线都能在数学上予以描述，图 2-14 所示为贝塞尔原理。

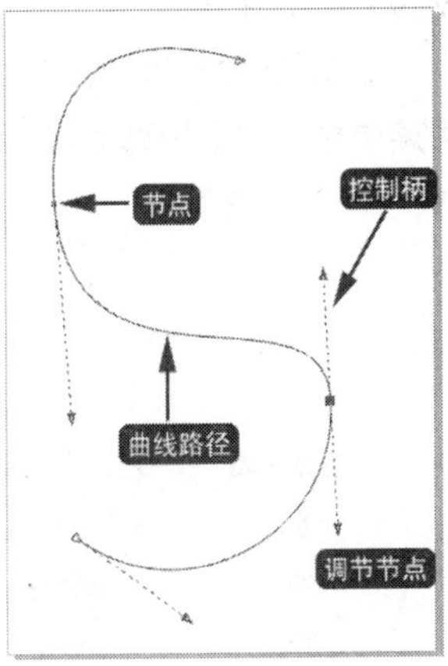

图 2-14　贝塞尔原理

使用贝塞尔工具，操作步骤如下。

01　选择工具箱中的（贝塞尔）工具，在工作区任一位置单击并拖动，即可绘制出曲线路径。运用该工具配合调整曲线的（形状工具），即可进行任意矢量图形的设计与绘制工作，如图 2-15 所示。

02　选择工具箱中的（贝塞尔）工具，在工作区中直接单击，即可绘制由直线组成的图形，如图 2-16 所示。

图 2-15　贝塞尔绘制曲线路径

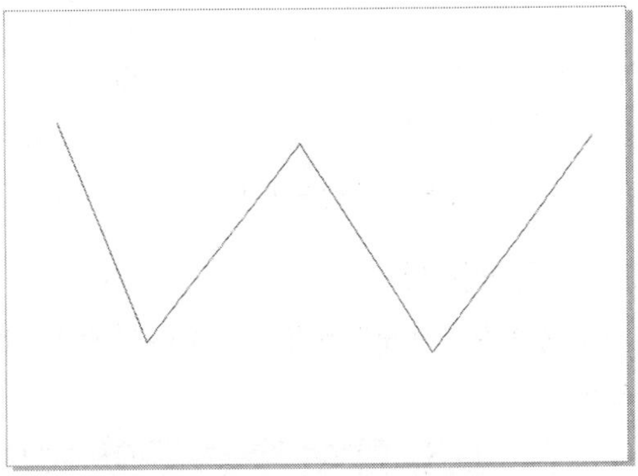
图 2-16　贝塞尔绘制直线路径

2.3　艺术笔工具

艺术笔工具主要包含一些基于矢量图形的笔刷、笔触，是艺术类创作人员必不可缺少的常用工具之一，它可以为创作提供现成的艺术图案，可大大提高图形设计工作效率。

可以通过以下方法来使用（艺术笔）工具。

- 按住工具箱中的（手绘）工具，在弹出的快捷菜单中选择（艺术笔）工具，如图 2-17 所示。
- 按 I 键，即可切换到（艺术笔）工具。

在使用（艺术笔）工具绘制艺术效果时，鼠标指针会自动变成形状。直接在工作区单击，即可绘制相关效果。

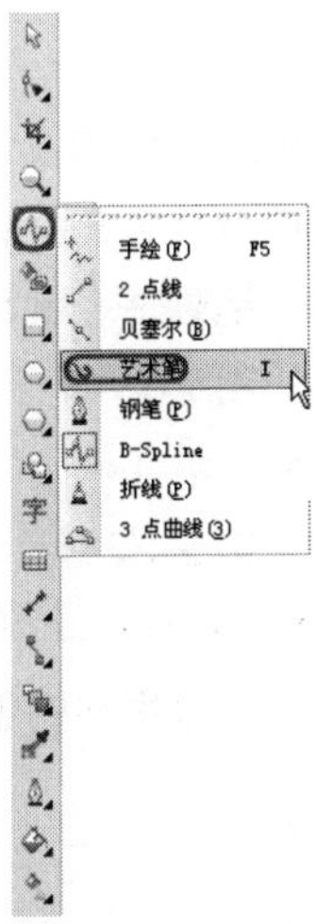

图 2-17　选择艺术笔工具

艺术笔工具属性栏中包含（预设）、（笔刷）、（喷涂）、（书法）和（压力）5 种艺术笔效果。除去【书法】和【压力】两种艺术笔效果之外，其他的 3 种艺术笔效果都是在一条曲线的前提下建立的。

当绘制一种艺术笔效果后，使用选择工具拖动它时，这条曲线就会出现，如图 2-18 所示。选择菜单栏中的【排列】|【拆分艺术笔群组】命令，可以解除该曲线和艺术效果之间的关系，使之分离，如图 2-19 所示。

图 2-18　绘制艺术笔效果

图 2-19　拆分艺术笔群组效果

2.3.1　预设工具

【预设】艺术笔是艺术笔工具的一种效果，图 2-20 所示为艺术笔预设属性栏，其中各选项的功能如下。

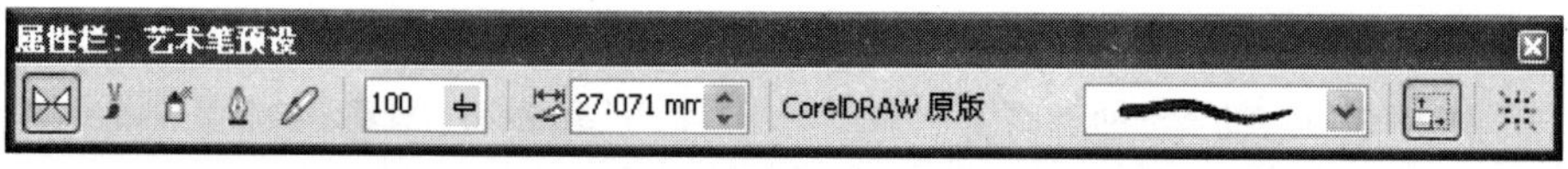

图 2-20　艺术笔预设属性栏

- （预设）：艺术笔工具的一种效果形式。
- 100（手绘平滑）：主要用于控制笔触的平滑度，数值在 0～100 之间，平滑度数值越低，笔触路径就越复杂，节点就越多；反之笔触路径就越简单，节点就越少，路径就越平滑，如图 2-21 所示。
- 27.071 mm（笔触宽度）：用于控制笔触的大小，控制范围在 0.762mm～254mm 之间。图 2-22 所示分别是设置笔触大小为 5mm 和 20mm 的笔刷效果。
- （预设笔触）：CorelDRAW X5 提供了 23 种不同的艺术笔触效果，可以充分释放用户的创作灵感，如图 2-23 所示。

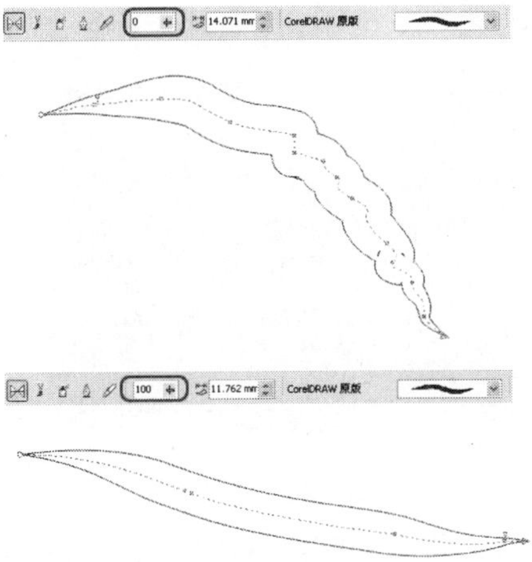

图 2-21　平滑度为 0 和 100 的效果

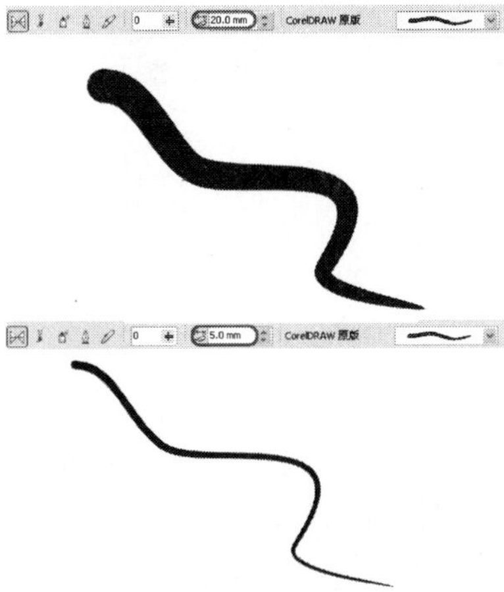

图 2-22　笔触大小为 5mm 和 20mm 的笔刷效果

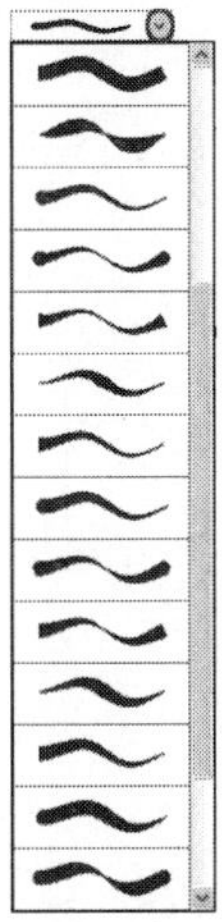

图 2-23　预设笔触列表

2.3.2　笔刷工具

在工具箱中选择（艺术笔）工具，并在属性栏中单击（笔刷）按钮，其后便会显示它的相关选项，下面再来对笔刷工具的使用进行介绍。

01 按 Ctrl+O 组合键打开随书附带光盘中的 CDROM|素材|Cha02|小狗.cdr 素材图形，如图 2-24 所示。

02 选择工具箱中的（艺术笔）工具，在属性栏中单击（笔刷）按钮，在笔触列表中选择笔触，然后在绘图页中绘制图形，如图 2-25 所示。

图 2-24　打开的素材图形

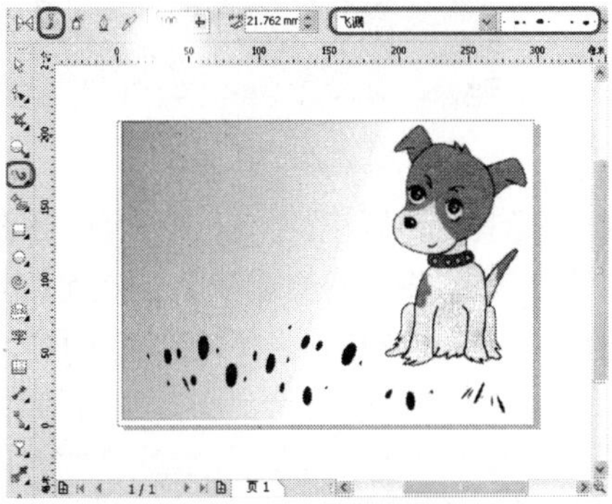

图 2-25　完成后的效果

2.3.3　喷涂工具

在工具箱中选择（艺术笔）工具，并在属性栏中单击（喷涂）按钮，显示它的相关选项。下面来介绍喷涂工具的使用。

01 新建一个宽度和高度分别为 265mm 和 200mm 的横向文档，如图 2-26 所示。

02 按 Ctrl+I 组合键，在弹出的对话框中选择随书附带光盘中的 CDROM|素材|Cha02|海洋.jpg 文件，单击【导入】按钮，将选择的文件导入到绘图页中，并调整素材的大小，如图 2-27 所示。

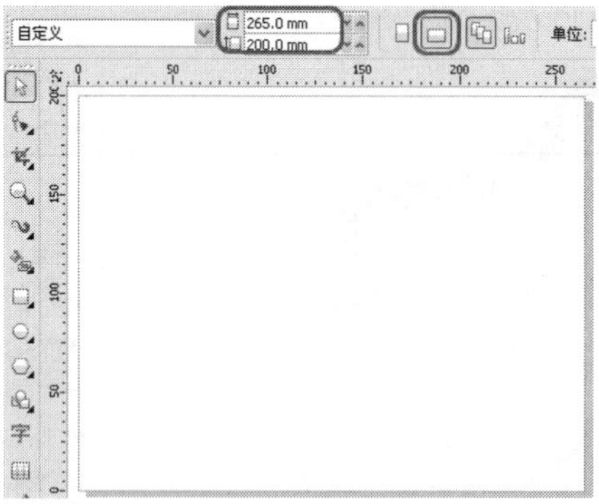

图 2-26　新建文档

图 2-27　导入素材文件

03 选择工具箱中的（艺术笔）工具，在属性栏中单击（喷涂）按钮，将【喷涂类别】定义为【其他】，将【喷射图样】设置为鱼，将【喷涂顺序】定义为【随机】，然后在绘图页中绘制图形，如图 2-28 所示。

04 继续绘制图形，将【喷涂顺序】定义为【随机】，然后在绘图页中绘制图形，如图 2-29 所示。

图 2-28　绘制图形 1

图 2-29　绘制图形 2

05 选择工具箱中的（艺术笔）工具，在属性栏中单击（喷涂）按钮，将【喷涂类别】定义为【其他】，将【喷涂顺序】定义为【随机】，然后在绘图页中绘制图形，如图 2-30 所示。

06 继续绘制图形，将【喷涂顺序】定义为【顺序】，然后在绘图页中绘制图形，如图 2-31 所示。

图 2-30　绘制图形 3

图 2-31　绘制图形 4

2.3.4　书法工具

使用艺术笔工具中的（书法）工具可以在绘制线条时模拟钢笔书法的效果。书法线条的粗细会随着线条的方向和笔头的角度而改变。默认情况下，书法线条呈现铅笔绘制的闭合形状。通过改变相对于所选的书法角度绘制的线条的角度，可以控制书法线条的粗细。

下面介绍书法工具的使用。

01 新建一个横向页面的文件，将【宽度】和【高度】分别设置为 270、205，然后按 Ctrl+I 组合键，在弹出的对话框中选择随书附带光盘中的 CDROM|素材|Cha02|Rabbit.jpg 文件，单击【导入】按钮，将素材导入到绘图页中，并调整素材的大小，如图 2-32 所示。

02 选择工具箱中的（艺术笔）工具，在属性栏中单击（书法）按钮，在绘图页中书写文字，并将【书法角度】设置为 180°，如图 2-33 所示。

图 2-32　导入的素材文件

图 2-33　书写文字

03 确定新书写的文字处于选择状态，根据自己的喜好为其填充颜色，这里将其填充设置为红色（C：0　M：100　Y：0　K：0），如图 2-34 所示。

04 选择工具箱中的（选择）工具，在绘图页的空白处单击，取消对象的选择，完成后的效果如图 2-35 所示。

图 2-34　填充颜色

图 2-35　完成后的效果

2.3.5 压力工具

使用艺术笔中的（压力）工具可以创建各种粗细的压感线条。可以使用鼠标（或压感钢笔）和图形蜡板来创造这种效果。两种方法绘制的线条都带有曲边，而且路径的各部分宽度不一。压力工具与书法模式的属性栏类似，只是缺少了【书法角度】设置项。设置的宽度代表线条的最大宽度，而应用的压力大小则决定线条的实际宽度。

使用压力工具绘图的方法如下。

01 新建一个横向页面的文件，将【宽度】和【高度】分别设置为 255、192，然后按 Ctrl+I 组合键，在弹出的对话框中选择随书附带光盘中的 CDROM|素材|Cha02|小兔子.jpg 文件，单击【导入】按钮，将素材导入到绘图页中，并调整素材的大小，如图 2-36 所示。

02 选择工具箱中的（艺术笔）工具，在属性栏中单击（压力）按钮，在绘图页中书写文字，并将【笔触宽度】设置为 6.5，如图 2-37 所示。

图 2-36 导入的素材文件

图 2-37 书写文字

03 继续绘制图形，并将【笔触宽度】设置为 3，然后在绘图页中书写文字，完成后的效果如图 2-38 所示。

04 选择工具箱中的（选择）工具，选择绘图页中所有的文字，然后在默认的 CMYK 调色板中单击 C、M、Y、K 分别为 40、0、0、100 的色块，为其填充颜色。然后在空白处单击，取消对象的选择，完成后的效果如图 2-39 所示。

图 2-38 书写文字

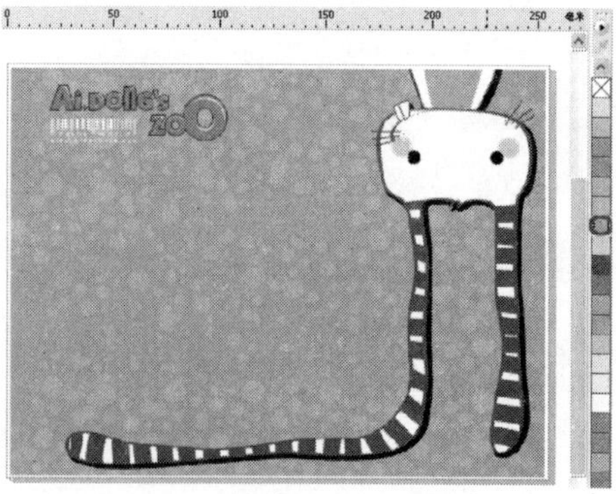

图 2-39 完成后的效果

2.4　钢笔工具

利用 (钢笔) 工具可以勾画出各种直线段、曲线与各种形状的复杂图形，也可以对绘制的图形进行修改。

在工具箱中选择钢笔工具时，如果画面中没有选择任何对象，其属性中显示的部分选项是灰暗的，如果在画面中选择了对象以后，其属性栏中一些不可用的选项就成为活动可用动态，如图 2-40 所示，这样用户就可以根据属性栏中的参数来改变选择对象的属性。

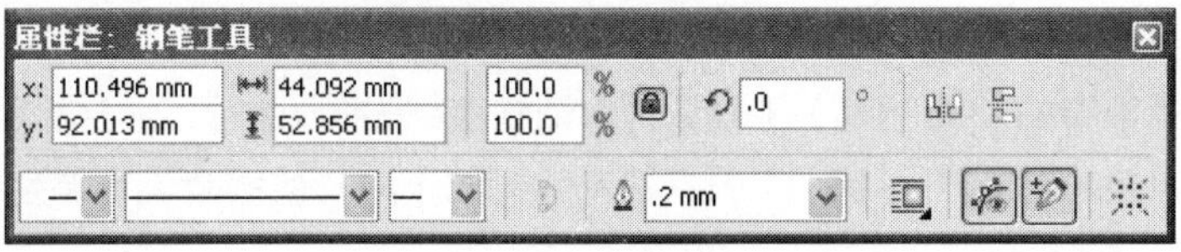

图 2-40　选择对象后的属性栏

钢笔工具的使用方法十分简单，它的基本操作方法有以下两种。

1. 绘制直线

首先单击一点作为直线的第一点，移动鼠标再单击一点作为另一点，这样就可以绘制出一条直线。依次单击可以绘制连续的直线，双击或者按下 Esc 键均可结束绘制。图 2-41 所示为绘制直线的效果。

2. 绘制曲线

单击第二个点的时候拖动鼠标可以绘制曲线，同时会显示控制柄和控制点以便调节曲线的方向，双击或者按下 Esc 键均可结束绘制，如图 2-42 所示。

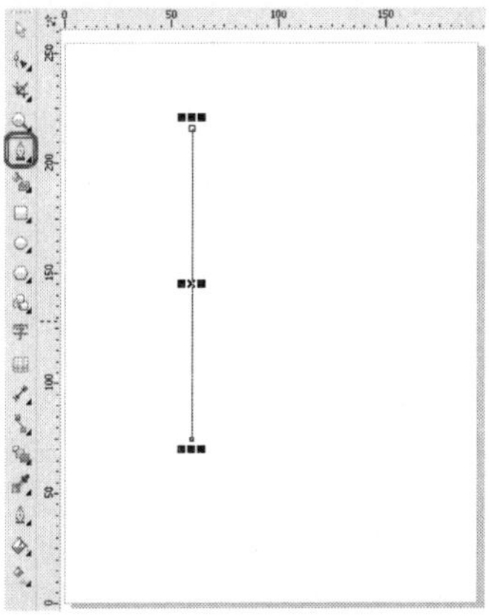

图 2-41　绘制直线

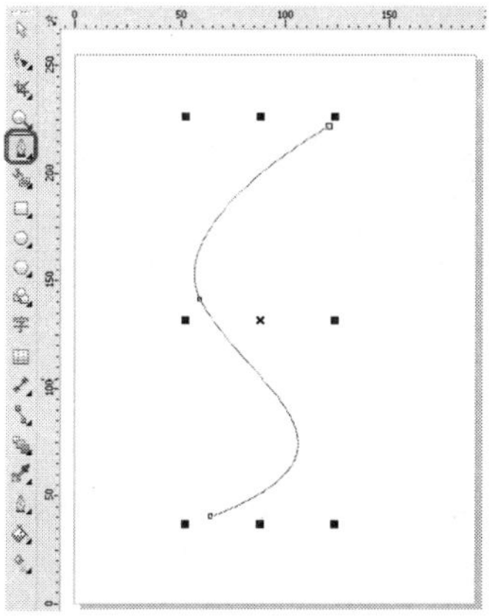

图 2-42　绘制曲线

下面使用 (钢笔) 工具绘制小动物，通过简单的实例来介绍钢笔工具的基本使用。

01　选择工具箱中的 (钢笔) 工具，在绘图页中绘制图形，首先将大致形状绘制出来，如图 2-43 所示。

02　选择工具箱中的 (形状) 工具，调整新绘制的图形，调整后的效果如图 2-44 所示。

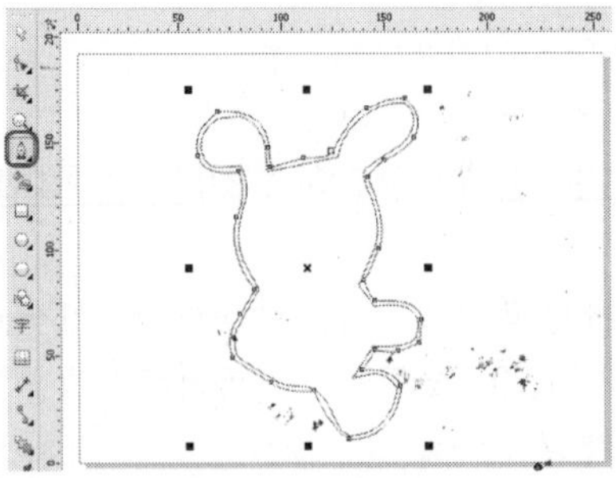

图 2-43　绘制图形

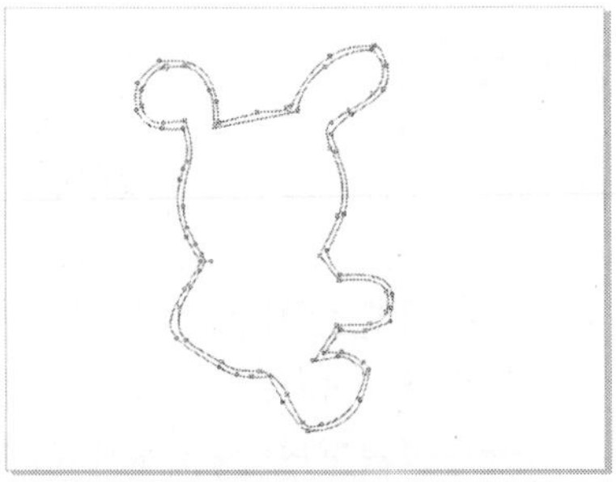

图 2-44　调整图形

03 选择工具箱中的 (钢笔)工具，为小动物绘制眼睛，如图 2-45 所示。

04 选择工具箱中的 (形状)工具，将新绘制的小动物的眼睛进行调整，调整后的效果如图 2-46 所示。

图 2-45　绘制眼睛

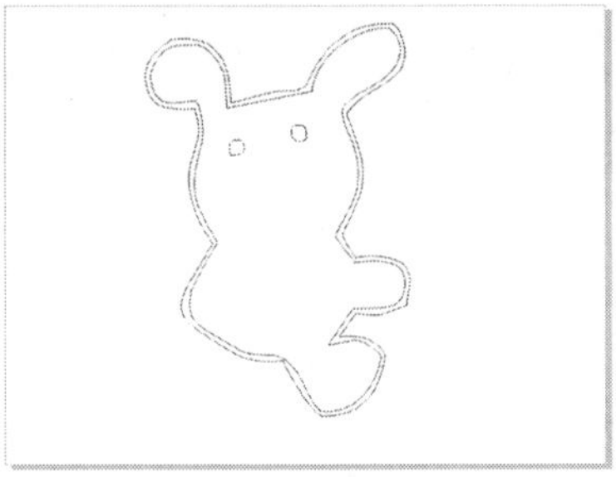

图 2-46　调整眼睛

05 继续绘制小动物，选择工具箱中的 (钢笔)工具，为其绘制尾巴及其他细微的地方，如图 2-47 所示。

06 选择工具箱中的 (形状)工具，将新绘制的曲线进行调整，调整后的效果如图 2-48 所示。

图 2-47　绘制尾巴及其他

图 2-48　调整曲线

07 在工具箱中单击 (选择工具)按钮，在绘图页中单击如图 2-49 所示要填充颜色的对象。

08 在工具箱中单击 (填充工具)按钮，在弹出的浮动框中选择【均匀填充】，弹出【均匀填充】对话框，然后在【模型】选项卡中将 CMYK 分别设置为 0、28、2、0，单击【确定】按钮，如图 2-50 所示。

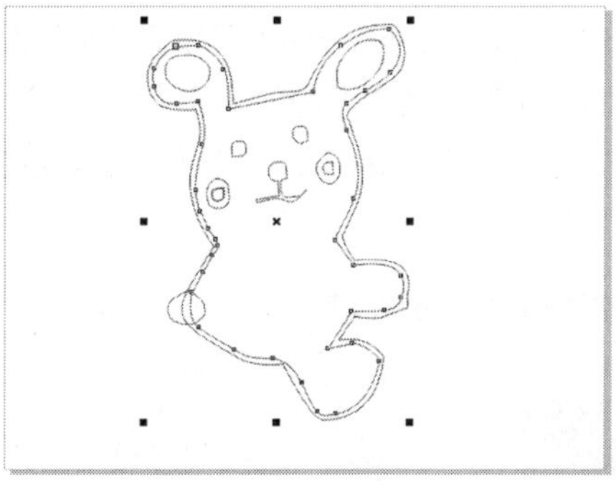

图 2-49　选择要填充的对象

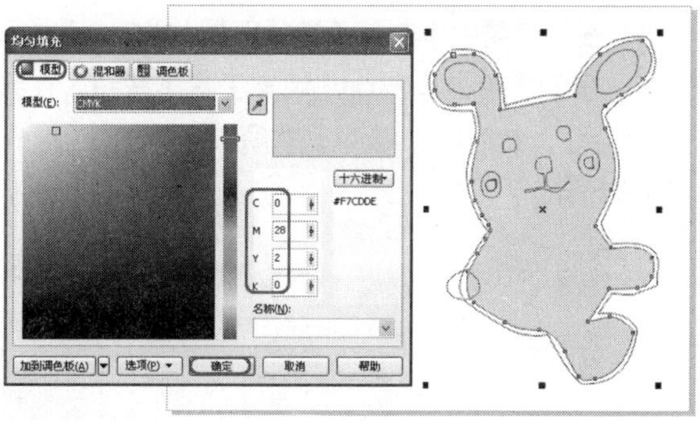

图 2-50　填充后的效果

09 在工具箱中单击（选择工具）按钮，在绘图页中单击如图 2-51 所示要填充颜色的对象。

10 在工具箱中单击（填充工具）按钮，在弹出的浮动框中选择【均匀填充】，弹出【均匀填充】对话框，然后在【模型】选项卡中将 CMYK 分别设置为 51、86、22、0，单击【确定】按钮，如图 2-52 所示。

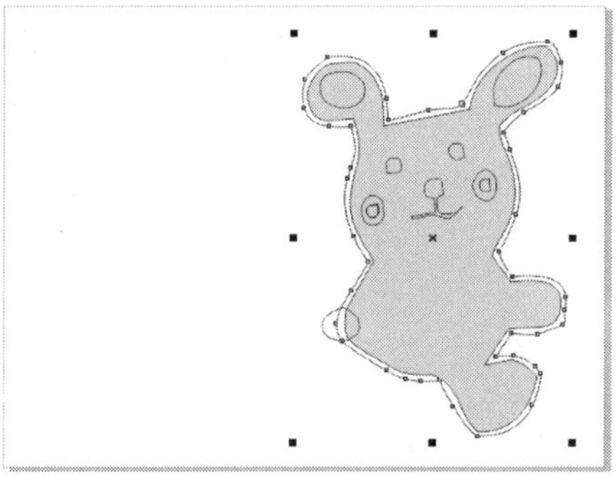

图 2-51　选择要填充的对象

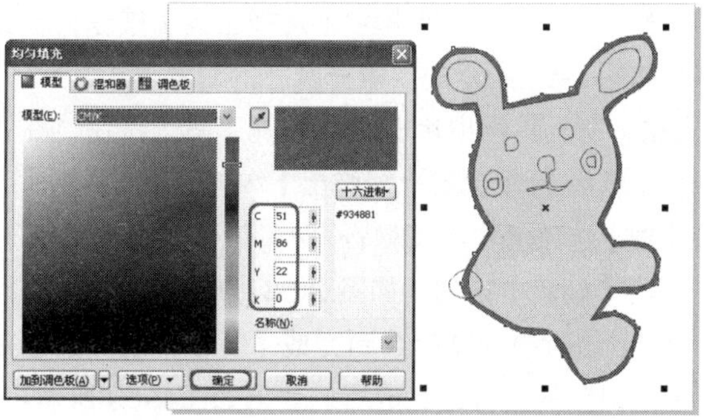

图 2-52　填充后的效果

11 在工具箱中单击（选择工具）按钮，在绘图页中单击如图 2-53 所示的要填充颜色的对象。

12 在工具箱中单击（填充工具）按钮，在弹出的浮动框中选择【均匀填充】，弹出【均匀填充】对话框，然后在【模型】选项卡中将 CMYK 分别设置为 2、53、4、0，单击【确定】按钮，如图 2-54 所示。

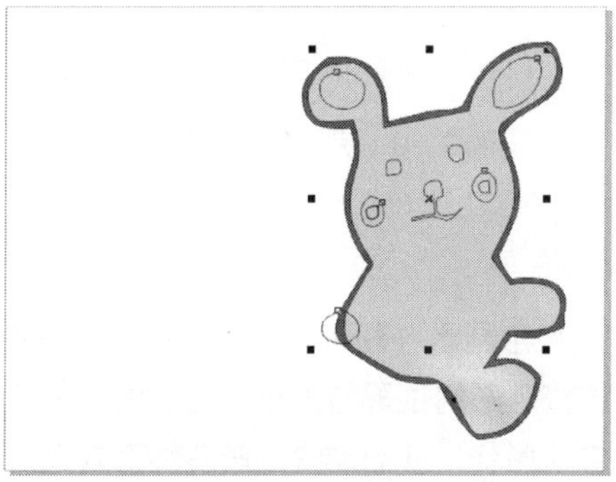

图 2-53　选择要填充的对象

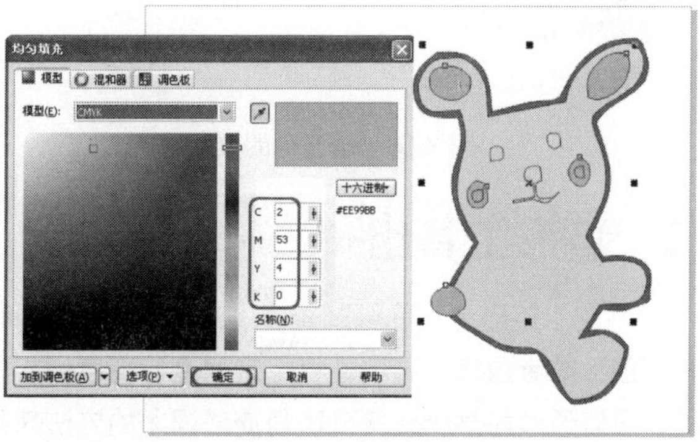

图 2-54　填充后的效果

13 在工具箱中单击（选择工具）按钮，在绘图页中单击如图 2-55 所示的要填充颜色的对象。

14 在工具箱中单击（填充工具）按钮，在弹出的浮动框中选择【均匀填充】，弹出【均匀填充】对话框，然后在【模型】选项卡中将 CMYK 分别设置为 0、0、0、0，单击【确定】按钮，如图 2-56 所示。

图 2-55　选择要填充的对象

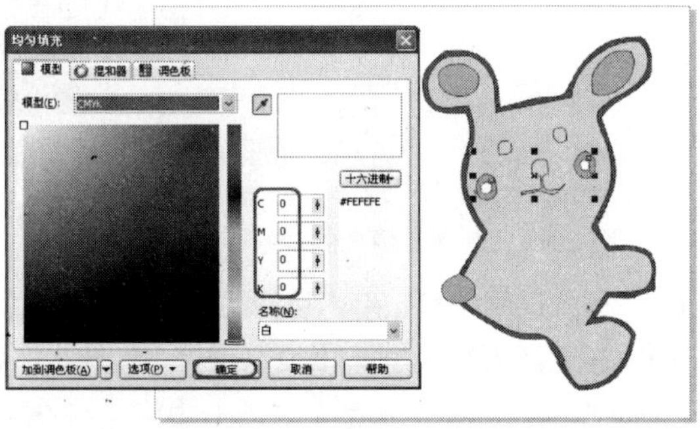

图 2-56　填充后的效果

15 在工具箱中单击（选择工具）按钮，在绘图页中单击如图 2-57 所示的要填充颜色的对象。

16 在工具箱中单击（填充工具）按钮，在弹出的浮动框中选择【均匀填充】，弹出【均匀填充】对话框，然后在【模型】选项卡中将 CMYK 分别设置为 57、100、65、28，单击【确定】按钮，如图 2-58 所示。

17 这时小动物就绘制完成了，在绘图页的空白处单击，取消对象的选择，完成后的效果如图 2-59 所示。

图 2-57　选择要填充的对象

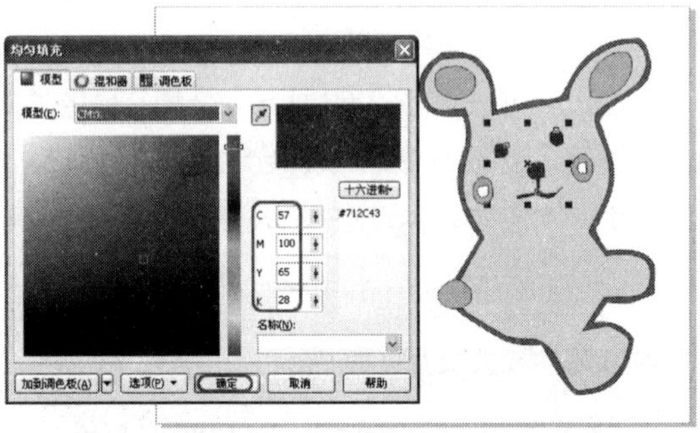

图 2-58　填充后的效果

图 2-59　完成后的效果

2.5　矩形工具组

使用（矩形）工具可以通过沿对角线拖动鼠标的方式来绘制出各种大小不同的矩形、方形、圆角矩形，或者通过工具属性栏指定宽度和高度的方式来调整矩形的位置与大小。绘制矩形或方形之后，可以通过将某个或所有边角变成圆角的方法来改变它的形状，从而制作成圆角矩形对象。使用三点矩形工具还可以绘制出菱形与平行四边形。

2.5.1　矩形工具

在工具箱中选择 （矩形）工具，属性栏中就会显示它的相关选项，用户可通过预先设定矩形的边角圆滑度与轮廓宽度来绘制所需的矩形，也可以直接在画面中按下鼠标左键向对角移动，达到所需的大小后松开鼠标左键，即可得到所需大小的矩形。如果对所绘制的矩形不满意，还可以在属性栏中设置所需的参数，来修改绘制好的矩形。

下面通过小实例来介绍矩形工具的基本使用。

01 新建一个宽度、长度分别为 198mm、155mm 的横向页面的文件，然后选择工具箱中的 （矩形）工具，在绘图页中绘制矩形，并在默认的 CMYK 调色板中单击 CMYK 为 0、0、100、0 的色块，如图 2-60 所示。

02 选择工具箱中的 （矩形）工具，在绘图页中绘制矩形，并在默认的 CMYK 调色板中单击 CMYK 为 0、60、100、0 的色块，如图 2-61 所示。

图 2-60　绘制矩形并填充颜色 1

图 2-61　绘制矩形并填充颜色 2

03 选择工具箱中的 （矩形）工具，在绘图页中绘制矩形，并在默认的 CMYK 调色板中单击 CMYK 为 100、0、100、0 的色块，如图 2-62 所示。

04 选择工具箱中的 （矩形）工具，在绘图页中绘制矩形，并在默认的 CMYK 调色板中单击 CMYK 为 60、0、20、0 的色块，如图 2-63 所示。

图 2-62　绘制矩形并填充颜色 3

图 2-63　绘制矩形并填充颜色 4

05 选择工具箱中的 （矩形）工具，在绘图页中绘制矩形，并在默认的 CMYK 调色板中单击 CMYK 为 0、80、40、0 的色块，如图 2-64 所示。

06 选择工具箱中的 （矩形）工具，在绘图页中绘制矩形，并在默认的 CMYK 调色板中单击 CMYK 为 0、0、0、0 的色块，如图 2-65 所示。

图 2-64　绘制矩形并填充颜色 5

图 2-65　绘制矩形并填充颜色 6

07 按 Ctrl+I 组合键，在弹出的对话框中选择随书附带光盘中的 CDROM|素材|Cha02|猴子.jpg 文件，单击【导入】按钮，将选择的文件导入到绘图页中，并调整素材的大小，如图 2-66 所示。

08 在绘图页的空白处单击，取消对象的选择，完成后的效果如图 2-67 所示。

图 2-66　导入的素材图形

图 2-67　完成后的效果

提示：配合键盘上的 Ctrl 键进行绘制，即可绘制正方形。

2.5.2　使用三点矩形工具

（三点矩形）工具可以通过 3 个点来确定矩形的长度、宽度与旋转位置，其中前两个点可以指定矩形的一条边长与旋转角度，最后一点用来确定矩形宽度。此工具的属性栏与（矩形）工具完全相似。继续在前面的素材上使用（三点矩形）工具绘制一个矩形对象。

01 按 Ctrl+O 组合键打开随书附带光盘中的 CDROM|素材|Cha02|百年好合.cdr 素材图形，如图 2-68 所示。

02 在工具箱中选择（三点矩形）工具，按住 Ctrl 键，然后在绘图页中按下鼠标左键不放，指向要开始绘制矩形的地方，拖动鼠标以确定高度，如图 2-69 所示。

03 松开鼠标左键，并移动鼠标指针绘制宽度，最后单击鼠标确定宽度，并将【旋转角度】设置为 315，如图 2-70 所示。

04 然后在默认的 CMYK 调色板中单击 C、M、Y、K 分别为 0、100、60、0 的色块，为其填充颜色，并将其轮廓设置为黑色，如图 2-71 所示。

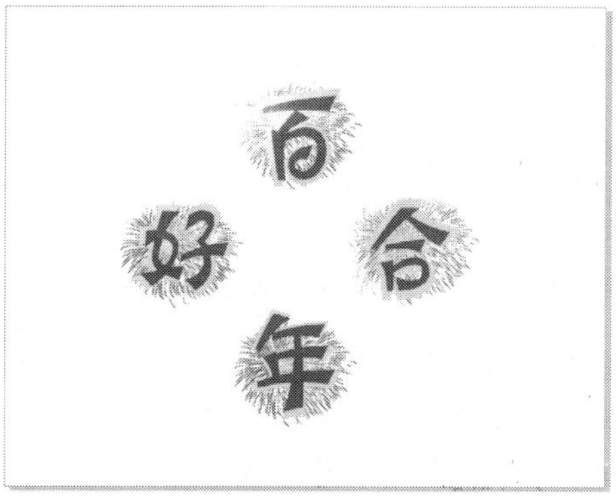

图 2-68　打开的素材图形

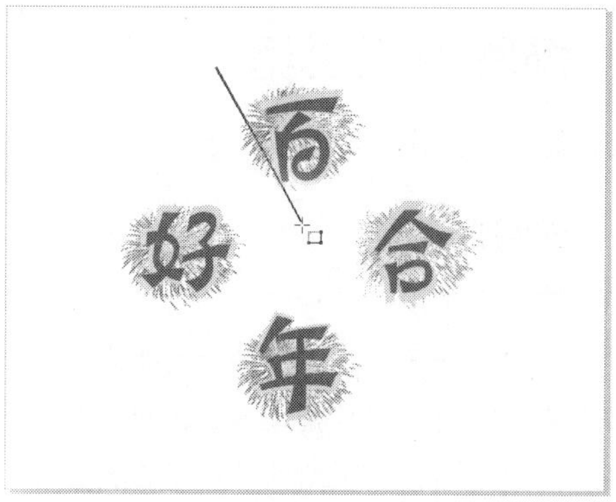

图 2-69　确定矩形的高度

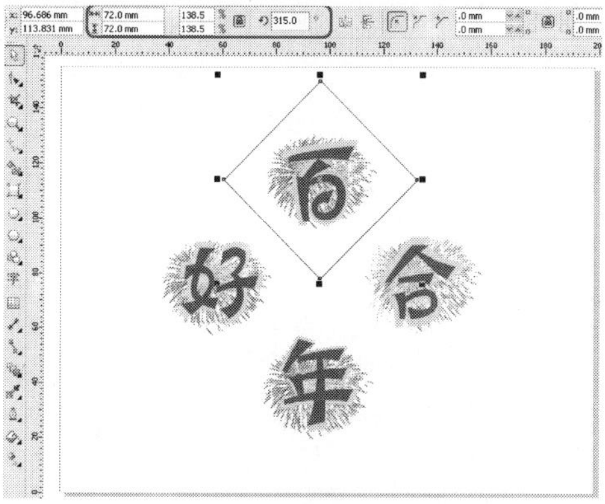

图 2-70　确定旋转角度

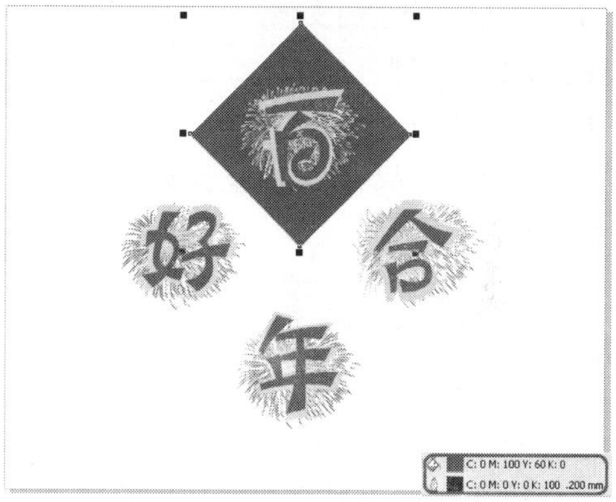

图 2-71　为绘制的矩形填充颜色

05　确定新绘制的图形处于选择状态，将其复制 4 个矩形，如图 2-72 所示。

06　在绘图页中移动 4 个矩形，将其调整至合适位置。然后在空白处单击，取消对象的选择，完成后的效果如图 2-73 所示。

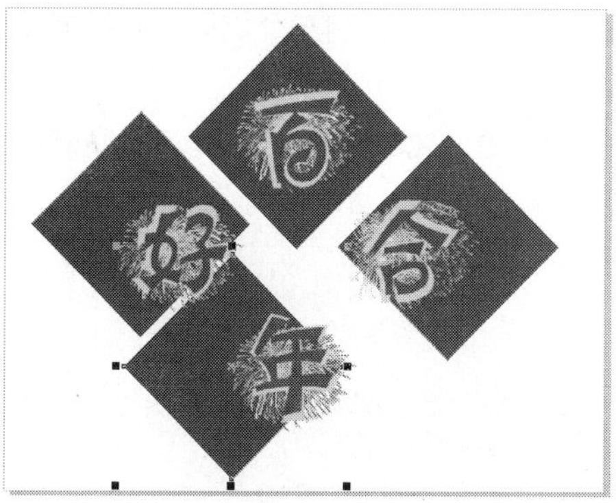

图 2-72　复制 4 个矩形

图 2-73　完成后的效果

提示： 使用（三点矩形）工具拖动鼠标指针时按住 Ctrl 键，可以强制基线的角度以 15° 的增量变化。

2.6 椭圆形工具组

使用椭圆形工具可以绘制出各种大小不同的椭圆、圆形、饼图和弧线。

2.6.1 椭圆形工具

如果绘图页中没有选择任何对象，在工具箱中选择（椭圆形）工具，则属性栏中就会显示部分选项。用户可先在其中确定要绘制椭圆、饼图、弧线及饼图与弧线的起始和终止角度，然后在画面中按下鼠标左键向对角拖动来绘制所需的图形；也可以直接在绘图页中按下鼠标左键向对角拖动来绘制所需的图形。如果对所绘制的图形形状与大小不满意，可在属性栏中进行更改。

下面我们通过绘制一个简单的表情介绍椭圆形工具的基本应用。

01 新建一个空白文档，在工具栏中单击（椭圆形工具）按钮，按住 Ctrl 键的同时拖动鼠标，在绘图页中绘制一个圆，如图 2-74 所示。

02 在工具箱中单击（填充工具）按钮，然后在弹出的浮动框中选择【均匀填充】，弹出【均匀填充】对话框，然后在【模型】选项卡中将 CMYK 分别设置为 2、24、82、2，单击【确定】按钮，如图 2-75 所示。

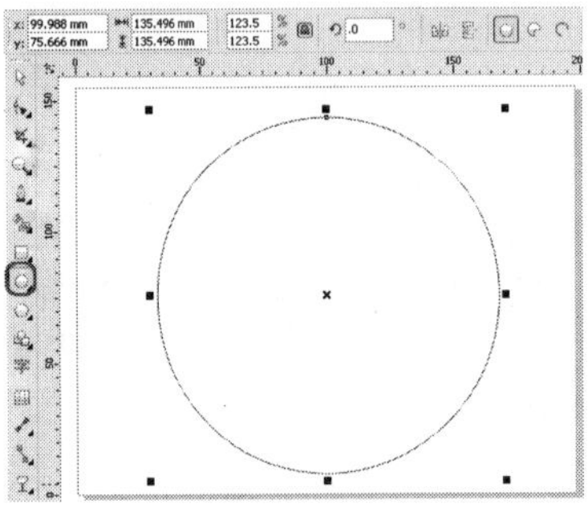

图 2-74 绘制圆

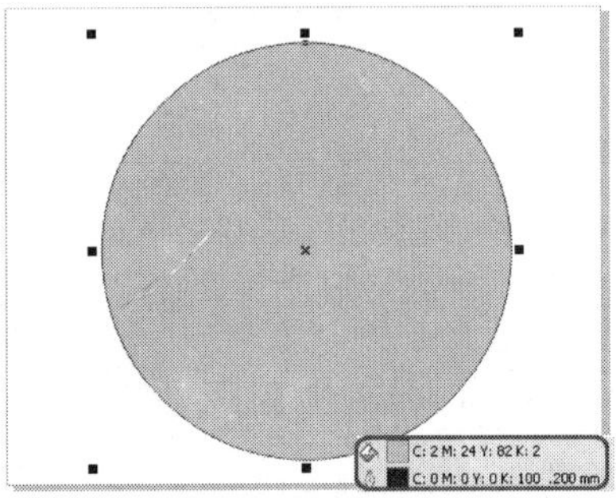

图 2-75 填充颜色

03 然后在工具箱中单击（椭圆形工具）按钮，在绘图页中绘制一个椭圆，并调整其位置，如图 2-76 所示。

04 在默认的 CMYK 调色板中，单击 CMYK 为 0、0、0、100 的色块，为绘制的椭圆填充颜色，如图 2-77 所示。

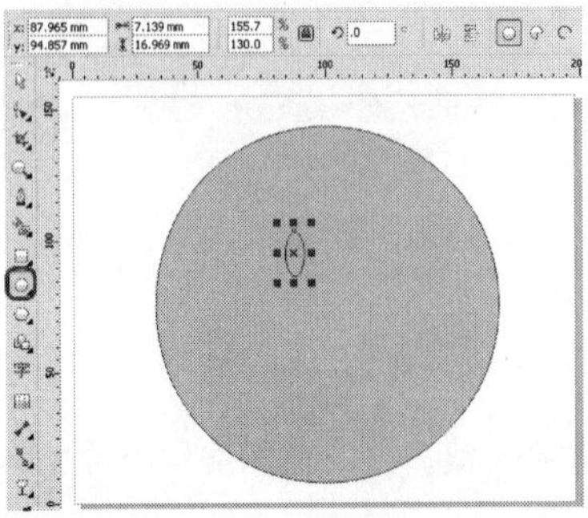

图 2-76 绘制椭圆

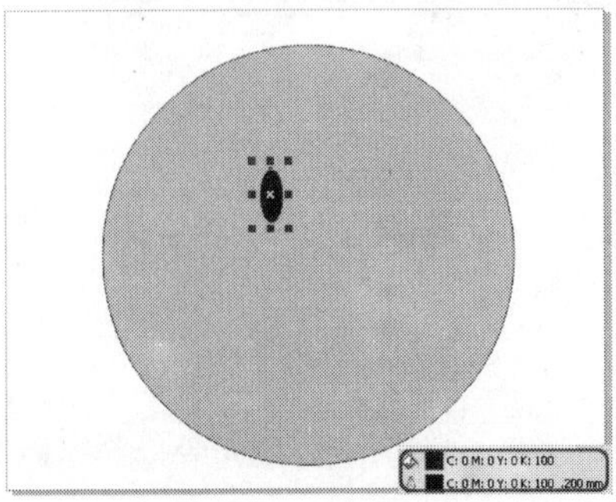

图 2-77 为椭圆填充颜色

05 确定绘制的椭圆为选择状态，按 Ctrl+C 组合键，然后按 Ctrl+V 组合键复制一个相同的椭圆，如图 2-78 所示。

06 在工具箱中单击（钢笔工具）按钮，在属性栏中将轮廓宽度设置为 0.5mm，再在弹出的对话框中单击【确定】按钮，绘制如图 2-79 所示的曲线。

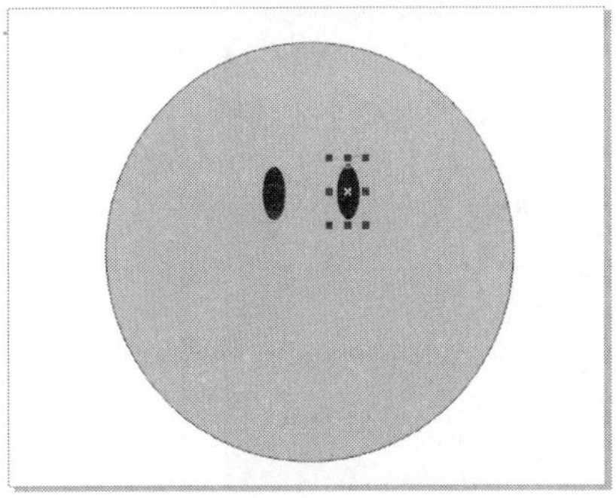

图 2-78　复制相同的椭圆

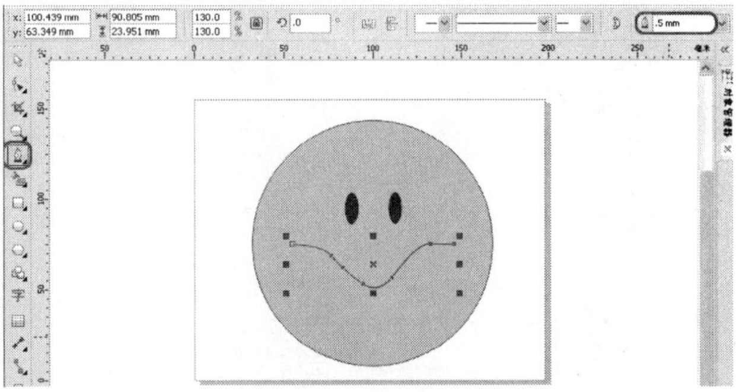

图 2-79　绘制曲线

提示：配合键盘上的 Ctrl 键进行绘制，即可绘制正圆形。

2.6.2　绘制弧和饼图

前面介绍了绘制椭圆的方法，下面再来介绍饼图和弧的绘制。

继续上一小节的操作，首先介绍弧的绘制。

01 选择工具箱中的（椭圆形）工具，在属性栏中单击（弧）按钮，在绘图页中绘制弧，如图 2-80 所示。

02 确定新绘制的形状处于选择状态，在属性栏中将【开始角度】设置为 175，【结束角度】设置为 7，【轮廓宽度】设置为 0.5mm，然后调整图形的位置，完成后的效果如图 2-81 所示。

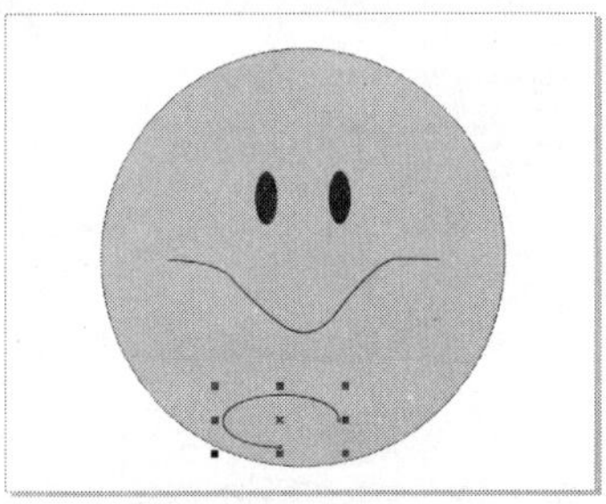

图 2-80　绘制弧

图 2-81　设置角度并调整位置

提示：同样在属性栏中设置【结束角度】的参数，可以绘制不同的弧形效果。

下面再来介绍饼图的绘制。

01 新建一个宽度、长度分别为 150mm、145mm 的横向页面的文件，然后按 Ctrl+I 组合键，在弹出的对话框中选择随书附带光盘中的 CDROM|素材|Cha02|杯子.jpg 素材文件，单击【导入】按钮，导入素材文件，如图 2-82 所示。

02 选择工具箱中的（椭圆形）工具，在属性栏中单击（饼图）按钮，将【结束角度】设置为 30，【旋转角度】设置为 5°，在绘图页中绘制饼图，如图 2-83 所示。

图 2-82　导入的素材图形

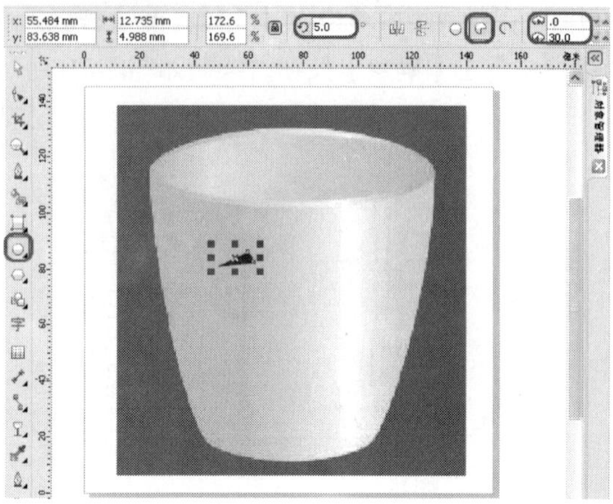

图 2-83　绘制饼图

03 复制一个相同的饼图，然后在属性栏中将【旋转角度】设置为 135°，并在绘图页中调整其位置，如图 2-84 所示。

04 在绘图页中选择创建的两个饼图，复制另外一个眉毛。然后将【旋转角度】设置为 21°，并移动其位置，如图 2-85 所示。

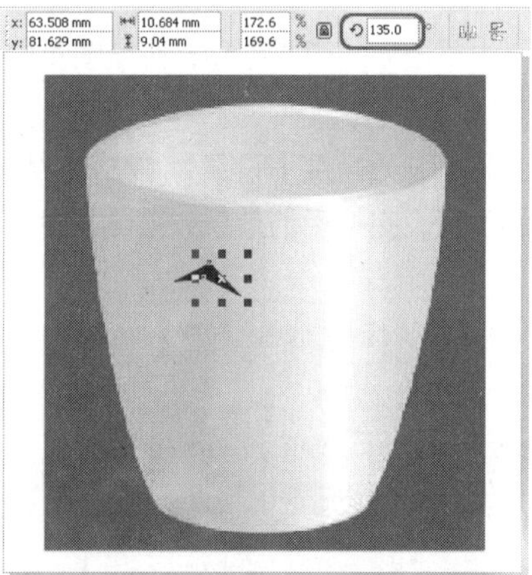

图 2-84　复制并调整位置

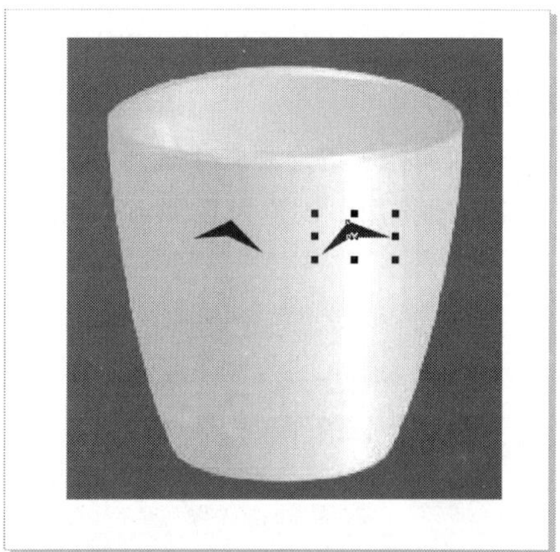

图 2-85　复制另一个眉毛并调整位置

2.6.3　三点椭圆形工具

三点椭圆的绘制与三点矩形的绘制方法类似，利用（三点椭圆形）工具，可以快速地绘制出任意角度的椭圆形。

继续使用前面的素材，使用（三点椭圆形）工具，在绘图页中绘制椭圆。

01 在工具箱中选择（三点椭圆形）工具，在属性栏中单击（椭圆形）按钮，在绘图页中确定椭圆的起点位置，如图 2-86 所示。

02 当鼠标指针变为形状时，在绘图页中单击并拖动，确定椭圆的第二点，如图 2-87 所示。

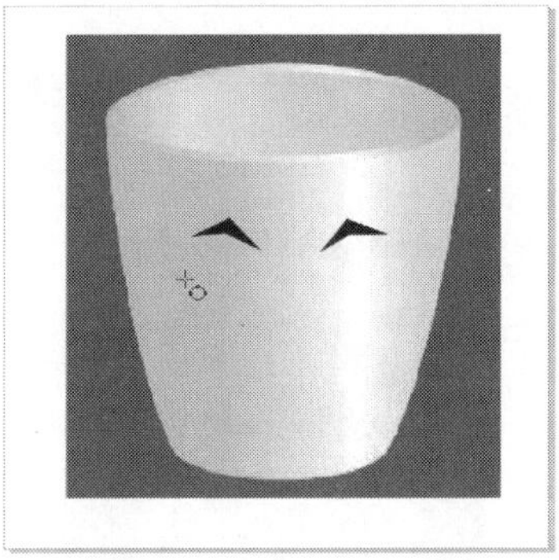

图 2-86　确定第一点

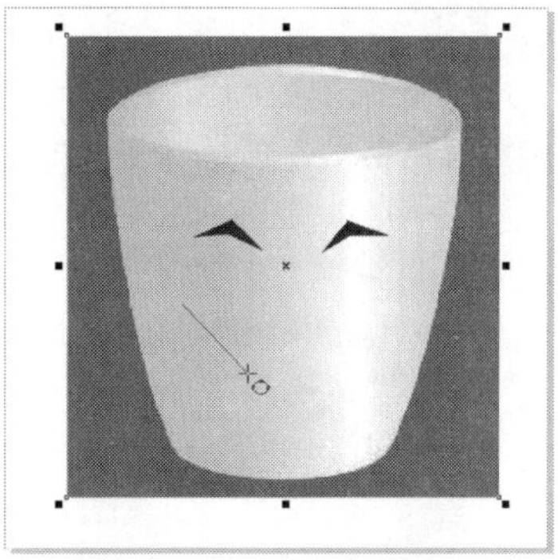

图 2-87　确定第二点

03 再次拖动鼠标确定椭圆的宽度，单击鼠标完成椭圆的绘制并调整其位置，如图 2-88 所示。

04 继续绘制椭圆，在工具箱中选择（三点椭圆形）工具，在属性栏中单击（椭圆形）按钮，使用相同的方法绘制椭圆，如图 2-89 所示。

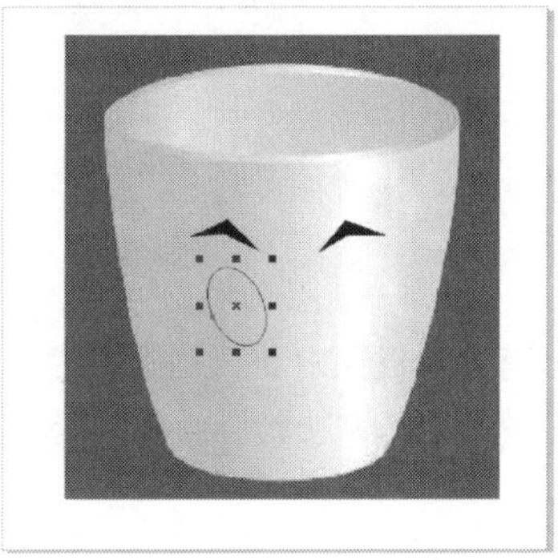

图 2-88　确定第三点

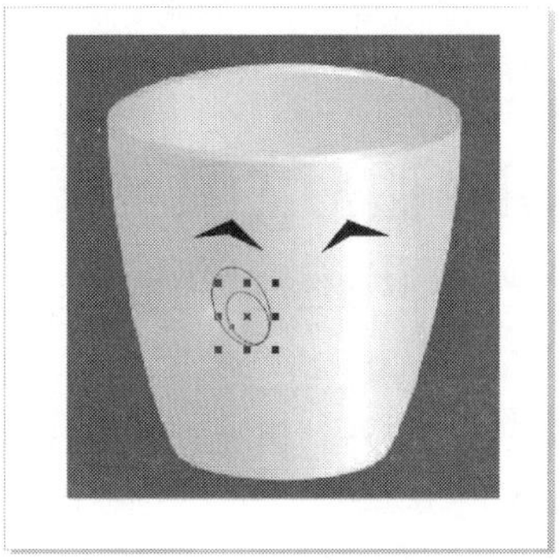

图 2-89　绘制椭圆

05 选择工具箱中的（椭圆形）工具，配合 Ctrl 键绘制一个圆，绘制后的效果如图 2-90 所示。

06 确定绘制的小圆处于选择状态，在默认的 CMYK 调色板中单击 C、M、Y、K 分别为 0、0、0、0 的色块，为其填充颜色，如图 2-91 所示。

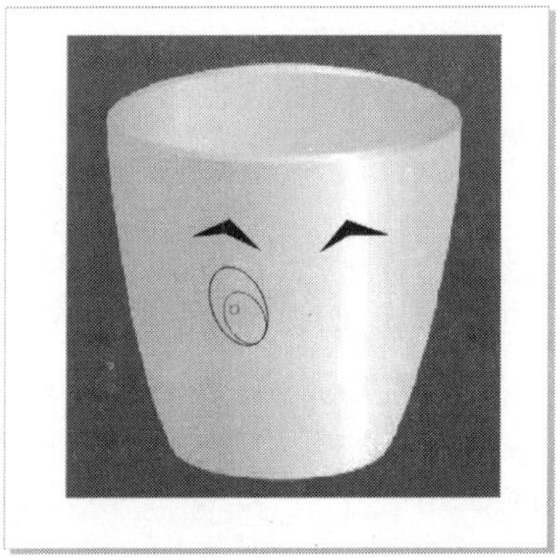

图 2-90　绘制圆

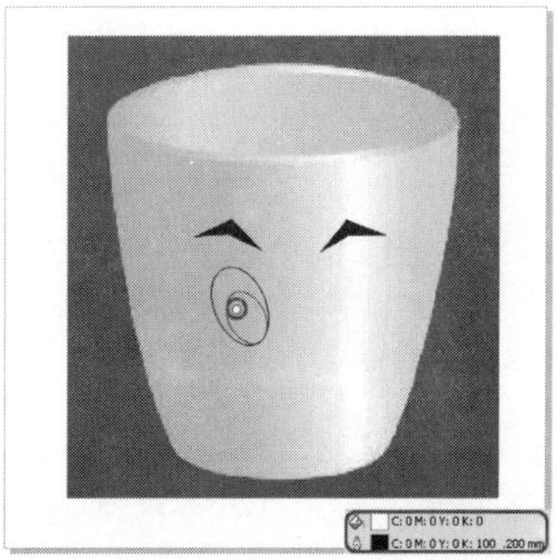

图 2-91　填充颜色

07 选择创建的第二个椭圆，在默认的 CMYK 调色板中单击 C、M、Y、K 分别为 0、0、0、100 的色块，为其填充颜色，如图 2-92 所示。

08 完成一个眼睛的绘制后，选择整个眼睛，复制另外一个眼睛，并将【旋转角度】设置为 245°，然后调整其位置，最后的效果如图 2-93 所示。

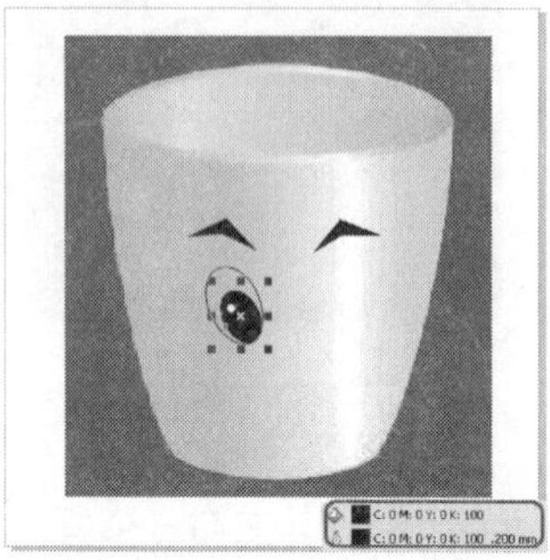

图 2-92 为椭圆填充颜色

图 2-93 完成后的效果

提示： 同样使用（三点椭圆形）工具，也可以绘制正圆、饼图和弧，其绘制方法与椭圆工具的绘制方法基本相同，用户可参照前面的方法进行练习。

2.7 使用多边形工具绘图

使用多边形工具可以绘制等边多边形。

在工具箱中选择（多边形）工具，如果画面中没有选择任何对象，则属性栏中就只有【多边形边数】选项为可用状态，用户可根据需要预先设定所需的多边形边数，也可直接在画面中拖动出一个多边形后再更改其边数。

下面介绍多边形的绘制。

01 新建一个宽度、高度分别为 180mm、155mm 的横向页面的文件，按 Ctrl+I 组合键，在弹出的对话框中选择随书附带光盘中的 CDROM|素材|Cha02|花团.jpg 素材文件，单击【导入】按钮，导入素材，如图 2-94 所示。

02 在工具箱中单击（多边形工具）按钮，如果画面中没有选择任何对象，则属性栏中就只有【多边形边数】和【轮廓宽度】选项为可用状态，如图 2-95 所示。

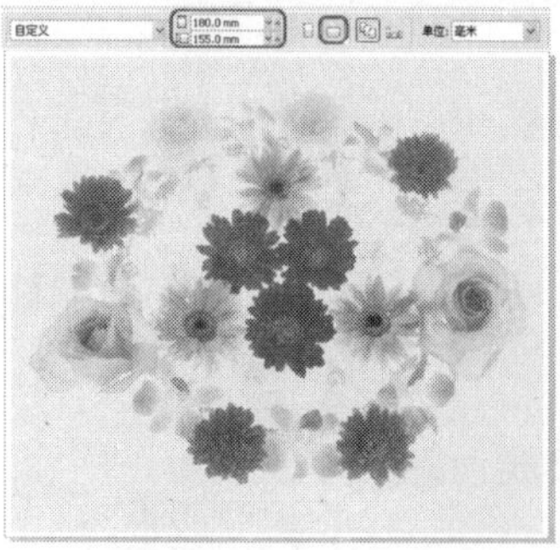

图 2-94 导入素材

图 2-95 属性栏

03 确定（多边形）工具处于选择状态，在属性栏中将【多边形边数】设置为 8，按住 Ctrl 键的同时，移动鼠标指针到绘图页的适当位置，按住鼠标左键向对角拖移，如图 2-96 所示，达到所需的大小后松开鼠标左键，即可绘制出一个八边形，如图 2-97 所示。

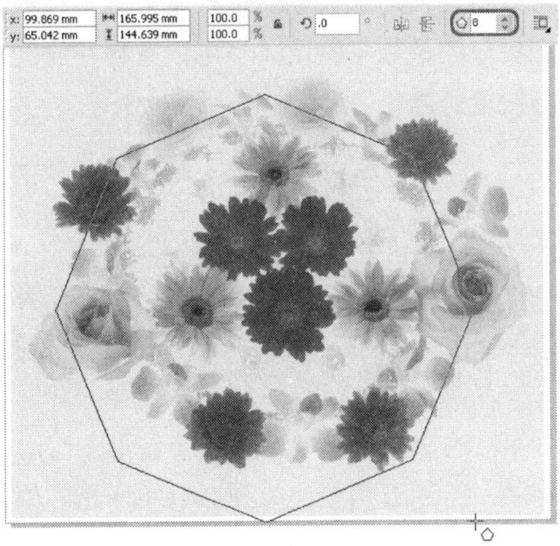

图 2-96　绘制多边形

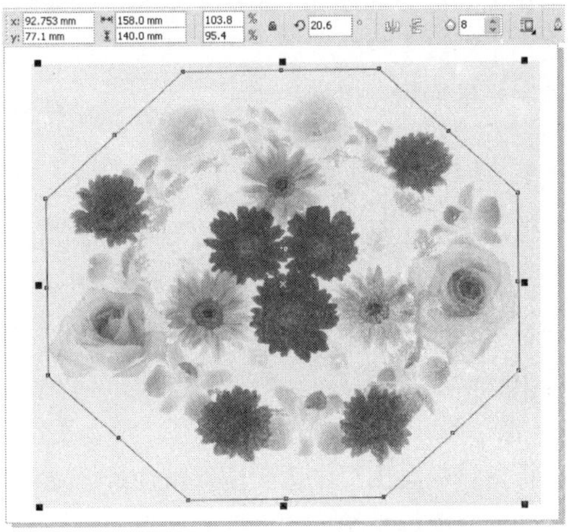

图 2-97　绘制多边形后的效果

04 确定新绘制的图形处于选择状态，在属性栏中将【轮廓宽度】设置为 5mm，如图 2-98 所示。

05 在默认的 CMYK 调色板中右击 C、M、Y、K 分别为 0、0、100、0 的色块，为多边形的轮廓填充颜色。然后在空白处单击，取消对象的选择，完成后的效果如图 2-99 所示。

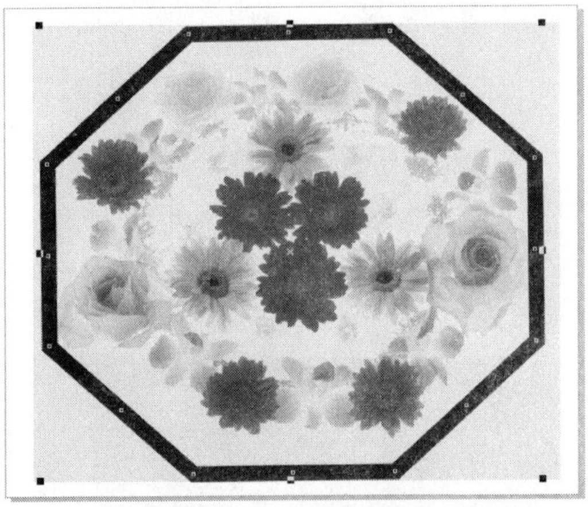

图 2-98　设置轮廓宽度

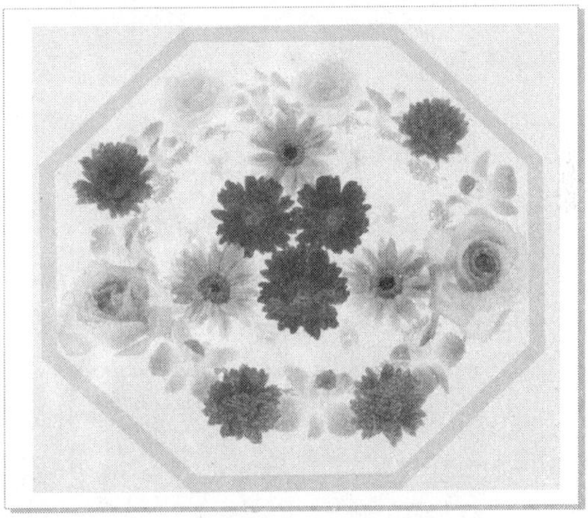

图 2-99　完成后的效果

提示： 拖动鼠标时按住 Shift 键，可从中心开始绘制多边形。在绘制多边形时，配合键盘上的 Ctrl 键即可绘制正多边形。

2.8 星形工具组

本节对星形工具组进行简单的介绍,星形工具组主要包括星形工具和复杂星形工具的简单应用。

在工具箱中选择☆(星形)工具，如果画面中没有选择任何对象，则属性栏中只有【点数或边数】和【锐度】中的选项为可用状态，可以在其中指定星形的边数与锐度，也可以直接在绘图窗口中绘制好星形后在属性栏中去更改大小、边数、位置与锐度等属性。

2.8.1 星形工具的使用

使用星形工具可以绘制多边形与星形。下面对☆(星形)工具的使用进行简单的介绍。

01 新建一个宽度、高度分别为 185mm、155mm 的空白文档，按 Ctrl+I 组合键，在弹出的对话框中选择随书附带光盘中的 CDROM|素材|Cha02|星形.jpg 素材文件，单击【导入】按钮，如图 2-100 所示。

02 在工具箱中按住○(多边形)工具不放，在弹出的快捷菜单中选择☆(星形)工具，移动鼠标指针在绘图页中适当位置按住鼠标左键向对角拖动，绘制五角星，如图 2-101 所示。到适当的位置松开鼠标左键，完成后的效果如图 2-102 所示。

图 2-100　导入的素材文件

图 2-101　选择工具并绘制图形

03 确定新绘制的图形处于选择状态，在默认的 CMYK 调色板中单击 C、M、Y、K 分别为 0、0、100、0 的色块，然后右击无色块，完成后的效果如图 2-103 所示。

图 2-102　绘制的图形效果

图 2-103　设置填充颜色和轮廓颜色

04 使用相同的方法，在绘图页中绘制多个星形，然后使用相同的方法进行填充，并调整位置，完成后的效果如图 2-104 所示。

05 选择绘图页中所有的星形对象，在属性栏中将【点数或边数】设置为 20，将【锐度】设置为 30，星形图形将得到如图 2-105 所示的变化。

图 2-104　完成后的效果

图 2-105　更改参数后的效果

2.8.2　使用复杂星形工具绘图

下面再来介绍复杂星形工具的基本应用。

01 继续使用上一小节的素材，在工具箱中按住（多边形）工具不放，在弹出的快捷菜单中选择（复杂星形）工具，移动鼠标指针到画面中适当位置，按住鼠标左键向对角拖移，绘制图形，如图 2-106 所示。到适当的位置松开鼠标左键，完成后的效果如图 2-107 所示。

图 2-106　绘制图形

图 2-107　绘制完图形后的效果

02 确定新绘制的图形处于选择状态，在默认的 CMYK 调色板中单击 C、M、Y、K 分别为 0、0、100、0 的色块，然后右击无色块，完成后的效果如图 2-108 所示。

03 使用相同的方法，在绘图页中绘制多个复杂星形，然后使用相同的方法进行填充，并调整位置，完成后的效果如图 2-109 所示。

图 2-108　填充颜色

图 2-109　完成后的效果

2.9　基本形状的绘制

利用基本形状工具可以绘制出各种各样的基本图形，如箭头、四边形、标题图形、流程图、标注图等，它和 Office 软件包绘图工具栏中的自选图形很相似，操作方法也类似。

提示：按住鼠标左键在画面上拖动可创建一个完美形状对象；按 Ctrl 键的同时按住鼠标左键拖动可限制纵横比；按住 Shift 键的同时按住鼠标左键可从中心开始绘制图形。

2.9.1　基本形状的使用

下面以小实例的制作来介绍基本形状工具的应用。

01　新建一个宽度、高度分别为 105mm、145mm 的空白文档，在工具箱中单击（基本形状工具）按钮，然后在属性栏中将【完美形状】设置为如图 2-110 所示的形状，并在绘图页中绘制图形。

02　在工具箱中单击（填充工具）按钮，在弹出的浮动框中选择【渐变填充】工具，在弹出的对话框的【颜色调和】区域中选择【双色】单选按钮，将【从】设置为冰蓝，将【到】设置为白，将【中点】设置为 23；将【选项】区域中的【角度】设置为 90°，单击【确定】按钮，填充后的效果如图 2-111 所示。

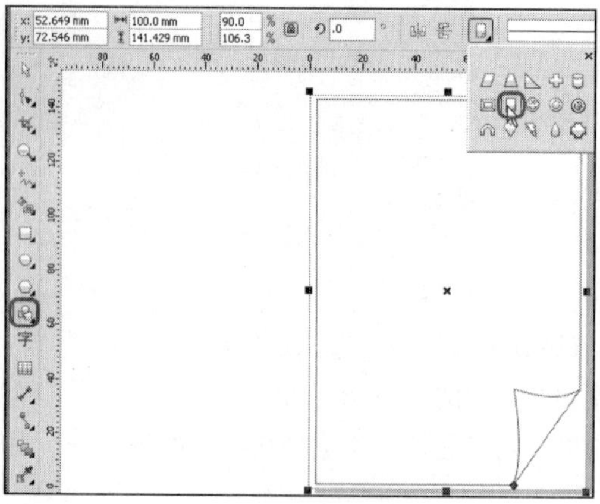

图 2-110　绘制图形

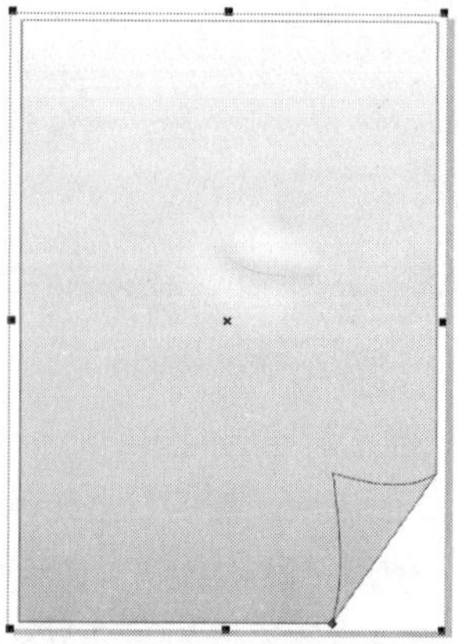

图 2-111　填充颜色

03 在工具箱中单击（基本形状工具）按钮，再在属性栏中将【完美形状】设置为如图 2-112 所示的形状，并在绘图页中绘制图形，调整其位置。

04 确认刚刚绘制的图形处于选择状态，复制一个相同的图形，并在绘图页中调整其位置，如图 2-113 所示。

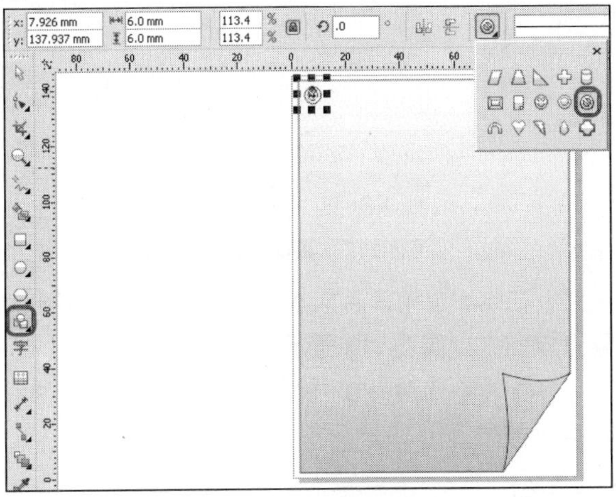

图 2-112　绘制图形

图 2-113　复制图形

05 在工具箱中单击（基本形状工具）按钮，再在属性栏中将【完美形状】设置为如图 2-114 所示的形状，并在绘图页中绘制图形，调整其位置。

06 在默认的 CMYK 调色板中单击 C、M、Y、K 分别为 0、0、100、0 的色块，为其填充颜色，如图 2-115 所示。

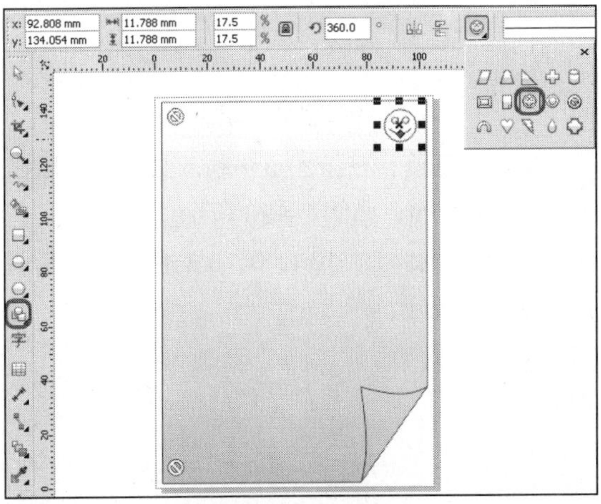

图 2-114　绘制图形

图 2-115　填充颜色

07 在工具箱中选择（钢笔）工具，在绘图页中绘制图形，如图 2-116 所示。

08 在默认的 CMYK 调色板中单击 C、M、Y、K 分别为 0、0、0、100 的色块，为其填充颜色，并复制一个相同的图形，调整至如图 2-117 所示的位置。

图 2-116　绘制图形

图 2-117　填充颜色并复制

09　单击工具箱中的字（文本工具）按钮，在绘图页中输入文本，然后在属性栏中将【字体】设置为【方正新舒体简体】，将【大小】设置为 50pt，如图 2-118 所示。

10　在默认的 CMYK 调色板中单击 C、M、Y、K 分别为 0、60、100、0 的色块，为其填充颜色，并在调色板中右击无色块，填充后的效果如图 2-119 所示。

图 2-118　创建文本

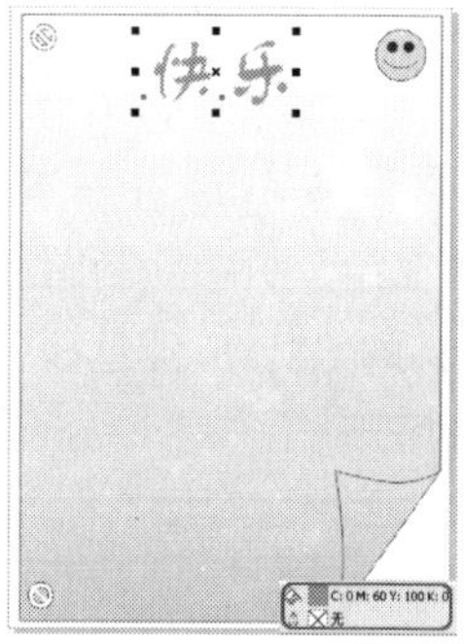

图 2-119　填充颜色

11　在空白处单击，再选择工具箱中的字（文本）工具，在绘图页中输入文本，然后在属性栏中将【字体】设置为【华文行楷】，将【大小】设置为 15pt，如图 2-120 所示。

12　在默认的 CMYK 调色板中单击 C、M、Y、K 分别为 0、100、0、0 的色块，为其填充颜色，并在调色板中右击无色块，填充后的效果如图 2-121 所示。

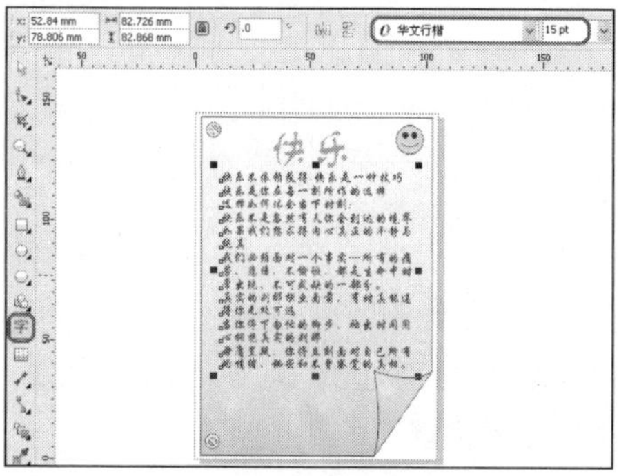

图 2-120　创建文本

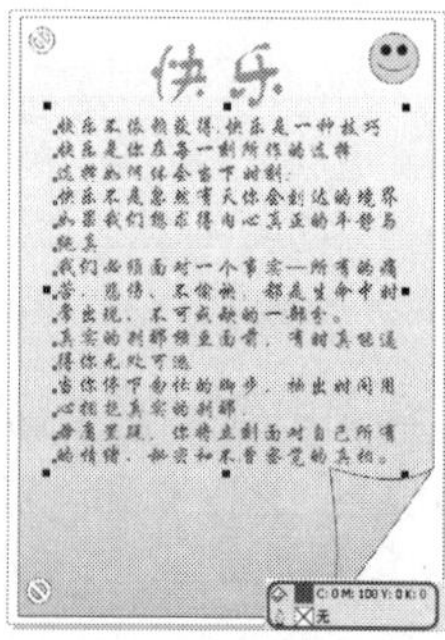

图 2-121　填充颜色

13 按 Ctrl+I 组合键，在弹出的对话框中选择随书附带光盘中的 CDROM|素材|Cha02|幸福一家人.jpg 素材文件，单击【导入】按钮，将选择的文件导入到绘图页中，并调整素材的大小，如图 2-122 所示。

14 按 Ctrl+I 组合键，在弹出的对话框中选择随书附带光盘中的 CDROM|素材|Cha02|快乐的童年.jpg 素材文件，单击【导入】按钮，将选择的文件导入到绘图页中，并调整素材的大小，在空白处单击，取消对象的选择，最后的效果如图 2-123 所示。

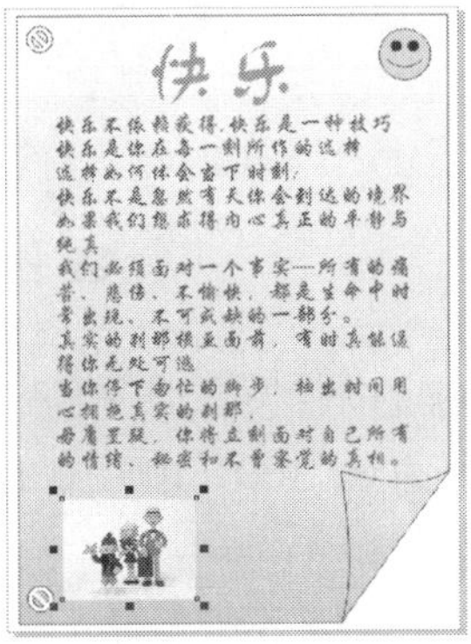

图 2-122　导入素材

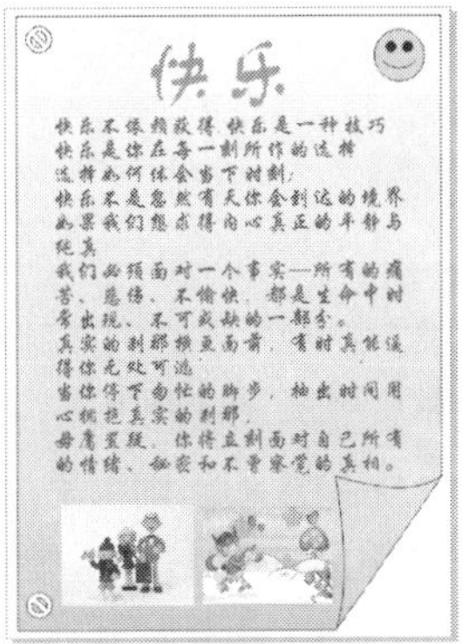

图 2-123　完成后的效果

2.9.2　标题形状工具的使用

下面以一个小实例，来介绍标题形状工具的应用。

01 新建一个横向页面的文档，按 Ctrl+I 组合键，在弹出的对话框中选择随书附带光盘中的 CDROM|素材|Cha02|首饰.jpg 素材文件，单击【导入】按钮，按一定的比例进行缩放，如图 2-124 所示。

02 在工具箱中选择（标题形状）工具，并在其属性栏中选择如图 2-125 所示的形状，接着在绘图区中按下鼠标左键向对角拖动，绘制出所需的形状，确定图形的大小后松开鼠标左键，即可绘制出图形。

图 2-124　导入的素材

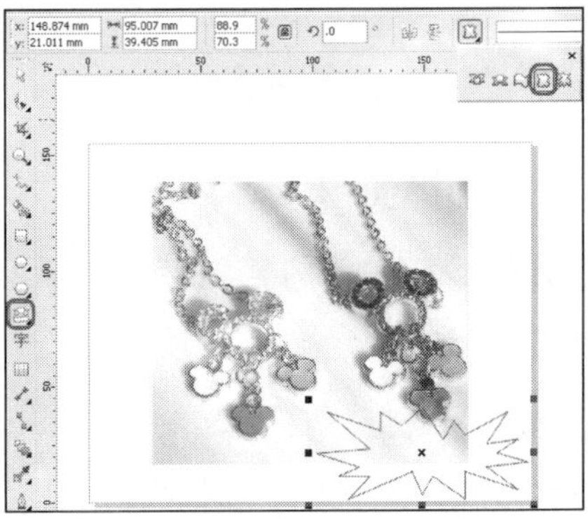

图 2-125　绘制图形

03 确定新绘制的图形处于选择状态，在默认的 CMYK 调色板中单击 C、M、Y、K 分别为 0、0、100、0 的色块，为其填充颜色，并在调色板中右击无色块，取消轮廓的填充，完成后的效果如图 2-126 所示。

04 选择工具箱中的（文本）工具，在创建的图形上创建文本，然后在属性栏中将【字体】设置为【汉仪超粗宋简】，将【字体大小】设置为 24pt，如图 2-127 所示。

图 2-126　填充颜色

图 2-127　创建文本

05 在默认的 CMYK 调色板中单击 C、M、Y、K 分别为 0、100、100、0 的色块，为其填充颜色，填充后的效果如图 2-128 所示。

06 使用（选择）工具，在绘图页的空白处单击，取消文本的选择，最后完成的效果如图 2-129 所示。

图 2-128　填充颜色

图 2-129　完成后的效果

2.10　上机练习

通过前面对基础知识的学习，用户对常用绘制工具有了简单的认识，下面通过实际的练习来巩固基础知识的学习。

2.10.1　制作表情

本例将介绍表情的制作，该例的制作比较简单，主要是使用（椭圆形）工具和（钢笔）工具绘制表情的形状，然后使用【渐变填充】工具为表情填充颜色，并使用（透明度）工具为其设置透明度，使用（文本）工具在表情下方创建文本。

01 新建一个宽度、高度分别为 185mm、160mm 的横向文档，创建后如图 2-130 所示。

02 选择工具箱中的（椭圆形）工具，将【轮廓宽度】设置为 0.5mm，在弹出的对话框中单击【确定】按钮，在绘图页中图像的左上角按下鼠标左键不放，向右下方拖动鼠标绘制椭圆，到适当的位置释放鼠标左键，绘制的椭圆效果如图 2-131 所示。

图 2-130　创建横向文档

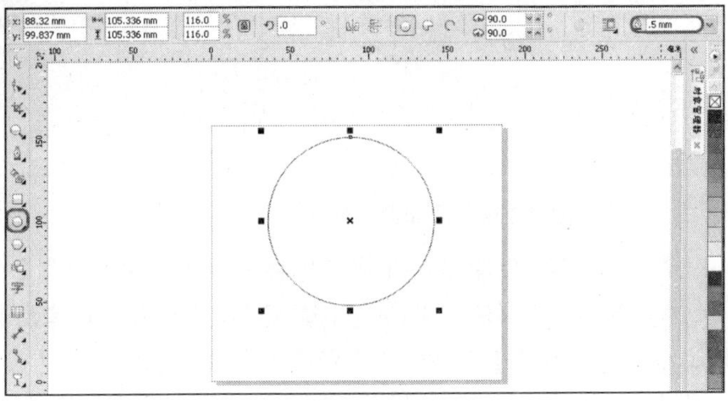

图 2-131　绘制椭圆

03 在工具箱中单击（填充工具）按钮，在弹出的浮动框中选择【渐变填充】工具，弹出【渐变填充】对话框，将【选项】区域中的【角度】设置为 90°，在【颜色调和】区域中选择【双色】单选按钮，将【从】设置为橘红，将【到】设置为沙黄，单击【确定】按钮，如图 2-132 所示。

04 选择工具箱中的（椭圆形）工具，在绘图页中绘制椭圆，调整其位置，然后将其填充为白色，将轮廓设置为无，如图 2-133 所示。

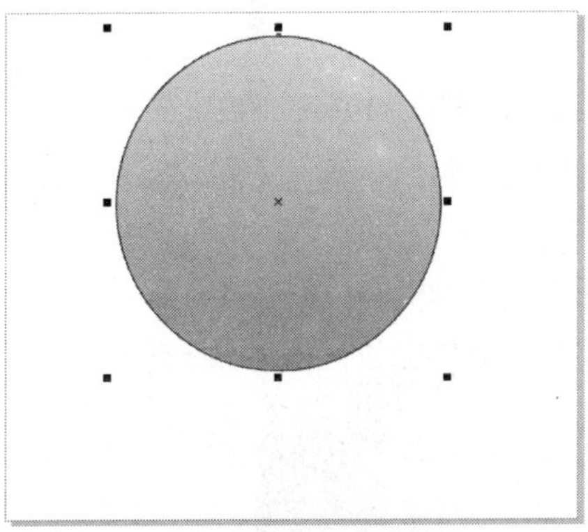

图 2-132　为椭圆填充颜色

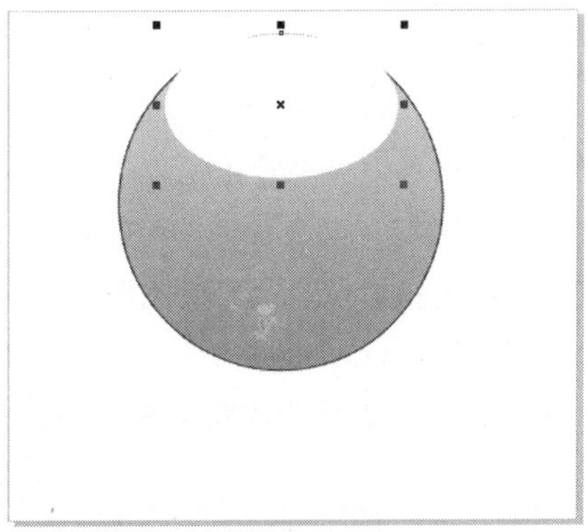

图 2-133　绘制椭圆并填充为白色

提示：（透明度）工具的应用，在后面的章节中将进行详细的介绍，可为用户进行参考。

05 在工具箱中单击（透明度工具）按钮，在绘图页中为椭圆对象添加透明效果，并调整透明中心点至如图 2-134 所示的位置。

06 为表情绘制眼睛，选择工具箱中的（椭圆形）工具，在绘图页中绘制椭圆，调整其位置，将其填充为黑色，轮廓设置为黑色，如图 2-135 所示。

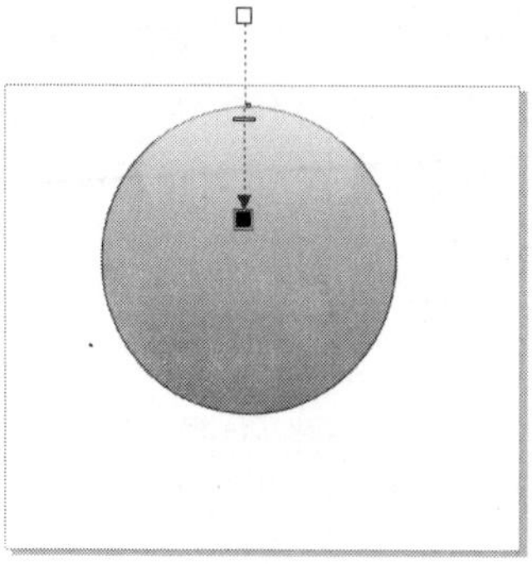

图 2-134　添加透明效果

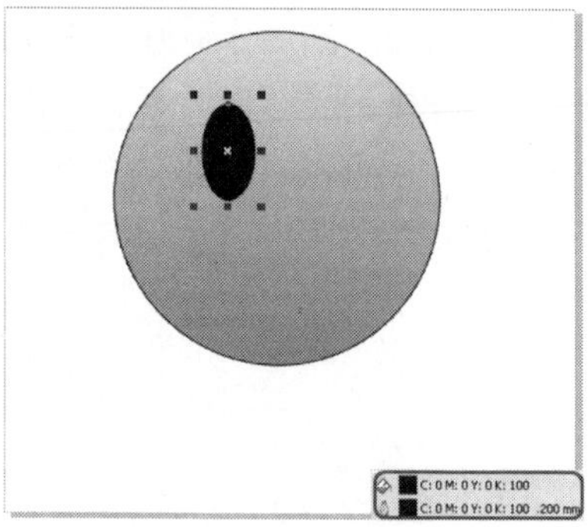

图 2-135　绘制眼睛

07　在工具箱中单击（钢笔工具）按钮，绘制如图 2-136 所示的曲线。

08　然后在工具箱中单击（填充工具）按钮，在弹出的浮动框中选择【渐变填充】，在弹出的对话框中将【选项】区域中的【角度】设置为 90°，在【颜色调和】区域中选择【双色】单选按钮，将【从】设置为 80%黑，将【到】设置为 20%黑，单击【确定】按钮，如图 2-137 所示。

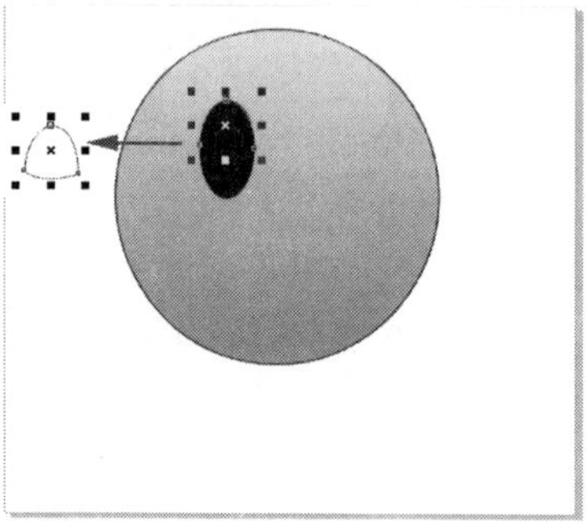

图 2-136　绘制曲线

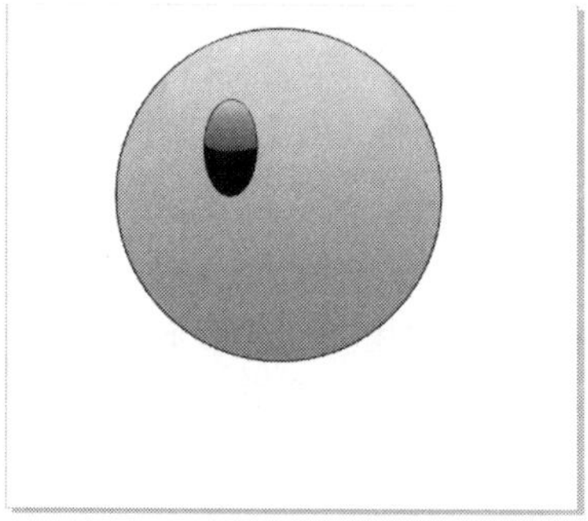

图 2-137　为绘制的曲线填充颜色

09　在工具箱中单击（选择工具）按钮，选择刚刚绘制的眼睛，并复制另一个眼睛，然后调整其位置，调整后的效果如图 2-138 所示。

10　选择工具箱中的（椭圆形）工具，在绘图页中绘制椭圆，调整其位置，然后在默认的 CMYK 调色板中单击C、M、Y、K分别为 0、100、100、0 的颜色，将轮廓设置为无，然后复制椭圆，调整位置，调整后的效果如图 2-139 所示。

图 2-138　复制另一个眼睛并调整位置

图 2-139　绘制椭圆

11 在绘图页中选择刚刚绘制的两个椭圆，在工具箱中单击 （透明度工具）按钮，在绘图页中为椭圆对象添加透明效果，并调整透明中心点至如图 2-140 所示的位置。

12 在工具箱中单击 （钢笔工具）按钮，并将其【轮廓宽度】设置为细线，绘制如图 2-141 所示的曲线。

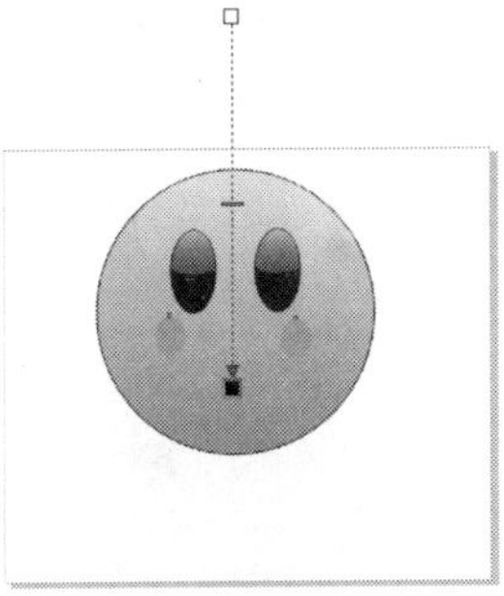

图 2-140　添加透明效果

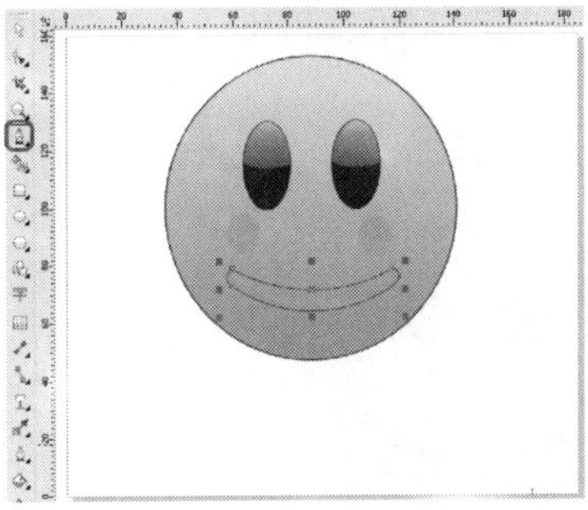

图 2-141　绘制曲线

13 在默认的 CMYK 调色板中单击 C、M、Y、K 分别为 0、0、0、100 的色块，为绘制的曲线填充颜色，填充后的效果如图 2-142 所示。

14 在工具箱中单击 （钢笔工具）按钮，并将其【轮廓宽度】设置为细线，绘制如图 2-143 所示的曲线。

图 2-142　填充颜色

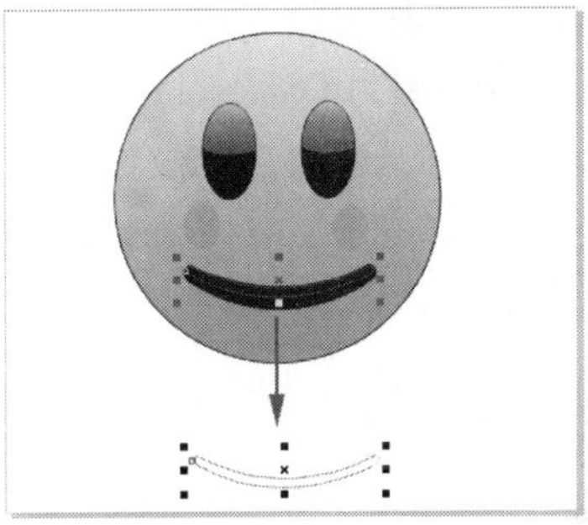

图 2-143　绘制曲线

15 在默认的 CMYK 调色板中单击 C、M、Y、K 分别为 0、0、0、60 的色块，为绘制的曲线填充颜色，填充后的效果如图 2-144 所示。

16 在绘图页中选择如图 2-145 所示的图形。

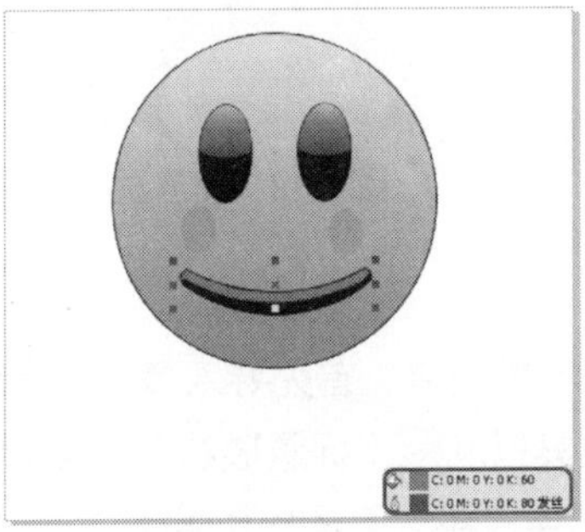

图 2-144　填充颜色

图 2-145　选择图形

17 在工具箱中选择（透明度）工具，然后在绘图页中单击并拖动，调整至如图 2-146 所示的位置。

18 在工具栏中单击（文本工具）按钮，移动鼠标指针到绘图页中，在适当位置单击，出现一闪一闪的光标后，输入“SMILE”，再在属性栏中将【字体】设置为 Kristen ITC，【字体大小】设置为 60pt，接着在默认的 CMYK 调色板中单击 C、M、Y、K 分别为 0、60、100、0 的色块，如图 2-147 所示。

图 2-146 添加透明度

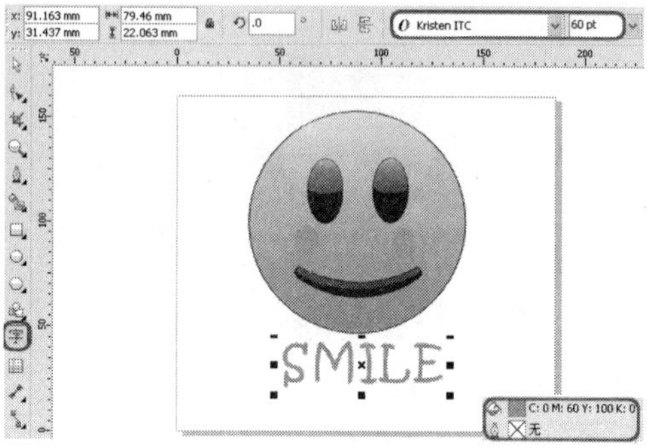

图 2-147 输入文字并填充颜色

19 在空白处单击，然后在工具栏中单击（文本工具）按钮，移动鼠标指针到绘图页中，在适当位置单击，出现一闪一闪的光标后，输入“You should keep smiling all the time .”，再在属性栏中将【字体】设置为 Californian FB，【字体大小】设置为 36pt，接着在默认的 CMYK 调色板中单击 C、M、Y、K 分别为 0、0、0、100 的色块，如图 2-148 所示。

20 在空白处单击，取消对图像的选择，完成后的效果如图 2-149 所示，最后对场景进行保存即可。

图 2-148 输入文字并填充颜色

图 2-149 完成后的效果

2.10.2 绘制采购流程图

本例将介绍某政府采购流程图的绘制，该例的绘制比较简单，首先导入素材，为绘制的流程图设置背景。然后通过（矩形）工具、（流程图）工具以及（标题形状）工具绘制图形，并为其填充颜色，再使用（直线连接器）工具与（直角连接器）工具将其连接。

01 新建一个宽度、高度分别为 134mm、190mm 的空白文档。按 Ctrl+I 组合键，在弹出的对话框中选择随书附带光盘中的 CDROM|素材|Cha02|背景.jpg 素材，单击【导入】按钮，在绘图页中调整素材图形的大小和位置，如图 2-150 所示。

02 在工具箱中选择（文本）工具，在属性栏中将【字体】设置为【华文行楷】，将【字体大小】设置为 36pt，将鼠标指针移动到绘图页的合适位置单击，输入文本，如图 2-151 所示。

图 2-150　导入素材图形

图 2-151　输入文本

03 在工具箱中选择（矩形）工具，在属性栏中将【轮廓宽度】设置为 0.75mm，在绘图页中绘制一个矩形，如图 2-152 所示。

04 在默认的 CMYK 调色板中单击 C、M、Y、K 分别为 0、0、100、0 的色块，然后右击 C、M、Y、K 分别为 0、100、100、0 的色块，效果如图 2-153 所示。

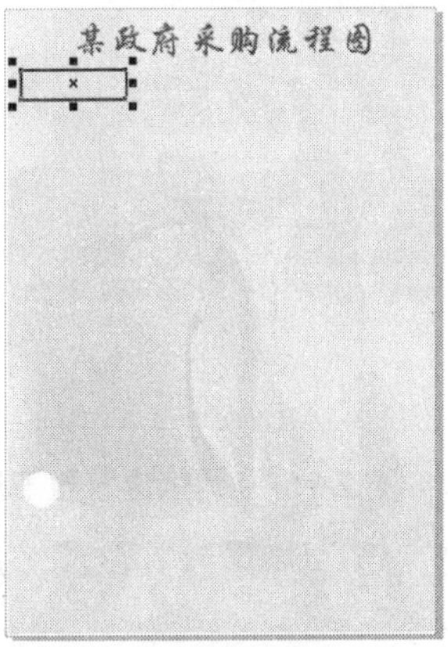

图 2-152　绘制矩形

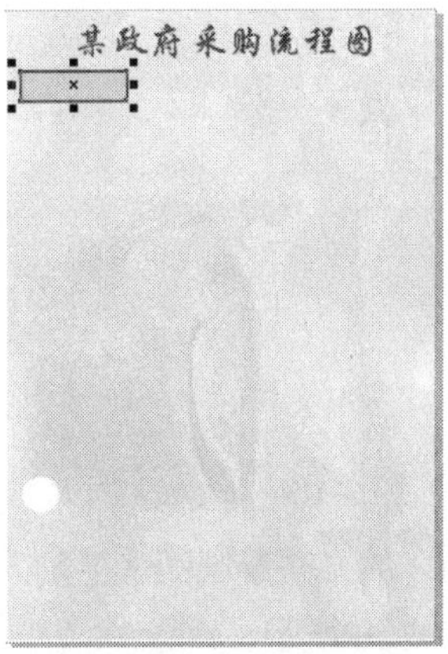

图 2-153　填充颜色

05 在工具箱中选择（文本）工具，在属性栏中将【字体】设置为【方正宋黑简体】，将【字体大小】设置为 12pt，再在绘图页中输入文本，如图 2-154 所示。

06 再在工具箱中选择（矩形工具），在绘图页中绘制矩形，然后在默认的 CMYK 调色板中单击 C、M、Y、K 分别为 0、0、100、0 的色块，然后右击 C、M、Y、K 分别为 0、100、100、0 的色块，为其填充颜色，如图 2-155 所示。

图 2-154　输入文本

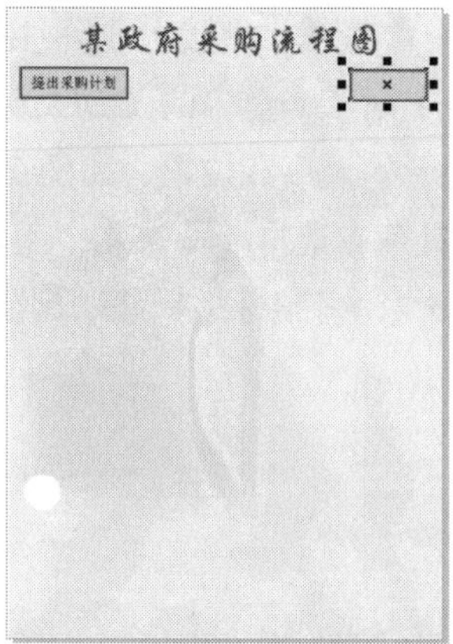

图 2-155　绘制矩形并填充颜色

07 在工具箱中选择字（文本）工具，在属性栏中将【字体】设置为【方正宋黑简体】，将【字体大小】设置为 12pt，再在新绘制的矩形上输入文本，如图 2-156 所示。

08 在工具箱中选择（直线连接器）工具，在属性栏中将【终止箭头】设置为【箭头 3】，将【轮廓宽度】设置为 0.75mm，将鼠标指针移动到第一个矩形右边中间的位置，在此处按下鼠标左键并拖动到绘制的第二个矩形的左边中间的位置，松开鼠标左键即可将两个矩形连接起来，如图 2-157 所示。

图 2-156　输入文本

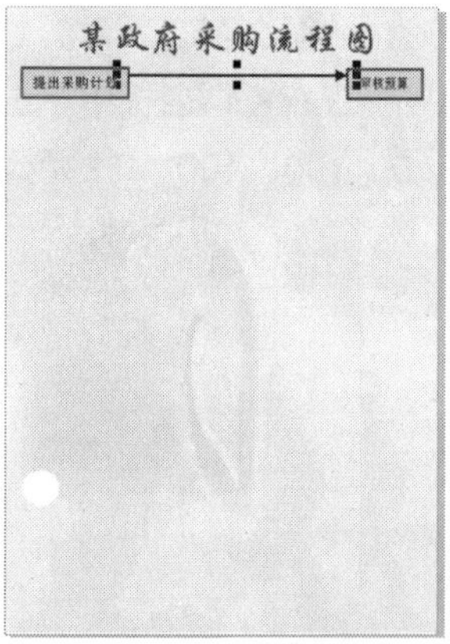

图 2-157　添加连接器工具

09 使用相同的方法绘制图形并输入文本，然后在绘图页中调整其位置，并将有联系的矩形连接，效果如图 2-158 所示。

10 在工具箱中选择（标题形状）工具，在【完美形状】中选择一个形状，将鼠标指针移动到绘图页的合适位置，绘制如图 2-159 所示的形状。

11 在默认的 CMYK 调色板中单击 C、M、Y、K 分别为 0、40、20、0 的色块，然后右击 C、M、Y、K 分别为 0、100、100、0 的色块，为新绘制的形状填充颜色，如图 2-160 所示。

12 在工具箱中选择字（文本）工具，在属性栏中将【字体】设置为【方正宋黑简体】，将【字体大小】设置为 12pt，再在绘图页中输入文本，如图 2-161 所示。

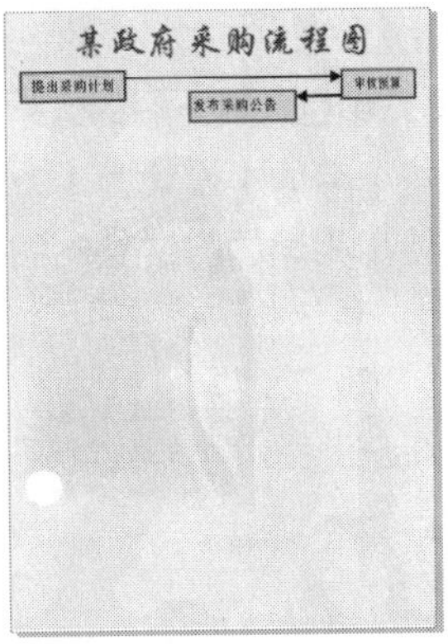

图 2-158　绘制图形并输入文本

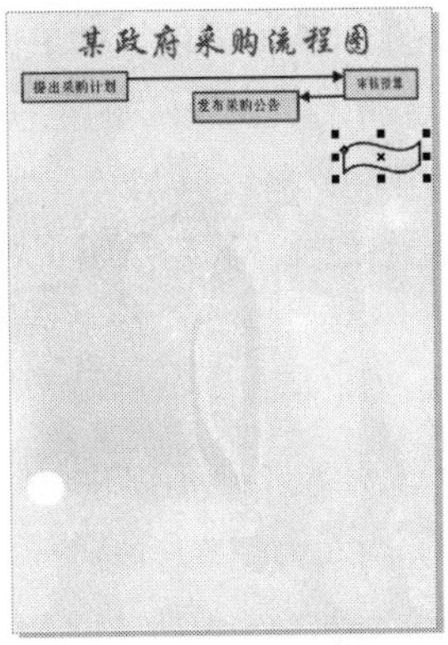

图 2-159　绘制图形

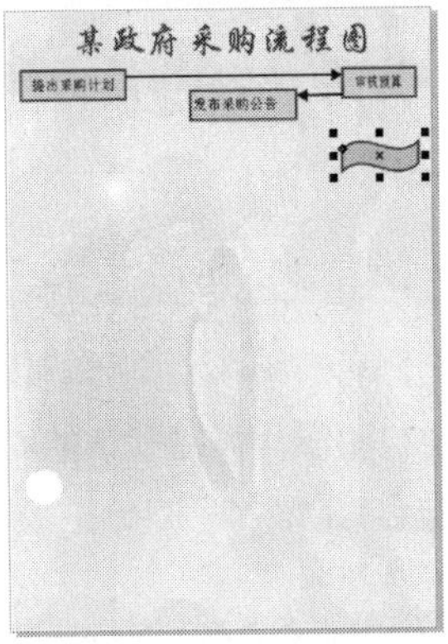

图 2-160　填充颜色

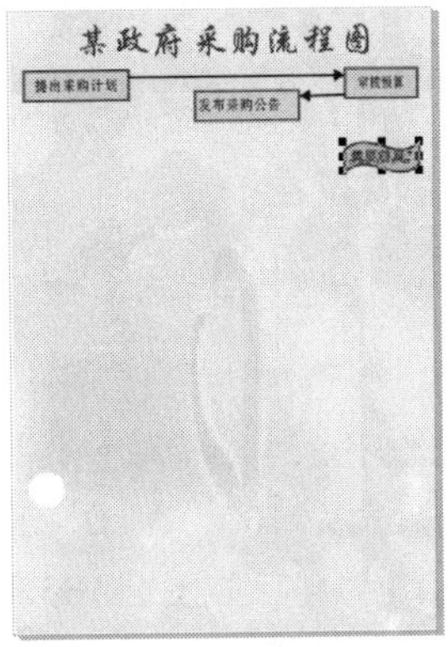

图 2-161　输入文本

13 在工具箱中选择（直角连接器）工具，在属性栏中将【终止箭头】设置为【箭头 3】，将【轮廓宽度】设置为 0.75mm，将有联系的矩形连接起来，如图 2-162 所示。

14 在工具箱中选择（流程图形状）工具，在属性栏的【完美形状】中选择一种形状，将【轮廓宽度】设置为 0.75mm，将鼠标指针移动到绘图页的合适位置，绘制图形，如图 2-163 所示。

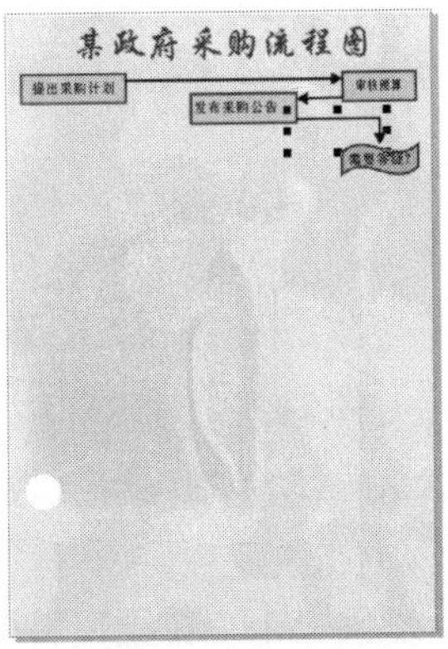

图 2-162　添加连接器工具

图 2-163　绘制图形

15 在默认的 CMYK 调色板中单击 C、M、Y、K 分别为 0、0、0、0 的色块，然后右击 C、M、Y、K 分别为 0、100、100、0 的色块，为绘制的图形填充颜色，填充后的效果如图 2-164 所示。

16 在工具箱中选择字（文本）工具，在属性栏中将【字体】设置为【方正宋黑简体】，将【字体大小】设置为 12pt，再在绘图页中输入文本。然后使用相同的方法绘制图形，并输入文字，如图 2-165 所示。

图 2-164 填充颜色

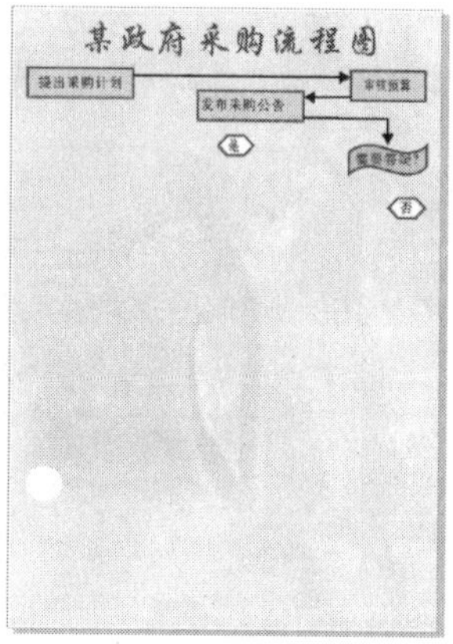

图 2-165 输入文字并绘制图形

17 在工具箱中选择□（矩形）工具，在绘图页中绘制图形，再在默认的 CMYK 调色板中单击 C、M、Y、K 分别为 100、0、0、0 的色块，然后右击 C、M、Y、K 分别为 0、100、100、0 的色块，为矩形填充颜色，如图 2-166 所示。

18 在工具箱中选择字（文本）工具，在属性栏中将【字体】设置为【方正宋黑简体】，将【字体大小】设置为 12pt，再在绘图页中输入文本，如图 2-167 所示。

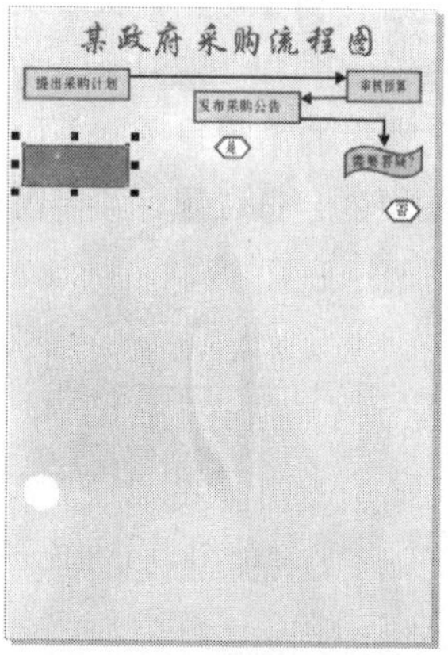

图 2-166 填充颜色

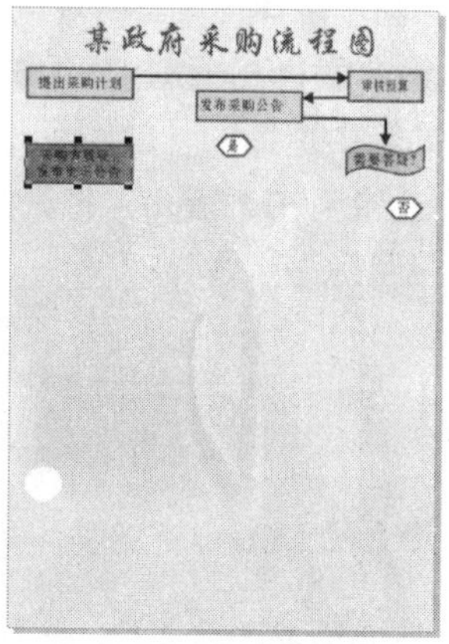

图 2-167 输入文字

19 使用上述方法绘制图形并输入文本，然后在默认的 CMYK 调色板中为其填充颜色，如图 2-168 所示。

20 在绘图页中绘制矩形，并为其填充颜色，然后输入文本，在绘图页中调整其位置，如图 2-169 所示。

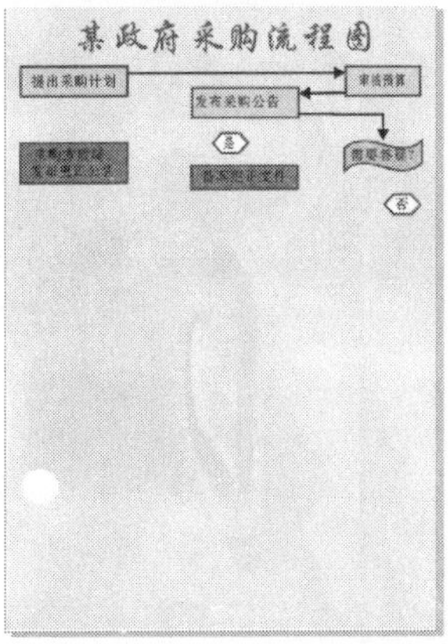

图 2-168　绘制图形并输入文本

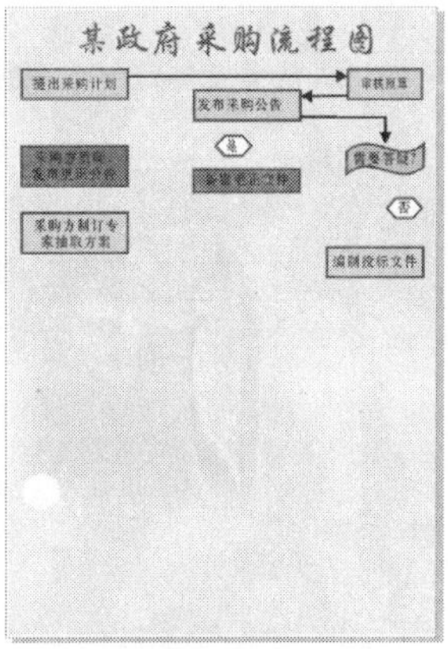

图 2-169　继续绘制图形并输入文本

21 在工具箱中分别选择（直线连接器）工具与（直角连接器）工具，在属性栏中将【终止箭头】设置为【箭头 3】，将【轮廓宽度】设置为 0.75mm，在绘图页中将有联系的矩形连接起来。然后在默认的 CMYK 调色板中右击 C、M、Y、K 分别为 100、0、100、0 的色块，如图 2-170 所示。

22 然后使用相同的方法在绘图页中绘制矩形，在默认的 CMYK 调色板中为其填充颜色，并输入文本，在绘图页中调整其位置，如图 2-171 所示。

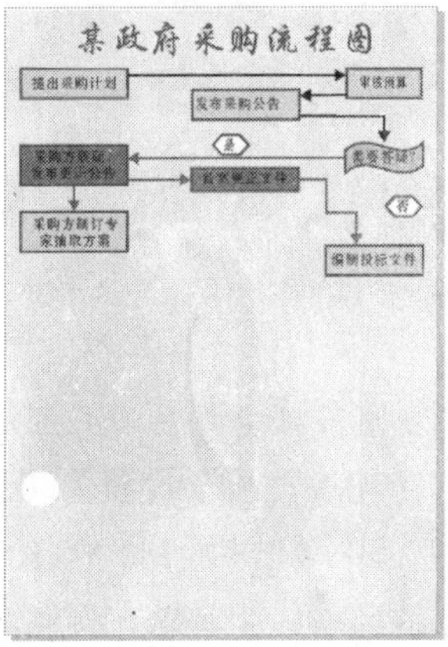

图 2-170　绘制图形并输入文本

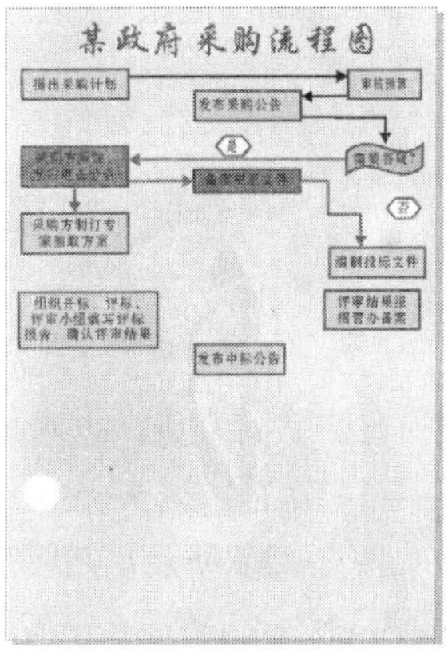

图 2-171　绘制图形并输入文本

23 在工具箱中分别选择（直线连接器）工具以及（直角连接器）工具，在属性栏中将【终止箭头】设置为【箭头 3】，将【轮廓宽度】设置为 0.75mm，在绘图页中将有联系的矩形连接起来，如图 2-172 所示。

24 在工具箱中选择（标题形状）工具，在【完美形状】中选择一个形状，将鼠标指针移动到绘图页的合适位置，绘制如图 2-173 所示的图形。

25 在默认的 CMYK 调色板中单击 C、M、Y、K 分别为 0、40、20、0 的色块，然后右击 C、M、Y、K 分别为 0、100、100、0 的色块，填充颜色后的效果如图 2-174 所示。

26 在工具箱中单击（文本工具）按钮，在属性栏中将【字体】设置为【方正宋黑简体】，将【字体大小】设置为 12pt，在绘图页中输入文本，并调整它的位置，如图 2-175 所示。

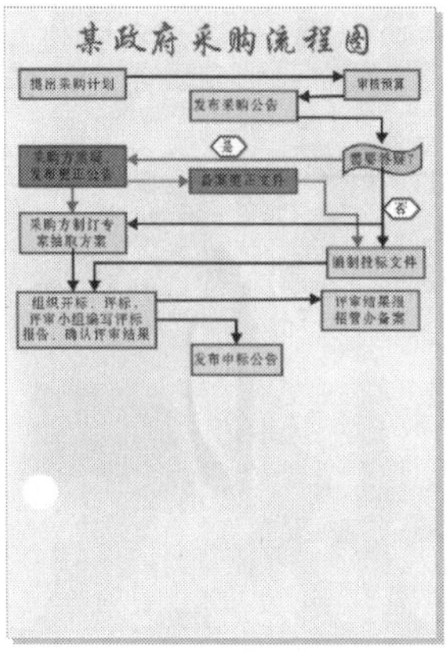

图 2-172　连接矩形

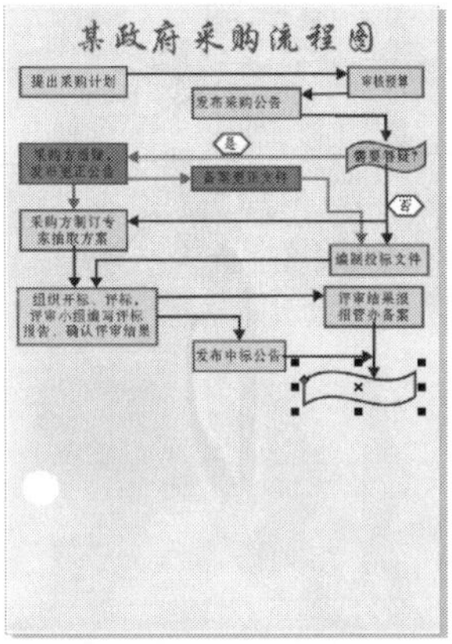

图 2-173　绘制图形

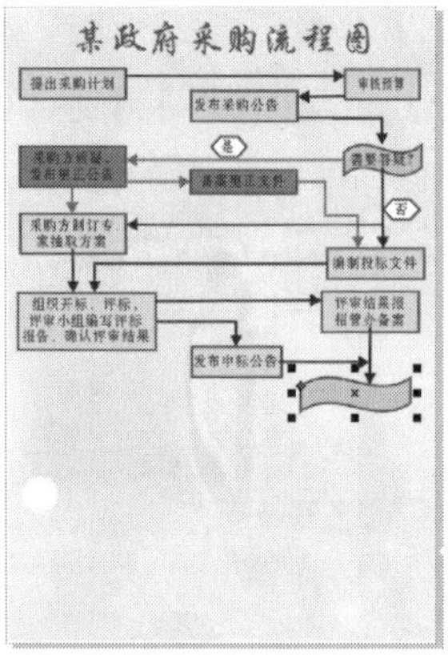

图 2-174　填充颜色

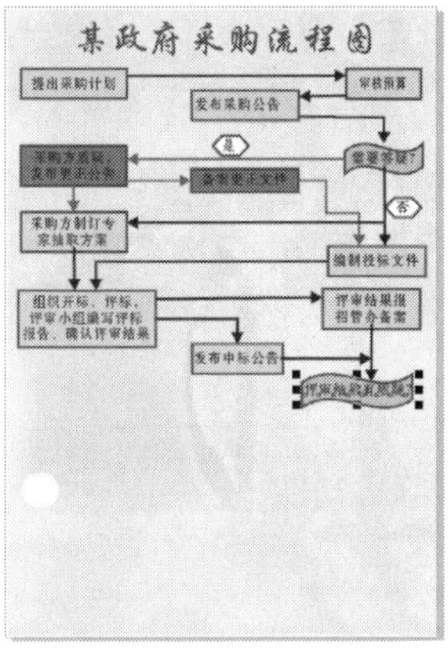

图 2-175　输入文本

27　使用前面的绘制方法，将如图 2-176 所示的图形复制并移动到合适的位置。

28　在工具箱中选择□（矩形）工具，在属性栏中将【轮廓宽度】设置为 0.75mm，在绘图页中绘制矩形，如图 2-177 所示。然后在默认的 CMYK 调色板中单击 C、M、Y、K 分别为 100、0、0、0 的色块，右击 C、M、Y、K 分别为 0、100、100、0 的色块，为其填充颜色。

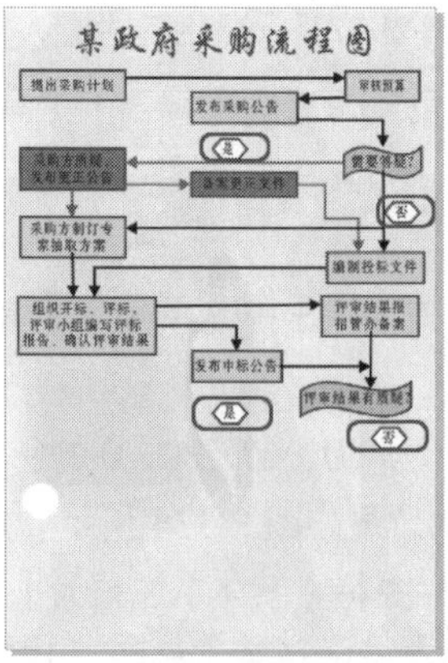

图 2-176　复制并移动图形

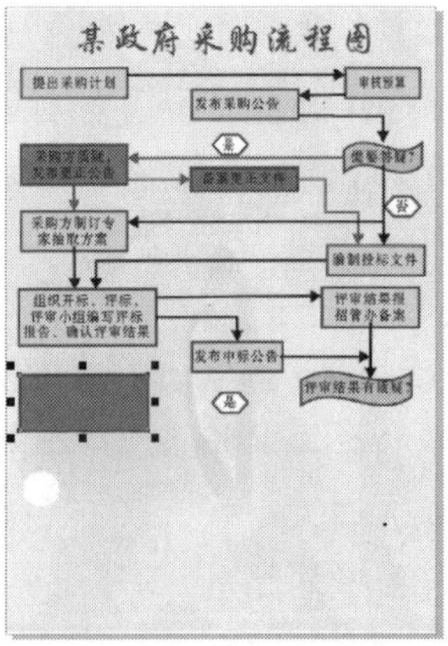

图 2-177　绘制矩形

29 在工具箱中选择字（文本）工具，在属性栏中将【字体】设置为【方正宋黑简体】，将【字体大小】设置为 12pt，然后在绘图页中输入文本，并调整其位置，如图 2-178 所示。

30 在工具箱中分别选择（直线连接器）工具以及（直角连接器）工具，在属性栏中将【终止箭头】设置为【箭头 3】，将【轮廓宽度】设置为 0.75mm，在绘图页中将有联系的矩形连接起来，如图 2-179 所示。然后在默认的 CMYK 调色板中右击 C、M、Y、K 分别为 100、0、100、0 的色块，设置轮廓颜色。

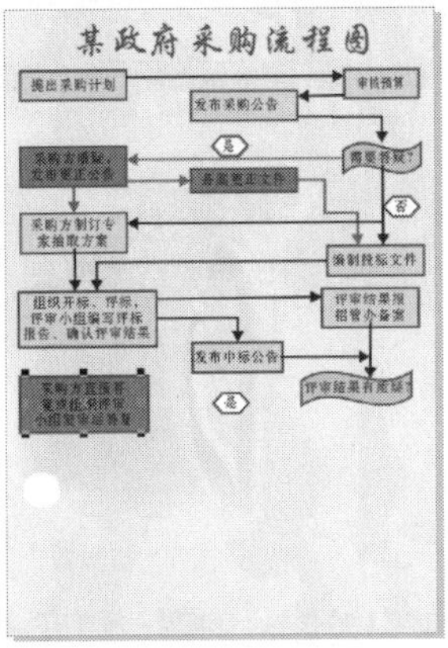

图 2-178　输入文本

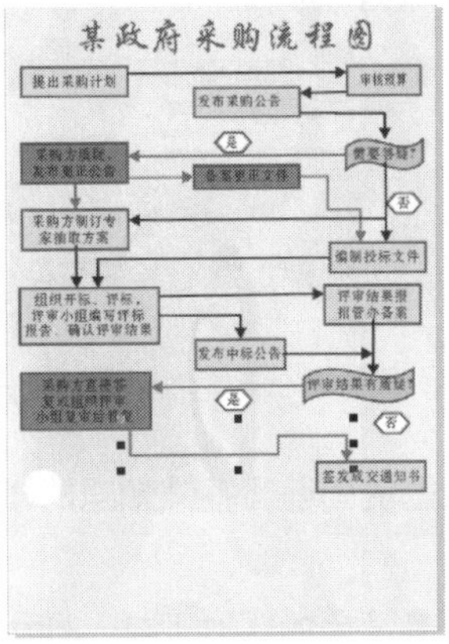

图 2-179　连接矩形

31 使用相同的方法，在绘图页中继续绘制矩形，并为其填充颜色，然后再在绘图页中输入文本，调整其位置，如图 2-180 所示。

32 在工具箱中选择（直线连接器）工具，在属性栏中将【终止箭头】设置为【箭头 3】，将【轮廓宽度】设置为 0.75mm，在绘图页中将有关联的矩形连接起来，如图 2-181 所示。

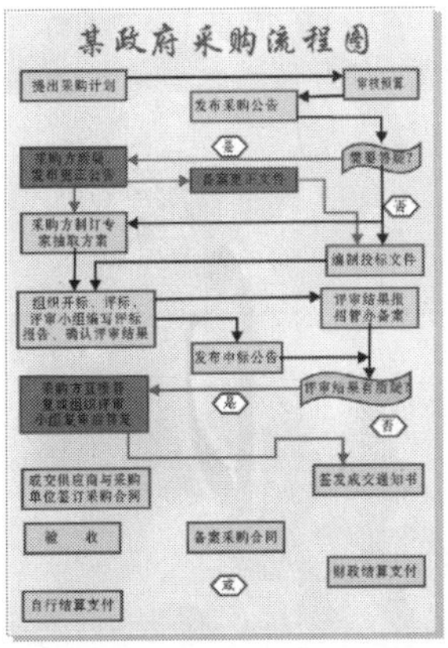

图 2-180　绘制图形并输入文本

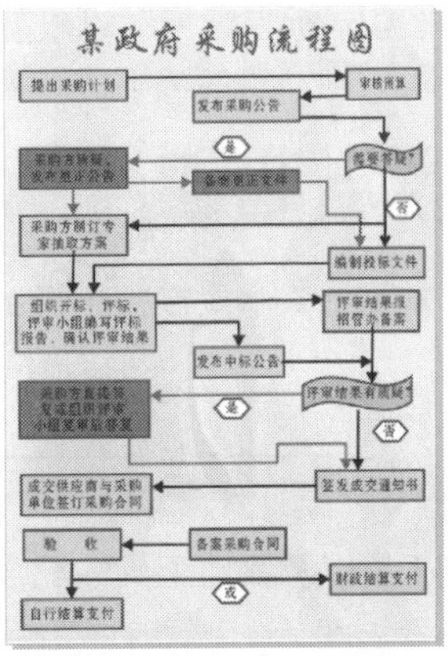

图 2-181　连接矩形

33 在工具箱中选择（直角连接器）工具，在属性栏中将【终止箭头】设置为【箭头 3】，将【轮廓宽度】设置为 0.75mm，在绘图页中将有关联的矩形连接起来，如图 2-182 所示。

34 在绘图页中的空白处单击鼠标，取消对象的选择，完成后的效果如图 2-183 所示。

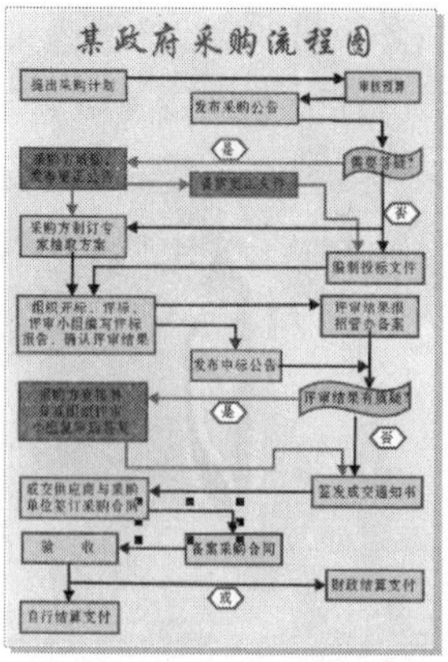

图 2-182　连接矩形

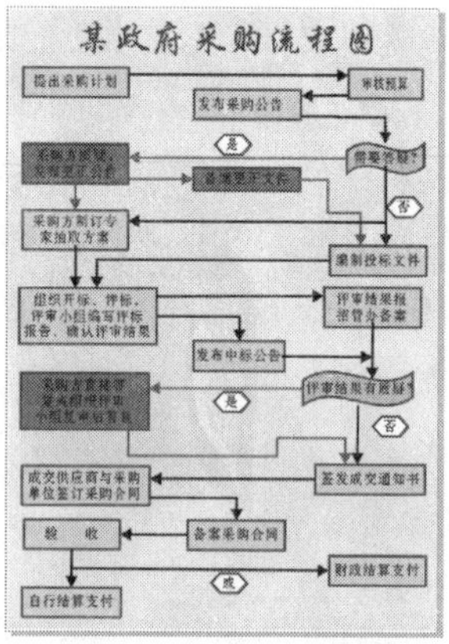

图 2-183　完成后的效果

本 章 习 题

下面通过习题巩固前面基础知识的学习。

1. 选择题

（1）使用工具箱中的矩形工具、椭圆工具以及多边形工具绘制的图形，都可以直接用（　　）来调整形状。

A. 选择工具　　B. 贝塞尔工具　　C. 形状工具　　D. 钢笔工具

（2）按住（　　）键的同时使用椭圆形工具在绘图区中拖动鼠标可以绘制正圆形。

A. Shift　　B. Ctrl　　C. Ctrl+Alt　　D. Alt

（3）在【基本形状工具】一栏中，按住鼠标左键在绘图页上拖动可创建一个完美形状对象；按（　　）键的同时按住鼠标左键拖动可限制纵横比；按住（　　）键的同时按住鼠标左键可从中心开始绘制图形

A. Shift、Ctrl　　B. Ctrl、Shift　　C. Ctrl、Alt　　D. Alt、Ctrl

2. 填空题

（1）在【艺术笔工具】属性栏中包含________、________、________、________和________ 5 种艺术笔效果。

（2）节点一共有________、________、________ 3 种类型

3. 上机操作

利用艺术笔工具以及其他工具的配合绘制一个个性的相框。

第3章　CorelDRAW X5的辅助功能

本章重点

- 缩放工具的使用。
- 平移工具。
- 颜色滴管工具和填充工具的应用。
- 使用网格、标尺与辅助线。
- 使用动态辅助线。

CorelDRAW程序的（缩放）工具、（平移）工具、（颜色滴管）工具、（填充）工具、标尺功能、辅助线功能、网格功能与动态辅助线等是帮助用户查看与绘制图形的工具，熟练掌握它们可以提高工作效率。

3.1　缩放工具

利用（缩放）工具可以对当前页面中的任何对象进行缩放操作，在CorelDRAW X5里可以观察到任何细微对象的细部特征。

下面以简单小实例的操作来介绍缩放工具的应用。

01 选择【文件】|【导入】命令，将随书附带光盘中的CDROM|素材|Cha03|图片01.jpg文件导入到场景中，如图3-1所示。

02 选择工具箱中的（缩放）工具，将其移动到绘图区域中的素材上，鼠标指针呈现（放大）状态，如图3-2所示。

图3-1　导入的素材文件

图3-2　鼠标指针呈现状态

03 在素材上单击即可将素材放大，放大后的效果如图 3-3 所示。也可以单击属性栏中的 (放大) 按钮，将素材放大显示。

04 按下鼠标右键，鼠标指针呈现 (缩小) 状态，如图 3-4 所示。松开鼠标右键即可将素材进行缩放，缩放后的效果如图 3-5 所示。也可以单击属性栏中的 (缩小) 按钮将素材进行缩放。

图 3-3　放大图像后的效果

图 3-4　鼠标指针呈现 状态

图 3-5　缩放图像后的效果

3.2　平移工具

平移工具的主要作用是平移窗口。单击工具箱中的 (平移工具) 按钮，此时鼠标指针会变成抓手的形状，按住鼠标左键并拖动，即可查看窗口中的图像。

打开任意一幅图像，使用平移工具并配合缩放工具来查看图像的各部分细节，具体的操作步骤如下。

01 按 Ctrl+I 组合键执行导入命令，将随书附带光盘中的 CDROM|素材|Cha03|脸谱.jpg 文件导入到场景中，如图 3-6 所示。

02 选择工具箱中的 (缩放) 工具，将导入的素材放大显示，如图 3-7 所示。

03 选择工具箱中的 (平移) 工具，在绘图区移动图形并对图形进行观察，如图 3-8 所示。

图 3-6　导入的素材文件

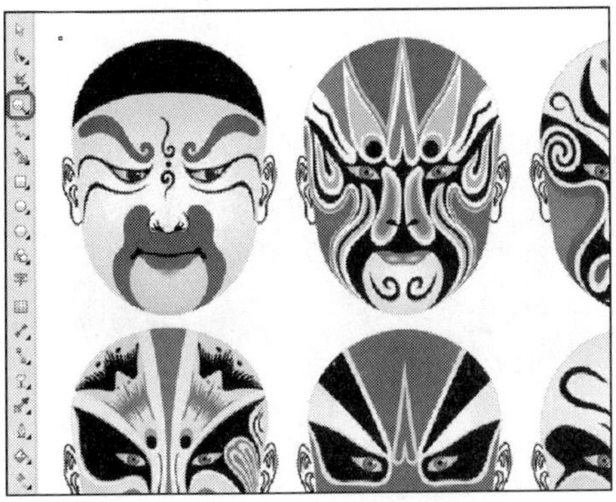

图 3-7　放大图像

图 3-8　移动图像

3.3　颜色滴管工具与填充工具

滴管工具分为两种，一种是颜色滴管工具，另一种是属性滴管工具。使用滴管工具可以为对象拾取需要填充的颜色，而使用填充工具可以根据需要为对象设置颜色。

3.3.1　颜色滴管工具

下面以一个小例子的形式对颜色滴管工具进行介绍。

01　按 Ctrl+I 组合键执行导入命令，将随书附带光盘中的 CDROM|素材|Cha03|068.jpg 文件导入到场景中，并调整素材的位置，如图 3-9 所示。

02　选择工具箱中的（基本形状）工具，在属性栏中将【完美形状】定义为形状，在绘图页中绘制图形，完成后的效果如图 3-10 所示。

图 3-9　导入的素材文件

图 3-10　绘制图形

03　选择工具箱中的（颜色滴管）工具，此时鼠标指针变成形状，在如图 3-11 所示的位置拾取颜色。

04　拾取完成后，将鼠标指针移至绘制的图形上，此时鼠标指针变成形状，单击，即可将拾取的颜色填充到新绘制的图形上，如图 3-12 所示。

图 3-11　拾取颜色

图 3-12　填充拾取的颜色

3.3.2　填充工具

下面以一个小例子的形式对填充工具进行介绍。

01　按 Ctrl+I 组合键执行导入命令，将随书附带光盘中的 CDROM|素材|Cha03|068.jpg 文件导入到场景中，并调整素材的位置。选择工具箱中的（基本形状）工具，在属性栏中将【完美形状】定义为形状，在绘图页中绘制图形，完成后的效果如图 3-13 所示。

图 3-13　绘制图形

02　选择工具箱中的（填充）工具，在弹出的浮动框中选择【均匀填充】，弹出【均匀填充】对话框，选择【模型】选项卡，将 C、M、Y、K 分别设置为 0、93、100 和 0，如图 3-14 所示。

03　单击【确定】按钮，即可为绘制的图形填充刚刚设置的颜色，效果如图 3-15 所示。

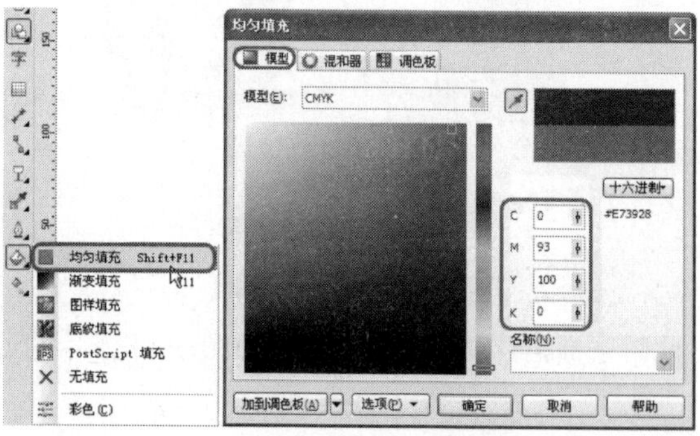

图 3-14　设置填充颜色

图 3-15　填充颜色后的效果

3.4　使用标尺

图 3-16　显示原点

默认情况下，标尺在应用程序窗口左侧和沿绘图窗口顶部显示，还可以隐藏或移动（按住 Ctrl+Shift 组合键并在标尺上按住鼠标左键向所需的方向拖动，即可移动标尺）标尺。标尺内的虚线标记显示鼠标指针移动时的位置。更改标尺原点（绘图页面的左下顶点 0，0），如图 3-16 所示，使用户可以从图像上指定点开始测量。标尺原点还决定了网格的原点。

3.4.1　更改标尺原点

下面介绍更改标尺原点的方法。

01　打开一个素材文件，在标尺栏的左上角交叉点处按住鼠标左键并向所需的特定点拖动，在拖动的同时会出现一个十字线，如图 3-17 所示。

02　到达特定点后松开鼠标左键，该特定点即成为标尺的新原点，如图 3-18 所示。

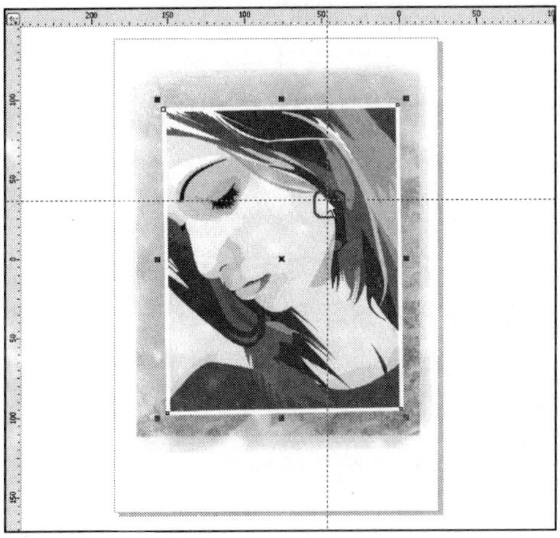

图 3-17　定义新原点位置

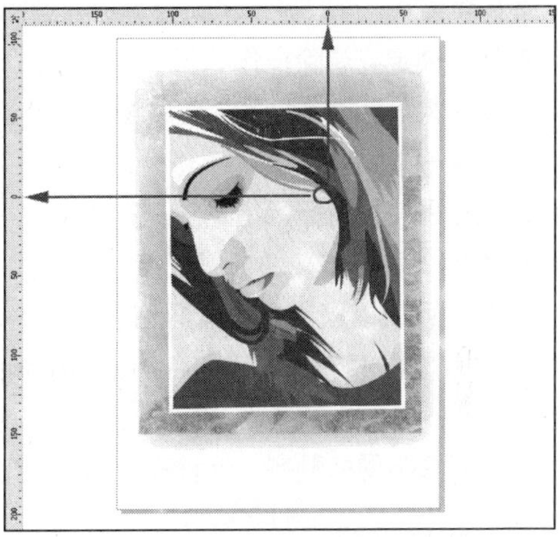

图 3-18　定义新原点位置后的效果

3.4.2　更改标尺设置

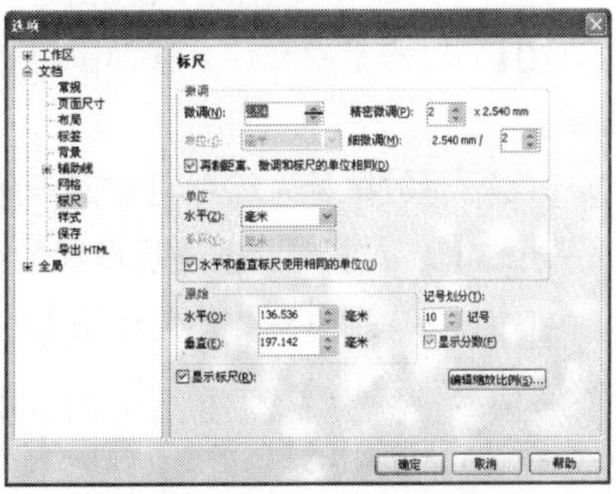

图 3-19　【选项】对话框

下面再来介绍标尺设置的更改。

01　继续使用上节的内容进行介绍，在标尺栏上双击或在菜单栏中选择【视图】|【设置】|【网格和标尺设置】命令，即可弹出【选项】对话框，如图 3-19 所示。在其中可设置标尺的单位、原点位置、记号划分，以及微调距离等。

02 在【单位】栏的【水平】下拉列表中选择【厘米】选项，如图 3-20 所示，其他为默认值，单击【确定】按钮，即可将标尺的单位进行更改，更改后的效果如图 3-21 所示。

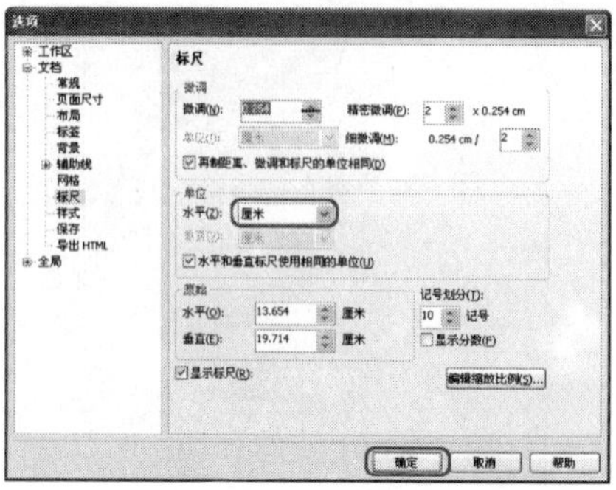

图 3-20 设置【标尺】单位

图 3-21 改变【标尺】单位后的效果

3.5 使用辅助线与网格

辅助线是可以放置在绘图窗口中任何位置的线条，用来帮助放置对象。辅助线分为 3 种类型：水平、垂直和倾斜。可以显示 / 隐藏添加到绘图窗口的辅助线。添加辅助线后可对辅助线进行选择、移动、旋转、锁定或删除操作。

可以使对象与辅助线贴齐，这样当对象移近辅助线时，对象就只能位于辅助线的中间，或者与辅助线的任意一端贴齐。

辅助线总是使用为标尺指定的测量单位。

网格就是一系列交叉的虚线或点，可以用于在绘图窗口中精确地对齐和定位对象。通过指定频率或间距，可以设置网格线或网格点之间的距离。频率是指在水平和垂直单位之间显示的线数或点数。间距是指每条线或每个点之间的精确距离。高频率值或低间距值有利于更精确地对齐和定位对象。

可以使对象与网格贴齐，这样在移动对象时，对象就会在网格线之间跳动。

3.5.1 设置辅助线

通过标尺进行设置的步骤如下。

01 打开素材文件，移动鼠标指针到水平标尺上，按住鼠标左键不放，向下拖动，如图 3-22 所示。

02 释放鼠标左键即可创建一条水平的辅助线，完成后的效果如图 3-23 所示。

通过【选项】对话框进行设置的步骤如下。

01 选择菜单栏中的【视图】|【设置】|【辅助线设置】命令，弹出【选项】对话框，如图 3-24 所示。

02 在左边的目录栏中选择【水平】选项，在右边的【水平】栏的第一个文本框中输入 115，单击【添加】按钮，即可将该数值添加到下方的文本框中，如图 3-25 所示。

图 3-22　向下拖动辅助线

图 3-23　创建的水平辅助线

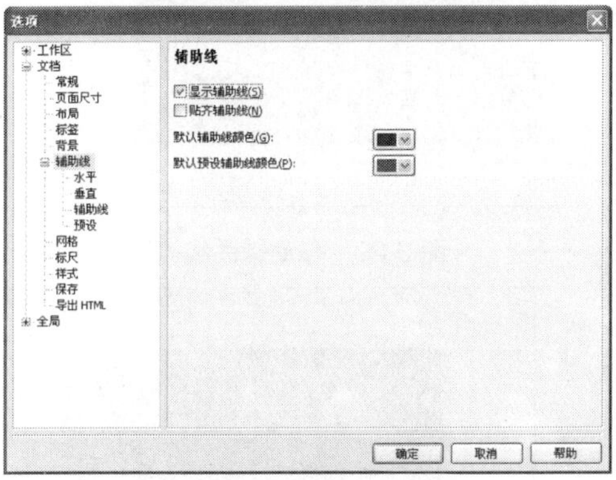

图 3-24　【选项】对话框

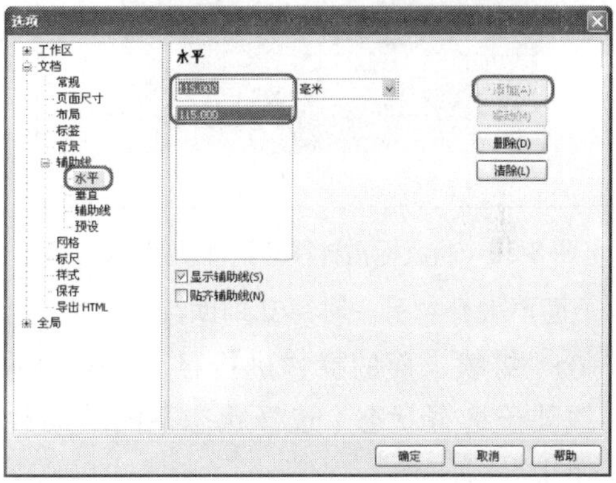

图 3-25　设置水平辅助线的参数

03　在左边的目录栏中选择【垂直】选项，在右边的【垂直】栏的第一个文本框中输入 130，单击【添加】按钮，即可将该数值添加到下方的文本框中，如图 3-26 所示。

04　设置完成后单击【确定】按钮，即可在相应的位置添加辅助线，完成后的效果如图 3-27 所示。

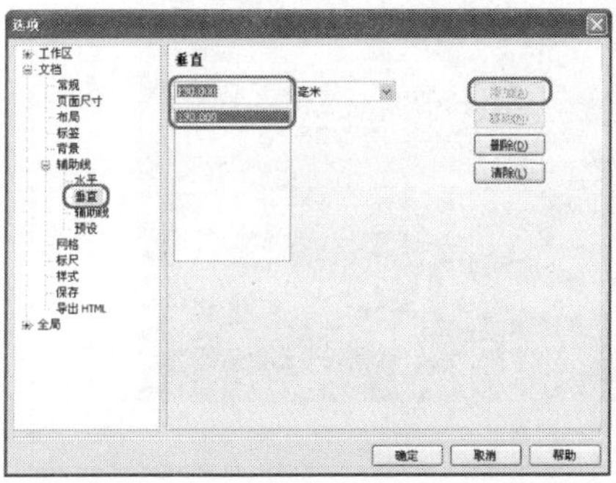

图 3-26　设置垂直辅助线的参数

图 3-27　添加辅助线后的效果

3.5.2　移动辅助线

移动辅助线的方法有两种，具体的操作如下。

01 选择工具箱中的（选择）工具，然后移动鼠标指针到辅助线上，此时鼠标指针呈现如图 3-28 所示的形状。

02 按住鼠标左键向右拖动，如图 3-29 所示。松开鼠标左键即可完成辅助线的移动，完成后的效果如图 3-30 所示。

图 3-28　将鼠标指针移动到辅助线上

图 3-29　移动辅助线

下面再来介绍另一种移动辅助线的方法。

01 继续上面的操作进行移动，确定垂直的辅助线处于选择状态（选择状态下的辅助线呈红色显示）。

02 在【选项】对话框中，选择【垂直】选项，在文本框中输入 150，单击【移动】按钮，如图 3-31 所示。

03 单击【确定】按钮，即可将辅助线移动到 150mm 位置处，完成后的效果如图 3-32 所示。

图 3-30　移动辅助线后的效果

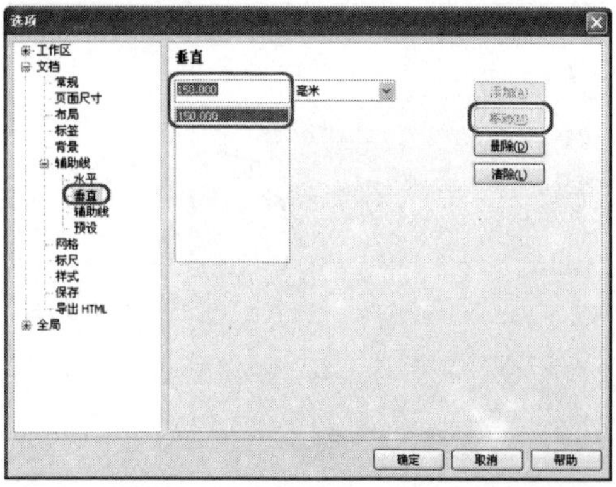

图 3-31　输入需要移动的参数

图 3-32　移动辅助线后的效果

3.5.3　旋转辅助线

下面我们来讲解如何旋转辅助线。

01　打开素材文件，任意拖动出两条辅助线，单击垂直的辅助线，即可出现辅助线旋转的状态，如图 3-33 所示。

02　移动鼠标指针到辅助线的旋转坐标上，按住鼠标左键进行旋转，如图 3-34 所示。

03　旋转完成后松开鼠标左键，即可完成辅助线的旋转，如图 3-35 所示。

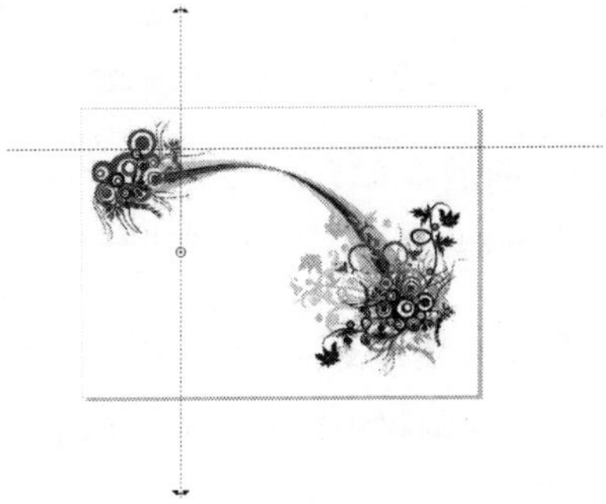

图 3-33　辅助线处于旋转的状态

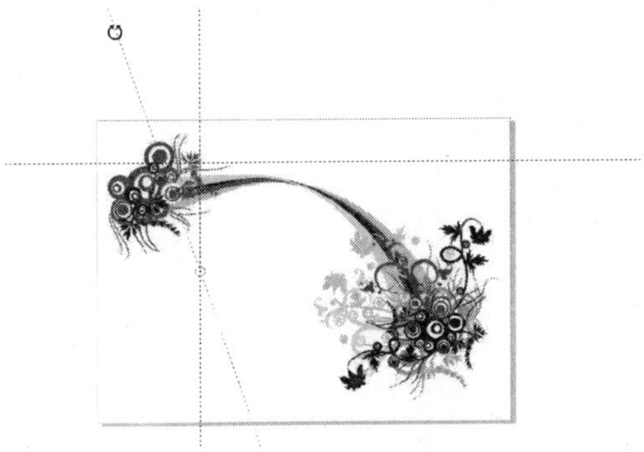

图 3-34　旋转辅助线

图 3-35　旋转辅助线后的效果

3.5.4　显示或隐藏辅助线

继续使用上一节的操作进行讲解。

01　在空白处单击，即可取消辅助线的选择，如图 3-36 所示。

02　选择菜单栏中的【视图】|【辅助线】命令，即可显示或隐藏辅助线，如图 3-37 所示。

图 3-36　取消辅助线的选择

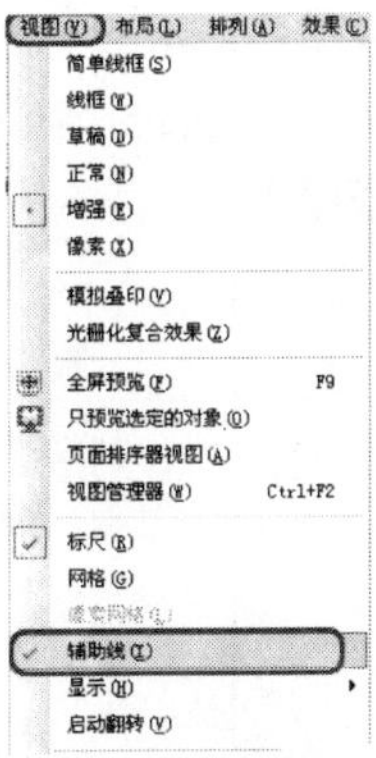

图 3-37　隐藏辅助线

3.5.5 删除辅助线

要删除辅助线，首先选择工具箱中的【选择】工具，然后在绘图页中选择想要删除的辅助线，等辅助线变成红色后（表示选择了这条辅助线），按 Delete 键即可。

提示：在【选项】对话框中单击【删除】按钮，也可以将辅助线删除。如果选择多条辅助线，配合键盘上的 Shift 键单击辅助线即可。

3.5.6 显示或隐藏网格

在菜单栏中选择【视图】|【网格】命令，可以显示/隐藏网格。如图 3-38 所示为显示网格时的状态。

图 3-38 显示网格效果

3.5.7 设置网格

下面介绍网格的设置。

01 在菜单栏中选择【视图】|【设置】|【网格和标尺设置】命令，弹出【选项】对话框，如图 3-39 所示。可以在该对话框中对网格进行详细设置。

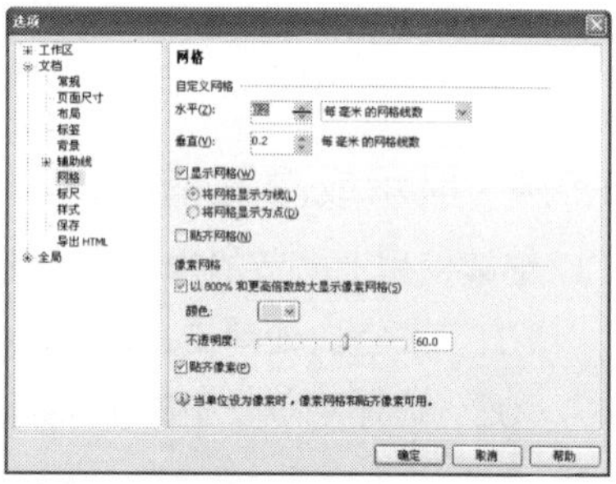

图 3-39 【选项】对话框

02 在右边的【网格】栏中选择【将网格显示为点】单选按钮，其余使用默认参数，如图 3-40 所示。单击【确定】按钮，即可将网格以点显示在绘图窗口中，效果如图 3-41 所示。

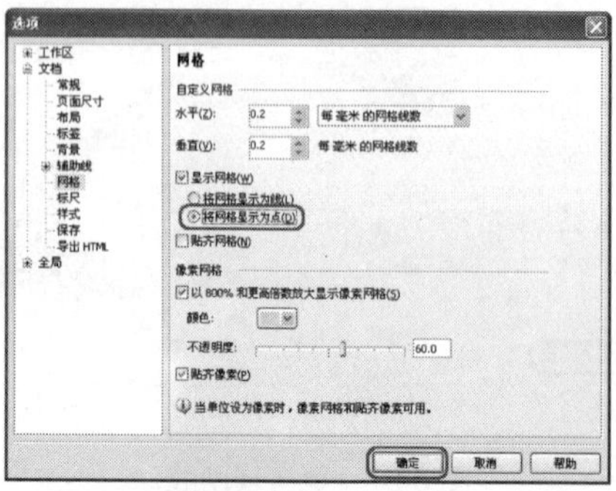

图 3-40 选择【将网格显示为点】单选按钮

图 3-41 将网格显示为点

3.6　使用动态辅助线

在 CorelDRAW X5 中用户可以使用动态辅助线来准确地移动、对齐和绘制对象。动态辅助线是临时辅助线，可以从对象的下列贴齐点中拉出——中心、节点、象限和文本基线。

3.6.1　启用与禁止动态辅助线

在菜单栏中选择【视图】|【动态辅助线】命令，可以显示/隐藏动态辅助线。当【动态辅助线】命令前显示对号时表示已经启用了动态辅助线，如图 3-42 所示；如果【动态辅助线】命令前没有对号时，则表示已经禁用了动态辅助线，如图 3-43 所示。

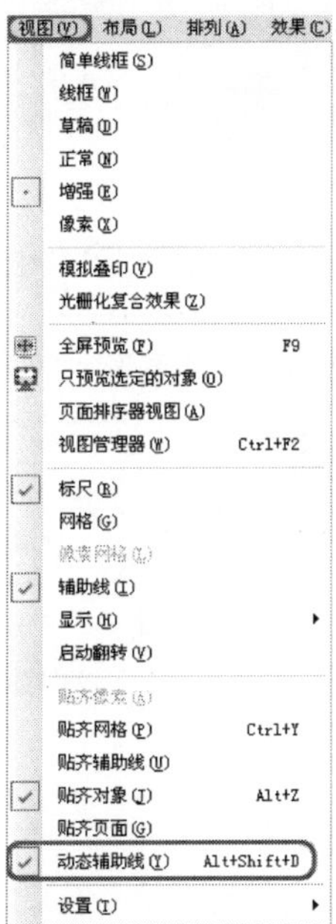

图 3-42　启用【动态辅助线】命令

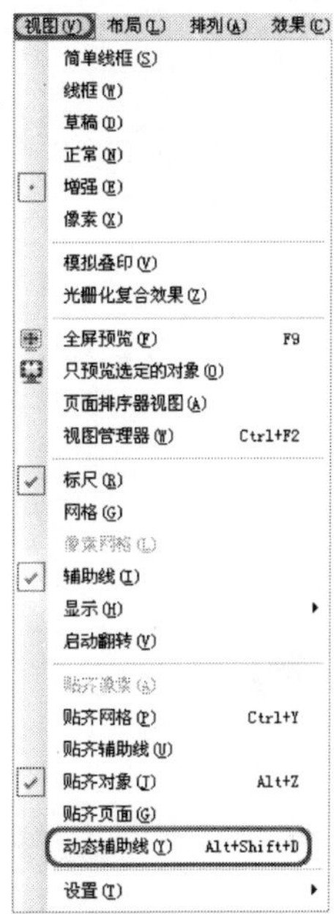

图 3-43　禁用【动态辅助线】命令

3.6.2　使用动态辅助线

下面以一个小实例来介绍动态辅助线的使用方法。

01　先启用动态辅助线命令，选择菜单栏中的【视图】|【动态辅助线】命令，如图 3-44 所示。

02　选择工具箱中的（艺术笔）工具，在属性栏中单击（喷涂）按钮，在喷涂列表中选择一种喷涂文件，然后在绘图页中绘制图形，如图 3-45 所示。

03　确定（艺术笔）工具处于选择状态，沿动态辅助线拖放对象，可以查看对象与用于创建动态辅助线的贴齐点之间的距离，如图 3-46 所示。

04　松开鼠标左键完成图形的移动，如图 3-47 所示。

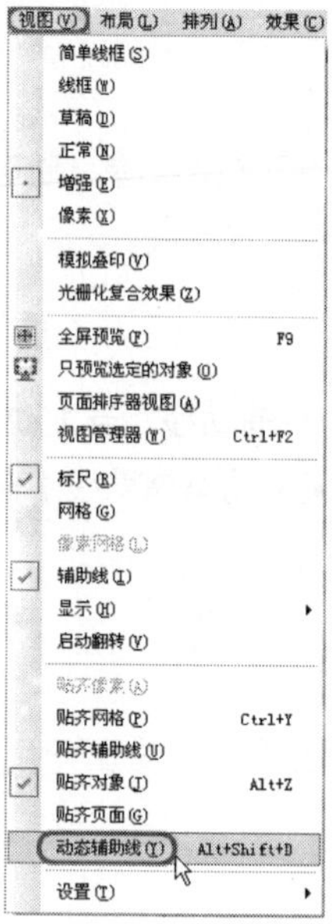

图 3-44　选择【动态辅助线】命令

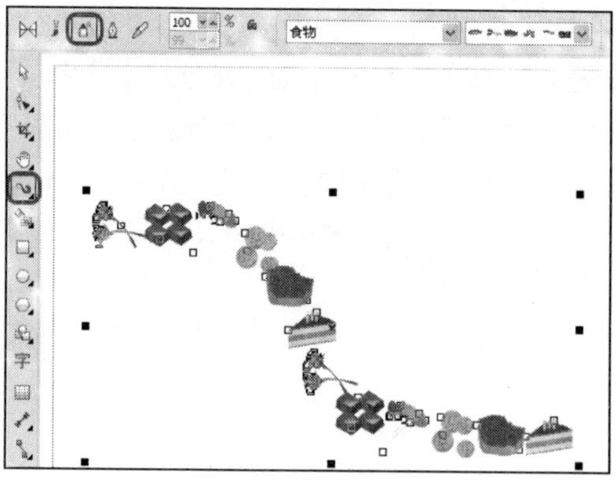

图 3-45　绘制图形

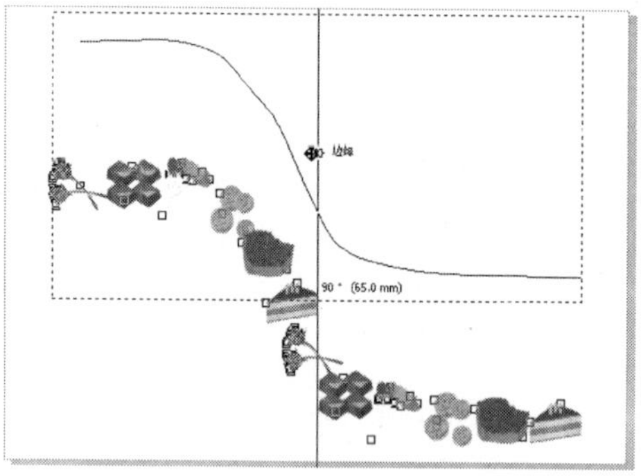

图 3-46　沿动态辅助线拖放对象

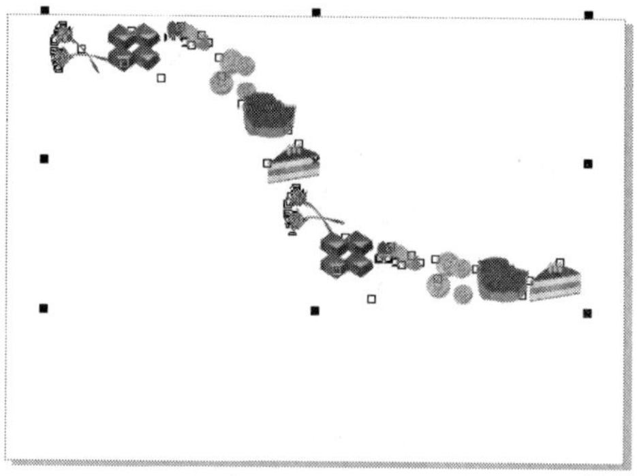

图 3-47　拖放对象后的效果

本 章 习 题

下面通过课后习题来巩固前面学习的基础知识。

1．选择题

（1）利用以下哪个工具可以平移窗口。(　　)

A．缩放工具　　B．平行度量　　C．平移工具　　D．选择工具

（2）下列哪种线是可以放置在绘图窗口中任何位置的线条，用来帮助放置对象。(　　)

A．直线　　B．斜线　　C．导线　　D．辅助线

2．填空题

（1）辅助线可以分为________、________和________3 种类型。

（2）________就是一系列交叉的虚线或点，可以用于在绘图窗口中精确地对齐和定位对象。

第4章 文本处理

本章重点

- 创建文本。
- 编辑文本。
- 段落文本。
- 使文本适合路径。
- 文本适配图文框。
- 文本链接。

CorelDRAW X5 具有强大的文本处理功能。内置的字体识别和文本格式实时预览功能大大方便了操作，使用 CorelDRAW X5 中的字（文本）工具可以方便地对文本进行首字下沉、段落文本排版、文本绕图和将文字填入路径等操作。

4.1 创建文本

在工具箱中选择字（文本）工具，在属性栏中就会显示出与其相关的选项。

属性栏中各选项说明如下。

- 字体列表：如果在绘图窗口中选择文本或在绘图窗口中单击，用户可直接在该下拉列表中选择所需的字体。

注 意

也可以在拖出一个文本框后，先在字体列表与字体大小列表中选择所需的字体与字体大小后，再输入所需的文字。

- 字体大小列表：如果在绘图窗口中选择了文本或在绘图窗口中单击，用户可直接在字体大小列表中选择所需的字体大小；也可直接在该文本框中输入 1~3000 之间的数字来设置字体的大小，数值越大，字体的大小就越大。
- B（粗体）按钮：单击该按钮呈凹下状态（即选择该按钮），可以将选择的文字或将输入的文字加粗；取消该按钮的选择，可以将选择的加粗文字还原。
- I（斜体）按钮：单击该按钮，可以将选择的文字或将输入的文字倾斜；取消该按钮的选择，可以将选择的倾斜文字还原。

- (下画线)按钮：单击该按钮，可以为选择的文字或将输入的文字添加下画线；取消该按钮的选择，可以将选择的下画线文字清除下画线。
- (文本对齐)按钮：单击该按钮，弹出一个下拉菜单，在其中选择所需的对齐方式。
- (项目符号列表)按钮：单击该按钮呈凹下(即选择)状态时将为所选的段落添加项目符号，再次单击该按钮取消它的选择，即可隐藏项目符号。
- (首字下沉)按钮：单击该按钮呈选择状态时将所选段落的首字下沉，再次单击该按钮取消它的选择时，则取消首字下沉。
- (字符格式化)按钮：单击该按钮，即可弹出【字符格式化】泊坞窗，用户可以在其中为字符进行格式化。
- (编辑文本)按钮：单击该按钮，弹出【编辑文本】对话框，用户可在其中对文本进行编辑。
- (将文本更改为水平方向)按钮和(将文本更改为垂直方向)按钮：用来设置使文本呈水平方向排列或呈垂直方向排列。

下面通过一个小实例来介绍文本工具的使用方法。

01 新建一个横向页面的文档，导入一张素材图片，并调整素材的大小，如图 4-1 所示。

02 选择工具箱中的(文本)工具，在属性栏中单击(将文本更改为垂直方向)按钮，然后在绘图页中创建文本“天天美食”，如图 4-2 所示。

图 4-1　导入的素材

图 4-2　创建文本

03 选择新创建的文本，在属性栏中将【字体】设置为【汉仪行楷简】，将【字体大小】设置为 100pt，然后调整文本的位置，完成后的效果如图 4-3 所示。

04 按 F11 键，弹出【渐变填充】对话框，将【类型】设置为【线性】，在【选项】区域中将【角度】设置为 90，【边界】设置为 0，在【颜色调和】区域中将【从】设置为黄色，将【到】设置为青色，设置完成后单击【确定】按钮，如图 4-4 所示。

05 填充完渐变颜色后的效果如图 4-5 所示。

图 4-3　设置文本

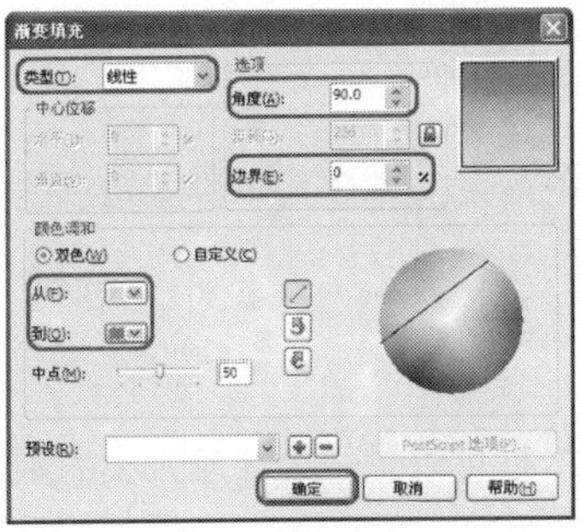

图 4-4　设置渐变颜色

图 4-5　填充完渐变颜色后的效果

4.2　编辑文本

在菜单栏中选择【文本】|【编辑文本】命令，在弹出的【编辑文本】对话框中可以对文本进行编辑。编辑文本的操作步骤如下。

01 使用（文本）工具，在绘图页中创建文本，如图 4-6 所示。

02 选择工具箱中的（选择）工具，然后选择绘图页中刚创建的文本，单击属性栏中的（编辑文本）按钮，弹出【编辑文本】对话框，如图 4-7 所示。

图 4-6　创建文本

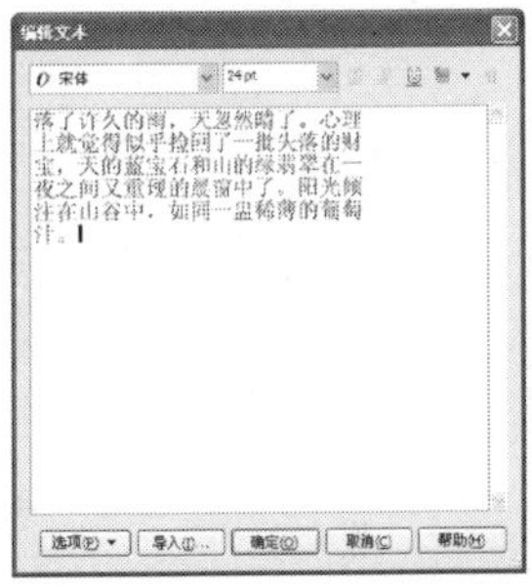

图 4-7　【编辑文本】对话框

03 在对话框中选择所有的文字，将【字体】设置为【隶书】，将【字体大小】设置为 30pt，单击按钮，在弹出的下拉列表中选择【中】选项，如图 4-8 所示。

04 设置完成后单击【确定】按钮，效果如图 4-9 所示。

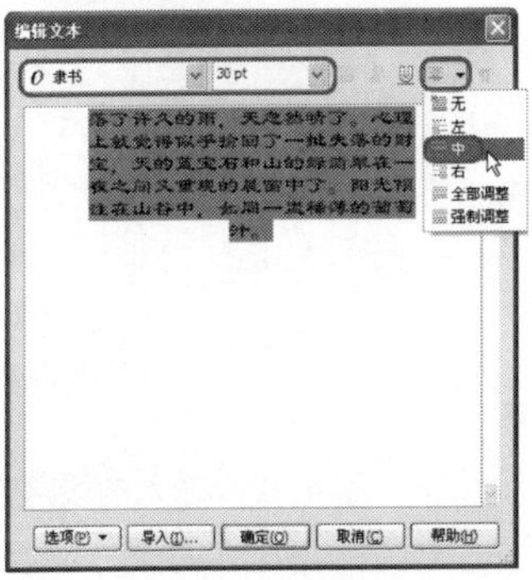

图 4-8　编辑文本

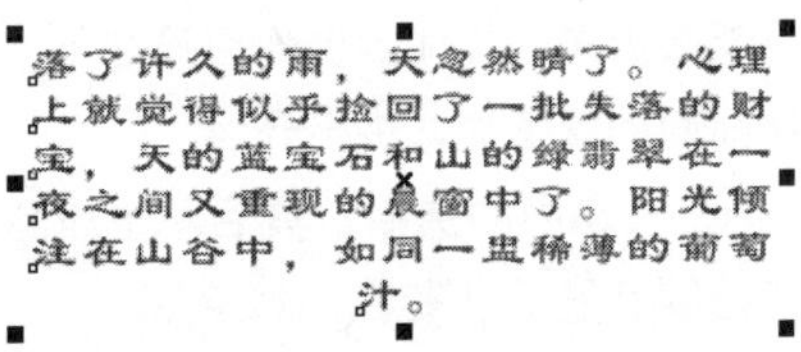

图 4-9　编辑后的效果

4.3 段落文本

为了适应编排各种复杂版面的需要，CorelDRAW 中的段落文本应用了排版系统的框架理念，可以任意地缩放、移动文字框架。

4.3.1 输入段落文本

输入段落文本之前必须先画一个段落文本框。段落文本框可以是一个任意大小的矩形虚线框，输入的文本受文本框大小的限制。输入段落文本时如果文字超过了文本框的宽度，文字将自动换行。如果输入的文字量超过了文本框所能容纳的大小，那么超出的部分将会隐藏起来。输入段落文本的具体操作步骤如下。

01 选择工具箱中的（文本）工具，移动鼠标指针到页面上的适当位置，按住鼠标左键拖动出一个矩形框。然后释放鼠标左键，这时在文本框的左上角将显示一个文本光标，如图 4-10 所示。

提示： 按 F8 键也可以启用文本工具。

02 输入所需要的文本，在此文本框内输入的文本即为段落文本，如图 4-11 所示。

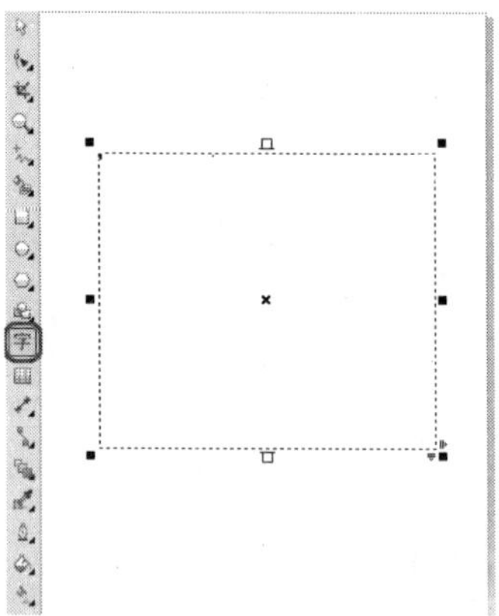

图 4-10 绘制文本框

图 4-11 输入文本

03 选择工具箱中的（选择）工具，然后在页面的空白位置单击即可结束段落文本的操作，效果如图 4-12 所示。

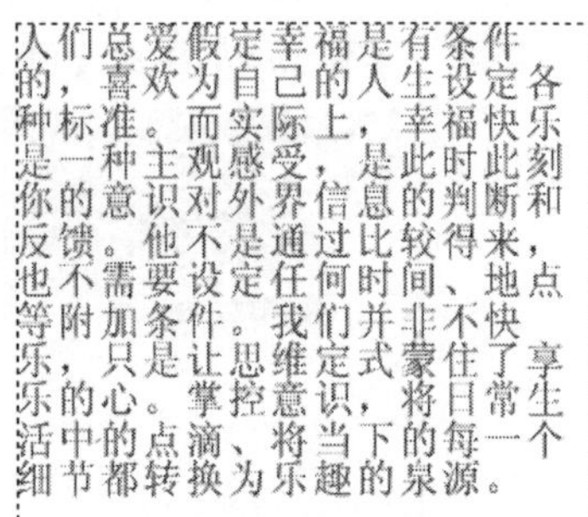

图 4-12 输入的段落文本效果

4.3.2 段落文本框架的调整

如果创建的文本框架不能容纳所输入的文字内容，则可通过调整文本框架来解决。具体的操作步骤如下。

继续使用前面的段落文本进行介绍。

01 选择工具箱中的选择工具后单击段落文本，将文本的框架范围和控制点显示出来。

02 按住文本框架上方的控制点□上下拖动，即可增加或者缩短框架的长度，也可以拖动其他的控制点来调整文本框架的大小。

03　如果文本框架下方正中的控制点变成▣形状，则表示文本框架中的文字没有完全显示出来，如图 4-13 所示；若框架下方正中的控制点呈□形状，则表示文本框架内的文字已全部显示出来了，如图 4-14 所示。

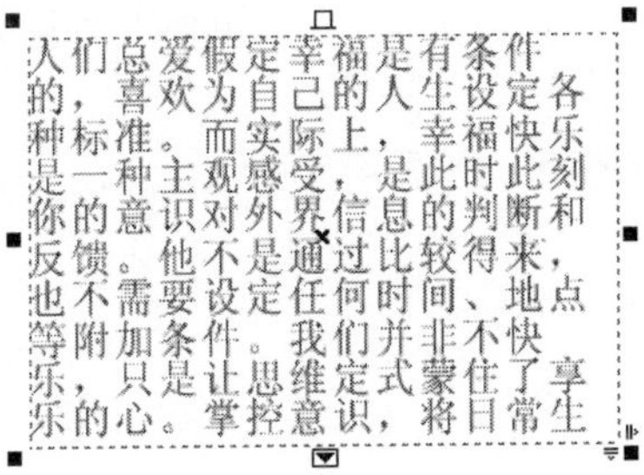

图 4-13　文字没有完全显示出来的效果

图 4-14　文字全部显示出来的效果

4.3.3　框架间文字的连接

将一个框架中隐藏的段落文本放到另一个框架中的具体操作步骤如下。

01　输入一段段落文本，并且文本框架没有将文字全部显示出来，如图 4-15 所示。

02　选择（选择）工具，在文本框架正下方的控制点▣上单击，待鼠标指针变成形状后，在页面的适当位置按下鼠标左键拖动出一个矩形，如图 4-16 所示。

03　松开鼠标左键，这时会出现另一个文本框架，未显示完的文字会自动地流向新的文本框架，如图 4-17 所示。

图 4-15　创建的段落文本

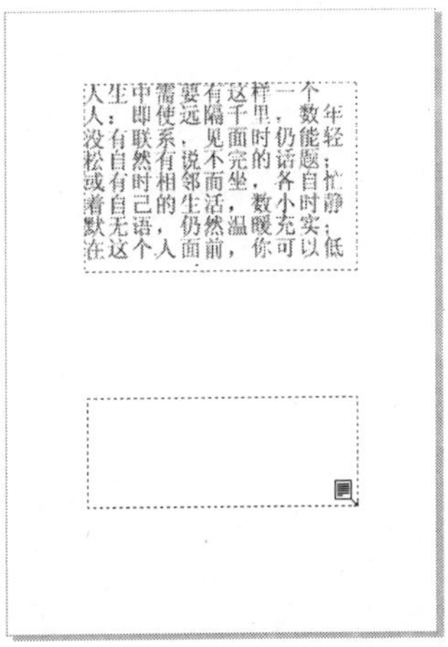

图 4-16　拖动出矩形框

图 4-17　连接后的效果

4.4　使文本适合路径

使用 CorelDRAW 中的文本适合路径功能，可以将文本对象嵌入到不同类型的路径中，使文字具有更多变化的外观。此外，还可以设定文字排列的方式、文字的走向及位置等。

4.4.1 直接将文字填入路径

直接将文字填入路径的操作步骤如下。

01 选择工具箱中的（钢笔）工具，在绘图页中绘制一条曲线，并对曲线进行调整，调整后的效果如图 4-18 所示。

02 选择工具箱中的字（文本）工具，然后移动鼠标指针到曲线上，待鼠标指针变成如图 4-19 所示的状态后单击。

03 输入所需文字，这时文字会随着曲线的弧度而变化，如图 4-20 所示。

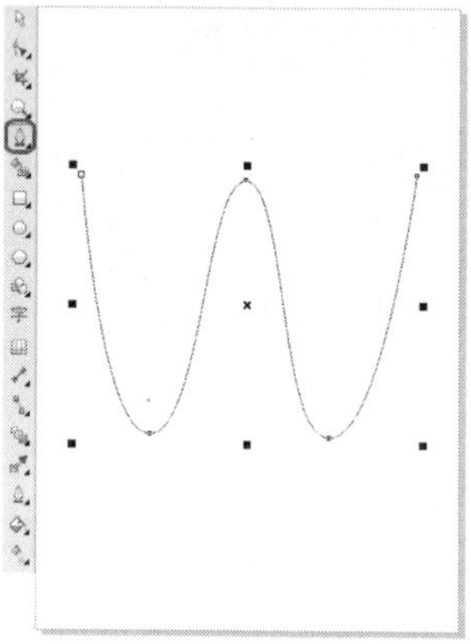

图 4-18 绘制并调整曲线

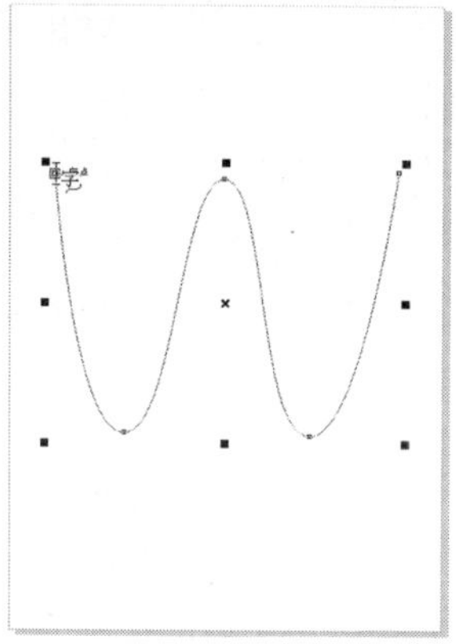

图 4-19 移动鼠标指针到曲线上

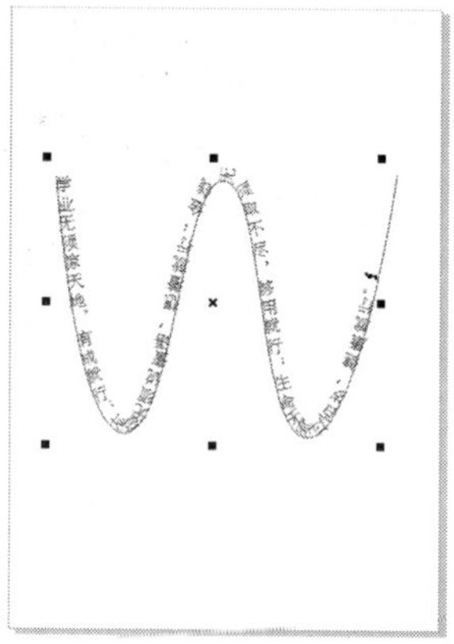

图 4-20 输入文字

4.4.2 用鼠标将文字填入路径

通过拖动鼠标右键的方式将文字填入路径的操作步骤如下。

01 选择工具箱中的（钢笔）工具，在绘图页中绘制一条曲线，如图 4-21 所示。

02 选择工具箱中的字（文本）工具，在曲线的下方输入一段文字，如图 4-22 所示。

03 选择工具箱中的（选择）工具，移动鼠标指针到文字上，然后按住鼠标右键将其拖动到曲线上，鼠标指针将变成如图 4-23 所示的形状。

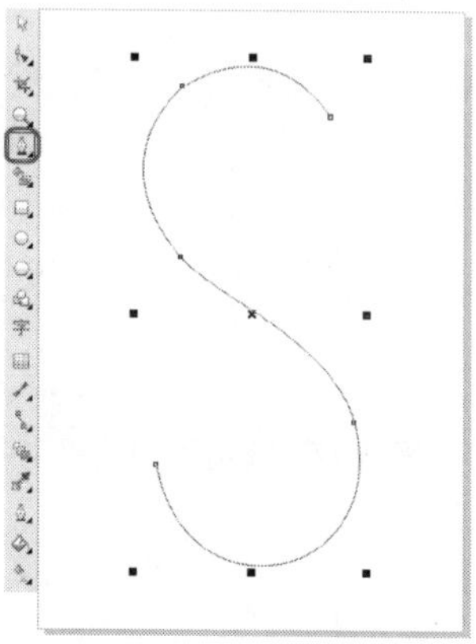

图 4-21 绘制曲线

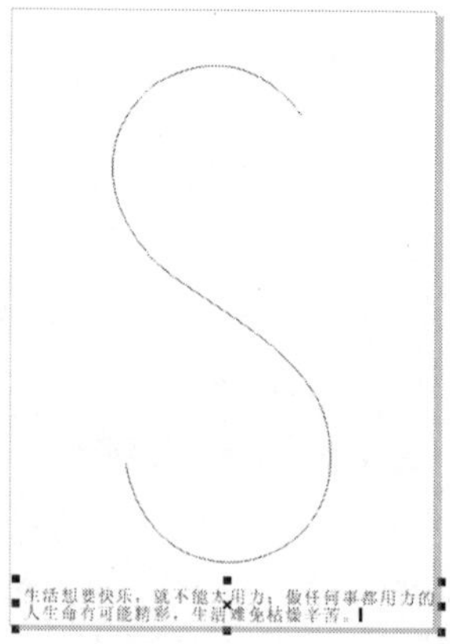

图 4-22 输入文字

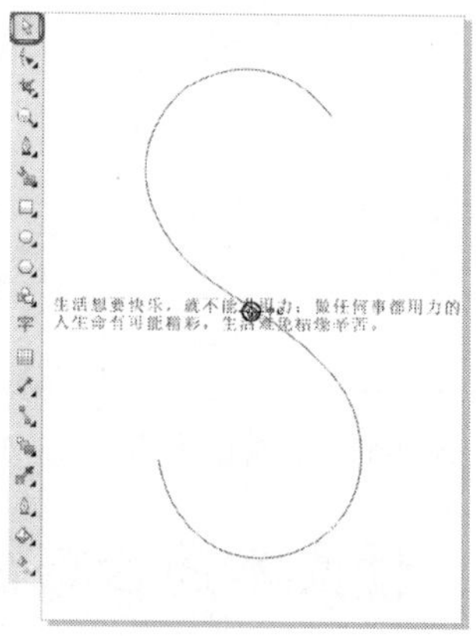

图 4-23 拖动文字到曲线上

04 松开鼠标右键，在弹出的快捷菜单中选择【使文本适合路径】命令，效果如图 4-24 所示。

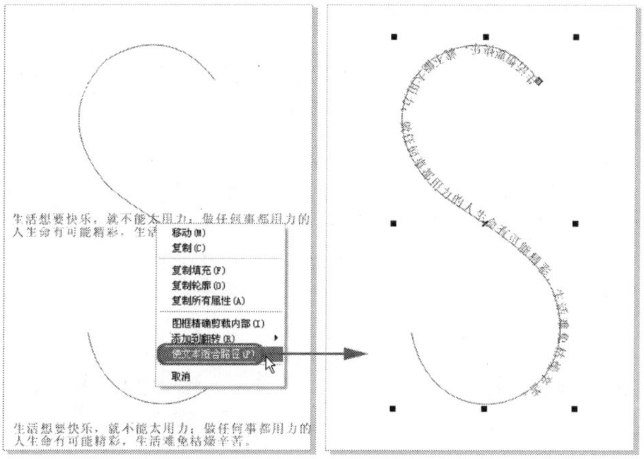

图 4-24　选择【使文本适合路径】命令

05 使用工具箱中的字（文本）工具，在绘图页中滑选文本，然后在属性栏中将【字体大小】设置为 30pt，如图 4-25 所示。

06 使用（选择）工具，在空白处单击，取消文字的选择，观察文字路径的效果，如图 4-26 所示。

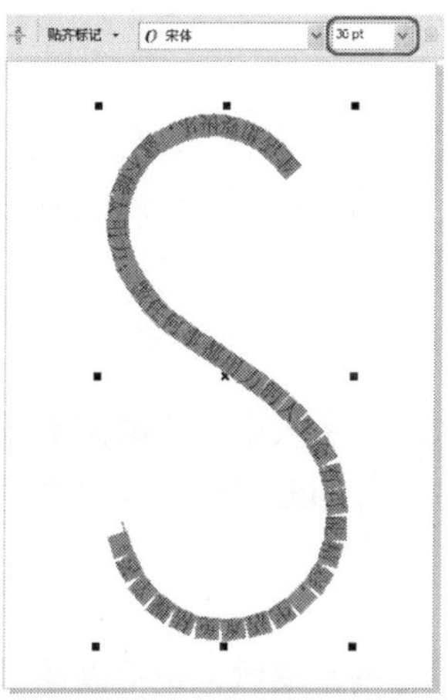

图 4-25　设置字体大小

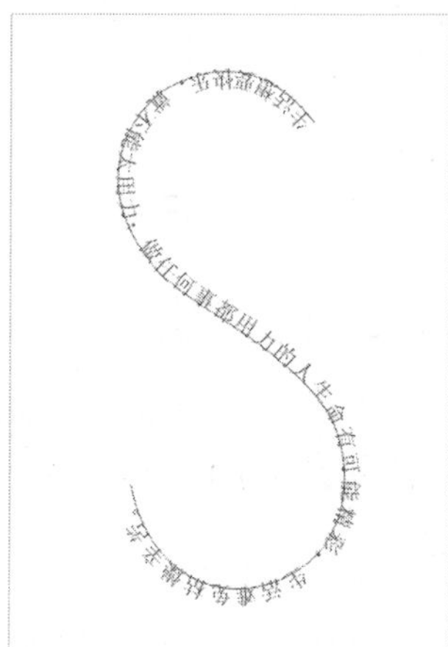

图 4-26　文字路径效果

4.4.3　使用传统方式将文字填入路径

使用传统方式将文字填入路径的操作步骤如下。

01 选择工具箱中的（多边形）工具，在绘图页中绘制五边形，如图 4-27 所示。

02 选择工具箱中的字（文本）工具，在五边形的下方输入一段文字，如图 4-28 所示。

03 确定文字处于选择状态，选择菜单栏中的【文本】|【使文本适合路径】命令，然后将鼠标指针放置到五边形路径上，如图 4-29 所示。

04 在五边形路径上单击鼠标，即可将文字沿五边形路径放置，完成后的效果如图 4-30 所示。

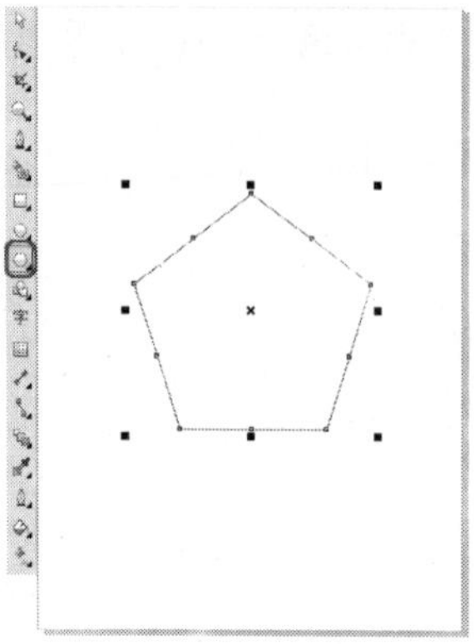

图 4-27　绘制五边形

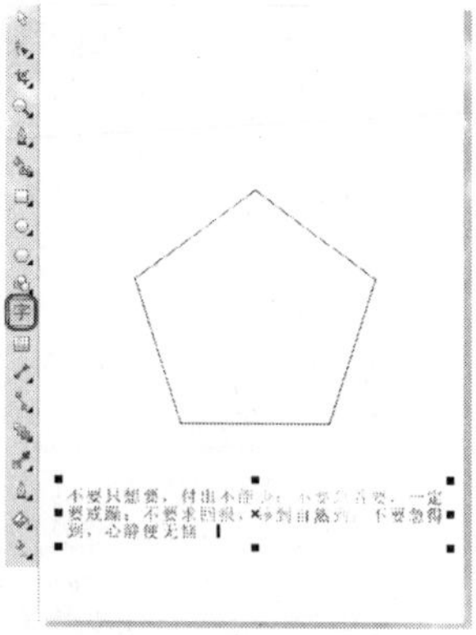

图 4-28　输入文字

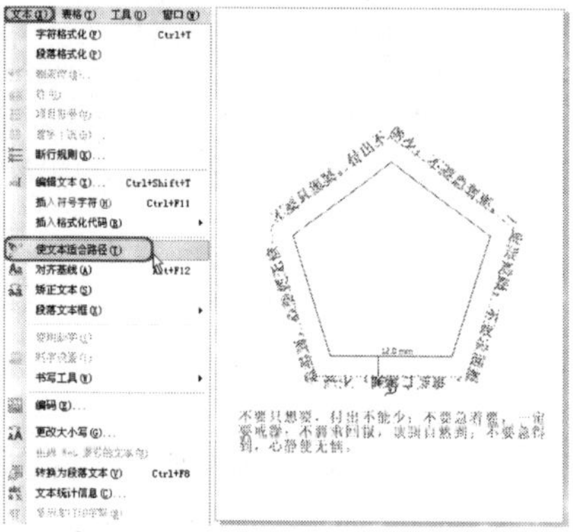

图 4-29　选择【使文本适合路径】命令

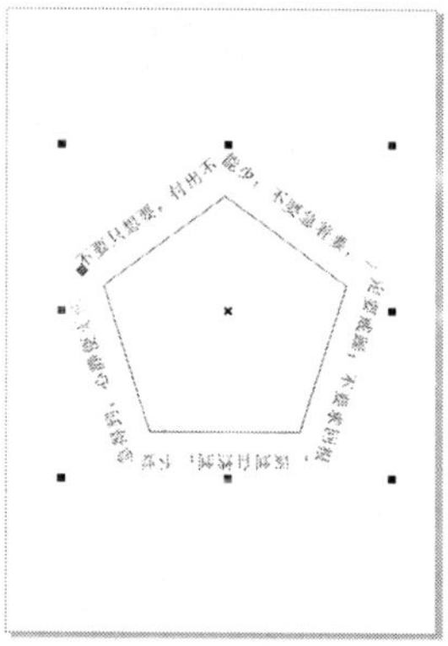

图 4-30　沿五边形路径的效果

4.5　文本适配图文框

当用户在段落文本框或者图形对象中输入文字后，其中的文字大小不会随文本框或者图形对象的大小而变化，为此可以通过【使文本适合框架】命令或者调整图形对象来让文本适合框架。

4.5.1　使段落文本适合框架

要使段落文本适合框架，可以通过缩放字体大小使文字将框架填满，也可以通过选择菜单栏中的【文本】|【段落文本框】|【使文本适合框架】命令来实现。如果文字超出了文本框的范围，文字的字体会自动缩小以适应框架；如果文字未填满文本框，文字会自动放大填满框架；如果在段落文本里使用了不同的字体大小，将保留差别并相应地调整大小以填满框架；如果有链接的文本框使用该项命令，将调整所有的链接的文本框中的文字直到填满这些文本框。具体的操作步骤如下：

01 选择工具箱中的字（文本）工具，在属性栏中设置好字体和字体大小，然后在绘图页面中输入一段段落文本，如图 4-31 所示。

02 确定新创建的文本处于选择状态，选择菜单栏中的【文本】|【段落文本框】|【使文本适合框架】命令，此时系统会按一定的缩放比例自动地调整文本框中文字的大小，使文本对象适合文本框架，如图 4-32 所示。

图 4-31 输入段落文本

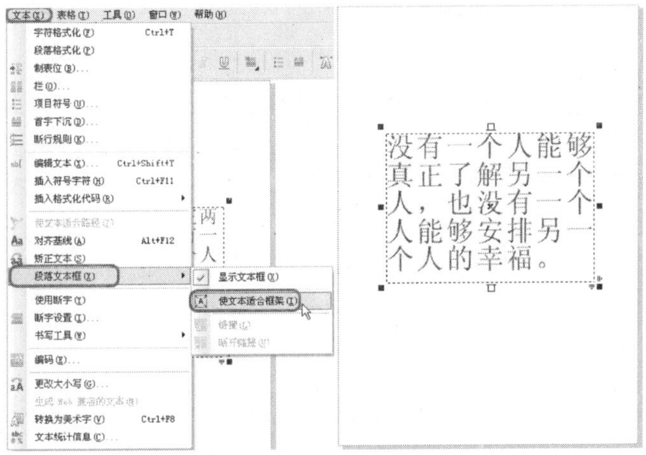

图 4-32 使文本适合框架

4.5.2 将段落文本置入对象中

将段落文本置入对象中，就是将段落文本嵌入到封闭的图形对象中，这样可以使文字的编排更加灵活多样。在图形对象中输入的文本对象，其属性和其他的文本对象一样。具体的操作步骤如下。

01 继续使用上面的段落文本进行介绍。选择工具箱中的（基本形状）工具，在属性栏中将【完美形状】定义为，然后在段落文本的下方绘制心形图形，如图 4-33 所示。

02 选择工具箱中的（选择）工具，将鼠标指针移动到文本对象上，按住鼠标右键将文本对象拖动到绘制的心形图形上，当鼠标指针变成如图 4-34 所示的十字环状后释放鼠标，在弹出的快捷菜单中选择【内置文本】命令，如图 4-35 所示。

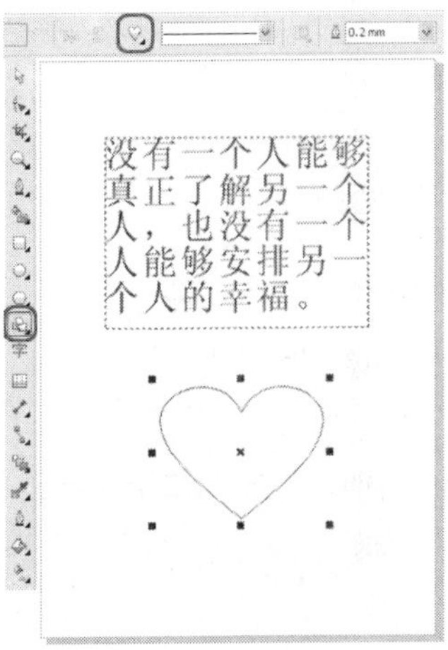

图 4-33 绘制图形

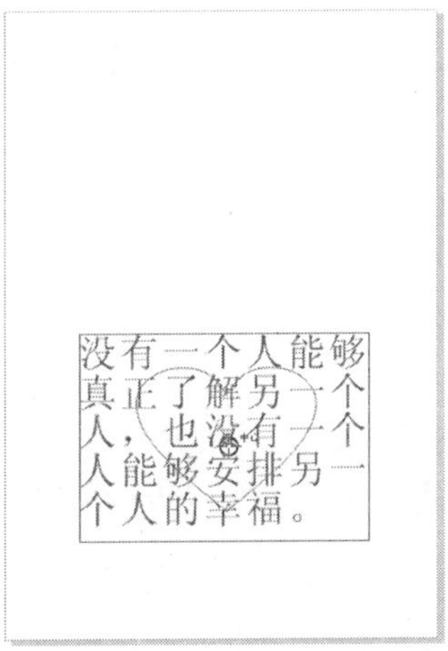

图 4-34 移动文本到心形图形上

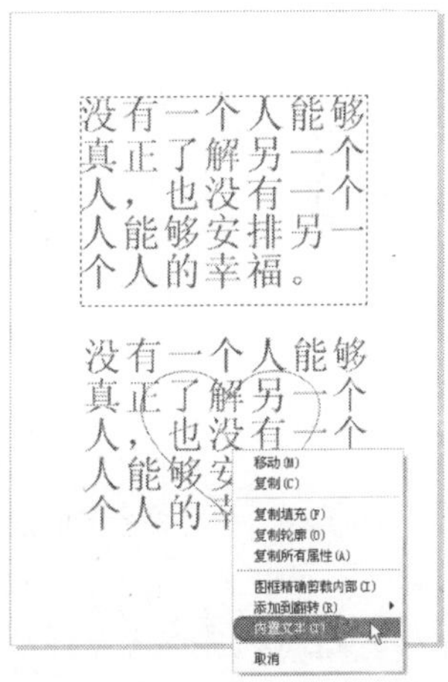

图 4-35 选择【内置文本】命令

03 此时段落文本便会置入到图形对象中，如图 4-36 所示。在该图中可以看出其中的文本并没有完全显示出来，配合 Shift 键调整图形的大小，直至图形中的文字全部显示出来，完成后的效果如图 4-37 所示。

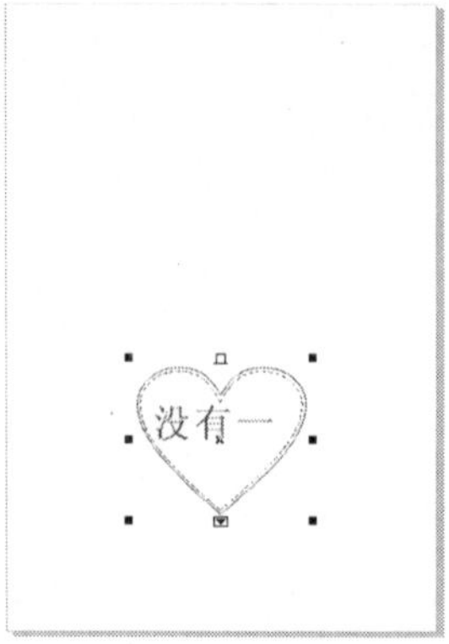

图 4-36　内置文本后的效果

图 4-37　调整心形的大小

4.5.3　分隔对象与段落文本

将段落文本置入图形对象中后，文字将会随着图形对象的变化而变化。如果不想让图形对象和文本对象一起移动，则可分隔它们。具体的操作步骤如下。

01　继续使用上节的段落文本进行讲解。选择段落文本，选择菜单栏中的【排列】|【拆分路径内的段落文本】命令，将文本和图形进行分隔，如图 4-38 所示。

02　接下来即可单独地对文本对象或者图形对象进行操作。使用工具箱中的（选择）工具，在绘图页中选择文本，将其向下移动，如图 4-39 所示。

03　移动到适当位置处松开鼠标，分隔后的效果如图 4-40 所示。

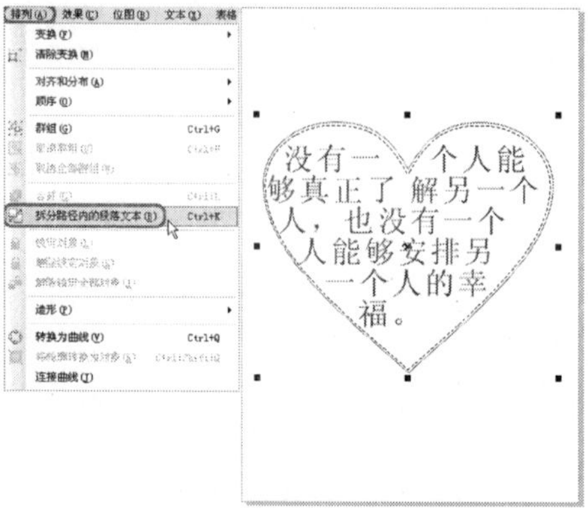

图 4-38　拆分路径内的段落文本

图 4-39　调整文本位置

图 4-40　分隔后的效果

4.6　文本链接

在前面已经介绍过使文本适配图文框的方法，这样可以将文本框中的文字完全显示出来。用户还可以将文本框中没有显示的内容链接到另一个文本框或者图形对象中，将文本对象完全显示出来。

4.6.1　链接段落文本框

链接段落文本框可以使排版更加方便容易。用户可以根据页面的具体情况，使用段落文本框将版面上的文字的摆放位置事先安排好，然后再将这些文本框链接起来，以使文本对象完全显示。链接文本框中的文本对象的属性是相同的，改变其中一个文本框的大小，其他文本框中的文本内容也将自动地进行调整。具体的操作步骤如下。

01　选择工具箱中的字（文本）工具，在属性栏中将【字体】设置为【宋体】，将【字体大小】设置为32pt，然后在页面中创建一个段落文本框，并输入文字，如图4-41所示。

02　按Ctrl+I组合键，在弹出的对话框中选择随书附带光盘中的CDROM|素材|Cha04|彩色铅笔.jpg文件，将选择的文件导入到页面中，并调整图像的大小和位置，然后在属性栏中单击（文本换行）按钮，在弹出的下拉菜单中选择【跨式文本】命令，如图4-42所示。

图4-41　创建段落文本

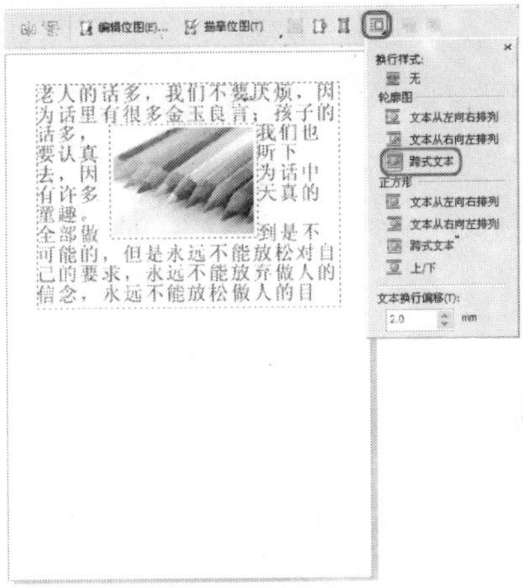

图4-42　导入并调整素材

03　使用（选择）工具选择页面中的文本，可以看到文本内容已经超出了文本框的显示范围，如图4-43所示。

04　选择工具箱中的字（文本）工具，在合适的位置再创建两个段落文本框，如图4-44所示。

05　单击上面文本框底部的实心按钮，这时鼠标指针将变成插入链接状态，然后移动鼠标指针到无文本对象的文本框中，鼠标指针将变成黑色箭头，如图4-45所示。

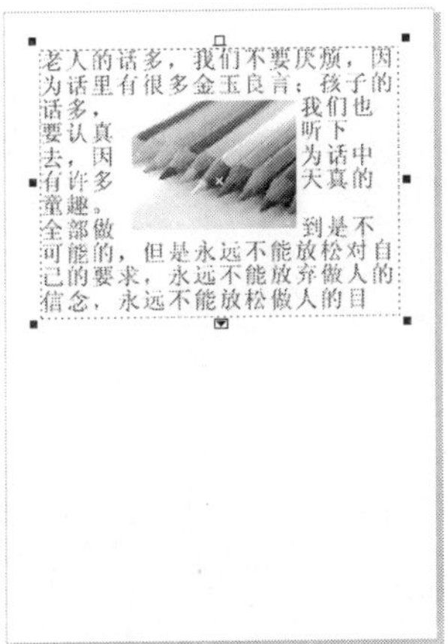

图4-43　选择文本

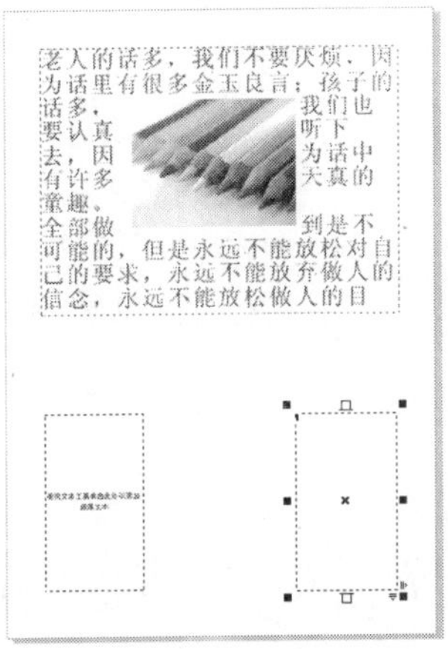

图4-44　绘制文本框

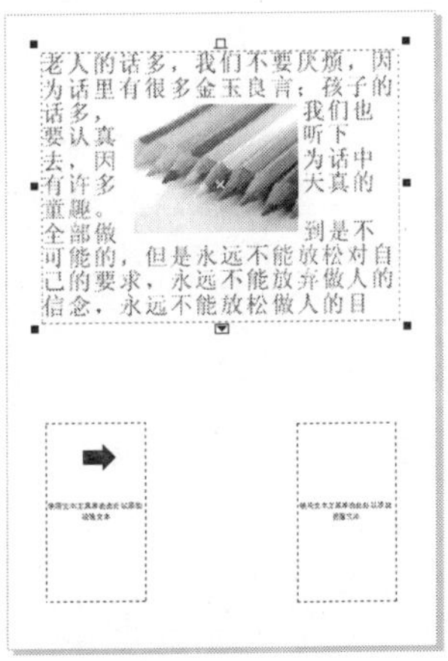

图4-45　链接文本

06 在空白的文本框中单击，即可将隐藏的文本链接到这个文本框中，如图 4-46 所示。

07 选择新链接的文本框，单击底端的实心按钮▣，然后将鼠标指针移动到右下方的文本框上，鼠标指针将变成粗箭头的形状，如图 4-47 所示。

08 在文本框中单击，即可将隐藏的文本链接到这个文本框中，并用一个箭头表示它们之间的链接方向，如图 4-48 所示。

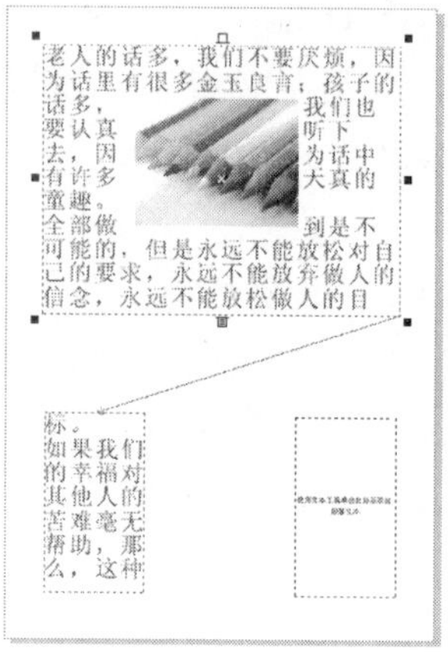

图 4-46 链接文本后的效果

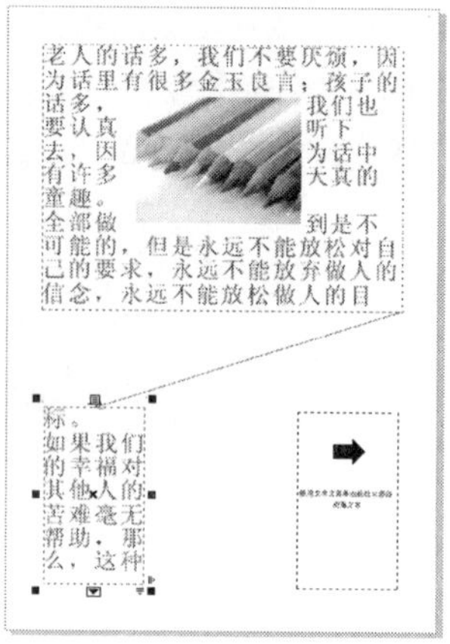

图 4-47 单击实心按钮

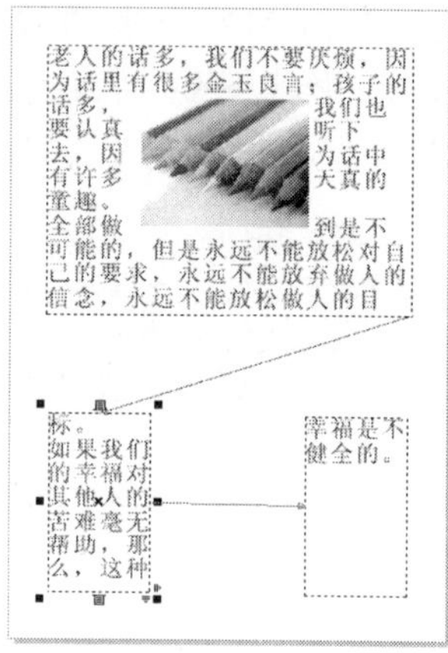

图 4-48 链接后的效果

4.6.2 将段落文本框与图形对象链接

文本对象的链接不只限于段落文本框之间，段落文本框和图形对象之间也可以进行链接。当段落文本框的文本与未闭合路径的图形对象链接时，文本对象将会沿路径进行链接；当段落文本框中的文本内容与闭合路径的图形对象链接时，则会将图形对象作为文本框使用。具体的操作步骤如下。

01 使用上一节的文本框和素材图片，对文本框和素材进行调整，如图 4-49 所示。

02 选择工具箱中的▣（基本形状）工具，在属性栏中将【完美形状】定义为▣，在绘图页中绘制图形，如图 4-50 所示。

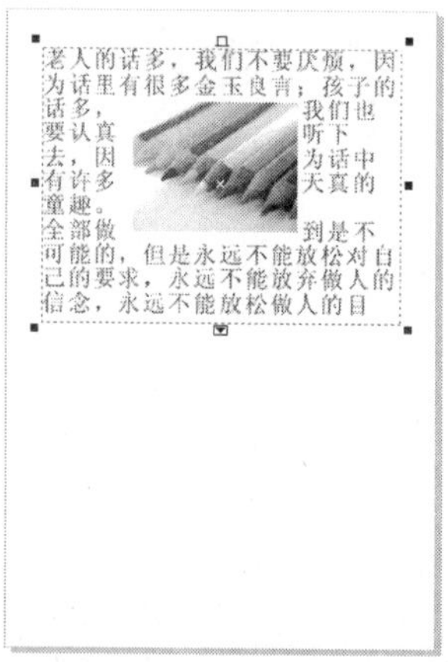

图 4-49 调整文本框

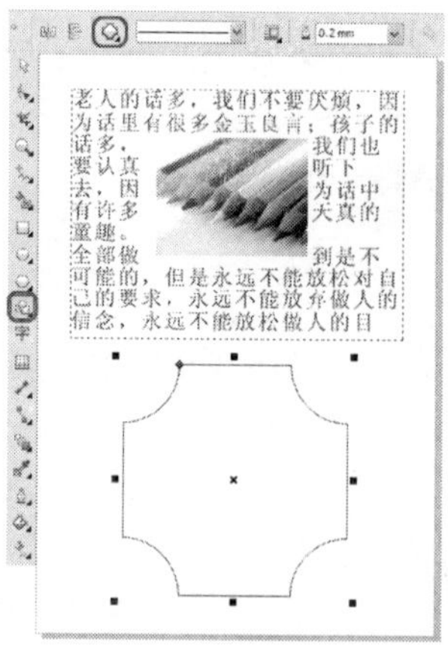

图 4-50 绘制形状

03 单击上面文本框底部的实心按钮，这时鼠标指针将变成插入链接状态，然后移动鼠标指针到绘制的图形对象内，此时鼠标指针将变成黑色箭头，如图 4-51 所示。

04 在图形内单击一下，隐藏的文件内容就会流向图形中，并会用一个箭头表示它们之间的链接方向，如图 4-52 所示。

图 4-51 移动指针到绘制的图形上

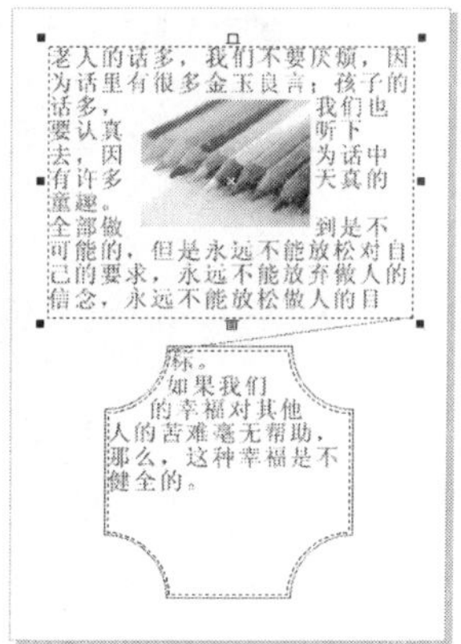

图 4-52 段落文本框与图形链接后的效果

4.6.3 解除对象之间的链接

进行解除对象之间的链接操作，可以将段落文本框之间或者段落文本框和图形对象之间的链接解除。下面将介绍解除对象之间的链接。

01 继续使用前面的链接效果进行讲解，在绘图页中选择文本框对象，如图 4-53 所示。

02 选择菜单栏中的【排列】|【拆分段落文本】命令，如图 4-54 所示。

03 解除链接后的效果如图 4-55 所示。

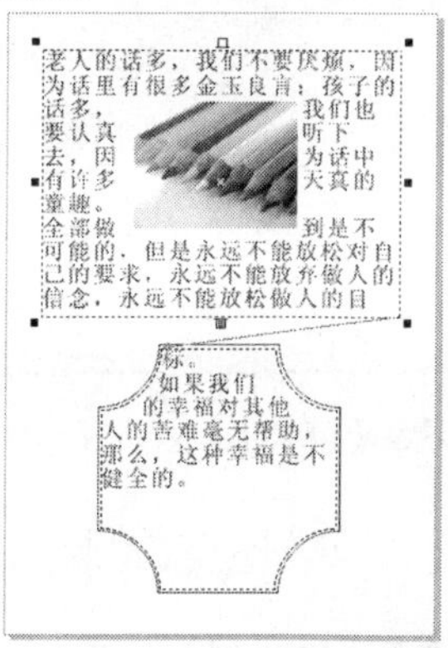

图 4-53 选择文本框对象

图 4-54 选择【拆分段落文本】命令

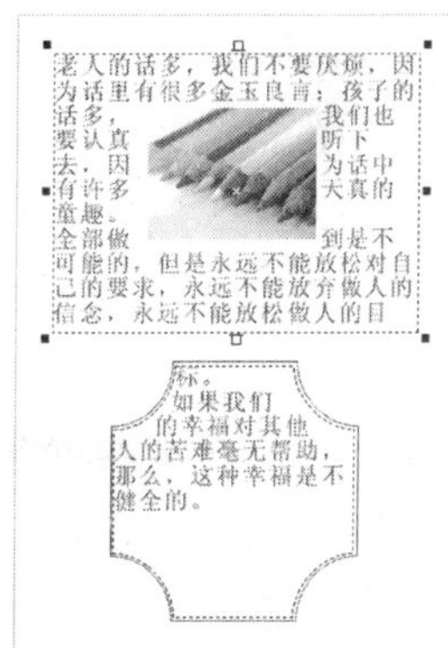

图 4-55 解除链接后的效果

4.7 上机练习——婚纱影楼活动宣传单

本例将介绍婚纱影楼活动宣传单效果的制作，该例的制作比较简单，主要介绍沿路径创建文本和将段落文本置入对象中的方法，完成后的效果如图 4-56 所示。

图 4-56　婚纱影楼活动宣传单效果

01 新建一个横向页面的文档，按 Ctrl+I 组合键，在弹出的对话框中导入随书附带光盘中的 CDROM|素材|Cha04|背景图片.jpg 文件，并在绘图页中调整其位置和大小，如图 4-57 所示。

02 再次按 Ctrl+I 组合键，在弹出的对话框中导入随书附带光盘中的 CDROM|素材|Cha04|照片 01.psd 文件，并在绘图页中调整其位置和大小，如图 4-58 所示。

图 4-57　导入的素材文件

图 4-58　导入【照片 01】

03 确定【照片 01】处于选择状态，在工具箱中选择（阴影）工具，在属性栏中的【预设】下拉列表框中选择【中等辉光】，将【阴影羽化】设置为 20，将【阴影颜色】设置为白色，效果如图 4-59 所示。

04 按 Ctrl+I 组合键，在弹出的对话框中导入随书附带光盘中的 CDROM|素材|Cha04|照片 02.jpg 文件，并在绘图页中调整其位置和大小，如图 4-60 所示。

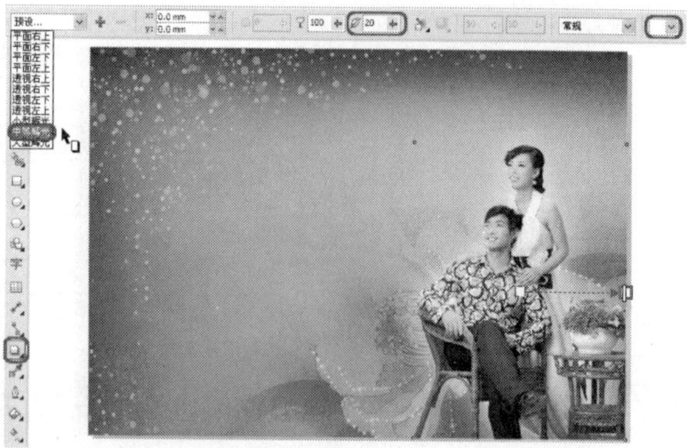

图 4-59　为图片添加阴影

05 在工具箱中选择（基本形状）工具，在属性栏中将【完美形状】定义为，然后在绘图页中绘制心形，如图 4-61 所示。

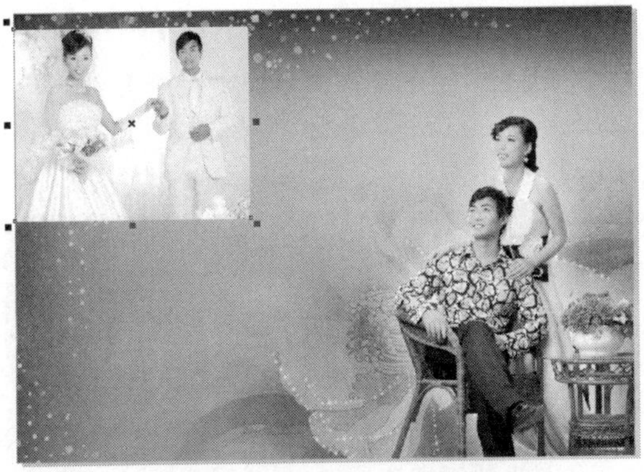

图 4-60 导入的素材文件

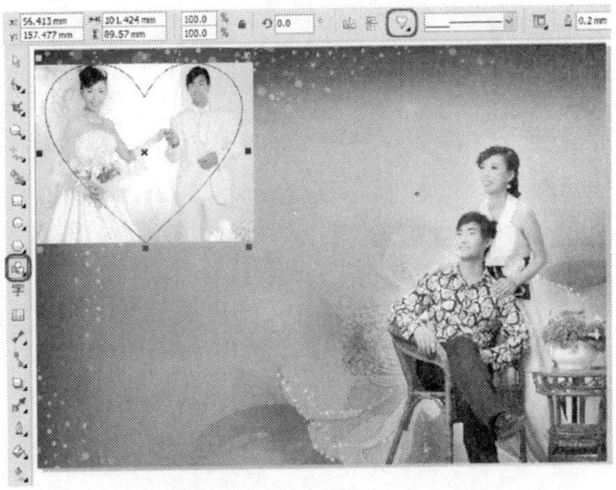

图 4-61 绘制心形

06 选择【照片 02】对象，在菜单栏中选择【效果】|【图框精确剪裁】|【放置在容器中】命令，此时鼠标指针呈粗箭头状，将其移至心形上，如图 4-62 所示。

07 在心形上单击，然后在默认的 CMYK 调色板中右击☒色块，最后调整心形的位置，完成后的效果如图 4-63 所示。

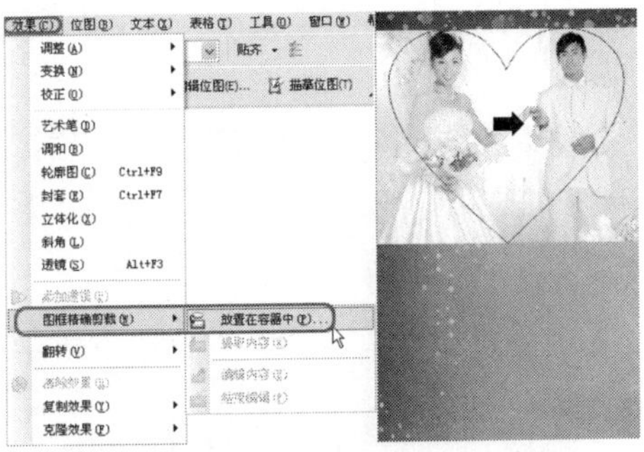

图 4-62 选择【放置在容器中】命令

图 4-63 剪裁后的效果

08 在工具箱中选择（手绘）工具，在绘图页中绘制曲线，并使用（形状）工具进行调整，如图 4-64 所示。

09 选择工具箱中的字（文本）工具，然后移动鼠标指针到曲线上，待鼠标指针变成如图 4-65 所示的状态后单击。

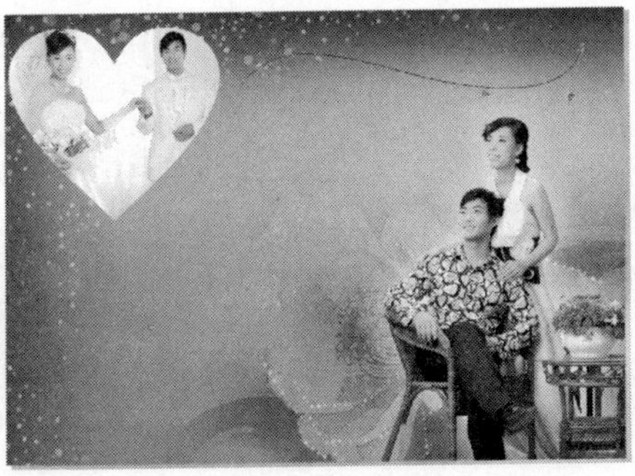

图 4-64 绘制曲线

图 4-65 移动鼠标指针到曲线上

10　输入文字，然后在属性栏中的【文本方向】下拉列表中选择如图 4-66 所示的选项。

11　确定输入的文字处于选择状态，在属性栏中将【字体】设置为【华文行楷】，将【字体大小】设置为 60pt，如图 4-67 所示。

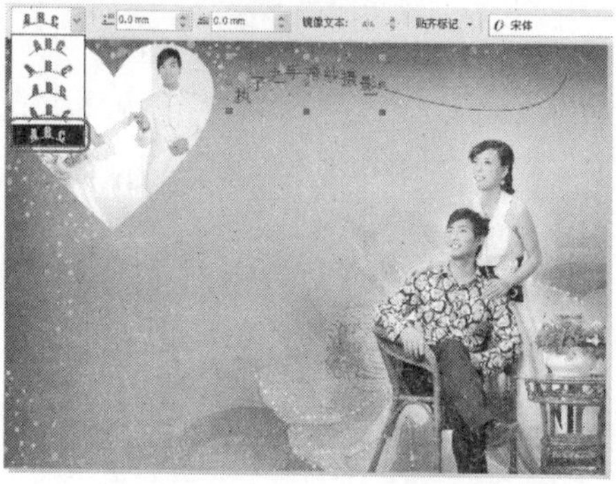
图 4-66　输入文字

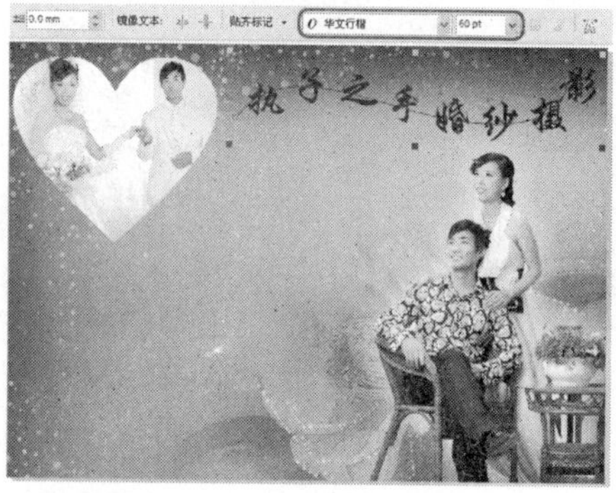
图 4-67　设置字体和字号

12　在菜单栏中选择【排列】|【拆分在一路径上的文字】命令，即可将文字与路径拆分开，并将作为路径的曲线删除，如图 4-68 所示。

13　在绘图页中选择文字，然后在默认的 CMYK 调色板中单击黄色色块，为文字填充黄色，如图 4-69 所示。

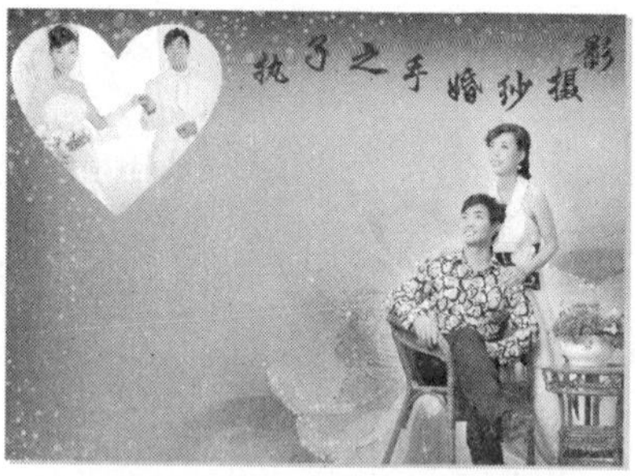
图 4-68　拆分在一路径上的文字

图 4-69　填充颜色

14　按 F12 键弹出【轮廓笔】对话框，将【宽度】设置为 0.5mm，将【颜色】设置为 C、M、Y、K 值为 0、20、100、0 的颜色，如图 4-70 所示。

15　设置完成后单击【确定】按钮，效果如图 4-71 所示。

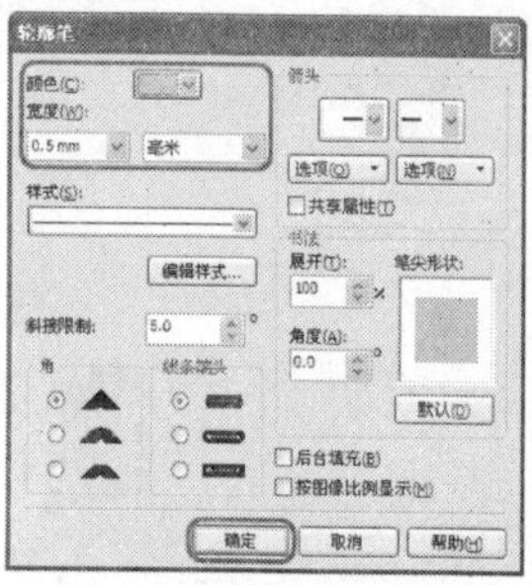
图 4-70　【轮廓笔】对话框

图 4-71　设置轮廓线后的效果

16 调整文字的位置，然后在工具箱中选择字（文本）工具，在绘图页中绘制文本框，如图 4-72 所示。

17 在属性栏中单击目（将文本更改为水平方向）按钮，然后在文本框中输入文本，输入完文本后，选择所有的文本，然后在属性栏中将【字体大小】设置为 24pt，如图 4-73 所示。

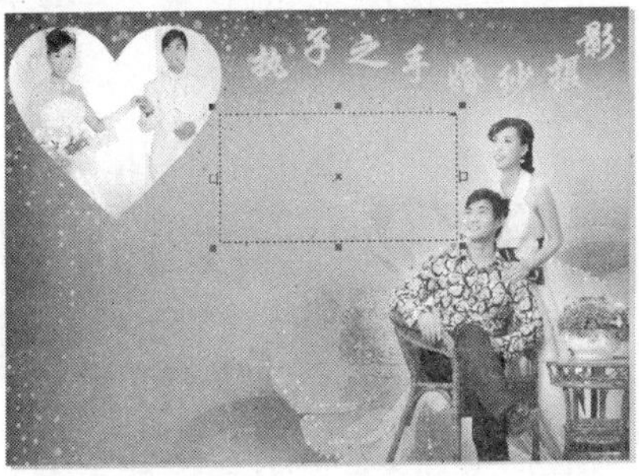
图 4-72　绘制文本框

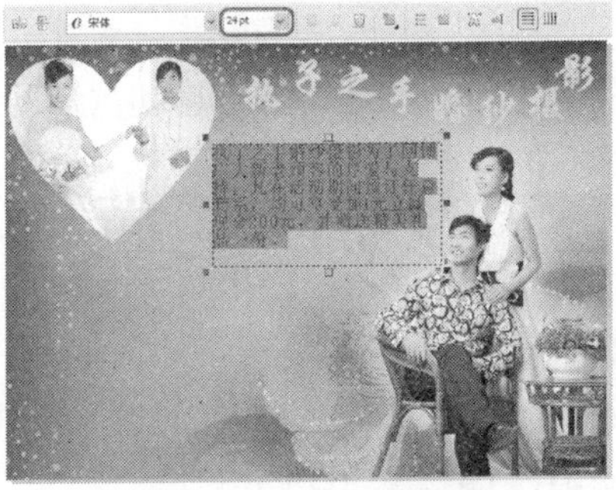
图 4-73　输入文本并设置大小

18 选择如图 4-74 所示的文本，在属性栏中将【字体】设置为【华文行楷】,【字体大小】设置为 28pt，然后在默认的 CMYK 调色板中单击 C、M、Y、K 值分别为 0、100、0、0 的色块，如图 4-74 所示。

19 在工具箱中选择（椭圆形）工具，在绘图页中配合 Ctrl 键绘制正圆，如图 4-75 所示。

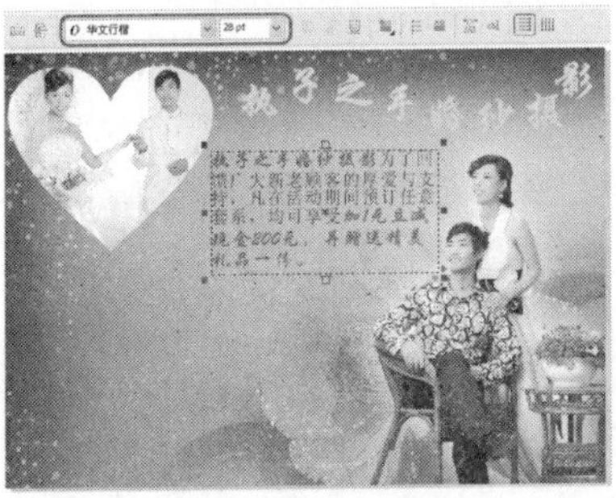
图 4-74　设置文本

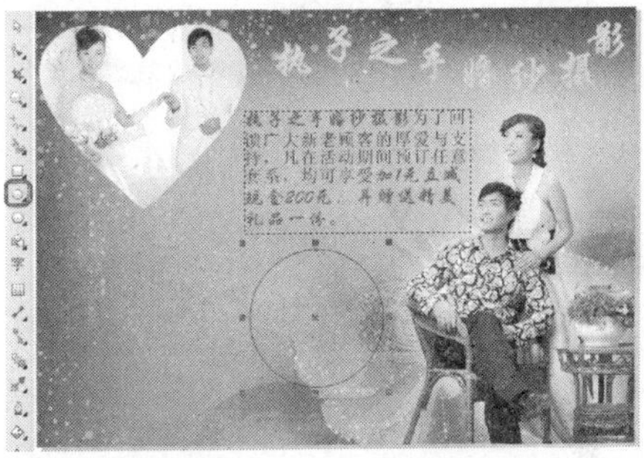
图 4-75　绘制正圆

20 确定新绘制的正圆处于选择状态，按 F12 键弹出【轮廓笔】对话框，将【宽度】设置为 2.5mm，将【颜色】设置为 C、M、Y、K 值分别为 0、20、100、0 的颜色，如图 4-76 所示。

21 设置完成后单击【确定】按钮，效果如图 4-77 所示。

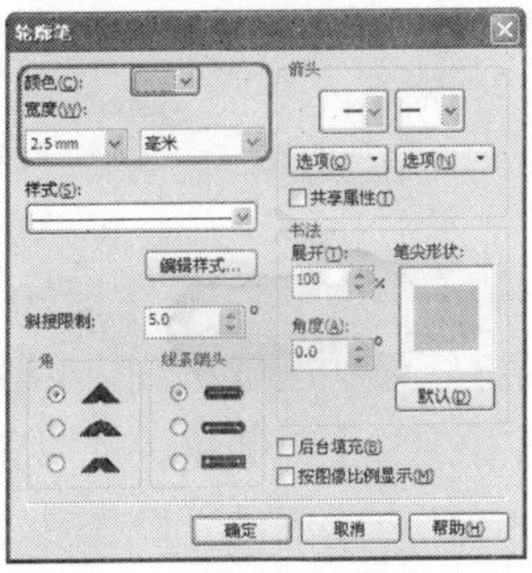
图 4-76　设置轮廓宽度和颜色

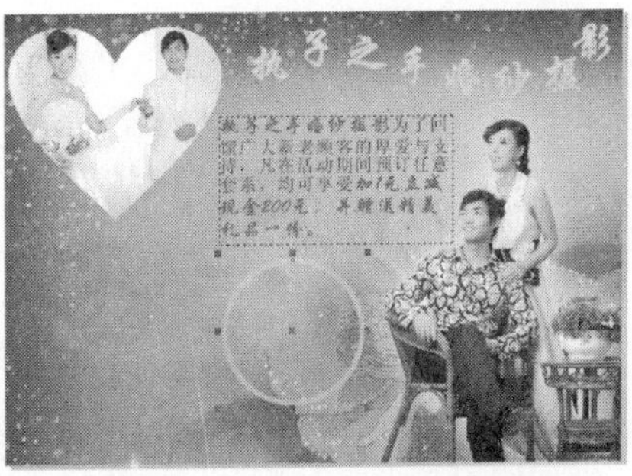
图 4-77　设置轮廓线后的效果

22 在工具箱中选择字（文本）工具，在空白处单击，然后在属性栏中单击（将文本更改为水平方向）按钮，将【字体】设置为【宋体】，将【字体大小】设置为 26pt，然后输入文本，如图 4-78 所示。

23 选择工具箱中的（选择）工具，移动鼠标指针到文本对象上，按住鼠标右键将文本对象拖动到绘制的正圆上，当鼠标指针变成如图 4-79 所示的十字环状后释放鼠标，在弹出的快捷菜单中选择【内置文本】命令，如图 4-80 所示。

图 4-78 输入文本

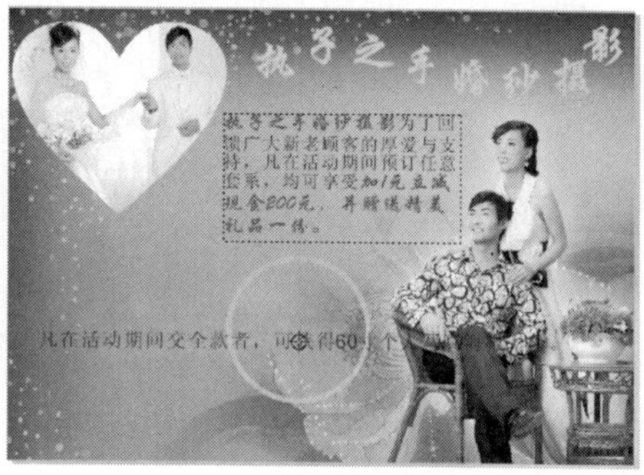

图 4-79 拖动文本对象

24 此时段落文本便会置入到正圆形对象中，如图 4-81 所示。

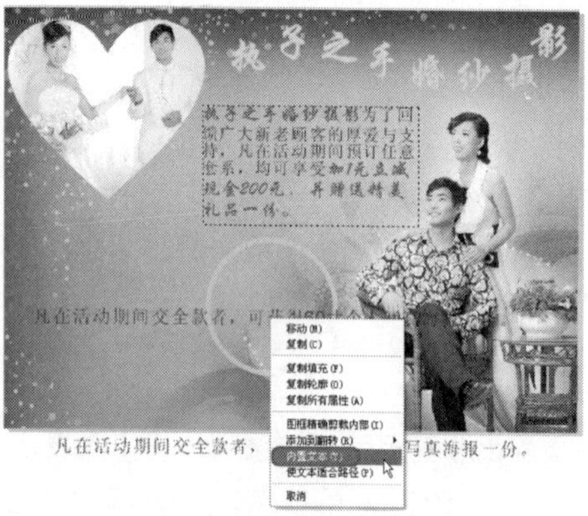

图 4-80 选择【内置文本】命令

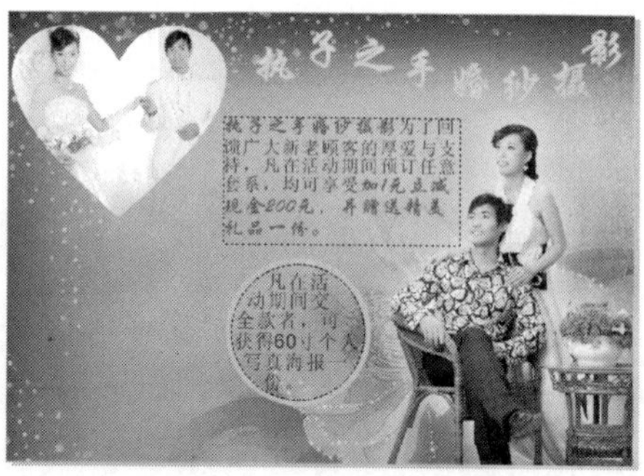

图 4-81 内置文本后的效果

注 意

如果文字没有在图形中完全显示出来，可以配合 Shift 键调整图形的大小，直至文字全部显示出来为止。

25 使用工具箱中的（椭圆形）工具，并配合 Ctrl 键继续绘制正圆，如图 4-82 所示。

26 确定新绘制的正圆处于选择状态，按 F12 键弹出【轮廓笔】对话框，将【宽度】设置为 2.5mm，将【颜色】设置为 C、M、Y、K 值分别为 0、20、100、0 的颜色，设置完成后单击【确定】按钮，效果如图 4-83 所示。

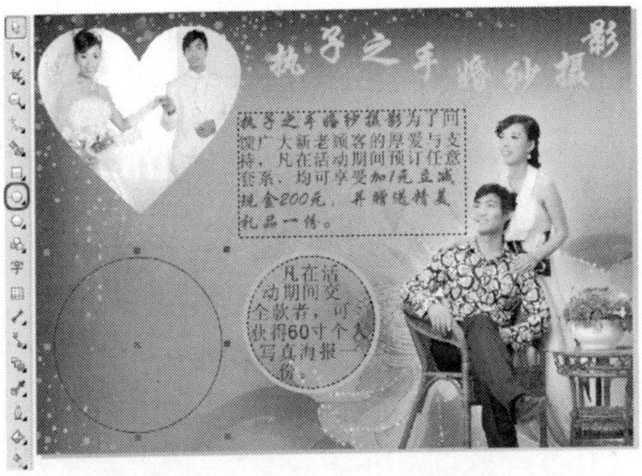

图 4-82　绘制正圆

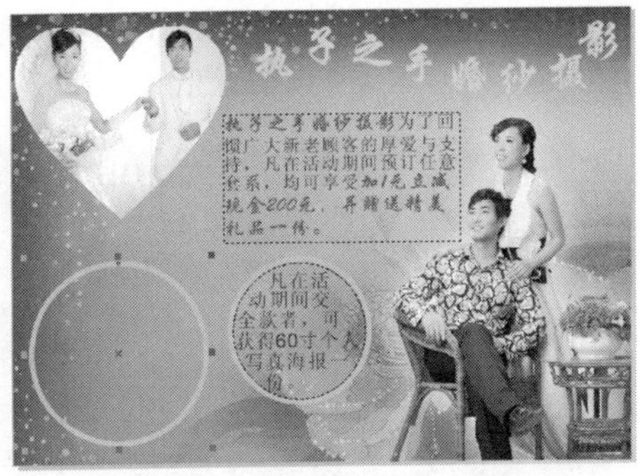

图 4-83　设置轮廓线后的效果

27 使用字（文本）工具在空白处输入文本，并将【字体】设置为【宋体】，【字体大小】设置为 26pt，如图 4-84 所示。

图 4-84　输入文本

28 使用上面的方法，将创建的文本置入新绘制的正圆形中，效果如图 4-85 所示。

29 继续使用字（文本）工具在绘图页中创建文本，并将【字体大小】设置为 24pt，如图 4-86 所示。

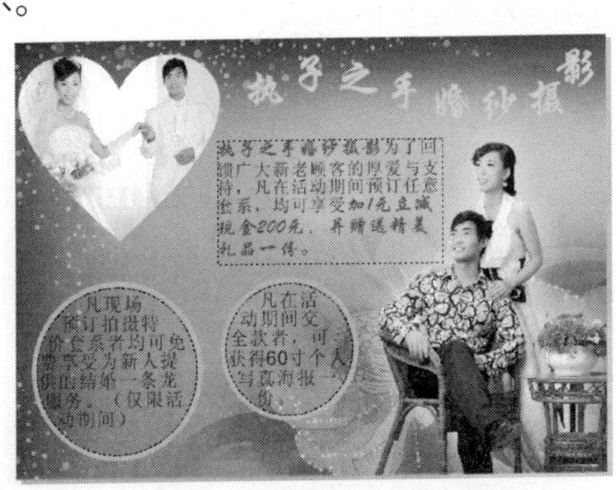

图 4-85　内置文本后的效果

图 4-86　创建文本

30 按 Ctrl+I 组合键，在弹出的对话框中导入随书附带光盘中的 CDROM|素材|Cha04|图片 01.psd 文件，并在绘图页中调整其位置和大小，如图 4-87 所示。

31 按 Ctrl+A 组合键，选择绘图页中的所有对象，按 Ctrl+G 组合键将选择的对象成组，如图 4-88 所示。

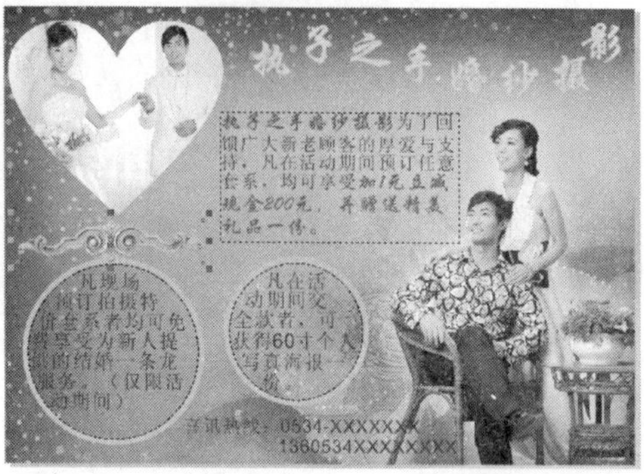

图 4-87　导入素材文件

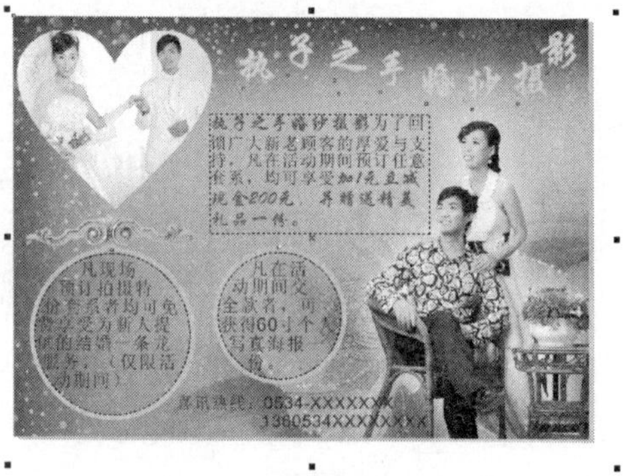

图 4-88　成组选择对象

32 至此，婚纱影楼活动宣传单效果制作完成了，将完成后的场景文件进行存储。

本 章 习 题

下面通过课后习题来巩固前面学习的基础知识。

1．选择题

（1）按键盘上的哪个键可以启用文本工具。（　　）

A．F8　　B．F7　　C．F3　　D．F2

（2）当段落文本框的文本与下面哪个对象链接时，文本对象会沿路径进行链接。（　　）

A．文本　　B．文本框　　C．闭合路径的图形　　D．未闭合路径的图形

2．填空题

（1）在菜单栏中选择________ | ________命令，在弹出的________对话框中可以对文本进行编辑。

（2）要使段落文本适合框架，可以通过缩放字体大小使文字将框架填满，也可以选择菜单栏中的________ | ________ | ________命令来实现。

3．上机操作

结合本章学习的内容制作一个商标。

第 5 章　使用颜色与填充对象

本章重点

- 标准填充。
- 渐变填充、图样填充和底纹填充。
- 交互式填充工具组。

在绘制与编辑彩色图形的过程中，选择颜色与填充颜色是用户经常的工作，只有为图形选择了漂亮的颜色，图形才会变得生动而优美。因此我们需要熟练掌握颜色的选择与应用，从而为今后制作优美的作品打下牢固的基础。本章将介绍选择颜色的几种方法并为图形填充颜色。

5.1　标准填充

标准填充是 CorelDRAW X5 中最基本的填充方式，它默认的调色板模式为 CMYK 模式。选择菜单栏中的【窗口】|【调色板】命令，在其子菜单中集合了全部的 CorelDRAW 调色板。从中选择一项后，调色板就会立即出现在窗口的右侧。

在进行标准填充之前，需要先选中要进行标准填充的对象，然后单击调色板中所需的颜色即可完成填充。

使用调色板为对象填充颜色的操作步骤如下。

01　按 Ctrl+O 组合键，在弹出的对话框中打开随书附带光盘中的 CDROM|素材|Cha05|小乌龟.cdr 文件。为了方便对象的选择，我们选择菜单栏中的【窗口】|【泊坞窗】|【对象管理器】命令，弹出【对象管理器】泊坞窗，如图 5-1 所示。

图 5-1　【对象管理器】泊坞窗

02 单击【对象管理器】泊坞窗中【图层 1】前的加号按钮，在打开的列表中选择【008】对象，如图 5-2 所示。

03 在默认的 CMYK 调色板中单击 C、M、Y、K 值分别为 40、0、0、0 的色块，即可为选择的对象填充该颜色，如图 5-3 所示。

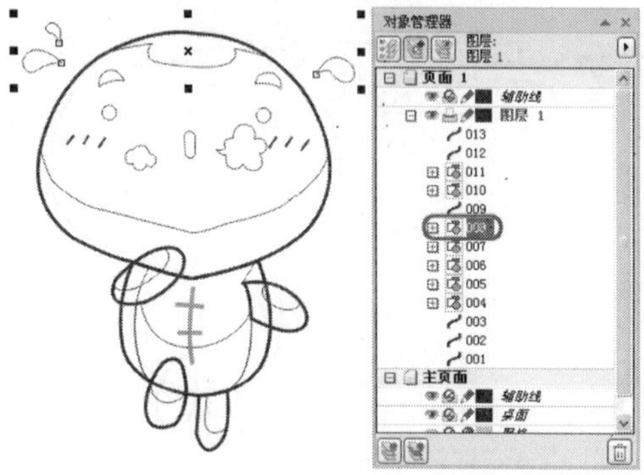

图 5-2 选择【008】对象

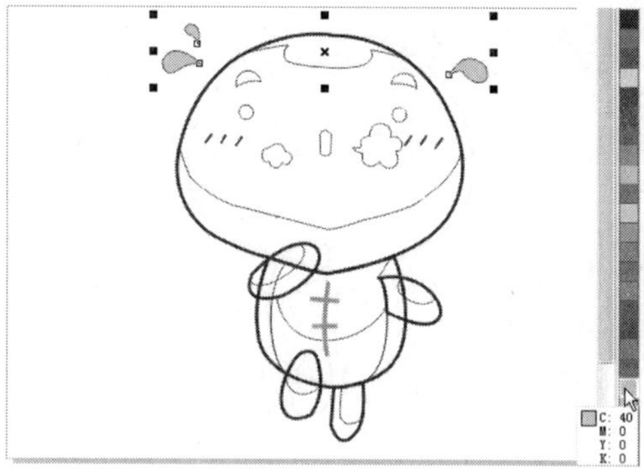

图 5-3 为选择的对象填充颜色

04 确定【008】对象处于选择状态，在默认的 CMYK 调色板中右击☒色块，取消轮廓线的填充，如图 5-4 所示。

05 在【对象管理器】泊坞窗中【图层 1】下的列表中选择【006】对象，如图 5-5 所示。

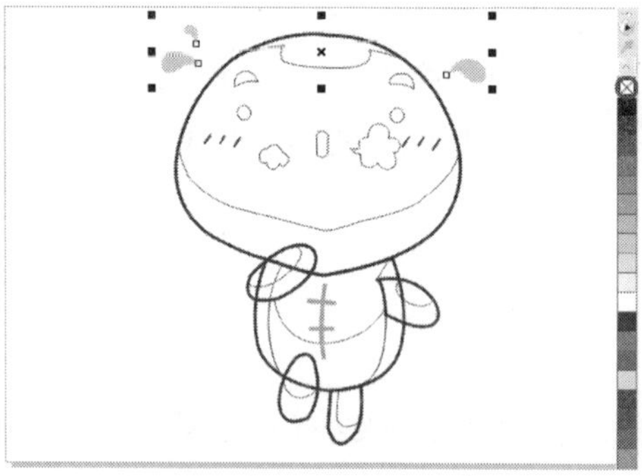

图 5-4 取消轮廓线的填充

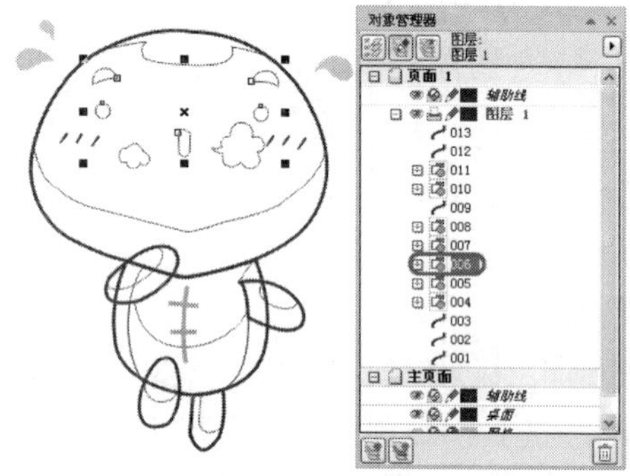

图 5-5 选择【006】对象

06 在默认的 CMYK 调色板中单击 C、M、Y、K 值分别为 0、0、0、100 的色块，即可为选择的对象填充该颜色，如图 5-6 所示。

07 在【对象管理器】泊坞窗中【图层 1】下的列表中选择【001】对象，如图 5-7 所示。

08 在默认的 CMYK 调色板中单击 C、M、Y、K 值分别为 0、60、100、0 的色块，即可为选择的对象填充该颜色，如图 5-8 所示。

图 5-6 填充颜色

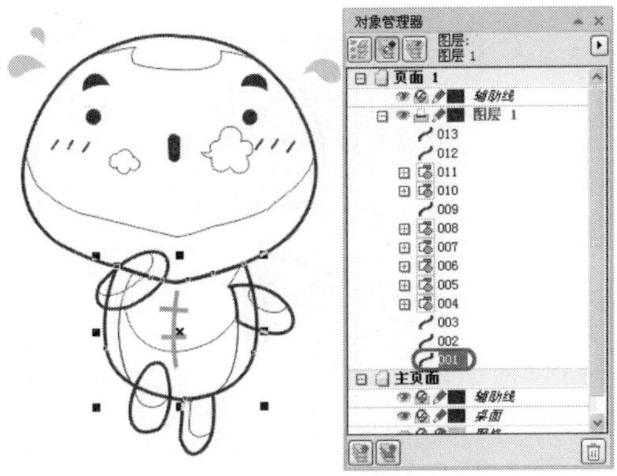

图 5-7　选择【001】对象

图 5-8　填充颜色

5.2　使用【均匀填充】对话框

如果在调色板中没有当前所需要的色彩，则可从【均匀填充】对话框中自由地选色。下面介绍如何使用【均匀填充】对话框为对象填充颜色。

5.2.1　【模型】选项卡

在【模型】选项卡中可以任意地选择所需的色彩为图形填充。

01　继续上一节中的操作，在【对象管理器】泊坞窗中【图层 1】下的列表中选择【003】、【005】和【013】对象，如图 5-9 所示。

02　在工具箱中选择 (填充)工具，在弹出的浮动框中选择【均匀填充】命令，或按 Shift+F11 键，弹出【均匀填充】对话框，在【模型】选项卡中将 CMYK 参数设置为 34、0、87、0，设置完成后单击【确定】按钮，如图 5-10 所示。

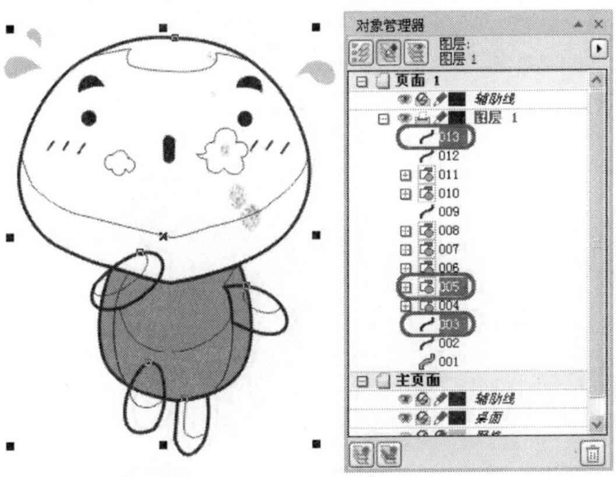

图 5-9　选择对象

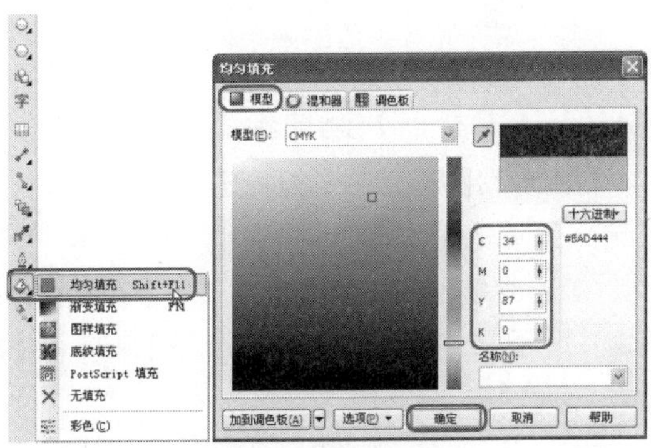

图 5-10　设置颜色

03　填充完颜色后的效果如图 5-11 所示。

04　确定【005】和【013】对象处于选择状态，在默认的 CMYK 调色板中右击☒色块，取消轮廓线的填充，如图 5-12 所示。

图 5-11　填充颜色后的效果

图 5-12　取消轮廓线的填充

05　在【对象管理器】泊坞窗中【图层 1】下的列表中选择【004】和【012】对象，如图 5-13 所示。

06　按 Shift+F11 键，弹出【均匀填充】对话框，在【模型】选项卡中将【模型】定义为 RGB，将 RGB 参数设置为 147、195、37，单击【确定】按钮，如图 5-14 所示。

图 5-13　选择对象

图 5-14　设置颜色

07　填充完颜色后的效果如图 5-15 所示。

图 5-15　填充颜色后的效果

5.2.2　【混和器】选项卡

利用混和器可以在一组特定的颜色中进行颜色的调配。

01　继续上一小节的操作，在【对象管理器】泊坞窗中【图层 1】下的列表中选择【007】对象，如图 5-16 所示。

02　按 Shift+F11 键，在弹出的对话框中选择【混和器】选项卡，将【模型】定义为 RGB，在【色度】下拉列表中选择所需的选项，在这里使用默认选项；拖动【大小】滑块可以改变上方调色板的大小，然后再拖动小圆点或在调色板中单击来选择所需的颜色，设置完成后单击【确定】按钮，如图 5-17 所示。

图 5-16　选择【007】对象

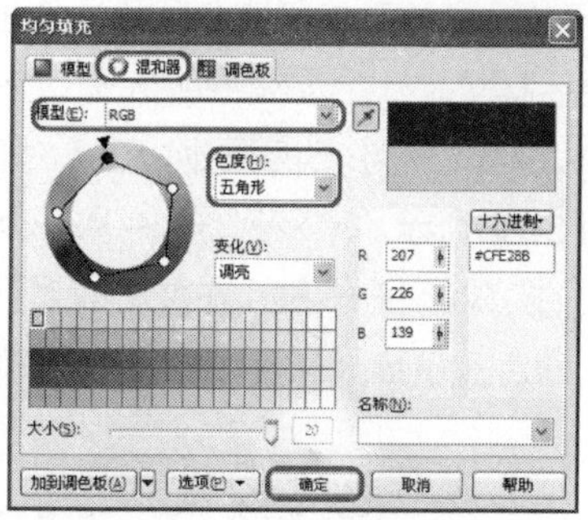

图 5-17　设置颜色

03 确定【007】对象处于选择状态，在默认的 CMYK 调色板中右击☒色块，取消轮廓线的填充，如图 5-18 所示。

04 在【对象管理器】泊坞窗中【图层 1】下的列表中选择【002】对象，如图 5-19 所示。

图 5-18　取消轮廓线的填充

图 5-19　选择【002】对象

05 按 Shift+F11 键，在弹出的对话框中选择【混和器】选项卡，在【色度】下拉列表中选择所需的选项，在这里使用默认选项；拖动【大小】滑块可以改变上方调色板的大小，然后再拖动小圆点或在调色板中单击来选择所需的颜色，设置完成后单击【确定】按钮，如图 5-20 所示。

06 填充完颜色后的效果如图 5-21 所示。

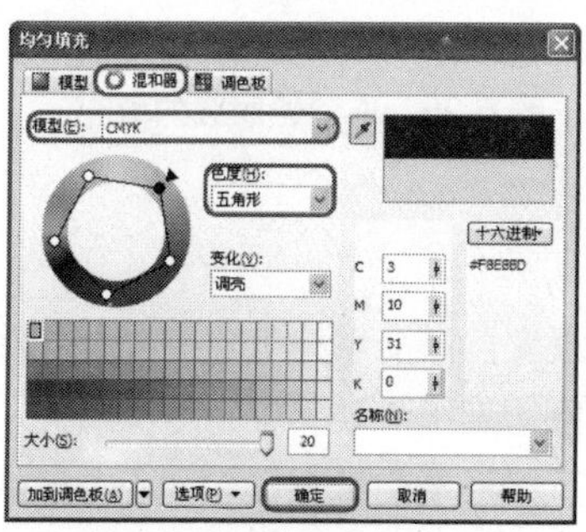

图 5-20　设置颜色

图 5-21　填充完颜色后的效果

5.2.3　【调色板】选项卡

【调色板】选项卡和【混和器】选项卡基本相似，但它比【混和器】选项卡多了【淡色】滑动条，

【组件】区域只显示目前所选色彩的数值但不能被自由编辑。在【名称】下拉列表中还为用户提供了不少的颜色样式。

01 继续上一小节的操作，在【对象管理器】泊坞窗中【图层 1】下的列表中选择【009】对象，如图 5-22 所示。

02 按 Shift+F11 键，在弹出的对话框中选择【调色板】选项卡，在色谱上拖动滑块至适当位置，再在调色盒中选择一种颜色，如图 5-23 所示。

图 5-22 选择【009】对象

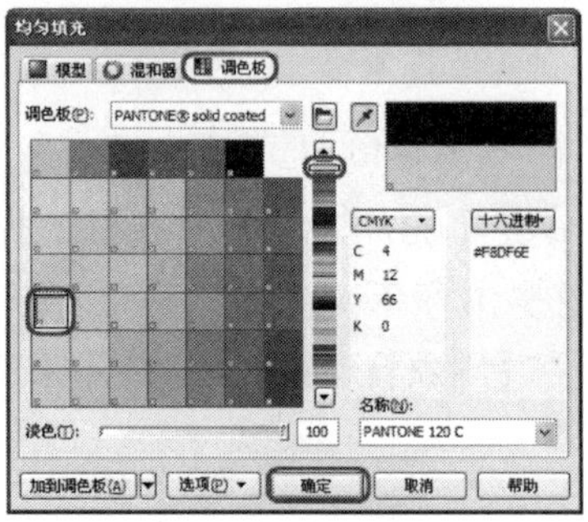

图 5-23 设置颜色

03 单击【确定】按钮，填充颜色后的效果如图 5-24 所示。

04 确定【009】对象处于选择状态，在默认的 CMYK 调色板中右击☒色块，取消轮廓线的填充，如图 5-25 所示。

图 5-24 填充颜色后的效果

图 5-25 取消轮廓线的填充

5.3 渐变填充

渐变填充是给对象增加深度的两种或多种颜色的平滑渐变。渐变填充有 4 种类型：线性渐变、辐射渐变、圆锥渐变和正方形渐变。线性渐变填充沿着对象作直线流动，辐射渐变填充从对象中心向外辐射，圆锥渐变填充产生光线落在圆锥上的效果，而正方形渐变填充则以同心方形的形式从对象中心向外扩散。

可以为对象应用预设渐变填充、双色渐变填充和自定义渐变填充。自定义渐变填充可以包含两种或两种以上颜色，用户可以在填充渐进的任何位置定位这些颜色。创建自定义渐变填充之后，可以将其保存为预设。

应用渐变填充时，可以指定所选填充类型的属性，例如，填充的颜色调和方向、填充的角度、边界和中点。还可以通过指定渐变步长值来调整渐变填充的打印和显示质量。默认情况下，渐变步长值设置处于锁定状态，因此渐变填充的打印质量由打印设置中的指定值决定，而显示质量由设定的默认值决定。但是，在应用渐变填充时，可以解除锁定渐变步长值设置，并指定一个适用于打印与显示质量的填充值。

5.3.1　使用【双色】渐变填充

使用双色渐变填充的操作步骤如下。

01　按 Ctrl+O 键，在弹出的对话框中打开随书附带光盘中的 CDROM | 素材 | Cha05 | 树.cdr 文件，然后选择菜单栏中的【窗口】|【泊坞窗】|【对象管理器】命令，弹出【对象管理器】泊坞窗，如图 5-26 所示。

02　单击【对象管理器】泊坞窗中【图层 1】前的加号按钮，在打开的列表中选择【001】对象，如图 5-27 所示。

图 5-26　打开的素材文件

图 5-27　选择【001】对象

03　在工具箱中选择（填充）工具，在弹出的浮动框中选择【渐变填充】命令，或按 F11 键，弹出【渐变填充】对话框，在【选项】区域中将【角度】设置为 90，在【颜色调和】区域中选择【双色】单选按钮，将【从】设置为白，将【到】设置为冰蓝，如图 5-28 所示。

04　设置完成后单击【确定】按钮。确定【001】对象处于选择状态，在默认的 CMYK 调色板中右击☒色块，取消轮廓线的填充，如图 5-29 所示。

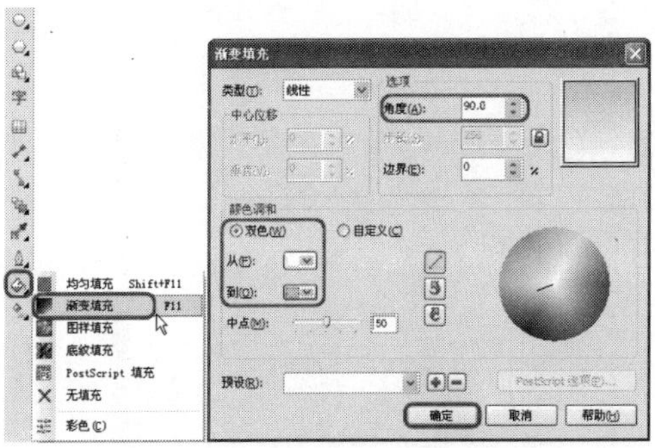

图 5-28　【渐变填充】对话框

图 5-29　取消轮廓线的填充

5.3.2 使用【自定义】渐变填充

下面对自定义渐变填充进行简单的介绍。

01 继续上一小节的操作，在【对象管理器】泊坞窗中【图层 1】下的列表中选择【002】对象，如图 5-30 所示。

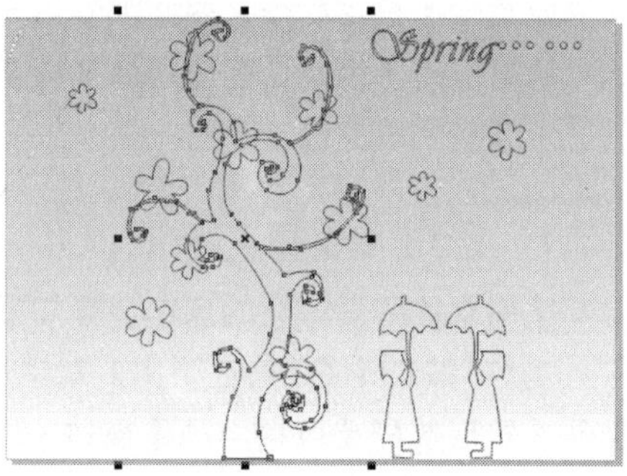

图 5-30 选择【002】对象

02 按 F11 键弹出【渐变填充】对话框，在【选项】区域中将【角度】设置为 90，在【颜色调和】区域中选择【自定义】单选按钮，然后设置一种渐变颜色，如图 5-31 所示。

03 设置完成后单击【确定】按钮。确定【002】对象处于选择状态，在默认的 CMYK 调色板中右击☒色块，取消轮廓线的填充，如图 5-32 所示。

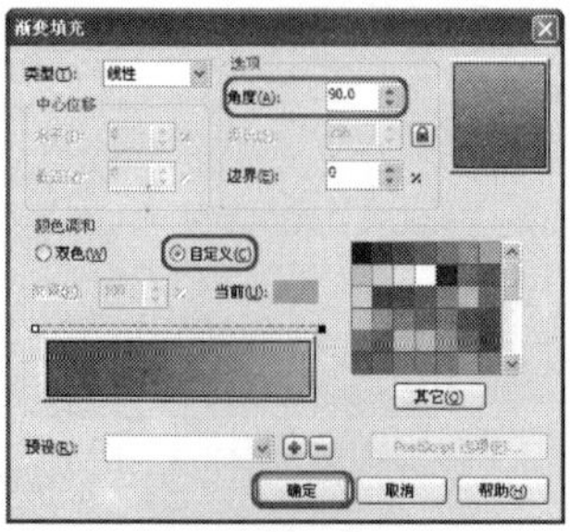

图 5-31 设置渐变颜色

图 5-32 取消轮廓线的填充

5.3.3 使用【预设】渐变填充

在【预设】下拉列表框中可以选择系统中预设的渐变颜色对对象进行填充。

01 继续上一小节的操作，在【对象管理器】泊坞窗中【图层 1】下的列表中选择【006】对象，按 F11 键弹出【渐变填充】对话框，在【预设】下拉列表框中选择【圆锥-红色】选项，如图 5-33 所示。

02 单击【确定】按钮。确定【006】对象处于选择状态，在默认的 CMYK 调色板中右击☒色块，取消轮廓线的填充，如图 5-34 所示。

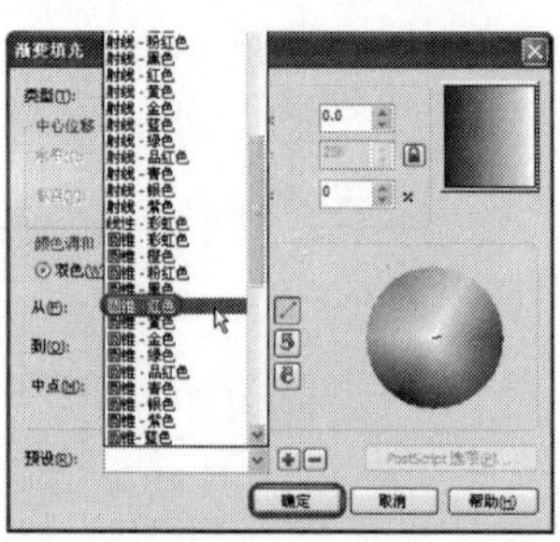

图 5-33 选择【圆锥-红色】选项

图 5-34 取消轮廓线的填充

03 在【对象管理器】泊坞窗中选择【007】对象，按 F11 键弹出【渐变填充】对话框，在【预设】下拉列表框中选择【圆锥-品红色】选项，单击【确定】按钮，然后在默认的 CMYK 调色板中右击☒色块，取消轮廓线的填充，如图 5-35 所示。

04 在【对象管理器】泊坞窗中选择【008】对象，按 F11 键弹出【渐变填充】对话框，在【预设】下拉列表框中选择【圆锥-黄色】选项，单击【确定】按钮，然后在默认的 CMYK 调色板中右击☒色块，取消轮廓线的填充，如图 5-36 所示。

图 5-35　为【007】对象填充颜色

图 5-36　为【008】对象填充颜色

5.4　图样填充

在 CorelDRAW 中用户可以使用双色、全色或位图图样填充为对象进行填充。

5.4.1　使用【双色】图样填充

双色图样填充是由所选的两种颜色组成，使用【双色】图样填充的操作步骤如下。

01 继续上一节的操作，在【对象管理器】泊坞窗中选择【003】对象，如图 5-37 所示。

图 5-37　选择【003】对象

02 选择工具箱中的（填充）工具，在弹出的浮动框中选择【图样填充】命令，弹出【图样填充】对话框，选择【双色】单选按钮，再在图样选择器中选择所需的图样，将【前部】颜色设置为粉色，将【后部】颜色设置为黄色，然后在【大小】区域中将【宽度】和【高度】参数都设置为 10mm，如图 5-38 所示。

03 设置完成后单击【确定】按钮。在默认的 CMYK 调色板中右击☒色块，取消轮廓线的填充，完成后的效果如图 5-39 所示。

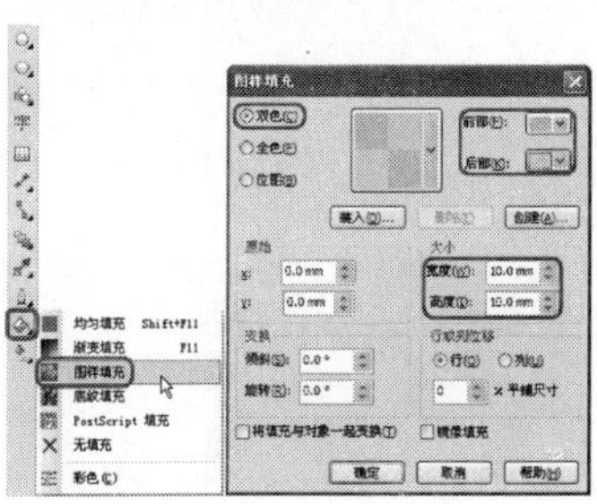

图 5-38　设置图样

图 5-39　填充图样后的效果

5.4.2 使用【全色】图样填充

全色图样填充是比较复杂的矢量图形，使用【全色】图样填充的操作步骤如下。

01 继续上一小节的操作，在【对象管理器】泊坞窗中选择【004】对象，如图 5-40 所示。

图 5-40 选择【004】对象

02 选择工具箱中的（填充）工具，在弹出的浮动框中选择【图样填充】命令，弹出【图样填充】对话框，选择【全色】单选按钮，再在图样选择器中选择所需的图样，然后在【大小】区域中将【宽度】和【高度】参数都设置为 10mm，如图 5-41 所示。

03 设置完成后单击【确定】按钮。在默认的 CMYK 调色板中右击☒色块，取消轮廓线的填充，完成后的效果如图 5-42 所示。

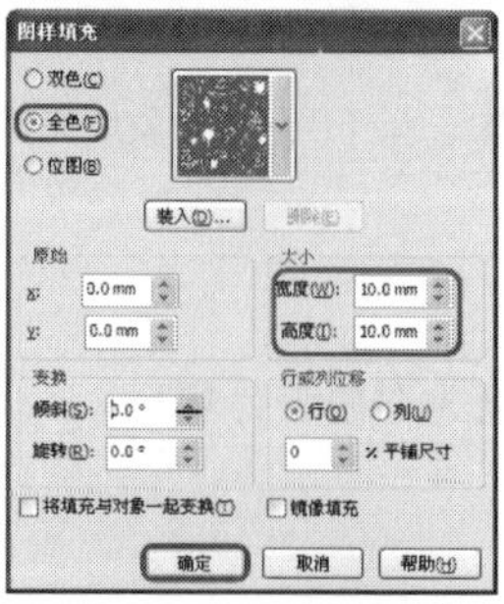

图 5-41 设置图样

图 5-42 填充全色图样的效果

5.4.3 使用【位图】图样填充

使用【位图】图样填充的操作步骤如下。

01 继续上一小节的操作，在【对象管理器】泊坞窗中选择【005】对象，然后选择工具箱中的（填充）工具，在弹出的浮动框中选择【图样填充】命令，弹出【图样填充】对话框，选择【位图】单选按钮，再在图样选择器中选择所需的图样，如图 5-43 所示。

02 设置完成后单击【确定】按钮。在默认的 CMYK 调色板中右击☒色块，取消轮廓线的填充，完成后的效果如图 5-44 所示。

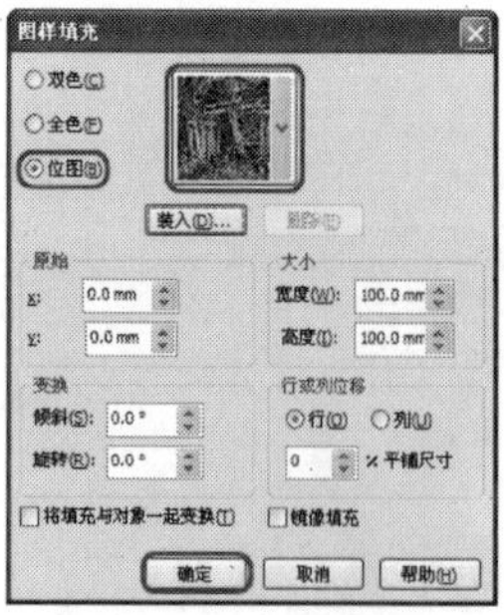

图 5-43 选择图样

图 5-44 填充位图图样的效果

5.5 底纹填充

使用底纹填充可以赋予对象自然的外观，在 CorelDRAW 中提供了许多预设的底纹填充，而且每种底纹均有一组可以更改的选项，用户可以在【底纹填充】对话框中使用任一颜色或调色板中的颜色来自定义底纹填充，底纹填充只能包含 RGB 颜色。

下面通过一个小例子来介绍底纹填充。

01 按 Ctrl+O 组合键，在弹出的对话框中打开随书附带光盘中的 CDROM|素材|Cha05|海星.cdr 文件，如图 5-45 所示。

02 使用工具箱中的（选择）工具，在绘图页中选择如图 5-46 所示的图形。

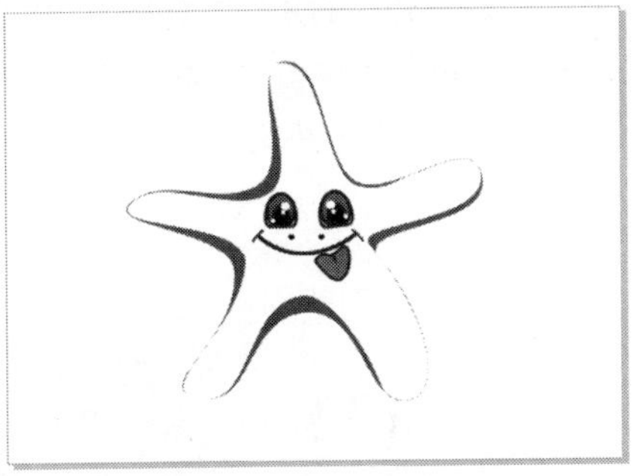

图 5-45 打开的素材文件

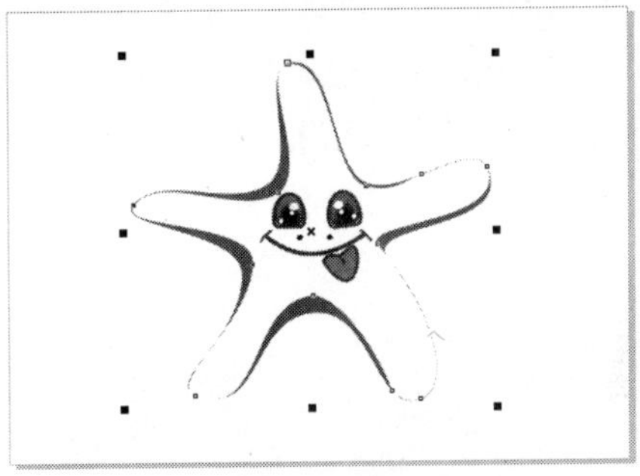

图 5-46 选择图形

03 在工具箱中选择（填充）工具，在弹出的浮动框中选择【底纹填充】命令，弹出【底纹填充】对话框，在【底纹库】下拉列表框中选择【样本 9】，在【底纹列表】列表框中选择【气泡】，在【硬 3 色泡泡纱】区域中将【#泡泡数】设置为 150，将【北方亮度±%】设置为-20，将【中色调】设置为红色，将【亮度】设置为粉色，如图 5-47 所示。

04 设置完成后单击【确定】按钮，填充完底纹后的效果如图 5-48 所示。

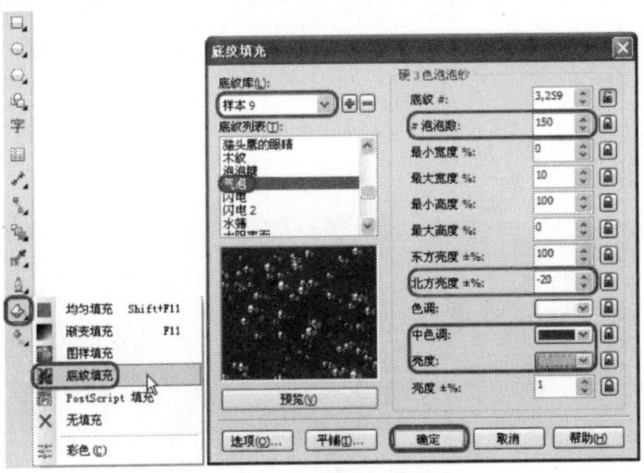

图 5-47 设置底纹填充

图 5-48 底纹填充后的效果

5.6 使用交互式填充工具组

使用交互式填充工具组不仅可以进行交互式填充，而且可以改变填充对象的形状。无论对象填充的是单色、渐变色，还是图案或者纹理，都可以使用交互式填充工具改变其效果。交互式填充工具主要使用鼠标操作来控制填充，也可以通过属性栏中的各个选项进行控制。下面介绍交互式填充工具和网状填充工具，用户可以运用这两个工具为对象进行交互式颜色填充。

5.6.1 交互式填充工具

使用交互式填充工具可以进行标准填充、双色图样填充、全色图样填充、位图图样填充、底纹填充和 PostScript 填充等。

下面通过一个小例子来对交互式填充工具进行讲解。

01 新建一个横向页面的文档，按 Ctrl+I 组合键，在弹出的对话框中将随书附带光盘中的 CDROM|素材|Cha05|笑口常开.jpg 文件导入到页面中央，并调整素材的大小，如图 5-49 所示。

02 选择工具箱中的字（文本）工具，在绘图页中的适当位置处单击，然后在属性栏中将【字体】设置为【汉仪菱心体简】，将【字体大小】设置为 110pt，单击（将文本更改为水平方向）按钮，然后创建文本，如图 5-50 所示。

图 5-49 导入的素材文件

图 5-50 创建文本

03 使用（选择）工具在绘图页中调整文本位置，然后选择工具箱中的（交互式填充）工具，在文本左侧按下鼠标向右侧拖动，至适当位置处松开鼠标即可，为文本添加交互式填充，如图 5-51 所示。

04 在属性栏中为交互式图形设置颜色，如图 5-52 所示。

图 5-51 添加交互式填充

图 5-52 设置颜色

05 将鼠标指针放置在如图 5-53 所示的位置处，双击为其添加色块，如图 5-54 所示。

图 5-53　放置鼠标指针

图 5-54　添加色块

06 确定新添加的色块处于选择状态，在属性栏中为其设置颜色，如图 5-55 所示。

07 继续在虚线上双击鼠标，添加颜色块，并在属性栏中设置颜色，如图 5-56 所示。

图 5-55　设置颜色

图 5-56　添加色块并设置颜色

5.6.2　网状填充工具

网状填充工具是从 CorelDRAW 9 才开始增加的工具，使用它可以生成一种比较细腻的渐变效果，实现不同颜色之间的自然融合，更好地对图形进行变形和多样填色处理，从而增强软件在色彩渲染上的能力。

下面对网状填充工具进行讲解。

01 新建一个横向页面的文档，在工具箱中选择（椭圆形）工具，配合 Ctrl 键在绘图页中绘制正圆形，如图 5-57 所示。

02 确定新绘制的图形处于选择状态，按 F11 键，在弹出的对话框中将【类型】定义为【辐射】，在【中心位移】区域中将【水平】和【垂直】的参数分别设置为 28 和–30，在【颜色调和】区域中选择【双色】单选按钮，将【从】设置为绿色，将【到】设置为淡黄色，设置完成后单击【确定】按钮，如图 5-58 所示。

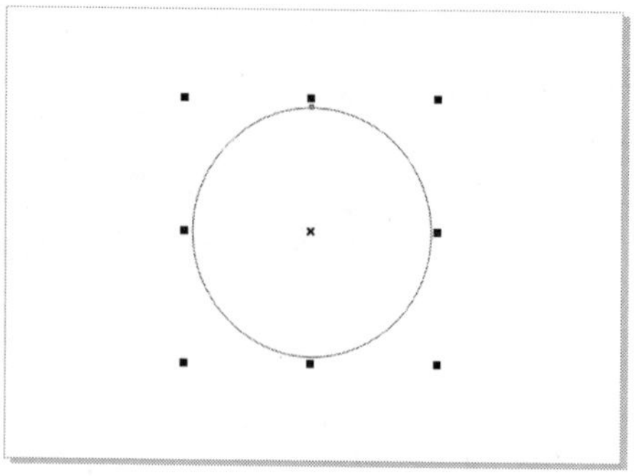

图 5-57　绘制正圆形

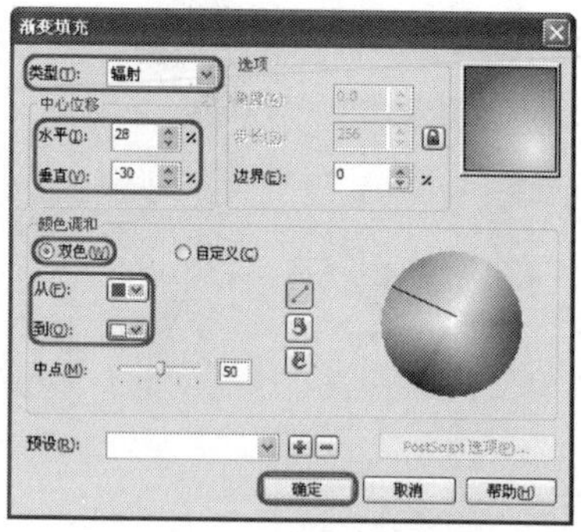

图 5-58　设置渐变颜色

03　填充完渐变颜色后，取消该图形轮廓线的填充，如图 5-59 所示。

04　按小键盘上的+键，复制圆形，然后配合 Shift 键对图形进行缩放，如图 5-60 所示。

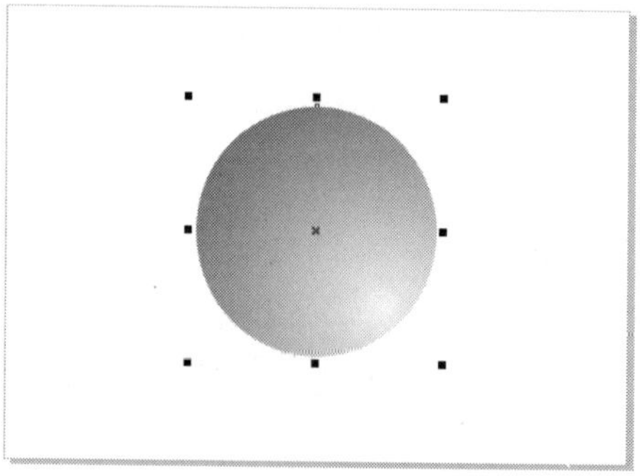

图 5-59　取消轮廓线的填充

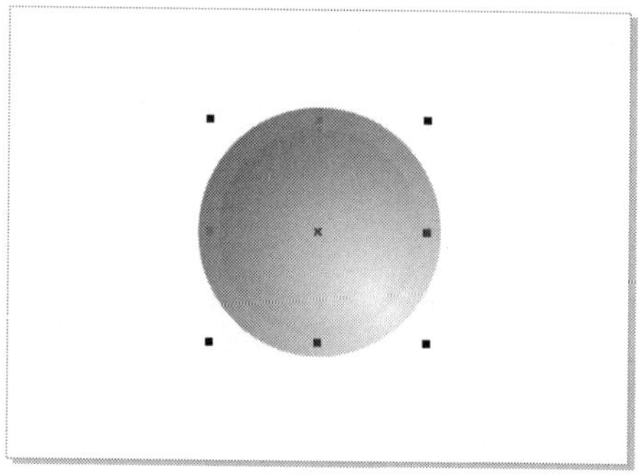

图 5-60　复制并缩放图形

05　确定复制的图形处于选择状态，按 F11 键，在弹出的对话框中将【类型】定义为【线性】，在【选项】区域中将【角度】设置为−45，在【颜色调和】区域中选择【双色】单选按钮，将【从】设置为淡黄色，将【到】设置为绿色，设置完成后单击【确定】按钮，如图 5-61 所示。

06　填充完渐变颜色后的效果如图 5-62 所示。

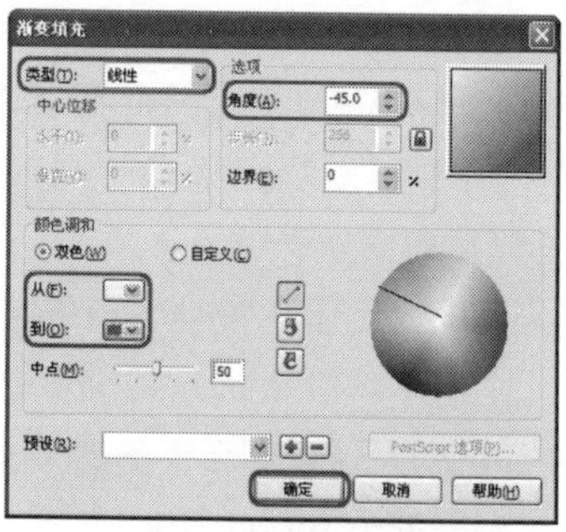

图 5-61　设置渐变颜色

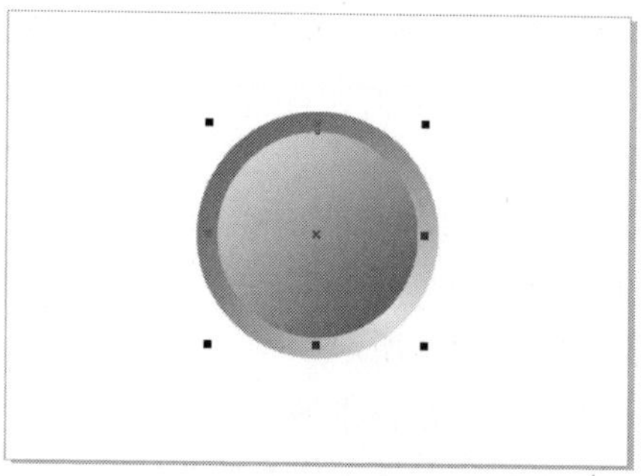

图 5-62　填充完渐变颜色后的效果

07　在工具箱中选择（网状填充）工具或按 M 键，此时选择对象上就会显示出网格，如图 5-63 所示。

08　在网格线上双击添加多条网格线，如图 5-64 所示。

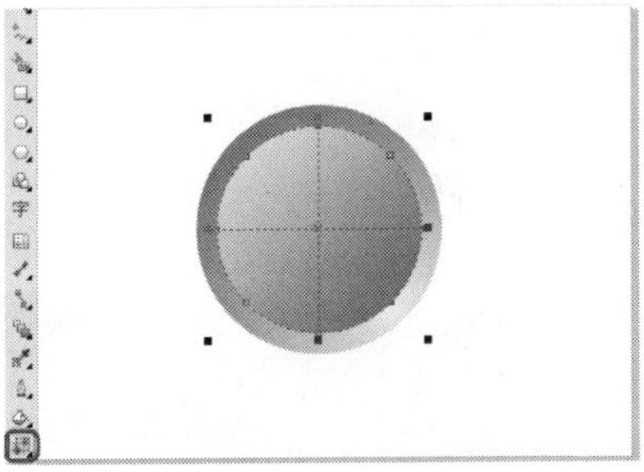

图 5-63　显示网格

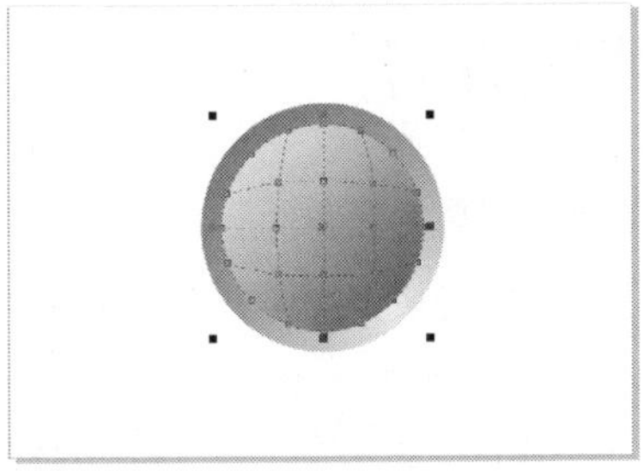

图 5-64　双击添加网格线

09 在网格中单击一个要填充颜色的节点，然后在默认的 CMYK 调色板中单击 C、M、Y、K 值分别为 0、0、0 和 10 的色块，如图 5-65 所示。

10 在画面中多次移动控制点的位置，调整渐变色，如图 5-66 所示。

11 为网状图形添加 CMYK 值为 0、0、0 和 50 的轮廓线，如图 5-67 所示。

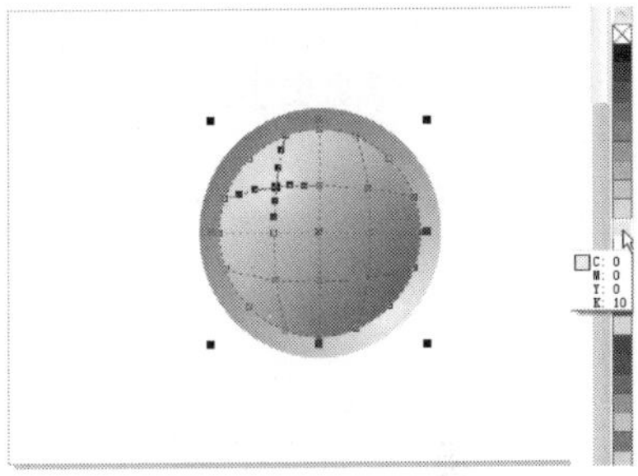

图 5-65　为选择的节点填充颜色

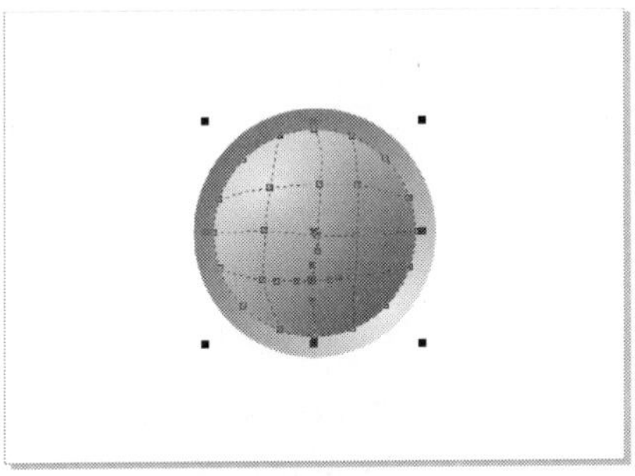

图 5-66　调整控制点

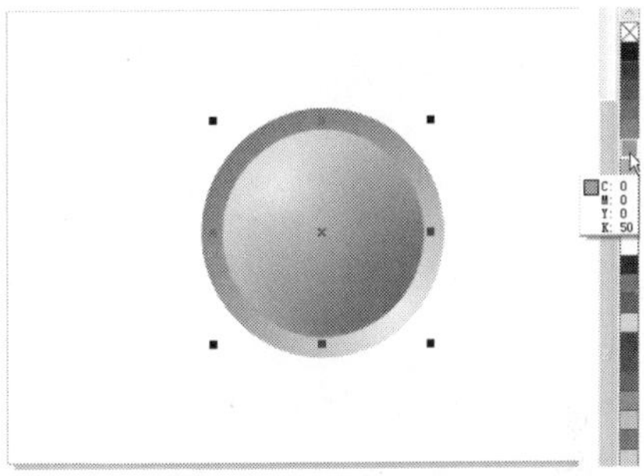

图 5-67　添加轮廓线

12 选择工具箱中的（箭头形状）工具，在属性栏中将【完美形状】定义为形状，在绘图页中绘制形状，如图 5-68 所示。

13 为新绘制的形状填充 CMYK 值为 0、0、0 和 10 的颜色，并取消轮廓线的填充，效果如图 5-69 所示。

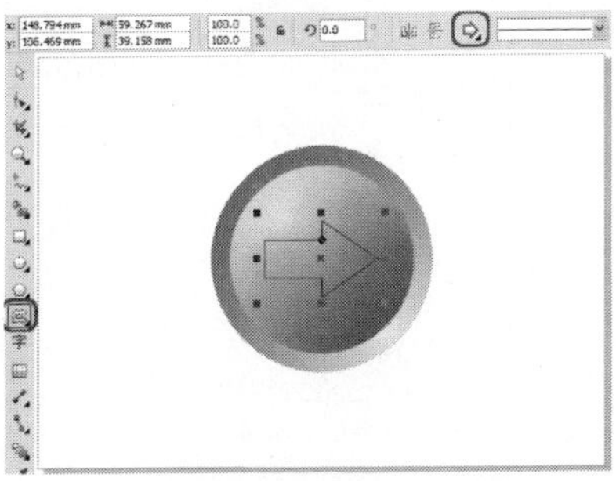

图 5-68　绘制形状

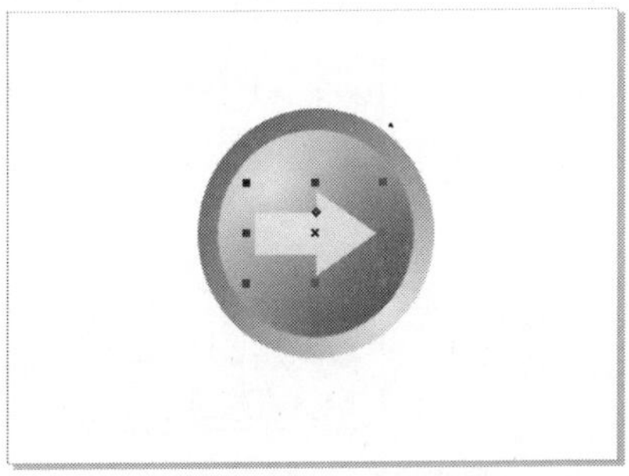

图 5-69　填充颜色并取消轮廓线的填充

5.7 上机练习

5.7.1 为卡通猪填充颜色

本例将为卡通猪填充颜色，填充完颜色后导入背景图片，效果如图 5-70 所示。

01 按 Ctrl+O 组合键，在弹出的对话框中打开随书附带光盘中的 CDROM|素材|Cha05|卡通猪.cdr 文件，如图 5-71 所示。

02 在绘图页中选择作为帽子的对象，如图 5-72 所示。

图 5-70 为卡通猪填充颜色后的效果

图 5-71 打开的素材文件

图 5-72 选择作为帽子的对象

03 在工具箱中选择 (填充) 工具，在弹出的浮动框中选择【图样填充】命令，弹出【图样填充】对话框，选择【全色】单选按钮，然后选择如图 5-73 所示的图样，在【大小】区域中将【宽度】和【高度】都设置为 20mm，设置完成后单击【确定】按钮。

04 在属性栏中的【轮廓宽度】下拉列表中选择 1.0mm，如图 5-74 所示。

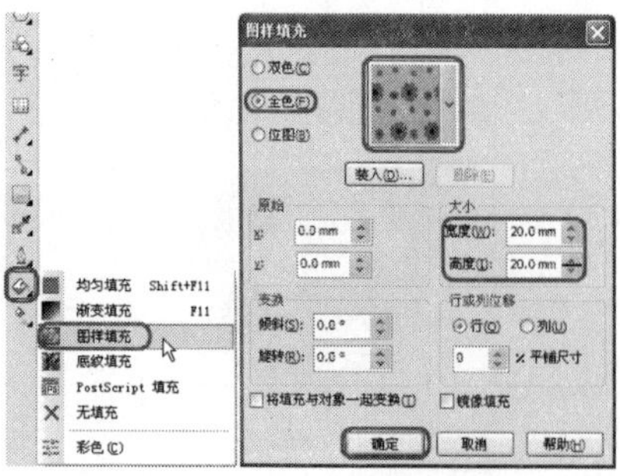

图 5-73 设置图样填充

图 5-74 设置轮廓宽度

05 在绘图页中选择作为帽檐的对象，如图 5-75 所示。

06 在默认的 CMYK 调色板中单击红色色块，为其填充红色，然后在属性栏中的【轮廓宽度】下拉列表中选择 1.0mm，如图 5-76 所示。

图 5-75　选择作为帽檐的对象

图 5-76　填充颜色并设置轮廓宽度

07 在绘图页中选择如图 5-77 所示的对象，在工具箱中选择（填充）工具，在弹出的浮动框中选择【均匀填充】命令，弹出【均匀填充】对话框，选择【模型】选项卡，在【模型】下拉列表中选择 RGB 选项，并将 RGB 值设置为 252、222、210，设置完成后单击【确定】按钮，如图 5-78 所示。

图 5-77　选择对象

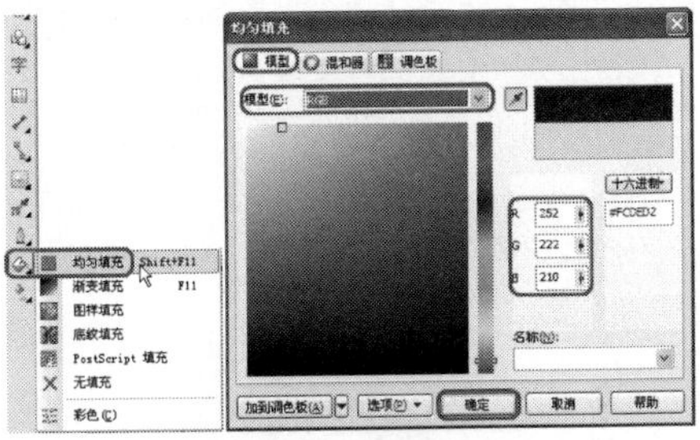

图 5-78　设置均匀填充

08 在默认的 CMYK 调色板中右击☒色块，取消轮廓线的填充，如图 5-79 所示。

09 选择如图 5-80 所示的对象，然后重复步骤（7）和步骤（8）中的操作，为该对象填充颜色并取消轮廓线的填充，效果如图 5-80 所示。

图 5-79　取消轮廓线的填充

图 5-80　填充颜色并取消轮廓线的填充

10 在绘图页中选择如图 5-81 所示的对象，将其填充颜色设置为与步骤（7）中的填充颜色相同即可，然后在属性栏中的【轮廓宽度】下拉列表中选择 1.0mm，如图 5-82 所示。

图 5-81 选择对象

图 5-82 填充颜色并设置轮廓宽度

11 使用上面的方法，为如图 5-83 所示的两个对象填充颜色并设置轮廓宽度。

12 选择如图 5-84 所示的对象，在工具箱中选择 （填充）工具，在弹出的浮动框中选择【均匀填充】命令，弹出【均匀填充】对话框，选择【模型】选项卡，在【模型】下拉列表中选择 RGB 选项，并将 RGB 值设置为 255、191、156，设置完成后单击【确定】按钮，如图 5-85 所示。

13 在默认的 CMYK 调色板中右击☒色块，取消轮廓线的填充，如图 5-86 所示。

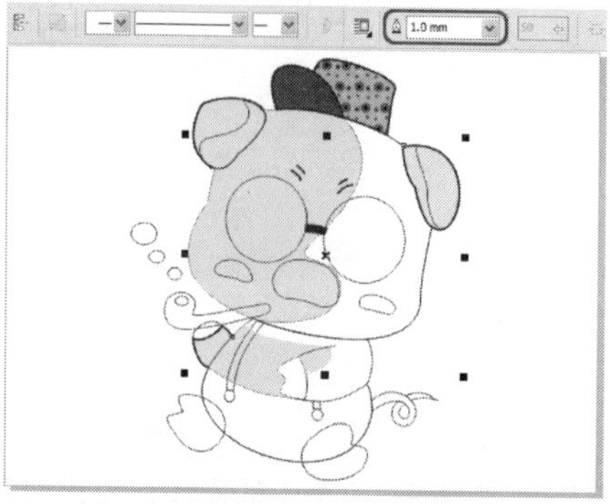

图 5-83 填充颜色并设置轮廓宽度

图 5-84 选择对象

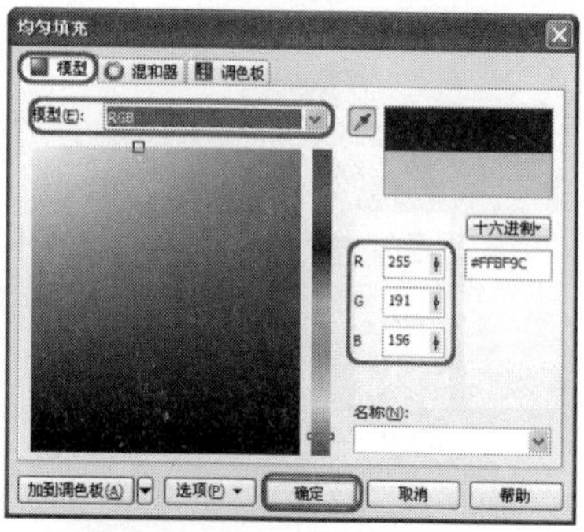

图 5-85 设置均匀填充

图 5-86 取消轮廓线的填充

14　为如图 5-87 所示的 5 个对象填充与步骤（12）中的填充颜色相同的颜色。

15　将如图 5-88 所示的两个对象取消轮廓线的填充，将如图 5-89 所示的 3 个对象的【轮廓宽度】设置为 1.0mm。

图 5-87　填充颜色

图 5-88　取消轮廓线的填充

16　在菜单栏中选择【窗口】|【泊坞窗】|【对象管理器】命令，弹出【对象管理器】泊坞窗，选择最底层的曲线对象，如图 5-90 所示。

图 5-89　设置轮廓宽度

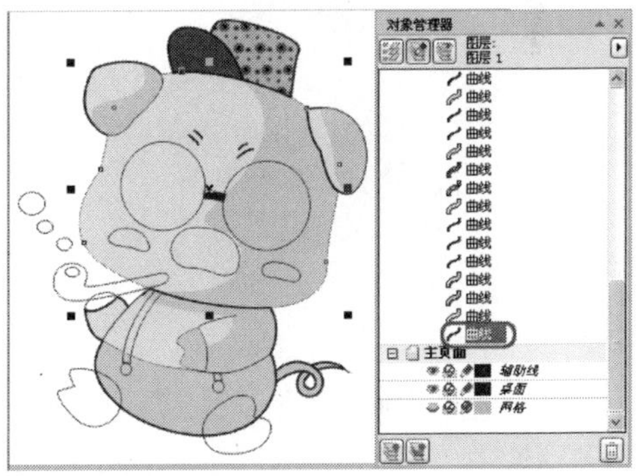

图 5-90　选择最底层的对象

17　在属性栏中的【轮廓宽度】下拉列表中选择 2.0mm，如图 5-91 所示。

18　在绘图页中选择作为墨镜和鼻子的对象，如图 5-92 所示。

图 5-91　设置轮廓宽度

图 5-92　选择对象

19 在默认的 CMYK 调色板中单击黑色色块，为其填充黑色，如图 5-93 所示。

20 选择如图 5-94 所示的两个对象，在默认的 CMYK 调色板中单击 C、M、Y、K 值分别为 0、40、20、0 的色块，然后再右击☒色块，效果如图 5-95 所示。

21 在绘图页中选择作为背带和扣子的对象，如图 5-96 所示。

图 5-93　填充黑色

图 5-94　选择对象

图 5-95　填充颜色并取消轮廓线的填充

图 5-96　选择对象

22 在默认的 CMYK 调色板中单击 C、M、Y、K 值分别为 100、0、0、0 的色块，如图 5-97 所示。

23 选择作为衣服的对象，如图 5-98 所示。

图 5-97　填充颜色

图 5-98　选择对象

24 在工具箱中选择（填充）工具，在弹出的浮动框中选择【图样填充】命令，弹出【图样填充】对话框，选择【双色】单选按钮，然后选择如图 5-99 所示的图样，将【前部】设置为黄色，将【后部】设置为青色，在【大小】区域中将【宽度】和【高度】都设置为 10mm，设置完成后单击【确定】按钮，如图 5-99 所示。

25 在属性栏中的【轮廓宽度】下拉列表中选择 1.0mm，如图 5-100 所示。

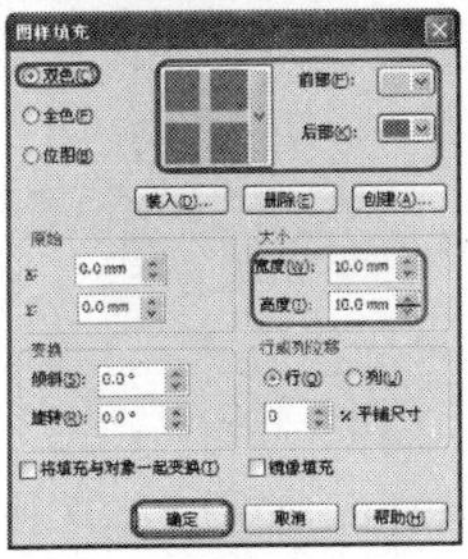

图 5-99　设置图样填充

图 5-100　设置轮廓宽度

26 在绘图页中选择如图 5-101 所示的 4 个对象，在工具箱中选择（填充）工具，在弹出的浮动框中选择【均匀填充】命令，弹出【均匀填充】对话框，选择【模型】选项卡，在【模型】下拉列表中选择 RGB 选项，并将 RGB 值设置为 199、123、135，设置完成后单击【确定】按钮，如图 5-102 所示。

图 5-101　选择对象

图 5-102　设置均匀填充

27 将它们的轮廓宽度设置为 1.0mm，如图 5-103 所示。

28 选择如图 5-104 所示的对象，在默认的 CMYK 调色板中单击 C、M、Y、K 值分别为 0、20、20、60 的色块，然后再右击☒色块，效果如图 5-105 所示。

图 5-103　设置轮廓宽度

图 5-104　选择对象

29 在绘图页中选择作为烟斗的对象，如图 5-106 所示。

图 5-105 填充颜色并取消轮廓线的填充

图 5-106 选择对象

30 在默认的 CMYK 调色板中单击黑色色块，为其填充黑色，如图 5-107 所示。

31 选择如图 5-108 所示的 3 个对象，在默认的 CMYK 调色板中单击 C、M、Y、K 值分别为 0、20、20、60 的色块，然后再右击☒色块，效果如图 5-109 所示。

32 按 Ctrl+A 组合键选择绘图页中所有的对象，如图 5-110 所示。

图 5-107 填充黑色

图 5-108 选择对象

图 5-109 填充颜色并取消轮廓线的填充

图 5-110 选择所有对象

33 在菜单栏中选择【排列】|【群组】命令，即可将选择的对象成组，效果如图 5-111 所示。

34 按 Ctrl+I 组合键，在弹出的对话框中将随书附带光盘中的 CDROM|素材|Cha05|背景图片.jpg 文件导入到页面中央，并调整素材的大小，如图 5-112 所示。

图 5-111　群组对象

图 5-112　导入背景图片

35 在背景图片上右击，在弹出的快捷菜单中选择【顺序】|【到图层后面】命令，如图 5-113 所示。

36 调整顺序后的效果如图 5-114 所示。

图 5-113　选择【到图层后面】命令

图 5-114　调整顺序后的效果

37 在绘图页中选择卡通猪对象，在属性栏中的【缩放因子】文本框中输入 75，并在绘图页中调整卡通猪的位置，效果如图 5-115 所示。

38 在工具箱中选择字（文本）工具，在属性栏中单击（将文本更改为垂直方向）按钮，然后在绘图页中输入文本，如图 5-116 所示。

39 选择工具箱中的（选择）工具，在绘图页中选择输入的文本，在属性栏中将【字体】设置为【汉仪丫丫体简】，将【字体大小】设置为 36pt，在默认的 CMYK 调色板中右击黑色色块，并在绘图页中调整其位置，如图 5-117 所示。

图 5-115　缩放卡通猪

图 5-116　输入文本

图 5-117　设置文本

5.7.2　绘制草莓

本例将介绍草莓效果的绘制，该例的制作比较简单，是用（钢笔）工具绘制出草莓的各个部分，然后再使用上面学习的方法为其填充颜色，完成后的效果如图 5-118 所示。

图 5-118　绘制的草莓效果

01 新建一个横向空白页面，在工具箱中选择（钢笔）工具，在绘图页中绘制图形，并使用工具箱中的（形状）工具对图形进行调整，如图 5-119 所示。

02 确定新绘制的图形处于选择状态，在工具箱中选择（交互式填充）工具，在图形的左侧按下鼠标左键向右侧拖动，至适当位置处松开鼠标即可。在属性栏中的【填充类型】下拉列表中选择【辐射】选项，如图 5-120 所示。

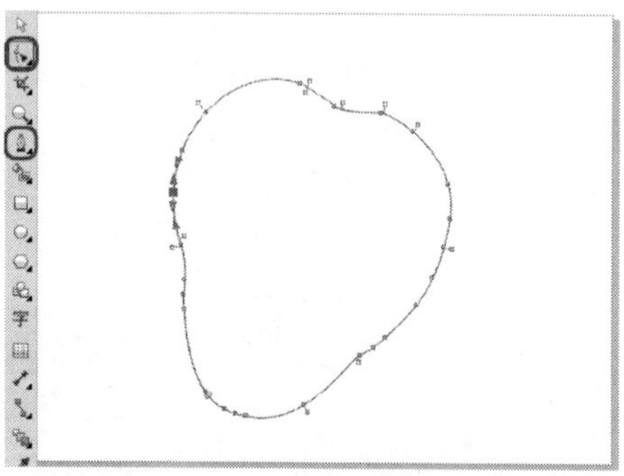

图 5-119　绘制并调整图形

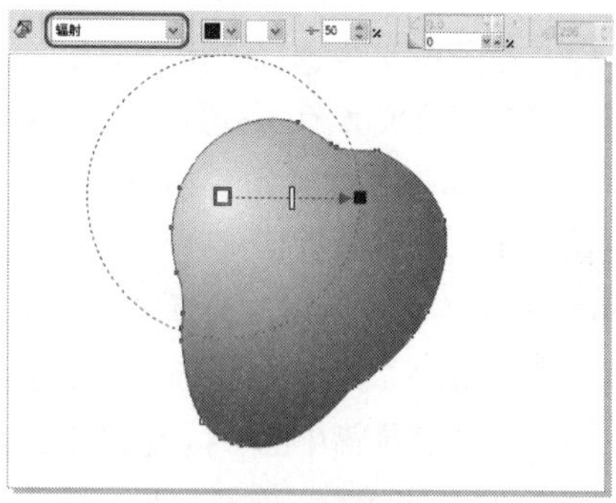

图 5-120　添加交互式填充

03 在属性栏中单击如图 5-120 所示的按钮，在弹出的下拉列表框中选择【其他】选项，弹出【选择颜色】对话框，选择【模型】选项卡，在【模型】下拉列表中选择 RGB 选项，并将 RGB 值设置为 217、37、22，如图 5-121 所示。

04 单击【确定】按钮，填充颜色后的效果如图 5-122 所示。

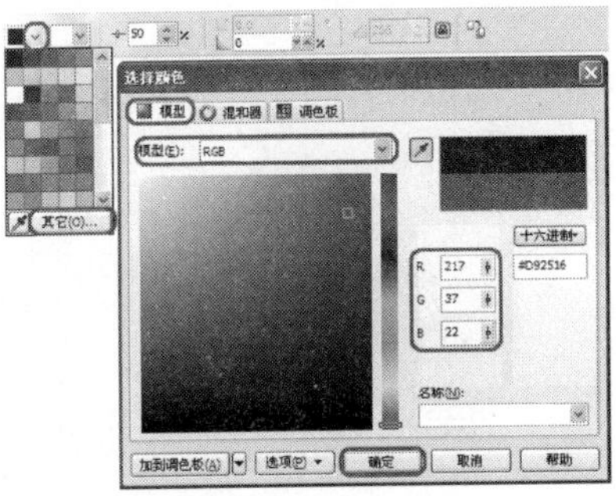

图 5-121　设置颜色

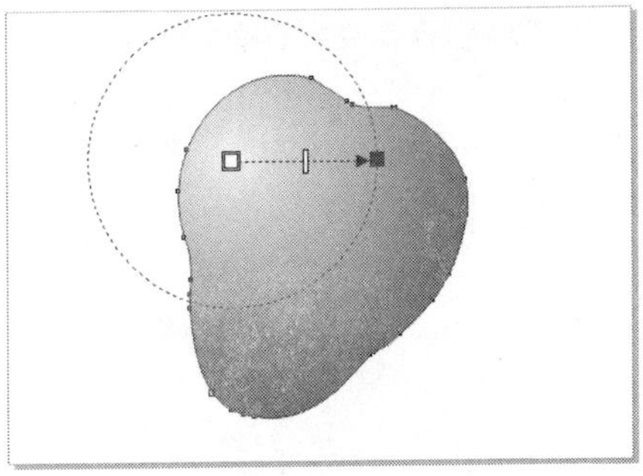

图 5-122　填充颜色

05 在如图 5-123 所示的位置处双击添加色块，并在属性栏中将其颜色设置为红色。

06 再在如图 5-124 所示的位置处双击添加色块，并在属性栏中将其颜色设置为热带粉。

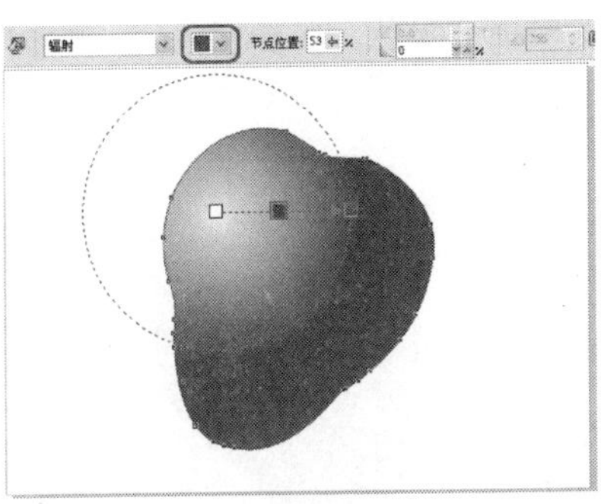

图 5-123　添加色块并填充红色

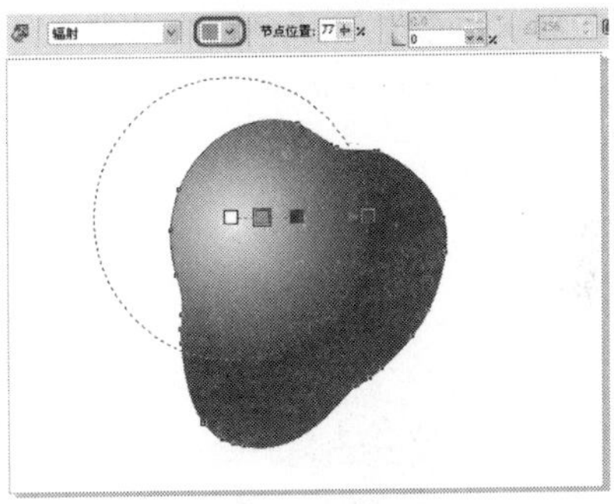

图 5-124　为色块填充颜色

07 再次调整一下各个色块的位置，并在默认的 CMYK 调色板中右击☒色块，取消轮廓线的填充，如图 5-125 所示。

08 在工具箱中选择（钢笔）工具，在绘图页中绘制图形，并使用工具箱中的（形状）工具对图形进行调整，如图 5-126 所示。

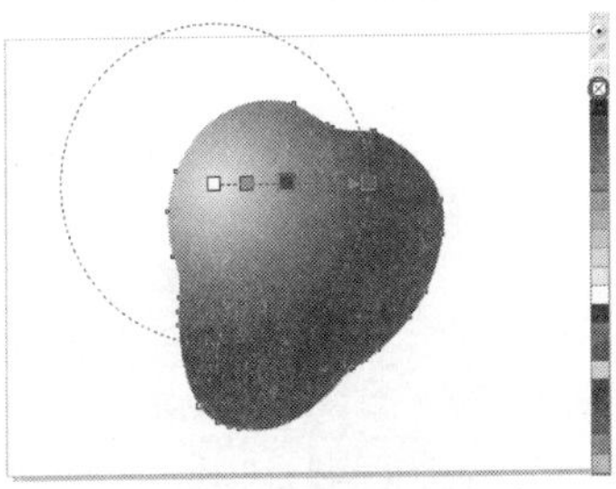

图 5-125　调整色块位置并取消轮廓线的填充

图 5-126　绘制并调整图形

09 确定绘制的图形处于选择状态，在工具箱中选择（填充）工具，在弹出的浮动框中选择【渐变填充】命令，弹出【渐变填充】对话框，将【类型】定义为【辐射】，在【中心位移】区域中将【垂直】参数设置为 15，在【颜色调和】区域中选择【双色】单选按钮，将【从】设置为绿色，将【到】设置为月光绿，设置完成后单击【确定】按钮，如图 5-127 所示。

10 在默认的 CMYK 调色板中右击☒色块，取消轮廓线的填充，如图 5-128 所示。

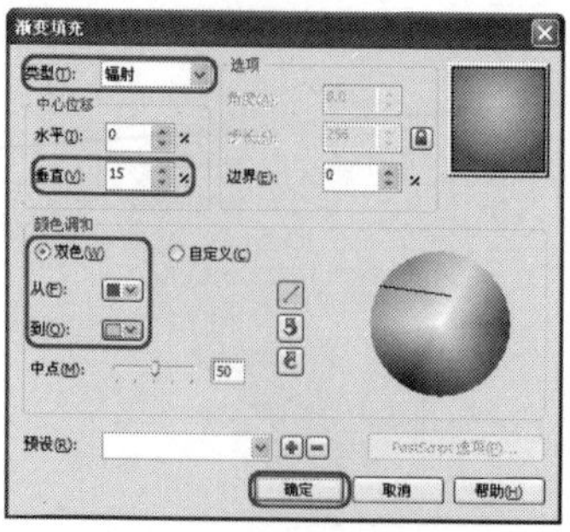

图 5-127　设置渐变颜色

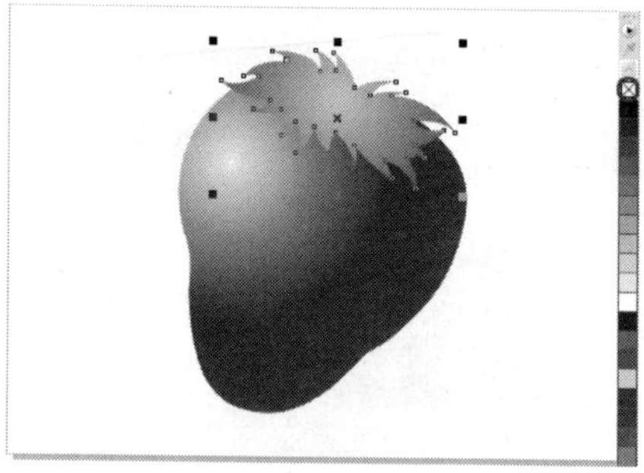

图 5-128　取消轮廓线的填充

11 在工具箱中选择（钢笔）工具，在绘图页中绘制图形，并使用工具箱中的（形状）工具对图形进行调整，如图 5-129 所示。

12 在默认的 CMYK 调色板中单击绿色色块，为其填充绿色，右击☒色块，取消轮廓线的填充，如图 5-130 所示。

图 5-129　绘制并调整图形

图 5-130　填充颜色并取消轮廓线的填充

13 选择工具箱中的（基本形状）工具，在属性栏中将【完美形状】定义为，在绘图页中绘制图形，并为其填充白色，取消轮廓线的填充，如图 5-131 所示。

14 右击新绘制的图形，在弹出的快捷菜单中选择【转换为曲线】命令，如图 5-132 所示。

图 5-131　绘制图形并填充颜色

图 5-132　选择【转换为曲线】命令

15 在工具箱中选择（形状）工具对图形进行调整，如图 5-133 所示。

16 使用工具箱中的（选择）工具选择图形，然后在属性栏中的【旋转角度】文本框中输入 340，按 Enter 键确认，效果如图 5-134 所示。

图 5-133　调整图形

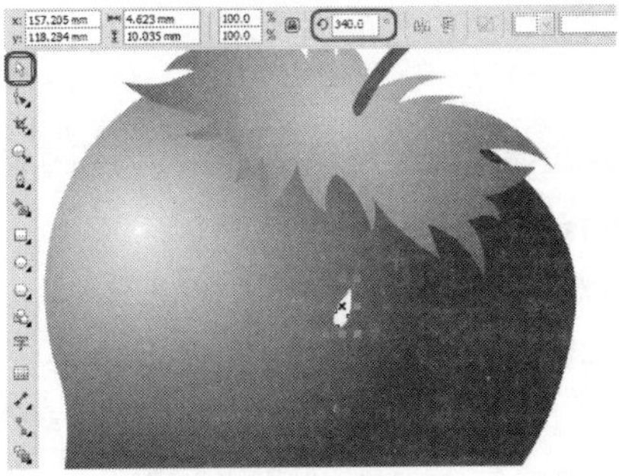

图 5-134　旋转图形

17 按小键盘上的+键复制图形，然后再调整复制的图形的位置和旋转角度，如图 5-135 所示。

18 使用上面的方法，多次复制图形，并调整复制的图形的位置和旋转角度，效果如图 5-136 所示。

图 5-135　复制图形并调整其位置

图 5-136　多次复制图形

19 按 Ctrl+A 组合键选择绘图页中所有的对象，如图 5-137 所示。

20 在菜单栏中选择【排列】|【群组】命令，将选择的对象成组，效果如图 5-138 所示。

21 按小键盘上的+键复制成组后的图形，然后再调整其位置和旋转角度，完成后的效果如图 5-139 所示。

图 5-137　选择所有对象

图 5-138　群组对象

图 5-139　复制图形并调整其位置

本章习题

下面通过课后习题来巩固前面学习的基础知识。

1．选择题

（1）以下哪种填充方式是 CorelDRAW X5 中最基本的填充方式。(　　)

A．标准填充　　B．渐变填充　　C．图样填充　　D．底纹填充

（2）以下哪种渐变填充类型是沿着对象作直线流动的。(　　)

A．线性　　B．辐射　　C．圆锥　　D．正方形

2．填空题

（1）选择菜单栏中的________｜________命令，在其子菜单中集合了全部的 CorelDRAW 调色板。

（2）________工具是从 CorelDRAW 9 才开始增加的工具，使用它可以生成一种比较细腻的渐变效果，实现不同颜色之间的自然融合。

3．上机操作

使用底纹填充工具和艺术笔工具绘制一个海底世界。

第 6 章　编辑与造形对象

本章重点

- 选择对象。
- 复制、再制与删除对象。
- 形状工具。
- 变形对象。
- 裁剪队形。
- 修剪对象。
- 合并和相交对象。
- 调和对象。

在 CorelDRAW 程序中允许用户使用多种方式对对象进行编辑。编辑对象是绘图的必要步骤，因此本章将对各种编辑形状工具、造形工具与功能进行介绍。其中的选择工具、形状工具是 CorelDRAW 中使用最频繁的工具，也是最重要的工具。只有熟练掌握编辑形状工具与造形工具的操作方法与应用，才能使我们在绘图与创作过程中应用自如。

6.1　选择对象

在编辑对象之前，必须先选中对象。可以按创建对象的顺序选择对象，可以同时选择所有对象，也可以同时取消对多个对象的选择等。

6.1.1　使用选择工具

选择工具箱中的（选择）工具，在没有选中任何对象的情况下，属性栏将显示为默认的属性，如果选择了对象，则会显示与选择对象相关的选项。

属性栏中各选项说明如下。

- 在 A4（页面大小）下拉列表中可以选择所需的纸张类型和大小，在 210.0 mm 297.0 mm（页面度量）文本框中可以设置所需的纸张宽度和高度。
- 单击（纵向）按钮可以将页面设为纵向，单击（横向）按钮可以将页面设置为横向。
- 单击（所有页面）按钮时，可以将多页文件中的页面设为相同页面方向；单击（当前页）按钮时，可以为多页文件中的页面设置不同的页面方向。
- 在 单位: 毫米（绘图单位）下拉列表框中可以选择所需的单位。

- 在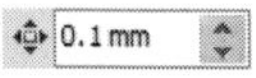（微调距离）文本框中可以输入所需的偏移值（即在键盘上按方向键移动的距离）。
- 在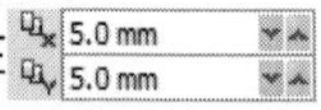（再制距离）文本框中可以输入所需的再制距离——选择【再制】命令后副本所移动的距离。

选择工具主要用来选取图形和图像。当选中当前一个图形或图像时，可对其进行旋转、缩放等操作。下面对选择工具进行简单的介绍。

01 按 Ctrl+O 组合键，在弹出的对话框中打开随书附带光盘中的 CDROM|素材|Cha06|月亮.cdr 文件，如图 6-1 所示。

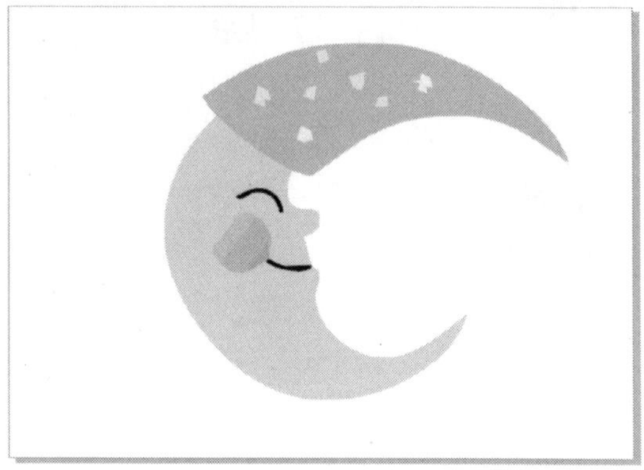

图 6-1　打开的素材文件

02 在工具箱中选择（选择）工具，在绘图页中如图 6-2 所示的图形上单击，即可选中该图形。

03 将鼠标指针放到 4 个角的任意一个角处，配合键盘上的 Shift 键对图形进行缩放，并调整其位置，完成后的效果如图 6-3 所示。

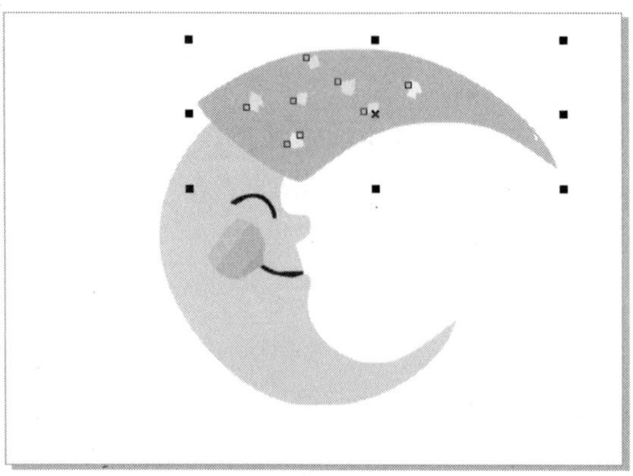

图 6-2　选择图形

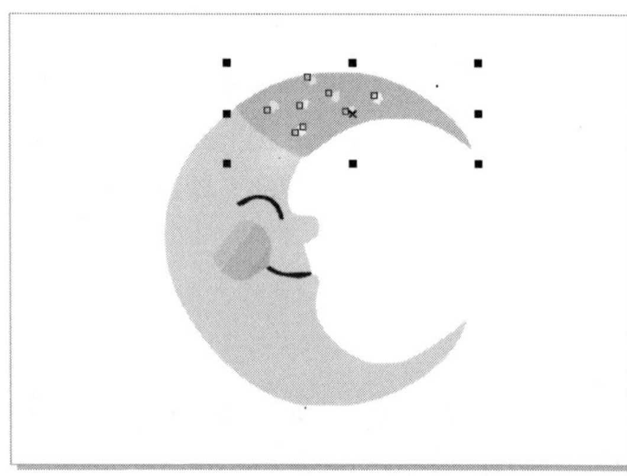

图 6-3　缩放图形并调整其位置

6.1.2　使用【全选】命令选择所有对象

下面介绍使用全选命令选择场景中的对象的方法。

01 按 Ctrl+O 组合键，在弹出的对话框中打开随书附带光盘中的 CDROM|素材|Cha06|蝶舞飞扬.cdr 文件，如图 6-4 所示。

图 6-4　打开的场景文件

02 在菜单栏中选择【编辑】|【全选】|【对象】命令，如图 6-5 所示，即可将场景中除辅助线之外的所有对象全部选中，如图 6-6 所示。

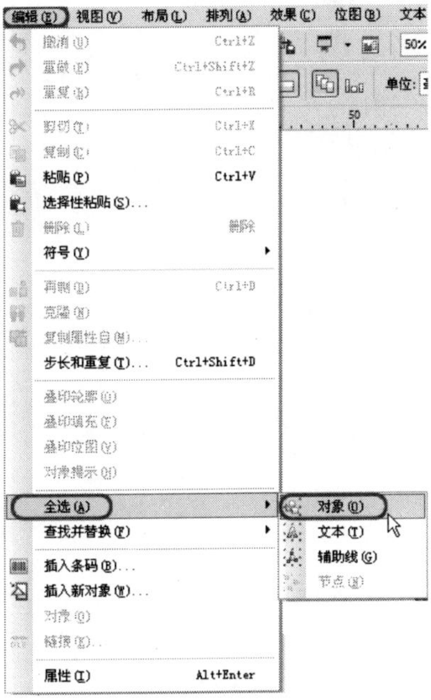

图 6-5　选择【对象】命令

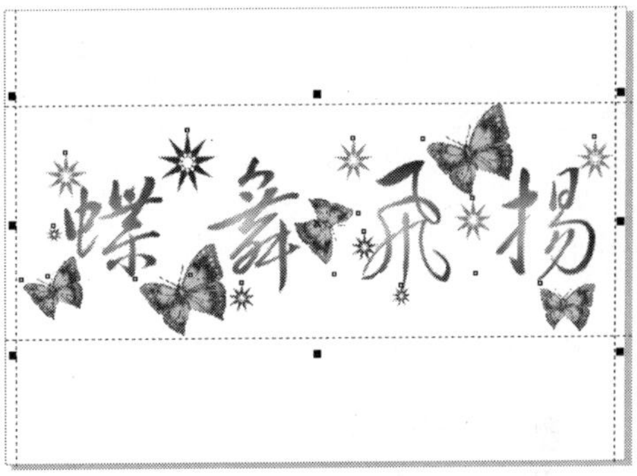

图 6-6　选择的对象

03　在菜单栏中选择【编辑】|【全选】|【文本】命令，如图 6-7 所示，即可将场景中所有的文本对象选中，如图 6-8 所示。

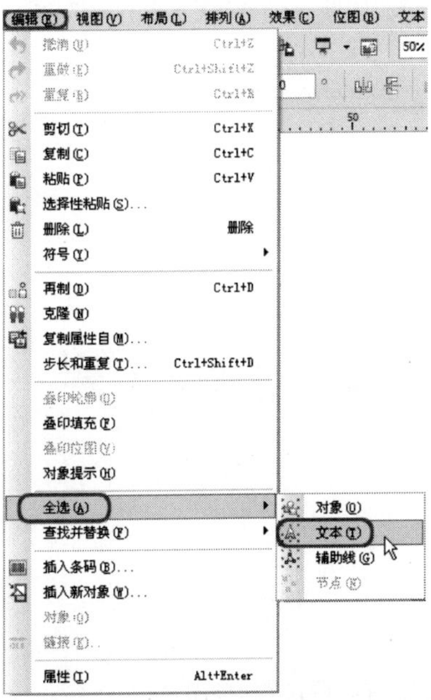

图 6-7　选择【文本】命令

图 6-8　选择场景中的所有文本

04　在菜单栏中选择【编辑】|【全选】|【辅助线】命令，如图 6-9 所示，即可将场景中的所有辅助线全部选中，如图 6-10 所示。

图 6-9　选择【辅助线】命令

图 6-10　选择场景中所有的辅助线

6.1.3　选择多个对象

在实际的操作中往往需要选中多个对象进行同时编辑，选择多个对象可以使用（选择）工具在场景中框选或按 Shift 键单击来实现操作。首先来介绍使用（选择）工具在场景中框选需要选择的对象的方法。

01 按 Ctrl+O 组合键，在弹出的对话框中打开随书附带光盘中的 CDROM|素材|Cha06|按钮.cdr 文件，如图 6-11 所示。

02 在工具箱中选择（选择）工具，移动鼠标指针到适当的位置处按下鼠标左键并拖出一个虚框，如图 6-12 所示。

图 6-11　打开的素材文件

图 6-12　框选需要选择的图形

03 松开鼠标后即可将框选的对象进行选择，如图 6-13 所示。

下面再来介绍配合 Shift 键选择多个对象的方法，继续使用前面的场景进行介绍。

01 使用（选择）工具在绘图页的空白处单击，取消对象的选择，然后在场景中选择绿色的按钮，如图 6-14 所示。

02 配合 Shift 键选择右侧的蓝色按钮，如图 6-15 所示。

03 使用同样的方法选择其他的按钮，完成后的效果如图 6-16 所示。

图 6-13　框选对象后的效果

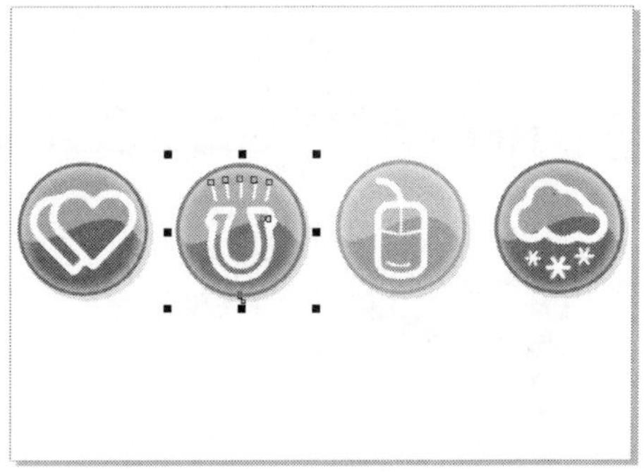

图 6-14　选择绿色的按钮

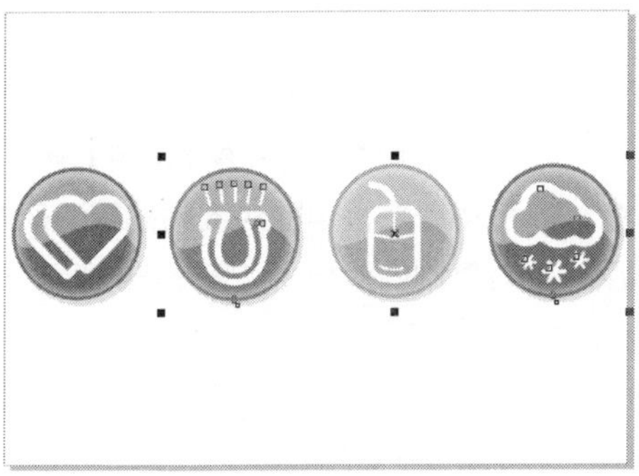

图 6-15　配合 Shift 键选择蓝色的按钮

图 6-16　选择其他的按钮

6.1.4　取消对象的选择

如果想取消对全部对象的选择，在场景中空白处单击即可；如果想取消场景中对某个或某几个对象的选择，可以按下 Shift 键的同时单击要取消选择的对象。

6.2　复制、再制与删除对象

在 CorelDRAW X5 中提供了多种复制对象的方法，当不需要该对象时，也可以将其删除。本节将对复制、再制与删除对象的操作进行简单的讲解。

6.2.1　复制对象

复制对象的操作步骤如下。

01 在工具箱中选择（艺术笔）工具，在属性栏中单击（喷涂）按钮，在【类别】下拉列表中选择【植物】选项，在【喷射图样】下拉列表中选择蘑菇图样，然后在绘图页中绘制图形，如图 6-17 所示。

02 在菜单栏中选择【编辑】|【复制】命令，如图 6-18 所示，即可将对象复制到剪贴板中。

提示：下面再来介绍 3 种复制图形的方法：单击标准工具栏中的（复制）按钮；按键盘上的 Ctrl+C 组合键；按小键盘上的+键。执行任意操作都可以复制图形。

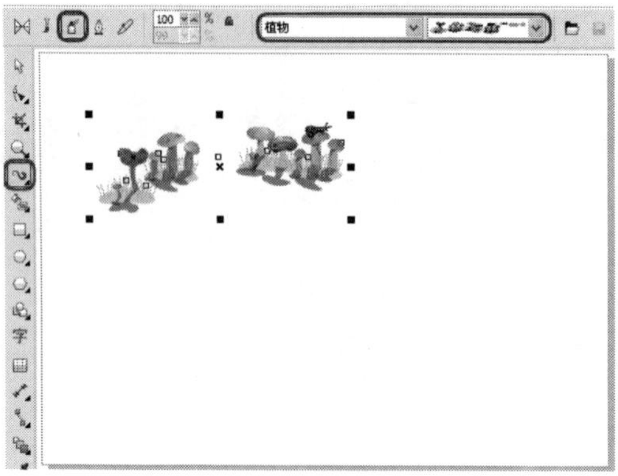

图 6-17　绘制图形

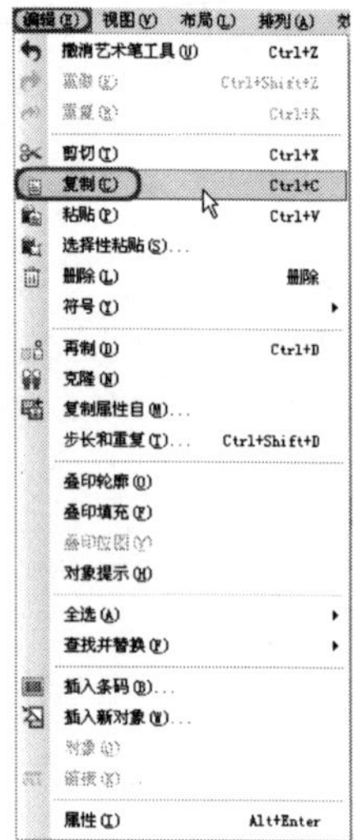

图 6-18　选择【复制】命令

03 然后在菜单栏中选择【编辑】|【粘贴】命令，即可将剪贴板中的对象粘贴到图形对象的原位置。然后用鼠标移开复制的图形对象，即可看到原对象与复制的对象，如图 6-19 所示。

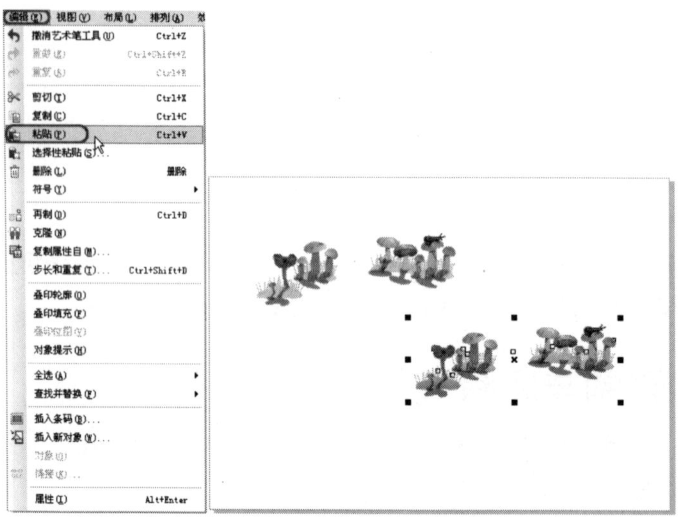

图 6-19　粘贴图形并移动图形

6.2.2　再制对象

使用再制功能可以快速地生成对象的副本，并把再制出来的副本对象放置在页面中。

提示：【再制】命令与【复制】命令的不同之处在于：【再制】命令不通过剪贴板来复制对象，而是直接将对象的副本生成在页面中。

再制对象的具体操作步骤如下。

01 继续使用上一小节中制作的场景文件，选择工具箱中的（选择）工具，在属性栏中将

【再制距离】参数设置为 25mm 和–30mm，如图 6-20 所示。

02 在页面中选择需要再制的对象，如图 6-21 所示。

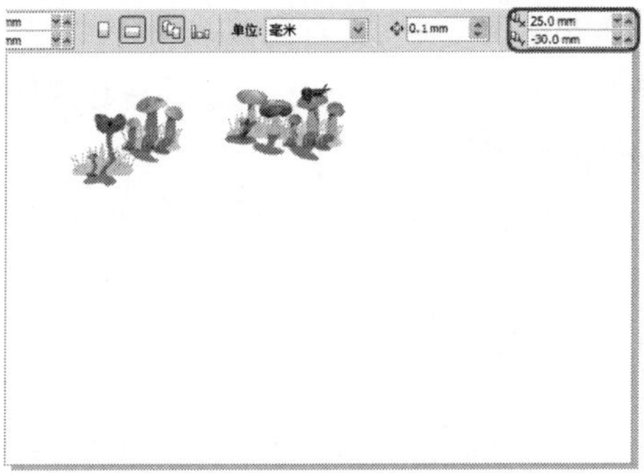

图 6-20　设置【再制距离】参数

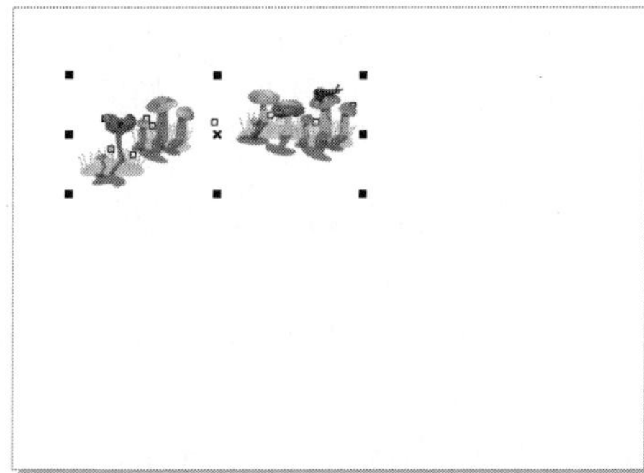

图 6-21　选择需要再制的对象

03 按 Ctrl+D 组合键或者选择菜单栏中的【编辑】|【再制】命令，在弹出的对话框中单击【确定】按钮（该对话框只会出现一次），即可再制一个对象，如图 6-22 所示。

04 如果多次按 Ctrl+D 组合键，则可沿一定的方向再制多个图形对象，如图 6-23 所示。

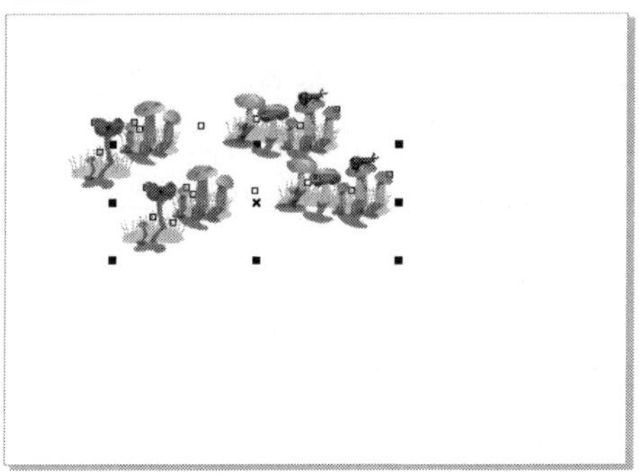

图 6-22　再制对象

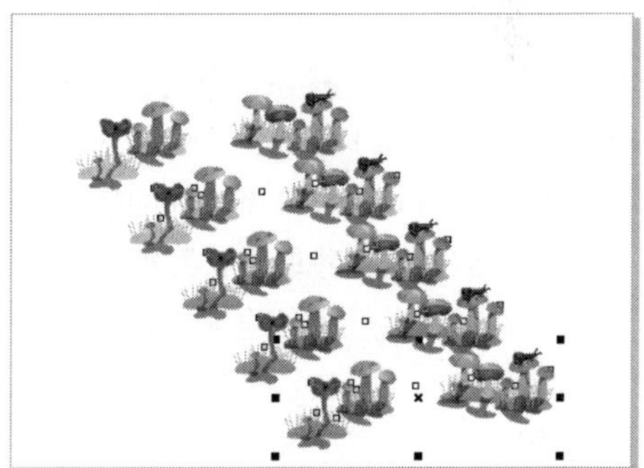

图 6-23　多次再制后的效果

6.2.3　删除对象

要删除不需要的对象，首先在场景中选择它，然后在菜单栏中选择【编辑】|【删除】命令，或直接按 Delete 键将其删除。

6.3　形状工具

形状工具可以更改所有曲线对象的形状，曲线对象是指用手绘工具、贝塞尔工具、钢笔工具等创建的绘图对象，以及矩形、多边形和文本对象转换而成的曲线对象。形状工具对对象形状的改变，是通过对所有曲线对象的节点和线段的编辑实现的。

在工具箱中选择（形状）工具，在属性栏中即可显示相应的选项。

- 矩形（选取范围模式）下拉列表框：在该下拉列表框中可以选择选取范围的模式，例如，矩形与手绘。选择【矩形】选项，可以通过矩形来选取所需的节点；选择【手绘】选项，则可通过手绘的模式来选取所需的节点。

- （添加节点）按钮：在曲线对象上单击，出现一个小黑点，再单击该按钮，即可在该曲线对象上添加一个节点。
- （删除节点）按钮：在对象上选择一个节点，再单击该按钮，即可将该节点删除。
- （连接两个节点）按钮：如果在绘图窗口中绘制了一个未闭合的曲线对象，将起点与终点选择，再单击该按钮，即可使选择的两个节点连接成一个节点。
- （断开曲线）按钮：该按钮的作用与（连接两个节点）按钮相反，先选择要分割的节点，然后再单击该按钮，即可将一个节点分割成两个节点。
- （转换为线条）按钮：单击该按钮可以将选择节点与逆时针方向相邻节点之间的曲线段转换为直线段。
- （转换为曲线）按钮：单击该按钮可以将选择节点与逆时针方向相邻节点之间的直线段转换为曲线段。
- （尖突节点）按钮：在曲线对象上选择的节点为平滑点或对称节点时，单击该按钮，可以通过调节每个控制点来使节点变得尖突。
- （平滑节点）按钮：该按钮与（尖突节点）按钮相反，单击该按钮可以将尖突节点转换为平滑节点。
- （对称节点）按钮：单击该按钮可以将选择的节点转换为两边对称的平滑节点。
- （反转方向）按钮：在曲线对象上进行直线段与曲线段互换时，默认情况下，只会将节点与逆时针方向相邻节点之间的线段进行互换；如果单击该按钮，则可以将节点与顺时针方向相邻节点之间的线段进行互换。
- （延长曲线使之闭合）按钮：如果在绘图窗口中绘制了一个未封闭曲线对象，并且选择了起点与终点，单击该按钮，即可将这两个节点用直线段连接起来，从而得到一个封闭的曲线对象。
- （提取子路径）按钮：如果一个曲线对象中包括了多个子路径，并且在一个子路径上选择一个或多个节点时，单击该按钮，即可将选择节点所在的子路径提取出来。
- （闭合曲线）按钮：它的作用与（延长曲线使之闭合）按钮的作用相同，单击它可以将未封闭曲线闭合。不过它不用选择起点与终点两个节点。
- （延展与缩放节点）按钮：先在曲线对象上选择节点（一般要两个或多个节点），单击该按钮，即可在选择节点的周围出现一个缩放框，用户可以调整缩放框上的任一控制点来调整所选节点之间的连线。
- （旋转与倾斜节点）按钮：先在曲线对象上选择节点（一般要两个或多个节点），单击该按钮，即可在选择节点的周围出现一个旋转框，用户可以拖动旋转框上的旋转箭头或双向箭头，调整旋转节点之间的连线。
- （对齐节点）按钮：如果在曲线对象上选择了两个以上的节点，单击该按钮，即可弹出【节点对齐】对话框，用户可根据需要在其中选择所需的选项，选择完成后单击【确定】按钮，即可将选择的节点进行指定方向对齐。
- （水平反射节点）按钮：单击该按钮，可编辑水平镜像的对象中的对应节点。

注 意

前提是要在绘图页中存在镜像的曲线对象，并且同时选择了镜像对象，再选择形状工具，并用形状工具在镜像曲线上选择相对应的节点，然后在属性栏中单击（水平反射节点）按钮，则可在拖动蓝色（或红色）控制柄时，可以将更改反映在对应的红色（或蓝色）控制柄中。

- （垂直反射节点）按钮：单击该按钮，可用于编辑垂直镜像的对象中的对应节点，操作方法与水平反射节点相同。
- （弹性模式）按钮：在选择曲线对象上所有的节点时，单击该按钮，可以局部调整曲线对象的形状。
- （选择所有节点）按钮：单击该按钮可以将曲线对象上的所有节点选择。
- 减少节点按钮：单击该按钮可以将选择曲线中所选节点中重叠或多余的节点删除。
- （曲线平滑度）微调框：拖动滑杆上的滑块可以将不平滑的曲线进行平滑处理。

提示：双击形状工具，可将对象上的节点全选；按住 Shift 键并单击，可选择多个节点；在曲线上双击，可添加一个节点；在某节点上双击，可将它移除。

6.3.1　将直线转换为曲线并调整节点

下面介绍将直线转换为曲线，并对其进行调整的操作方法。

01　选择工具箱中的（多边形）工具，在属性栏中将【点数或边数】设置为 8，然后在绘图页中绘制形状，如图 6-24 所示。

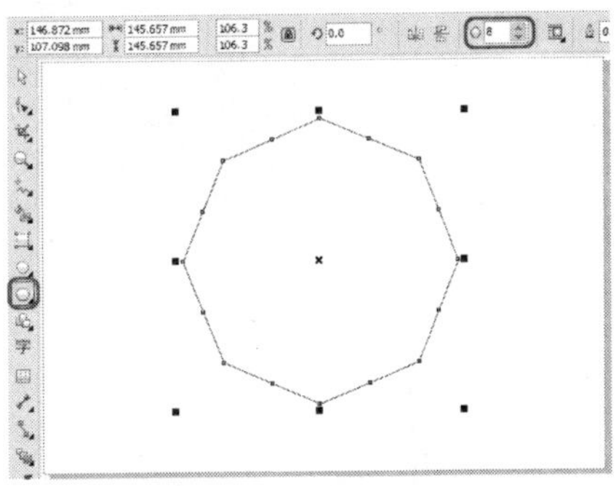

图 6-24　绘制多边形

02　确定多边形处于选择状态，右击，在弹出的快捷菜单中选择【转换为曲线】命令，如图 6-25 所示。

03　选择工具箱中的（形状）工具，在绘图页中选择所有的节点，单击属性栏中的（转换为曲线）按钮，如图 6-26 所示。然后在绘图页中调整图形，调整后的效果如图 6-27 所示。

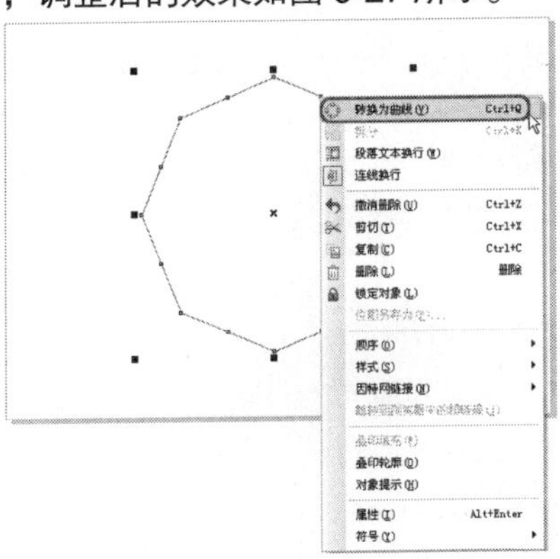

图 6-25　选择【转换为曲线】命令

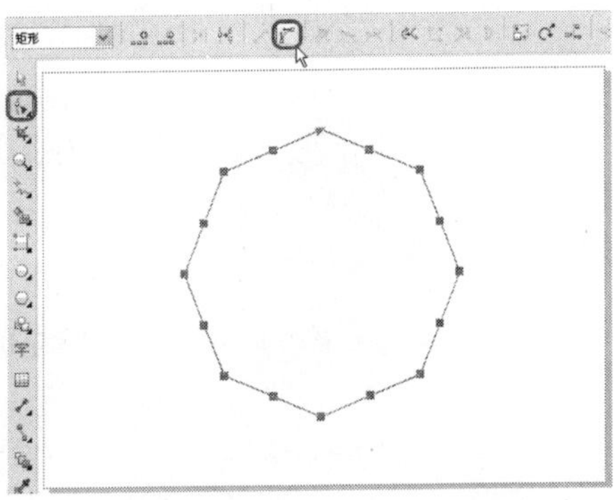

图 6-26　将所有节点转换为曲线

04 将调整后的图形填充为蓝色，并取消轮廓线的填充，完成后的效果如图 6-28 所示。

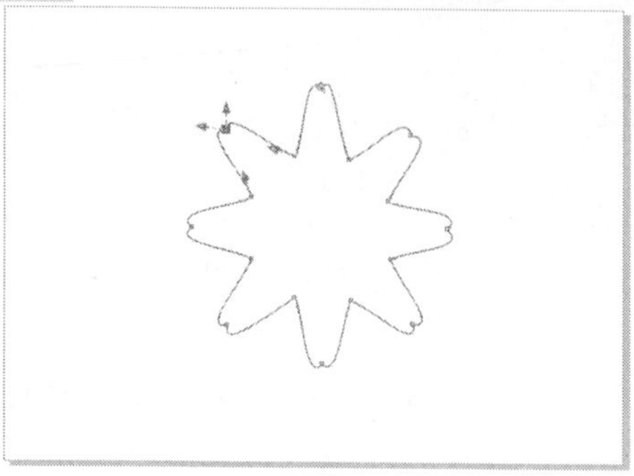

图 6-27　调整多边形的形状

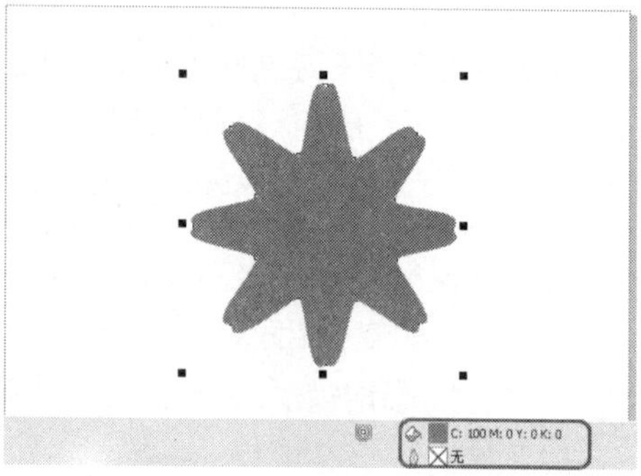

图 6-28　为图形填充颜色

6.3.2　添加与删除节点

继续使用前面绘制的图形来介绍删除节点的方法。

01 选择工具箱中的（形状）工具，配合 Shift 键选择如图 6-29 所示的节点。

02 单击属性栏上的（删除节点）按钮，将选择的节点删除，完成后的效果如图 6-30 所示。

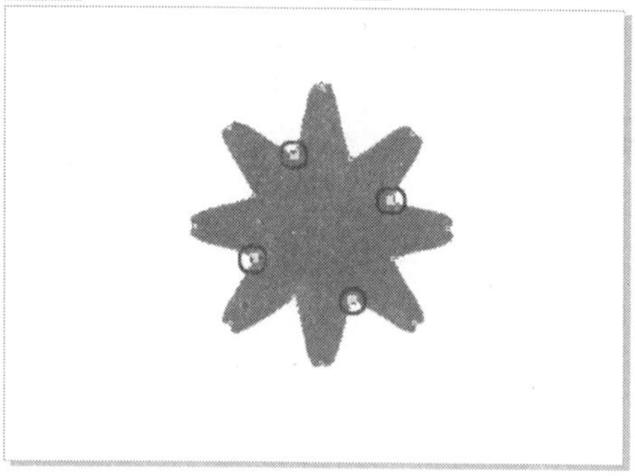

图 6-29　选择需要删除的节点

图 6-30　删除节点后的效果

下面再来介绍添加节点的方法。

01 选择工具箱中的（形状）工具，在想要添加节点的位置单击，即可在相应的位置出现一个黑点，如图 6-31 所示。

02 然后在属性栏中单击（添加节点）按钮，即可为对象添加一个节点，效果如图 6-32 所示。

图 6-31　定义节点位置

图 6-32　添加节点效果

6.3.3 断开曲线与连接节点

下面介绍节点的断开与连接。

01 选择工具箱中的（基本形状）工具，在属性栏中将【完美形状】定义为，然后在绘图页中绘制图形，并为其填充颜色，然后取消轮廓线的填充，如图 6-33 所示。

02 确定新绘制的图形处于选择状态，右击，在弹出的快捷菜单中选择【转换为曲线】命令，将图形转换为曲线，如图 6-34 所示。

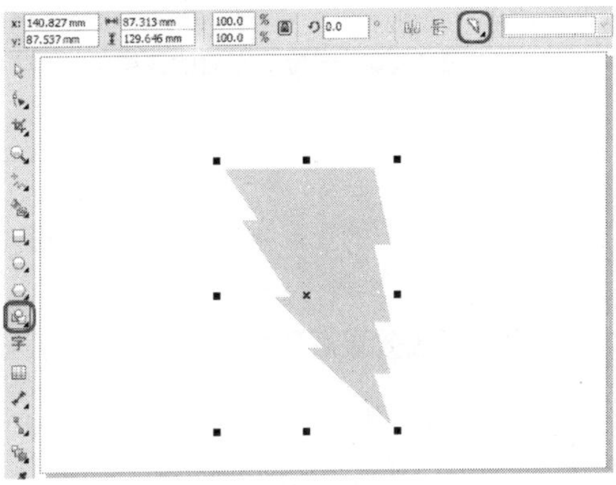

图 6-33 创建图形

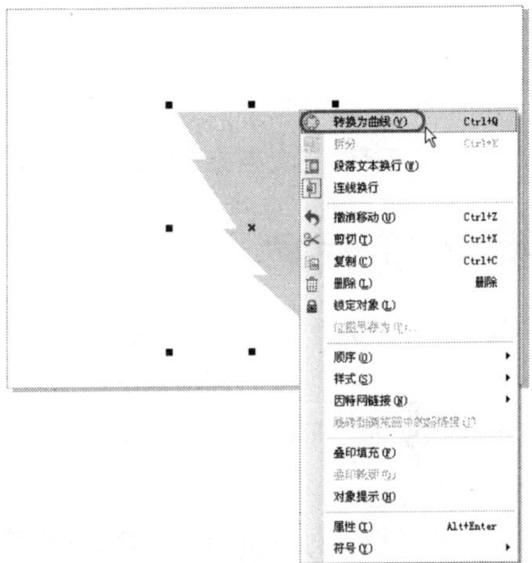

图 6-34 将图形转换为曲线

03 选择工具箱中的（形状）工具，在绘图页中选择如图 6-35 所示的节点，在属性栏中单击（断开曲线）按钮，将选择的节点断开。

04 使用鼠标调整节点的位置即可查看断开后的效果，如图 6-36 所示。

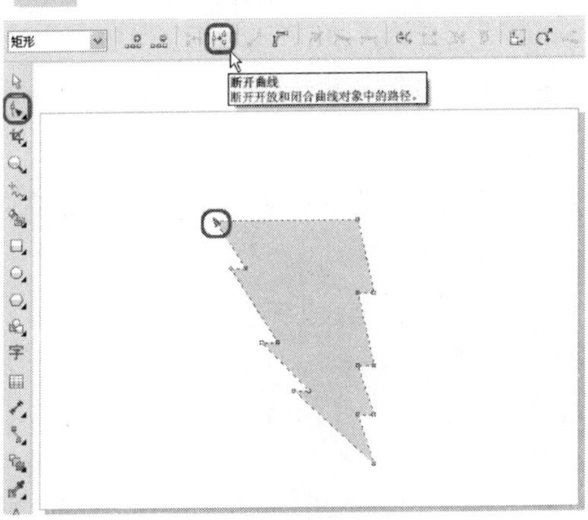

图 6-35 选择需要断开的节点

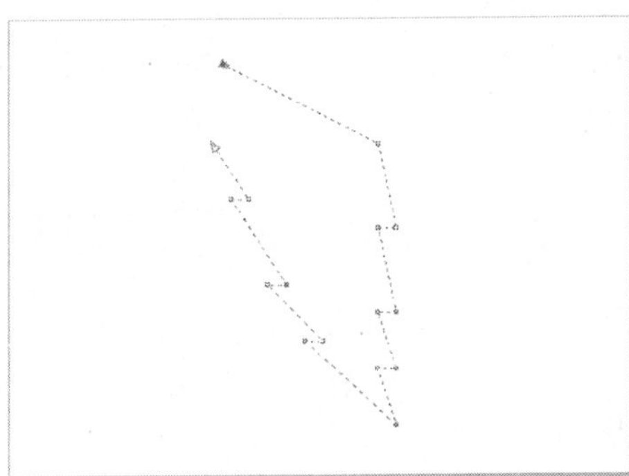

图 6-36 断开曲线后的效果

05 在绘图页中选择需要连接的节点，在属性栏中单击（连接两个节点）按钮，如图 6-37 所示。

06 连接节点后的效果如图 6-38 所示。

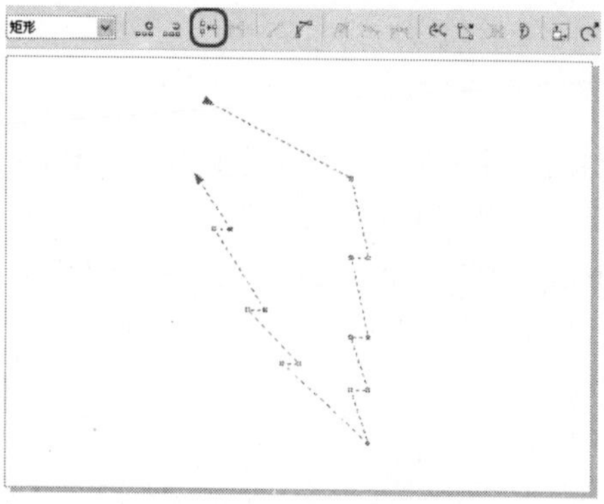

图 6-37　选择需要连接的节点

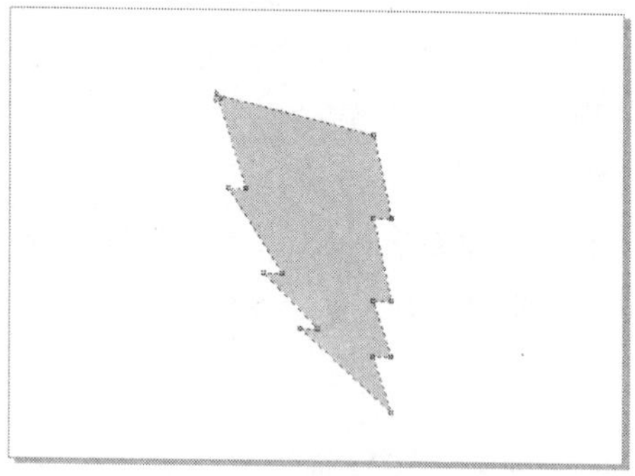

图 6-38　连接节点后的效果

6.4　变形对象

在 CorelDRAW 中用户可以应用 3 种类型（推拉、拉链与扭曲）的变形效果来为对象变形。

- 推拉变形：可以将选择对象的边缘推进或拉出。
- 拉链变形：可以为选择对象的边缘添加锯齿效果。添加锯齿效果后还可以调整效果的振幅和频率。
- 扭曲变形：可以将选择对象进行旋转以创建漩涡效果。

使对象变形后，可通过改变变形中心来改变变形效果。此点由菱形控制柄确定，变形在此控制柄周围产生。可以将变形中心放在绘图窗口中的任意位置，或者将其定位在对象的中心位置，这样变形就会均匀分布，而且对象的形状也会随其中心的改变而改变。

6.4.1　使用变形工具变形对象

下面以花形图案为例介绍变形工具的使用。

01 新建一个横向文档，选择工具箱中的☆（星形）工具，在属性栏中将【点数或边数】设置为 5，在绘图页中配合 Ctrl 键绘制五角星，如图 6-39 所示。

02 选择工具箱中的（变形）工具，将鼠标指针移到图形的中心位置，按住左键从右向左拖动，对图形进行变形，如图 6-40 所示。

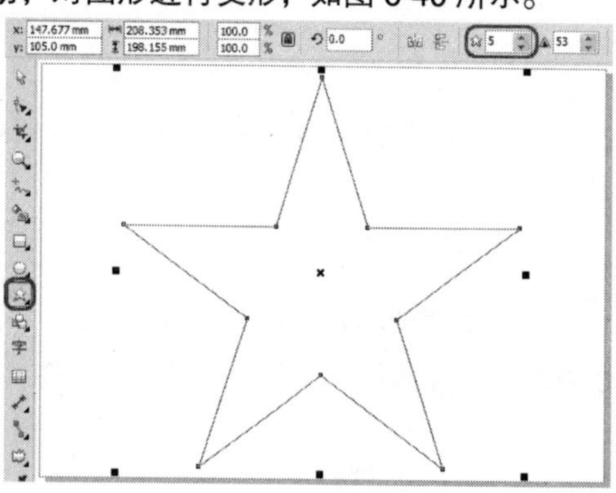

图 6-39　创建五角星

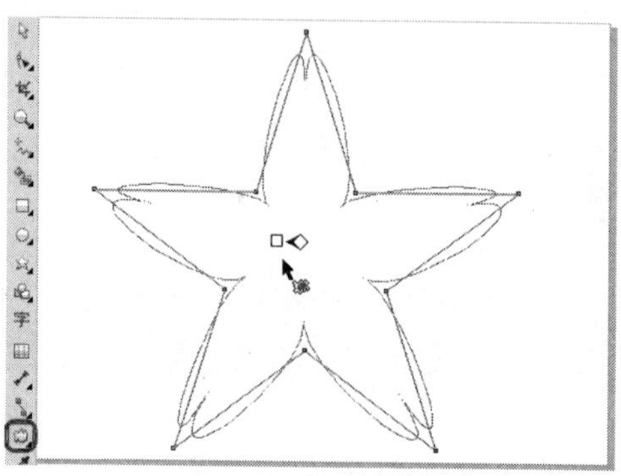

图 6-40　调整图形

03 移动到合适的位置松开鼠标左键，完成后的效果如图 6-41 所示。

04 确定调整后的图形处于选择状态，按小键盘上的+号键对其进行复制，然后配合 Shift 键对复制后的图形进行缩放，如图 6-42 所示。

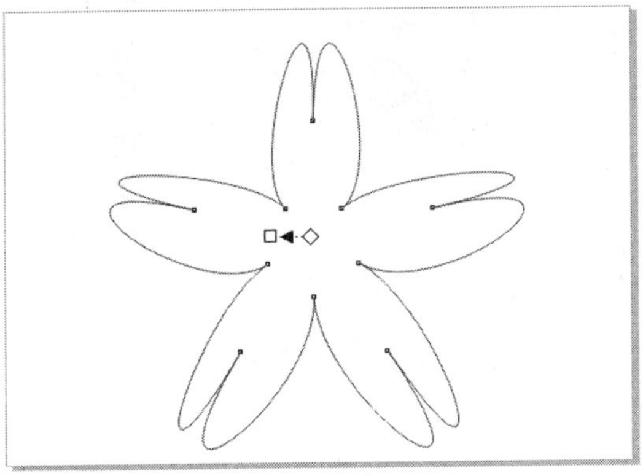

图 6-41　调整后的效果

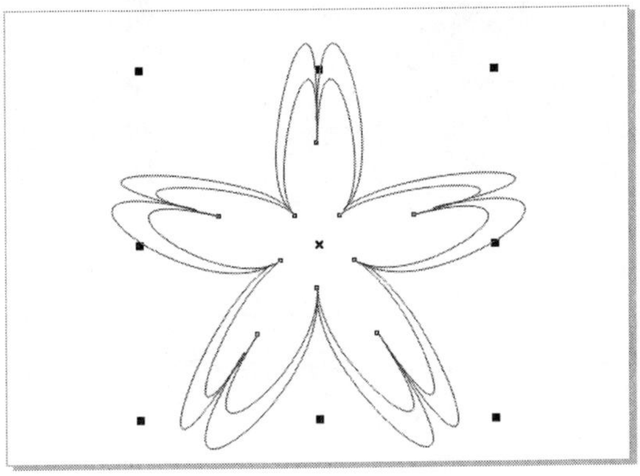

图 6-42　复制并缩放图形

05 使用同样的方法，多次复制图形，并调整其大小，完成后的效果如图 6-43 所示。

06 为每个图形填充不同的颜色，并取消轮廓线的填充，完成后的效果如图 6-44 所示。

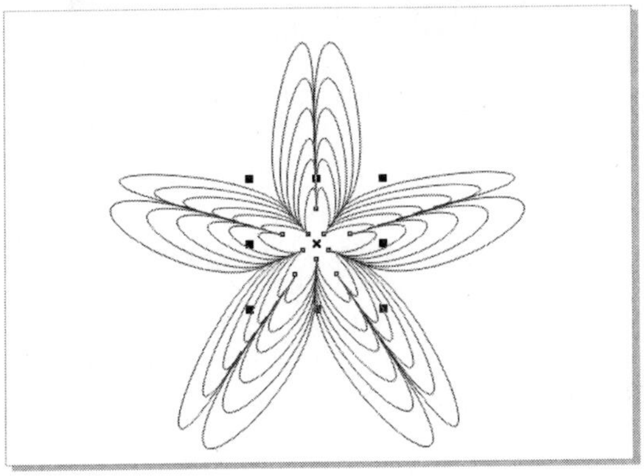

图 6-43　多次复制图形

图 6-44　填充颜色

6.4.2 复制变形属性

在 CorelDRAW X5 中可以将变形属性复制到另一个或多个对象上。

01 按 Ctrl+O 组合键，在弹出的对话框中打开随书附带光盘中的 CDROM|素材|Cha06|复制变形属性.cdr 文件，如图 6-45 所示。

02 在绘图页中选择洋红色的椭圆形，然后选择工具箱中的（变形）工具，在属性栏中单击（复制变形属性）按钮，如图 6-46 所示。

03 此时鼠标指针呈粗箭头状，在左侧的蓝色图形上单击，如图 6-47 所示，即可复制变形属性，效果如图 6-48 所示。

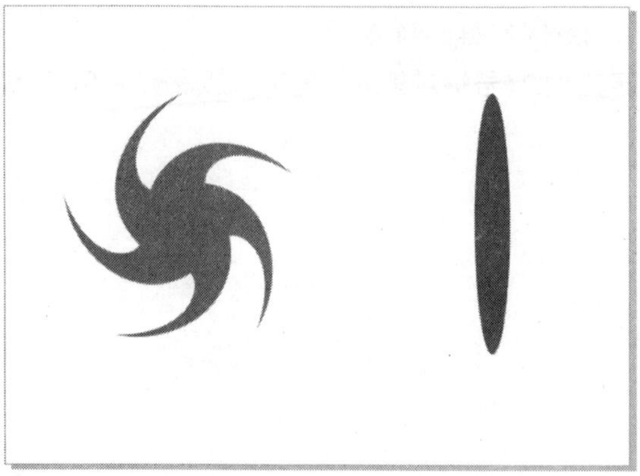

图 6-45　打开的场景文件

图 6-46　选择椭圆形

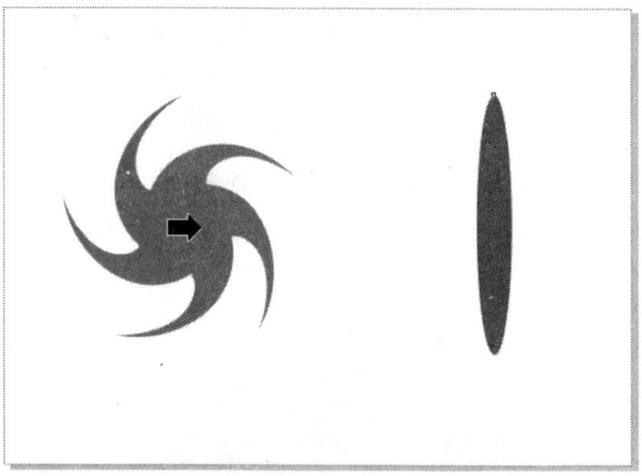

图 6-47　在蓝色图形上单击

图 6-48　复制变形属性后的效果

6.4.3　清除变形效果

如果用户不想使用某对象的变形效果，可以将其变形效果清除。

继续使用上面的场景文件进行讲解。

01　在绘图页中选择左侧的蓝色图形，如图 6-49 所示。

02　选择工具箱中的 (变形) 工具，在属性栏中单击 (清除变形) 按钮，如图 6-50 所示，即可将变形效果清除，效果如图 6-51 所示。

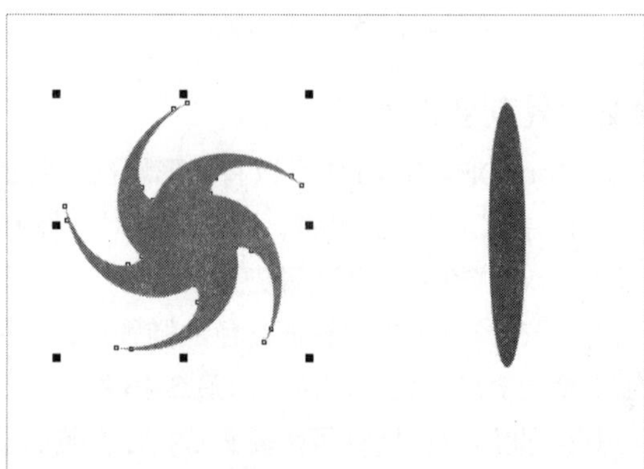

图 6-49　选择蓝色图形

图 6-50　单击（清除变形）按钮

图 6-51　清除变形后的效果

6.5　裁剪对象

裁剪工具可以对画面里的任意对象进行裁剪。需要注意的是：在裁剪时，如果不选择对象，则裁剪过后只保留裁剪框内的内容，裁剪框外的对象全部被裁剪掉了；如果选择了要裁剪的对象，则裁剪过后仍然保留没有选择的对象，只对选择的对象进行裁剪，并且保留了裁剪框内的内容。

6.5.1　使用裁剪工具裁剪对象

下面介绍使用（裁剪）工具对对象进行裁剪的操作方法。

01　按 Ctrl+I 组合键，在弹出的对话框中导入一张素材文件，如图 6-52 所示。

图 6-52　导入的素材文件

02　在工具箱中选择（裁剪）工具，然后在场景中拖动出一个裁剪框，如图 6-53 所示，用户也可以在其中调整裁剪框大小。

03　调整好裁剪框后，在裁剪框中双击，即可将裁剪框以外的内容裁剪掉，裁剪后的效果如图 6-54 所示。

图 6-53　拖动出裁剪框

图 6-54　裁剪图形

6.5.2 创建图框精确剪裁对象

使用【图框精确剪裁】命令裁剪过的对象，只是将不需要的部分隐藏起来，如果需要还可以进行编辑。

01 按 Ctrl+I 组合键，在弹出的对话框中导入一张素材文件，如图 6-55 所示。

02 选择工具箱中的（基本形状）工具，在属性栏中将【完美形状】定义为，然后在绘图页中绘制图形，如图 6-56 所示。

图 6-55 导入的素材文件

图 6-56 绘制图形

03 在绘图页中选择导入的素材文件，然后在菜单栏中选择【效果】|【图框精确剪裁】|【放置在容器中】命令，如图 6-57 所示。

04 此时鼠标指针呈粗箭头状，将其移至心形图形上，如图 6-58 所示。

05 单击即可将选择的对象放置在心形图形中，效果如图 6-59 所示。

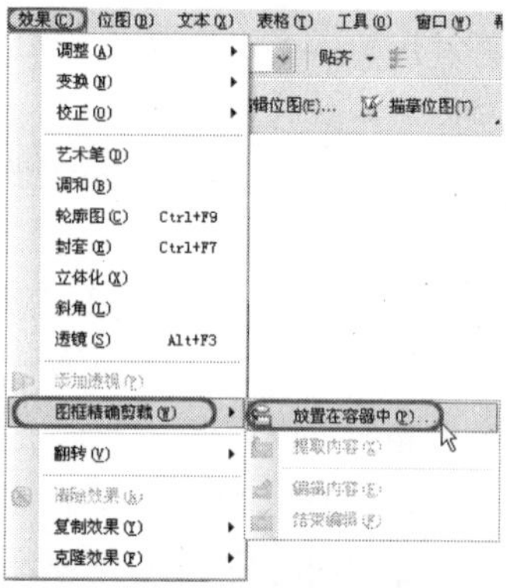

图 6-57 选择【放置在容器中】命令

图 6-58 移至鼠标指针至心形图形上

图 6-59 放置到容器后的效果

6.5.3　编辑图框精确剪裁对象内容

继续使用上面的操作，对编辑图框精确剪裁对象内容进行介绍。

01　选择图框精确剪裁后的对象，然后选择菜单栏中的【效果】|【图框精确剪裁】|【编辑内容】命令，如图 6-60 所示。

02　此时选择的对象会变成蓝色的轮廓，内置的对象会被完整地显示出来，效果如图 6-61 所示。

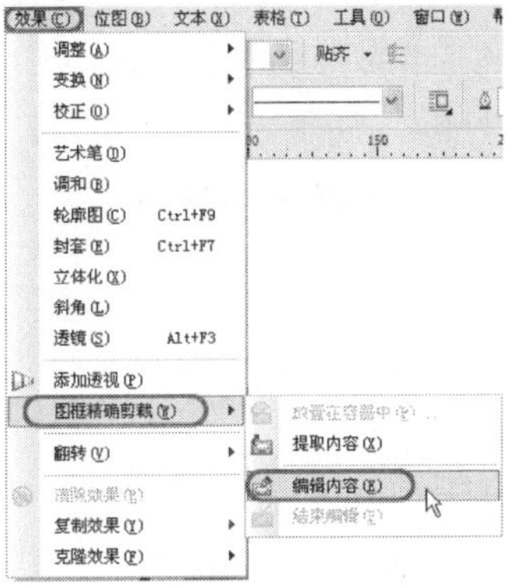

图 6-60　选择【编辑内容】命令

图 6-61　选择命令后的效果

▶**提示：**在绘图页中按住 Ctrl 键单击图框中的对象，也可以对对象进行编辑。

03　使用工具箱中的（选择）工具调整图像的位置，对内置对象进行修改，如图 6-62 所示。

04　修改完成后选择【效果】|【图框精确剪裁】|【结束编辑】命令，即可结束对内置对象的编辑。编辑后的效果如图 6-63 所示。

图 6-62　调整图像的位置

图 6-63　编辑后的效果

6.6　修剪对象

修剪通过移除重叠的对象区域来创建形状不规则的对象。几乎可以修剪任何对象，包括克隆、不同图层上的对象以及带有交叉线的单个对象。但是不能修剪段落文本、尺度线或克隆的主对象。

修剪对象前，必须决定要修剪哪一个对象（目标对象）以及用哪一个对象执行修剪（源对象）。目标对象保留其填充和轮廓属性。

CorelDRAW 允许以不同的方式修剪对象。可以将前面的对象用做源对象来修剪它后面的对象，也可以用后面的对象来修剪前面的对象。还可以移除重叠对象的隐藏区域，以便绘图中只保留可见区域。将矢量图形转换为位图时，移除隐藏区域可减小文件大小。

6.6.1 使用【修剪】按钮修剪对象

下面介绍使用【修剪】按钮修剪对象的操作方法。

01 选择工具箱中的（基本形状）工具，在属性栏中将【完美形状】定义为，在绘图页中绘制圆环，然后将其填充为蓝色，并取消轮廓线的填充，如图 6-64 所示。

02 选择工具箱中的（矩形）工具，在绘图页中绘制矩形，如图 6-65 所示。

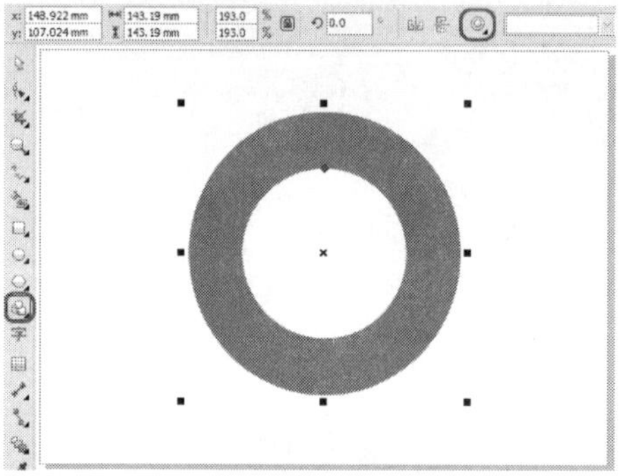

图 6-64　绘制圆环

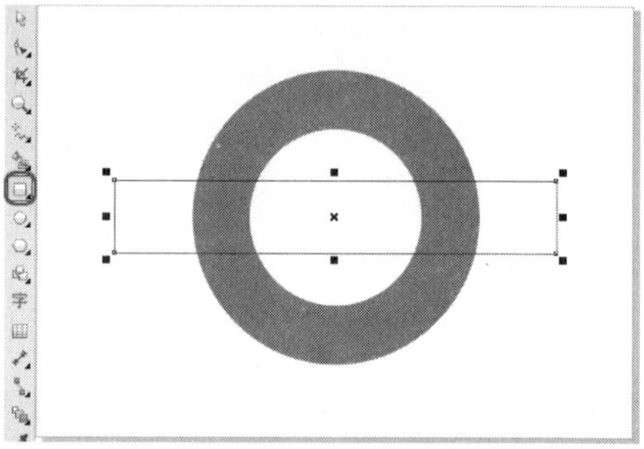

图 6-65　绘制矩形

03 按 Ctrl+A 组合键选择场景中的所有对象，然后选择工具箱中的（选择）工具，在属性栏中单击（修剪）按钮，如图 6-66 所示。

04 修剪图形后的效果如图 6-67 所示。

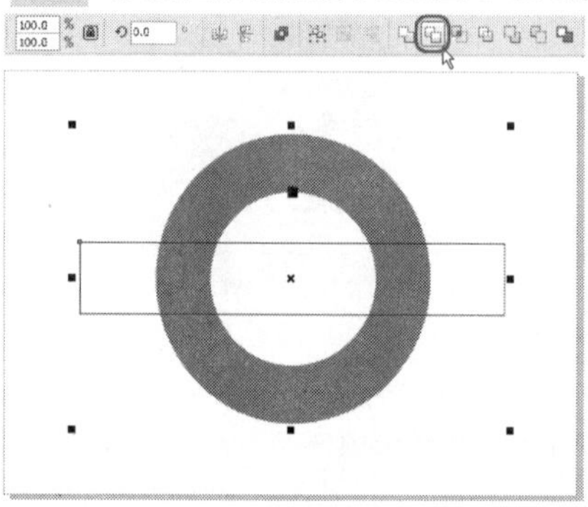

图 6-66　单击（修剪）按钮

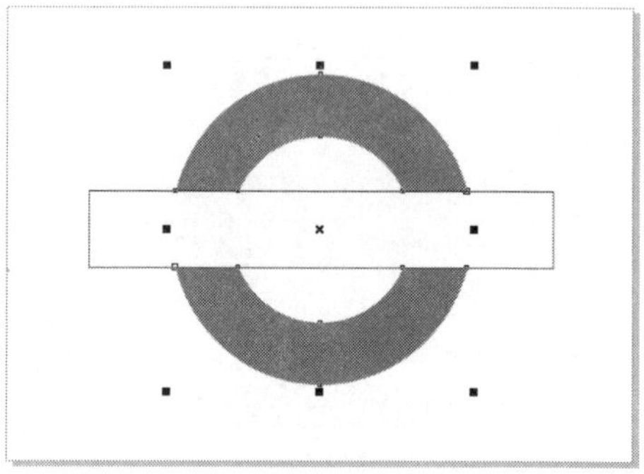

图 6-67　修剪图形后的效果

6.6.2 使用【移除后面对象】按钮修剪图形

继续使用前面绘制的圆环和矩形，来介绍使用【移除后面对象】按钮修剪图形的方法。

01 按 Ctrl+Z 组合键返回修剪图形前的效果，选择绘图页中的所有对象，如图 6-68 所示。

02 选择工具箱中的（选择）工具，在属性栏中单击（移除后面对象）按钮，移除后的效果如图 6-69 所示。

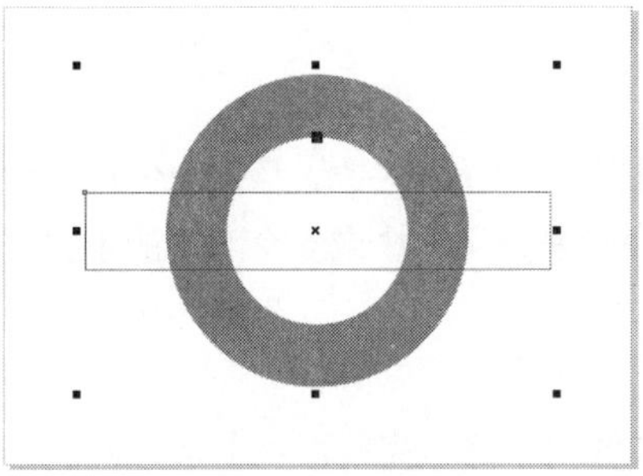

图 6-68　选择图形

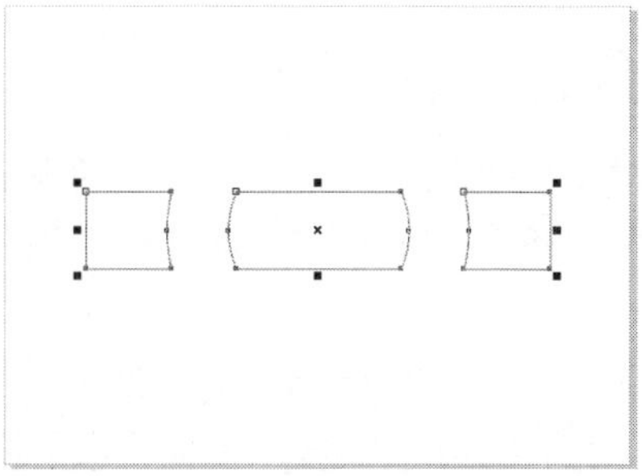

图 6-69　单击（移除后面对象）按钮后的效果

6.6.3　使用【移除前面对象】按钮修剪图形

继续使用前面绘制的圆环和矩形，来介绍使用【移除前面对象】按钮修剪图形的方法。

01　按 Ctrl+Z 组合键返回到修剪图形前的效果，按 Ctrl+A 组合键，将绘图页中的对象全部选择，然后在属性栏中单击（移除前面对象）按钮，如图 6-70 所示。

02　对选择的图形进行修剪，完成后的效果如图 6-71 所示。

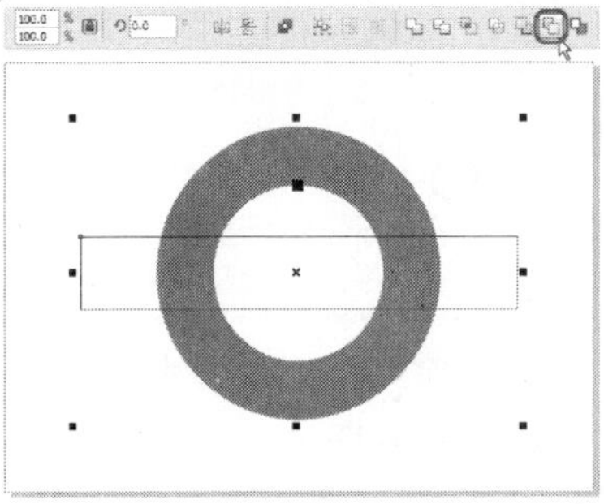

图 6-70　单击（移除前面对象）按钮

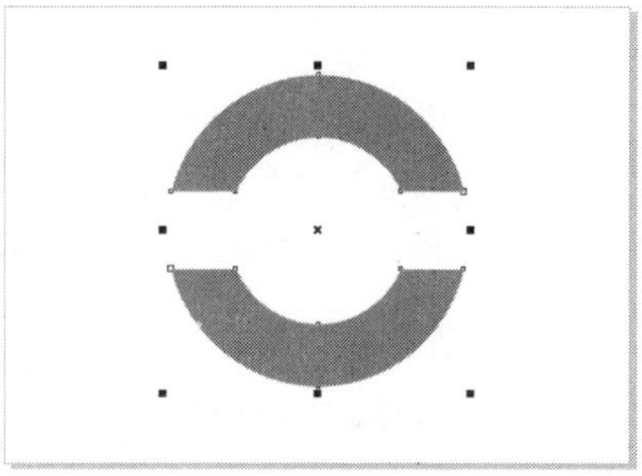

图 6-71　修剪图形后的效果

6.6.4　使用【简化】按钮修剪对象中的重叠区域

继续使用前面绘制的圆环和矩形，来介绍使用【简化】按钮修剪对象中的重叠区域的方法。

01　按 Ctrl+Z 组合键返回到修剪图形前的效果，按 Ctrl+A 组合键，将绘图页中的对象全部选择，然后单击属性栏中的（简化）按钮，如图 6-72 所示。

02　修剪后的效果如图 6-73 所示。

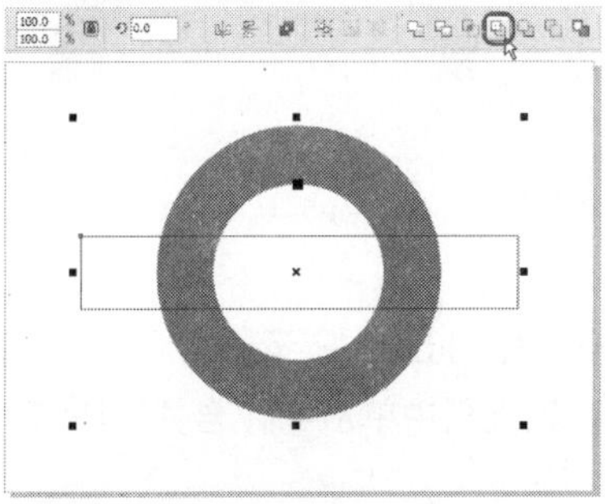

图 6-72　单击（简化）按钮

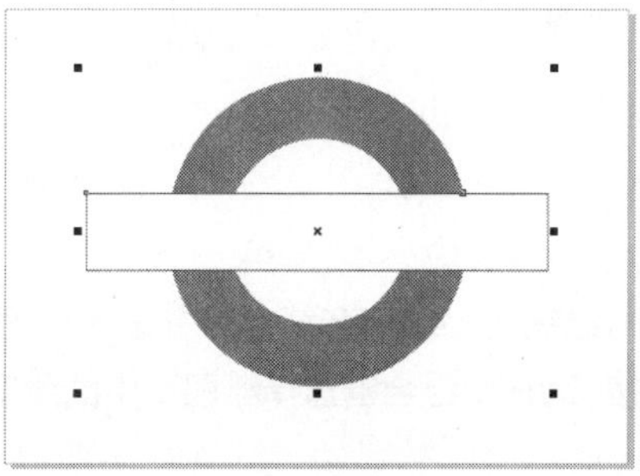

图 6-73　修剪后的效果

6.7 合并和相交对象

合并命令是指把几个重叠的对象捆绑在一起，来创建一个新的对象，该对象使用被合并对象的边界作为它的轮廓，所有相交的线条都会消失；相交命令是指用两个或多个对象的重叠部分来创建新对象。

下面来介绍一下合并对象的操作方法。

01 选择工具箱中的 （基本形状）工具，在属性栏中将【完美形状】定义为 ，然后在绘图页中绘制图形，如图 6-74 所示。

02 确定新绘制的图形处于选择状态，在工具箱中选择 （形状）工具，然后向左移动图形中红色控制点的位置，如图 6-75 所示。

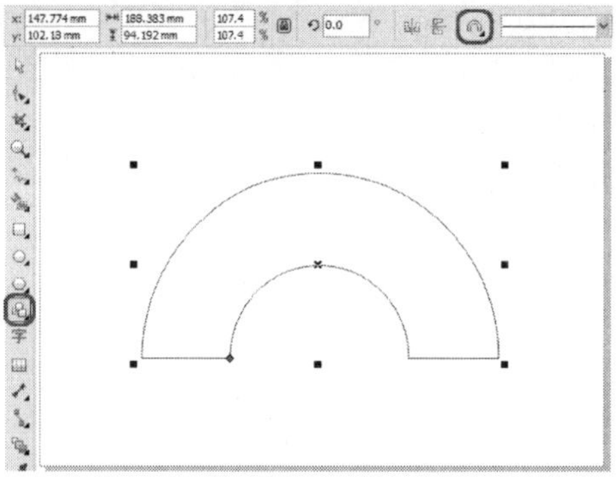

图 6-74 绘制图形

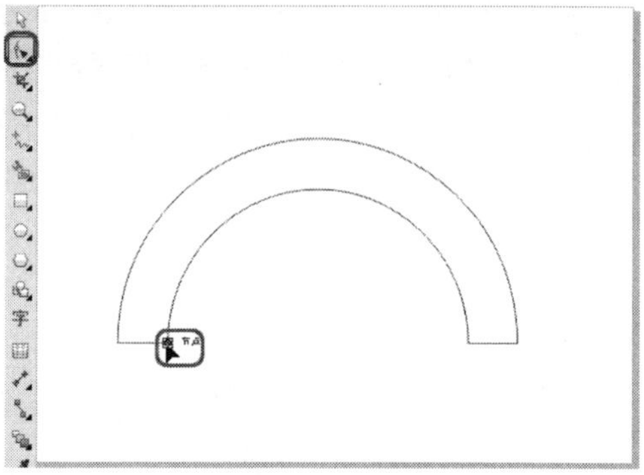

图 6-75 调整图形

03 为绘制的图形填充蓝色，并取消轮廓线的填充，如图 6-76 所示。

04 选择工具箱中的 （基本形状）工具，在属性栏中将【完美形状】定义为 ，然后在绘图页中绘制心形，如图 6-77 所示。

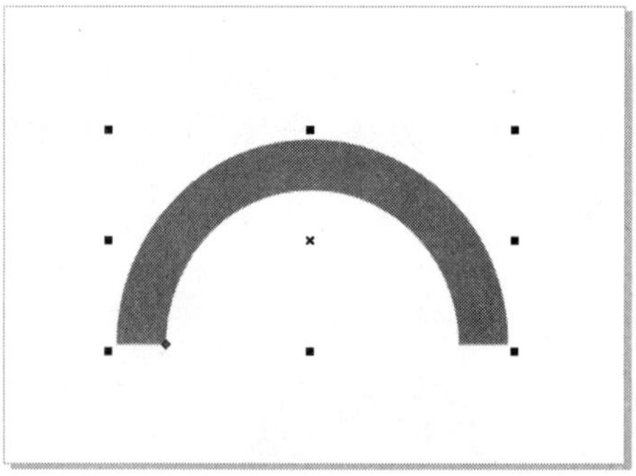

图 6-76 填充颜色

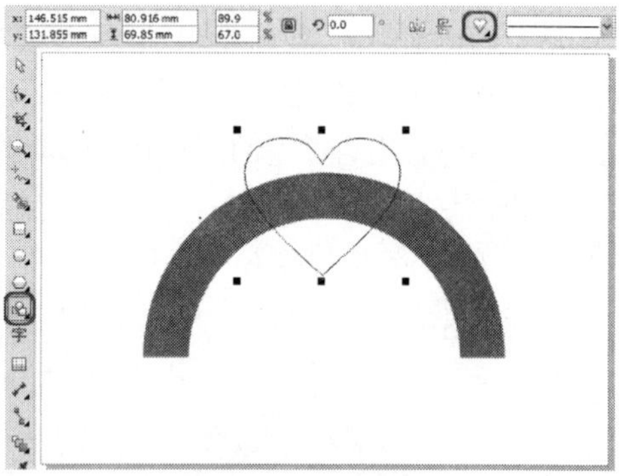

图 6-77 绘制心形

05 为绘制的心形填充红色，并取消轮廓线的填充，如图 6-78 所示。

06 按 Ctrl+A 组合键选择绘图页中的所有图形，在属性栏中单击 （合并）按钮，如图 6-79 所示。

07 合并完图形后的效果如图 6-80 所示。

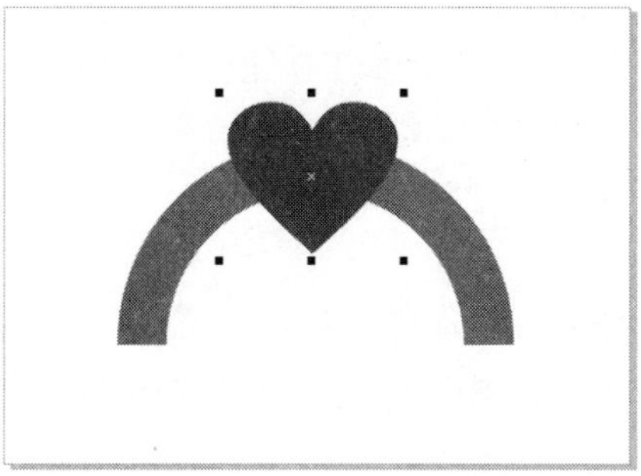

图 6-78　为心形填充颜色

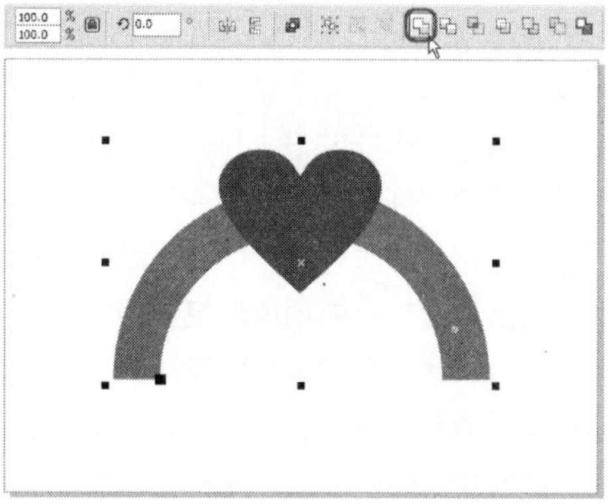

图 6-79　单击（合并）按钮

图 6-80　合并图形后的效果

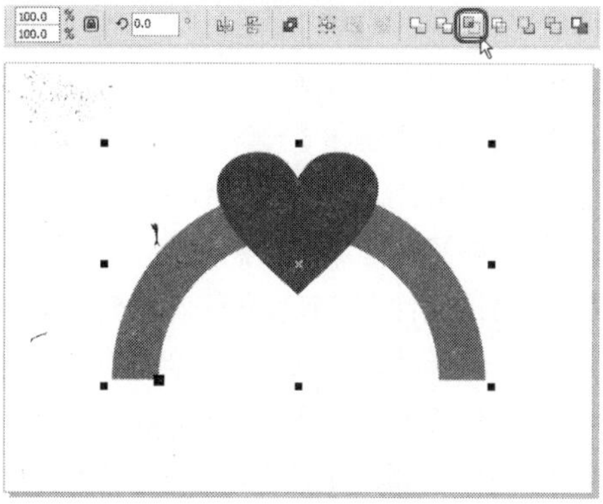

图 6-81　单击（相交）按钮

继续使用前面创建的场景文件，来介绍一下【相交】按钮的使用。

01 按 Ctrl+Z 组合键撤销合并对象的操作，确定两个图形处于选择状态，单击属性栏中的（相交）按钮，如图 6-81 所示。

02 即可创建出一个新的对象，为了方便观看，将新创建出的对象向外移动，效果如图 6-82 所示。

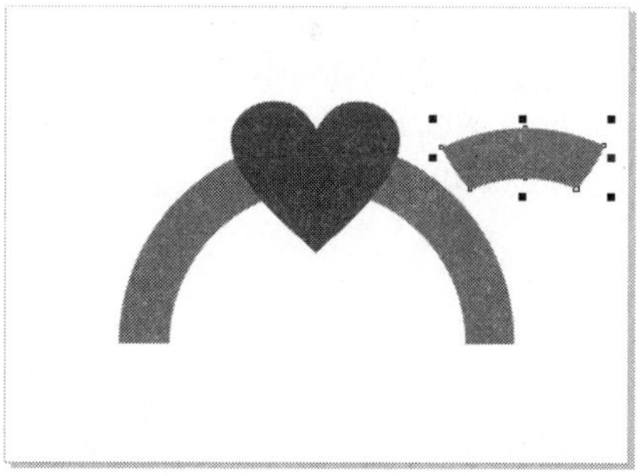

图 6-82　单击（相交）按钮后创建的图形

6.8　调和对象

使用（调和）工具可以在对象上直接产生形状和颜色的调和效果。

如果在绘图页中绘制了两个以上的对象，并对两个对象进行了调和，其属性栏中将会显示相关选项。

属性栏中各选项说明如下。

- （调和对象）选项：在 20 文本框中可以输入所需的调和步长数。
- 0.0 °（调和方向）选项：在该文本框中可以输入所需的调和角度。

- （环绕调和）按钮：在【调和方向】文本框中输入所需的角度，该按钮才会被激活，单击该按钮，可以在两个调和的对象之间围绕调和中心旋转中间的对象。
- （直接调和）按钮、（顺时针调和）按钮、（逆时针调和）按钮：单击（直接调和）按钮，可以用直接渐变的方式填充中间的对象。单击（顺时针调和）按钮，可以用代表色彩轮盘顺时针方向的色彩填充中间的对象。单击（逆时针调和）按钮，可以用代表色彩轮盘逆时针方向的色彩填充中间的对象。
- （对象和颜色加速）按钮：单击该按钮，弹出【加速】面板，在面板中拖动【对象】与【颜色】上的滑块可以调整渐变路径上对象与色彩分布情况，单击按钮，取消锁定后可以单独调整对象或颜色在调和路径上的分布情况。
- （调整加速大小）按钮：单击该按钮，可以加大加速时影响中间对象的程度。
- （更多调和选项）按钮：单击该按钮，即可弹出一个下拉列表，并在其中单击所需的按钮来映射节点和拆分调和中间的对象。如果选择的调和对象是沿新路径进行调和的，则【沿全路径调和】选项和【旋转全部对象】选项成活动状态。
- （起始和结束属性）按钮：单击该按钮，即可弹出一个下拉列表，并在其中可以重新选择或显示调和的起点或终点。
- （路径属性）按钮：单击该按钮，即可弹出一个下拉列表，用户可以在其中选择【新路径】选项，使原调和对象依附在新路径上。
- （复制调和属性）按钮：单击该按钮可以将一个调和对象的属性复制到所选的对象上。
- （清除调和）按钮：单击该按钮可以将所选的调和对象所运用的调和效果清除。

下面介绍调和效果的基本操作。

01 新建一个横向文档，选择工具箱中的（基本形状）工具，在属性栏中将【完美形状】定义为，然后在绘图页中绘制图形，如图 6-83 所示。

02 为新绘制的图形填充红色，并取消轮廓线的填充，如图 6-84 所示。

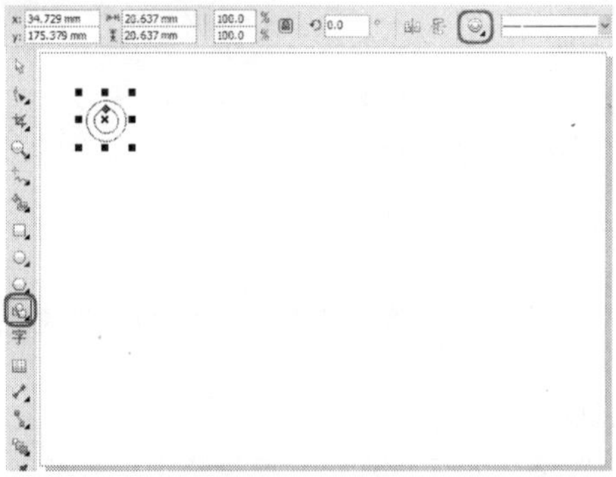

图 6-83　绘制图形

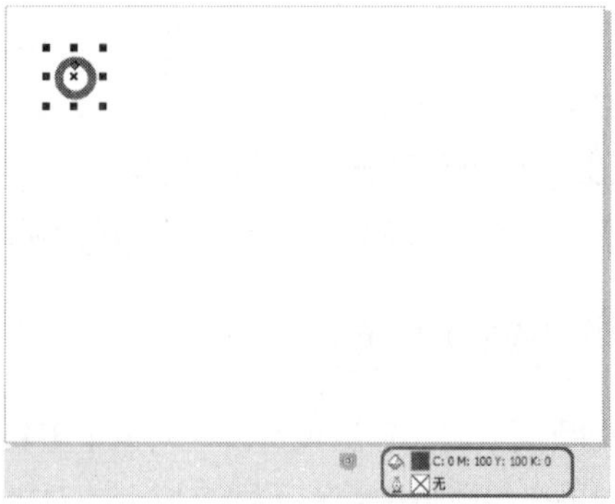

图 6-84　填充颜色

03 按小键盘上的+键对绘制的图形进行复制，并调整其位置，如图 6-85 所示。

04 选择工具箱中的（调和）工具，移动鼠标指针到左边的图形上，如图 6-86 所示，然后按下鼠标左键，并向右拖动到右侧的图形上松开鼠标左键，即可在两个图形之间创建调和效果，效果如图 6-87 所示。

05 在属性栏中将步长数设置为 10，即可调整调和对象的数量，如图 6-88 所示。

图 6-85　复制图形并调整其位置

图 6-86　移动指针位置

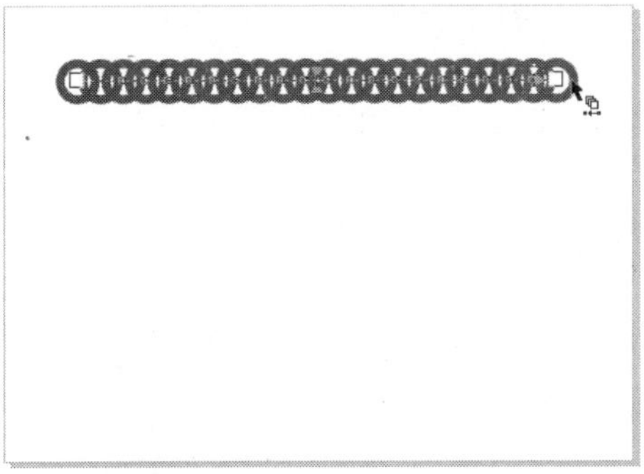

图 6-87　调和图形后的效果

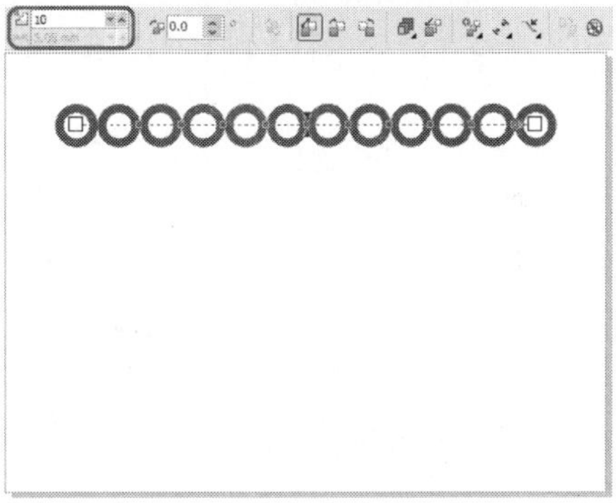

图 6-88　设置步长数

06 选择工具箱中的（基本形状）工具，在属性栏中将【完美形状】定义为，然后在绘图页中绘制心形，如图 6-89 所示。

07 在绘图页中选择调和图形后的效果，在属性栏中单击（路径属性）按钮，在弹出的下拉列表中选择【新路径】选项，如图 6-90 所示。

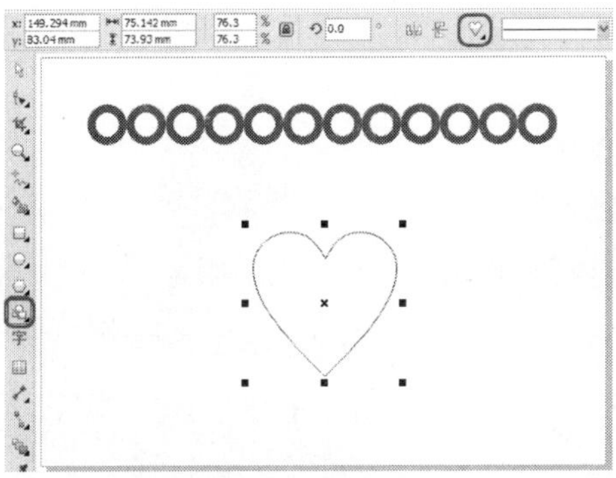

图 6-89　绘制心形

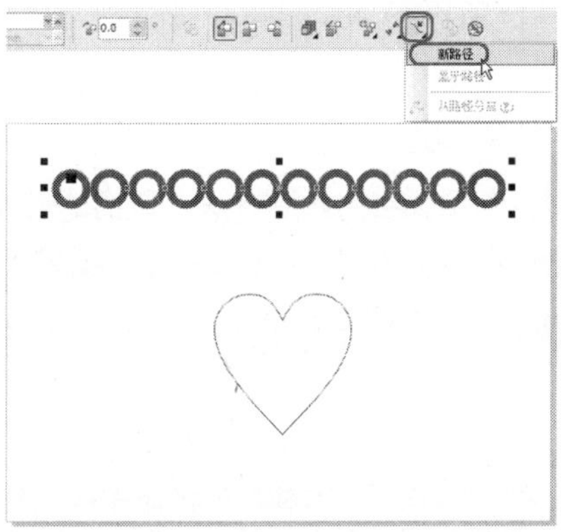

图 6-90　选择【新路径】选项

08 此时鼠标指针变成形状，在新绘制的心形上单击，如图 6-91 所示。此时调和对象将排列在新路径上，效果如图 6-92 所示。

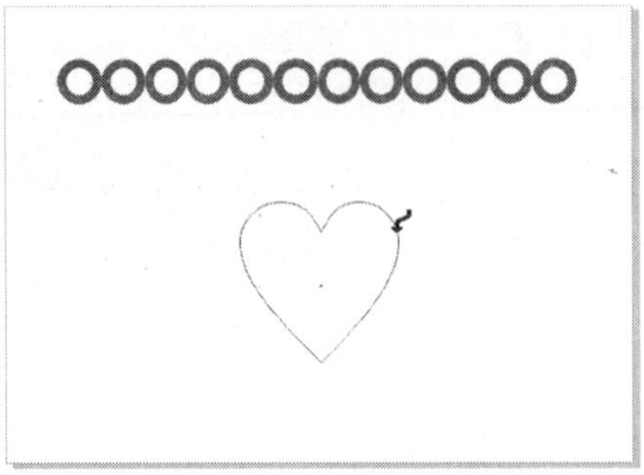

图 6-91　在心形上单击

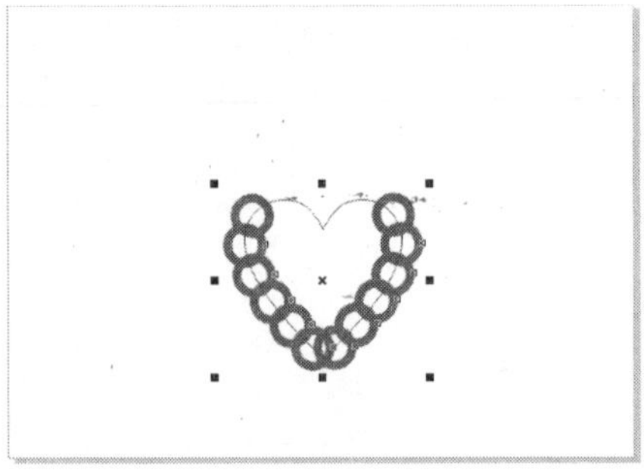

图 6-92　沿路径排列的效果

09 在属性栏中单击 (更多调和选项) 按钮，在弹出的下拉列表中选择【沿全路径调和】选项，如图 6-93 所示。

10 在菜单栏中选择【排列】|【拆分路径群组上的　混合】命令，将心形路径删除，如图 6-94 所示。

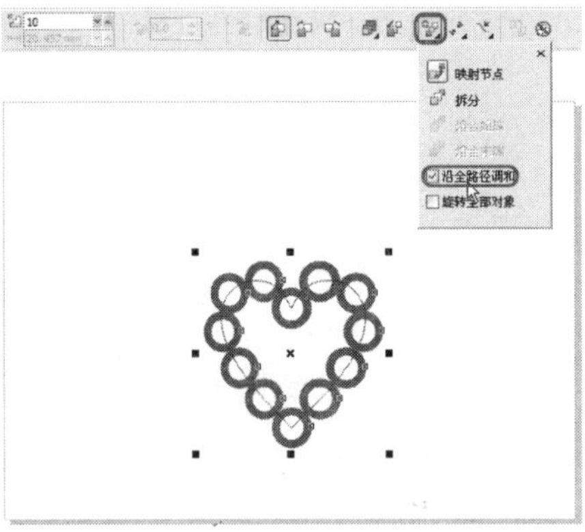

图 6-93　选择【沿全路径调和】命令

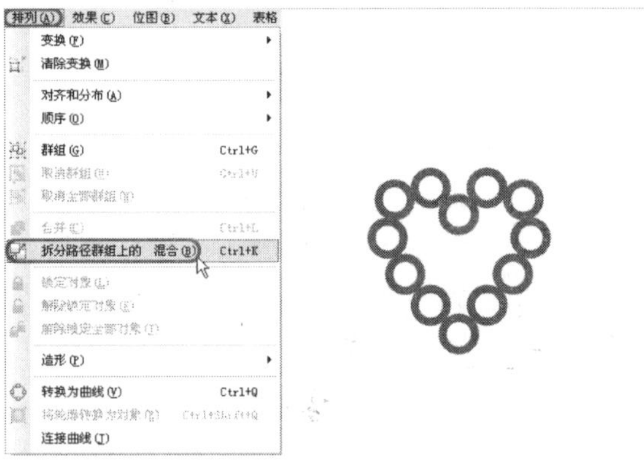

图 6-94　拆分群组并删除路径

6.9 上机练习

6.9.1 绘制瓢虫

本例将介绍瓢虫的绘制方法，该例的制作比较简单，主要是通过使用 (椭圆形) 工具和 (钢笔) 工具绘制瓢虫，然后再为其添加透明度效果，制作完成后的效果如图 6-95 所示。

图 6-95　瓢虫效果

01 新建一个横向页面的文档，在工具箱中选择 (椭圆形) 工具，按住 Ctrl 键的同时在绘图页中绘制正圆，如图 6-96 所示。

02 在默认的 CMYK 调色板中单击黑色色块，并右击☒色块，取消轮廓线的填充，如图 6-97 所示。

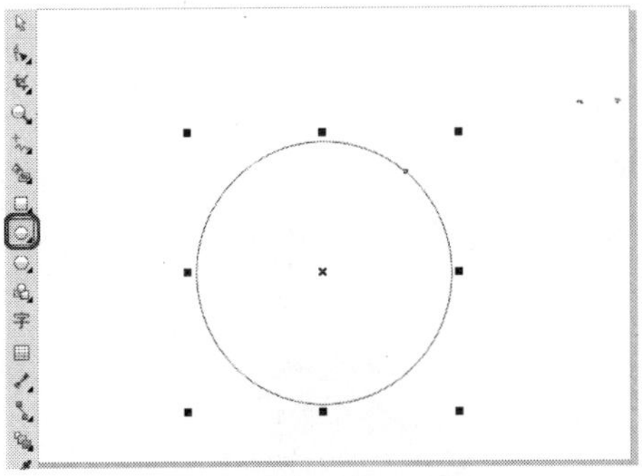

图 6-96　绘制正圆

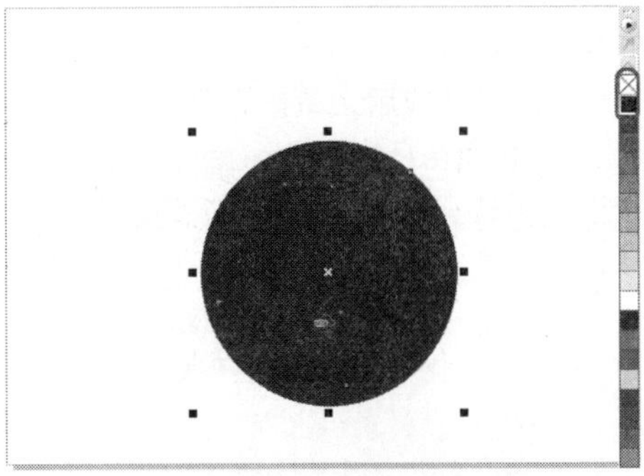

图 6-97　设置填充颜色

03 确定新绘制的正圆处于选择状态，按小键盘上的+键对其进行复制，并将新复制的正圆填充为 CMYK 值为 100、0、100、0 的颜色，如图 6-98 所示。

04 在工具箱中选择（矩形）工具，在绘图页中绘制矩形，如图 6-99 所示。

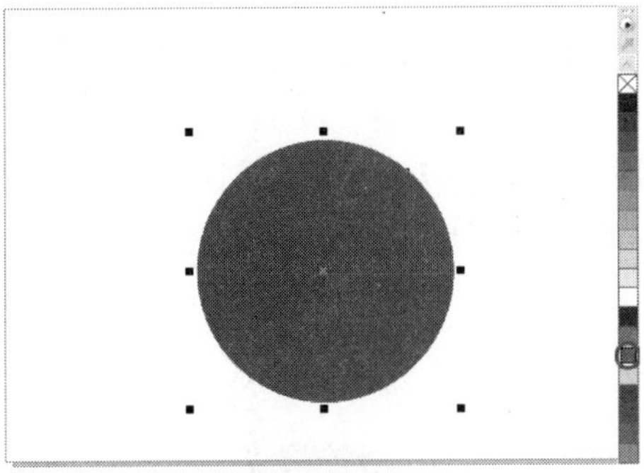

图 6-98　复制正圆并填充颜色

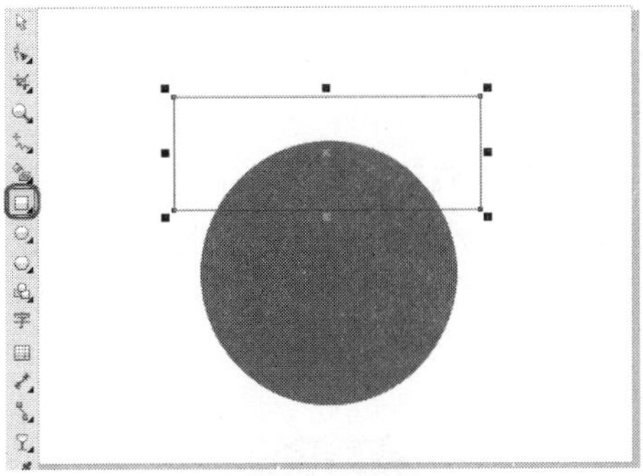

图 6-99　绘制矩形

05 在绘图页中选择矩形和复制后的正圆，然后在属性栏中单击（移除前面对象）按钮，完成后的效果如图 6-100 所示。

06 选择工具箱中的（椭圆形）工具，然后在绘图页中绘制椭圆，如图 6-101 所示。

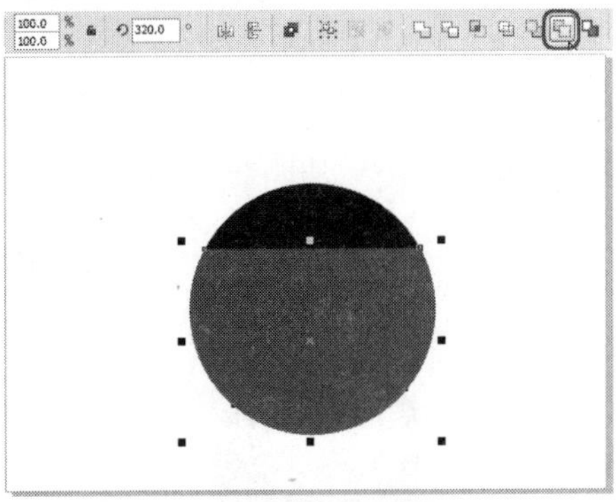

图 6-100　移除前面对象

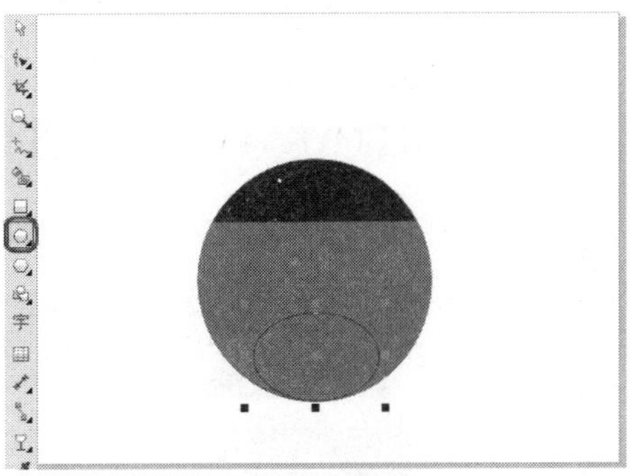

图 6-101　绘制椭圆形

07 在工具箱中选择（填充）工具，在弹出的浮动框中选择【均匀填充】命令，弹出【均匀填充】对话框，选择【模型】选项卡，将【模型】定义为 RGB，并将 RGB 参数设置为 0、255、

0，如图 6-102 所示。

08 设置完成后，单击【确定】按钮，即可为新绘制的椭圆填充颜色。然后在默认的 CMYK 调色板中右击⊠色块，取消轮廓线的填充，如图 6-103 所示。

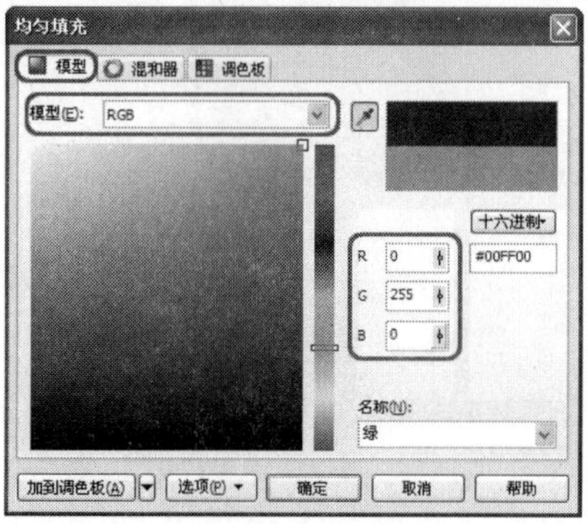

图 6-102 设置颜色

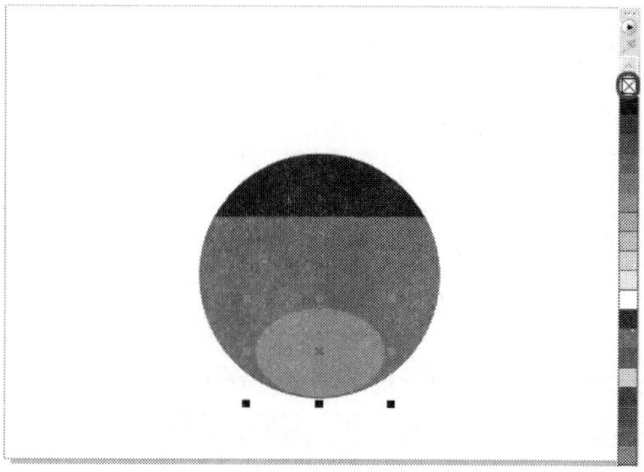

图 6-103 取消轮廓线的填充

09 在工具箱中选择（透明度）工具，为新绘制的椭圆形添加透明度效果，如图 6-104 所示。

10 在工具箱中选择（矩形）工具，然后在绘图页中绘制矩形，并在默认的 CMYK 调色板中单击 C、M、Y、K 值分别为 0、0、0、90 的色块，然后右击⊠色块，效果如图 6-105 所示。

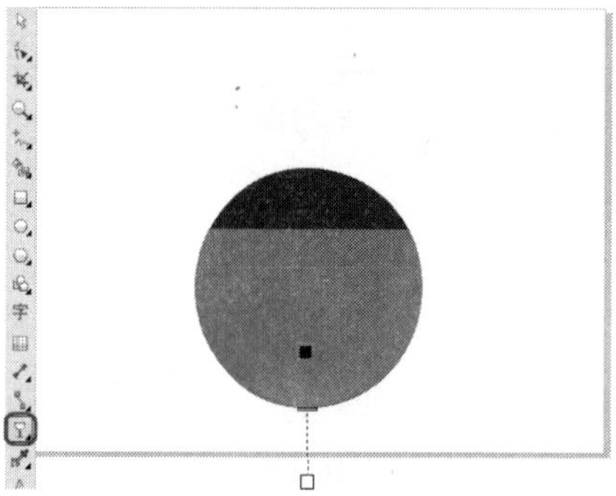

图 6-104 添加透明度效果

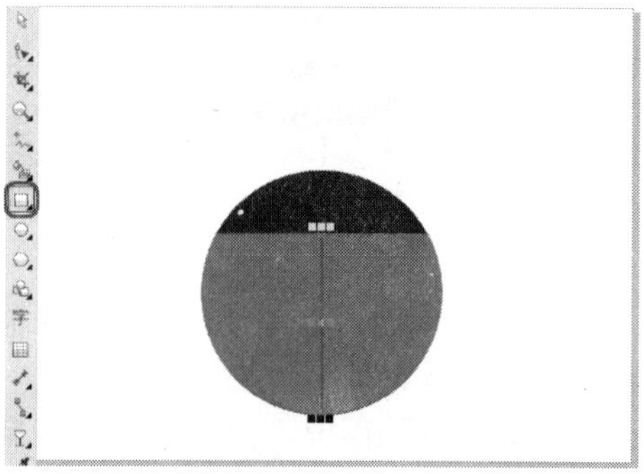

图 6-105 绘制矩形并填充颜色

11 选择工具箱中的（椭圆形）工具，然后在绘图页中绘制椭圆，如图 6-106 所示。

12 在默认的 CMYK 调色板中单击白色色块，然后右击⊠色块，如图 6-107 所示。

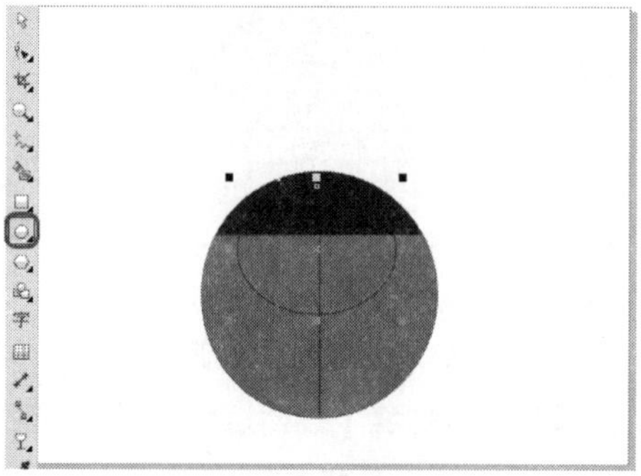

图 6-106 绘制椭圆

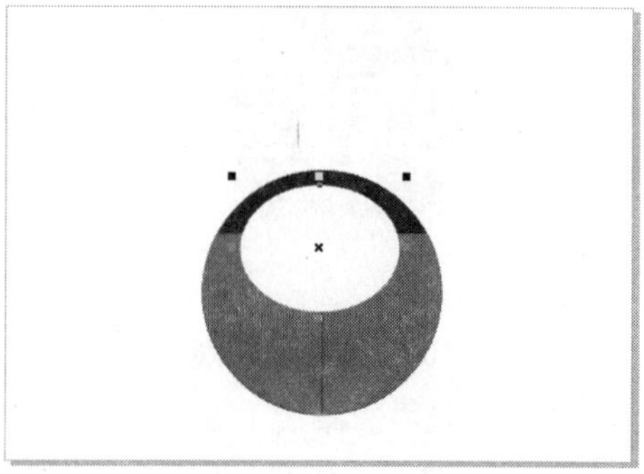

图 6-107 填充颜色并取消轮廓线的填充

13 在工具箱中选择(透明度)工具，然后为新绘制的椭圆形添加透明度效果，如图 6-108 所示。

14 选择工具箱中的(椭圆形)工具，然后在绘图页中绘制椭圆，如图 6-109 所示。

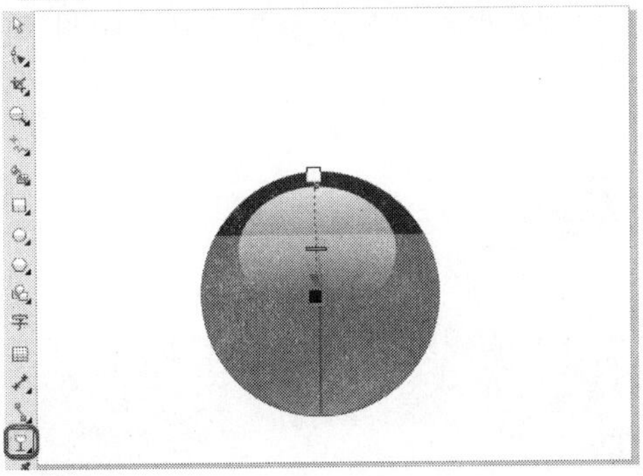

图 6-108　添加透明度效果

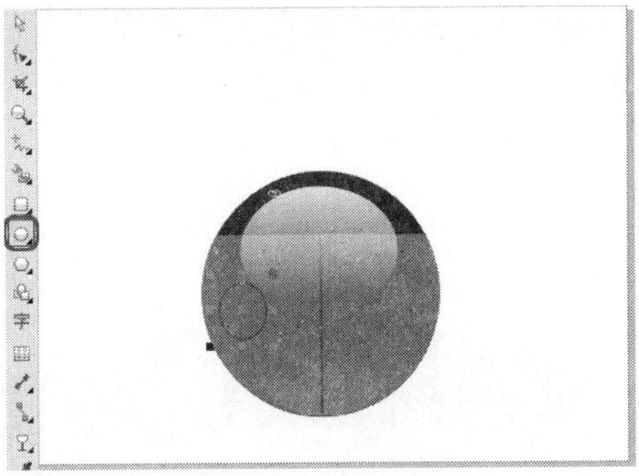

图 6-109　绘制椭圆形

15 在默认的 CMYK 调色板中单击黑色色块，为其填充黑色，如图 6-110 所示。

16 使用同样的方法，绘制其他椭圆，并为其填充黑色，如图 6-111 所示。

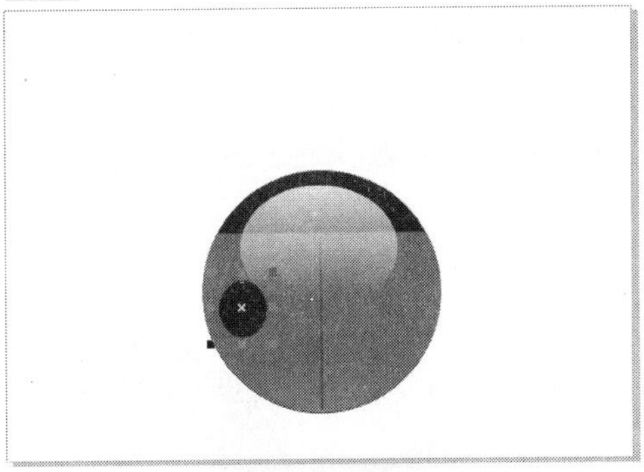

图 6-110　填充黑色

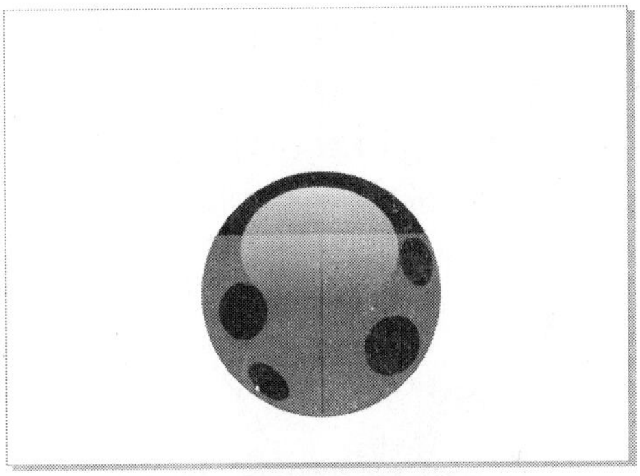

图 6-111　绘制其他椭圆并填充黑色

17 在工具箱中选择(钢笔)工具，在绘图页中绘制形状，然后按 Ctrl+End 组合键将其移至页面的后面，如图 6-112 所示。

18 在默认的 CMYK 调色板中单击黑色色块，为刚绘制的形状填充黑色，并右击☒色块，如图 6-113 所示。

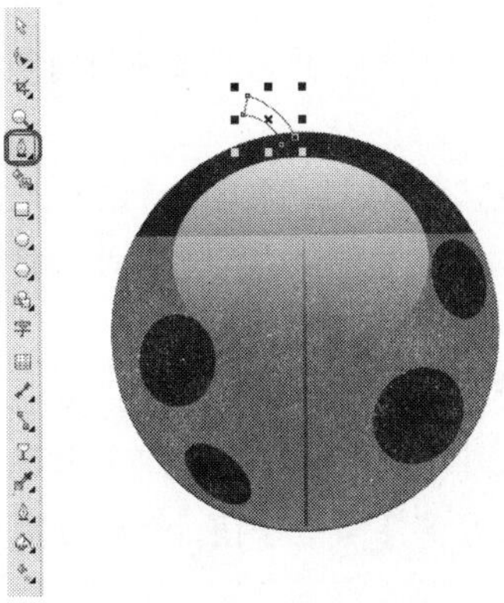

图 6-112　绘制形状

图 6-113　为形状填充黑色

19 确定新绘制的形状处于选择状态，按小键盘上的+键对其进行复制，并将其填充为白色，如图 6-114 所示。

20 在工具箱中选择(透明度)工具，为新复制的形状添加透明度效果，如图 6-115 所示。

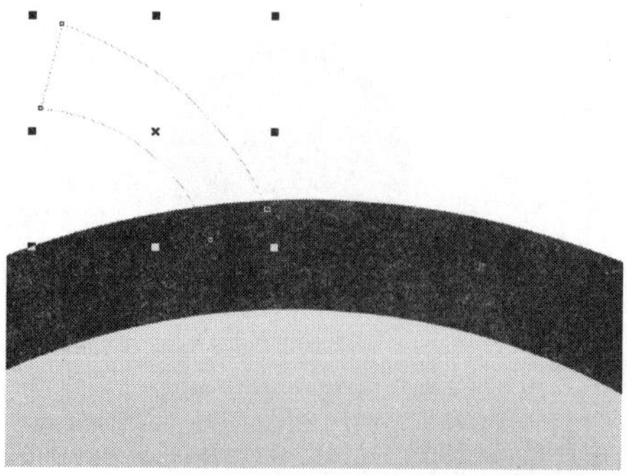

图 6-114 复制形状并填充颜色

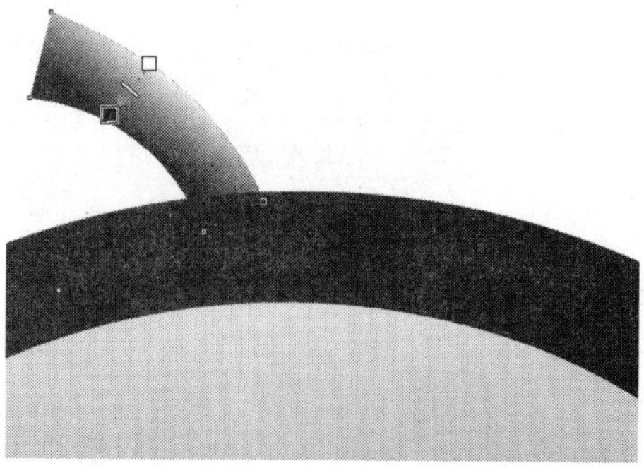

图 6-115 添加透明度效果

21 在工具箱中选择(钢笔)工具，在绘图页中绘制形状，然后按 Ctrl+End 组合键将其移至页面的后面，如图 6-116 所示。

22 在默认的 CMYK 调色板中单击黑色色块，为绘制的形状填充黑色，并右击☒色块，效果如图 6-117 所示。

图 6-116 绘制形状并移动其位置

图 6-117 为形状填充颜色

23 确定绘制的形状处于选择状态，按小键盘上的+键对其进行复制，并将其填充为白色，如图 6-118 所示。

24 在工具箱中选择(透明度)工具，为复制的形状添加透明度效果，如图 6-119 所示。

25 在工具箱中选择(椭圆形)工具，在按住 Ctrl 键的同时在绘图页中绘制正圆，并将其移至形状的下方，如图 6-120 所示。

26 在工具箱中选择(填充)工具，在弹出的浮动框中选择【渐变填充】命令，弹出【渐变填充】对话框，在该对话框中将【类型】定义为【辐射】，在【中心位移】区域中将【水平】设置为-33，将【垂直】设置为 30，在【颜色调和】区域中选择【自定义】单选按钮，然后设置一种渐变颜色，如图 6-121 所示。

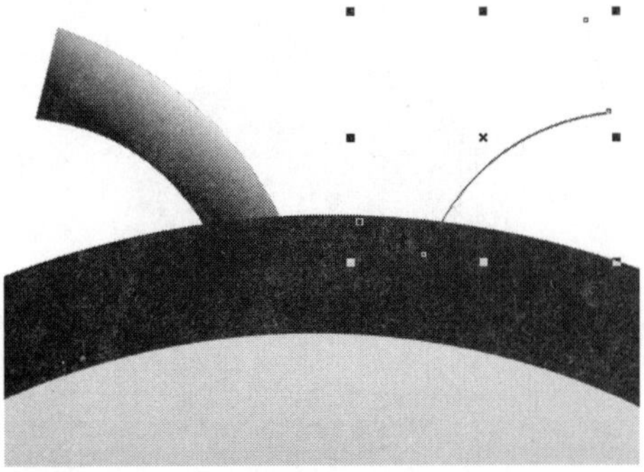

图 6-118　复制形状并填充白色

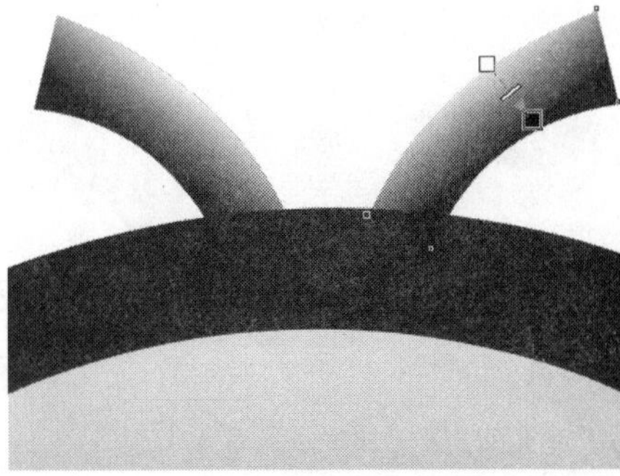

图 6-119　添加透明度效果

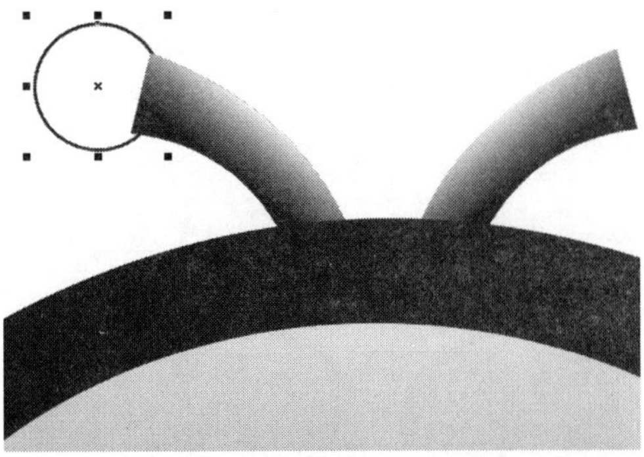

图 6-120　绘制正圆并移动其位置

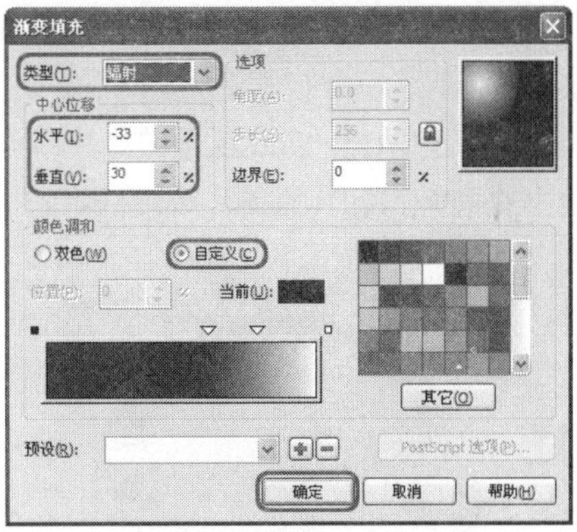

图 6-121　设置渐变颜色

27 设置完成后单击【确定】按钮，然后在默认的 CMYK 调色板中右击☒色块，取消轮廓线的填充，如图 6-122 所示。

28 选择工具箱中的（椭圆形）工具，然后在绘图页中绘制椭圆，并在默认的 CMYK 调色板中单击白色色块，为椭圆形填充白色，并右击☒色块，取消轮廓线的填充，如图 6-123 所示。

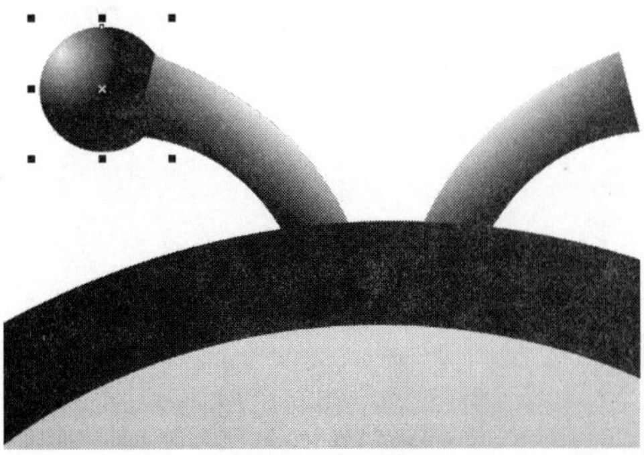

图 6-122　取消轮廓线的填充

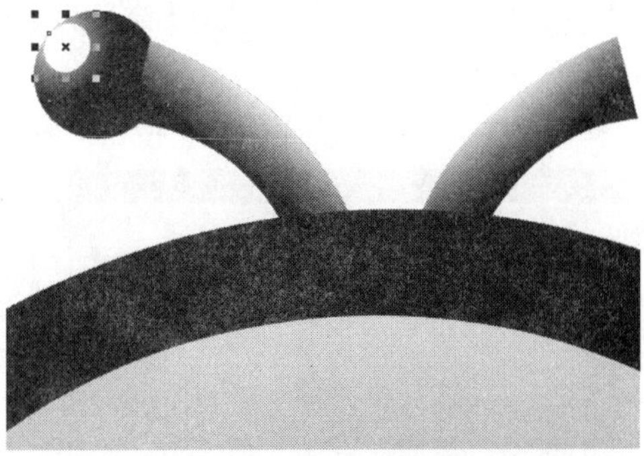

图 6-123　绘制椭圆并填充颜色

29 在工具箱中选择（透明度）工具，为绘制的椭圆形添加透明度效果，如图 6-124 所示。

30 在工具箱中选择（选择）工具，然后配合 Shift 键在绘图页中选择刚绘制的正圆形和椭圆形，如图 6-125 所示。

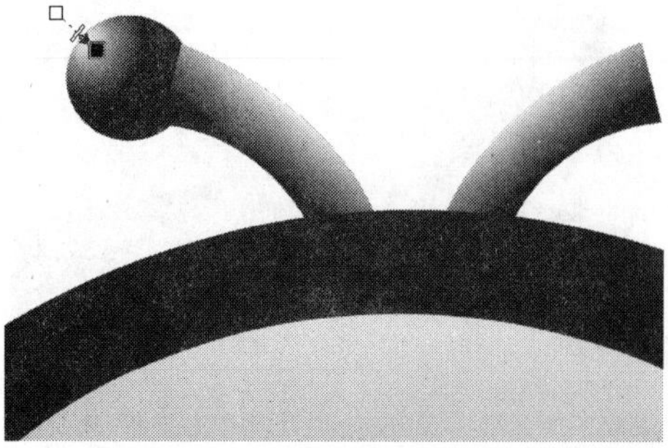

图 6-124　添加透明度效果

图 6-125　选择对象

31　按小键盘上的+键对选择的对象进行复制，然后对复制后的对象进行旋转，并调整其位置，如图 6-126 所示。

32　然后按 Ctrl+End 组合键将其移至页面的后面，按 Ctrl+A 组合键选择所有的对象，然后按小键盘上的+键对其进行复制，如图 6-127 所示。

图 6-126　复制并调整对象

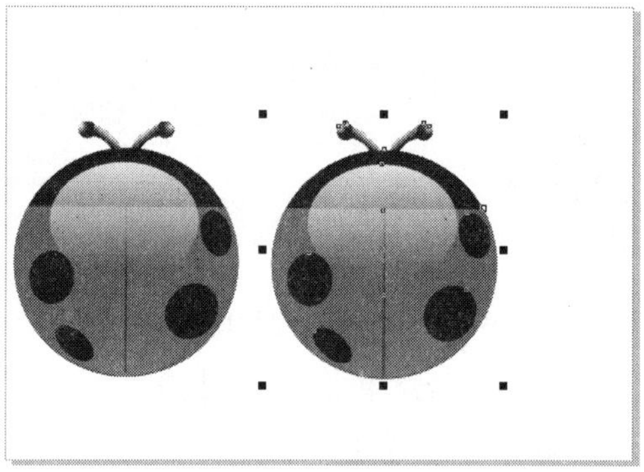

图 6-127　复制瓢虫

33　在复制后的对象上选择绿色的图形，然后按 Shift+F11 组合键弹出【均匀填充】对话框，选择【模型】选项卡，并将【模型】定义为【RGB】，然后将 RGB 参数设置为 232、228、18，如图 6-128 所示。

34　设置完成后单击【确定】按钮，效果如图 6-129 所示。

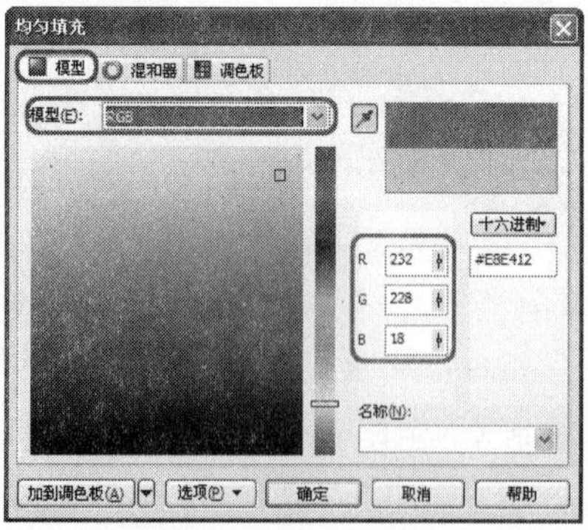

图 6-128　设置填充颜色

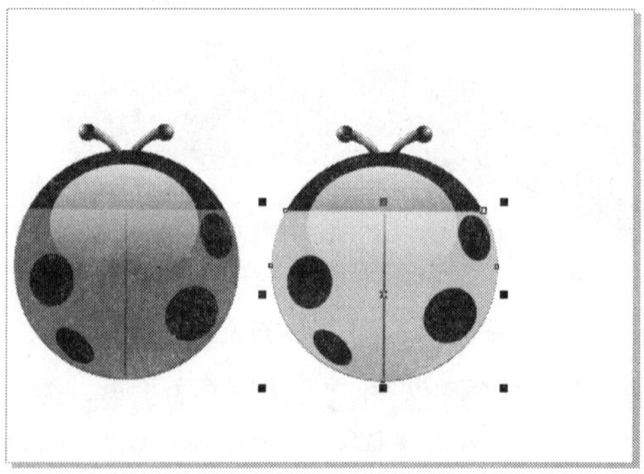

图 6-129　填充颜色后的效果

35 选择如图 6-130 所示的椭圆形，然后在默认的 CMYK 调色板中单击白色色块，为其填充白色，然后使用（透明度）工具，再调整一下它的透明度。

36 在绘图页中使用（选择）工具框选黄色的瓢虫，然后按小键盘上的+键对其进行复制，如图 6-131 所示。

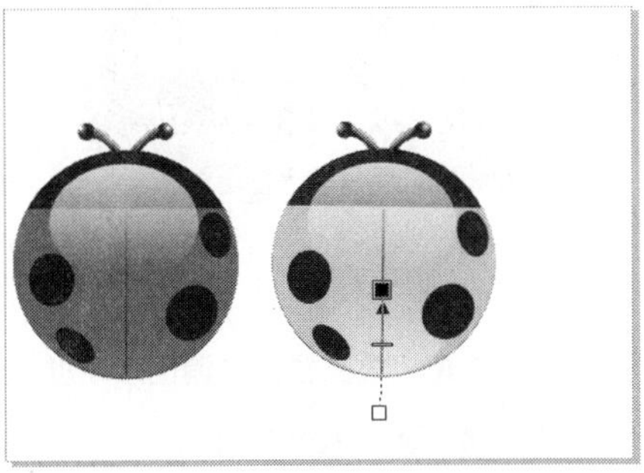
图 6-130　填充颜色并调整透明度

图 6-131　复制瓢虫

37 在复制后的对象上选择黄色的图形，然后按 Shift+F11 组合键弹出【均匀填充】对话框，选择【模型】选项卡，并将【模型】定义为 RGB，然后将 RGB 参数设置为 199、8、14，如图 6-132 所示。

38 设置完成后单击【确定】按钮，效果如图 6-133 所示。

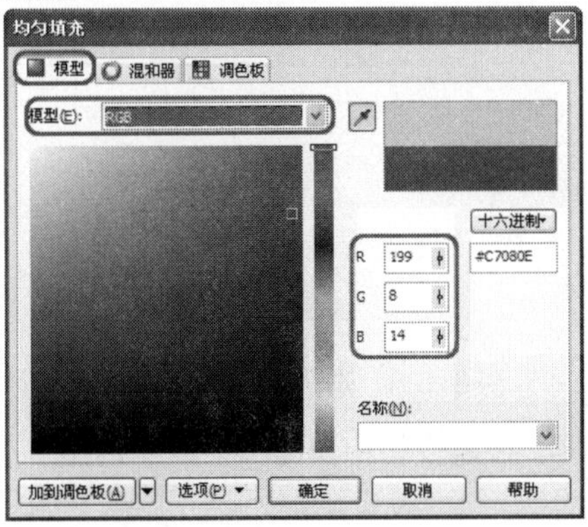

图 6-132　设置颜色

图 6-133　填充颜色后的效果

39 在绘图页中选择添加了透明度效果的椭圆形，如图 6-134 所示。

40 按 Shift+F11 组合键弹出【均匀填充】对话框，选择【模型】选项卡，并将【模型】定义为 RGB，然后将 RGB 参数设置为 255、0、0，如图 6-135 所示。

41 设置完成后单击【确定】按钮，然后使用（透明度）工具，再调整一下它的透明度，效果如图 6-136 所示。

42 在工具箱中选择（艺术笔）工具，在属性栏中单击（喷涂）按钮，在【类别】下拉列表框中选择【植物】选项，在【喷射图样】下拉列表框中选择如图 6-137 所示的图样，然后在绘图页中绘制图样。

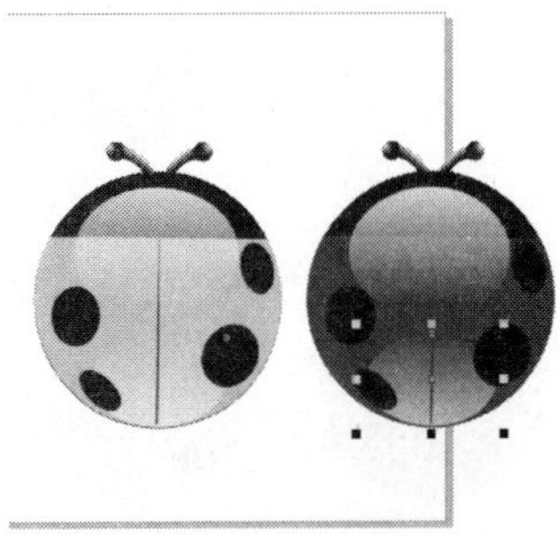
图 6-134　选择椭圆形

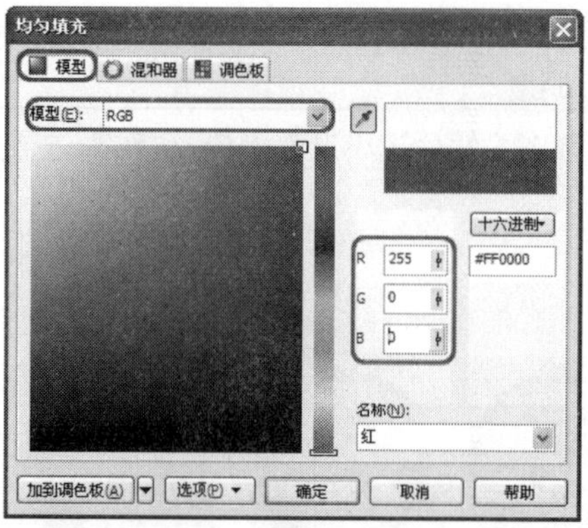

图 6-135 设置颜色

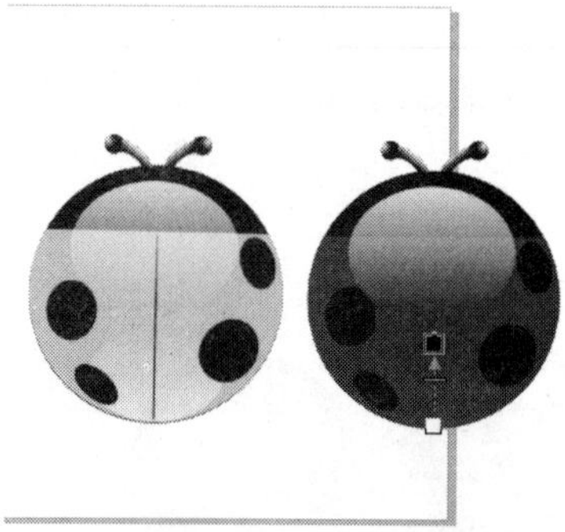

图 6-136 填充颜色并调整透明度

43 在菜单栏中选择【排列】|【拆分艺术笔 群组】命令，如图 6-138 所示。

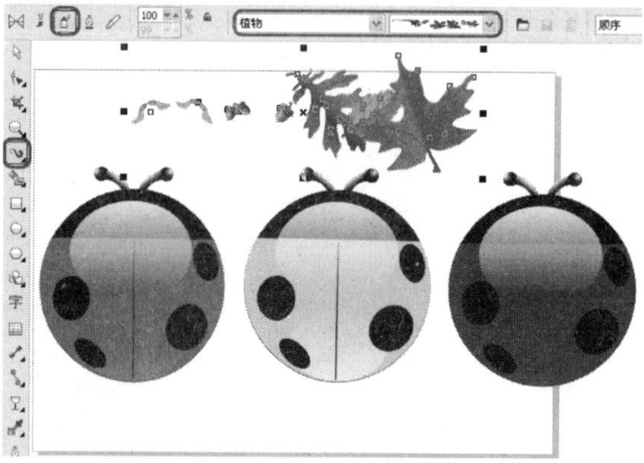

图 6-137 绘制图样

图 6-138 选择【拆分艺术笔 群组】命令

44 拆分后将绘制的路径删除，然后选择绘制的图样，在属性栏中单击（取消群组）按钮，将图样取消群组，如图 6-139 所示。

45 在绘图页中将不需要的图样删除，如图 6-140 所示。

图 6-139 取消群组

图 6-140 删除不需要的图样

46 调整图样的大小和位置，然后对瓢虫进行调整，如图 6-141 所示。

47 按 Ctrl+A 组合键选择所有的对象，然后在属性栏中单击（群组）按钮，将选择的对象成组，如图 6-142 所示。

图 6-141　调整后的效果

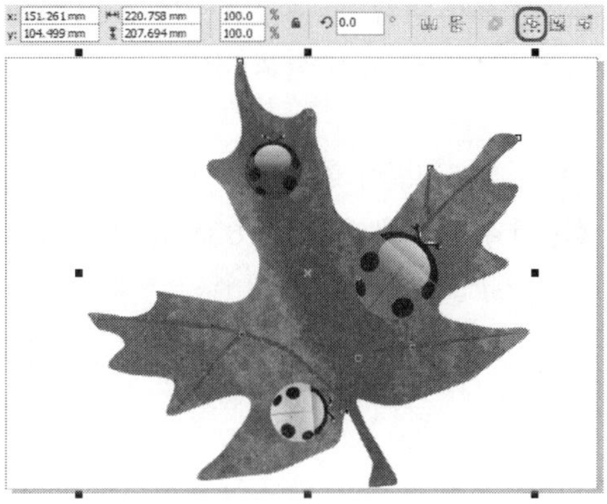
图 6-142　群组对象

6.9.2　制作卷轴画

本例将介绍卷轴画的制作方法，首先新建一个空白文档，然后使用矩形工具绘制出画布及卷轴形状，并为其填充图案或渐变颜色，然后在场景中镜像复制对象和对齐对象，最后使用导入命令将素材导入。制作完成后的效果如图 6-143 所示。

图 6-143　卷轴画效果

01 按 Ctrl+N 组合键创建一个新的文件，在工具箱中选择【矩形】工具，在场景中绘制矩形，然后在属性栏中将【宽度】和【高度】参数设置为 150mm 和 260mm，效果如图 6-144 所示。

02 在工具箱中单击【填充工具】按钮，在弹出的下拉列表中选择【图样填充】工具，在弹出的【图样填充】对话框中选择一种图样，将【前部】颜色的 RGB 值设置为 219、189、140，将【后部】颜色的 RGB 值设置为 174、118、59，然后在【大小】区域中将【宽度】和【高度】参数都设置为 18.5mm，如图 6-145 所示，设置完成后单击【确定】按钮，填充图样后的效果如图 6-146 所示。

03 在工具箱中单击【矩形工具】按钮，在场景中绘制矩形，然后在属性栏中将【宽度】和【高度】参数分别设置为 163mm 和 7mm，效果如图 6-147 所示。

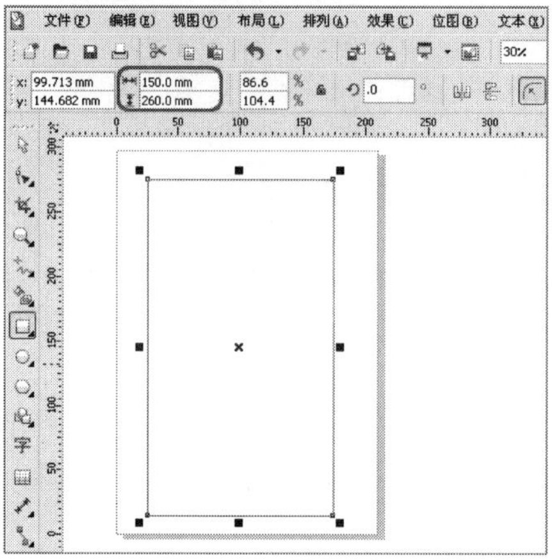

图 6-144 创建矩形

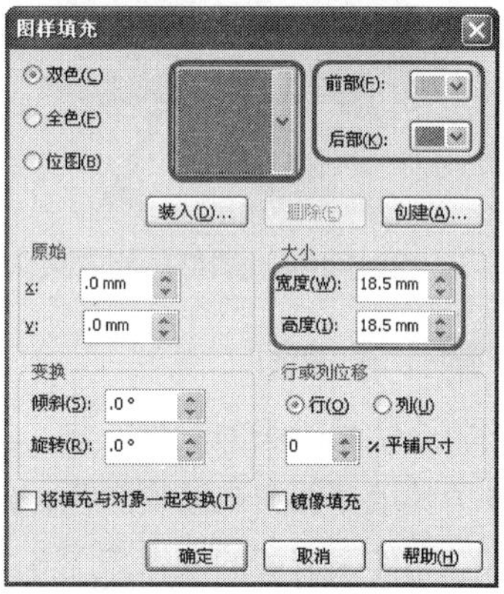

图 6-145 设置填充图样

图 6-146 填充图样后的效果

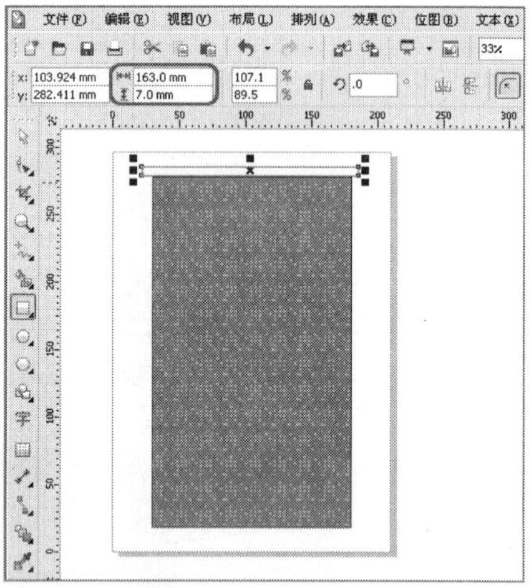

图 6-147 创建矩形效果

04 按 Ctrl+A 组合键，选择场景中的所有对象，然后在菜单栏中选择【排列】|【对齐和分布】|【垂直居中对齐】命令，如图 6-148 所示，即可将选择的对象垂直居中对齐，效果如图 6-149 所示。

图 6-148　选择【垂直居中对齐】命令

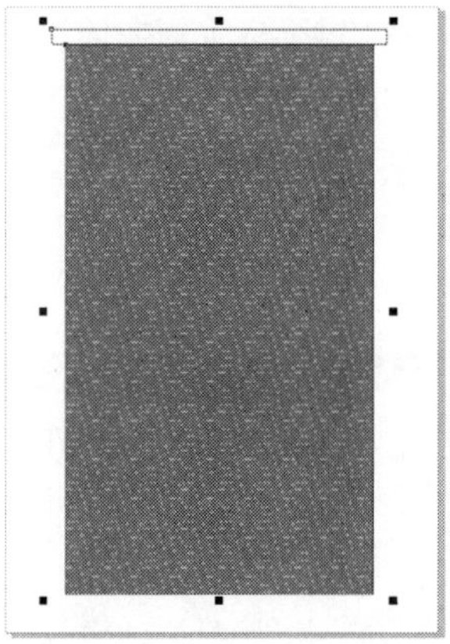

图 6-149　选择【垂直居中对齐】命令后的效果

05　选择刚创建的矩形，按 F11 键弹出【渐变填充】对话框，将【角度】设置为 90°，选择【自定义】单选按钮，然后选择渐变颜色，如图 6-150 所示，设置完成后单击【确定】按钮，即可为矩形添加渐变效果，如图 6-151 所示。

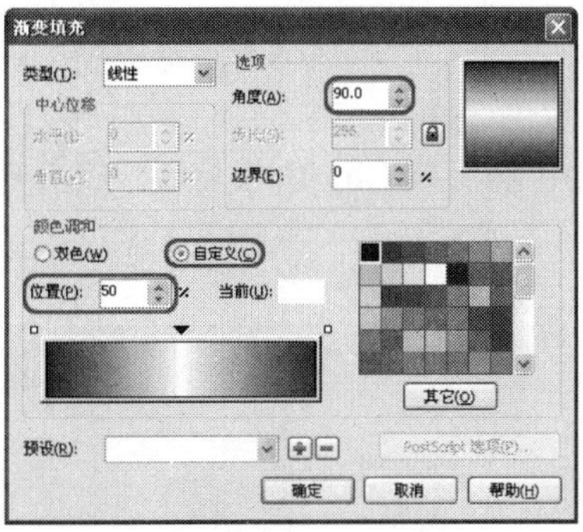

图 6-150　设置渐变颜色

图 6-151　填充渐变颜色后的效果

06　再在工具箱中单击【矩形工具】按钮，在场景中绘制矩形，然后在其属性栏中将其【宽度】和【高度】参数分别设置为 7mm 和 7.5mm，将其【圆角】设置为 1mm，并调整其位置，效果如图 6-152 所示。

图 6-152　创建圆角矩形效果

07 按 F11 键弹出【渐变填充】对话框，将【角度】设置为 90°，选择【自定义】单选按钮，然后再选择渐变颜色，如图 6-153 所示，设置完成后单击【确定】按钮，即可为矩形添加渐变效果，如图 6-154 所示。

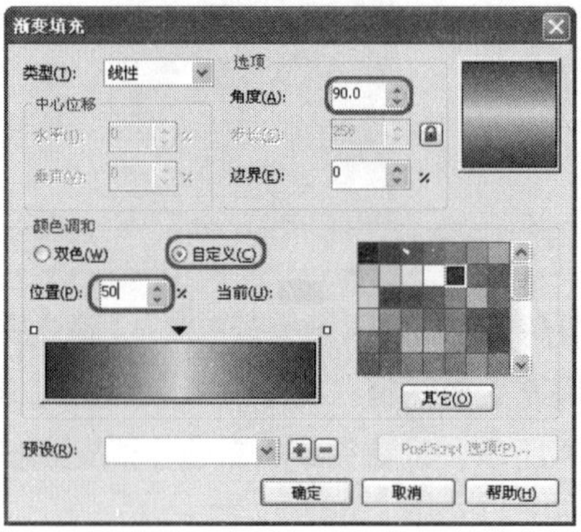

图 6-153　设置渐变颜色

图 6-154　填充渐变颜色后的效果

08 打开【转换】泊坞窗，并在其中单击【缩放和镜像】按钮，再单击按钮，在【副本】文本框中输入 1，单击【应用】按钮，如图 6-155 所示，再在场景中将镜像复制出的对象移动到如图 6-156 所示的位置。

09 在场景中选择除图样填充矩形外的所有对象，然后按 Ctrl+G 组合键，将选择的对象进行群组，如图 6-157 所示。

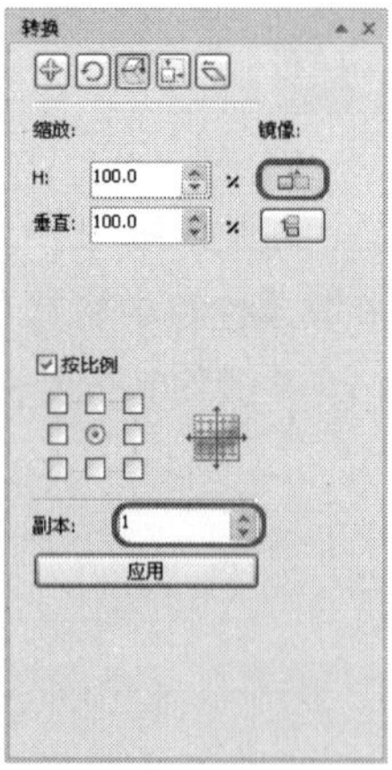

图 6-155　【转换】泊坞窗

图 6-156　镜像复制并调整对象后的效果

图 6-157　群组效果

10 使用（选择）工具，在场景中选择群组对象，按下鼠标左键向下拖动，到适当的位置右击并松开鼠标左键，移动复制对象，效果如图 6-158 所示。

11 在菜单栏中选择【文件】|【导入】命令，在弹出的对话框中选择所需的文件，单击【导

入】按钮，此时鼠标指针呈如图 6-159 所示的形状，按 Enter 键将对象导入场景，并在场景中调整其大小及位置，调整完成后的效果如图 6-160 所示。

图 6-158　移动复制对象效果

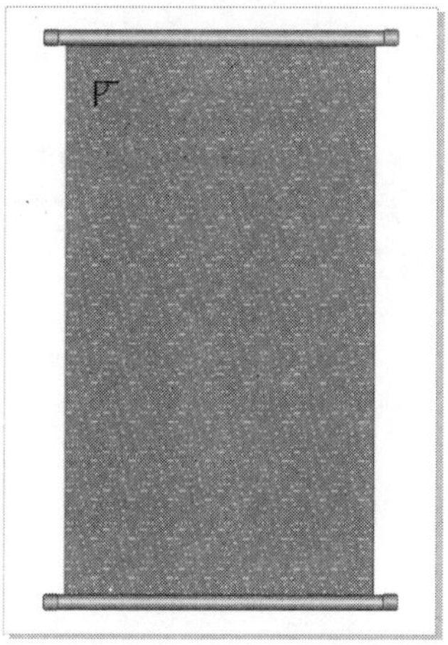

图 6-159　导入素材文件

图 6-160　调整导入素材效果

12　制作完成后，按 Ctrl+S 组合键将场景文件进行保存。

本 章 习 题

下面通过课后习题来巩固前面学习的基础知识。

1．选择题

（1）在实际的操作中往往需要选中多个对象进行同时编辑，选择多个对象可以使用（选择）工具在场景中框选或按哪个键单击来实现操作。（　　）

A．Ctrl　　B．Alt　　C．Delete　　D．Shift

（2）按小键盘上的哪个键，可以复制图形。（　　）

A．/号　　B．*号　　C．−号　　D．+号

（3）按哪个组合键可以执行【再制】命令。（　　）

A．Ctrl+D　　B．Shift+D　　C．Ctrl+C　　D．Shift+C

2．填空题

（1）________可以更改所有曲线对象的形状，曲线对象是指用________、________、________等创建的绘图对象，及矩形、多边形和文本对象转换而成的曲线对象。

（2）在 CorelDRAW 中用户可以应用 3 种类型的变形效果来为对象变形，分别是：________、________和________。

3．上机操作

使用（变形）工具创建其他样式的花形图案。

第 7 章　排列与管理对象

本章重点

- 调整对象大小。
- 旋转和镜像对象。
- 对齐与分布对象。
- 排列对象。
- 群组对象。
- 合并与打散对象。
- 使用图层。

一幅复杂的作品，如果不经过合理的排列、组织与管理，就会杂乱无章，分不清主次与前后，也就很难达到精彩的效果。因此，需要对所绘制的对象进行合理的组织、排列和管理。

本章将介绍在 CorelDRAW X5 中将多个对象进行对齐与分布、排列顺序、群组与取消群组、结合与拆分等操作，以及使用对象管理器来管理绘图中的所有对象。

7.1　调整对象大小

在 CorelDRAW 中允许用户调整对象的大小和缩放对象。在这两种情况下，可以通过保持对象的纵横比来按比例改变对象的尺寸，也可以通过指定相应的值来改变对象的尺寸。缩放可按照指定的百分比改变对象的尺寸。本节介绍了 3 种调整对象大小的方法，下面分别对它们进行简单的介绍。

7.1.1　使用选择工具调整对象的大小

下面介绍使用（选择）工具调整对象大小的方法。

01 按 Ctrl+I 组合键，在弹出的对话框中导入一张素材文件，如图 7-1 所示。

02 确定新导入的素材文件处于选择状态，移动鼠标指针到右下角的控制柄上，此时鼠标指针呈双向箭头状，如图 7-2 所示。

03 按下鼠标左键并向左上方拖动，如图 7-3 所示，拖动到所需的大小后松开鼠标左键，即可得到所需的大小，效果如图 7-4 所示。

图 7-1　导入的素材文件

图 7-2　移动鼠标指针

图 7-3　拖动鼠标

图 7-4　调整大小后的效果

7.1.2　使用【比例】命令调整对象大小

下面介绍调整对象大小的第二种方法——使用【比例】命令调整对象大小。

01　继续使用前面导入的素材文件，按 Ctrl+Z 组合键返回上一步的操作，并确定素材文件处于选择状态，如图 7-5 所示。

02　在菜单栏中选择【排列】|【变换】|【比例】命令或按 Alt+F9 组合键，弹出【转换】泊坞窗，如图 7-6 所示。

图 7-5　选择素材文件

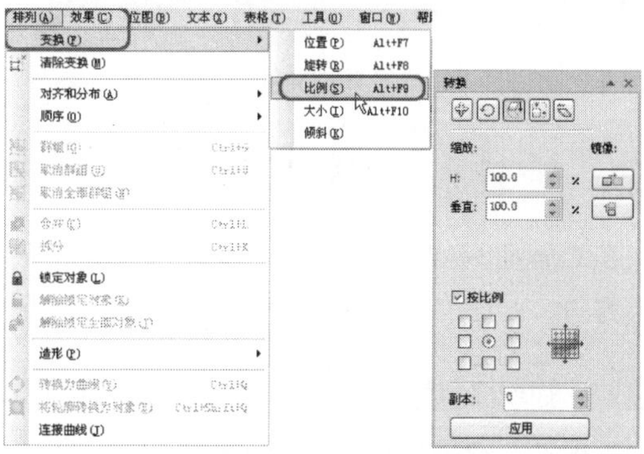

图 7-6　【转换】泊坞窗

03 在缩放下的【H】和【垂直】文本框中输入 70，单击【应用】按钮，即可将图片等比例缩放到 70%，效果如图 7-7 所示。

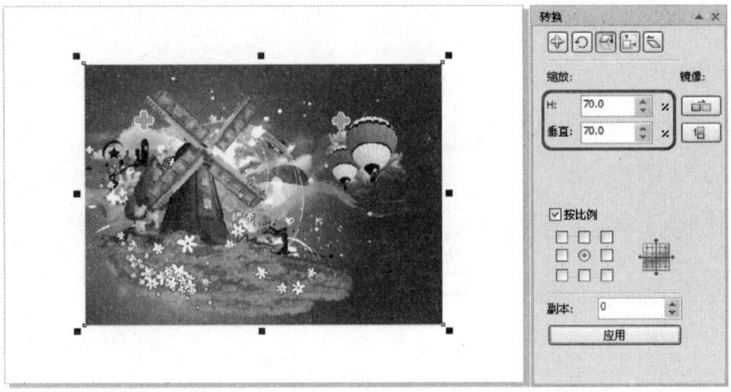

图 7-7　缩放后的效果

7.1.3　配合 Shift 键调整对象大小

下面介绍使用 Shift 键调整对象大小的方法。

01 继续使用前面导入的素材文件，按 Ctrl+Z 组合键返回上一步的操作，并确定素材文件处于选择状态，如图 7-8 所示。

02 按 Shift 键移动鼠标指针到右下角的控制柄上，然后按下鼠标左键向左上方拖动，至所需的大小后松开鼠标左键，即可将图片等比例缩放，效果如图 7-9 所示。

图 7-8　选择素材文件

图 7-9　配合 Shift 键调整素材大小

7.2　旋转和镜像对象

在 CorelDRAW 中允许用户旋转和镜像对象。使用这两种功能，可以在绘图页中很方便地调整对象方向。

7.2.1　旋转对象

下面来介绍一下旋转对象的操作方法。

01 按 Ctrl+I 组合键，在弹出的对话框中导入一张素材图片，如图 7-10 所示。

02 确定新导入的素材图片处于选择状态，在菜单栏中选择【排列】|【变换】|【旋转】命令，弹出【转换】泊坞窗，将【角度】设置为 30，单击【应用】按钮，即可将选中的素材图片进行旋转，效果如图 7-11 所示。

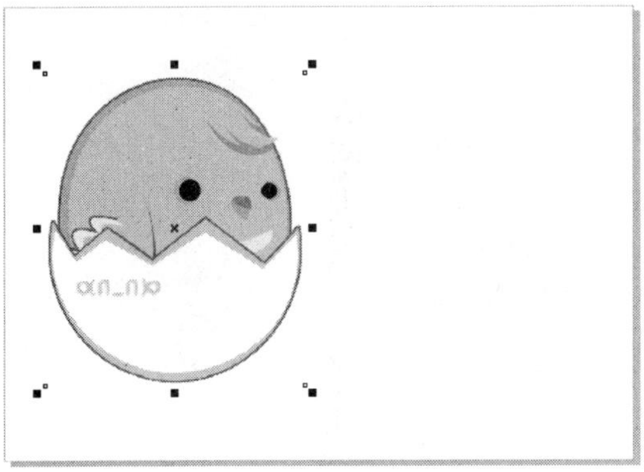

图 7-10　导入的素材文件

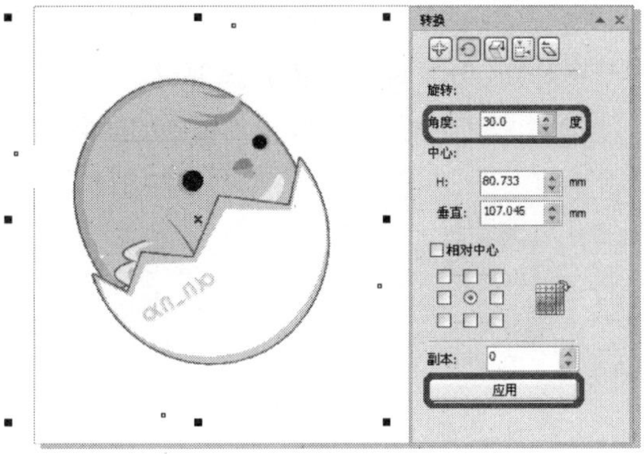

图 7-11　旋转后的效果

7.2.2　镜像对象

下面来介绍一下镜像对象的方法。

01 继续使用前面导入的素材文件，按 Ctrl+Z 组合键返回到上一步的操作。

02 在【转换】泊坞窗中单击（缩放和镜像）按钮，再在其中单击按钮，然后将【副本】设置为 1，单击【应用】按钮，如图 7-12 所示，即可将选择的对象进行复制并水平镜像。调整镜像后的图片的位置，效果如图 7-13 所示。

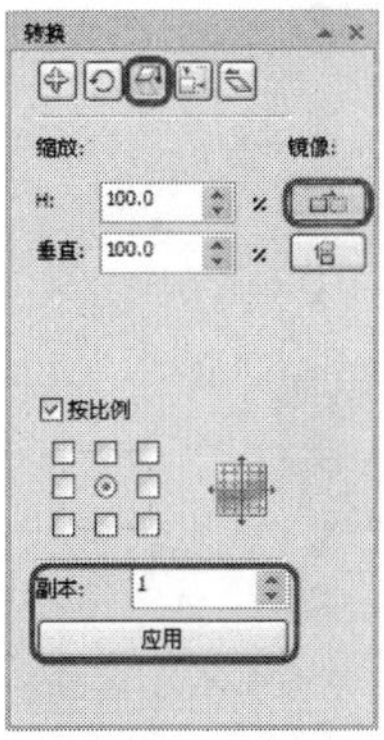

图 7-12　设置参数

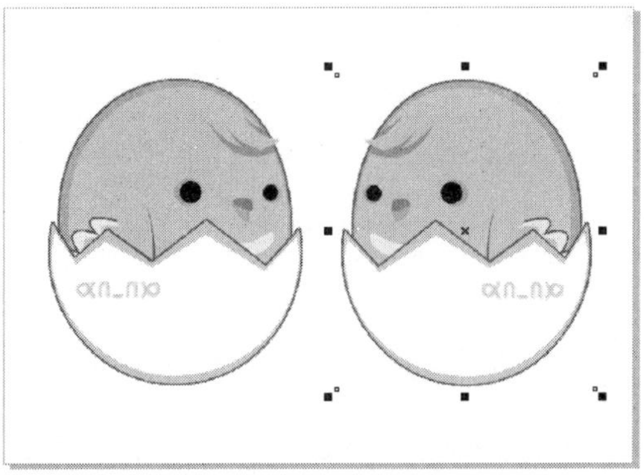

图 7-13　水平镜像后的效果

7.3　对齐与分布对象

在绘制图形的时候，经常需要对某些图形对象按照一定的规则进行排列，以达到更好的视觉效果。在 CorelDRAW 中，可以将图形或者文本按照指定的方式排列，使它们按照中心或边缘对齐，或者按照中心或边缘均匀分布。

7.3.1 使用对齐功能

在 CorelDRAW 中允许用户在绘图页中准确地对齐对象。可以使对象互相对齐，也可以使对象与绘图页面的各个部分对齐。CorelDRAW 还允许将多个对象水平或垂直对齐绘图页面的中心。

下面通过一个小例子来介绍一下对齐多个对象的方法。

01 按 Ctrl+O 组合键，在弹出的对话框中打开随书附带光盘中的 CDROM|素材|Cha07|对齐与分布对象.cdr 文件，如图 7-14 所示。

02 按 Ctrl+A 组合键将场景中的对象全部选中，如图 7-15 所示。

图 7-14　打开的素材文件

图 7-15　选择全部对象

03 在菜单栏中选择【排列】|【对齐和分布】|【左对齐】命令，如图 7-16 所示。

04 即可将选择的对象以最底层的对象为准进行左对齐，效果如图 7-17 所示。

图 7-16　选择【左对齐】命令

图 7-17　执行【左对齐】命令后的效果

05 按 Ctrl+Z 组合键返回到上一步的操作，然后在菜单栏中选择【排列】|【对齐和分布】|【顶端对齐】命令，如图 7-18 所示。

06 即可将选择的对象以最底层的对象为准进行顶端对齐，效果如图 7-19 所示。

07 按 Ctrl+Z 组合键返回到上一步的操作，再在菜单栏中选择【排列】|【对齐和分布】|【水平居中对齐】命令，如图 7-20 所示。

08 即可将选择的对象以最底层的对象为准进行水平居中对齐，效果如图 7-21 所示。

图 7-18　选择【顶端对齐】命令

图 7-19　执行【顶端对齐】命令后的效果

图 7-20　选择【水平居中对齐】命令

图 7-21　执行【水平居中对齐】命令后的效果

09　按 Ctrl+Z 组合键返回到上一步的操作，再在菜单栏中选择【排列】|【对齐和分布】|【垂直居中对齐】命令，如图 7-22 所示。

10　即可将选择的对象以最底层的对象为准进行垂直居中对齐，效果如图 7-23 所示。

图 7-22　选择【垂直居中对齐】命令

图 7-23　执行【垂直居中对齐】命令后的效果

11　按 Ctrl+Z 组合键返回到上一步的操作，再在菜单栏中选择【排列】|【对齐和分布】|【在页面居中】命令，如图 7-24 所示。

12　即可将选择的对象在页面中心对齐，效果如图 7-25 所示。

图 7-24　选择【在页面居中】命令

图 7-25　执行【在页面居中】命令后的效果

13 按 Ctrl+Z 组合键返回到上一步的操作，再在菜单栏中选择【排列】|【对齐和分布】|【在页面水平居中】命令，如图 7-26 所示。

14 即可将选择的对象以页面为准进行水平居中对齐，效果如图 7-27 所示。

图 7-26　选择【在页面水平居中】命令

图 7-27　执行【在页面水平居中】命令后的效果

15 按 Ctrl+Z 组合键返回到上一步的操作，再在菜单栏中选择【排列】|【对齐和分布】|【在页面垂直居中】命令，如图 7-28 所示。

16 即可将选择的对象以页面为准进行垂直居中对齐，效果如图 7-29 所示。

图 7-28　选择【在页面垂直居中】命令

图 7-29　执行【在页面垂直居中】命令后的效果

7.3.2　使用【对齐与分布】对话框来对齐对象

下面分别对【对齐与分布】对话框中的【对齐】和【分布】选项卡进行简单的介绍。

01　继续上一小节的操作，按 Ctrl+Z 组合键返回到上一步的操作，然后在菜单栏中选择【排列】|【对齐和分布】|【对齐与分布】命令，弹出【对齐与分布】对话框，选择【对齐】选项卡，然后勾选左侧的【下】复选框，如图 7-30 所示，单击【应用】按钮，即可将选择的对象以最底层的对象为准进行底端对齐，效果如图 7-31 所示。

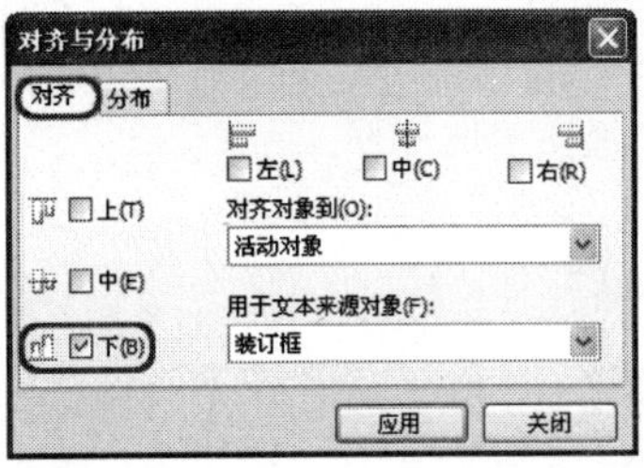

图 7-30　【对齐与分布】对话框

图 7-31　对齐后的效果

02　在【对齐与分布】对话框中选择【分布】选项卡，勾选上方的【右】复选框，如图 7-32 所示，单击【应用】按钮，效果如图 7-33 所示。

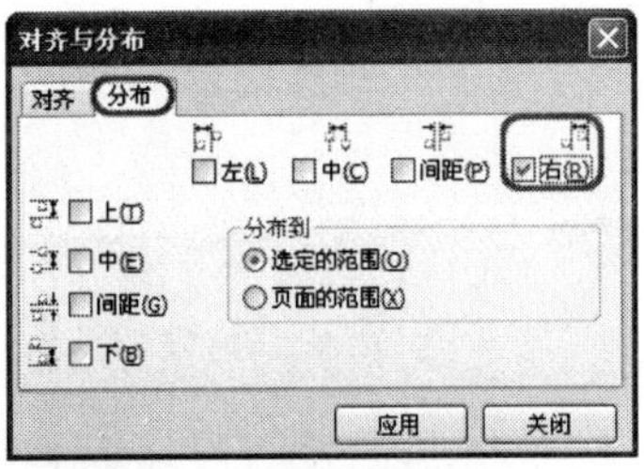

图 7-32　【分布】选项卡

图 7-33　分布后的效果

7.4　排列对象

如果用户在绘制好一个对象后，发现它的顺序不正确，这时可以通过改变图层上对象的顺序或直接在场景中对对象的顺序进行精确定义。

7.4.1　改变对象顺序

应用 CorelDRAW 中的顺序功能可以把对象有条不紊地按照前后顺序排列起来，使绘制的对象有次序。一般最后创建的那个对象排在最前面，最早建立的对象则排在最后面。在菜单栏中选择【排

列】|【顺序】命令会弹出其子菜单，如图 7-34 所示。

1．到页面前面

选择【到页面前面】命令，可以将选定的对象移到页面上所有的其他对象的前面，快捷键是 Ctrl+Home。

到页面前面的具体操作步骤如下。

01 按 Ctrl+O 组合键，在弹出的对话框中打开随书附带光盘中的 CDROM|素材|Cha07|彩色铅笔.cdr 文件，如图 7-35 所示。

图 7-34 【顺序】命令的子菜单

图 7-35 打开的素材文件

02 使用（选择）工具选择最下面的图片，如图 7-36 所示。

03 在菜单栏中选择【排列】|【顺序】|【到页面前面】命令，选择的图形就会移到所有对象的最前面，如图 7-37 所示。

图 7-36 选择下面的图片

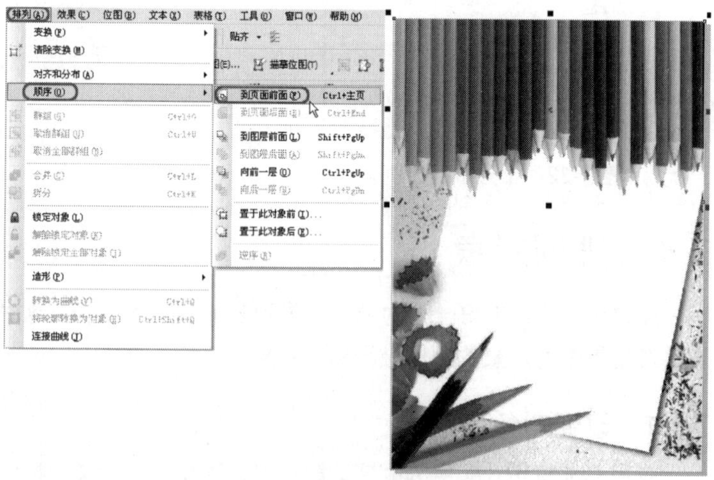

图 7-37 调整位置后的效果

2．到页面后面

选择【到页面后面】命令可以将选定的对象移到页面上所有对象的后面，快捷键是 Ctrl+End。

到页面后面的具体操作步骤如下。

01 按 Ctrl+Z 组合键返回到上一步的操作，然后使用（选择）工具将最上面的图片选中，如图 7-38 所示。

02 在菜单栏中选择【排列】|【顺序】|【到页面后面】命令，选择的图形就会被移到所有的对象的后面，如图 7-39 所示。

图 7-38　选择上面的图片

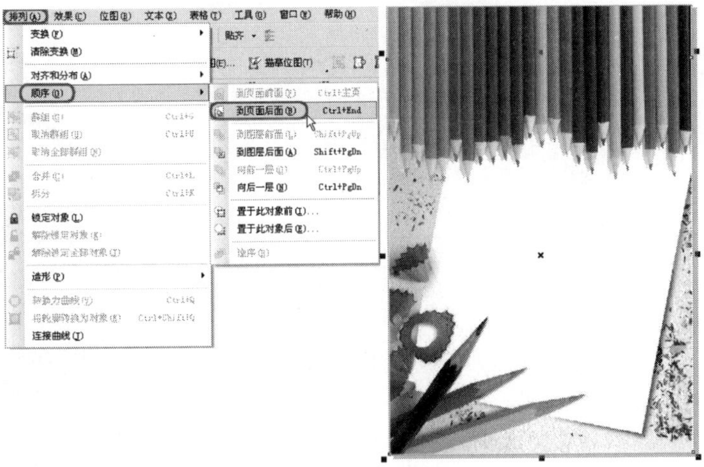

图 7-39　调整位置后的效果

3．到图层前面和到图层后面

选择【到图层前面】命令可以将选定的对象移到活动图层上所有对象的前面，快捷键是 Shift+PageUp。其操作步骤和到页面前面的操作相似，这里就不再赘述了。

提示： 在【对象管理器】泊坞窗中直接拖动图层，也可以调整图层的位置。

选择【到图层后面】命令，可以将选定的对象移到活动图层上所有对象的后面，快捷键是 Shift+PageDown。其操作步骤和到页面后面的操作相似。

4．向前一层和向后一层

选择【向前一层】命令可以将选择的对象的排列顺序向前移动一位，快捷键是 Ctrl+PageUp。

向前一层的具体操作步骤如下。

01 按 Ctrl+O 组合键，在弹出的对话框中打开随书附带光盘中的 CDROM|素材|Cha07|水果.cdr 文件，如图 7-40 所示。

02 使用（选择）工具选择右侧的卡通对象，如图 7-41 所示。

03 选择菜单栏中的【排列】|【顺序】|【向前一层】命令，此时卡通对象就会被向前移动一层，如图 7-42 所示。

图 7-40　打开的素材文件

图 7-41　选择卡通对象

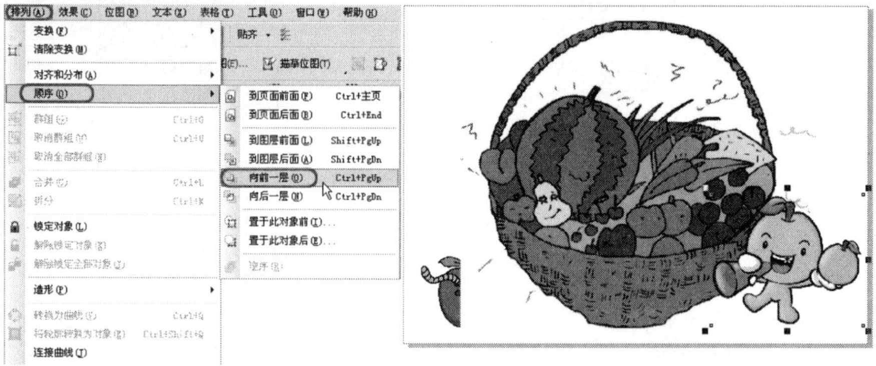

图 7-42　调整位置后的效果

选择【向后一层】命令可以使选择的对象在排列顺序上向后移动一位，快捷键是 Ctrl+PageDown。

其操作步骤和向前一层的操作相似。

01　继续上面的操作，在绘图页中选择果篮对象，如图 7-43 所示。

02　在菜单栏中选择【排列】|【顺序】|【向后一层】命令，如图 7-44 所示。

图 7-43　选择果篮对象

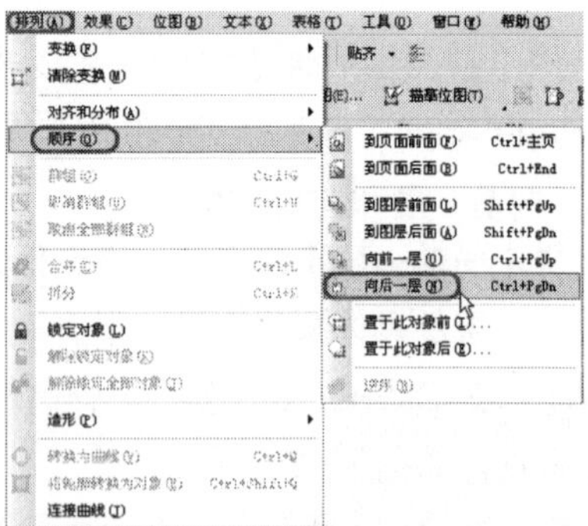

图 7-44　选择【向后一层】命令

03　即可将选择的果篮对象向后移动一层，效果如图 7-45 所示。

5. 置于此对象前和置于此对象后

选择【置于此对象前】命令可以将所选对象放在指定对象的前面。具体的操作步骤如下。

01 按 Ctrl+O 组合键，在弹出的对话框中打开随书附带光盘中的 CDROM|素材|Cha07|水果.cdr 文件，如图 7-46 所示。

图 7-45　调整位置后的效果

图 7-46　打开的素材文件

02 使用 (选择) 工具选择左侧的苹果对象，如图 7-47 所示。

03 在菜单栏中选择【排列】|【顺序】|【置于此对象前】命令，如图 7-48 所示。

图 7-47　选择苹果对象

图 7-48　选择【置于此对象前】命令

04 此时鼠标指针会变成➡形状，然后移动鼠标指针到果篮上，如图 7-49 所示。

05 在果篮上单击，即可将苹果对象移动到果篮的上方，如图 7-50 所示。

图 7-49　将鼠标指针移到果篮上

图 7-50　调整后的效果

选择【至于此对象后】命令可以将所选的对象放到指定对象的后面，此功能正好与【置此对象前】命令的作用相反。其操作步骤和置于此对象前的操作相似，这里就不再赘述了。

7.4.2 逆序多个对象

下面介绍逆序多个对象的方法。

01 按 Ctrl+O 组合键，在弹出的对话框中打开随书附带光盘中的 CDROM|素材|Cha07|水果.cdr 文件，如图 7-51 所示。

02 按 Ctrl+A 组合键选择场景中的所有对象，如图 7-52 所示。

图 7-51 打开的素材文件

图 7-52 选择所有对象

03 在菜单栏中选择【排列】|【顺序】|【逆序】命令，即可将选定对象的顺序进行颠倒，效果如图 7-53 所示。

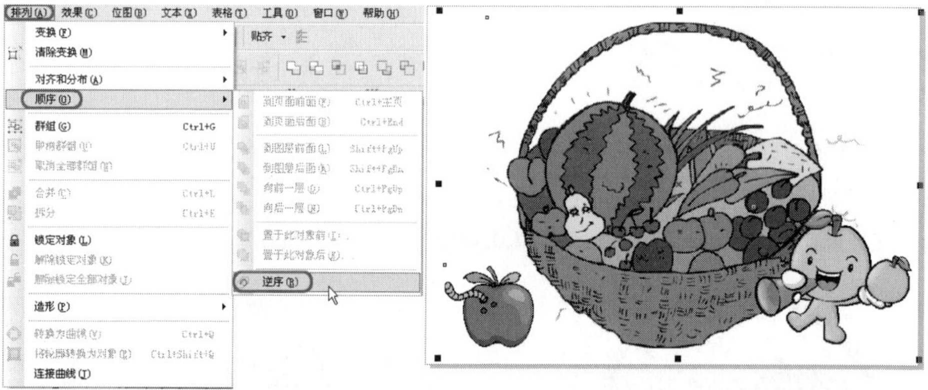

图 7-53 执行【逆序】命令后的效果

7.5 群组对象

在 CorelDRAW 中用户可以将两个或多个对象进行群组。CorelDRAW 还允许群组其他群组以创建嵌套群组。还可以将对象添加到群组，从群组中删除或移除对象。可以编辑群组中的对象，而不需要解组。

7.5.1　群组对象的方法

通过下面的一个小例子来介绍一下群组对象的方法。

01 按 Ctrl+O 组合键，在弹出的对话框中打开随书附带光盘中的 CDROM|素材|Cha07|幸福.cdr 文件，如图 7-54 所示。

02 按键盘上的 Ctrl+A 组合键选择场景中的所有对象，如图 7-55 所示。

图 7-54　打开的素材文件

图 7-55　选择场景中的所有对象

03 在菜单栏中选择【排列】|【群组】命令或者按 Ctrl+G 组合键，即可将选择的对象成组，如图 7-56 所示。

图 7-56　群组选择的对象

7.5.2　编辑群组中的对象

在前面的操作中已将对象成组了，下面再来介绍一下编辑群组中的对象的方法。

01 继续上一小节的操作，按 Ctrl 键单击群组中要编辑的对象，这里选择的是心形，如图 7-57 所示。

02 在默认的 CMYK 调色板中单击黄色色块，即可将选择的心形填充为黄色，效果如图 7-58 所示。

图 7-57　选择需要编辑的对象

图 7-58　填充颜色后的效果

7.5.3　取消群组对象

继续上一小节的操作，在场景中选择需要取消群组的对象，如图 7-59 所示，然后在菜单栏中选择【排列】|【取消群组】命令或按 Ctrl+U 组合键，都可以将成组的对象解组，如图 7-60 所示。

图 7-59　选择需要取消群组的对象

图 7-60　为选择对象取消群组

7.6　合并与打散对象

在 CorelDRAW 中可以组合两个或多个对象来创建带有常用填充和轮廓属性的单个对象。可以合并矩形、椭圆、多边形、星形、螺纹、图形或文本。CorelDRAW 将这些对象转换为单个曲线对象。如果要修改合并对象的属性，可以打散对象。可以从合并的对象中提取子路径以创建两个单独的对象等。

7.6.1　合并对象

下面来介绍一下合并对象的应用。

01　按 Ctrl+O 组合键，在弹出的对话框中打开随书附带光盘中的 CDROM|素材|Cha07|月亮上的小动物.cdr 文件，如图 7-61 所示。

02　按 Ctrl+A 组合键选择场景中的所有对象，在菜单栏中选择【排列】|【合并】命令（或按 Ctrl+L 组合键），如图 7-62 所示。

03　即可将选择的对象合并为一个对象，如图 7-63 所示。

图 7-61　打开的场景文件

图 7-62　选择【合并】命令

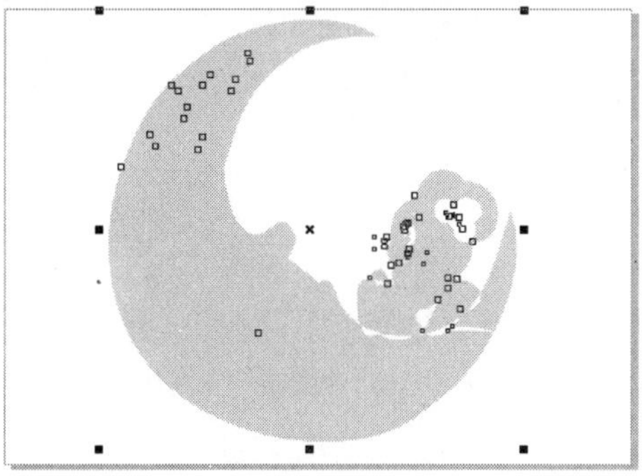

图 7-63　合并对象

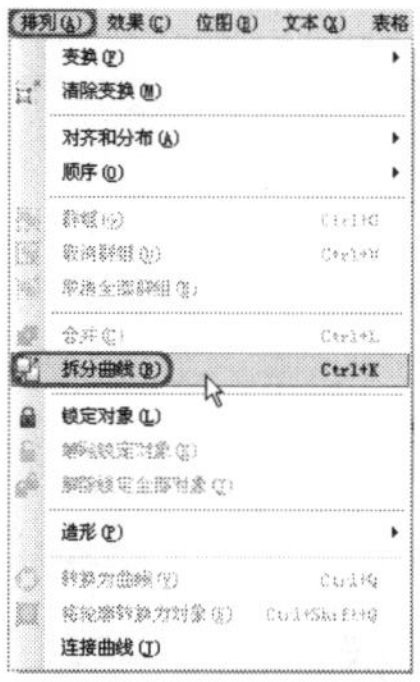

图 7-64　选择【拆分曲线】命令

7.6.2　拆分合并的对象

继续上一小节的操作，确定合并的对象处于选择状态，在菜单栏中选择【排列】|【拆分曲线】命令（或按 Ctrl+K 组合键），如图 7-64 所示，即可将合并的对象拆分，如图 7-65 所示。

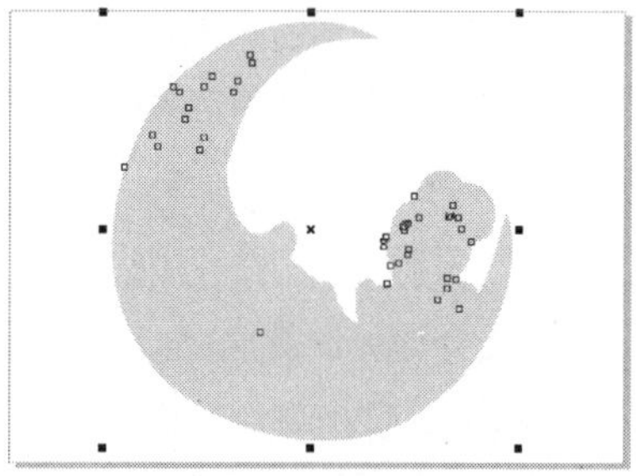

图 7-65　拆分曲线后的效果

7.7　使用图层

所有 CorelDRAW 绘图都是由叠放的对象组成，这些对象的叠放顺序决定了绘图的外观。可以使用图层组织这些对象。

将对象放置到不同的级别或图层上可以组合绘图，层次化允许用户独立地更改前景和背景。

图层为用户在组织和编辑复杂绘图中的对象时提供了更大的灵活性。用户可以把一个绘图划分成若干个图层，每个图层分别包含一部分绘图内容，

每个新文件都有一个主页面，用于包含和控制 3 个默认图层：辅助线图层、桌面图层和网格图层。辅助线图层、桌面图层和网格图层包含了辅助线、绘图页边框外的对象和网格。桌面图层使用户可以创建以后使用的绘图，可以在主页面上指定网格和辅助线的设置，还可以指定主页面上每个图层的设置（例如颜色等），并显示选定的对象。

可以在主页面中添加一个或多个主图层。此图层包含用户希望出现在多页文档的每一页上的信息。例如，可以使用主图层在每一页上插放页眉、页脚或静态背景。

7.7.1 创建图层

下面介绍在【对象管理器】泊坞窗中创建图层的方法。

01 按 Ctrl+N 组合键，新建一个文档，然后在菜单栏中选择【窗口】|【泊坞窗】|【对象管理器】命令，弹出【对象管理器】泊坞窗，如图 7-66 所示。

02 在【对象管理器】泊坞窗的左下角单击 （新建图层）按钮，新建一个图层，如图 7-67 所示。

03 用户可以根据自己的需要在此输入图层名称，输入完成后按 Enter 键确定，即可为创建的新图层命名，如图 7-68 所示。

图 7-66 打开【对象管理器】泊坞窗

图 7-67 新建图层

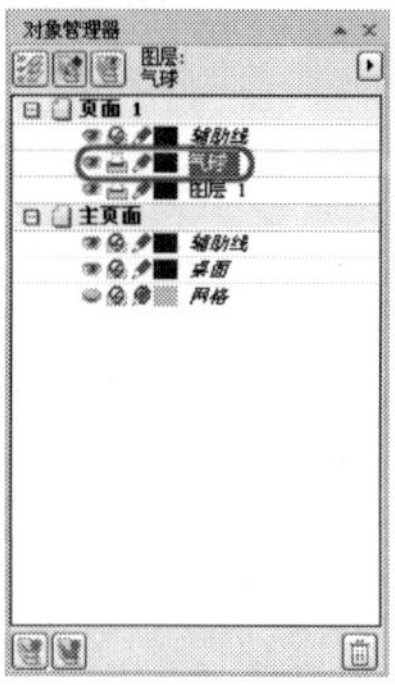

图 7-68 为新图层命名

7.7.2 在指定的图层中创建对象

在【对象管理器】泊坞窗中，如果选择的图层为“图层 1”，则在绘图区中创建的对象就会添加到“图层 1”中；反之，则创建的对象就会添加到选择的图层中。其实在指定的图层中创建对象的方法很简单，在这里就不再详细介绍了。

图 7-69 打开的素材文件

7.7.3 更改图层叠放顺序

下面介绍更改图层叠放顺序的方法。

01 按 Ctrl+O 组合键，在弹出的对话框中打开随书附带光盘中的 CDROM|素材|Cha07|气球.cdr 文件，如图 7-69 所示。

02 在【对象管理器】泊坞窗中选择【气球 1】对象，如图 7-70 所示。将选择的【气球 1】对象拖曳到【气球 3】图层的下方，如图 7-71 所示。

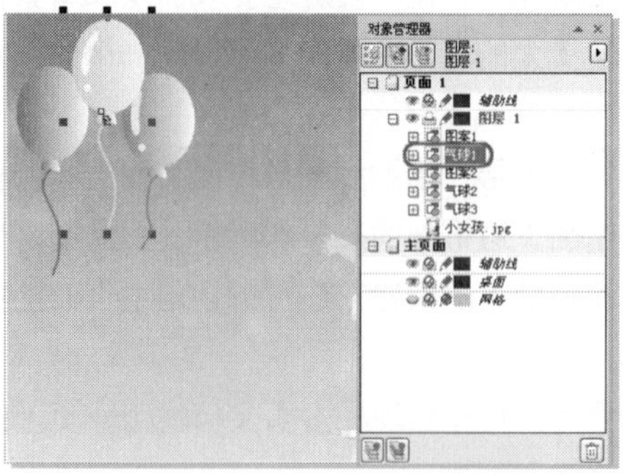

图 7-70 选择【气球 1】对象

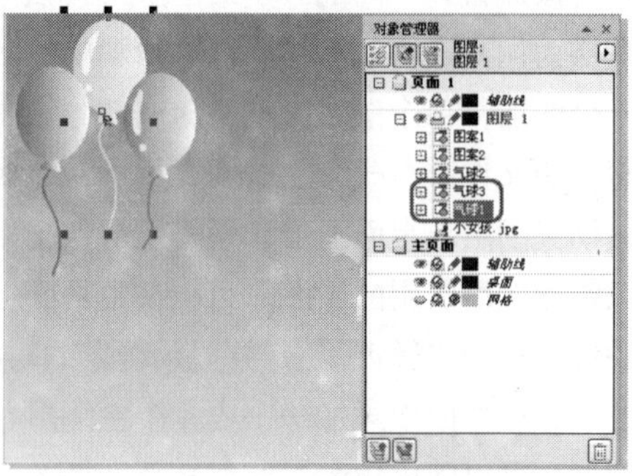

图 7-71 调整图层顺序

7.7.4　在图层中复制对象

下面通过简单的操作步骤，介绍一下在图层中复制对象的方法。

01　继续上一小节的操作，在【对象管理器】泊坞窗中选择【图案 1】对象，如图 7-72 所示。

02　右击，在弹出的快捷菜单中选择【复制】命令，如图 7-73 所示。

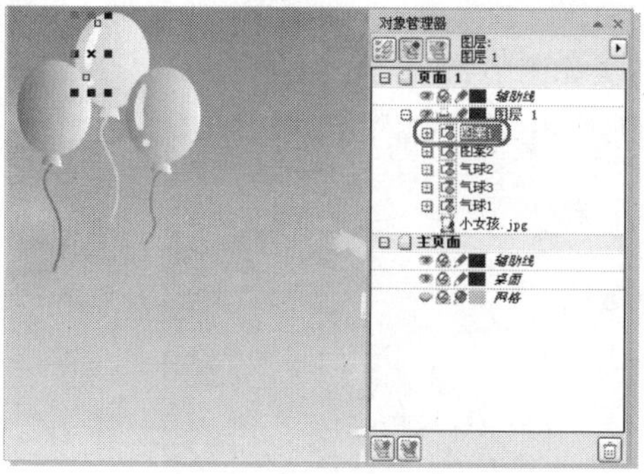

图 7-72　选择【图案 1】对象

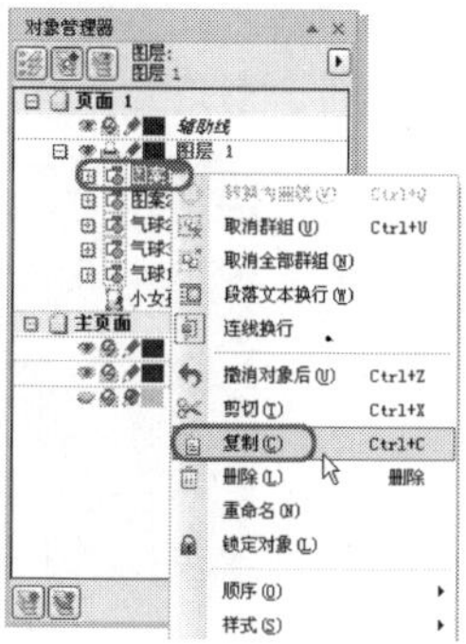

图 7-73　选择【复制】命令

03　单击【对象管理器】泊坞窗中左下角的（新建图层）按钮，新建一个图层，然后在该图层上右击，在弹出的快捷菜单中选择【粘贴】命令，如图 7-74 所示，即可将上面复制的对象粘贴到新建图层上，如图 7-75 所示。

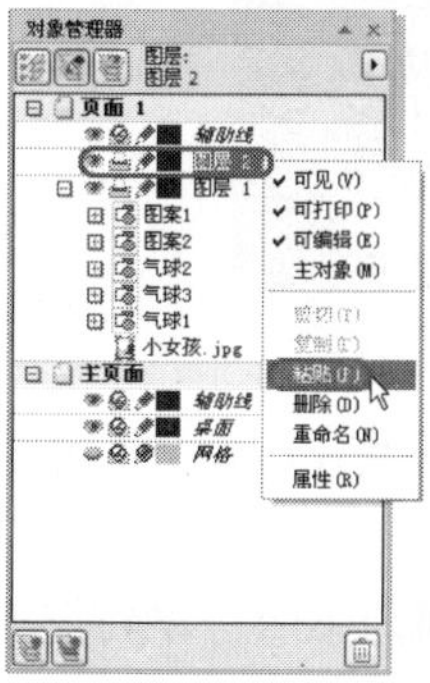

图 7-74　新建图层并选择【粘贴】命令

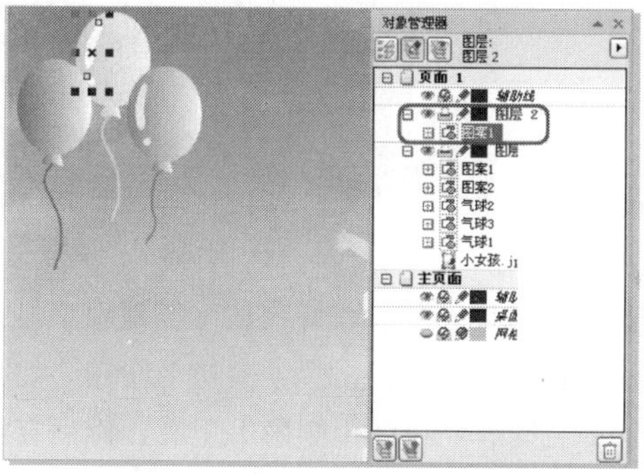

图 7-75　粘贴复制对象的效果

04　此时场景中并没有发生太大的变化，在工具箱中选择（选择）工具，在场景中移动上面复制的对象的位置，效果如图 7-76 所示。

图 7-76　移动复制对象的位置

7.8 上机练习

7.8.1 制作消费抵用券

本例将介绍消费抵用券的制作方法，该例的制作比较简单，主要使用□（矩形）工具绘制形状，然后导入素材文件，最后输入文字，完成后的效果如图 7-77 所示。

图 7-77　消费抵用券效果

01 按 Ctrl+N 组合键，在弹出的【创建新文档】对话框中将【宽度】设置为 266mm，将【高度】设置为 239mm，然后单击□（横向）按钮，如图 7-78 所示。

02 选择工具箱中的□（矩形）工具，然后在绘图页中绘制矩形，如图 7-79 所示。

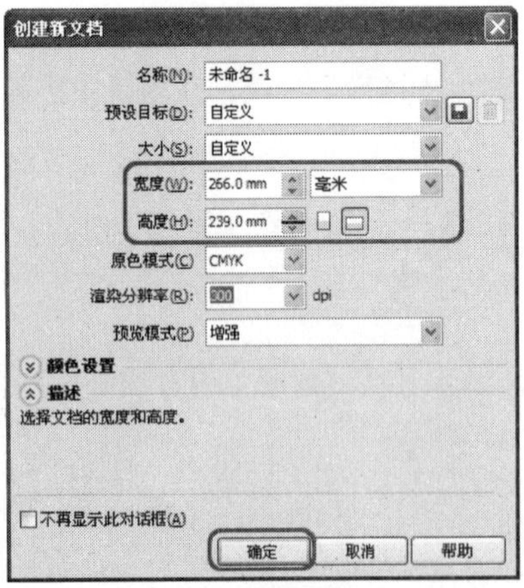

图 7-78　新建文档

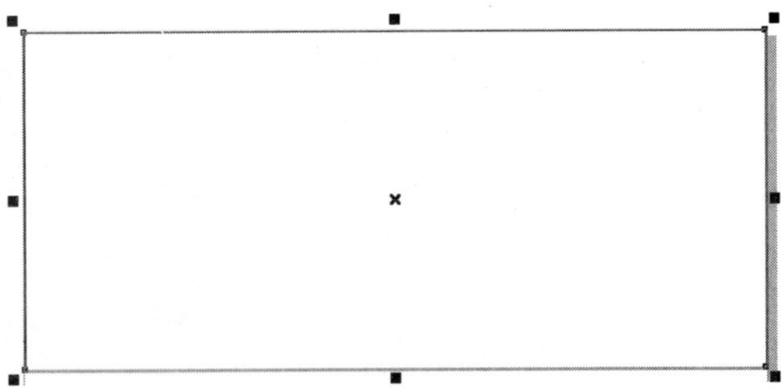

图 7-79　绘制矩形

03 在工具箱中选择（填充）工具，在弹出的浮动框中选择【渐变填充】命令，弹出【渐变填充】对话框，在该对话框中将【类型】定义为【辐射】，在【中心位移】区域中将【水平】设置为 50，将【垂直】设置为 50，在【选项】区域中将【边界】设置为 3，在【颜色调和】区域中选择【双色】单选按钮，将【从】的 RGB 值设置为 35、2、231，将【到】的 RGB 值设置为 189、50、239，将【中点】设为 43，如图 7-80 所示。

04 设置完成后单击【确定】按钮，并在默认的 CMYK 调色板中右击☒色块，取消轮廓线的填充，如图 7-81 所示。

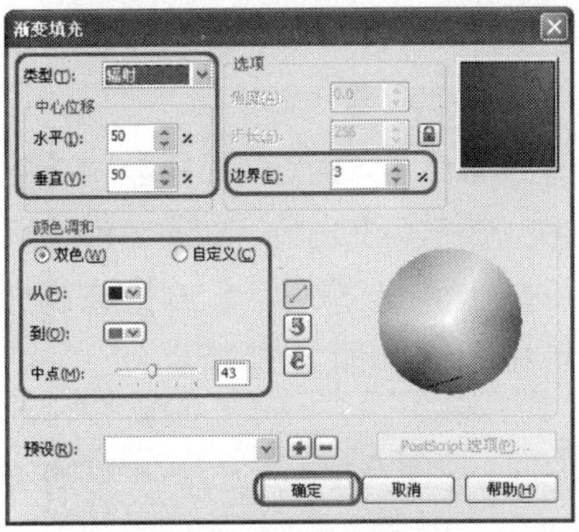

图 7-80　设置渐变颜色

图 7-81　取消轮廓线的填充

05 按 Ctrl+I 组合键，在弹出的对话框中选择随书附带光盘中的 CDROM|素材|Cha07|花边 01.psd 文件，单击【导入】按钮，如图 7-82 所示。

06 按 Enter 键，将选择的素材导入到绘图页中，然后旋转导入的素材，并调整其位置和大小，如图 7-83 所示。

07 使用同样的方法导入随书附带光盘中的 CDROM|素材|Cha07|花边 02.psd 文件，然后对素材文件进行旋转，并调整其位置和大小，如图 7-84 所示。

08 在工具箱中选择（文本）工具，在属性栏中单击（将文本更改为水平方向）按钮，然后在绘图页中输入文本，如图 7-85 所示。

图 7-82　选择要导入的素材文件

图 7-83　调整素材文件

图 7-84　导入并调整【花边 02.psd】

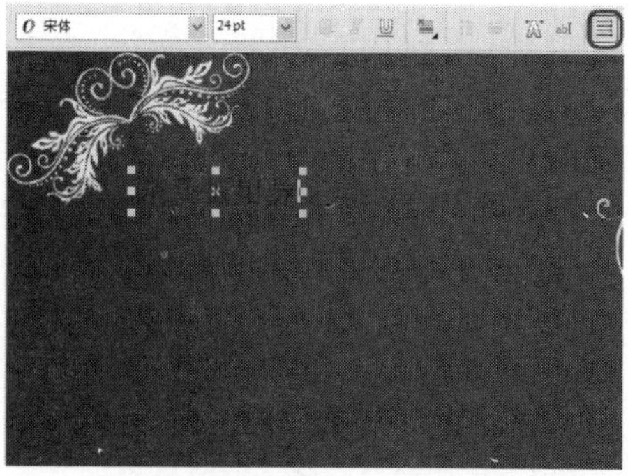

图 7-85　输入文本

09 确定输入的文本处于选择状体，在属性栏中将【字体】设置为【方正粗倩简体】，将【字体大小】设置为 24pt，然后在默认的 CMYK 调色板中单击白色色块，为其填充白色，如图 7-86 所示。

10 使用工具箱中的字（文本）工具，在绘图页中输入文本，然后选择文字【50】，在属性栏中将【字体】设置为【方正粗倩简体】，将【字体大小】设置为 100pt，如图 7-87 所示。

图 7-86　设置文本

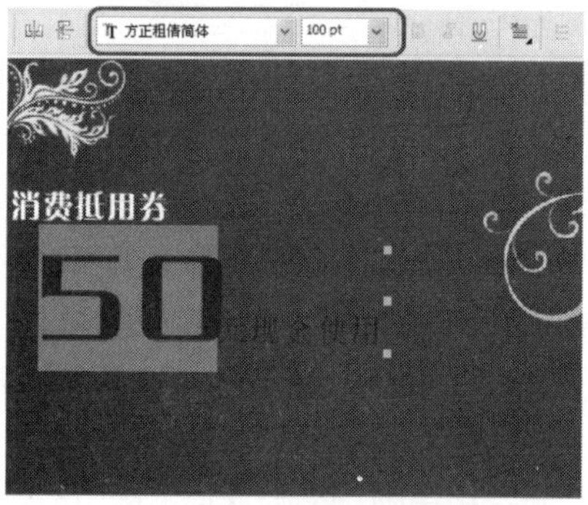

图 7-87　设置文字【50】

11 在工具箱中选择（填充）工具，在弹出的浮动框中选择【渐变填充】命令，弹出【渐变填充】对话框，在【预设】下拉列表中选择【理发店彩柱】选项，并在渐变条上将蓝色更改为黄色，如图 7-88 所示。

12 设置完成后单击【确定】按钮，填充颜色后的效果如图 7-89 所示。

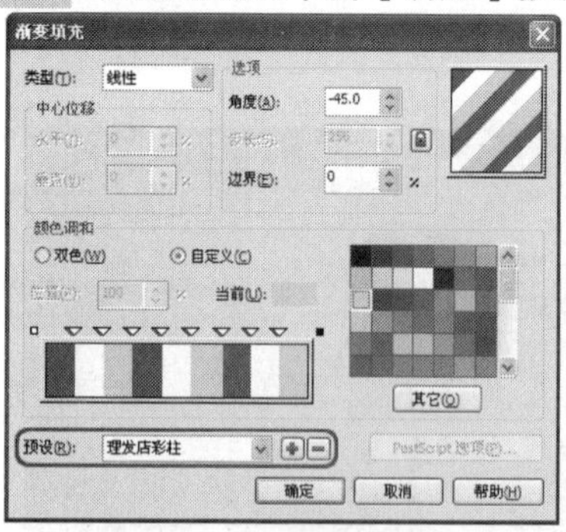

图 7-88　设置渐变颜色

图 7-89　填充颜色后的效果

13 在绘图页中选择文字【抵】，在属性栏中将【字体】设置为【方正粗倩简体】，将【字体大小】设置为 48pt，然后在默认的 CMYK 调色板中单击白色色块，为其填充白色，如图 7-90 所示。

14 使用步骤（13）中的方法设置文字【元】，效果如图 7-91 所示。

图 7-90　设置文字【抵】

图 7-91　设置文字【元】

15 在绘图页中选择文字【现金使用】，在属性栏中将【字体】设置为【方正粗倩简体】，将【字体大小】设置为 36pt，然后在默认的 CMYK 调色板中单击白色色块，为其填充白色，如图 7-92 所示。

16 使用字（文本）工具在绘图页中输入文本，然后在属性栏中将【字体】设置为【方正超粗黑简体】，将【字体大小】设置为 28pt，如图 7-93 所示。

图 7-92　设置文本【现金使用】

图 7-93　输入并设置文本

17 在工具箱中选择（填充）工具，在弹出的浮动框中选择【渐变填充】命令，弹出【渐变填充】对话框，在【预设】下拉列表中选择【77-镀金】选项，如图 7-94 所示。

18 设置完成后单击【确定】按钮，填充颜色后的效果如图 7-95 所示。

19 继续使用字（文本）工具，在绘图页中输入文本，在属性栏中使用默认设置即可，如图 7-96 所示。

20 在绘图页中选择创建的矩形，然后按小键盘上的+键对其进行复制，并调整其位置，如图 7-97 所示。

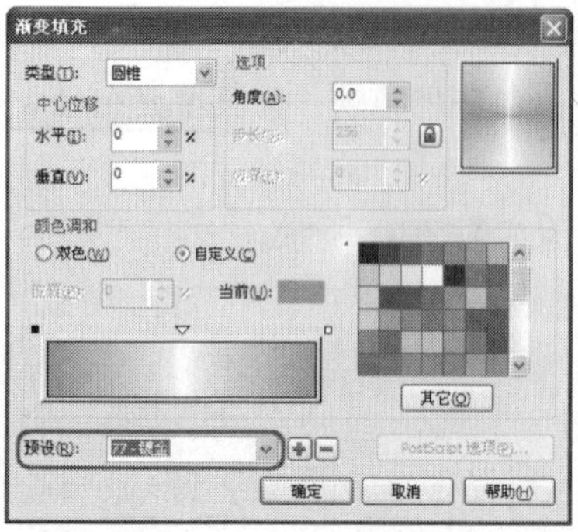

图 7-94　选择【77-镀金】选项

图 7-95　填充颜色后的效果

图 7-96　输入文本

图 7-97　复制矩形并调整位置

21　按 Ctrl+I 组合键，在弹出的对话框中选择随书附带光盘中的 CDROM|素材|Cha07|花边 03.psd 文件，单击【导入】按钮，如图 7-98 所示。

22　按 Enter 键，将选择的素材导入到绘图页中，然后旋转导入的素材，并调整其位置和大小，如图 7-99 所示。

图 7-98　选择需要导入的素材

图 7-99　调整导入的素材文件

23 在工具箱中选择（文本）工具，然后在绘图页中输入文本，如图 7-100 所示。

图 7-100　输入文本

24 在属性栏中将【字体】设置为【黑体】，将【字体大小】设置为 30pt，然后在默认的 CMYK 调色板中单击白色色块，为其填充白色，如图 7-101 所示。

25 在工具箱中选择（文本）工具，在绘图页中单击，然后在菜单栏中选择【文本】|【插入符号字符】命令，如图 7-102 所示。

26 弹出【插入字符】泊坞窗，在【字体】下拉列表中选择【宋体】，在【代码页】下拉列表中选择【所有字符】，然后在列表框中选择如图 7-103 所示的字符。

图 7-101　设置文字

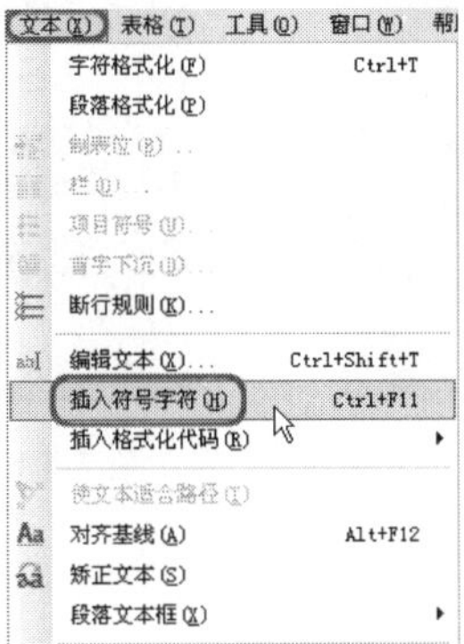

图 7-102　选择【插入符号字符】命令

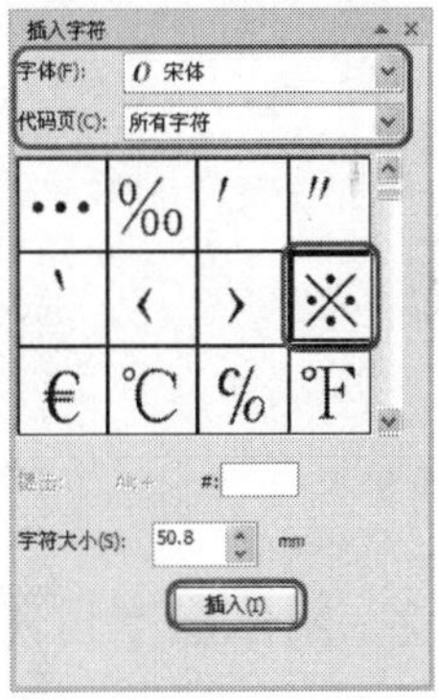

图 7-103　【插入字符】泊坞窗

27 单击【插入】按钮，即可在光标所在位置处插入该字符，如图 7-104 所示。

28 然后在绘图页中输入文本，在属性栏中将【字体】设置为【黑体】，将【字体大小】设置为 18pt，然后在默认的 CMYK 调色板中单击白色色块，为其填充白色，如图 7-105 所示。

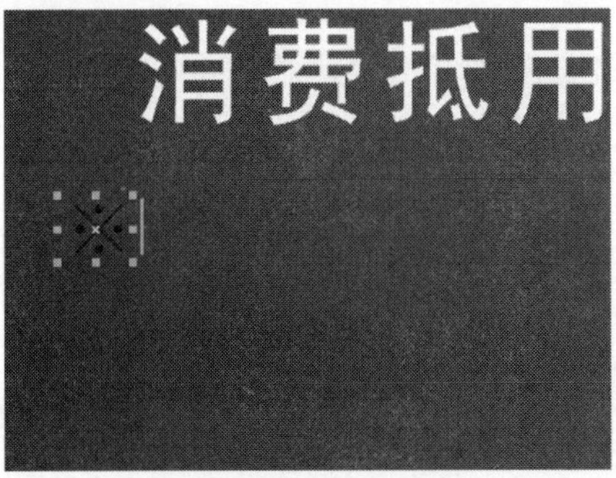

图 7-104　插入字符

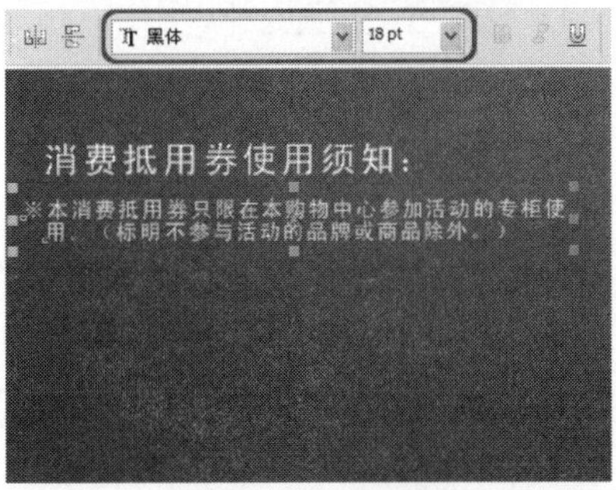

图 7-105　设置文字

29 使用同样的方法，在绘图页中插入字符，并输入文本，完成后的效果如图 7-106 所示。

30 选择工具箱中的（矩形）工具，然后在绘图页中绘制矩形，如图 7-107 所示。

31 在默认的 CMYK 调色板中单击白色色块，为其填充白色，然后右击☒色块，取消轮廓线的填充，如图 7-108 所示。

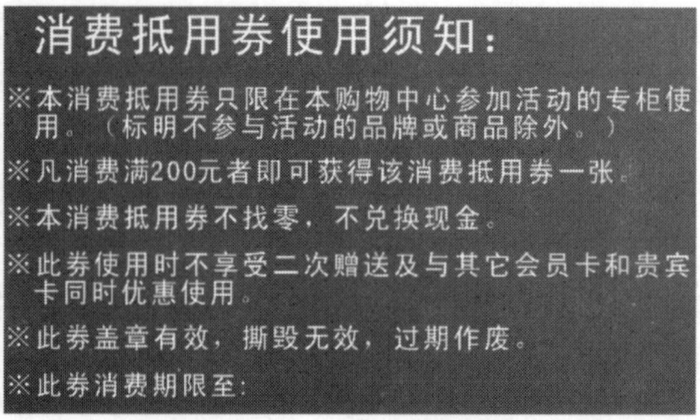

图 7-106　插入字符并输入文本

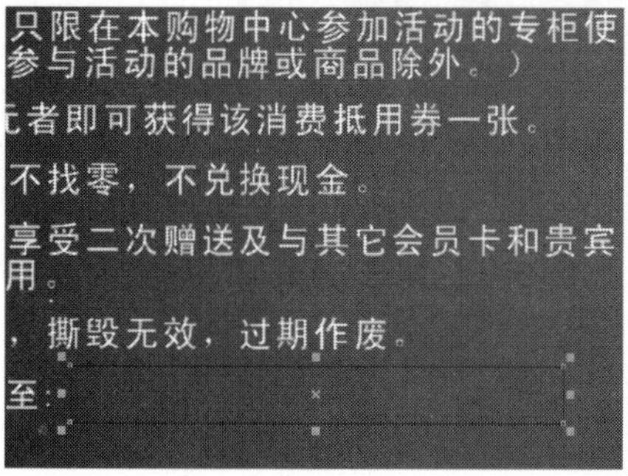

图 7-107　绘制矩形

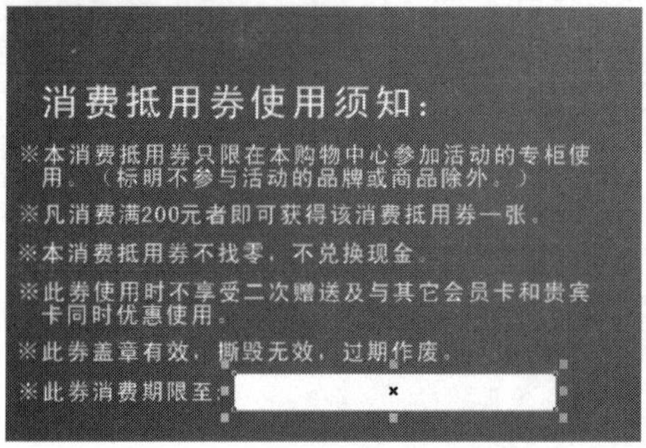

图 7-108　填充颜色并取消轮廓线的填充

7.8.2　制作数字日历

本例介绍如何制作数字日历。

01　选择菜单栏中的【文件】|【新建】命令，如图 7-109 所示。

02　在弹出的【创建新文档】对话框中，设置【名称】为【制作数字日历】，设置【宽度】为 297mm，设置【高度】为 210mm，其他设置为默认选项，然后单击【确定】按钮，如图 7-110 所示。

图 7-109　选择【新建】命令

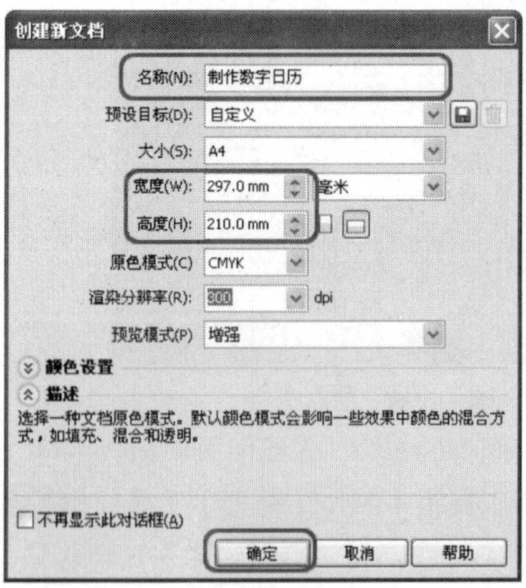

图 7-110　【创建新文档】对话框

03 选择菜单中的【文件】|【导入】命令，如图 7-111 所示。

04 在弹出的【导入】对话框中选择 CDROM|素材|Cha07|背景.jpg 文件，如图 7-112 所示，然后单击【导入】按钮。

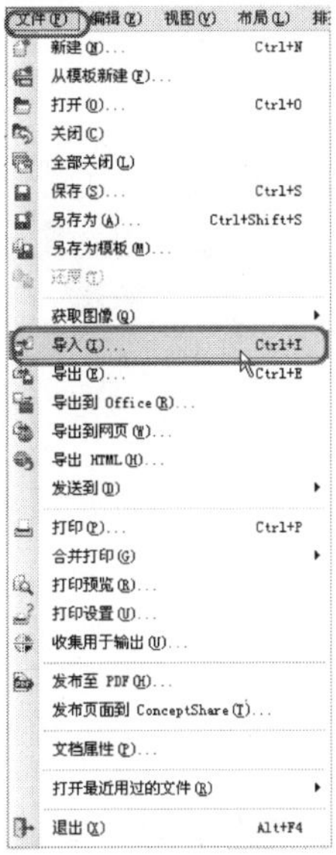

图 7-111　选择【导入】命令

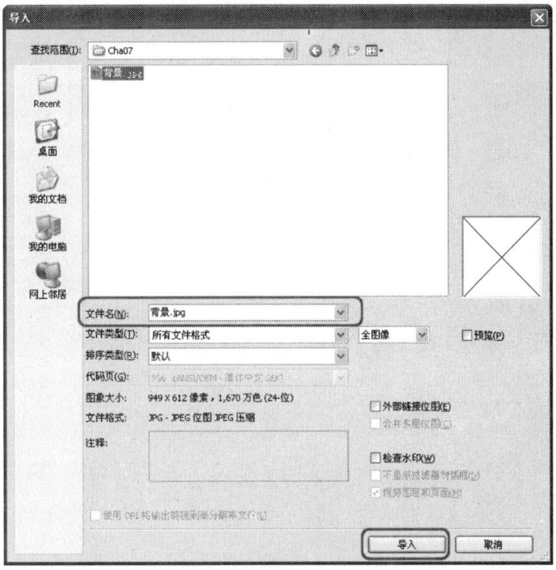

图 7-112　【导入】对话框

05 按 Enter 键确认，将选择的素材文件导入到绘图页的中央，然后调整素材的大小和位置，如图 7-113 所示。

06 选择工具箱中单击【文本工具】按钮，在背景图的适当位置创建一个区域，然后在【属性】面板中设置【字体】为【黑体】，【字体大小】为 24pt，如图 7-114 所示。

图 7-113　调整图像位置和大小

图 7-114　设置字体属性

07 在选中的区域输入文字“1 月　JAN　2012 年”，如图 7-115 所示。

08 将光标移动至刚输入文字下方合适的位置，再使用【文本工具】创建区域，并输入文字“日　一　二　三　四　五　六”，如图 7-116 所示。

09 将光标移至文字“日”下面适当位置，然后单击，输入文字“1”，如图 7-117 所示。

10 使用同样的方法，在数字“1”后面依次输入“2”、“3”、“4”、“5”、“6”、“7”，如图 7-118 所示。

图 7-115 输入文字

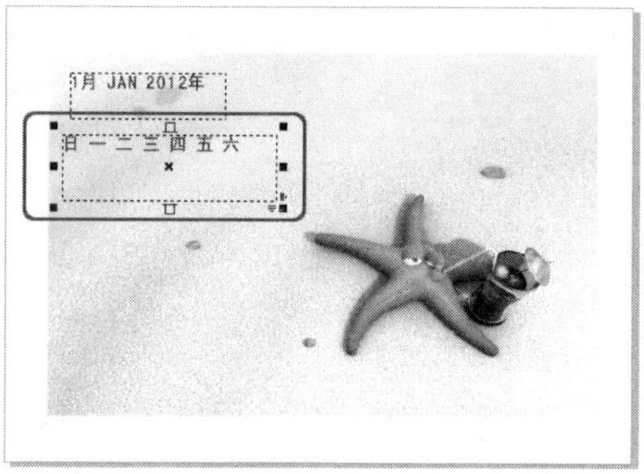

图 7-116 输入文字

图 7-117 输入数字 1

图 7-118 输入数字

11 单击工具箱中的【选择工具】按钮，分别拖动数字“1”和“7”到适当位置，使“1”与“日”对齐，使“7”与“六”对齐，如图 7-119 所示。

12 单击工具箱中的【选择工具】按钮，按住 Shift 键选择数字 1 ~ 7，如图 7-120 所示。

图 7-119 调整数字【1】和【7】位置

图 7-120 选中数字

13 选择菜单栏中的【排列】|【对齐和分布】|【对齐与分布】命令，如图 7-121 所示。

14 在弹出的【对齐与分布】对话框中，在【对齐】选项卡中勾选【下】复选框，然后单击【应用】按钮，如图 7-122 所示。

图 7-121　【对齐与分布】命令

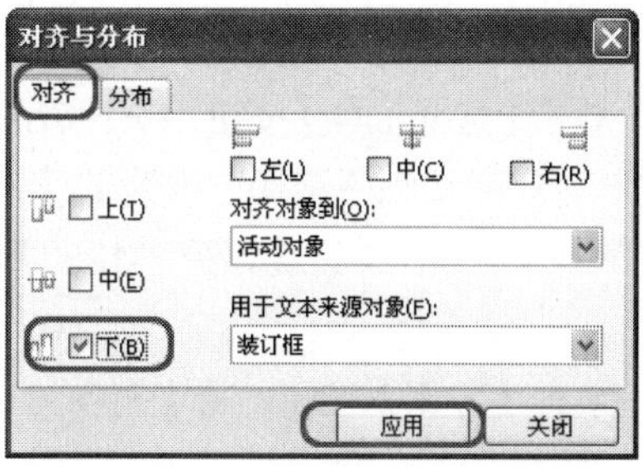

图 7-122　【对齐与分布】对话框

15　单击【应用】按钮之后，效果如图 7-123 所示。

16　再在【对齐与分布】对话框中选择【分布】选项卡，勾选【间距】复选框，如图 7-124 所示，单击【应用】按钮。

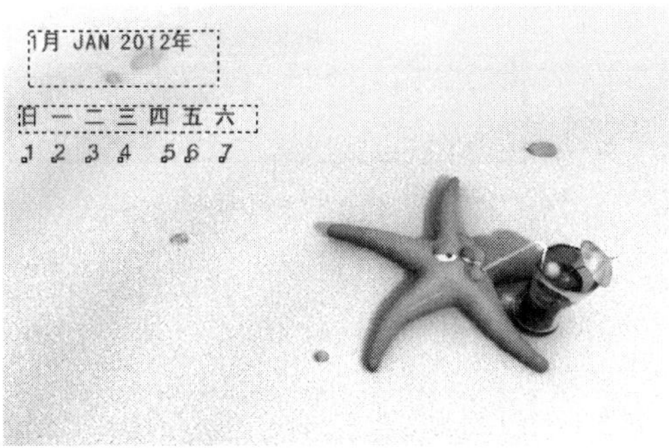

图 7-123　对齐效果

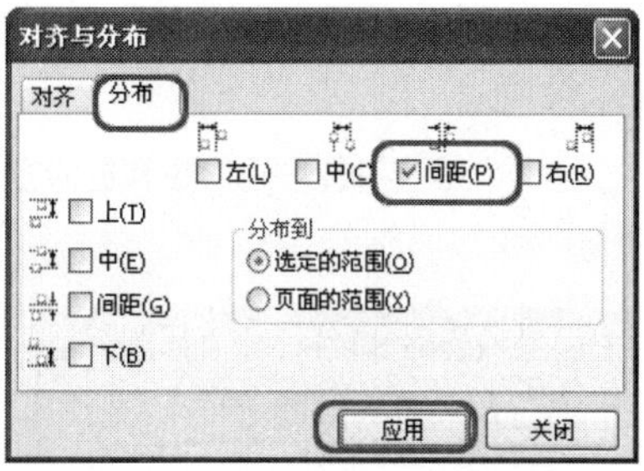

图 7-124　【对齐与分布】对话框

17　单击【应用】按钮之后可以看到选中的文字之间的间距都均匀分布，效果如图 7-125 所示。在【对齐与分布】对话框中单击【关闭】按钮。

18　在工具箱中单击【文本工具】按钮字，在数字“1”、“2”、“3”、“4”、“5”、“6”、“7”下面使用上面所介绍的方法依次输入“8”、“9”、“10”、“11”、“12”、“13”、“14”，效果如图 7-126 所示。

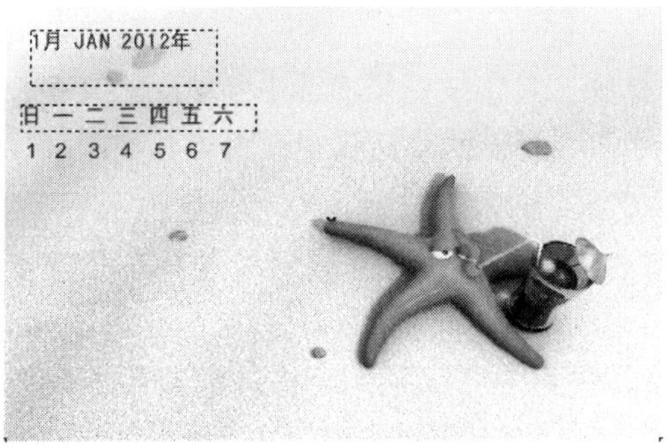

图 7-125　分布效果

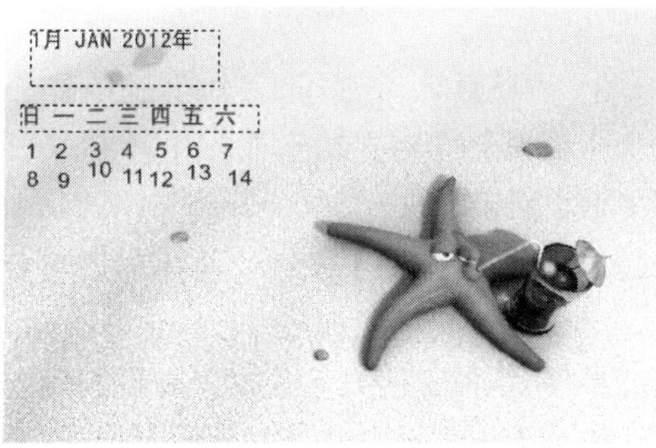

图 7-126　输入数字

19 单击工具箱中的【选择工具】按钮，分别将“8”和“14”调整到合适的位置上，使“8”与“日”对齐，“14”与“六”对齐，如图 7-127 所示。

20 单击【选择工具】按钮，按下 Shift 键，单击依次选中数字“8”、“9”、“10”、“11”、“12”、“13”、“14”，在菜单栏中选择【排列】|【对齐和分布】|【对齐与分布】命令，在弹出的对话框中选择【对齐】选项卡，并设置如图 7-128 所示的参数，再选择【分布】选项卡，设置如图 7-129 所示的参数。

21 单击【应用】按钮，将【对齐与分布】对话框进行关闭，设置效果如图 7-130 所示。

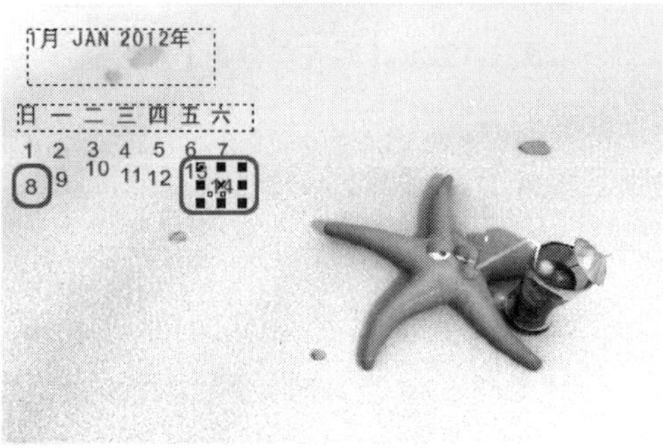

图 7-127 调整位置并对齐

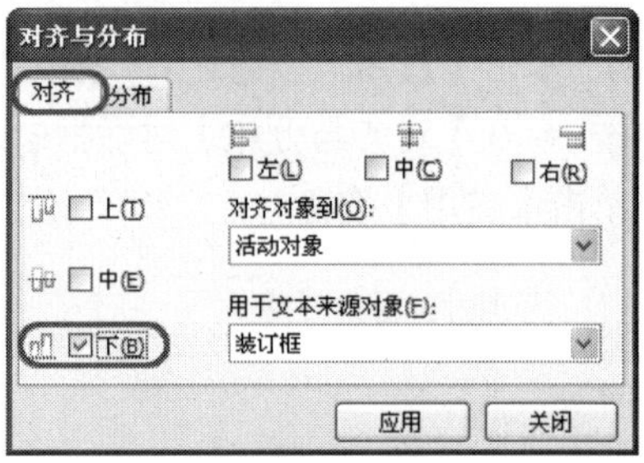

图 7-128 【对齐】选项卡

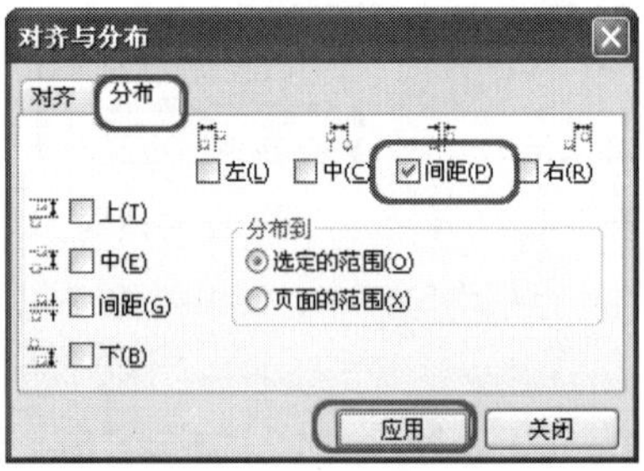

图 7-129 【分布】选项卡

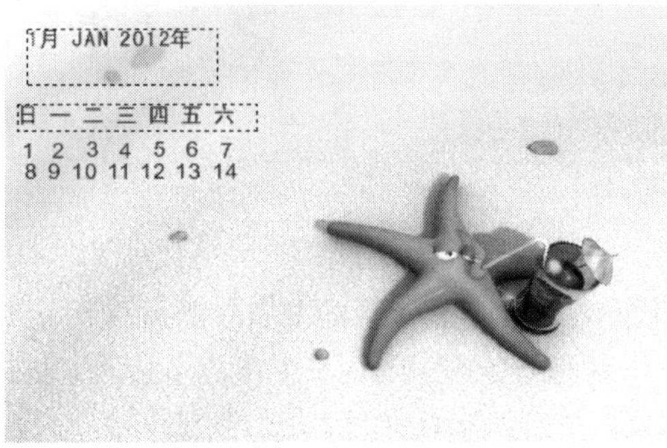

图 7-130 对齐与分布效果

22 使用上述方法，依次在适当的位置输入“15”、“16”、“17”、“18”、“19”、“20”、“21”，如图 7-131 所示。

23 调整数字“15”和“21”的位置，单击【选择工具】按钮依次选中刚输入的文字，然后选择【排列】|【对齐和分布】|【对齐与分布】命令，在弹出的对话框中设置参数如图 7-132 和图 7-133 所示。

24 单击【应用】按钮，将【对齐与分布】对话框进行关闭，完成后的效果如图 7-134 所示。

25 使用前面的方法再输入其他的数字，并对其进行对齐和平均分布，调整后的效果如图 7-135 所示。

26 单击【选择工具】按钮，并按下 Shift 键选中“7”、“14”、“21”、“28”，选择【排列】|【对齐和分布】|【对齐与分布】命令，在弹出的对话框中参数设置如图 7-136 和图 7-137 所示。

27 单击【应用】按钮，将【对齐与分布】对话框关闭，设置完成后的效果如图 7-138 所示。

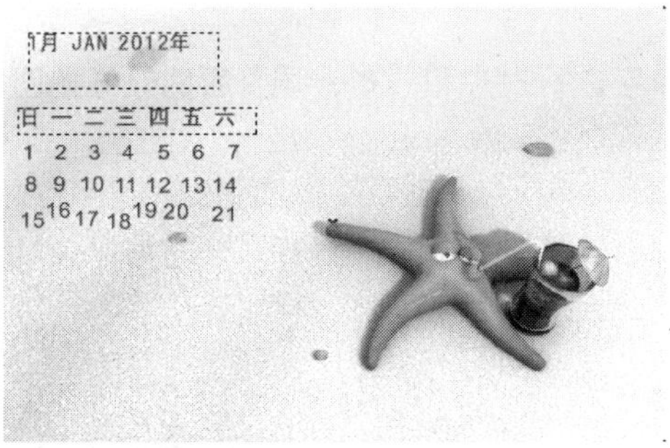

图 7-131　输入数字

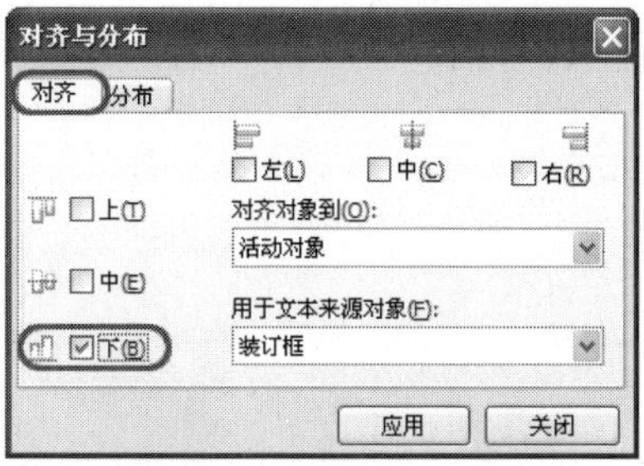

图 7-132　【对齐】选项卡

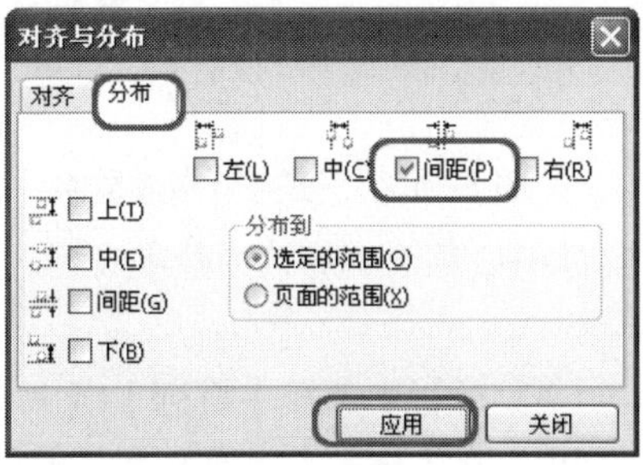

图 7-133　【分布】选项卡 1

图 7-134　对齐与分布效果 1

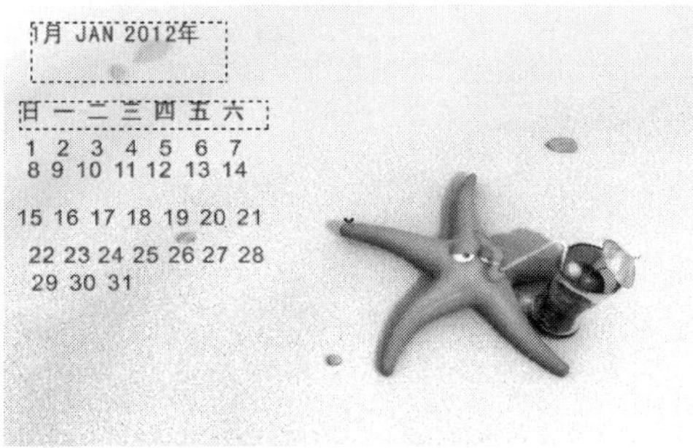

图 7-135　调整效果

图 7-136　【对齐】选项卡 2

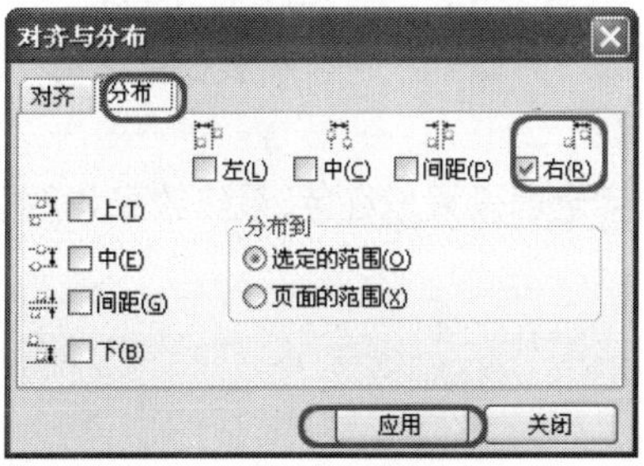

图 7-137 【分布】选项卡 2

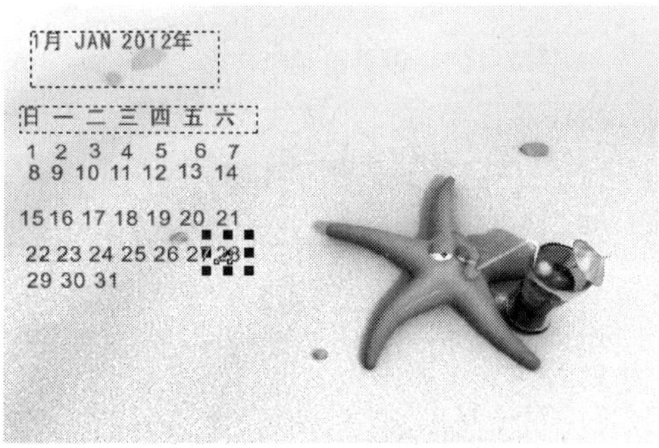

图 7-138　对齐与分布效果 2

28 使用上述方法将数字“1”、“8”、“15”、“22”、“29”选中，并设置对齐与分布，完成后的效果如图 7-139 所示。

29 使用上述的步骤和方法再将剩余 5 列数字进行对齐和分布，调整后的效果如图 7-140 所示。

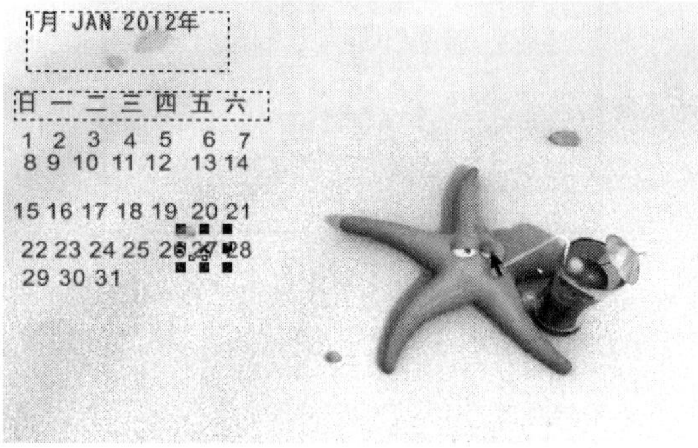

图 7-139 对齐与分布效果 3

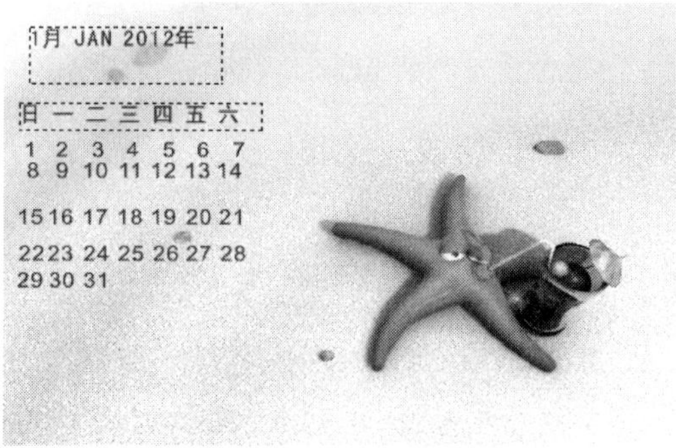

图 7-140 对齐与分布效果 4

30 单击【选择工具】按钮依次选中第一排数字，按 Ctrl+G 组合键将选中数字成组，然后使用相同的方法将剩余 4 排数字进行成组，如图 7-141 所示。

31 单击【选择工具】按钮选择成组后的所有数字，在菜单栏中选择【排列】|【对齐和分布】|【对齐与分布】命令，在弹出的【对齐与分布】对话框中，在【分布】选项卡中勾选【间距】复选框，然后单击【应用】按钮，效果如图 7-142 所示。将【对齐与分布】对话框关闭。

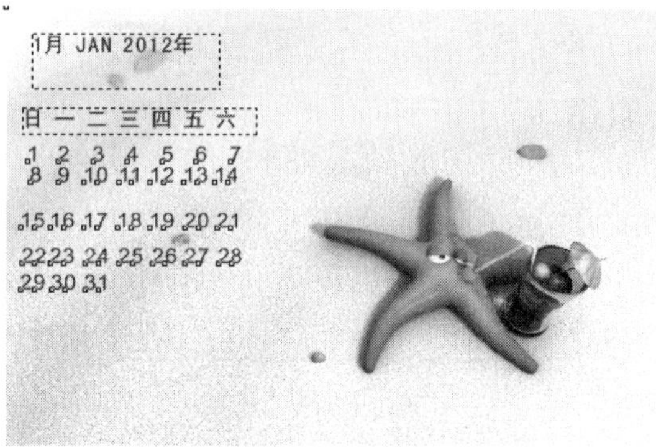

图 7-141 设置群组

图 7-142 对齐与分布效果 5

32 为了突出节假日，按住 Shift 键，单击选择是节假日的日期数字，然后在默认的 CMYK 调色板中单击红色色块，如图 7-143 所示。

33 使用上述方法，将“2012 年 1 月”的节假日日期数字全部设置成红色，最终效果如图 7-144 所示。

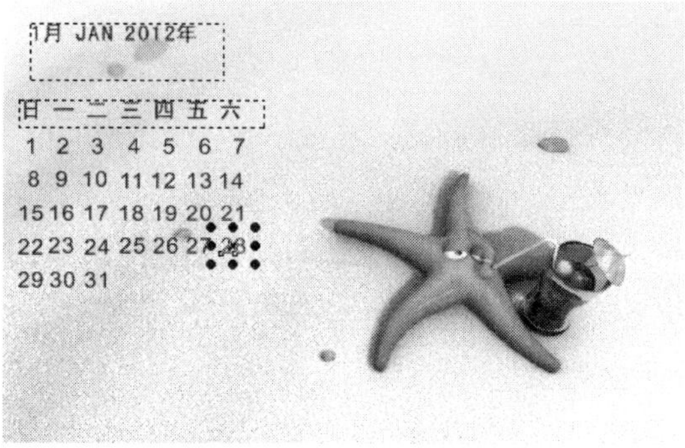

图 7-143　设置颜色

图 7-144　最终效果

本 章 习 题

下面通过课后习题来巩固前面学习的基础知识。

1．选择题

（1）在菜单栏中选择【排列】|【变换】|【比例】命令或按哪个快捷键，可以弹出【转换】泊坞窗。(　　)

A．Ctrl+F8　　B．Alt+F8　　C．Ctrl+F9　　D．Alt+F9

（2）选择【到页面前面】命令，可以将选定的对象移到页面上所有的其他对象的前面，快捷键是(　　)。

A．Ctrl+Home　　B．Shift+Home　　C．Ctrl+End　　D．Shift+ End

（3）选择【到图层前面】命令，可以将选定的对象移到活动图层上所有的对象的前面，快捷键是(　　)。

A．Ctrl +PageUp　　B．Shift+PageUp　　C．Ctrl +PageDown　　D．Shift+Down

2．填空题

（1）选择________命令可以使选择的对象在排列顺序上向后移动一位，快捷键是________。

（2）在菜单栏中选择________ | ________命令或按________键，都可以将成组的对象解组。

（3）每个新文件都有一个主页面，用于包含和控制 3 个默认图层：_______、_______和_______。

3．上机操作

使用工具箱中的工具绘制一个卡通形象，并将其群组，然后再镜像一个。

第 8 章　为对象添加三维效果

本章重点

- 轮廓工具的应用。
- 立体化工具的使用。
- 应用透视效果。
- 阴影工具的使用。

在 CorelDRAW 中的交互式工具是实现创意的强大工具。利用工具箱中的轮廓工具、立体化工具、透视效果和阴影工具可以更方便、更直观地改变对象的外观并制作出特殊效果。本章将介绍轮廓工具、立体化工具、透视效果以及阴影工具的使用。

8.1　轮廓工具的使用

使用（轮廓）工具可以为对象添加各种轮廓图效果。轮廓图效果可使轮廓线向内或向外复制并填充所需的颜色成渐变状态扩展。使用此工具可以产生出许多特殊的图形效果。

创建了轮廓图效果以后，可以通过轮廓图工具属性栏来设置轮廓图效果的方向、轮廓图步长数、轮廓图偏移值以及轮廓效果的颜色等。下面我们来了解一下属性栏中的各项说明。

- 单击（到中心）、（内部轮廓）、（外部轮廓）按钮，来向内或向中心或向外添加轮廓线。
- 在 60 （轮廓图步长）文本框中可以输入所需的步长值。
- 在 .482 mm （轮廓图偏移）文本框中可以输入所需的偏移值。
- 单击（线性轮廓色）、（顺时针轮廓色）、（逆时针轮廓色）按钮，可以改变轮廓图颜色。
- 在中可以设置所需的轮廓图颜色，例如，轮廓色（有轮廓线时才能用）、填充色与渐变填充结束色。
- 在属性栏中单击（对象和颜色加速）按钮，即可弹出【加速】面板，用户可以在其中设置所需的轮廓线渐变速度。
- 如果在画面中创建了交互式效果，并且选择了交互式工具（例如，调和工具、交轮廓图工具、变形工具、阴影工具），则属性栏中的（复制轮廓属性）按钮呈活动可用显示。使用交互式工具在画面中选择一个没有添加交互式效果的对象，单击（复制轮廓属性）按钮后在粗箭头指向要复制的交互式效果上单击，即可将该效果复制到选择的对象上。
- 如果用户想要清除交互式效果，单击（清除轮廓）按钮，即可将交互式效果清除。

8.1.1　输入美术字

本节介绍文本的输入，给后面所讲的为文本添加轮廓线奠定了基础。

01　新建一个横向的空白文档，按 Ctrl+I 组合键，在弹出的对话框中选择随书附带光盘中的 CDROM|素材|Cha08|幸运箱.jpg 素材，单击【导入】按钮，再在绘图页中调整图像的大小和位置，如图 8-1 所示。

02　选择工具箱中的字（文本）工具，在绘图页中输入“幸运大抽奖”，然后在属性栏中将【字体】设置为【汉仪秀英体简】，将【字体大小】设置为 48pt，如图 8-2 所示。

图 8-1　导入素材

图 8-2　输入文本

03　确定创建的文本处于选择状态，在工具箱中单击（填充工具）按钮，在弹出的浮动框中选择【渐变填充】，在弹出的对话框中将【类型】设置为【辐射】，将【选项】区域下的【边界】参数设置为 21%，在【颜色调和】区域中选择【双色】单选按钮，将【从】设置为霓虹粉，将【到】设置为浅黄，将【中点】参数设置为 59，设置完成后单击【确定】按钮，如图 8-3 所示。

04　填充完渐变颜色后在空白区域单击，取消轮廓线的填充，完成后的效果如图 8-4 所示。

图 8-3　设置渐变颜色

图 8-4　完成后的效果

8.1.2 创建轮廓图效果

接着上一小节的内容进行讲解。

01 在绘图页中选择创建的文本，再单击工具箱中的(轮廓工具)按钮，在属性栏中单击(外部轮廓)和(线性轮廓色)按钮，再设定【轮廓图步长】为3，【轮廓图偏移】设置为0.6mm，将【轮廓色】设置为白色，将【填充色】设置为浅黄色，将【渐变填充结束色】设置为青蓝色，即可创建出轮廓图效果，如图8-5所示。

02 在空白处单击，在工具箱中选择(选择)工具，然后再选择文本，按小键盘上的+键，复制一个副本，接着在默认的CMYK调色板中右击C、M、Y、K值分别为0、0、20、0的色块，为其轮廓线填充颜色，如图8-6所示。

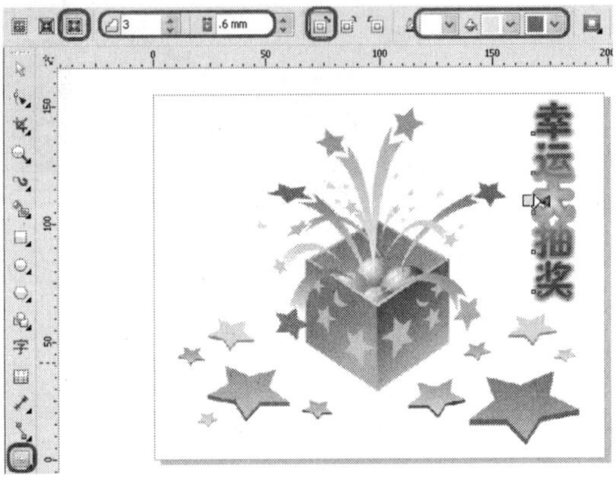

图8-5 添加轮廓线

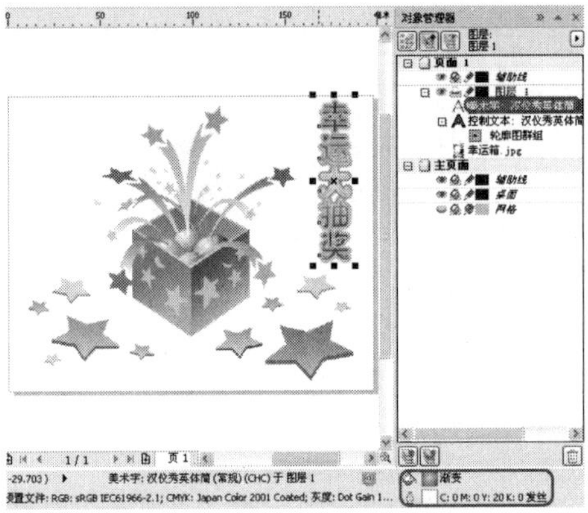

图8-6 复制文字并填充轮廓线

03 再次选择(轮廓)工具，并在属性栏中单击(内部轮廓)按钮，再设定【轮廓图步长】为1，将【轮廓图偏移】设置为1.1mm，即可向内勾画出轮廓图，如图8-7所示。

04 确定复制后的文本处于选择状态，在默认的CMYK调色板中单击无色块，清除填充色，并在绘图页的空白处单击，完成后的效果如图8-8所示。

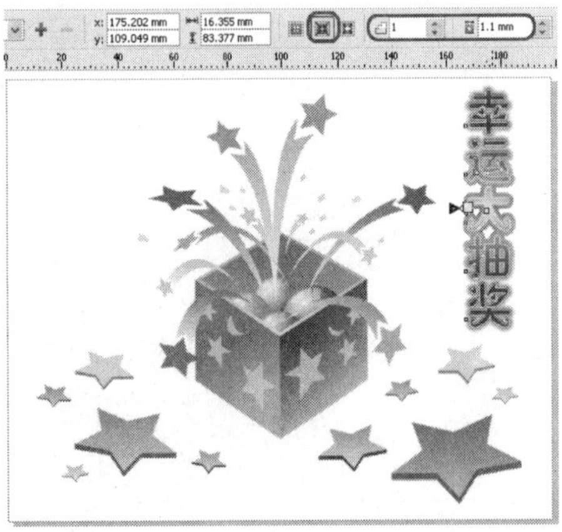

图8-7 修改轮廓线

图8-8 完成后的效果

8.1.3　拆分轮廓图

为了编辑用交互式轮廓图工具创建出的轮廓线，我们需要将其进行拆分，然后再一一对创建出的轮廓线进行所需的编辑。

继续上一小节的例子进行讲解。

01　选择刚创建向内勾画的轮廓线进行拆分，在菜单栏中选择【排列】|【拆分轮廓图群组】命令，或者按 Ctrl+K 组合键，如图 8-9 所示。拆分后的效果如图 8-10 所示。

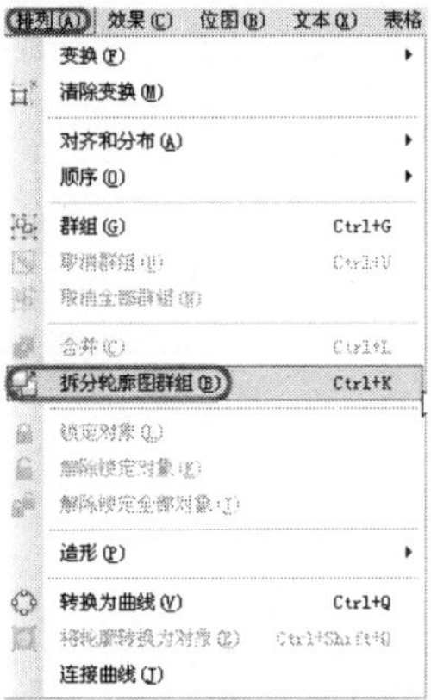

图 8-9　选择【拆分轮廓图群组】命令

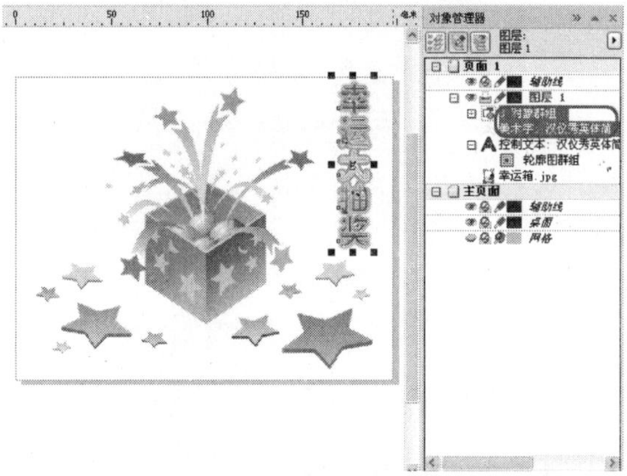

图 8-10　拆分后的效果

02　由于拆分轮廓图组后，它仍然是一个群组，因此还需要在菜单栏中选择【排列】|【取消全部群组】命令，如图 8-11 所示，将该群组全部解散。

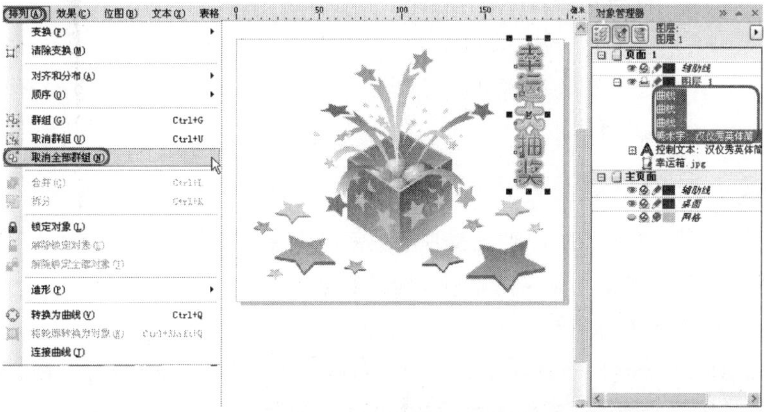

图 8-11　选择【取消全部群组】命令

03　使用工具箱中的（选择）工具，在【对象管理器】泊坞窗中选择如图 8-12 所示的曲线。

04　按 F12 键弹出【轮廓笔】对话框，并在其中设定【颜色】为青色，【宽度】为 0.25mm，【样式】为，其他参数不变，单击【确定】按钮，效果如图 8-13 所示。

05　先在绘图页的空白处单击，取消对象的选择，在【对象管理器】泊坞窗中选择如图 8-14 所示的文本。

06 在默认的 CMYK 调色板中单击 C、M、Y、K 值分别为 0、100、100、0 的色块，为其填充颜色。然后在空白处单击，完成后的效果如图 8-15 所示。

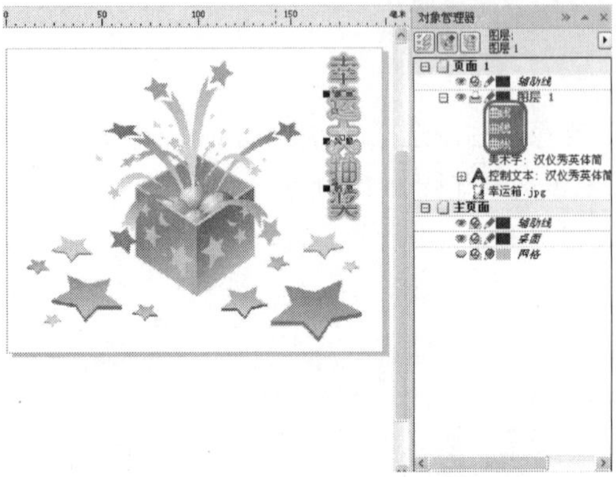

图 8-12 选择曲线

图 8-13 添加轮廓后的效果

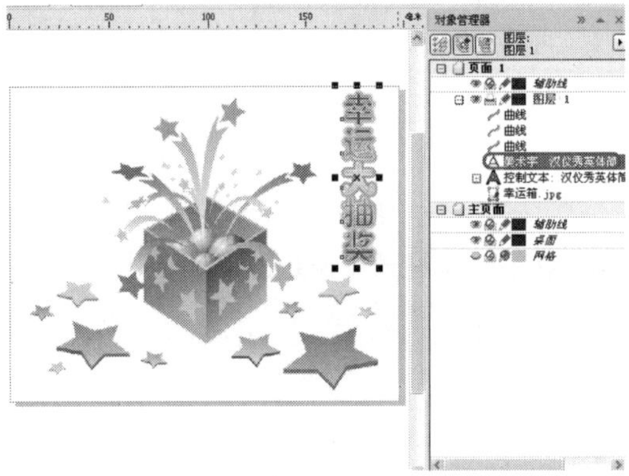

图 8-14 选择文本

图 8-15 完成后的效果

8.1.4 复制或克隆轮廓图

为了提高工作效率，CorelDRAW 还提供了复制与克隆轮廓图命令，以便于在制作好一个轮廓图效果后，再将该轮廓图效果复制或克隆到其他对象上。

继续上一小节的内容进行讲解。

01 选择工具箱中的字（文本）工具，将【字体】设置为【华文行楷】，将【字体大小】设置为 48pt，然后在绘图页中输入“祝你好运!”，如图 8-16 所示。

02 确定新创建的文本处于选择状态，在工具箱中单击（填充工具）按钮，在弹出的浮动框中选择【渐变填充】，再在弹出的对话框中将【选项】区域下的【角度】参数设置为-90，将【边界】设置为 20%，在【颜色调和】区域中选择【双色】单选按钮，将【从】设置为黄色，将【到】设置为红色，将【中点】数值设为 60，单击【确定】按钮，效果如图 8-17 所示。

03 确定渐变文本处于选择状态，在默认的 CMYK 调色板中右击 C、M、Y、K 值分别为 0、0、100、0 的色块，为其填充轮廓线，效果如图 8-18 所示。

04 在菜单栏中选择【效果】|【复制效果】|【轮廓图自】命令，鼠标指针呈➡粗箭头状，

将其移动到要复制的轮廓图效果上（如图 8-19 所示）单击，即可将所单击的轮廓图效果复制到选择的对象上，如图 8-20 所示。

05 在属性栏中，将【轮廓图步长】设置为 2，将【轮廓图偏移】设置为 0.4mm，效果如图 8-21 所示。

图 8-16　输入文本

图 8-17　填充颜色

图 8-18　填充轮廓线

图 8-19　要复制的轮廓图效果

图 8-20　复制轮廓图效果

图 8-21　调整后效果

06 在工具箱中选择（选择）工具，在绘图页的空白处单击，取消对象的选择，然后在“祝你好运！”文本上单击，再在键盘上按+键，复制一个副本，如图 8-22 所示。

07 在菜单栏中选择【效果】|【克隆效果】|【轮廓图自】命令，鼠标指针呈➡粗箭头状，将鼠标指针移动到要复制的轮廓图效果上单击，如图 8-23 所示，即可将所单击的轮廓图效果复制到选择的对象上，效果如图 8-24 所示。

08 使用工具箱中的（选择）工具在画面中单击克隆效果的原轮廓图效果，然后在属性栏中单击（顺时针轮廓色）按钮，再设定【轮廓图步长】为 2，【渐变填充结束色】为深蓝色，更改原轮廓图效果，同时克隆的效果也随之发生了变化，如图 8-25 所示。

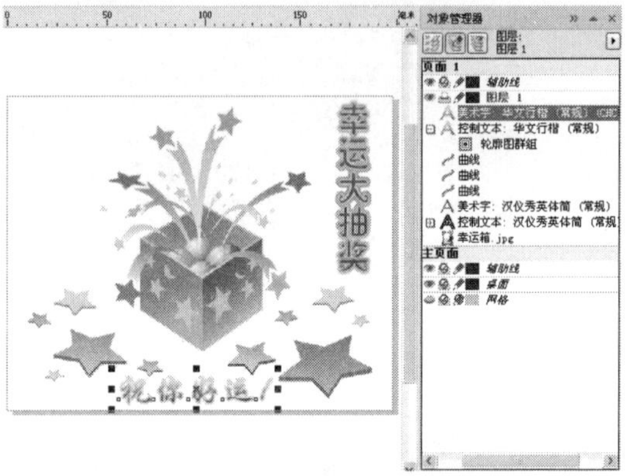

图 8-22　复制文本

图 8-23　要复制的轮廓图效果

图 8-24　复制完轮廓后的效果

图 8-25　更改原轮廓图效果

8.2　立体化工具的使用

使用（立体化）工具可以将简单的二维平面图形转换为立体化（即三维）效果。立体化效果添加额外的表面，将简单的二维图形转换为三维效果，例如将正方形转换为立方体。

下面来介绍一下立体化工具的属性栏。

- 在（立体化类型）下拉列表中可以选择所需的立体化类型。
- 在 20（深度）文本框中可以输入立体化延伸的长度。

- 在 (灭点坐标)文本框中可以输入所需的灭点坐标，从而达到更改立体化效果的目的。在 灭点锁定到对象 （灭点属性）下拉列表框中可以选择所需的选项（例如，【锁到对象上的灭点】、【锁到页上的灭点】、【复制灭点，自……】、【共享灭点】）来确定灭点位置与是否与其他立体化对象共享灭点等。
- （页面或对象灭点）按钮：当（页面或对象灭点）按钮处于当前选择状态时移动灭点，它的坐标值是相对于对象的。
- （立体的方向）按钮：单击该按钮，将弹出一个面板，用户可以直接拖动三字圆形按钮，来调整立体的方向；也可以在其中单击按钮，面板将自动变成旋转值面板，用户可以在其中输入所需的旋转值，来调整立体的方向。如果返回到三字按钮面板，请再次单击右下方的按钮。
- （立体化颜色）按钮：用户需要更改立体化的颜色，可以单击 (立体化颜色)按钮，弹出【颜色】面板，用户可以在其中编辑与选择所需的颜色。用户可以在该面板中通过单击 (使用对象填充)按钮、 (使用纯色)按钮与 (使用递减的颜色)按钮来设置所需的颜色。如果选择的立体化效果设置了斜角，则可以在其中设置所需的斜角边颜色。
- （立体化倾斜）按钮：单击该按钮，弹出一个面板，用户可以在其中选择【使用斜角修饰边】选项，然后在其中的文本框中输入所需的斜角深度与角度来设定斜角修饰边，也可以勾选【只显示斜角修饰边】复选框，只显示斜角修饰边。
- （立体化照明）按钮：单击该按钮，将弹出一个面板，用户可以在左边单击相应的光源来为立体化对象添加光源，还可以设定光源的强度，以及是否使用全色范围。

8.2.1　创建矢量立体模型

下面将介绍立体模型的创建。

01 新建一个宽度、高度分别为 182mm、140mm 的横向文档，按 Ctrl+I 组合键，在弹出的对话框中选择随书附带光盘中的 CDROM|素材|Cha08|气球.jpg 文件，单击【导入】按钮，并调整素材文件的大小及位置，如图 8-26 所示。

02 在工具箱中选择（文本）工具，在其属性栏中将【字体】设置为【汉仪粗宋简】，设置【字体大小】参数为 60pt，移动鼠标指针到绘图区适当的位置单击并输入文字，效果如图 8-27 所示。

图 8-26　导入素材文件

图 8-27　创建文本

03 在默认的 CMYK 调色板中单击 C、M、Y、K 值分别为 0、100、0、0 的色块，为创建的文本填充颜色，如图 8-28 所示。

04 在工具箱中选择（立体化）工具，然后在文字上按下鼠标左键向上拖动到适当的位置松开，为文字添加立体化效果，效果如图 8-29 所示。

图 8-28　填充颜色

图 8-29　为文字添加立体化效果

8.2.2　编辑立体模型

下面对创建的立体模型进行编辑。

继续上一小节的操作。

01 确认文本处于选择状态，在其属性栏中将【深度】参数设置为 30，以改变立体化文字的深度，效果如图 8-30 所示。

02 再在其属性栏中单击（立体化颜色）按钮，在弹出的【颜色】面板中单击（使用递减的颜色）按钮，并将【从】设置为红色，将【到】设置为蓝紫色，效果如图 8-31 所示。

图 8-30　设置【深度】参数后的效果

图 8-31　设置渐变颜色

03 再在属性栏中单击（立体化照明）按钮，在弹出的【立体化照明】面板中单击（光源 1）按钮，如图 8-32 所示。

04 继续单击（光源 2）按钮，并调整光源 2 的位置，如图 8-33 所示。

图 8-32　添加光源 1 的效果

图 8-33　添加光源 2 的效果

05 继续单击③（光源 3）按钮，然后调整它到适当的位置，如图 8-34 所示。

06 在绘图页的空白处单击，取消对象的选择，完成后的效果如图 8-35 所示。

图 8-34　添加光源 3 的效果

图 8-35　完成后的效果

8.3　为对象添加透视效果

通过缩短对象的一边或两边，可以创建透视效果。这种效果使对象看起来像是沿一个或两个方向后退，从而产生单点透视或两点透视效果。

在对象或群组对象中可以添加透视效果，在链接的群组（比如轮廓图、调和、立体模型和用艺术笔工具创建的对象）中也可以添加透视效果。但不能将透视效果添加到段落文本、位图或符号。

在应用透视效果后，可以把它复制到图形中的其他对象中进行调整，或从对象中移除透视效果。

8.3.1 制作立方体

下面通过立体化工具制作立方体效果。

01 按 Ctrl+O 组合键，在弹出的对话框中选择随书附带光盘中的 CDROM|Scene|Cha08|荷花.cdr 素材文件，单击【打开】按钮，打开的素材文件效果如图 8-36 所示。

02 在工具箱中选择□（矩形）工具，按住 Ctrl 键的同时然后拖动鼠标，沿图案的边缘创建一个正方形，创建完成后的效果如图 8-37 所示。

图 8-36 打开的素材效果

图 8-37 创建正方形

03 再在工具箱中选择（立体化）工具，然后在创建的正方形上拖动鼠标，为上面创建的正方形添加立体化效果，在属性栏的【立体化类型】中选择如图 8-38 所示的立体化类型，然后对立体化图形进行调整。

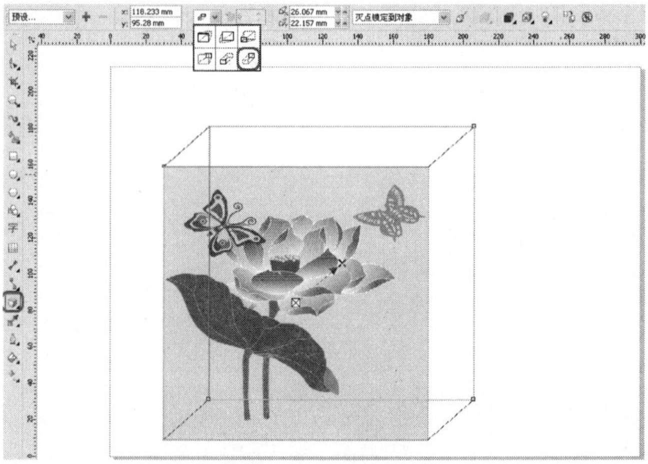

图 8-38 添加立体化效果

8.3.2 使用【添加透视】命令应用透视效果

使用【添加透视】命令，对图形进行调整，制作出立方体效果。

01 按 Ctrl+O 组合键，在弹出的对话框中选择随书附带光盘中的 CDROM|Scene|Cha08|使用添加透视命令应用透视效果.cdr 素材文件，单击【打开】按钮，然后在工具箱中选择（选择）工具，在绘图页中选择如图 8-39 所示的图形。

02 复制一个相同的图形，移动到适当的位置，效果如图 8-40 所示。

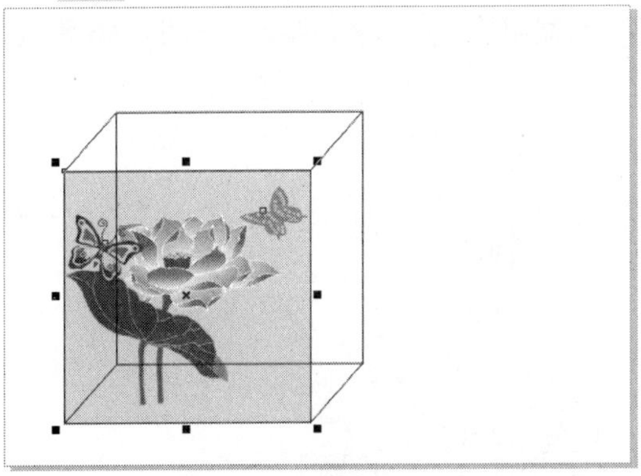

图 8-39　选择图形

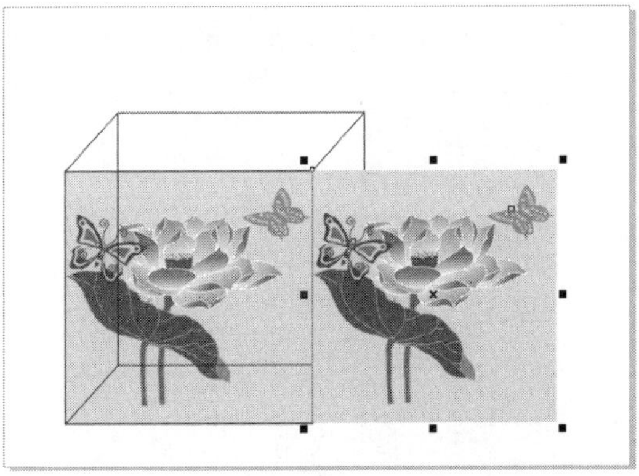

图 8-40　复制副本

03 在菜单栏中选择【效果】|【添加透视】命令，如图 8-41 所示，即可在选择的对象中显示网格，然后拖动控制点进行调整，如图 8-42 所示。

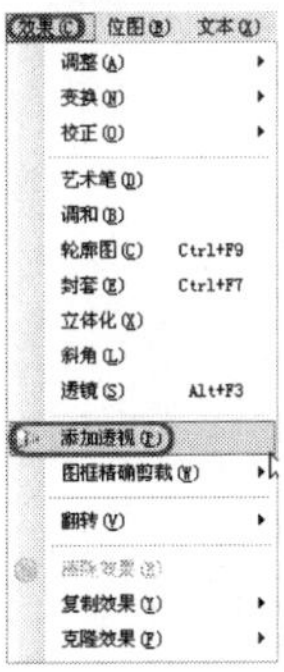

图 8-41　选择【添加透视】命令

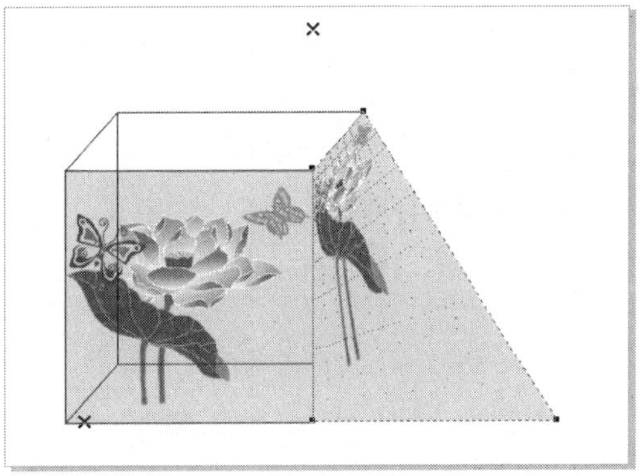

图 8-42　调整部分控制点效果

04 接着拖动右下角的控制点到立方体底边相应的顶点上，然后调整其他两点，为复制出的副本进行透视调整，调整完成后的效果如图 8-43 所示。

05 使用工具箱中的 （选择）工具，选择绘图页中的图形，如图 8-44 所示。

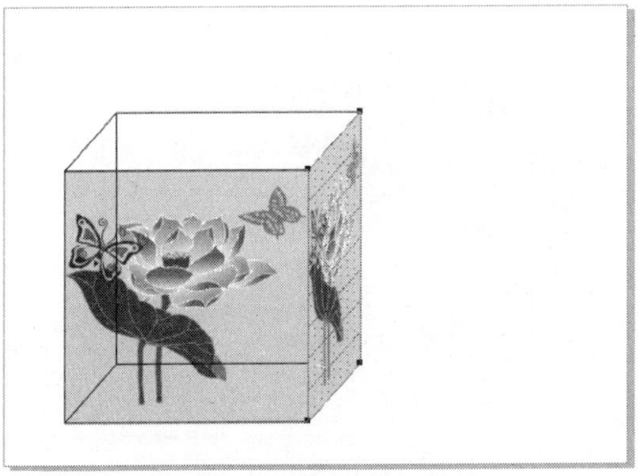

图 8-43　调整控制点效果

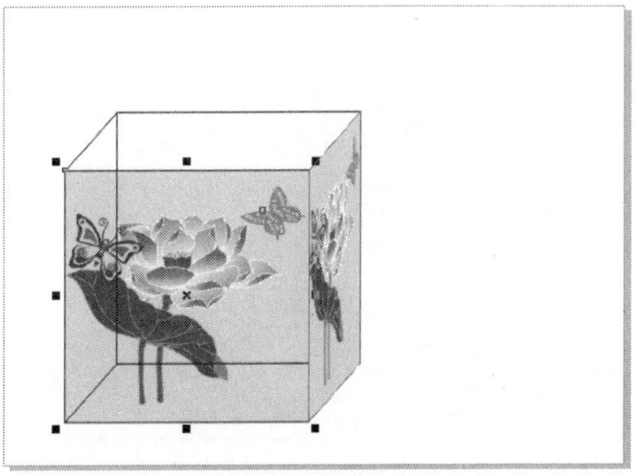

图 8-44　选择图形

06 将选中的图形进行复制，然后将其向上拖动到适当的位置，效果如图 8-45 所示。

07 选择菜单栏中的【效果】|【添加透视】命令，为复制的对象添加控制点，如图 8-46 所示。

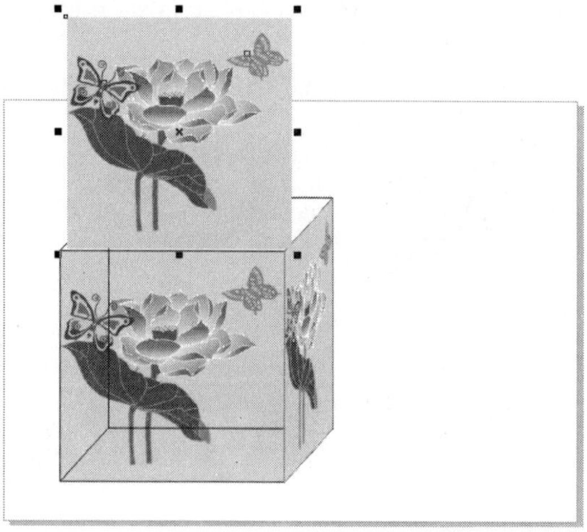
图 8-45　复制图形

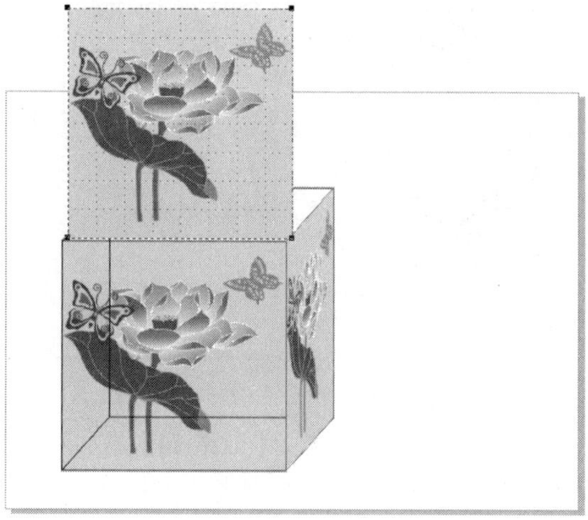
图 8-46　添加控制点

08 在绘图页中调整控制点，完成后的效果如图 8-47 所示。

09 在场景中选择立体化对象，如图 8-48 所示，然后按 Delete 键，将选择的对象删除，完成后的效果如图 8-49 所示。

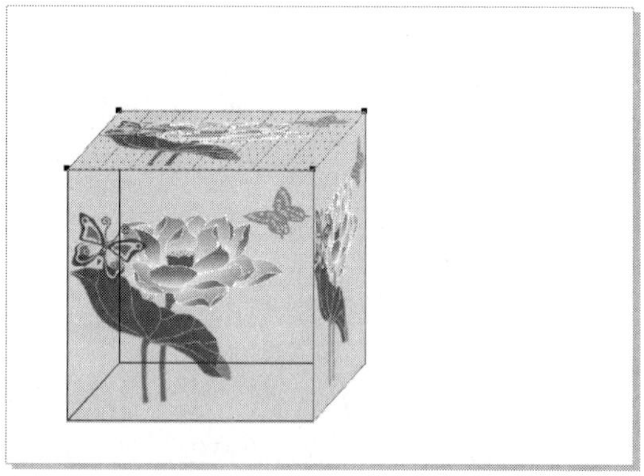
图 8-47　调整控制点效果

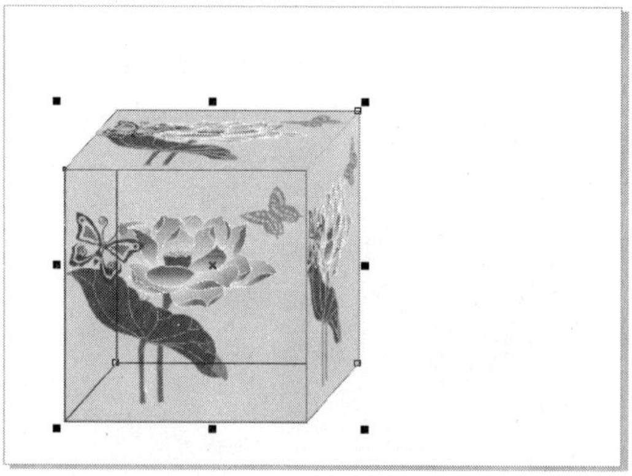
图 8-48　选择立体化图形

图 8-49　删除立体化效果

8.3.3　复制对象的透视效果

下面将介绍复制对象的透视效果。

继续上一小节的操作。

01　使用工具箱中的（选择）工具，在绘图页中选择正面的图案文件，并将其向右拖动到适当位置右击，复制副本，如图 8-50 所示。

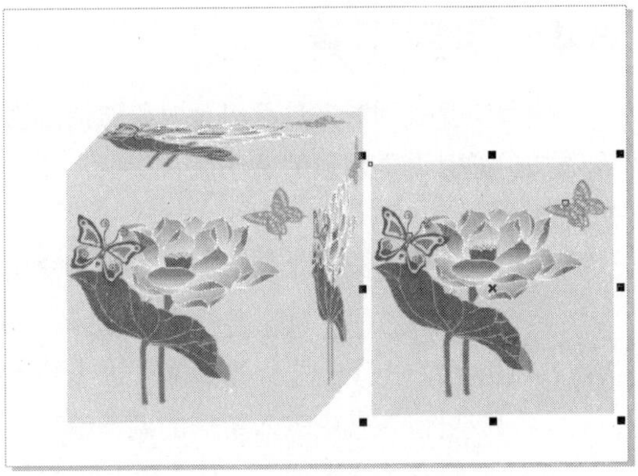

图 8-50　复制副本对象效果

02　在菜单栏中选择【效果】|【复制效果】|【建立透视点自】命令，此时鼠标指针呈粗箭头状，然后移动鼠标指针到要复制的透视效果上单击，如图 8-51 所示，即可将选择的透视效果复制到选择的对象上，如图 8-52 所示。

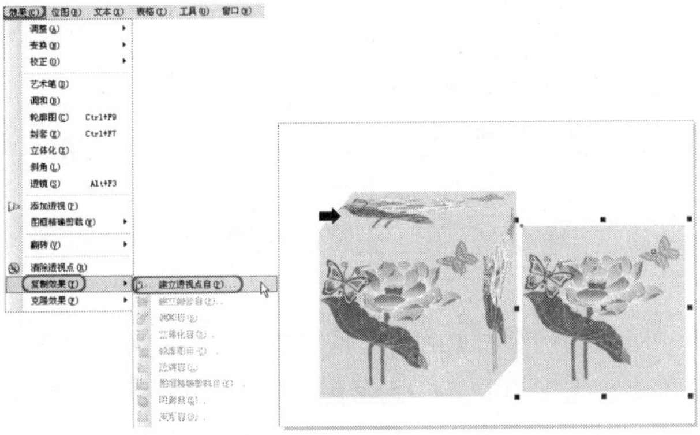

图 8-51　选择【建立透视点自】命令

图 8-52　复制透视后的效果

8.3.4　清除对象的透视效果

继续上一小节的操作。

在菜单栏中选择【效果】|【清除透视点】命令，即可将选择对象中的透视效果清除，效果如图 8-53 所示。

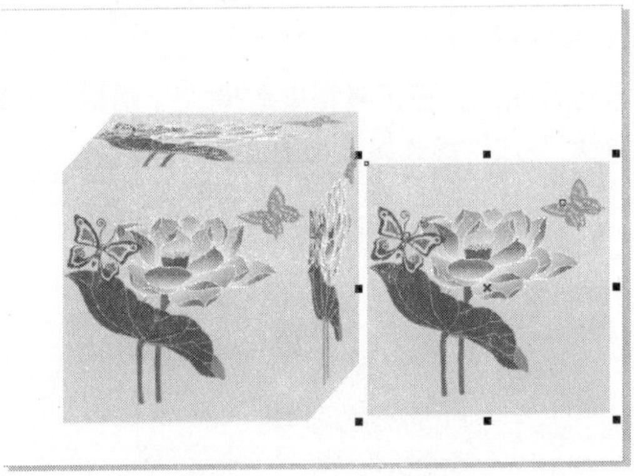

图 8-53　清除透视效果

8.4 阴影工具

使用交互式阴影工具可以为对象添加阴影效果，并模拟光源照射对象时产生的阴影效果。可以在添加阴影时调整阴影的透明度、颜色、位置及羽化程度，当对象外观改变时，阴影的形状也随之变化。

下面对交互式阴影工具的属性栏进行简单的介绍。

- 【阴影偏移】选项：当在【预设列表】中选择【平面左下】、【平面右下】、【平面左上】、【平面右上】、【大型辉光】、【中等辉光】与【小型辉光】时，该选项呈活动可用状态，用户可以在其中输入所需的偏移值。
- 【阴影角度】选项：当在【预设列表】中选择【左下透视图】、【右下透视图】、【左上透视图】与【右上透视图】时，该选项呈活动可用状态，用户可以在其中输入所需的阴影角度值。
- 【阴影的不透明】选项：用户可以在其文本框中输入所需的阴影不透明度值。
- 【阴影羽化】选项：在其文本框中可以输入所需的阴影羽化值。
- 【阴影羽化方向】选项：在其下拉列表中可以选择所需的阴影羽化的方向。
- 【淡出】选项：在其文本框中可以设置阴影的淡出值，也可以通过拖动滑杆上的滑块来调整淡出值。
- 【阴影延展】选项：在其文本框中可以设置阴影的延伸值，也可以通过拖动滑杆上的滑块来调整延伸值。
- 【透明度操作】选项：在其下拉列表中可以为阴影设置各种所需的模式，例如，【正常】、【乘】、【添加】、【减少】、【色度】、【饱和度】、【除】、【如果更亮】、【如果更暗】、【色度】、【反显】、【和】、【或】、【异或】，【红色】、【绿色】与【蓝色】等。
- 【阴影颜色】选项：在其下拉列表中可以选择与设置所需的阴影颜色。

8.4.1 给对象添加阴影

下面通过简单的实例来介绍一下为对象添加阴影效果。

01 新建一个宽度、高度分别为 160mm、135mm 的横向文件，按 Ctrl+I 组合键，在弹出的对话框中选择随书附带光盘中的 CDROM|素材|Cha08|蝴蝶.gif 文件，单击【导入】按钮，调整素材文件的位置以及大小，如图 8-54 所示。

02 确认素材图形处于选择状态，在工具箱中选择（阴影）工具，按住鼠标左键不放，将其向右下方拖动，为选择的对象添加阴影效果，如图 8-55 所示。

图 8-54　导入的素材文件效果

图 8-55　添加阴影效果

8.4.2　编辑阴影

添加完阴影后，再来对阴影进行编辑。

继续上一小节的操作。

01 在绘图页中将黑色控制柄向右上方拖动，调整阴影的位置，调整后如图 8-56 所示。

02 再在属性栏中单击（羽化方向）按钮，在弹出的【羽化方向】面板中选择“中间”选项，选择【羽化方向】后的效果如图 8-57 所示。

图 8-56　调整阴影的位置

图 8-57　选择【羽化方向】类型

03 在属性栏中将【阴影的不透明度】参数设置为 18，效果如图 8-58 所示。

04 在其属性栏中单击（羽化边缘）按钮，然后在弹出的【羽化边缘】面板中选择“方形的”选项，选择【羽化边缘】后的效果如图 8-59 所示。

图 8-58　更改【阴影的不透明度】参数效果

图 8-59　设置羽化边缘后的效果

05　在属性栏中单击【阴影颜色】，在弹出的下拉列表中选择【其他】，在弹出的对话框中将阴影颜色的 CMYK 参数设置为 40、0、0、0，设置完成后单击【确定】按钮，如图 8-60 所示。

06　在绘图页的空白处单击，取消对象的选择，更改阴影颜色后的效果如图 8-61 所示。

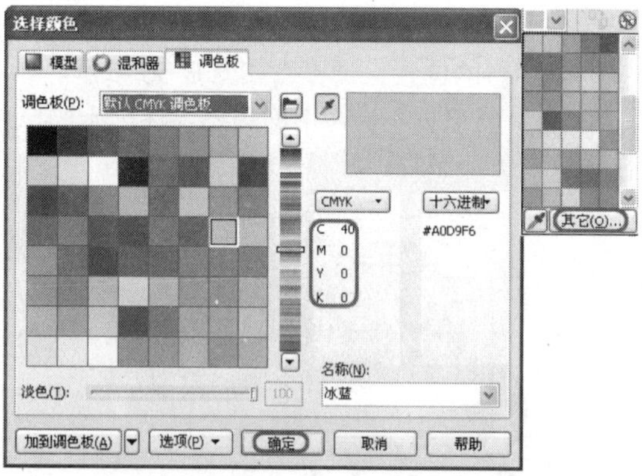

图 8-60　选择阴影颜色

图 8-61　更改阴影颜色后的效果

8.5　上机练习

8.5.1　制作登录界面

登录界面就是操作系统启动时候的界面，它的制作方法比较简单，下面我们将通过对本章的学习，利用【调和工具】、【轮廓工具】、【透明工具】、【阴影工具】以及【矩形工具】等来实现一个后台管理系统的登录界面的制作。具体的操作步骤如下。

01　在菜单栏中选择【文件】|【新建】命令，在弹出的对话框中将【宽度】、【高度】分别设置为 230mm、110mm，【渲染分辨率】设置为 300dpi，然后单击【确定】按钮，如图 8-62 所示。

02　在工具箱中单击（矩形工具）按钮，在绘图页中绘制一个矩形，在属性栏中将【长度】、【宽度】设置为 218mm、98mm，将【圆角半径】设置为 85mm，如图 8-63 所示。

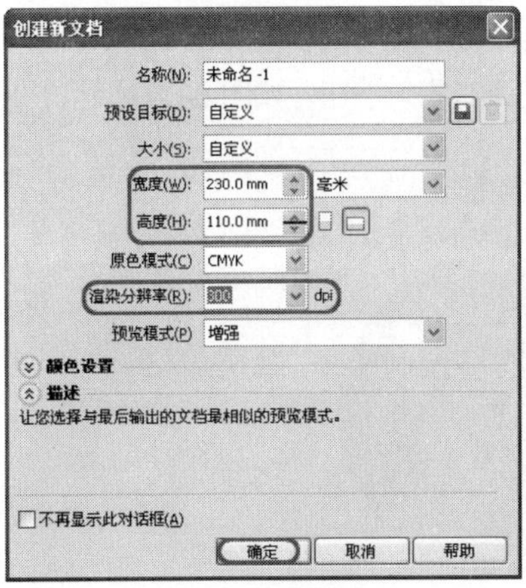

图 8-62　新建文档

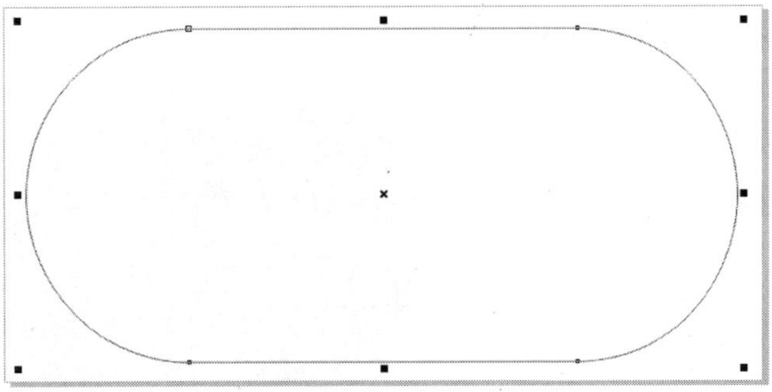

图 8-63　绘制矩形

03 确定绘制的矩形处于选择状态，再在工具箱中单击（填充工具）按钮，在弹出的浮动框中选择【均匀填充】命令，在弹出的对话框中选择【模型】选项卡，将 CMYK 分别设置为 88、42、10、0，单击【确定】按钮。然后在默认的 CMYK 调色板中右击无色块，清除轮廓色，如图 8-64 所示。

04 在工具箱中单击（选择工具）按钮，在键盘上按+键复制一个副本，按住 Shift 键再移动鼠标指针到对角控制柄上按下鼠标左键向中心拖动，以等比缩小圆角矩形副本，然后再在默认的 CMYK 调色板中单击 C、M、Y、K 值分别为 100、20、0、0 的色块，如图 8-65 所示。

图 8-64　填充颜色

图 8-65　复制并填充颜色

05 在绘图页中选择两个矩形，按 Ctrl+C 组合键进行复制，再按 Ctrl+V 组合键进行粘贴，复制一个副本，再在属性栏中单击（群组）按钮，如图 8-66 所示。

06 在工具箱中选择（矩形）工具，在绘图页中绘制矩形，绘制后的效果如图 8-67 所示。

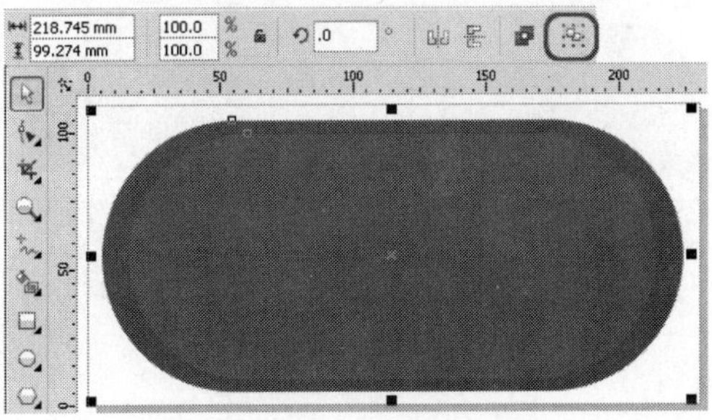

图 8-66　对矩形成组

图 8-67　绘制矩形

07 在工具箱中选择 (选择)工具，确认刚刚绘制的矩形处于选择状态，按住 Shift 键的同时在绘图页中圆角矩形副本上单击，再在属性栏中单击 (移除前面对象)按钮，如图 8-68 所示。

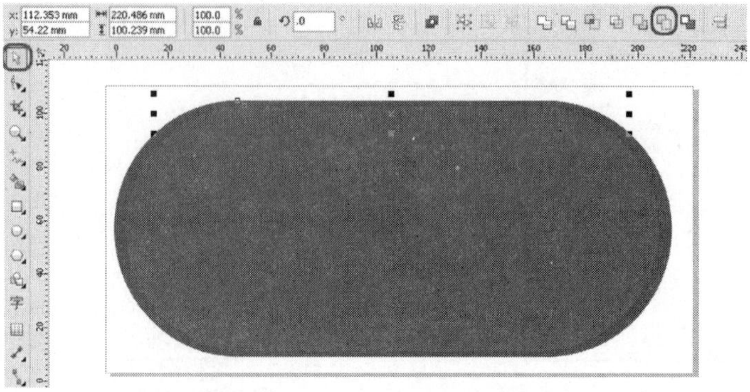

图 8-68 移除前面对象

08 再在默认的 CMYK 调色板中单击 C、M、Y、K 值分别为 0、0、0、0 的色块，在键盘上按 Shift+PageUp 组合键将其摆放到最上一层，如图 8-69 所示。

09 在工具箱中单击 (透明度工具)按钮，在绘图页中从上往下拖动，给白色对象进行透明调整，调整后的效果如图 8-70 所示。

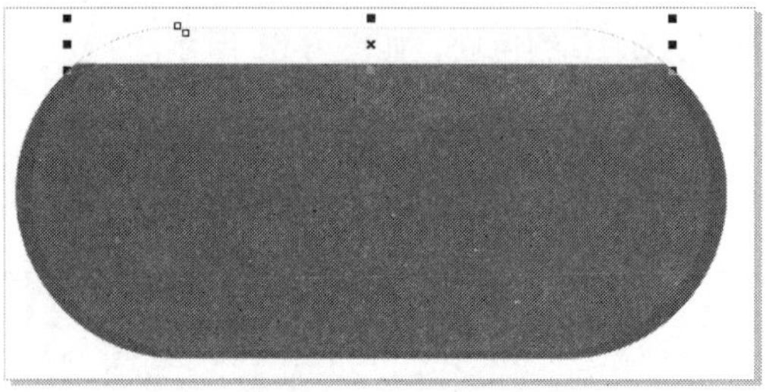

图 8-69 填充颜色

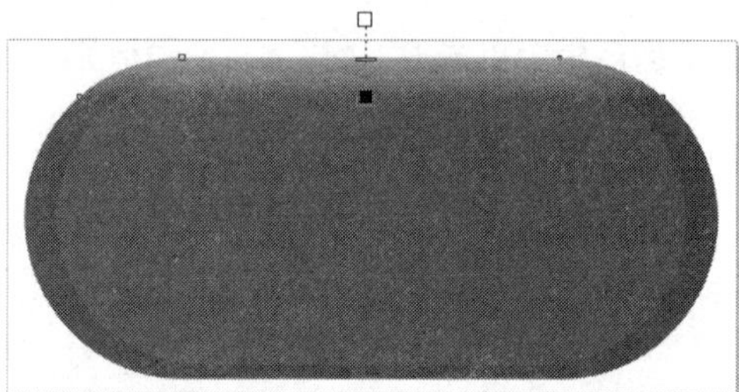

图 8-70 添加透明效果

10 在工具箱中单击 (选择工具)按钮，在绘图页中选择大圆角矩形，在键盘上按+键复制一个副本，并在默认的 CMYK 调色板中右击 C、M、Y、K 值分别为 0、0、0、100 的色块，再在属性栏中将【轮廓宽度】设置为 2.0mm，效果如图 8-71 所示。

11 在键盘上按 Shift+PageDown 组合键将其摆放到最底层，得到的效果如图 8-72 所示。

图 8-71 复制并设置轮廓

图 8-72 设置为最底层

12 在工具箱中选择 (调和)工具，并在两个没有轮廓色的圆角矩形之间进行拖动，给它们进行调和，调和后的效果如图 8-73 所示。

13 在工具箱中选择字（文本）工具，在绘图页中输入“后台管理系统”，如图 8-74 所示。

图 8-73　进行调和

图 8-74　输入文本

14 选择（选择）工具，在属性栏中将【字体】设置为【黑体】，将【字体大小】设置为 36pt，设置完成后的效果如图 8-75 所示。

15 在工具箱中单击（轮廓图工具）按钮，在属性栏中单击（外部轮廓）按钮，将【轮廓图步长】设置为 1，单击【填充色】后面的下三角按钮，在弹出的下拉列表框中将 C、M、Y、K 分别设置为 73、29、0、0，如图 8-76 所示。然后单击【确定】按钮，设置完成后的效果如图 8-77 所示。

16 在工具箱单击（矩形工具）按钮，在绘图页中绘制矩形，如图 8-78 所示。

图 8-75　设置字体

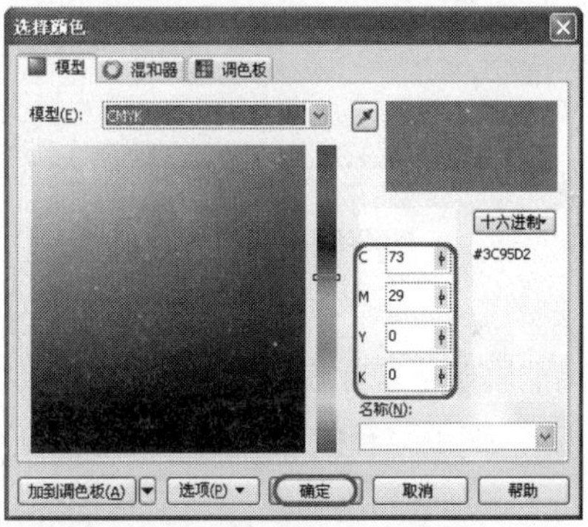

图 8-76　设置填充颜色

图 8-77　完成后的效果

图 8-78　绘制矩形

17 在属性栏中将【圆角半径】设置为 4.0mm，将【轮廓宽度】设置为 4.0mm，设置完成后的效果如图 8-79 所示。

18 在工具箱中选择（选择）工具，确认刚刚绘制的矩形处于选择状态，在键盘上按+键，复制一个矩形，并在属性栏中将【轮廓宽度】设置为 0.5mm，设置完成后的效果如图 8-80 所示。

图 8-79　设置矩形

图 8-80　复制并设置轮廓宽度

19 在工具箱中选择（文本）工具，在绘图页中输入“管理登录”，如图 8-81 所示。

20 选择（选择）工具，在属性栏中将【字体】设置为【黑体】，将【字体大小】设置为 26pt，设置完成后在绘图页中调整它的位置，调整完成后的效果如图 8-82 所示。

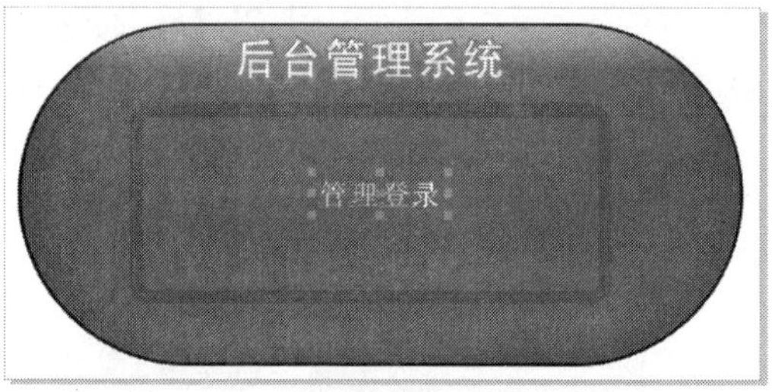

图 8-81　输入文本

图 8-82　设置文本

21 在工具箱中单击（阴影工具）按钮，为输入的文本设置阴影，将鼠标指针移动到文字上面，然后按下鼠标左键从右向左拖动，如图 8-83 所示。

22 在工具箱中选择（文本）工具，在绘图页中输入“账”，如图 8-84 所示。

图 8-83　设置阴影

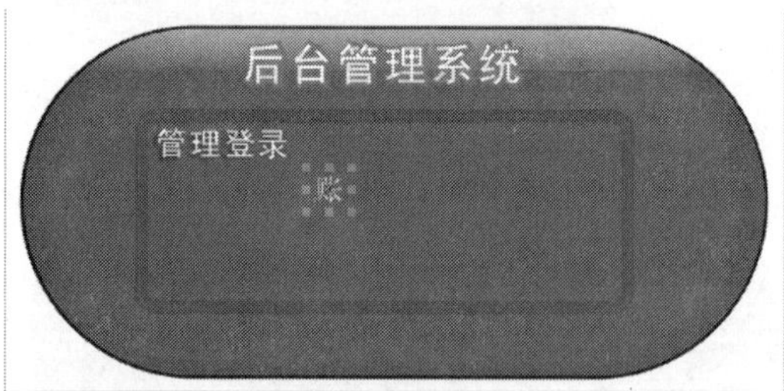

图 8-84　输入文本

23 选择（选择）工具，在属性栏中将【字体】设置为【黑体】，将【字体大小】设置为 24pt，设置完成后在绘图页中调整位置，完成后的效果如图 8-85 所示。

24 在工具箱中选择（阴影）工具，为输入的字体添加阴影，在绘图页中将鼠标指针移动到文字上面，然后按下鼠标左键从右向左拖动，设置后的效果如图 8-86 所示。

图 8-85　输入文字

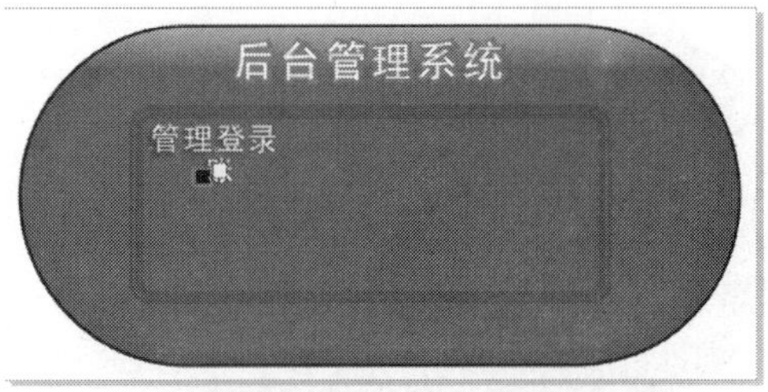

图 8-86　设置阴影

25 然后使用相同的方法在绘图页中输入所需文字，字体大小与字体根据需要设置，输入好文字后如图 8-87 所示。

26 在工具箱中选择（阴影）工具，使用相同的方法为新输入的文字添加阴影，如图 8-88 所示。

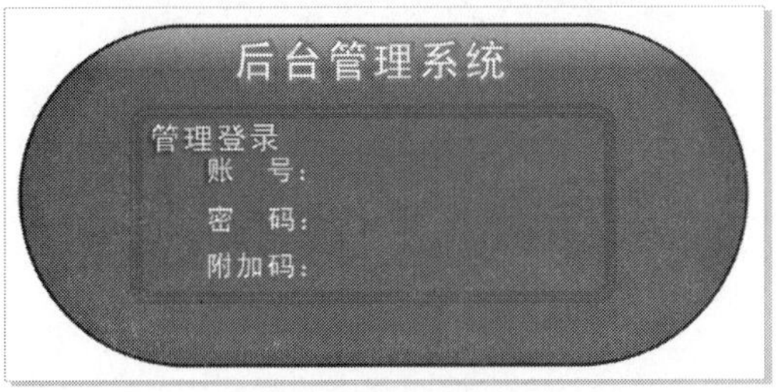

图 8-87　输入文字

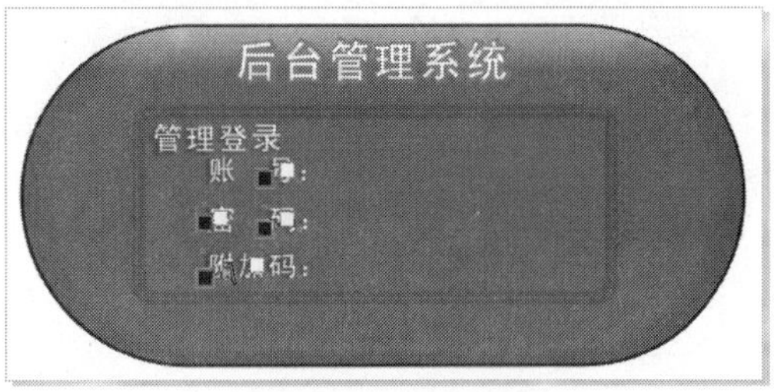

图 8-88　添加阴影

27 在工具箱中选择（选择）工具，在绘图页的空白处单击，效果如图 8-89 所示。

28 在工具箱中单击（矩形工具）按钮，在绘图页中绘制矩形，并调整其位置，如图 8-90 所示。

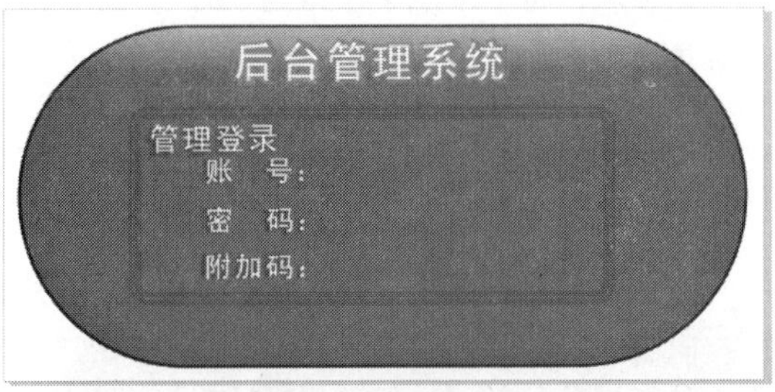

图 8-89　完成后的效果

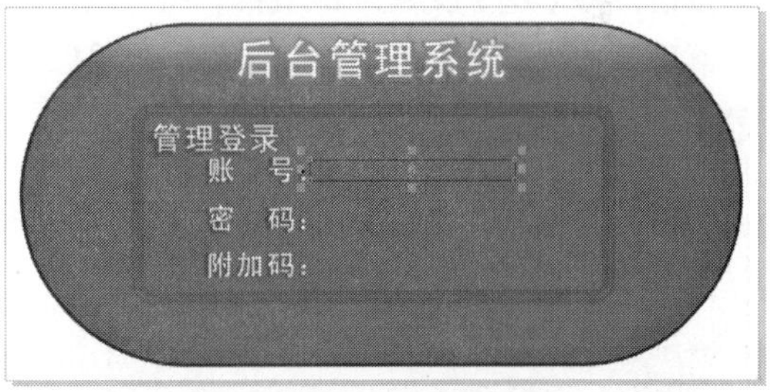

图 8-90　绘制矩形

29 在属性栏中将【轮廓宽度】设置为 0.35mm，在默认的 CMYK 调色板中单击 C、M、Y、K 值分别为 0、0、0、0 的色块，然后右击 C、M、Y、K 值分别为 0、0、0、60 的色块，设置后的效果如图 8-91 所示。

30 确认新绘制的矩形处于选择状态，按 Ctrl+C 组合键进行复制，再按两次 Ctrl+V 组合键进行粘贴，在绘图页中调整它们的位置，完成后的效果如图 8-92 所示。

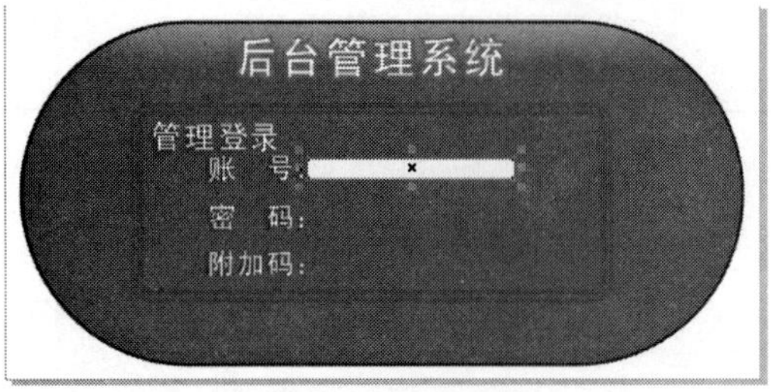

图 8-91　填充颜色

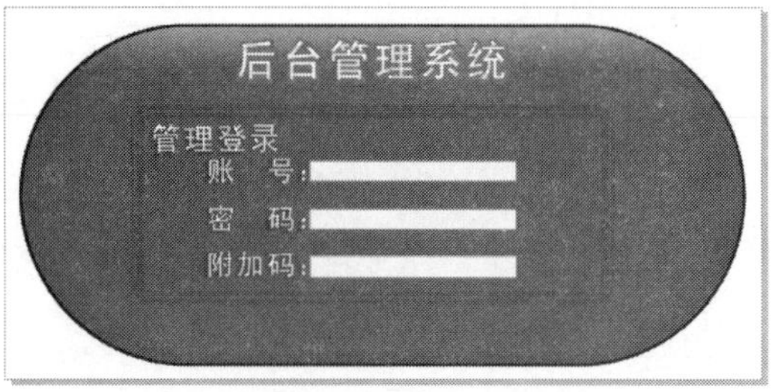

图 8-92　复制矩形

31 在工具箱中选择字（文本）工具，将【字体大小】设置为 20pt，在绘图页中输入“1279”，效果如图 8-93 所示。

32 在工具箱中单击□（矩形工具）按钮，在绘图页中的合适位置绘制矩形，如图 8-94 所示。

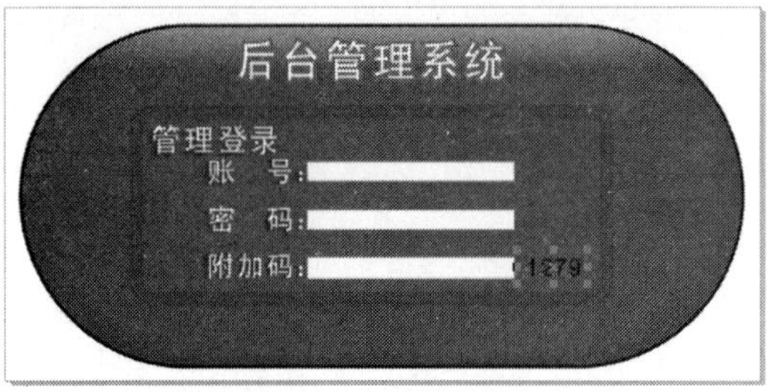

图 8-93　输入文字

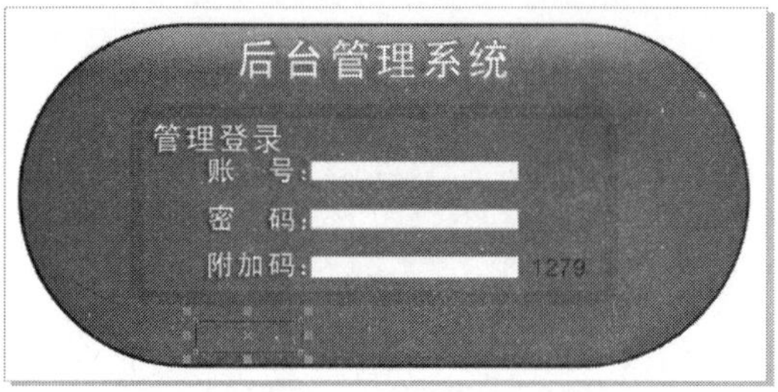

图 8-94　绘制矩形

33 在属性栏中将【圆角半径】设置为 10.0mm，在默认的 CMYK 调色板中右击无色块，取消对轮廓的填充，再在工具箱中单击（填充工具）按钮，在弹出的浮动框中选择【渐变填充】命令，在弹出的对话框中将【选项】区域的【角度】设置为−90.0，在【颜色调和】区域中选择【双色】单选按钮，将【从】设置为 60%黑，将【到】设置为 40%黑，将【中点】设置为 40，如图 8-95 所示。然后单击【确定】按钮，完成后的效果如图 8-96 所示。

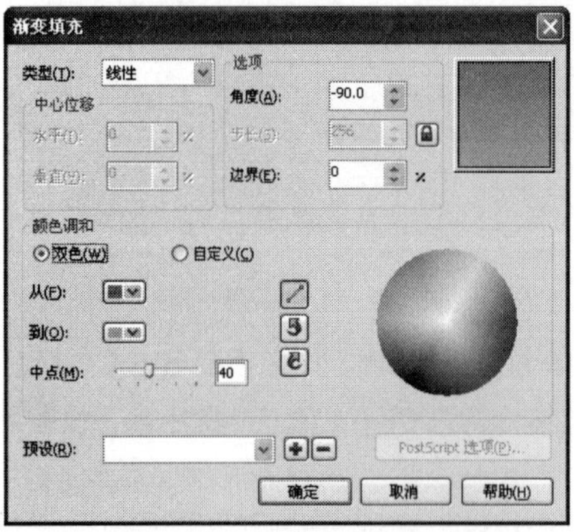

图 8-95　设置渐变颜色

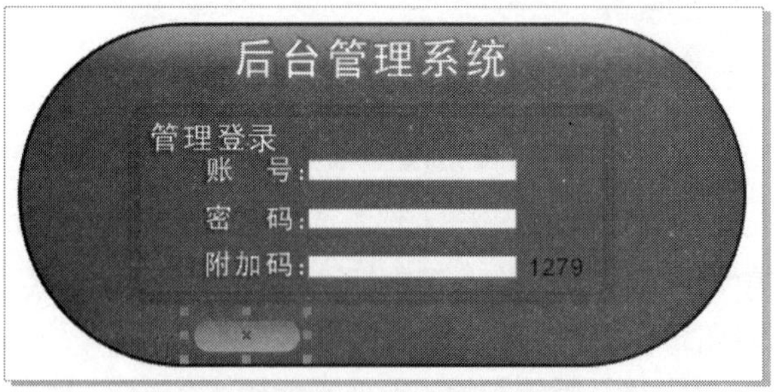

图 8-96　设置渐变的效果

34 确认新绘制的矩形处于选择状态，按键盘上的+键，复制一个副本，并在默认的 CMYK 调色板中单击 C、M、Y、K 值分别为 0、0、0、0 的色块，并按住 Shift 键移动鼠标指针到对角控制柄上，按下鼠标左键向中心拖动，以等比缩小圆角矩形副本，如图 8-97 所示。

35 再在键盘上按+键，复制一个副本，并在默认的 CMYK 调色板中单击 C、M、Y、K 值分别为 100、0、0、0 的色块，并按住 Shift 键移动鼠标指针到对角控制柄上，按下鼠标左键向中心拖动，以等比缩小圆角矩形副本，如图 8-98 所示。

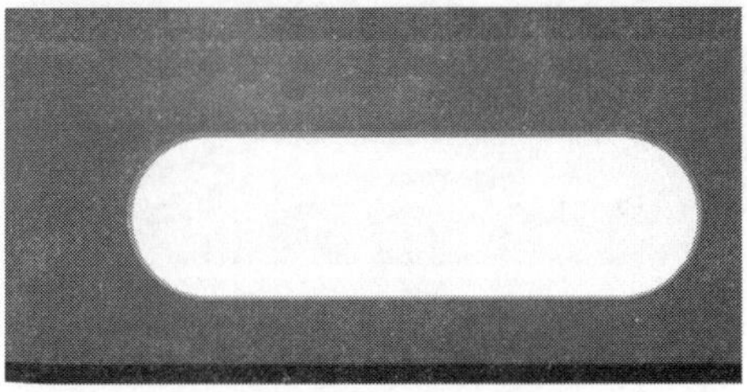

图 8-97　复制并填充颜色

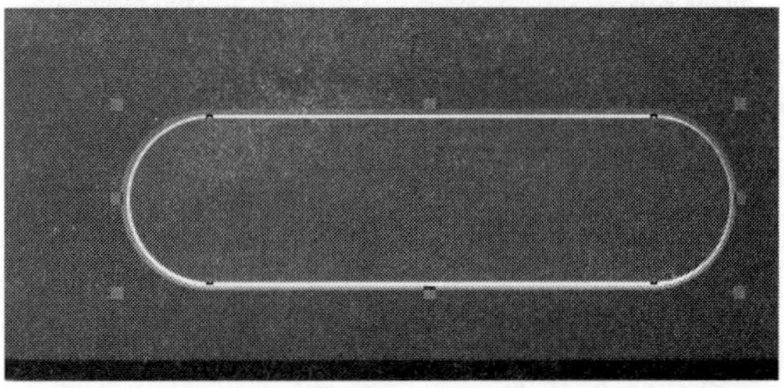

图 8-98　复制并填充颜色

36 在键盘上按+键，复制一个副本，在工具箱中选择（矩形）工具，在绘图页的合适位置绘制矩形，如图 8-99 所示。

37 确认新绘制的矩形处于选择状态，按住 Shift 键的同时在绘图页中选择最后一次复制的圆角矩形，在属性栏中单击（移除前面对象）按钮，如图 8-100 所示。

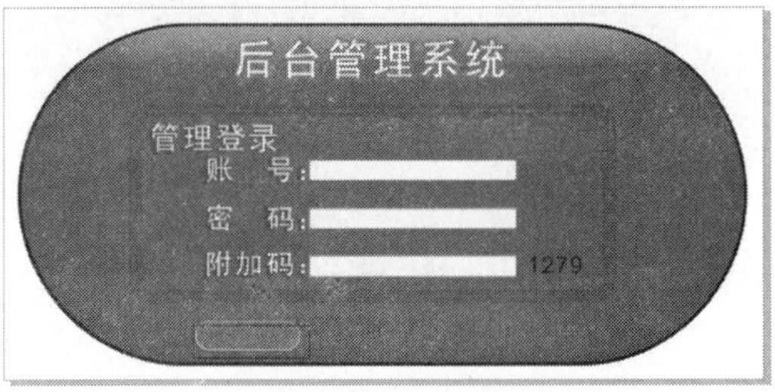

图 8-99　绘制矩形

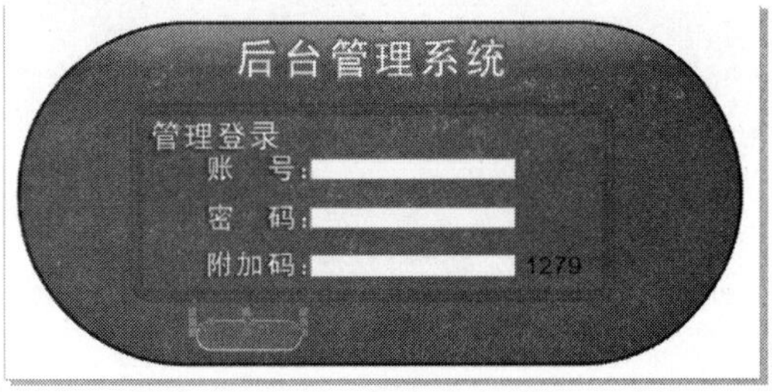

图 8-100　移除前面对象

38 在默认的 CMYK 调色板中单击 C、M、Y、K 值分别为 0、0、0、0 的色块，填充后的效果如图 8-101 所示。

39 在工具箱中单击（透明度工具）按钮，将鼠标指针移动到绘图页中并按下鼠标左键自上而下拖动，为其添加透明度，如图 8-102 所示。

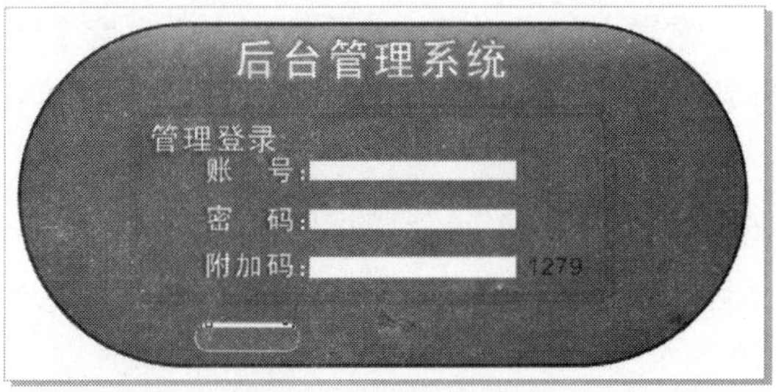

图 8-101　填充颜色

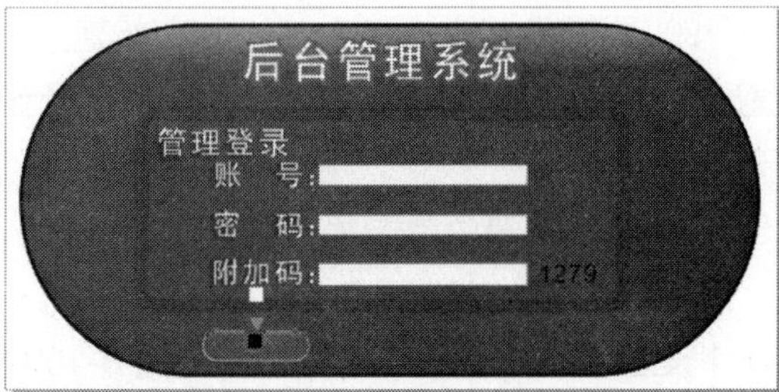

图 8-102　添加透明效果

40 在绘图页中选择作为按钮的所有对象，按 Ctrl+C 组合键，对其进行复制，按 Ctrl+V 组合键对其进行粘贴，调整其位置，如图 8-103 所示。

41 在工具箱中选择（文本）工具，在属性栏中将【字体】设置为【黑体】，将【字体大小】设置为 24pt，在绘图页中输入文字，并调整至合适的位置，如图 8-104 所示。

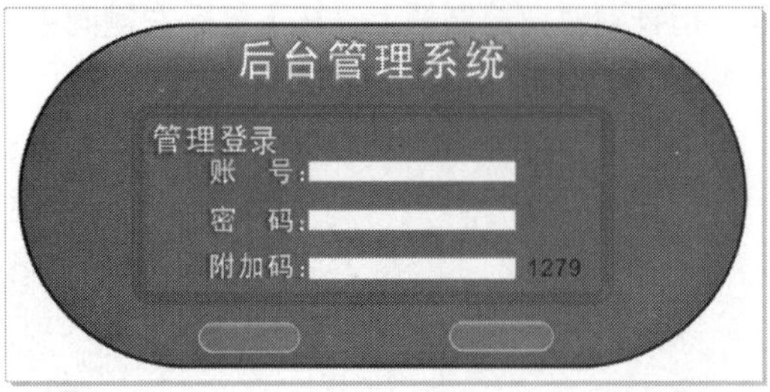

图 8-103 复制对象

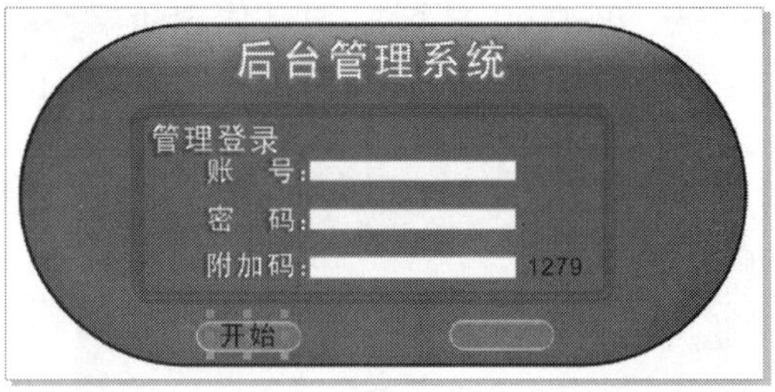

图 8-104 输入文字

42 再在工具箱中选择（文本）工具，在属性栏中将【字体】设置为【黑体】，将【字体大小】设置为 24pt，在绘图页中输入文字，并调整至合适的位置，如图 8-105 所示。

43 在工具箱中选择（选择）工具，在绘图页的空白处单击，取消对所有对象的选择，完成后的效果如图 8-106 所示。

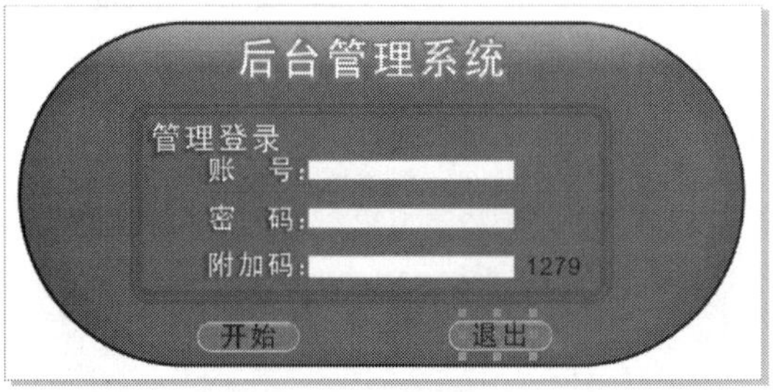

图 8-105 输入文字

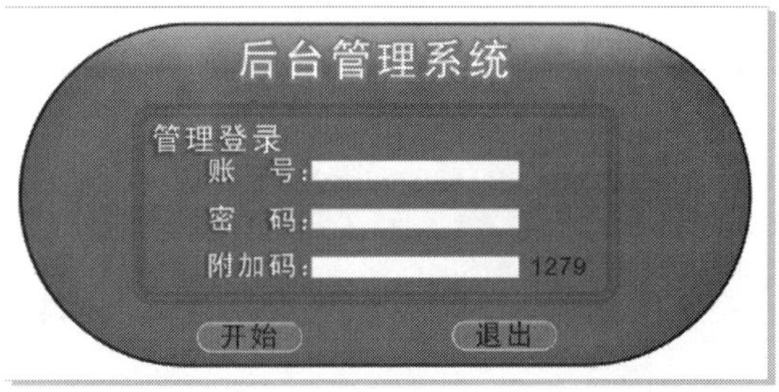

图 8-106 取消对象的选择

8.5.2 制作三维文字

三维文字的应用范围很广泛，它可以应用在广告招牌、封面设计、招贴设计、包装装潢设计、网页设计、书籍装帧设计、多媒体艺术设计、海报设计等方面。下面我们就简单地来介绍一下利用【立体工具】、【阴影工具】以及【文本工具】等来实现的一个三维文字的制作。具体的操作步骤如下。

01 在菜单栏中选择【文件】|【新建】命令，在弹出的对话框中将【宽度】、【高度】分别设置为 300mm、300mm，【渲染分辨率】设置为 300dpi，然后单击【确定】按钮，如图 8-107 所示。

02 在工具箱中单击（文本工具）按钮，在绘图页中输入“A”，如图 8-108 所示。

03 选择（选择）工具，在工具栏中将【字体】设置为 Arial Rounded MT Bold，将【字体大小】设置为 500pt，设置后的效果如图 8-109 所示。

04 在工具箱中单击（选择工具）按钮，在绘图页中调整文字，调整后的效果如图 8-110 所示。

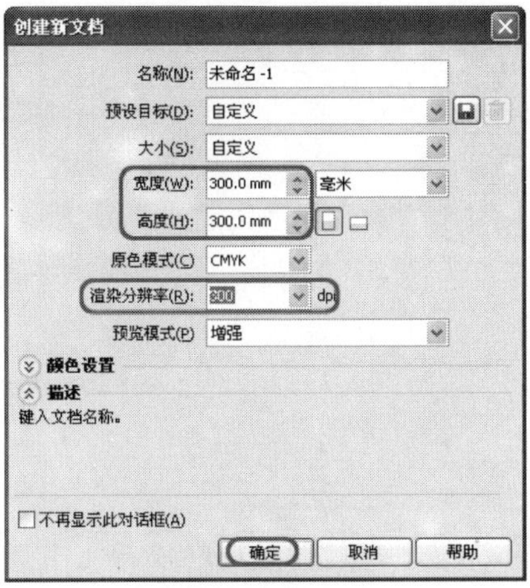

图 8-107　新建文档

图 8-108　输入文字

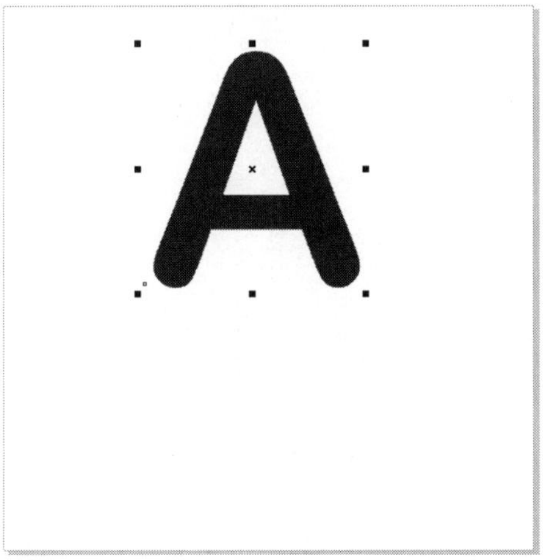

图 8-109　设置文本

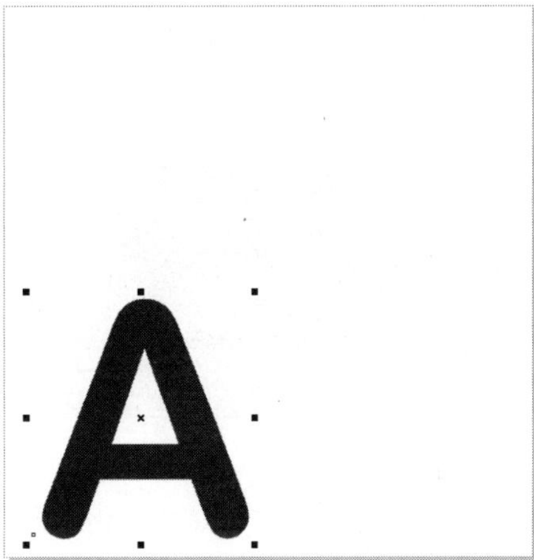

图 8-110　调整位置

05　在工具箱中单击（填充工具）按钮，再在弹出的浮动框中选择【渐变填充】命令，在弹出的对话框中将【类型】设置为【线性】，选择【颜色调和】区域中的【自定义】单选按钮，在渐变区域中，根据需要添加滑块，在位置 1 处将颜色的 RGB 值设置为 94、220、255，在位置 9 处将颜色的 RGB 值设置为 94、220、255，在位置 24 处将颜色的 RGB 值设置为 255、255、255，在位置 31 处将颜色的 RGB 值设置为 94、220、255，在位置 39 处将颜色的 RGB 值设置为 129、205、227，在位置 48 处将颜色的 RGB 值设置为 255、255、255，在位置 77 处将颜色的 RGB 值设置为 112、222、255，在位置 83 处将颜色的 RGB 值设置为 255、255、255，在位置 99 处将颜色的 RGB 值设置为 231、59、118，如图 8-111 所示。

06　设置完成后，单击【确定】按钮，完成后的效果如图 8-112 所示。

07　确认文本处于选择状态，在状态栏中双击轮廓色块，在弹出的对话框中将【颜色】的 RGB 值设置为 107、220、255，如图 8-113 所示。

08　设置完成后单击【确定】按钮，添加轮廓后的效果如图 8-114 所示。

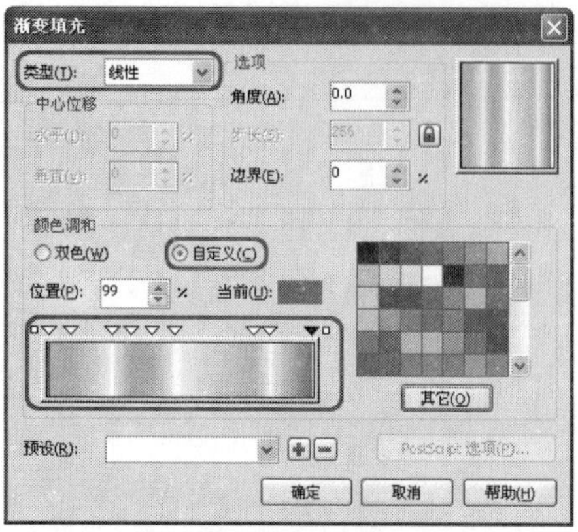

图 8-111　设置渐变

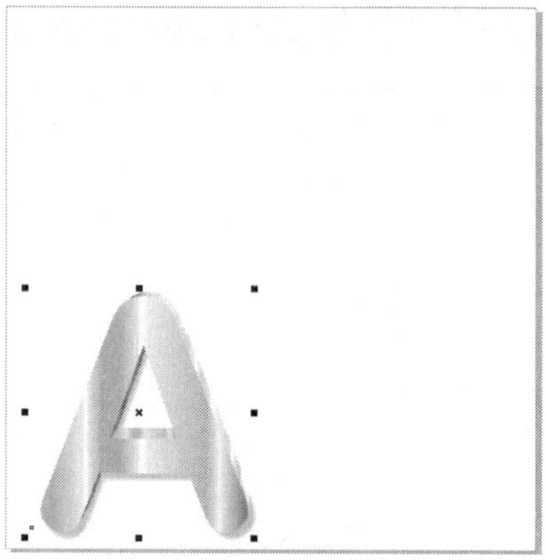

图 8-112　设置渐变的效果

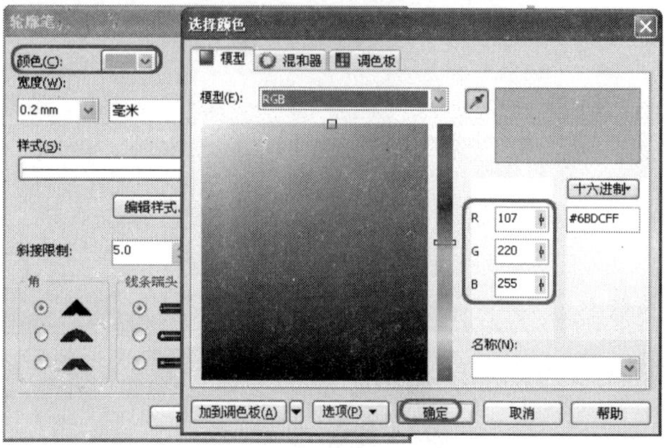

图 8-113　设置轮廓

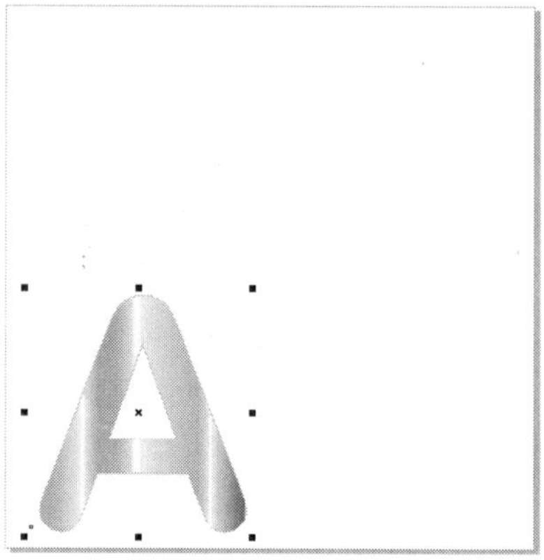

图 8-114　添加轮廓后的效果

09　在工具箱中单击（立体化工具）按钮，为文本添加立体，在属性栏中将【深度】设置为 5 ，在绘图页中拖动鼠标，添加完成后的效果如图 8-115 所示。

10　在属性栏中单击（立体化照明）按钮，在弹出的面板中单击【光源 1】按钮，再在面板中调整光源的位置，如图 8-116 所示。

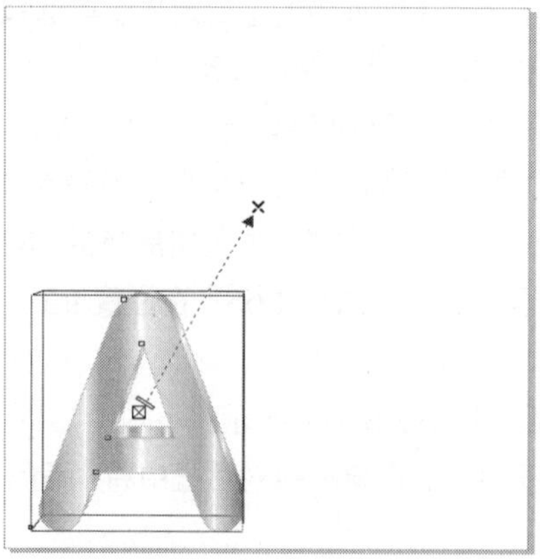

图 8-115　设置立体化

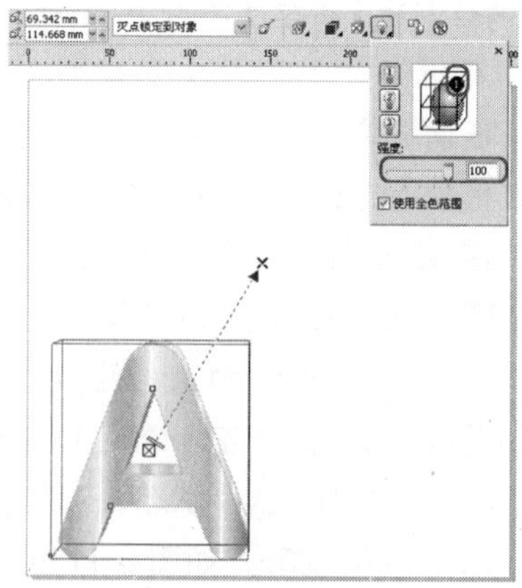

图 8-116　设置光源 1

11 再在属性栏中的立体化照明面板中单击【光源 2】按钮，并调整它的位置，调整后的效果如图 8-117 所示。

12 在工具箱中选择 （阴影）工具，在绘图页中拖动鼠标指针，在属性栏中将【阴影不透明度】设置为 22，将【阴影颜色】设置为黑色，如图 8-118 所示。

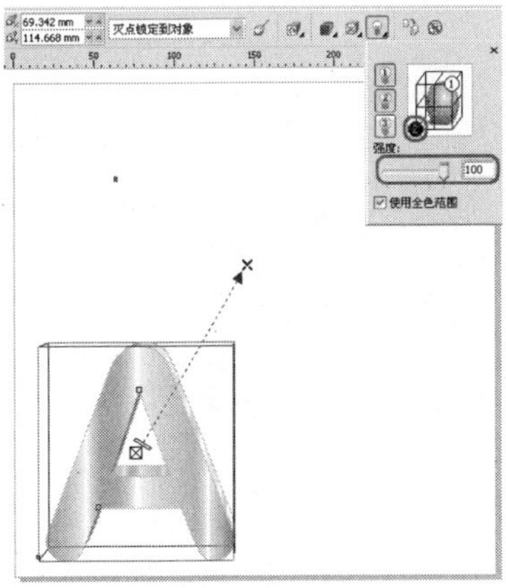

图 8-117　设置光源 2

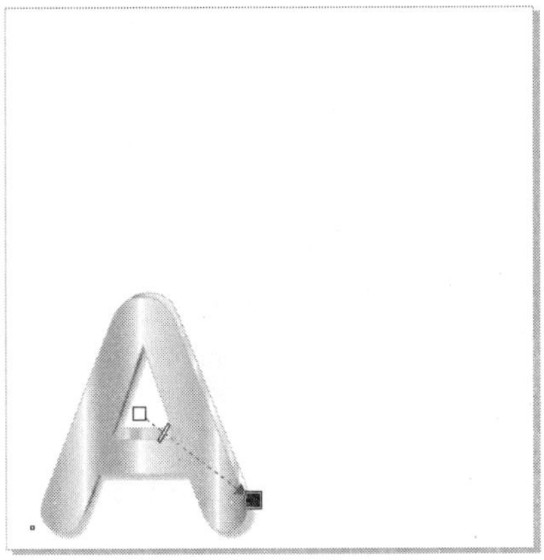

图 8-118　设置阴影

13 在工具箱中单击 （文本工具）按钮，在工具栏中将【字体】设置为 Arial Rounded MT Bold，将【字体大小】设置为 500pt，在绘图页中输入“B”，并在绘图页中调整它的位置，完成后的效果如图 8-119 所示。

14 在工具箱中单击 （填充工具）按钮，再在弹出的浮动框中选择【渐变填充】命令，在弹出的对话框中将【类型】设置为【线性】，选择【颜色调和】区域中的【自定义】单选按钮，在渐变区域中，根据需要添加滑块，在位置 1 处将颜色的 RGB 值设置为 255、40、150，在位置 19 处将颜色的 RGB 值设置为 255、40、150，在位置 24 处将颜色的 RGB 值设置为 255、255、255，在位置 31 处将颜色的 RGB 值设置 255、40、150，在位置 39 处将颜色的 RGB 值设置为 255、40、150，在位置 48 处将颜色的 RGB 值设置为 255、255、255，在位置 77 处将颜色的 RGB 值设置为 255、40、150，在位置 83 处将颜色的 RGB 值设置为 255、40、150，在位置 99 处将颜色的 RGB 值设置为 255、255、0，如图 8-120 所示。

图 8-119　输入文字

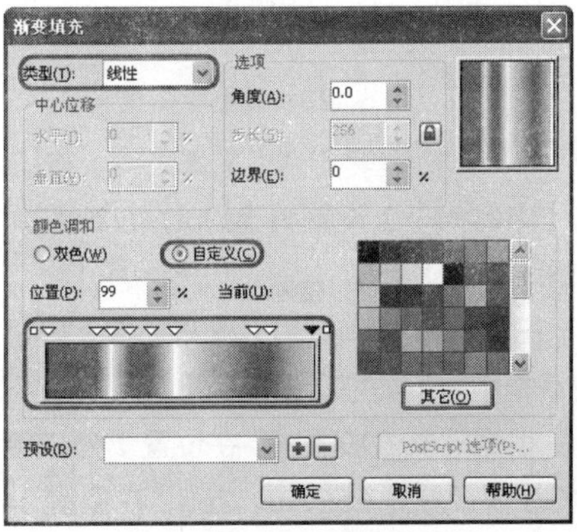

图 8-120　设置渐变

15 设置完成后，单击【确定】按钮，完成后的效果如图 8-121 所示。

16 确认文本处于选择状态，在状态栏中双击轮廓色块，在弹出的对话框中将【颜色】的 RGB 值设置为 107、220、255，设置完成后单击【确定】按钮，添加轮廓后的效果如图 8-122 所示。

图 8-121 设置渐变的效果

图 8-122 添加轮廓

17 在工具箱中单击（立体化工具）按钮，为文本添加立体，在属性栏中将【深度】设置为 5，在绘图页中拖动鼠标，添加完成后的效果如图 8-123 所示。

18 在工具箱中选择（阴影）工具，在属性栏中将【阴影不透明度】设置为 50，将【阴影颜色】设置为黑色。在绘图页中拖动鼠标，如图 8-124 所示。

图 8-123 设置立体化

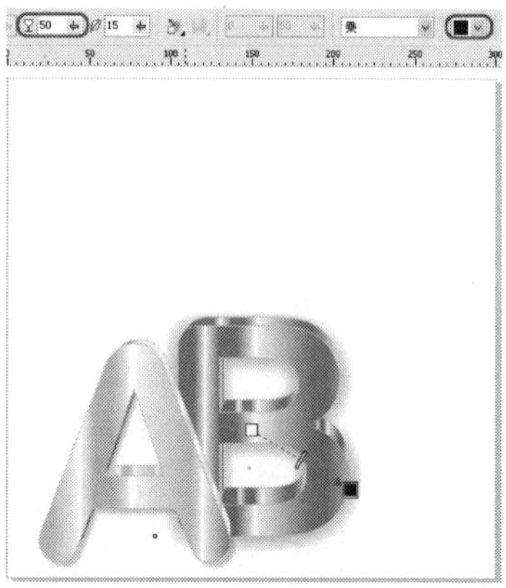

图 8-124 设置阴影

19 在工具箱中单击（文本工具）按钮，在工具栏中将【字体】设置为 Arial Rounded MT Bold，将【字体大小】设置为 500pt，在绘图页中输入“C”，并在绘图页中调整它的位置，完成后的效果如图 8-125 所示。

20 在工具箱中单击（填充工具）按钮，再在弹出的浮动框中选择【渐变填充】命令，在弹出的对话框中将【类型】设置为【线性】，选择【颜色调和】区域中的【自定义】单选按钮，在渐变区域中，根据需要添加滑块，在位置 1 处将颜色的 RGB 值设置为 255、0 、255，在位置 9 处将颜色的 RGB 值设置为 255、0、255，在位置 24 处将颜色的 RGB 值设置为 255、255、255，在位置 31 处将颜色的 RGB 值设置 255、0、255，在位置 39 处将颜色的 RGB 值设置为 255、0、255，在位置 48 处将颜色的 RGB 值设置为 255、255、255，在位置 77 处将颜色的 RGB 值设置为 255、0、255，在位置 83 处将颜色的 RGB 值设置为 255、0、255，在位置 99 处将颜色的 RGB 值设置为 255、191、0，如图 8-126 所示。

图 8-125　输入文字

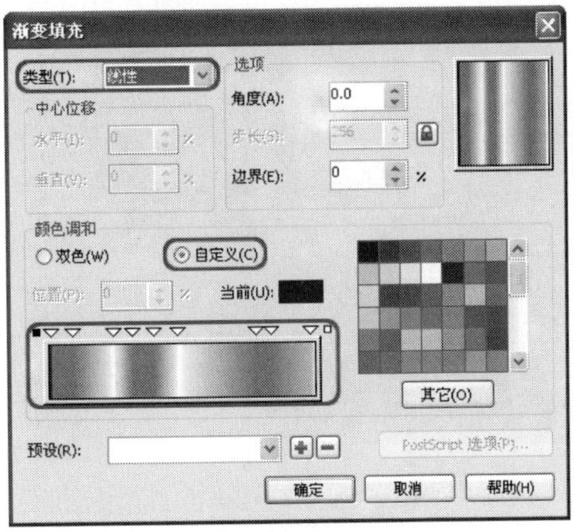

图 8-126　设置渐变

21 设置完成后，单击【确定】按钮，完成后的效果如图 8-127 所示。

22 确认文本处于选择状态，在状态栏中双击轮廓色块，在弹出的对话框中将【颜色】的 RGB 值设置为 107、220、255，设置完成后单击【确定】按钮，添加轮廓后的效果如图 8-128 所示。

图 8-127　设置渐变的效果

图 8-128　添加轮廓

23 在工具箱中单击（立体化工具）按钮，为文本添加立体，在属性栏中将【深度】设置为 5 ，在绘图页中拖动鼠标，添加完成后的效果如图 8-129 所示。

24 在工具箱中选择（阴影）工具，在绘图页中拖动鼠标，在属性栏中将【阴影不透明度】设置为 50，将【阴影颜色】设置为黑色，如图 8-130 所示。

25 按 Ctrl+I 组合键，在弹出的对话框中选择随书附带光盘中的 CDROM|素材|Cha08|背景.jpg 文件，单击【导入】按钮，在绘图页中调整它的位置以及大小，如图 8-131 所示。

26 按 Ctrl+I 组合键，在弹出的对话框中选择随书附带光盘中的 CDROM|素材|Cha08|01.psd、02.psd、03.psd、04.psd 文件，单击【导入】按钮，在绘图页中调整其位置以及大小，如图 8-132 所示。

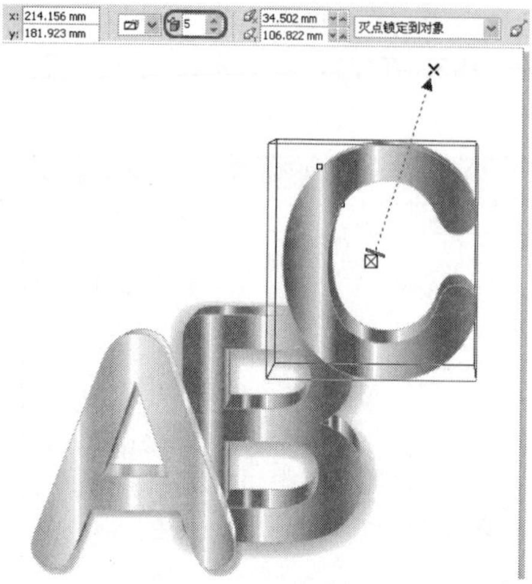

图 8-129　设置立体化

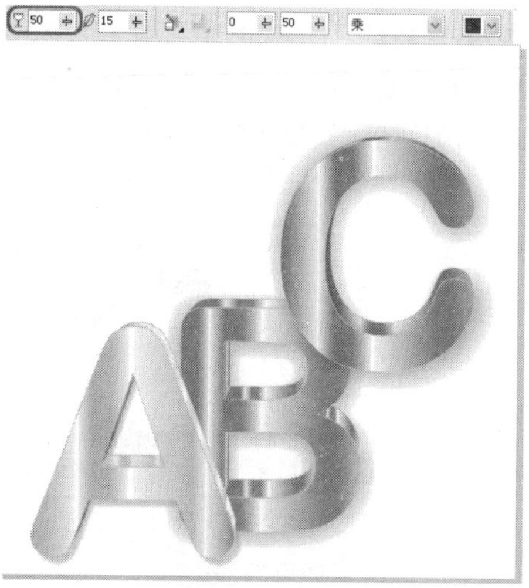

图 8-130　设置阴影

图 8-131　导入素材

图 8-132　导入素材

27 在工具箱中单击字（文本工具）按钮，在工具栏中将【字体】设置为 Bauhaus 93，将【字体大小】设置为 72pt，在绘图页中输入“happiness”，并在绘图页中调整它的位置，完成后的效果如图 8-133 所示。

28 在默认的 CMYK 调色板中单击 C、M、Y、K 值分别为 0、100、0、0 的色块，为输入的文本填充颜色，如图 8-134 所示。

29 在状态栏中双击轮廓色块，在弹出的对话框中将【颜色】设置为 0、0、100、0，将【宽度】设置为 2.0mm，如图 8-135 所示。

图 8-133　输入文本

图 8-134　填充颜色

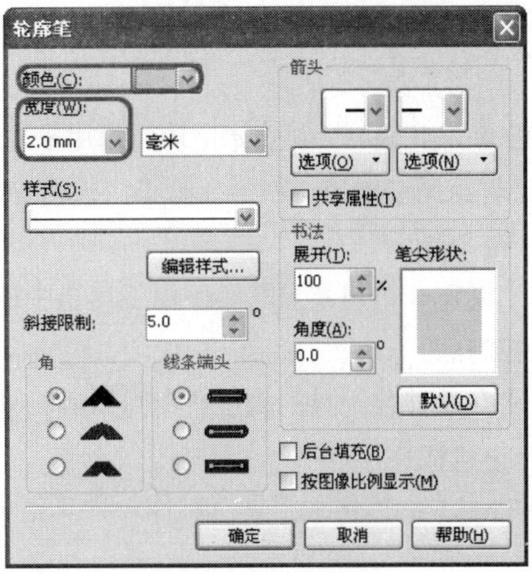

图 8-135　设置轮廓

30　设置完成后单击【确定】按钮，再在工具箱中选择（选择）工具，在绘图页的空白处单击，取消对对象的选择，完成后的效果如图 8-136 所示。

31　选择菜单栏中的【文件】|【另存为】命令，在弹出的【保存绘图】对话框中选择存储路径，设置【文件名】，然后单击【保存】按钮，如图 8-137 所示。

图 8-136　完成后的效果

图 8-137　设置保存路径及命名

本 章 习 题

下面通过课后习题来巩固前面学习的基础知识。

1．选择题

（1）使用（　　）工具可以使二维对象变为三维对象。

A．轮廓工具　　　　B．立体化工具

C．阴影工具　　　　D．透视命令

（2）(　　) 工具可以使网格填充对象产生阴影效果。

A. 阴影工具　　B. 立体化工具　　C. 轮廓工具

（3）CorelDRAW 的立体化功能作用于对象的（　　）。

A. 群组渐变填充　　B. 段落文本　　C. 网格填充对象

2. 填空题

（1）制作一个包装盒需要使用工具箱中的________工具添加立体化效果，并使用________命令来调整控制点。

（2）在立体化工具的属性栏中可以单击________按钮删除立体化效果。

3. 上机操作

使用（立体化）工具，制作一种其他样式的立体文字。

第 9 章　应用透明度与透镜

本章重点

- 使用透明度工具。
- 使用透镜。

在 CorelDRAW 应用程序中可以为对象应用透明效果，使该对象后面的对象显示出来，并且还可以指定透明对象的颜色与其下方颜色合并的方式。

使用透镜可以改变对象的外观但不实际更改对象，从而创建出多种创意效果。

9.1　使用透明度工具

使用透明度工具可以为对象添加透明效果。就是指通过改变图像的透明度，使其成为透明或半透明图像的效果。还可以通过属性栏选择透明度类型，调整透明角度和边界大小，以及控制透明度目标等。

在介绍透明度工具之前，首先来介绍一下其属性栏。

- （编辑透明度）按钮：单击该按钮，弹出【渐变透明度】对话框，用户可以根据需要在其中编辑所需的渐变，来改变透明度。
- 【透明度类型】选项：用户可以在其下拉列表中选择所需的透明度类型，如“标准”、“线性”、“辐射”等。
- 【透明度操作】选项：用户可以在其下拉列表中选择所需的透明度模式，如“常规”、“添加”、“减少”、“差异”、“乘”、“除”、“如果更亮”、“如果更暗”、“底纹化”、“色度”、“饱和度”和“亮度”等。
- 【透明中心点】选项：用户可以拖动滑杆上的滑块来设置透明的中心位置。
- 【角度和边界】选项：用户可以在 0.0 ° 中设置所需的参数来改变渐变透明的角度，在 0 % 中设置所需的参数来改变渐变透明的边界。
- 【透明度目标】选项：在其下拉列表中可以选择要应用透明度的目标对象，如“填充”、“轮廓”或“全部”。
- 【冻结透明度】按钮：单击该按钮，可以冻结透明度内容——透明度对象下方的对象的视图随透明度对象移动，但实际对象保持不变，图 9-1 所示为冻结前与冻结后移动透明度对象后的对比效果。

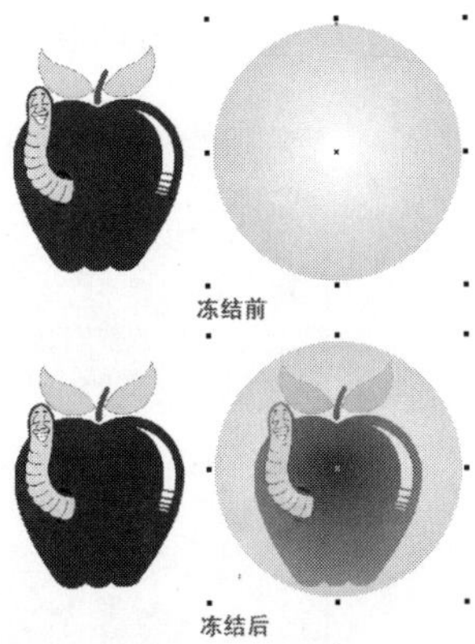

图 9-1　冻结前与冻结后的效果

9.1.1 应用透明度

下面通过一个小例子来介绍一下应用透明度的方法。

01 新建一个横向的文档，并导入一张素材图片，如图 9-2 所示。

图 9-2 导入的素材文件

02 在工具箱中选择 （椭圆形）工具，在绘图页中绘制椭圆形，将其填充为黄色，并取消轮廓线的填充，效果如图 9-3 所示。

03 选择工具箱中的 （透明度）工具，在属性栏中将【透明度类型】定义为圆锥，将【透明中心点】参数设置为 15，将【角度】设置为 90，如图 9-4 所示。

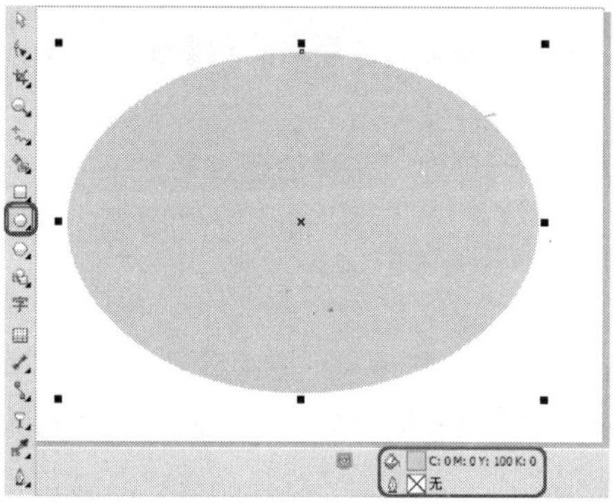

图 9-3 绘制黄色椭圆形

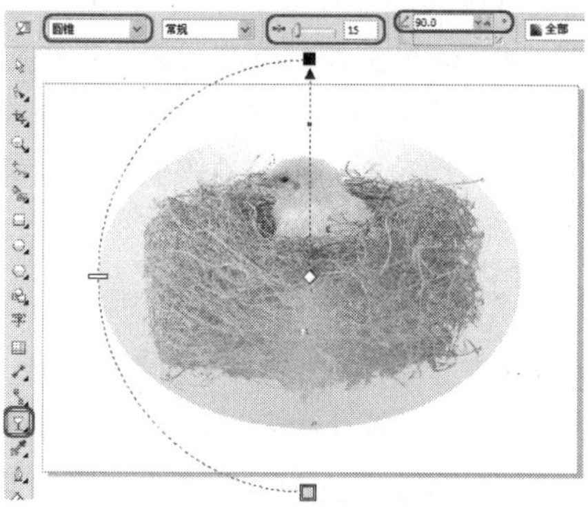

图 9-4 添加透明效果

9.1.2 编辑透明度

为图像添加透明度效果后，再来对透明度进行编辑。下面将介绍编辑透明度的方法。

01 继续上一小节的操作，在属性栏中单击 （编辑透明度）按钮，弹出【渐变透明度】对话框，在该对话框中将【中心位移】区域下的【水平】设置为 20，将【选项】区域下的【角度】参数设置为 135，设置完成后单击【确定】按钮，如图 9-5 所示。

02 编辑完透明度后的效果如图 9-6 所示。

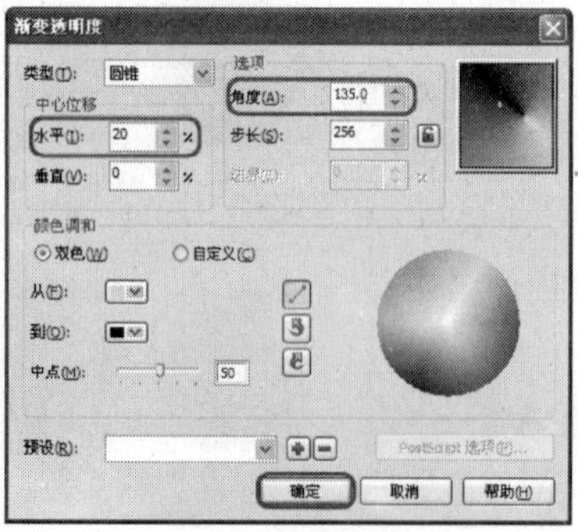

图 9-5 编辑透明度

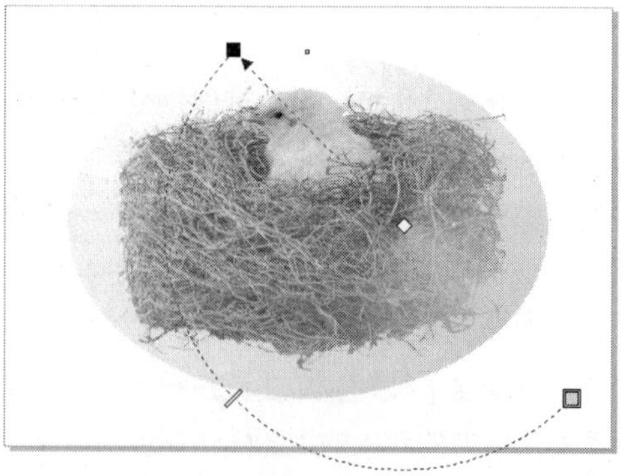

图 9-6 编辑完透明度后的效果

9.1.3　更改透明度类型

用户也可以对透明度类型进行更改，下面介绍在属性栏中更改透明度类型的方法。

01　继续上一小节的操作，在属性栏中的【透明度类型】下拉列表中选择【辐射】选项，即可将透明度类型更改为辐射，如图 9-7 所示。

02　继续在属性栏中将【透明度类型】定义为【全色图样】，并选择一种图样，然后将【开始透明度】参数设置为 15，即可将透明度类型更改为全色图样，完成后的效果如图 9-8 所示。

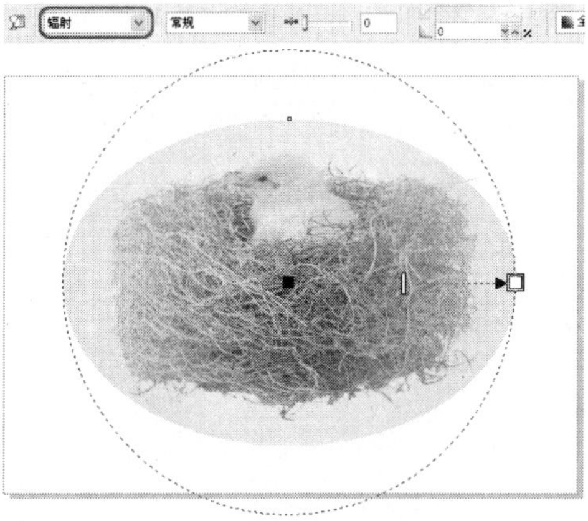

图 9-7　辐射透明效果

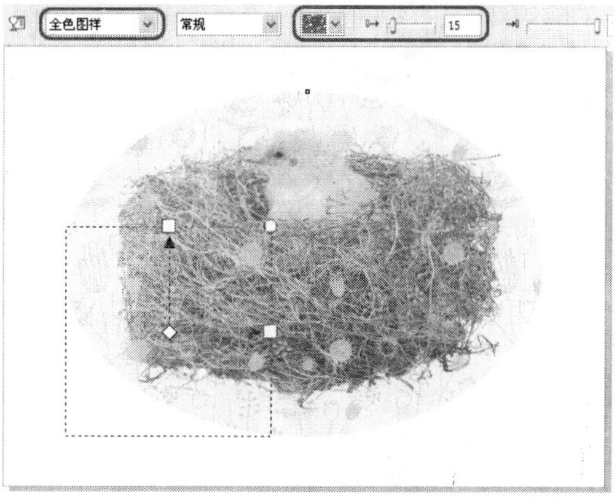

图 9-8　全色图样效果

用户也可以选择其他的透明度类型，这里就不再介绍了。

9.1.4　应用透明度模式

下面来介绍一下透明度模式的应用。

01　继续上一小节的操作，在属性栏的【透明度操作】下拉列表中选择【底纹化】选项，得到如图 9-9 所示的效果。

02　再在属性栏的【透明度操作】下拉列表中选择【饱和度】选项，效果如图 9-10 所示。

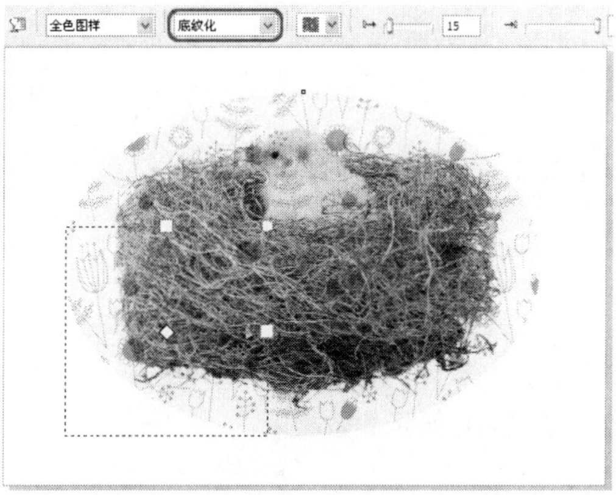

图 9-9　选择【底纹化】选项后的效果

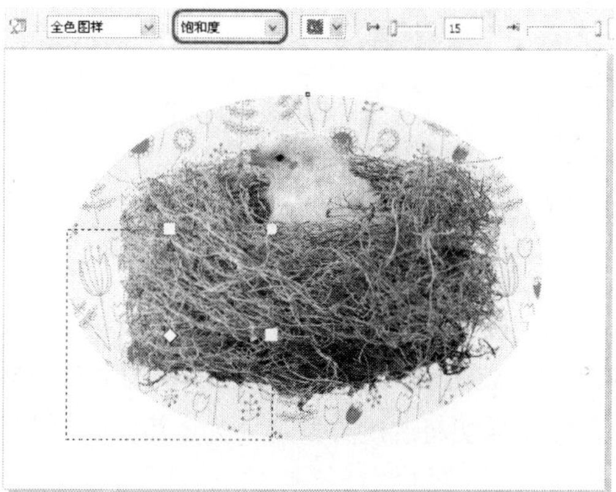

图 9-10　选择【饱和度】选项后的效果

9.2 使用透镜

选择菜单栏中的【窗口】|【泊坞窗】|【透镜】命令，或者按 Alt+F3 组合键，即可打开【透镜】泊坞窗，如图 9-11 所示。在该泊坞窗中可以为对象添加透镜效果。此效果是指通过改变对象外观或改变观察透镜下对象的方式所取得的特殊效果。

下面通过一个小例子来介绍一下透镜效果的应用。

01 新建一个空白文档，并导入一张素材图片，如图 9-12 所示。

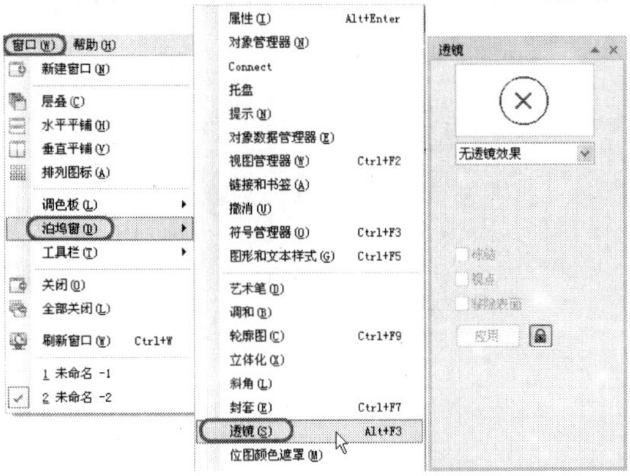

图 9-11 打开【透镜】泊坞窗

图 9-12 导入的素材文件

02 选择工具箱中的（椭圆形）工具，在绘图页中配合 Ctrl 键绘制正圆，如图 9-13 所示。

03 为新绘制的正圆填充洋红色，然后取消轮廓线的填充，如图 9-14 所示。

图 9-13 绘制正圆

图 9-14 填充颜色

04 按 Alt+F3 组合键，打开【透镜】泊坞窗，将透镜类型定义为【放大】，将【数量】参数设置为 2，如图 9-15 所示，即可为正圆添加透镜效果。

05 再次将透镜类型定义为【热图】，即可得到如图 9-16 所示的效果。

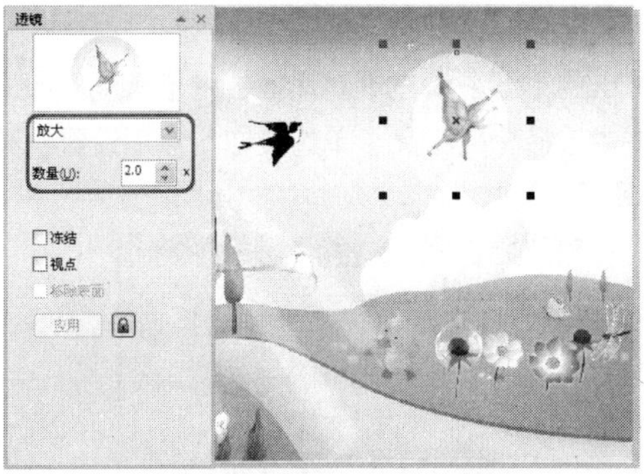

图 9-15　将透镜类型定义为【放大】

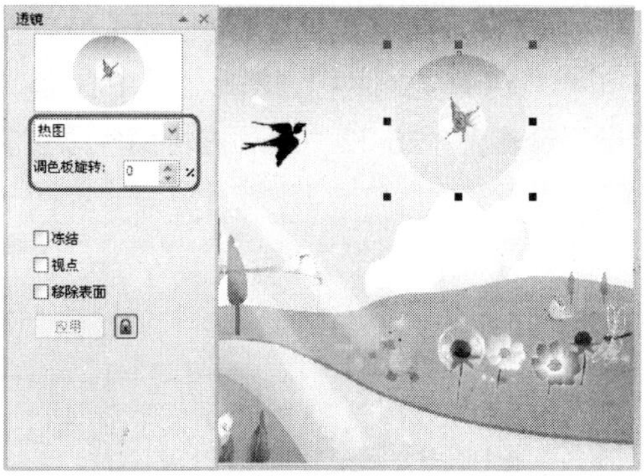

图 9-16　将透镜类型定义为【热图】

用户也可以选择不同类型的透镜，选择的类型不同得到的效果也不同，用户可以尝试着选择不同的类型，观察效果。

提示：不能将透镜效果直接应用于链接群组，如调和的对象、勾画轮廓线的对象、立体化对象、阴影、段落文本或用艺术笔创建的对象。

9.3　上机练习——绘制柠檬果汁

本例将介绍柠檬果汁效果的绘制，该例的制作比较简单，主要是通过（贝塞尔）工具绘制酒杯和果汁，将各部分填充颜色，并适当地为其添加透明效果，完成后的效果如图 9-17 所示。

图 9-17　柠檬果汁效果

9.3.1　绘制高脚杯

下面介绍高脚杯的绘制。

01　选择菜单栏中的【文件】|【新建】命令，如图 9-18 所示。

02　在弹出的【创建新文档】对话框中，设置【名称】为【绘制柠檬汁】，设置【高度】为 297mm，设置【宽度】为 210mm，如图 9-19 所示，然后单击【确定】按钮。

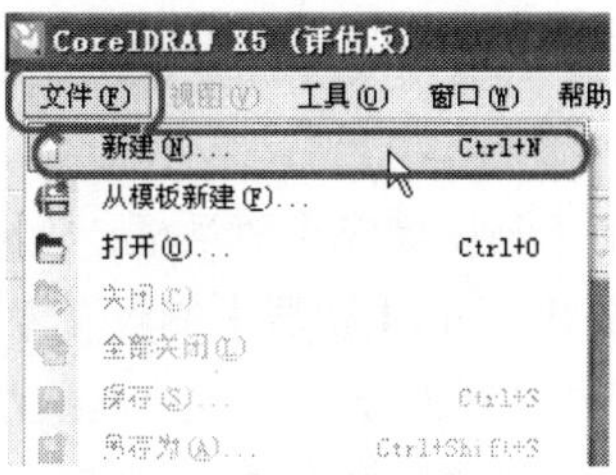

图 9-18　选择【新建】命令

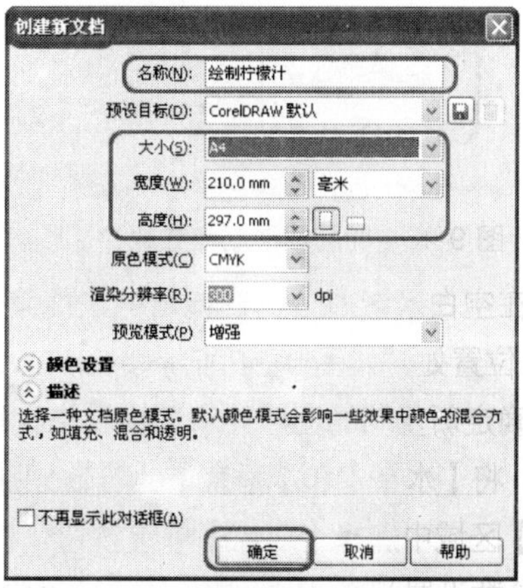

图 9-19　【创建新文档】对话框

03 选择工具箱中的（椭圆形）工具，在绘图页中绘制椭圆，如图 9-20 所示。

04 选中新绘制的椭圆图形，按 F11 键，在弹出的【渐变填充】对话框中将【角度】和【边界】分别设置为–135 和 10%，在【颜色调和】区域中选择【自定义】单选按钮，然后设置一种渐变颜色，设置完成后单击【确定】按钮，如图 9-21 所示。

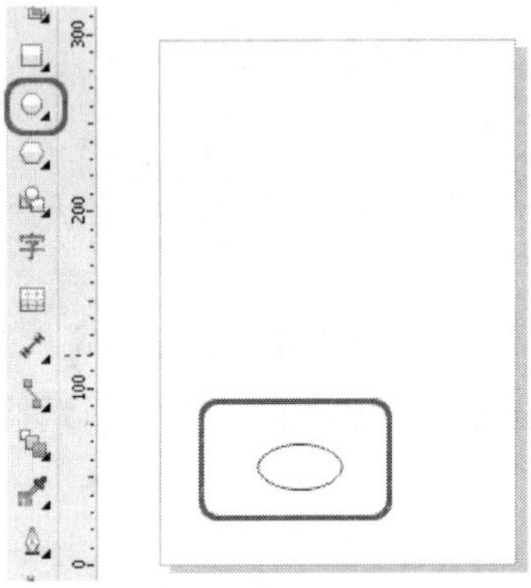

图 9-20 绘制椭圆图形

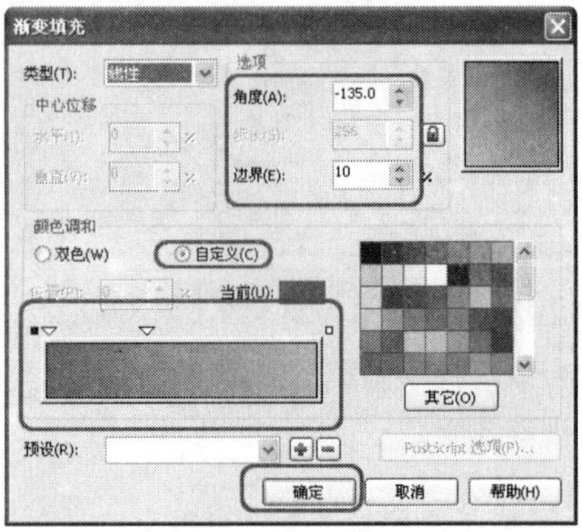

图 9-21 【渐变填充】对话框

05 填充完渐变颜色后，取消该图形轮廓线的填充，如图 9-22 所示。

06 选中填充渐变效果后的椭圆图形，右击，在弹出的快捷菜单中选择【复制】命令，如图 9-23 所示。

图 9-22 椭圆图形渐变效果

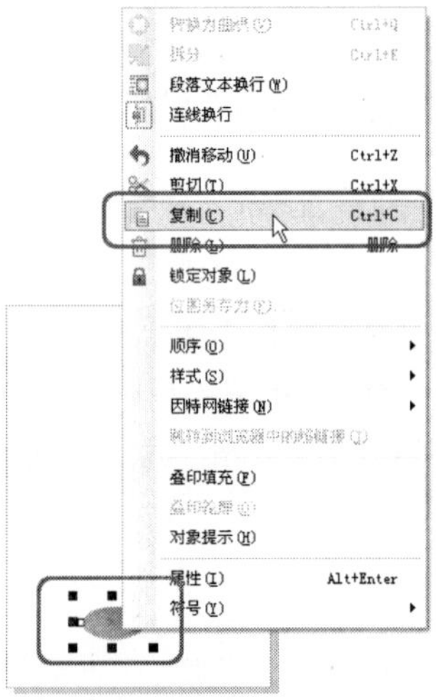

图 9-23 选择【复制】命令

07 在空白区域右击，在弹出的快捷菜单中选择【粘贴】命令。选中新复制的图形，并将其移动至适当位置处，如图 9-24 所示。

08 确定新复制的图形处于选择状态，按 F11 键，弹出【渐变填充】对话框，设置【类型】为【辐射】，将【水平】和【垂直】的参数分别设置为–33%和 1%，将【边界】参数设置为 9%，在【颜色调和】区域中选择【双色】单选按钮，将【从】的 CMYK 参数设置为 6、0、49、0，将【到】的 CMYK 参数设置为 3、30、79、0，设置完成后单击【确定】按钮，如图 9-25 所示。

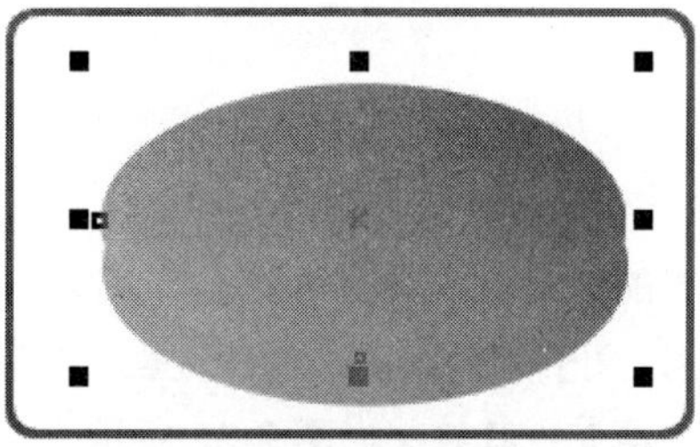

图 9-24　调整新复制图形位置

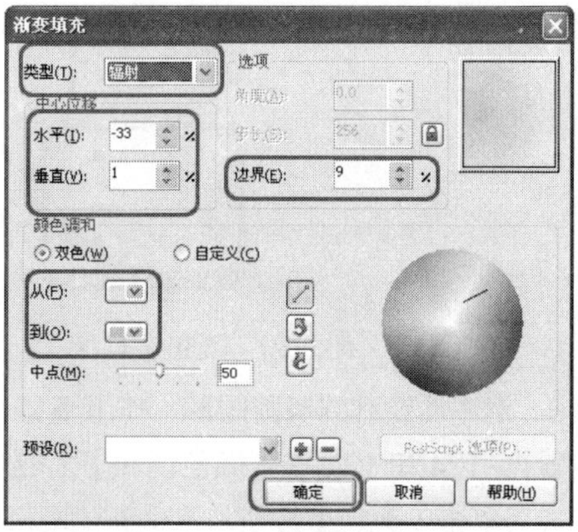

图 9-25　【渐变填充】对话框

09　更改完渐变颜色后的效果如图 9-26 所示。

10　选择工具箱中的（椭圆形）工具，在渐变图形上绘制椭圆，如图 9-27 所示。

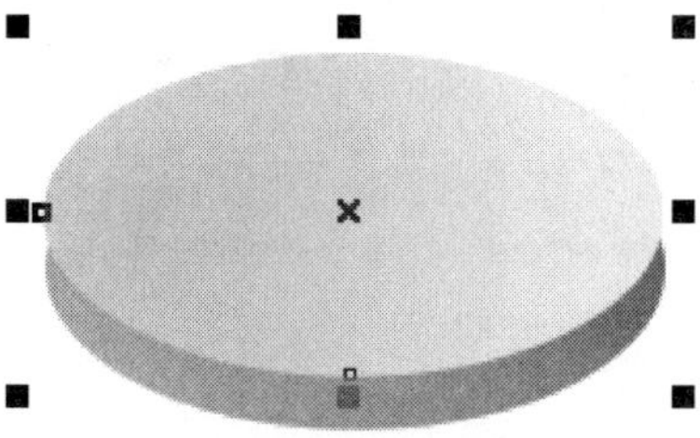

图 9-26　更改完渐变颜色后的效果

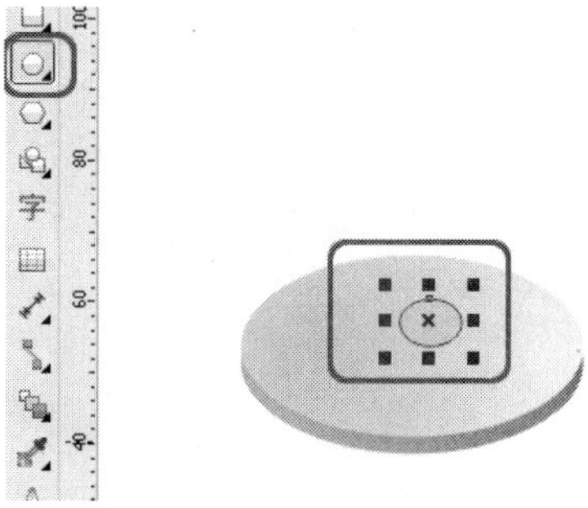

图 9-27　绘制新椭圆

11　确定新绘制的图形处于选择状态，将该图形填充为 CMYK 参数为 1、0、12、0 的颜色，并取消轮廓线的填充，如图 9-28 所示。

12　选择工具箱中的（贝塞尔）工具，在渐变图形上绘制图形，并使用（形状）工具对图形进行调整，完成后的效果如图 9-29 所示。

图 9-28　填充颜色

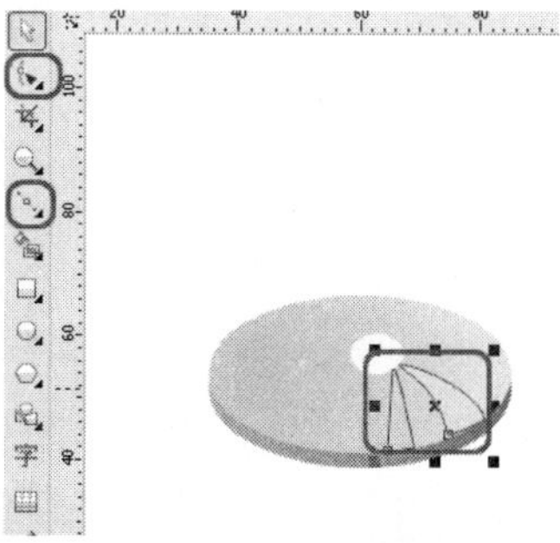

图 9-29　绘制并调整图形

13　确定两个新绘制的图形处于选择状态，将该图形填充为 CMYK 参数为 1、0、12、0 的颜色，并取消轮廓线的填充，如图 9-30 所示。

14　选择工具箱中的（椭圆形）工具，在绘图页中绘制椭圆，如图 9-31 所示。

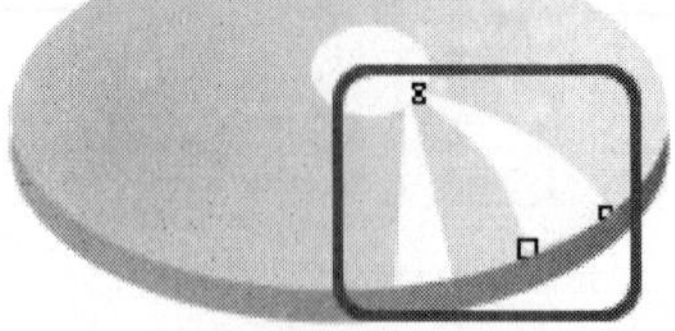

图 9-30　填充效果

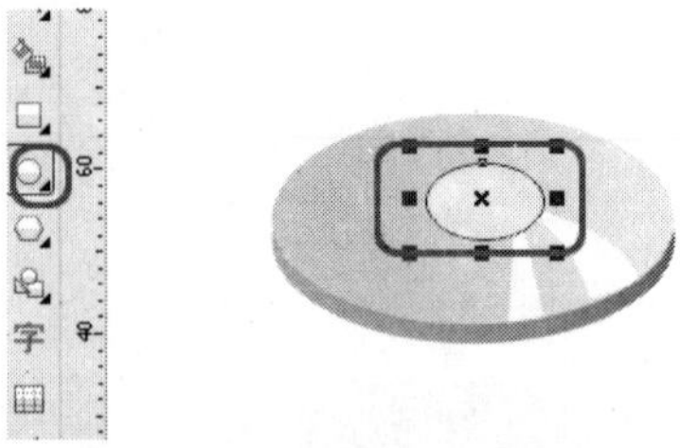

图 9-31　绘制新椭圆图形

15　选中新绘制的椭圆图形，按下 F11 键，在弹出的对话框中将【角度】和【边界】的参数分别设置为-124 和 12，在【颜色调和】区域中选择【自定义】单选按钮，然后设置一种渐变颜色，设置完成后单击【确定】按钮，取消新建图形的轮廓线的填充，其效果如图 9-32 所示。

16　继续使用（椭圆形）工具绘制新的椭圆图形，按下 F11 键，在弹出的对话框中将【角度】和【边界】的参数分别设置为-124 和 12，在【颜色调整】区域中选择【双色】单选按钮，将【从】的 CMYK 参数设置为 3、30、79、0，将【到】的 CMYK 参数设置为 6、0、49、0，然后取消轮廓线的填充，完成后的效果如图 9-33 所示。

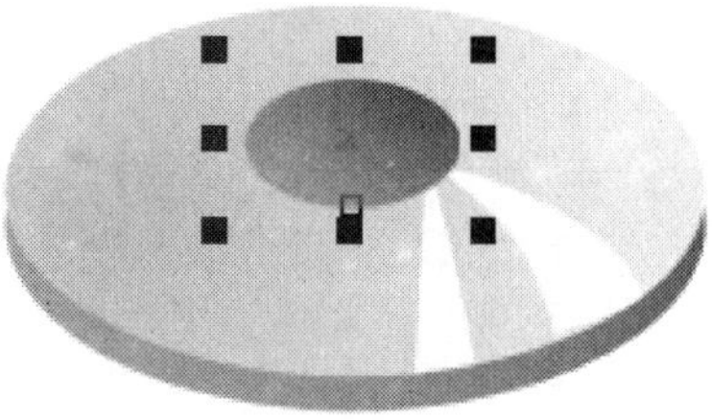

图 9-32　填充效果

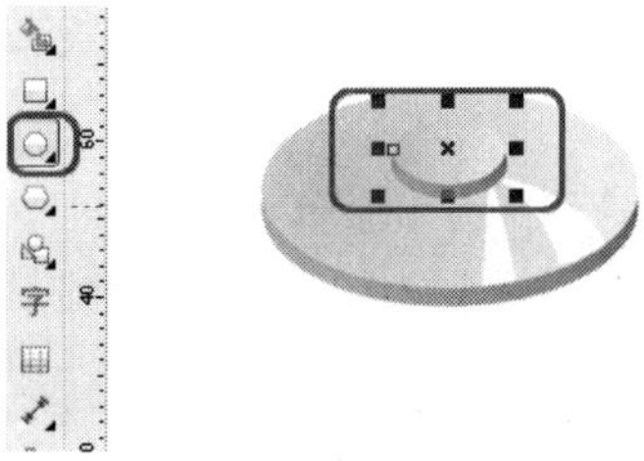

图 9-33　绘制图形并填充颜色

17　选择工具箱中的（矩形）工具，在绘图页中绘制矩形，如图 9-34 所示。

18　选择工具箱中的（多边形）工具，在属性栏中将【多边形边数】设置为 3，然后在绘图页中从下向上绘制图形，并调整图形的位置，如图 9-35 所示。

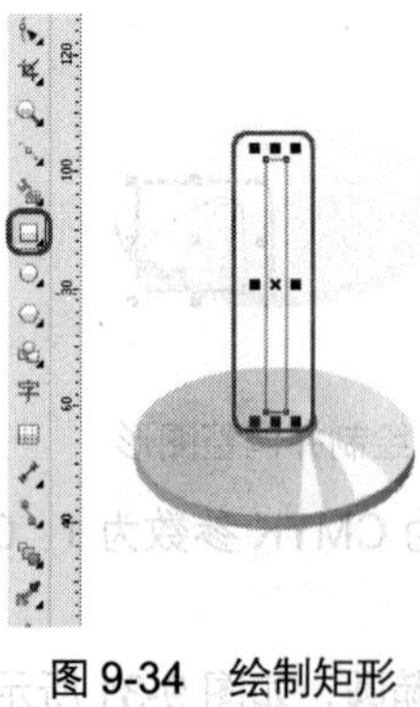

图 9-34　绘制矩形

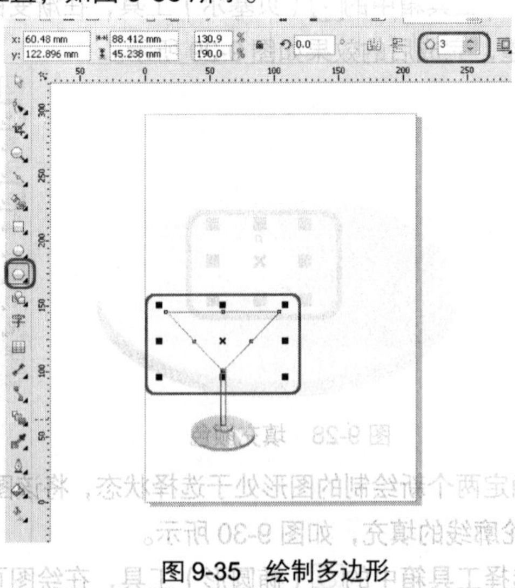

图 9-35　绘制多边形

19 选中新绘制的三角形，右击，在弹出的快捷菜单中选择【转换为曲线】命令，如图 9-36 所示。

20 使用工具箱中的（形状）工具，对图形进行调整，完成后的效果如图 9-37 所示。

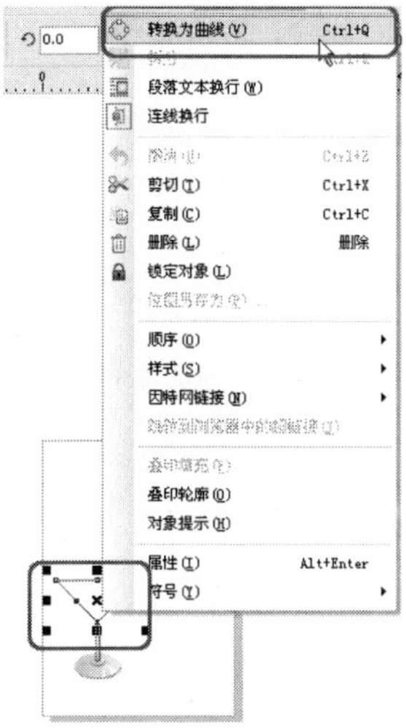

图 9-36　选择【转换为曲线】命令

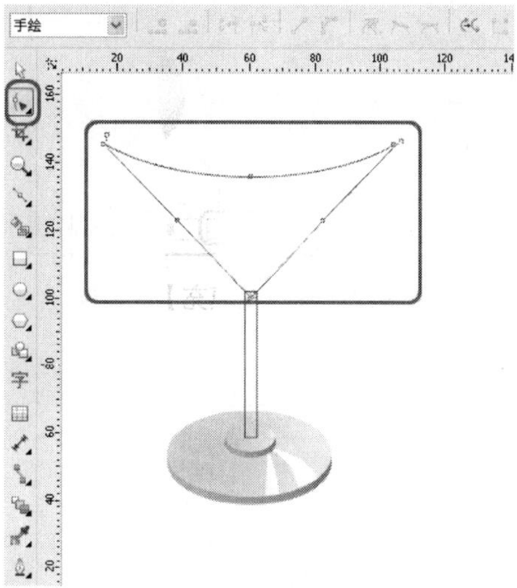

图 9-37　调整图像形状

21 选中上一步调整的图形，然后选择工具箱中的（选择）工具，按下 Shift 键的同时选择矩形，然后单击属性栏中的（合并）按钮，如图 9-38 所示。

22 执行命令之后，即可将两个图形合并在一起，效果如图 9-39 所示。

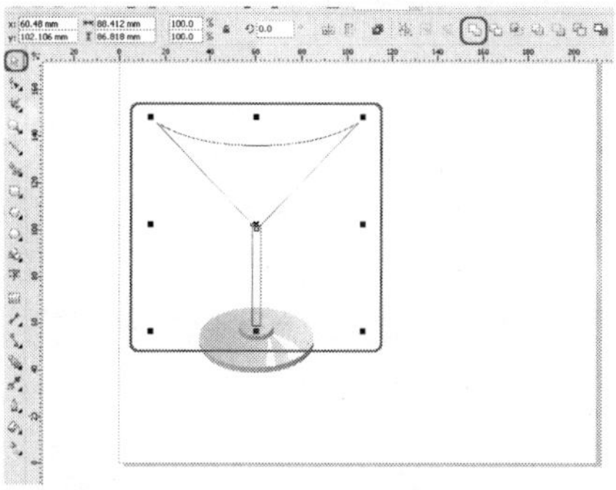

图 9-38　单击（合并）按钮

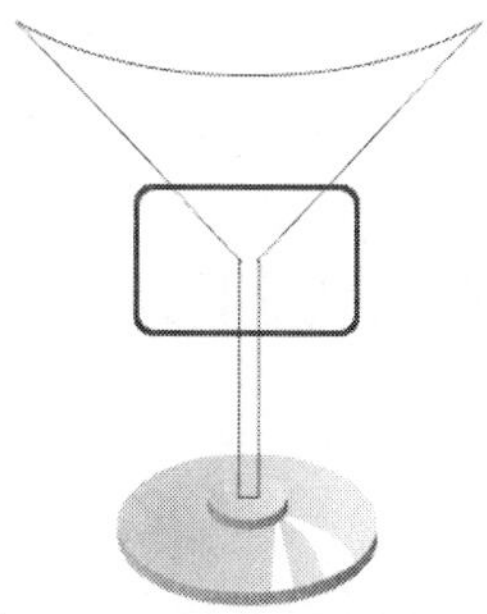

图 9-39　图形合并效果

23 选中合并后的图形，按下 F11 键，在弹出的对话框中将【角度】和【边界】参数设置为−150 和 6%，在【颜色调整】区域中选择【双色】单选按钮，将【从】的 CMYK 参数设置为 4、0、35、0，将【到】的 CMYK 参数设置为 3、15、49、0，如图 9-40 所示，然后单击【确定】按钮。

24 在图形填充完颜色后，取消轮廓线的填充，完成后的效果如图 9-41 所示。

25 选择工具箱中的（椭圆形）工具，在绘图页中绘制两个椭圆，如图 9-42 所示。

26 选中新绘制的两个椭圆，在属性栏中单击（移除前面对象）按钮，如图 9-43 所示。

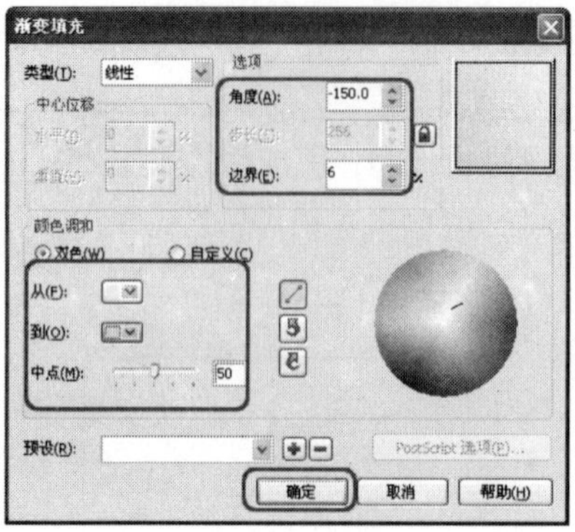

图 9-40 【渐变填充】对话框

图 9-41 图形填充效果

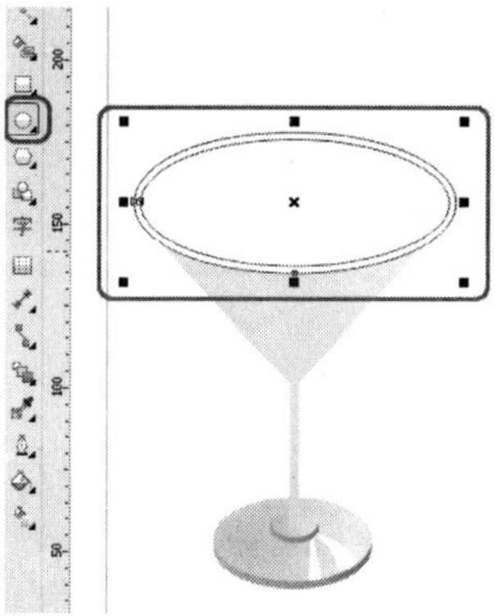

图 9-42 绘制椭圆图形

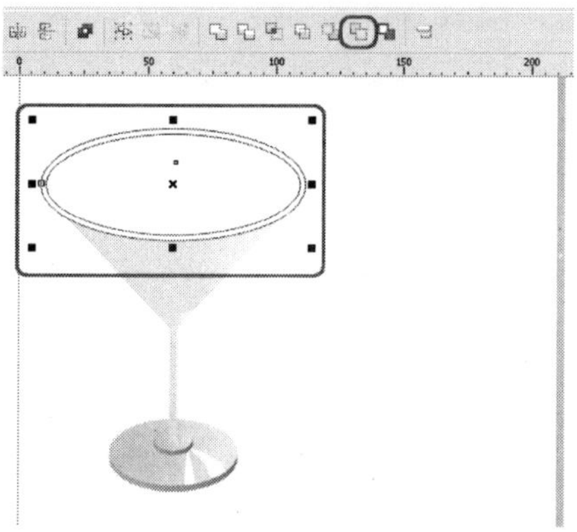

图 9-43 单击（移除前面对象）按钮

27 移除前面对象后的效果如图 9-44 所示。

28 选中修改后的图形，按下 F11 键，在弹出的【渐变填充】对话框中将【角度】和【边界】的参数分别设置为 106.4 和 15%，在【颜色调和】区域中选择【自定义】单选按钮，然后设置一种渐变颜色，单击【确定】按钮，如图 9-45 所示。

图 9-44 移除前面对象后的效果

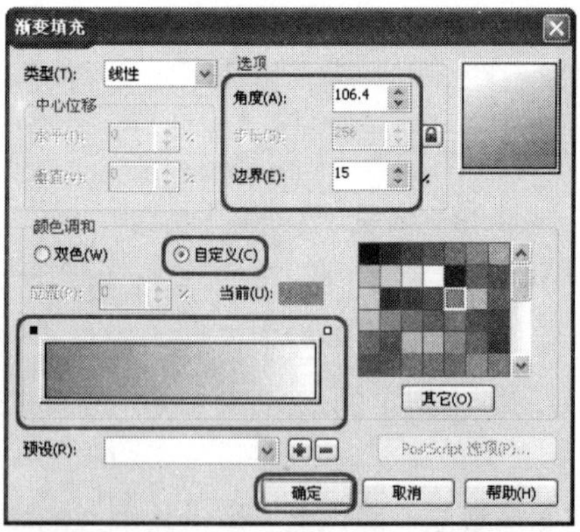

图 9-45 【渐变填充】对话框

29 填充完渐变颜色后，将该图形的轮廓线取消填充，完成后的效果如图 9-46 所示。

30 选择工具箱中的（椭圆形）工具，在绘图页中绘制椭圆，如图 9-47 所示。

图 9-46　填充效果

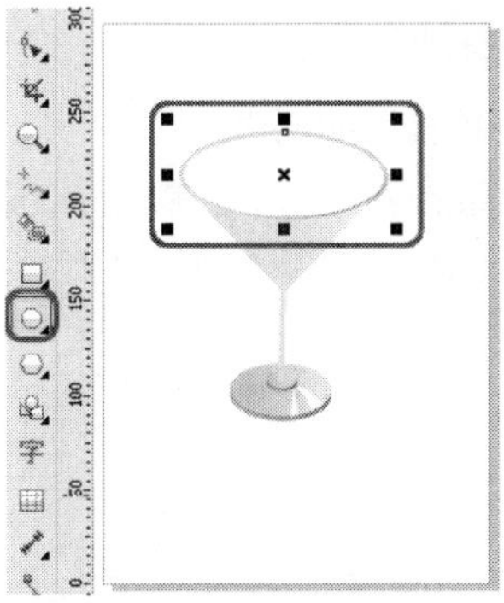

图 9-47　绘制椭圆图形

31 选中新绘制的图形，按下 F11 键，在弹出的【渐变填充】对话框中选择【颜色调和】区域中的【双色】单选按钮，将【从】的 CMYK 参数设置为 2、20、54、0，将【到】的 CMYK 参数设置为 4、0、35、0，设置完成后单击【确定】按钮，如图 9-48 所示。

32 填充完渐变颜色后，将该图形的轮廓线取消填充，效果如图 9-49 所示。

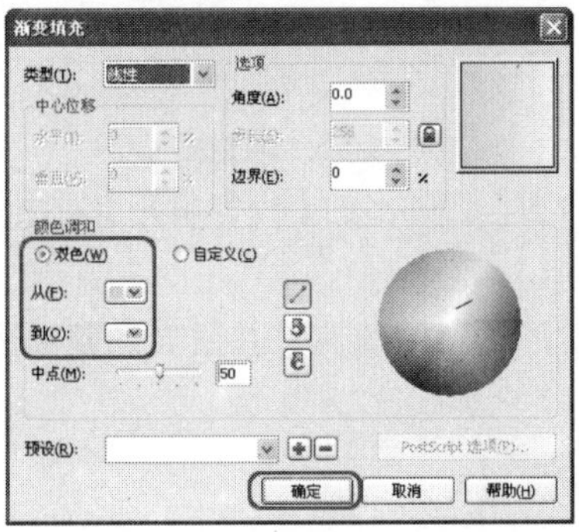

图 9-48　【渐变填充】对话框

图 9-49　取消轮廓线的填充

33 选中渐变图形，选择菜单栏中的【排列】|【顺序】|【向前一层】命令，如图 9-50 所示。

34 调整图形位置后的效果如图 9-51 所示。

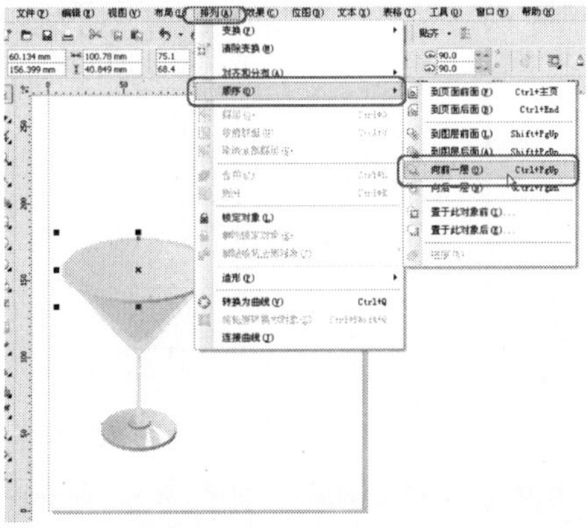

图 9-50　选择【向前一层】命令

图 9-51　调整图形位置后的效果

到此，高脚杯的绘制过程已经结束。

9.3.2 绘制柠檬汁

下面再来介绍柠檬汁的制作。

01 选择工具箱中的（贝塞尔）工具，在绘图页中绘制图形，如图 9-52 所示。

02 选择工具箱中的（形状）工具，对新绘制的图形进行调整，如图 9-53 所示。

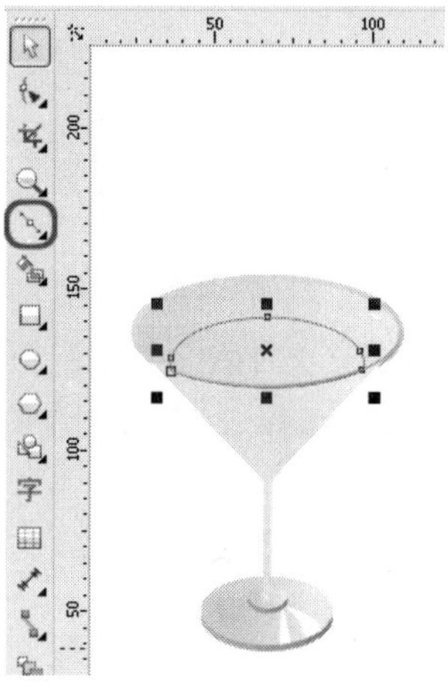

图 9-52　绘制图形

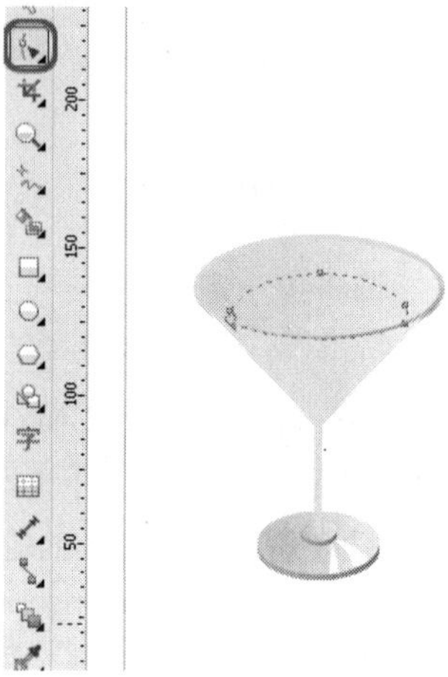

图 9-53　调整图形

03 选中新绘制的图形，按下 Shift+F11 组合键，在弹出的【均匀填充】对话框中，将 CMYK 参数设置为 0、42、73、0 的颜色，如图 9-54 所示。

04 单击【确定】按钮之后，取消新绘制图形轮廓的填充，并适当调整图形位置，效果如图 9-55 所示。

图 9-54　【均匀填充】对话框

图 9-55　填充效果

05 选择工具箱中的（贝塞尔）工具，在绘图页中绘制图形，如图 9-56 所示。

06 选择工具箱中的（形状）工具对图形进行调整，然后将其 CMYK 参数设置为 2、24、60、0，并取消轮廓线的填充，完成后的效果如图 9-57 所示。

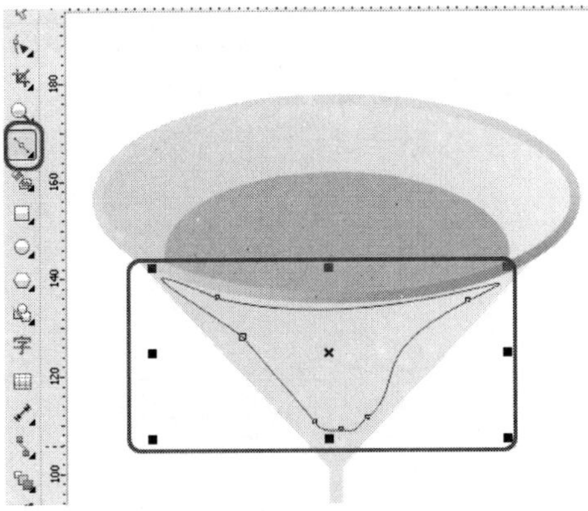

图 9-56　绘制图形

图 9-57　调整并填充颜色

07　使用工具箱中的（贝塞尔）工具和（形状）工具在绘图页中绘制两个不规则的图形为杯子添加明暗，并将新绘制的图形填充为白色，取消轮廓线的填充，完成后的效果如图 9-58 所示。

08　选中高光图形，然后选择工具箱中的（透明度）工具，如图 9-59 所示。

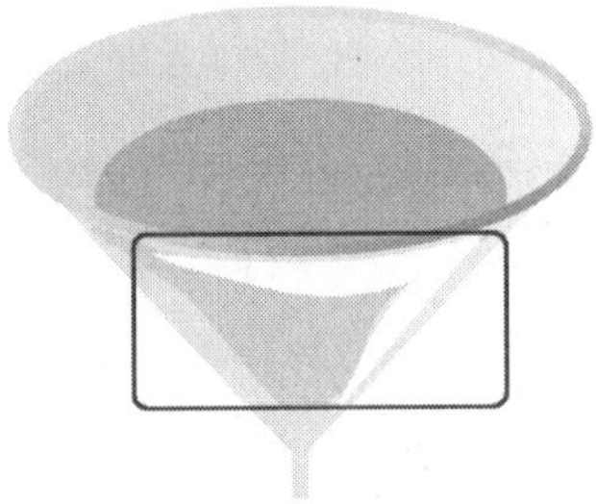

图 9-58　绘制图形并填充颜色

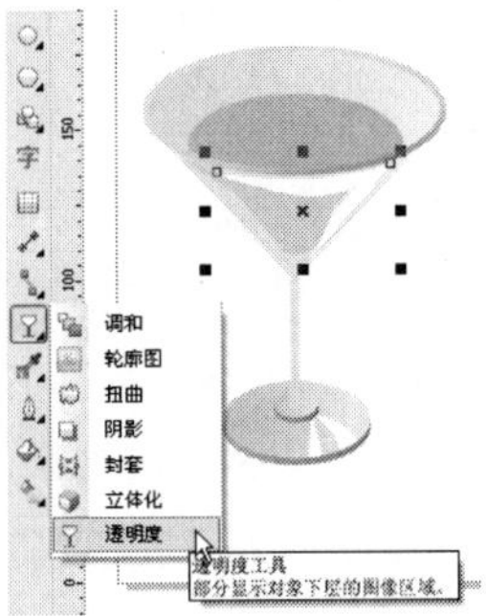

图 9-59　选择透明度工具

09　在属性栏中将【透明度类型】定义为【标准】，将【透明中心点】参数设置为 25，并调整图层的位置，如图 9-60 所示。

10　选择工具箱中的（贝塞尔）工具和（形状）工具，在绘图页中绘制不规则图形作为果汁的高光，将其填充为白色，并取消轮廓线的填充，如图 9-61 所示。

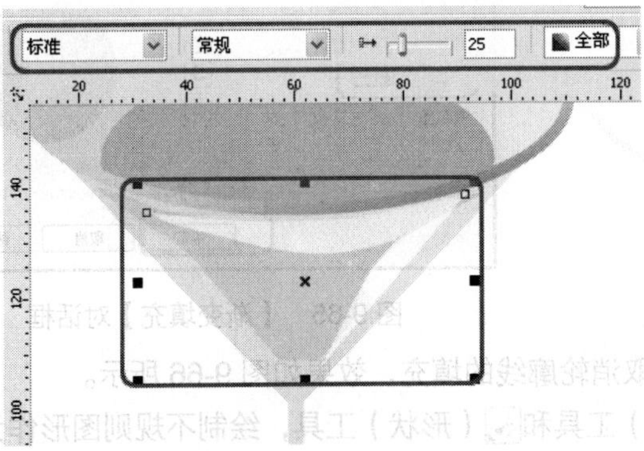

图 9-60　添加透明度效果

图 9-61　绘制高光图形

11 选中高光图形，选择工具箱中的 （透明度）工具，在属性栏中将【透明度类型】定义为【线性】，将【透明中心点】参数设置为 25，调整图层位置，如图 9-62 所示。

12 滑动鼠标滚轴调整视图大小，效果如图 9-63 所示。

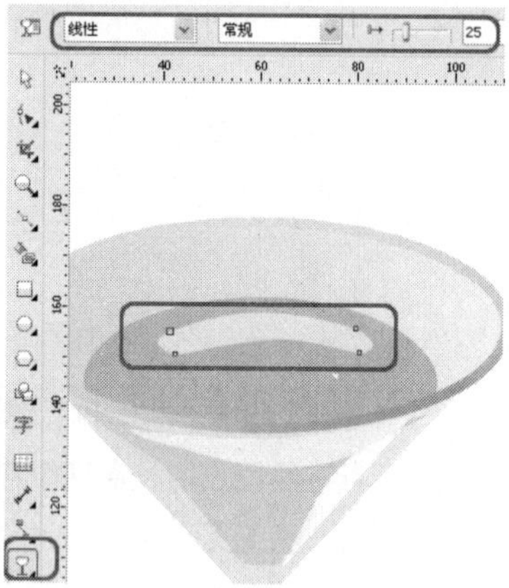

图 9-62　设置透明度参数

图 9-63　透明效果

9.3.3　绘制樱桃

下面再来介绍樱桃的绘制。

01 选择工具箱中的 （椭圆形）工具，在绘图页中绘制椭圆形，如图 9-64 所示。

02 选中绘制的椭圆图形，按下 F11 键，在弹出的对话框中将【类型】定义为【辐射】，将【水平】和【垂直】参数分别设置为-3%和 20%，将【边界】设置为 16%，在【颜色调和】区域中选择【双色】单选按钮，将【从】的 CMYK 参数设置为 30、100、100、0，将【到】的 CMYK 参数设置为 0、96、94、0，设置完成后单击【确定】按钮，如图 9-65 所示。

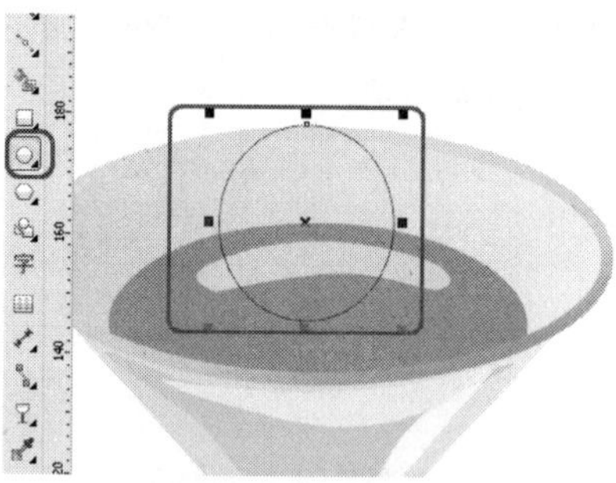
图 9-64　绘制椭圆图形

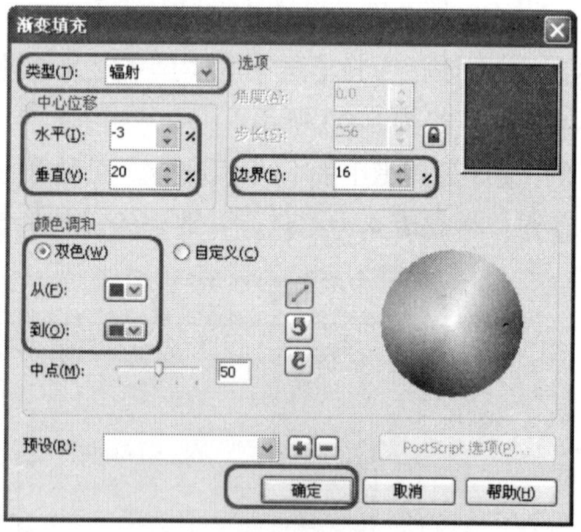

图 9-65　【渐变填充】对话框

03 选中填充渐变后的图形，并取消轮廓线的填充，效果如图 9-66 所示。

04 使用工具箱中的 （贝塞尔）工具和 （形状）工具，绘制不规则图形作为樱桃的高光部分，如图 9-67 所示。

图 9-66　填充效果

图 9-67　绘制高光部分区域

05　按照图 9-68 中的参数设置渐变颜色，然后取消轮廓线的填充，如图 9-69 所示。

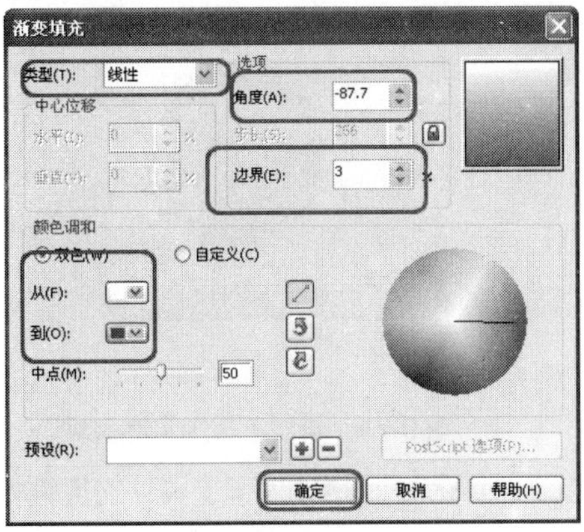

图 9-68　【渐变填充】对话框

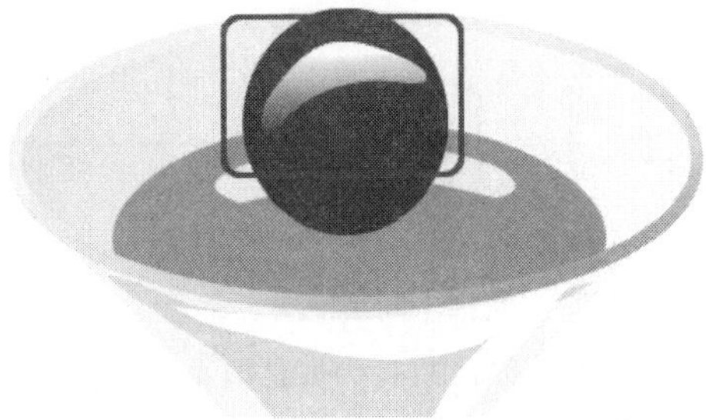

图 9-69　渐变效果

06　使用工具箱中的（贝塞尔）工具和（形状）工具，绘制不规则图形作为樱桃把，如图 9-70 所示。然后参照图 9-71 中的参数设置渐变颜色。

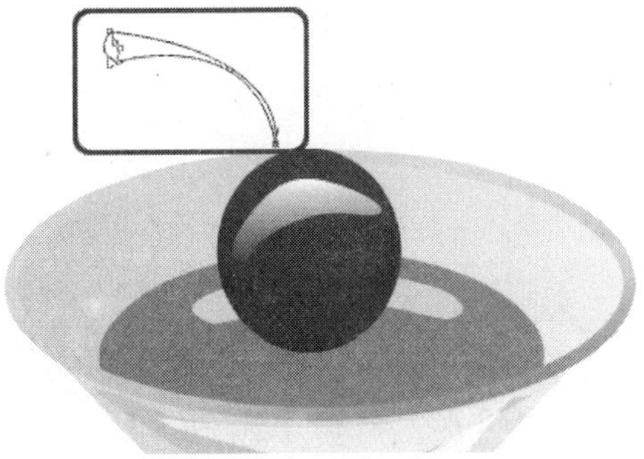

图 9-70　绘制不规则图形

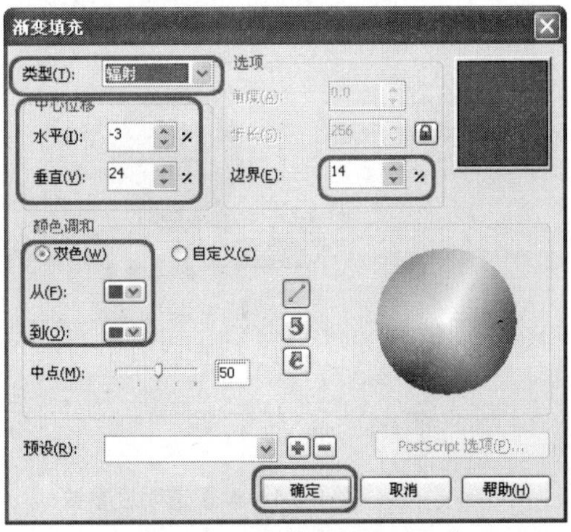

图 9-71　【渐变填充】对话框

07 选中绘制的樱桃把图形，右击，在弹出的快捷菜单中选择【顺序】|【向后一层】命令，如图 9-72 所示。

08 选择工具箱中的（贝塞尔）工具和（形状）工具，绘制不规则图形作为果汁高光，如图 9-73 所示。

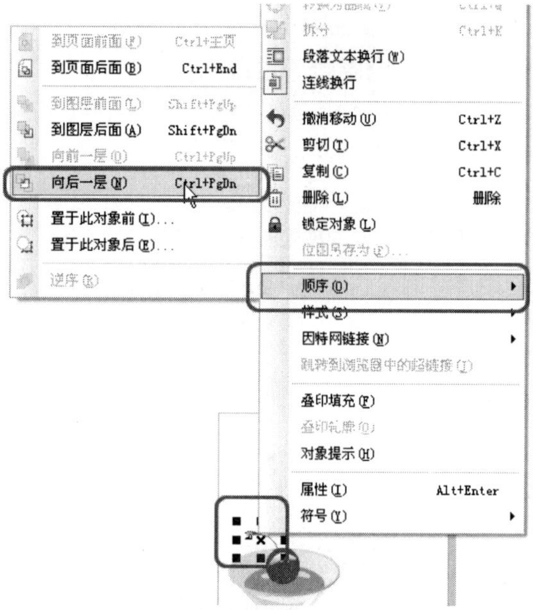

图 9-72　选择【向后一层】命令

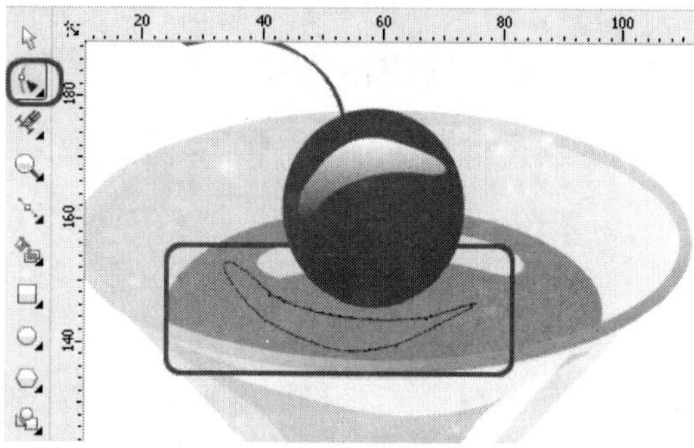

图 9-73　绘制不规则高亮区域

09 选中不规则图形，为其填充白色，然后选择工具箱中的（透明度）工具，在属性栏中将【透明度类型】定义为【标准】，将【透明中心点】参数设置为 30，并调整图层位置，如图 9-74 所示。

10 选中不规则图形，然后取消轮廓线的填充，效果如图 9-75 所示。

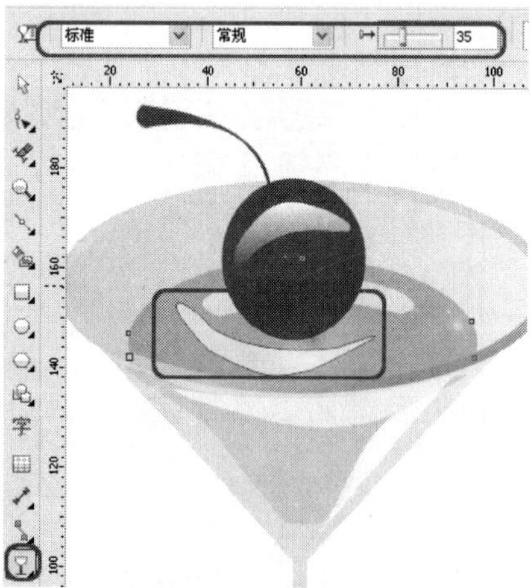

图 9-74　设置透明度参数

图 9-75　取消轮廓线的填充

到此，樱桃的绘制已经介绍完毕。

9.3.4　绘制背景图片

下面再来介绍背景图片的绘制。

01 按 Ctrl+A 组合键选择所有对象，并将其移至绘图页外，选择工具箱中的 (矩形)工具，在绘图页中绘制矩形，按下 Shift+F11 组合键，在弹出的【均匀填充】对话框中，设置【模型】为 RGB，并将 RGB 参数设置为 17、247、239，如图 9-76 所示，然后单击【确定】按钮。

02 选中新绘制的矩形图形，取消其轮廓线的填充，效果如图 9-77 所示。

图 9-76　【均匀填充】对话框

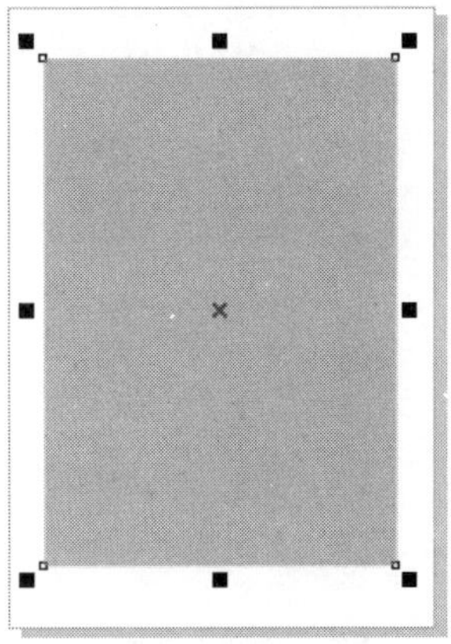

图 9-77　填充效果

03 在工具箱中选择 (钢笔)工具，在场景中绘制三角形图形，选择工具箱中的 (形状)工具，调整新绘制的三角形，效果如图 9-78 所示。

04 选中新绘制的图形，然后按下 Shift+F11 键，在弹出的【均匀填充】对话框中设置其填充颜色，如图 9-79 所示。

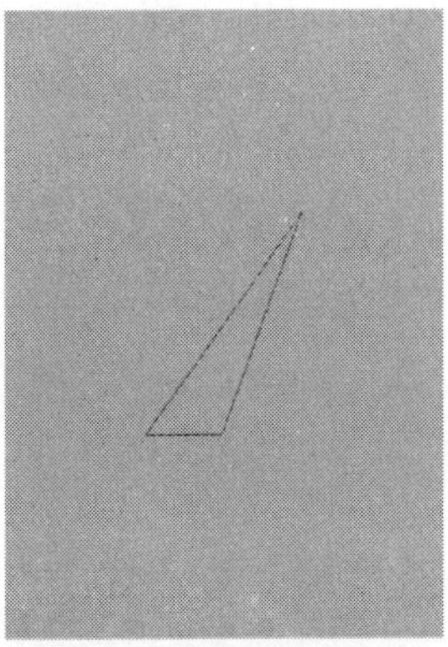

图 9-78　绘制并调整图形

图 9-79　【均匀填充】对话框

05 设置完成后单击【确定】按钮，然后在图形上右击，在弹出的快捷菜单中选择【复制】命令，如图 9-80 所示。

06 在空白区域处单击，然后右击，在弹出的快捷菜单中选择【粘贴】命令，如图 9-81 所示。

07 多复制几个新绘制的图形，选择工具箱中的（选择）工具和（形状）工具，然后调整图形在矩形图形中的形状和位置，如图 9-82 所示。

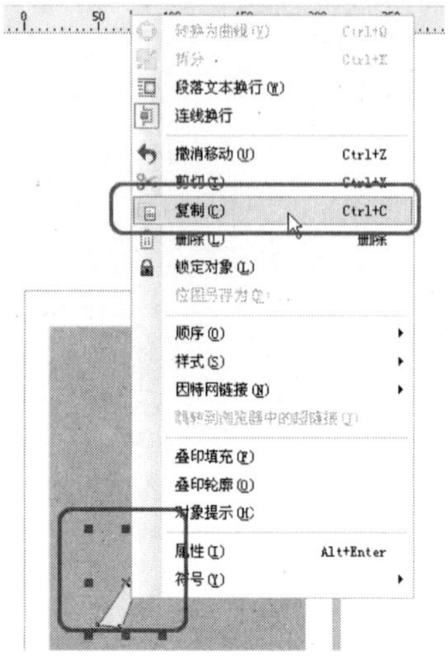

图 9-80　选择【复制】命令

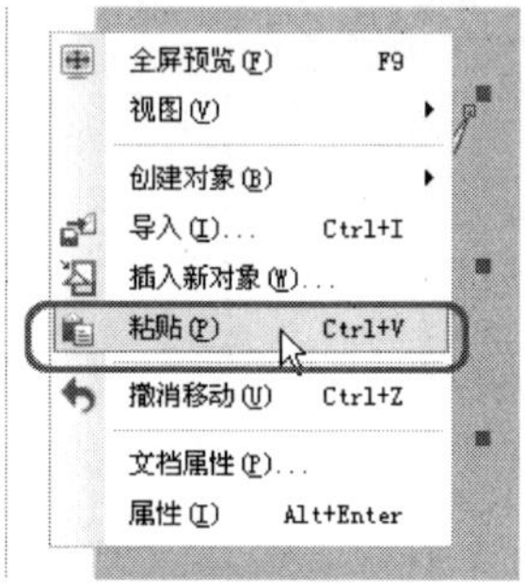

图 9-81　选择【粘贴】命令

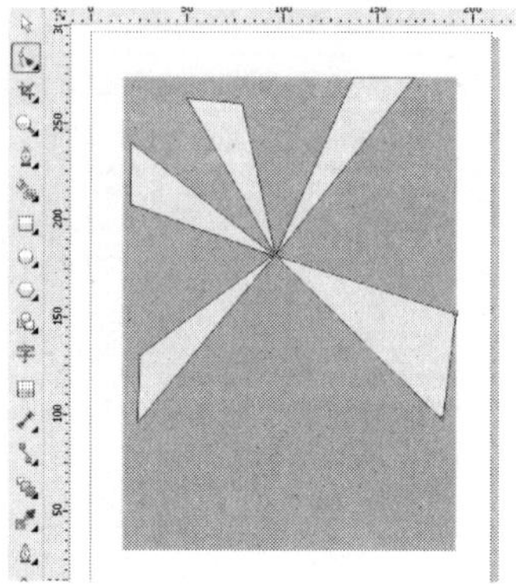

图 9-82　复制并调整图形

08 在工具箱中选择（钢笔）工具和（形状）工具，在场景中绘制三角形图形，然后使用（形状）工具对其进行调整，如图 9-83 所示。

09 为新绘制的图形填充与上面绘制的三角形相同的颜色。在工具箱中选择（钢笔）工具，在绘图页中绘制三角形，选中新绘制的三角形图形，使用快捷键 Ctrl+C 和 Ctrl+V 复制多个图形。选中图形，使用（形状）工具对其进行适当的调整，并调整其位置，如图 9-84 所示。

10 按住 Shift 键，同时选中新绘制和复制出的三角形，然后按下 Shift+F11 键，在弹出的【均匀填充】对话框中，设置【模型】为 RGB，并将 RGB 参数设置为 255、150、182，然后单击【确定】按钮，效果如图 9-85 所示。

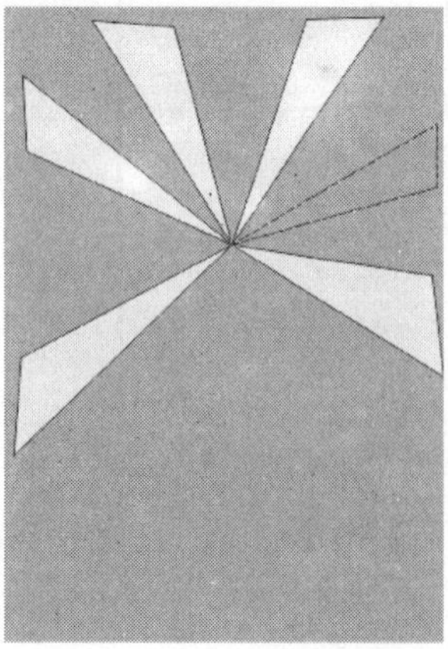

图 9-83　绘制并调整图形

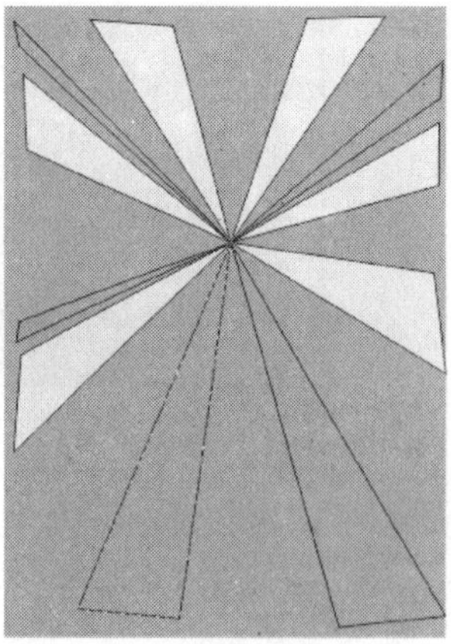

图 9-84　绘制并复制图形

图 9-85　填充颜色

11 在工具箱中选择（钢笔）工具和（形状）工具，在场景中绘制三角形图形，并做适当的变形，如图 9-86 所示。

12 选中新绘制的三角形图形，复制多个图形，使用（形状）工具对复制的图形进行调整，并调整它们的位置，如图 9-87 所示。

13 按住 Shift 键的同时选中新绘制和复制出的三角形，然后按下 Shift+F11 组合键，在弹出的【均匀填充】对话框中，设置【模型】为 RGB，并将 RGB 参数设置为 59、235、100，然后单击【确定】按钮，如图 9-88 所示。

图 9-86　绘制并调整三角形

图 9-87　复制并调整图形

图 9-88　【均匀填充】对话框

14 填充颜色后的效果如图 9-89 所示。选择绘制的所有的三角形图形，然后在默认的 CMYK 调色板中右击☒色块，取消轮廓线的填充。

15 选择工具箱中的（椭圆形）工具，在绘图页中多次绘制圆形，如图 9-90 所示。

16 在按住 Shift 键的同时选中刚绘制的圆形图形，取消轮廓线的填充，并设置图形的填充颜色为白色，如图 9-91 所示。

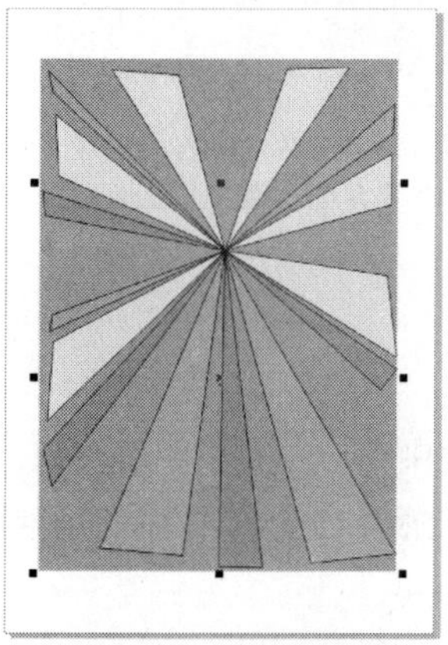

图 9-89　填充效果

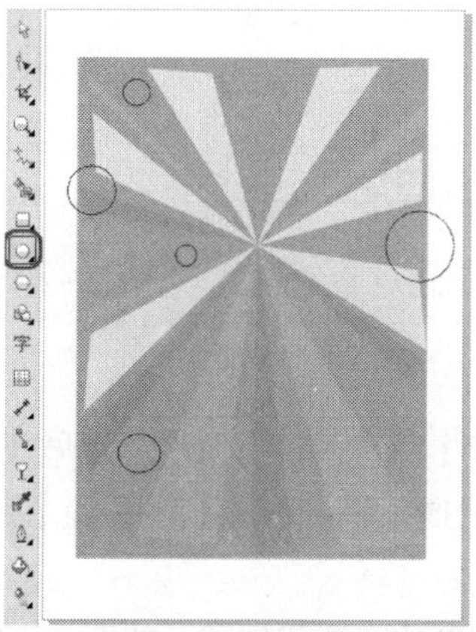

图 9-90　绘制圆形

图 9-91　填充颜色

17 选择工具箱中的（矩形）工具，在绘图页的右侧绘制矩形，并将其填充为白色，如图 9-92 所示。

18 选中新绘制的矩形，配合 Shift 键再次选择矩形左侧的圆形，在属性栏中单击（修剪）按钮，如图 9-93 所示。

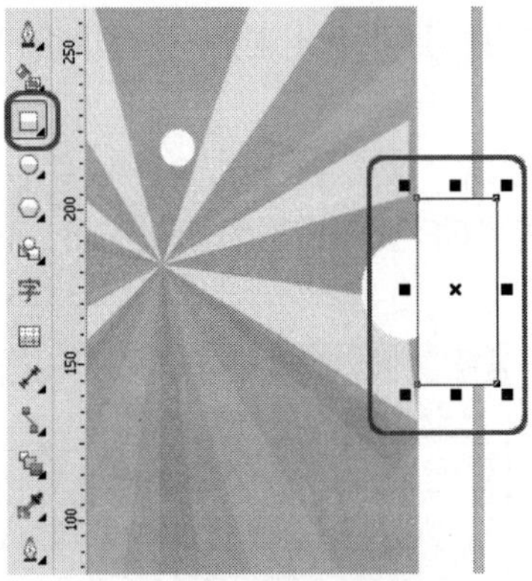

图 9-92　绘制矩形图形

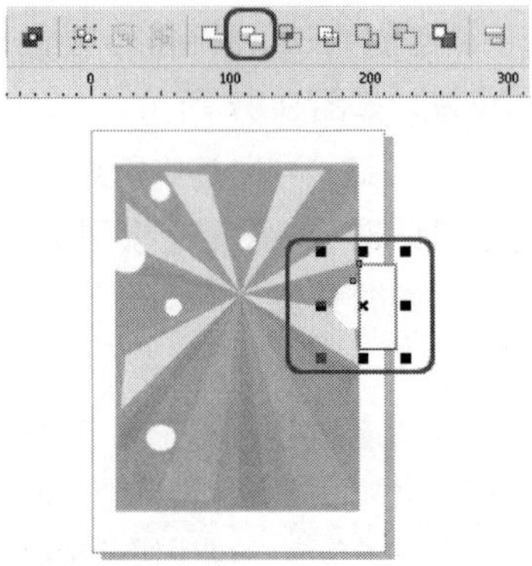

图 9-93　单击（修剪）按钮

19 修剪完图形后将前面绘制的矩形删除，如图 9-94 所示。

20 使用同样的方法修剪绘图页左侧的圆形，完成后的效果如图 9-95 所示。

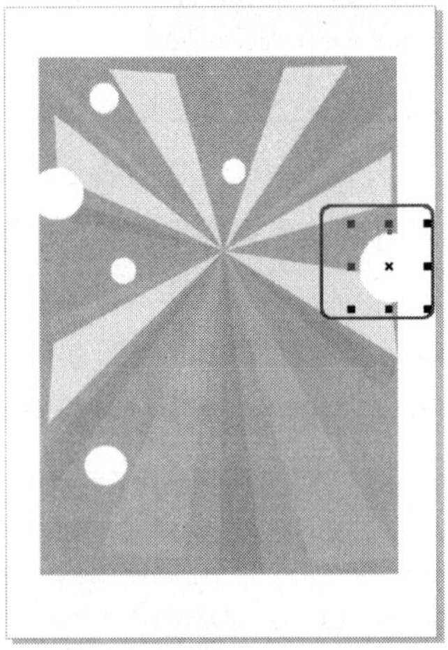

图 9-94　删除矩形图形

图 9-95　修剪左侧圆形

到此，背景图片已经做完。

9.3.5　合成图像

01 全选【高脚杯】、【柠檬汁】和【樱桃】对象，然后在属性栏中单击（群组）按钮，并在群组后的对象上右击，在弹出的快捷菜单中选择【顺序】|【到页面前面】命令，并将其移至绘图页中，如图 9-96 所示。

02 在绘图页中调整绘制的图形的大小和位置，如图 9-97 所示。

03 选择菜单栏中的【文件】|【另存为】命令，在弹出的【保存绘图】对话框中，选择存储路径，设置【文件名】为【制作柠檬汁宣传效果】，然后单击【保存】按钮，如图 9-98 所示。

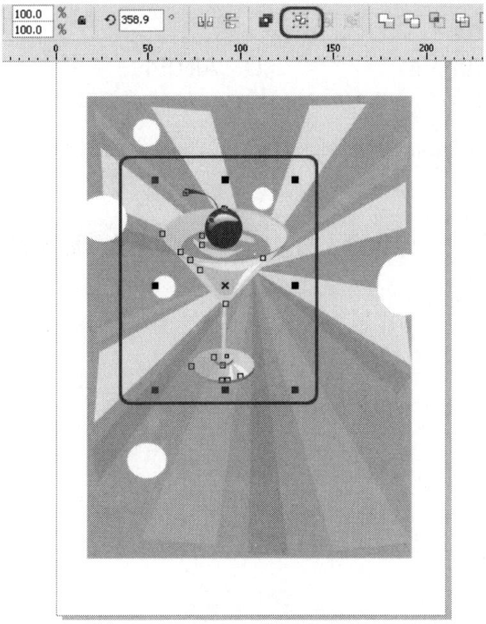

图 9-96　群组并调整顺序

图 9-97　调整大小和位置

图 9-98　【保存绘图】对话框

本 章 习 题

下面通过课后习题来巩固前面学习的基础知识。

1．选择题

（1）下面哪个选项不属于【透明度类型】下拉列表中的内容。(　　)

A．常规　　B．线性　　C．正方形　　D．底纹

（2）按哪个快捷键，可以打开【透镜】泊坞窗。（　　）

A. Ctrl+F3　　B. Alt+F3　　C. Ctrl+F4　　D. Alt+F4

2. 填空题

（1）为对象添加透明度时，可以选择要应用到透明度的目标对象，包括________、________或________。

（2）选择菜单栏中的________|________|________命令，或者按________键，即可打开【透镜】泊坞窗。

3. 上机操作

使用【透镜】命令制作一个放大镜效果。

第 10 章　符号的编辑与应用

本章重点

- 创建符号。
- 符号的使用。
- 复制与粘贴符号。
- 导入与导出符号库。

CorelDRAW 应用程序允许创建对象并将它们保存为符号。符号只需定义一次，然后就可以在绘图中多次引用。每次将符号插入绘图中时，都会为此符号创建一个实例。符号定义及有关实例的信息都存储在作为 CorelDRAW（CDR）文件组成部分的符号管理器中。对绘图中多次出现的对象使用符号有助于减小文件大小。

符号的选择控制柄不同于对象的选择控制柄。符号的选择控制柄是蓝色的；对象的选择控制柄是黑色的。也可以删除符号实例和清除未使用的符号定义。清除操作将移除绘图中未实例化的所有符号定义。

10.1　创建符号

利用【创建符号】命令可将选择的一个或多个对象创建符号。

01 按 Ctrl+O 组合键，在弹出的对话框中选择随书附带光盘中的 CDROM|素材|Cha10|符号.cdr 文件，单击【打开】按钮，效果如图 10-1 所示。

02 在工具箱中选择（选择）工具，选择打开的素材对象，如图 10-2 所示。

图 10-1　打开的场景文件

图 10-2　选择对象效果

03 在菜单栏中选择【编辑】|【符号】|【新建符号】命令，弹出【创建新符号】对话框，在该对话框中将【名称】命名为【兔子】，如图 10-3 所示。

单击【确定】按钮，即可将选择的对象创建为符号，如图 10-4 所示，此时的选择控制柄呈蓝色显示。

图 10-3 为符号命名

图 10-4 将选择的对象创建为符号

04 在菜单栏中选择【窗口】|【泊坞窗】|【符号管理器】命令或按 Ctrl+F3 组合键，打开【符号管理器】泊坞窗，即可看到创建的符号已经添加到符号管理器中，如图 10-5 所示。

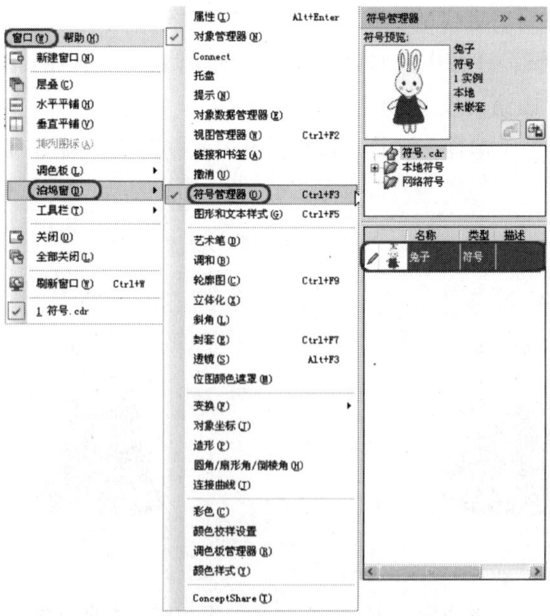

图 10-5 打开【符号管理器】泊坞窗

10.2　在绘图中符号的使用

可以在绘图中插入符号，从而创建符号实例。可以修改符号实例的某些属性（如大小和位置），而不会影响存储在库中的符号定义。可以将一个符号实例还原为一个或多个对象，而仍保留其属性，也可以删除符号实例。

10.2.1　在绘图页中插入符号

继续上一节的操作，在【符号管理器】泊坞窗中单击底部的（插入符号）按钮，即可将【符号管理器】泊坞窗中选择的符号插入到绘图窗口中，如图 10-6 所示。

图 10-6　插入符号后的效果

提示：如果希望插入的符号自动缩放以适合当前绘图比例，请确保单击了（缩放到实际单位）按钮。

10.2.2　修改符号

插入了符号实例后，如果感觉不是很满意，可以对其进行编辑。

01　继续上一小节的操作，在菜单栏中选择【编辑】|【符号】|【编辑符号】命令或在【符号管理器】泊坞窗中单击（编辑符号）按钮，绘图页中就只剩下一个符号，让用户对其进行编辑，如图 10-7 所示。

02　在工具箱中选择（选择）工具，在绘图页中选择要编辑的对象，然后在默认的 CMYK 调色板中单击 C、M、Y、K 值分别为 0、40、0、0 的色块，如图 10-8 所示。

图 10-7　进入编辑状态

图 10-8　选择并编辑对象

03 在绘图页中选择要编辑的对象，在菜单栏中选择【效果】|【调整】|【色度/饱和度/亮度】命令，在弹出的对话框中单击按钮，将【色度】和【亮度】的参数分别设置为-20、53，如图 10-9 所示。

04 设置完成后单击【确定】按钮，调整完颜色后的效果如图 10-10 所示。

图 10-9 选择对象并设置参数

图 10-10 设置参数后的效果

05 编辑完成后，选择菜单栏中的【编辑】|【符号】|【完成编辑符号】命令，如图 10-11 所示。

06 完成符号编辑后的效果如图 10-12 所示。

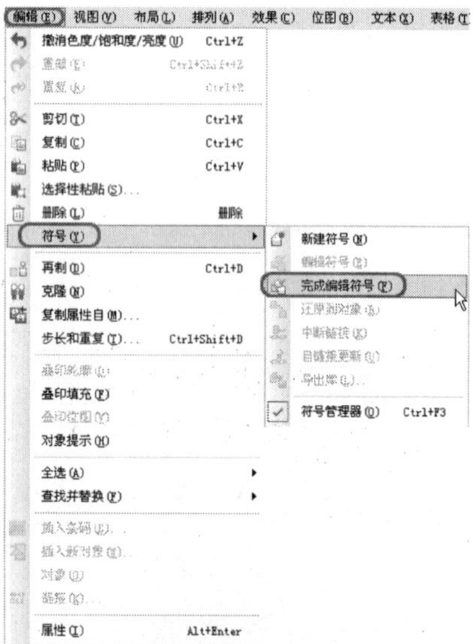

图 10-11 选择【完成编辑符号】命令

图 10-12 完成编辑后的效果

10.2.3 将一个符号实例还原为一个或多个对象

符号可以还原为对象，下面将对符号还原为对象进行简单的介绍。

01 继续上一小节的操作，在绘图页中单击要还原为对象的符号，如图 10-13 所示。

02 在菜单栏中选择【编辑】|【符号】|【还原到对象】命令，即可将选择的符号还原为多个对象，效果如图 10-14 所示。

图 10-13　选择符号

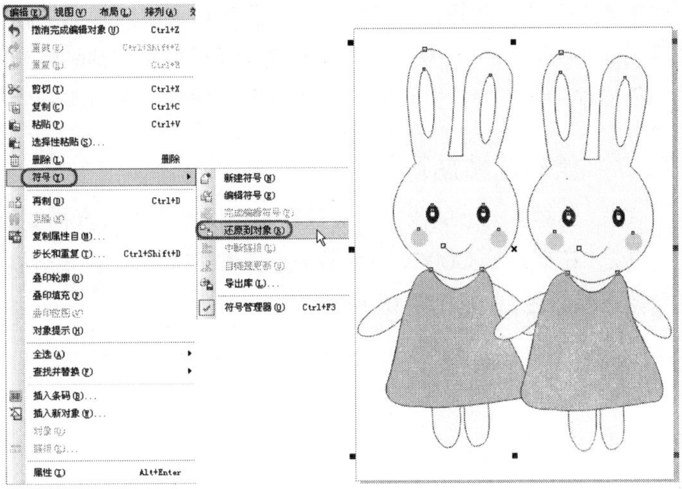

图 10-14　选择【还原到对象】命令

03 在绘图页的空白处单击，取消对象选择，再在绘图页中选择如图 10-15 所示的图形。

04 在默认的 CMYK 调色板中单击 C、M、Y、K 值分别为 0、0、40、0 的色块，为所选对象更改颜色，如图 10-16 所示。

图 10-15　选择对象

图 10-16　更改颜色

注 意

这里的编辑只会影响选择对象本身，而不会影响其他的对象。

10.3　在绘图之间共享符号

在 CorelDRAW 中，每个绘图都有自己的符号库，它们是 CorelDRAW（CDR）文件的组成部分。通过复制和粘贴，可以在绘图之间共享符号。将符号复制到剪贴板时，原始符号仍保留在库中。

也可以将符号的实例复制并粘贴到剪贴板，或从剪贴板复制出来进行粘贴。粘贴符号实例会将符号放置在库中，并将该符号的实例放置在绘图中。随后的粘贴会将该符号的另一个实例放置在绘图中，而不会添加到库中。如果将修改过的符号实例粘贴到绘图中，新的实例会保持原始实例的属性，而库中的新符号定义将保持原始符号的属性。符号实例的复制和粘贴方法与其他对象相同。

10.3.1　复制或粘贴符号

01　继续上一节的操作，在绘图页中的标志上选择需要编辑的对象，如图 10-17 所示。

02　在默认的 CMYK 调色板中单击 C、M、Y、K 值分别为 0、40、20、0 的色块，为所选择的对象更改颜色，如图 10-18 所示。

图 10-17　选择对象

图 10-18　为选择的对象更改颜色

03　在菜单栏中选择【布局】|【页面设置】命令，在弹出的【选项】对话框中选择【页面尺寸】选项，在【页面尺寸】区域中将【宽度】、【高度】分别设置为 150mm 和 180mm，如图 10-19 所示。

04　单击【确定】按钮，在绘图页中选择如图 10-20 所示的图形，并将其向右移动，调整它们的位置，如图 10-21 所示。

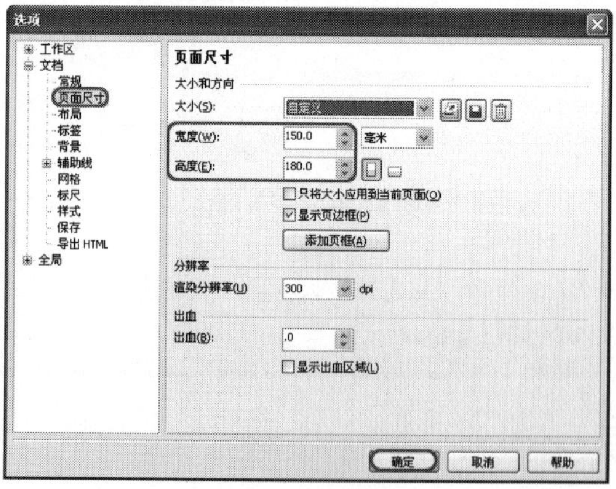

图 10-19　设置页面

图 10-20　选择对象

05 双击工具箱中的（选择）工具，选择绘图页中的所有对象，如图 10-22 所示。

图 10-21　调整对象的位置

图 10-22　选择全部对象

06 选择菜单栏中的【编辑】|【符号】|【新建符号】命令，在弹出的对话框中将符号命名为“两只兔子”，如图 10-23 所示。

07 单击【确定】按钮，即可将选择的对象转换成符号，画面效果如图 10-24 所示，此时画面中的选择控制柄呈蓝色显示。

图 10-23　新建符号

图 10-24　转换符号后的效果

08 在【符号管理器】泊坞窗中，选择【两只兔子】并右击，在弹出的快捷菜单中选择【复制】命令，如图 10-25 所示。

09 按 Ctrl+N 组合键新建一个文件，接着在【符号管理器】泊坞窗中右击，在弹出的快捷菜单中选择【粘贴】命令，如图 10-26 所示，即可将前面复制的符号粘贴到新的文件中，如图 10-27 所示。

10 在【符号管理器】泊坞窗中选择标志符号，单击左下角的（插入符号）按钮，即可将符号插入到绘图页中，如图 10-28 所示。

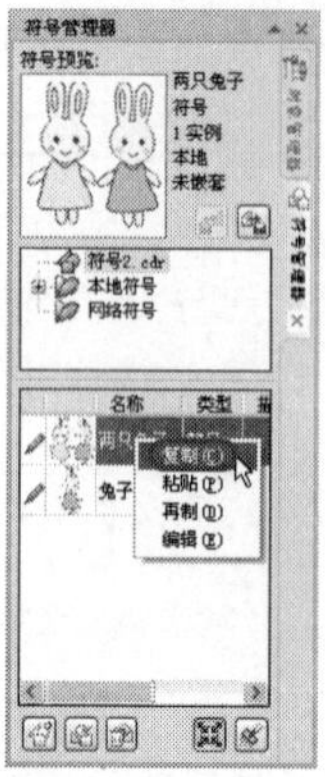

图 10-25 选择【复制】命令

图 10-26 选择【粘贴】命令

图 10-27 粘贴后的效果

图 10-28 插入符号

10.3.2 导入与导出符号库

1．导出符号库

继续上一小节的操作，在【符号管理器】泊坞窗中单击（导出库）按钮，如图 10-29 所示，弹出【导出库】对话框，在该对话框中选择一个存储路径，并在文件名处为文件命名，然后单击【保存】按钮，如图 10-30 所示。

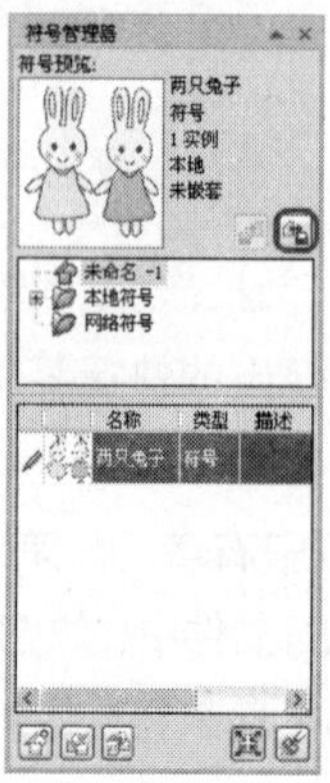

图 10-29 单击【导出库】按钮

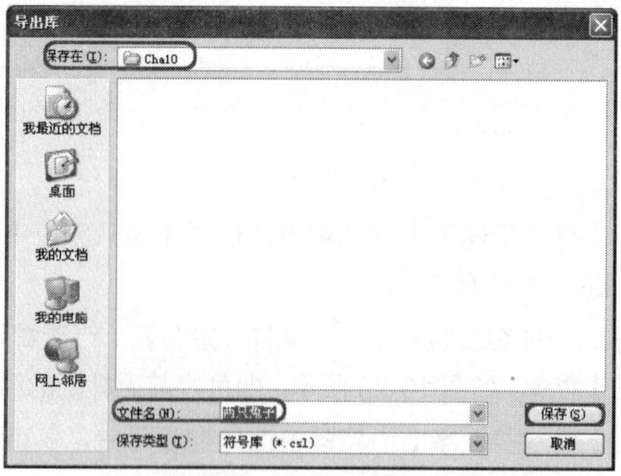

图 10-30 【导出库】对话框

2．导入符号库

新建一个空白文档，打开【符号管理器】泊坞窗，选择【本地符号】项目，再单击（添加库）按钮，如图 10-31 所示，弹出【浏览文件夹】对话框，并在其中选择需要导入的符号库，如图 10-32 所示，单击【确定】按钮，即可将选择的符号库导入到绘图页中，如图 10-33 所示。

图 10-31　选择本地符号

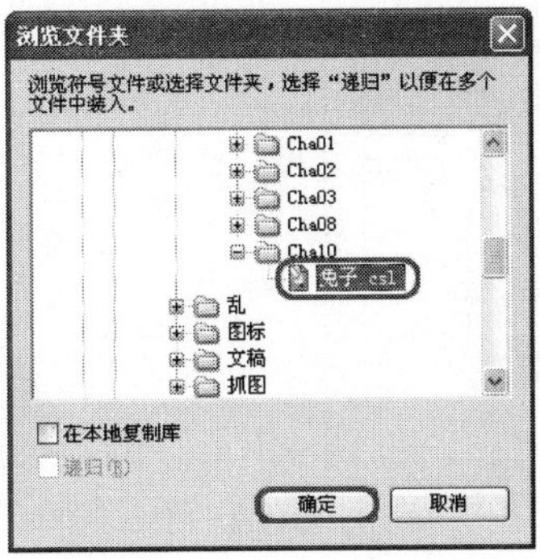

图 10-32　选择导出的符号

图 10-33　导入符号后的效果

10.4　上机练习——用符号创建图案

通过前面基础知识的学习，下面再来通过实际的练习来介绍使用符号创建一个相框。首先绘制符号，然后定义符号，并将符号导出，然后新建文档，将定义的符号拖动到绘图页中，并调整符号的大小和位置。制作完成后的效果如图 10-34 所示。

01　在菜单栏中选择【文件】|【新建】命令，在弹出的对话框中将【宽度】、【高度】分别设置为 300mm、230mm，将【渲染分辨率】设置为 300dpi，然后单击【确定】按钮，如图 10-35 所示。

02　在工具箱中选择（椭圆形）工具，按住 Ctrl 键的同时拖动鼠标，绘制一个圆，如图 10-36 所示。

图 10-34　创建的相框效果

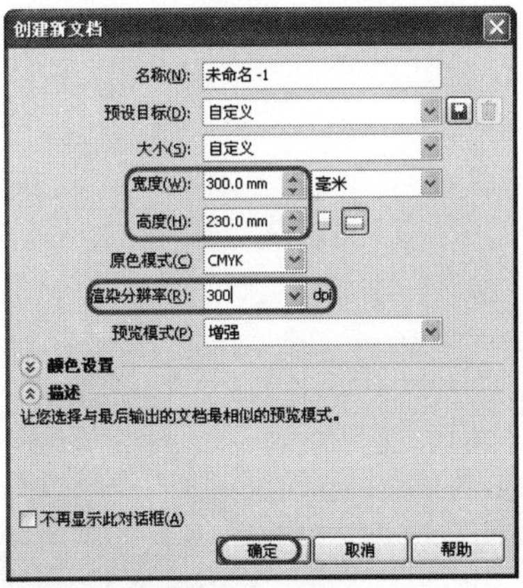

图 10-35　新建文档

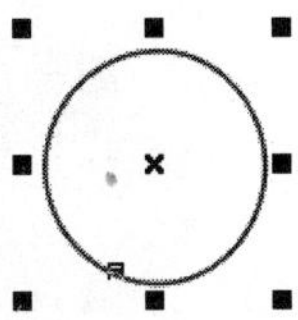

图 10-36　绘制圆

03 在工具箱中选择（填充）工具，再在弹出的浮动框中选择【均匀填充】命令，在弹出的对话框中将颜色的 C、M、Y、K 分别设置为 12、99、60、0，单击【确定】按钮，再在默认的 CMYK 调色板中右击无色块，如图 10-37 所示。

04 选择圆对象，在键盘上按两次+键，再在绘图页中调整它们的位置，如图 10-38 所示。

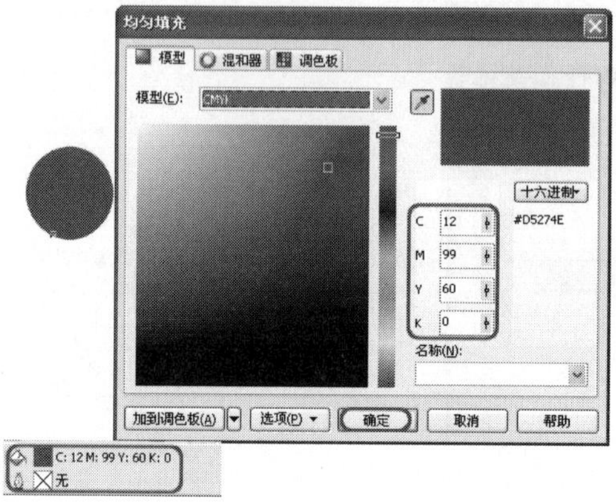

图 10-37 填充颜色

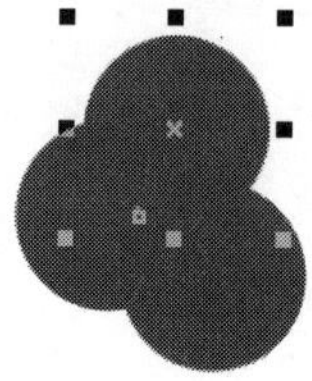

图 10-38 复制并调整位置

05 在工具箱中选择（椭圆形）工具，按住 Ctrl 键的同时拖动鼠标，绘制一个圆，并在默认的 CMYK 调色板中单击 C、M、Y、K 值分别为 0、0、0、0 的色块，再右击无色块，如图 10-39 所示。

06 再在键盘上按 4 次+键，再在绘图页中调整它们的位置以及大小，调整后的效果如图 10-40 所示。

07 在工具箱中选择（矩形）工具，在绘图页中绘制矩形，然后在默认的 CMYK 调色板中单击 C、M、Y、K 值分别为 0、0、100、0 的色块，再右击无色块，完成后的效果如图 10-41 所示。

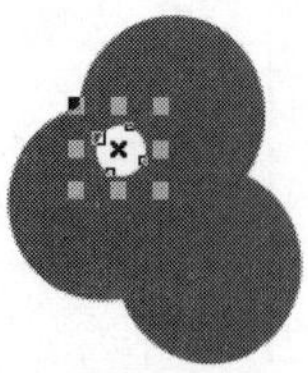

图 10-39 绘制圆并填充颜色

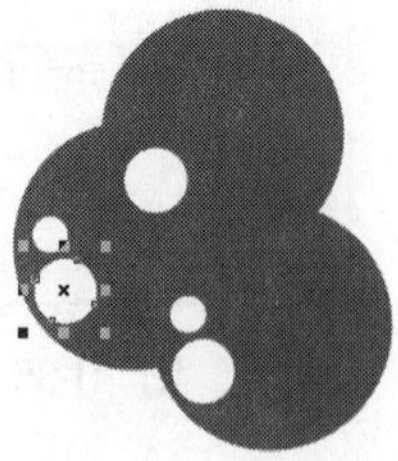

图 10-40 复制图形并调整大小和位置

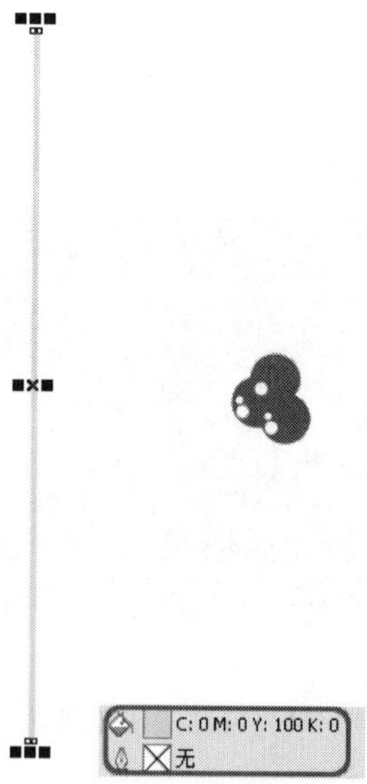

图 10-41 绘制矩形并填充颜色

08　在键盘上按两次+键，调整它们的位置，选择其中一个矩形，在默认的 CMYK 调色板中单击 C、M、Y、K 值分别为 100、0、0、0 的色块。选择另外一个矩形，在默认的 CMYK 调色板中单击 C、M、Y、K 值分别为 0、100、0、0 的色块，如图 10-42 所示。

09　将绘制的圆与矩形分别进行成组，在【对象管理器】中可以看到成组的对象，如图 10-43 所示。

10　按 Ctrl+O 组合键，在弹出的对话框中选择随书附带光盘中的 CDROM|素材|Cha10|01.cdr 文件，单击【打开】按钮，并将其拖动到场景中，如图 10-44 所示。

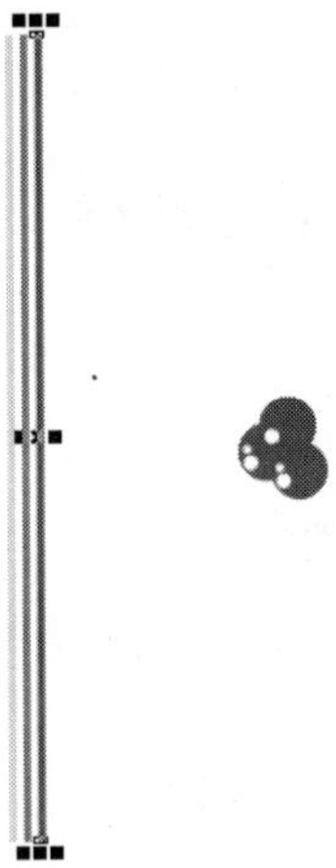

图 10-42　复制并填充颜色

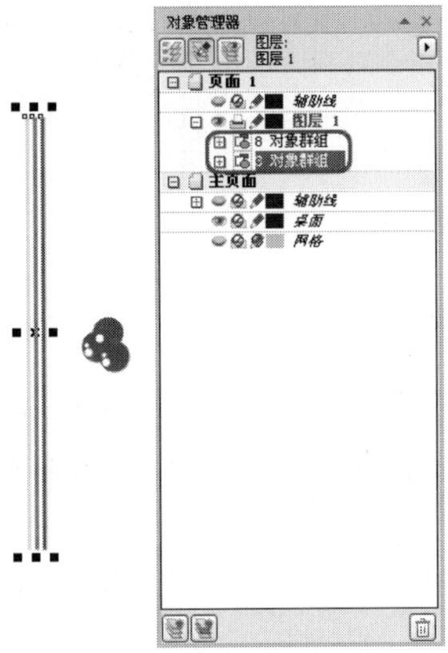

图 10-43　将对象成组

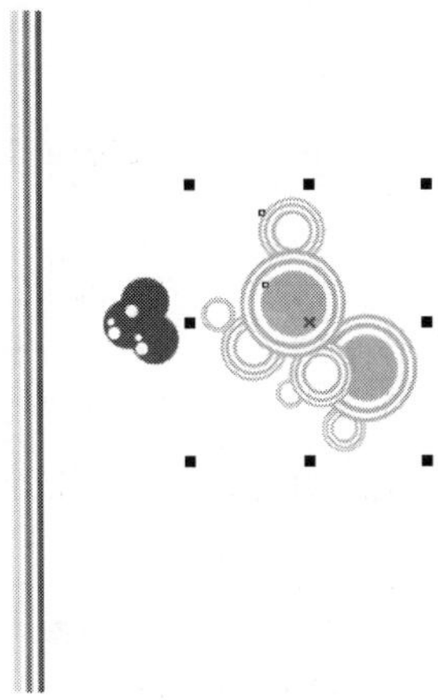

图 10-44　导入素材

11　在菜单栏中选择【窗口】|【泊坞窗】|【符号管理器】命令，或者按 Ctrl+F3 组合键，打开【符号管理器】泊坞窗，如图 10-45 所示。

12　在绘图页中选择对象，在菜单栏中选择【编辑】|【符号】|【新建符号】命令，如图 10-46 所示。

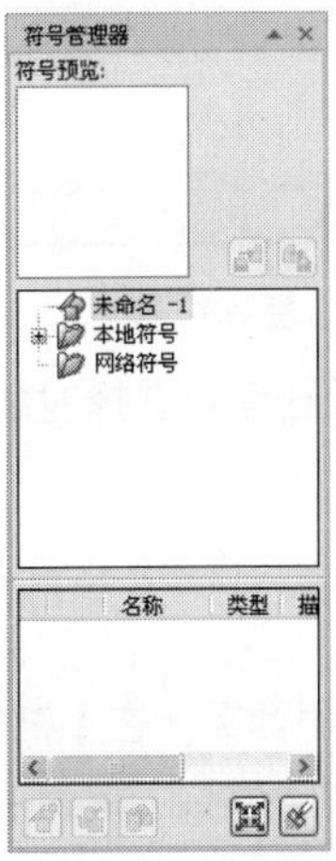

图 10-45　【符号管理器】泊坞窗

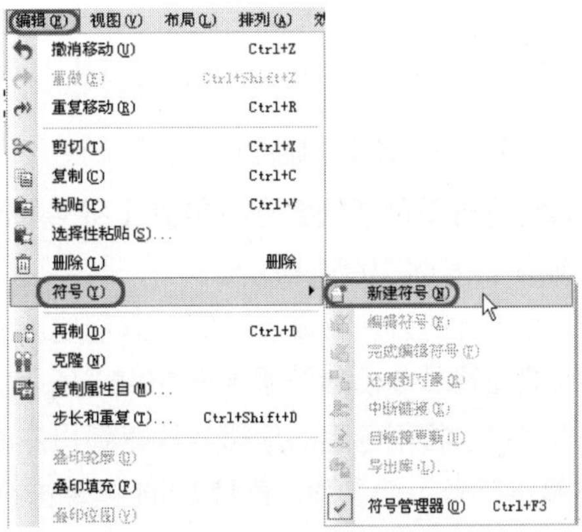

图 10-46　选择【新建符号】命令

13 弹出【创建新符号】对话框，使用默认的名称，单击【确定】按钮，如图 10-47 所示。

14 这时可将创建的新符号存放到【符号管理器】泊坞窗中，同时画面中选择对象的控制柄呈蓝色显示，如图 10-48 所示。

图 10-47　新建符号

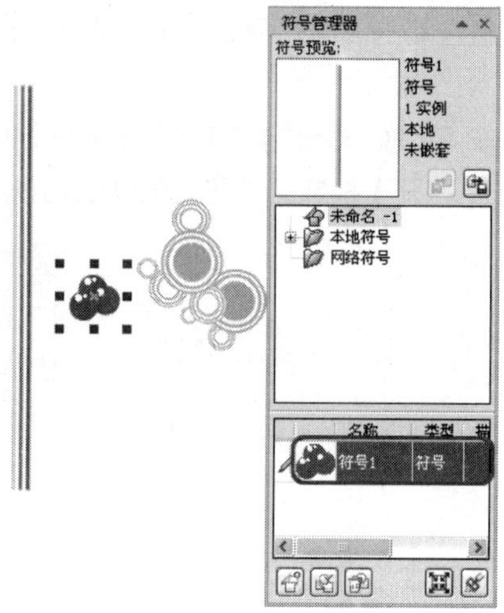

图 10-48　创建的符号 1

15 在绘图页中第二个对象上单击选择它，在菜单栏中选择【编辑】|【符号】|【新建符号】命令，如图 10-49 所示。

16 在弹出的对话框中使用默认的符号名称，单击【确定】按钮，如图 10-50 所示。

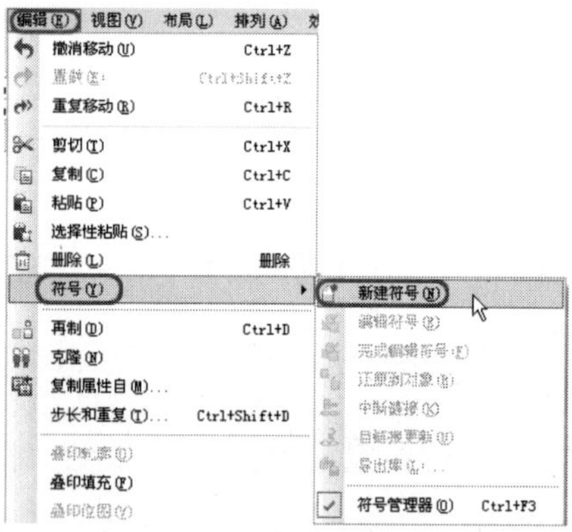

图 10-49　选择【新建符号】命令

图 10-50　新建符号

17 这时可将新创建的符号存放到【符号管理器】泊坞窗中，同时画面中选择对象的黑色控制柄呈蓝色显示，如图 10-51 所示。

18 使用同样的方法将最后一组对象创建成新符号，使用默认的符号名称，如图 10-52 所示。

19 创建完符号 3 后的效果如图 10-53 所示。

20 用户可以将刚创建的新符号保存到用户库中，以便在其他文件中共享。在【符号管理器】泊坞窗中先单击符号 1 的名称，再按 Shift 键单击符号 3，选择刚创建的所有符号，再单击（导出库）按钮，如图 10-54 所示。

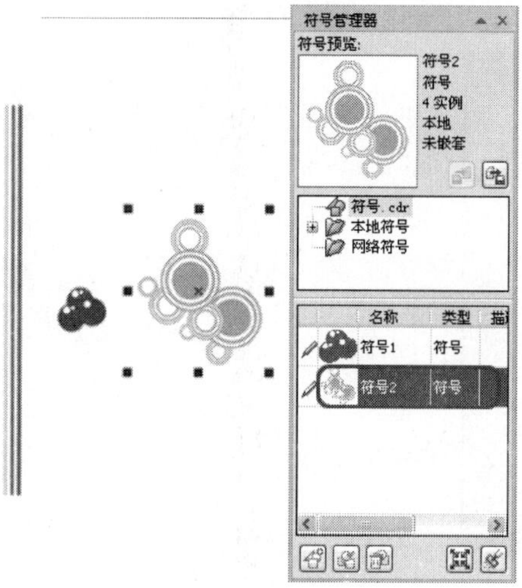

图 10-51　创建的符号 2

图 10-52　创建符号

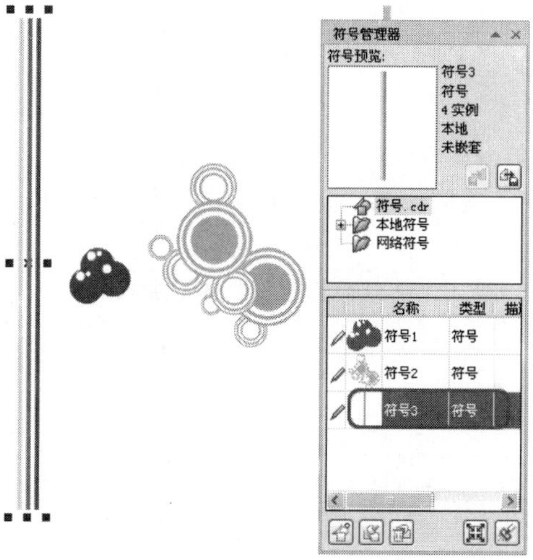

图 10-53　创建的符号 3

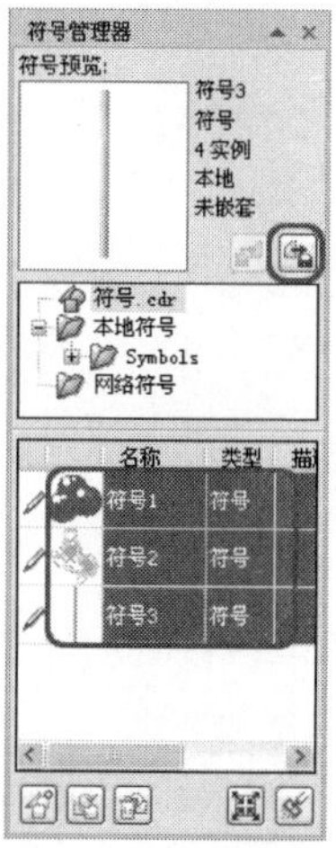

图 10-54　选择符号并导出

21 弹出【导出库】对话框，使用默认的路径，在【文件名】文本框中输入所需的文件名称，单击【保存】按钮，如图 10-55 所示。

22 在【符号管理器】泊坞窗中单击【本地符号】前面的+号按钮，展开本地符号，再单击 Symbols 前面的+按钮，展开用户符号，即可看到刚导入的符号库，如图 10-56 所示。单击该符号库，即可在下方的列表中显示该库中的符号。

23 在【符号管理器】泊坞窗中选择【符号 2】，按下鼠标左键将其拖动到绘图页中适当的位置，到达所需的位置后松开鼠标左键，即可将符号插入到指定的位置，如图 10-57 所示。

24 确定拖动绘图页后的符号处于选择状态，在键盘上按+键，然后在属性栏中单击（水平镜像）按钮，并将其向左拖动，调整它的位置，如图 10-58 所示。

25 选择拖入场景中的第一个符号，在键盘上按+键，然后在属性栏中将【旋转角度】设置为 180，然后将其向左下角拖动，调整它的位置，如图 10-59 所示。

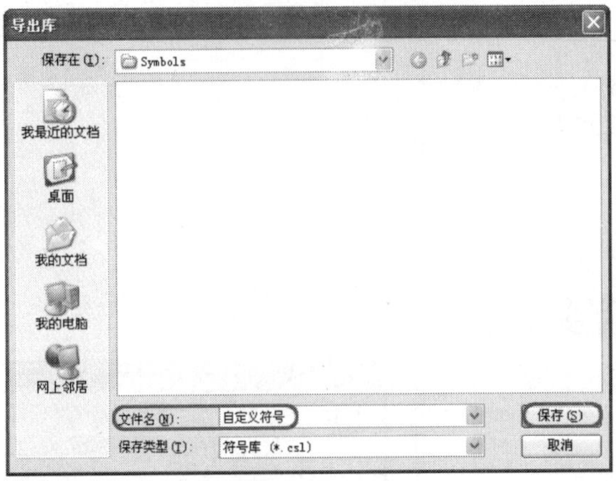

图 10-55　为符号命名

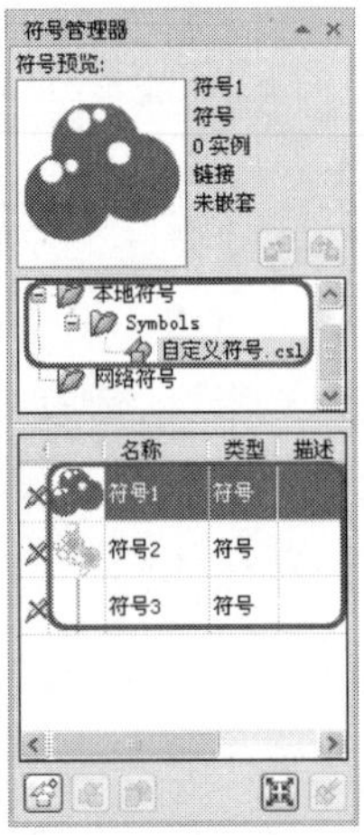

图 10-56　展开本地符号

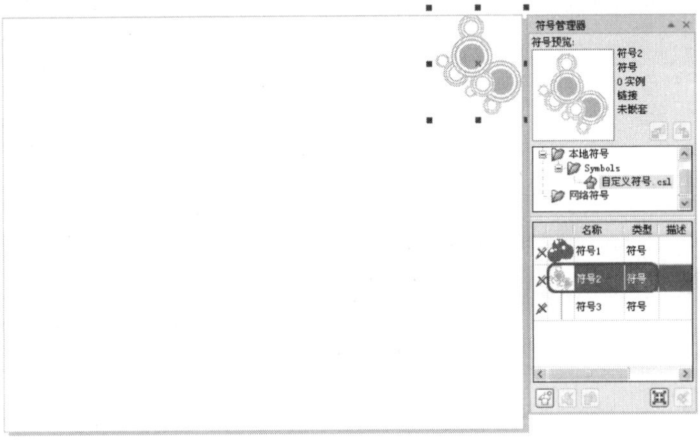

图 10-57　拖动符号 2

图 10-58　复制并调整符号

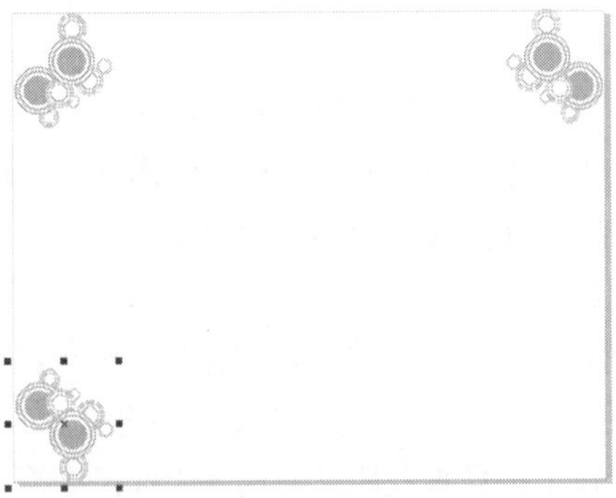

图 10-59　对符号进行复制并调整

26　在键盘上按+键，再在属性栏中单击▣（水平镜像）按钮，将其向右下角拖动，调整其位置，如图 10-60 所示。

27　选择【符号 3】，按下鼠标左键将其拖动到绘图页中适当的位置，到达所需的位置后松开鼠标左键，即可将符号插入到指定的位置，在键盘上按 Shift+PageDown 组合键，如图 10-61 所示。

图 10-60　复制并调整其位置

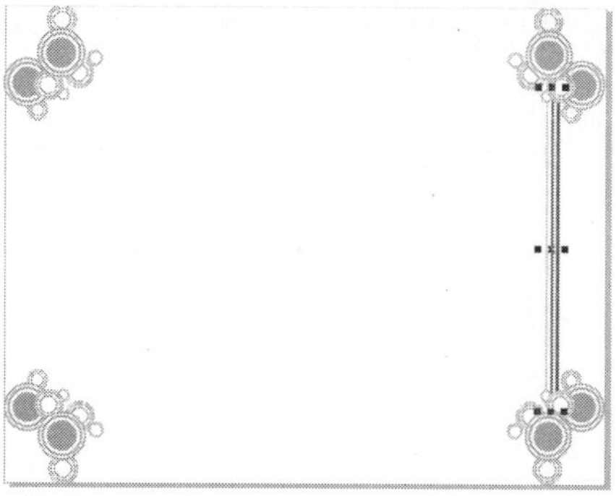

图 10-61　拖动符号 3

28 确定拖动页面后的符号处于选择状态，将其向右拖动，至适当的位置右击，对符号图形进行复制，在属性栏中单击（水平镜像）按钮，在键盘上按 Shift+PageDown 组合键，如图 10-62 所示。

29 在绘图页中选择第一次拖入场景中的【符号 3】，在键盘上按+键，在属性栏中将【旋转角度】设置为 90，将其向上拖动，并调整它的大小，如图 10-63 所示。

图 10-62　复制符号并调整符号

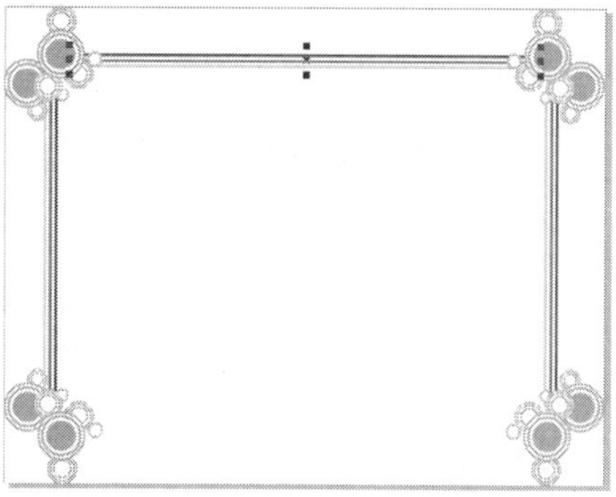

图 10-63　复制符号并调整符号

30 在键盘上按+键，再在属性栏中将【旋转角度】设置为 270，将其向下拖动，调整它的位置，如图 10-64 所示。

31 在【符号管理器】泊坞窗中选择【符号 1】，按下鼠标左键将其拖动到绘图页中适当的位置，到达所需的位置后松开鼠标左键，即可将符号插入到指定的位置，如图 10-65 所示。

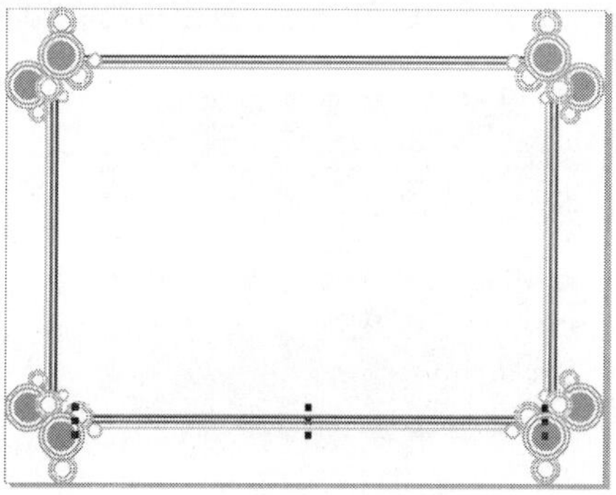

图 10-64　复制符号并调整符号

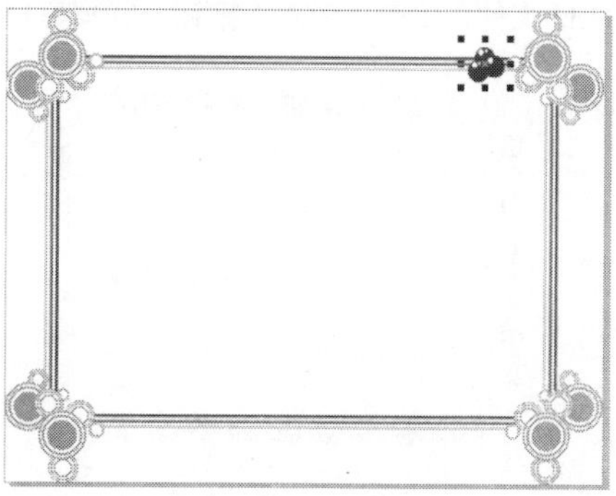

图 10-65　拖动符号

32 确认【符号 1】处于选择状态，将其向左拖动，到达适当的位置后右击复制符号图形，如图 10-66 所示。

33 使用相同的方法多次对符号图形进行复制，完成后的效果如图 10-67 所示。

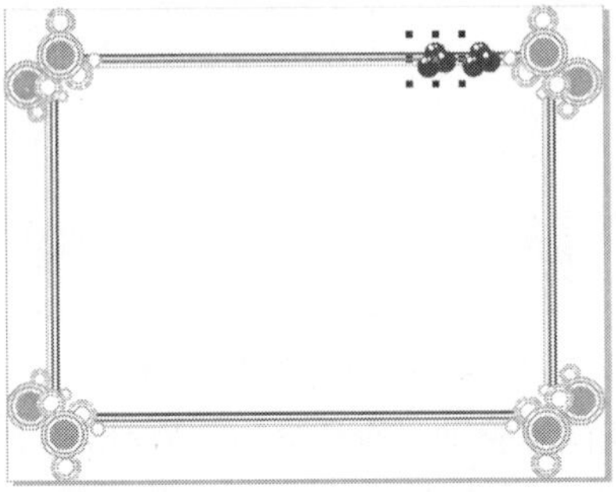

图 10-66　复制并调整图形

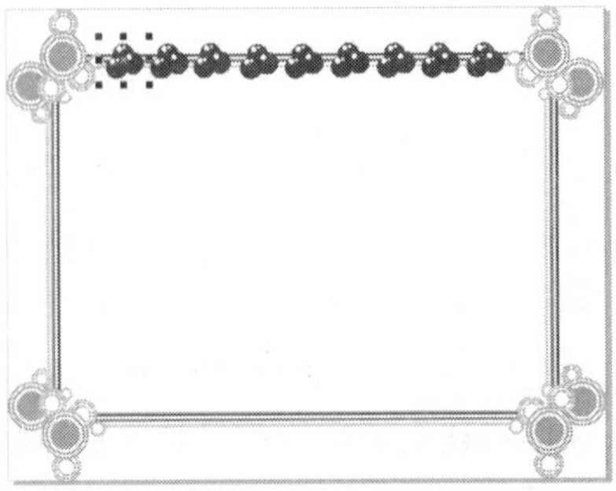

图 10-67　对符号进行多次复制

34 选择所有的【符号 1】，在键盘上按+键，在属性栏中单击（水平镜像）按钮，将所有的【符号 1】向下拖动，如图 10-68 所示。

35 选择其中的【符号 1】对象，在键盘上按+键，在属性栏中将【旋转角度】设置为 90，然后将其向右拖动，调整其位置，如图 10-69 所示。

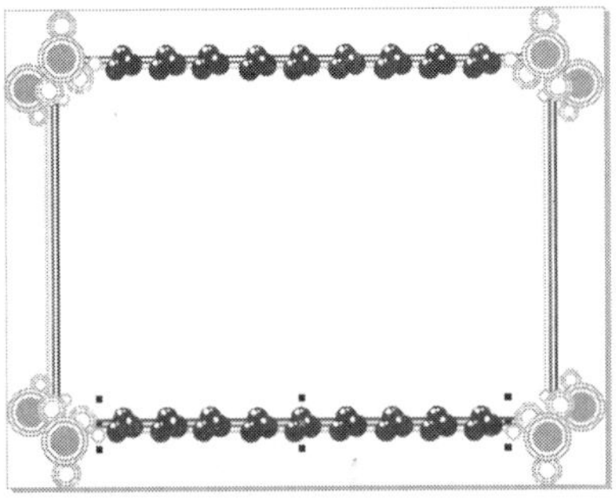

图 10-68　向下拖动符号

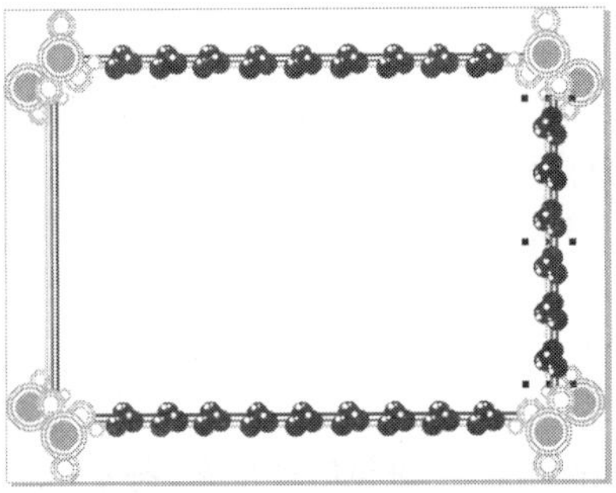

图 10-69　复制并拖动

36 再在键盘上按+键，在属性栏中单击（水平镜像）按钮，将其向左拖动，调整其位置，如图 10-70 所示。

37 在键盘上按 Ctrl+I 组合键，在弹出的对话框中选择随书附带光盘中的 CDROM|素材|Cha10|01.tif 文件，单击【导入】按钮，并将其拖动到场景中，如图 10-71 所示。在空白处单击取消选择。

图 10-70　复制并调整位置

图 10-71　完成后的效果

本 章 习 题

下面通过课后习题来巩固前面学习的基础知识。

1. 选择题

（1）创建符号、编辑符号以及还原到对象这几个命令都是在菜单栏中（　　）选项下完成的。

A. 编辑　　B. 布局　　C. 效果　　D. 文件

（2）按键盘上的（　　）键，可以打开【符号管理器】泊坞窗。

A. Shift+F3　　B. Ctrl+F3　　C. Alt+F3　　D. Ctrl + F2

（3）在插入符号时，如果希望符号自动缩放以适合当前绘图比例，可以启用（　　）按钮。

A. 编辑符号　　B. 缩放到实际单位　　C. 添加库　　D. 导出库

2. 填空题

（1）符号的选择控制柄是________的；对象的选择控制柄是________的。

（2）如果一个符号包含多个对象，则符号实例中的所有对象均被视为________。不能修改符号实例中的单个对象。

3. 上机操作

在绘图页中绘制图形，并将绘制的图形定义为符号，然后将其导出到一个新的文档中。

第 11 章　位图的操作处理与转换

本章重点

- 位图的转换与裁剪。
- 三维效果菜单命令。
- 艺术笔触菜单命令。
- 模糊菜单命令。
- 创造性菜单命令。

CorelDRAW 中生成的图形为矢量图形，而矢量图形中的形状是由一系列的直线和曲线组成的，调整这些线很容易，而且不会降低它们的质量；而位图不同，它有固定的分辨率，也就是说，位图按原始大小显示或打印效果最好，如果扩大位图，那么所显示的图形就显得不太清楚而觉得参差不齐。

CorelDRAW 中的【位图】菜单提了多种与位图图像相关的功能，用户可以通过该菜单实现多种位图效果。本章将对【位图】菜单的各个菜单项的功能和使用方法进行介绍。

11.1　转换为位图

在 CorelDRAW 应用程序不能对矢量图形或对象应用特殊效果时可以将矢量图形转换为位图。转换位图时可以选择位图的颜色模式。颜色模式决定构成位图的颜色数量和种类，因此文件的大小也会受到影响。

下面通过简单的实例介绍矢量图转换为位图的方法。

图 11-1　打开的素材文件

01 按 Ctrl+O 组合键，在弹出的对话框中选择随书附带光盘中的 CDROM|素材|Cha11|咖啡杯.cdr 素材，单击【打开】按钮，如图 11-1 所示。

02 在绘图页中选择所有对象，然后在菜单栏中选择【位图】|【转换为位图】命令，弹出【转换为位图】对话框，在该对话框中将【分辨率】参数设置为 150dpi，其余使用默认参数，如图 11-2 所示。

03 单击【确定】按钮，即可将矢量图转换为位图，效果如图 11-3 所示。

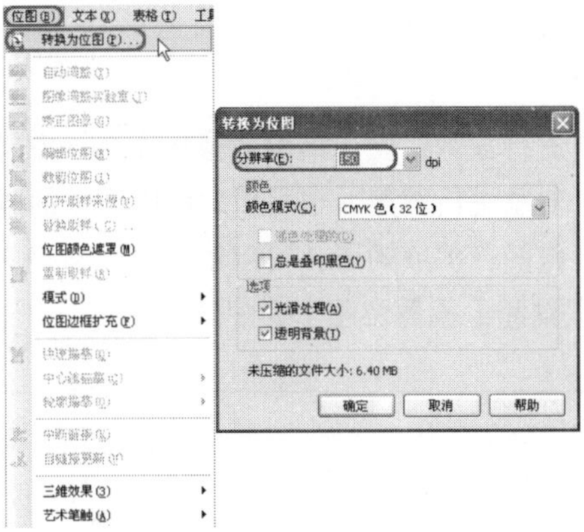

图 11-2　【转换为位图】对话框

图 11-3　转换位图后的效果

提示：将矢量图形转换为位图图像后，可以选择【位图】|【编辑位图】命令，打开用于编辑修改位图图像的 CorelPhoto-PAINT 应用程序。在该程序中融入了更强大的位图图像处理工具，可以在其中对位图图像进行编辑。

11.2　自动调整

【自动调整】菜单项可以自动调整位图的颜色和对比度，从而使位图的色彩更加真实自然。

要自动调整位图颜色和对比度，先在绘图页中选择要调整的位图，然后在【位图】菜单中选择【自动调整】菜单项即可。

01　新建一个宽度、高度分别为 145mm、145mm 的横向文档，按 Ctrl+I 组合键，在弹出的对话框中选择随书附带光盘中的 CDROM|素材|Cha11|自动调整.jpg 素材文件，单击【导入】按钮，再在绘图页中调整图形的大小和位置，如图 11-4 所示。

图 11-4　导入的素材

02　在绘图页中选择位图，在菜单栏中选择【位图】|【自动调整】命令，如图 11-5 所示，调整后的图像如图 11-6 所示。

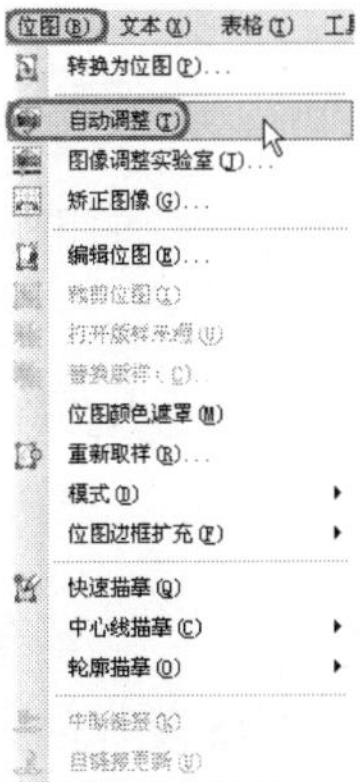

图 11-5　选择【自动调整】命令

图 11-6　调整后的效果

11.3 裁剪位图

裁剪工具不同于精确剪裁功能。如果对多个对象进行裁剪，使用精确裁剪功能必须先群组多个对象，而新增的裁剪工具可以对绘图区中的任何一个对象进行裁剪，也可以对绘图区中的混合对象进行一次性裁剪。裁剪用于移除不需要的位图。要将位图裁剪成矩形，可以使用（裁剪）工具。要将位图裁剪成不规则形状，可以使用（形状）工具和【裁剪位图】命令。

下面将分别介绍两种裁剪位图的方法。

11.3.1 用形状工具裁剪位图

下面介绍使用形状工具裁剪位图。

01 新建一个横向页面的文件，按 Ctrl+I 组合键，在弹出的对话框中选择随书附带光盘中的CDROM|素材|Cha11|裁剪位图.jpg 素材文件，单击【导入】按钮，再在绘图页中调整图片的大小和位置，如图 11-7 所示。

02 选择工具箱中的（形状）工具，在绘图页中拖动控制点来调整图像的形状，如图 11-8 所示。

图 11-7 导入的素材文件

图 11-8 调整形状

03 在菜单栏中选择【位图】|【裁剪位图】命令，如图 11-9 所示，即可将位图进行裁剪，裁剪后的效果如图 11-10 所示。

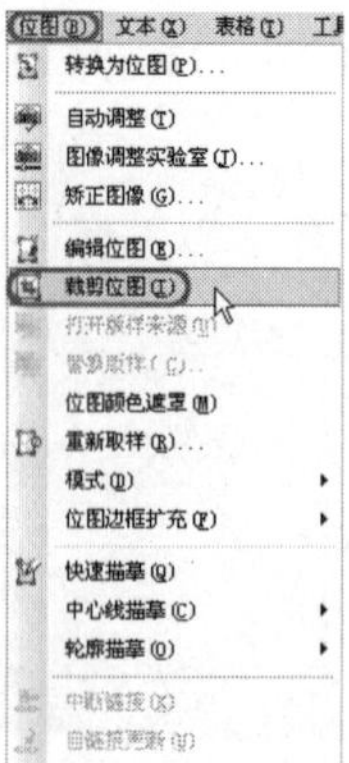

图 11-9 选择【裁剪位图】命令

图 11-10 裁剪后的效果

11.3.2　通过菜单命令裁剪位图

在有（裁剪）工具之前，用户处理图片的时候都要导入到 Photoshop 中去，但操作并不规范。利用（裁剪）工具可以简化操作步骤，让用户一劳永逸。

在 CorelDRAW X5 中，可裁剪的对象包括矢量图形、位图、段落文字、美工文字和所有的群组对象。继续使用前面的素材，介绍如何使用（裁剪）工具来裁剪对象。操作步骤如下。

01　在工具箱中选择（裁剪）工具，在绘图页上拖动，拖出如图 11-11 所示的裁切框。

提示：仔细观察裁剪选取框的边缘，会发现有 8 个控制点。将鼠标指针置于其中一点上拖动，即可改变裁剪选取框的大小。

02　在裁剪选取框中双击，即可完成裁剪操作，如图 11-12 所示。

技 巧

有两种方法来取消裁剪，在裁剪状态下，一是按 Esc 键；二是单击属性栏中的【清除裁剪选取框】按钮。

图 11-11　拖出裁切框

图 11-12　裁剪后的效果

提示：将鼠标指针置于裁剪选取框中间或侧面中央的控制点上，按住 Shift 键并拖动控制点，可同时向内或向外伸缩裁剪选取框。如将鼠标指针放置在右上角的控制点上并拖动，可对裁剪选取框进行等比例缩放。

11.4　位图边框扩充

【位图边框扩充】菜单项用于扩充位图图像边缘的空白部分，用户可以选择自动扩充位图边框，也可以对其进行手动调节。CorelDRAW 自动扩充位图边框，使特殊效果覆盖整个图像。可以禁用自动扩充边框并手动指定扩充的位图的尺度。

11.4.1　自动扩充位图边框

如果要自动扩充位图边框，可以在【位图边框扩充】菜单中选择【自动扩充位图边框】子菜单项。再次选择该子菜单项即可取消自动扩充边框功能。

11.4.2 手动扩充位图边框

除了自动扩充外，也可以选择手动扩充位图边框。下面对手动扩充位图边框进行介绍。

01 按 Ctrl+O 组合键，打开随书附带光盘中的 CDROM|素材|Cha11|手动扩充位图边框.cdr 文件，单击【打开】按钮，如图 11-13 所示。

图 11-13 导入的素材文件

02 在绘图页中选择位图图形，选择菜单栏中的【位图】|【位图边框扩充】|【手动扩充位图边框】命令，在弹出的对话框中将【扩大方式】下的参数设置为 115%，单击【确定】按钮，如图 11-14 所示。

03 扩充完边框后的效果如图 11-15 所示。

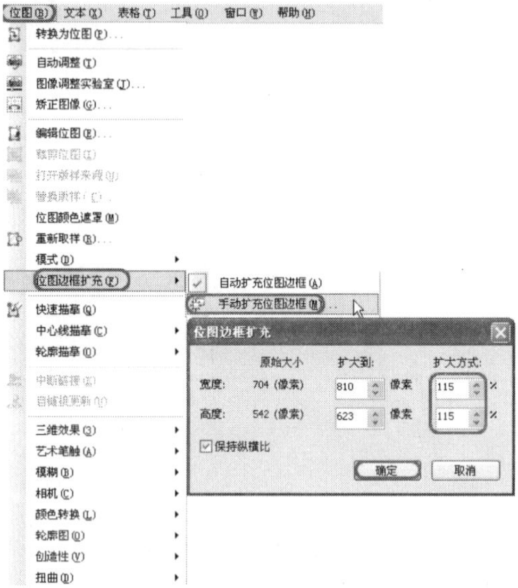

图 11-14 设置参数

图 11-15 扩充边缘后的效果

提示：要按比例扩充位图的边框，请勾选【保持纵横比】复选框。

11.5 三维效果

在菜单栏中选择【位图】|【三维效果】下的各命令可以创建三维纵横感的效果。其包括三维旋转、柱面、浮雕、卷页、透视、挤近／挤远、球面等多个子菜单项，每个子菜单项对应一种三维效果。

11.5.1 三维旋转

使用三维旋转命令可以改变位图水平或垂直方向的角度，以模拟三维空间的方式旋转位图，因此可以产生出立体透视的效果。下面通过一个简单的小实例来介绍一下三维旋转命令的应用。

01 新建一个横向的空白文档，按 Ctrl+I 组合键，在弹出的对话框中选择随书附带光盘中的 CDROM|素材|Cha11|三维效果.jpg 素材文件，单击【导入】按钮，再在绘图页中调整素材的大小和位置，如图 11-16 所示。

图 11-16　导入的素材文件

02 确定导入的素材文件处于选择状态，选择菜单栏中的【位图】|【三维效果】|【三维旋转】命令，在弹出的对话框中将【水平】参数设置为 15，如图 11-17 所示。

技 巧

默认情况下，对话框中并不显示预览窗口，用户可以单击对话框左上角的按钮预览调整后的图像（再次单击则可以同时预览调整前后的图像），也可以在调整后单击【预览】按钮，即时预览页面中的图像效果。

03 设置完成后单击【确定】按钮，即可对选择的图像进行三维旋转，完成后的效果如图 11-18 所示。

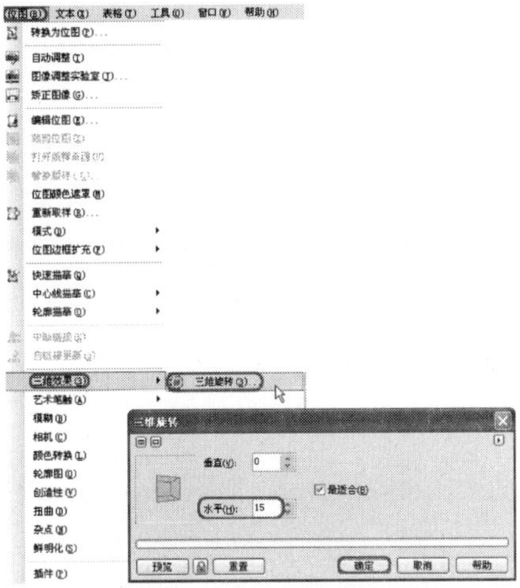

图 11-17　设置参数

图 11-18　三维旋转后的效果

11.5.2　柱面

以圆柱体的视图原理来改变图像的视图效果。通过改变水平和垂直的百分比，来给图像增加柱面效果。

下面我们通过一个以小实例来介绍【柱面】命令的应用。

继续使用前面的素材进行讲解。

01 按 Ctrl+Z 组合键，返回上一步操作，选择菜单栏中的【位图】|【三维效果】|【柱面】命令，在弹出的对话框中将【柱面模式】设置为【垂直的】，然后将【百分比】参数设置为 64，如图 11-19 所示。

02 设置完成后单击【确定】按钮，添加完柱面后的效果如图 11-20 所示。

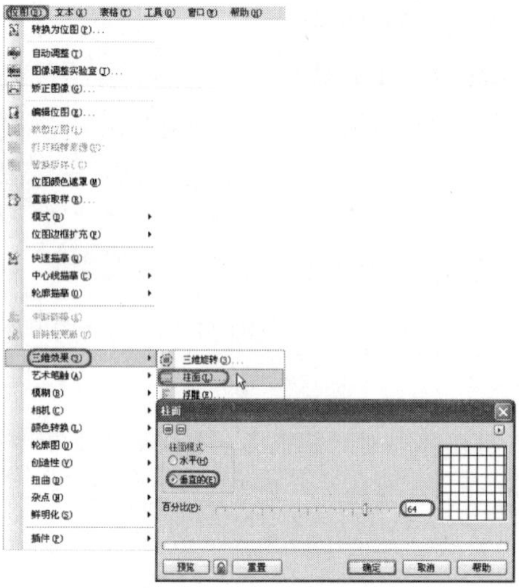

图 11-19　设置参数

图 11-20　添加柱面后的效果

11.5.3　浮雕

给图像增加立体浮雕效果。我们可以通过控制浮雕的深度和层次来使浮雕效果形成得更为明显，更有层次感。下面对浮雕命令进行讲解。

继续使用前面的素材进行讲解。

01　按 Ctrl+Z 组合键返回上一步操作，选择菜单栏中的【位图】|【三维效果】|【浮雕】命令，在弹出的对话框中将【深度】设置为 3，将【浮雕色】设置为 C、M、Y、K 值分别为 5、67、0、0 的颜色，如图 11-21 所示。

02　设置完成后单击【确定】按钮，添加完浮雕后的效果如图 11-22 所示。

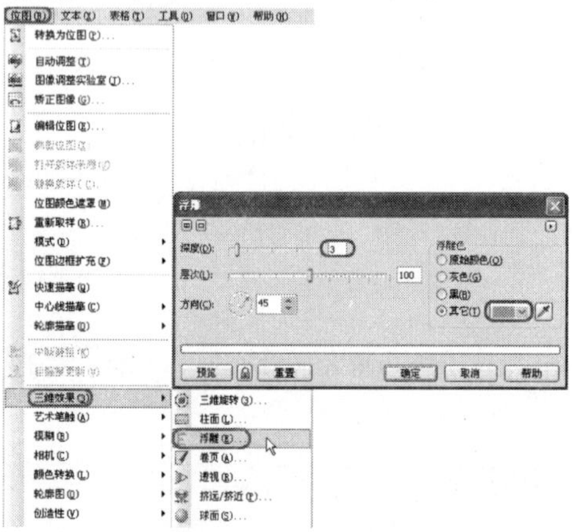

图 11-21　设置浮雕深度和颜色

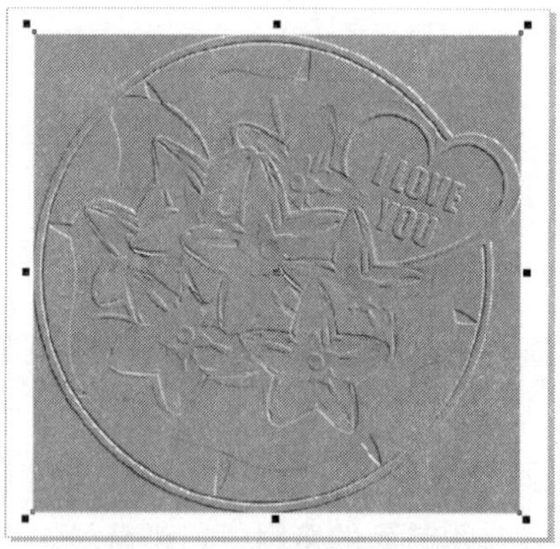

图 11-22　添加完浮雕后的效果

11.5.4　卷页

使用【卷页】命令可以从图像的四角边开始，将位图的部分区域像纸一样卷起来。下面对【卷页】命令进行讲解。

继续使用前面的素材进行讲解。

01 按 Ctrl+Z 组合键，返回上一步操作，选择菜单栏中的【位图】|【三维效果】|【卷页】命令，在弹出的对话框中将【定向】区域下的定向类型设置为【水平】；将【颜色】区域下【卷曲】设置为白色，将【宽度】和【高度】分别设置为 65、58，如图 11-23 所示。

02 然后单击【确定】按钮，添加完卷页后的效果如图 11-24 所示。

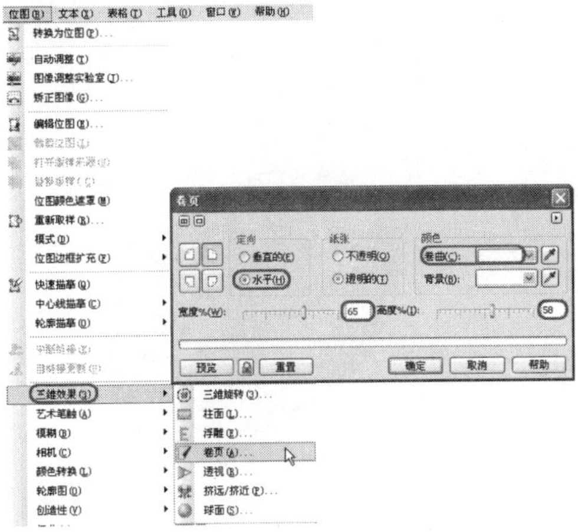

图 11-23　设置参数

图 11-24　添加卷页后的效果

11.5.5　透视

使用透视命令可以调整图像四角的控制点，给位图添加三维透视效果。在 CorelDRAW X5 中，对于位图的透视方式有两种，分别为透视和切变，下面对【透视】命令进行讲解。

01 按 Ctrl+Z 组合键，返回上一步操作，在菜单栏中选择【位图】|【三维效果】|【透视】命令，在弹出的对话框中，使用默认的透视类型，然后在左侧窗口中拖动示例对象 4 个角上的节点，调整图像的透视位置，如图 11-25 所示。

02 调整完成后单击【确定】按钮，添加完透视后的效果如图 11-26 所示。

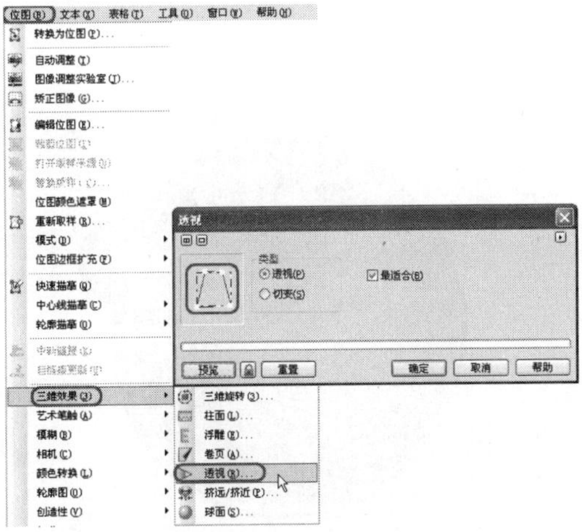

图 11-25　调整透视形状

图 11-26　调整透视后的效果

下面再来对切变类型进行介绍。

01 按 Ctrl+Z 组合键，返回上一步操作，在菜单栏选择【位图】|【三维效果】|【透视】命令，在弹出的对话框中，将【类型】定义为【切变】，然后调整图像的透视位置，如图 11-27 所示。

02 调整完成后单击【确定】按钮，添加完切变后的效果如图 11-28 所示。

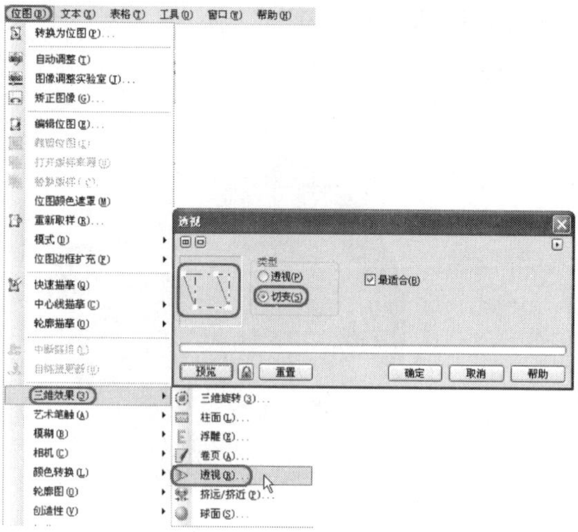

图 11-27　调整切变形状

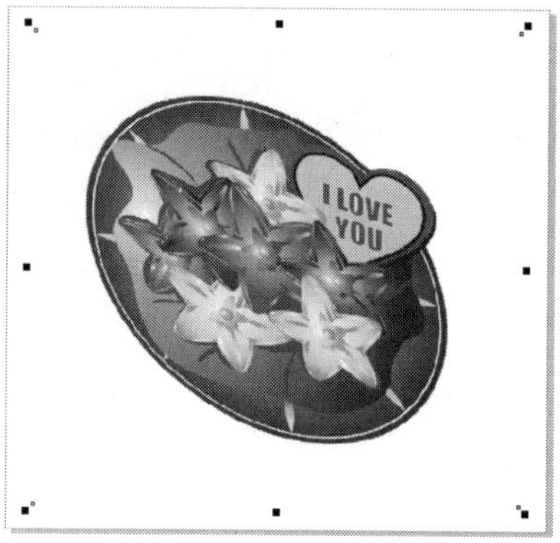

图 11-28　调整切变后的效果

11.5.6　挤远/挤近

将位图处理成近似于凸镜和凹镜的效果。设置值从-100～100。当值为 0 时，无任何效果。值越小，越往外凸；值越大，越往中间凹。

下面通过简单的实例对其进行讲解。继续使用前面的素材进行讲解。

01 按 Ctrl+Z 组合键，返回上一步操作，选择菜单栏中的【位图】|【三维效果】|【挤远/挤近】命令，在弹出的对话框中使用默认参数，如图 11-29 所示。

02 添加完挤远/挤近后的效果如图 11-30 所示。

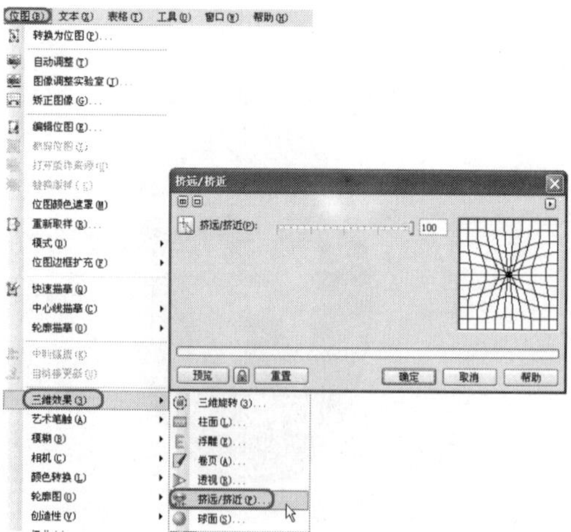

图 11-29　选择【挤远/挤近】命令

图 11-30　添加完【挤远/挤近】命令后的效果

11.5.7　球面

以球面原理来进行视图表现，类似于挤远 / 挤近，都是形成凹或凸的效果，使其更加接近立体化。

下面我们通过一个小实例的形式对【球面】命令进行讲解。继续使用前面的素材进行讲解。

01　按 Ctrl+Z 组合键，返回上一步操作，选择菜单栏中的【位图】|【三维效果】|【球面】命令，在弹出的对话框中将【优化】类型设置为【质量】，然后将【百分比】设置为 19，如图 11-31 所示。

02　单击【确定】按钮，添加完球面后的效果如图 11-32 所示。

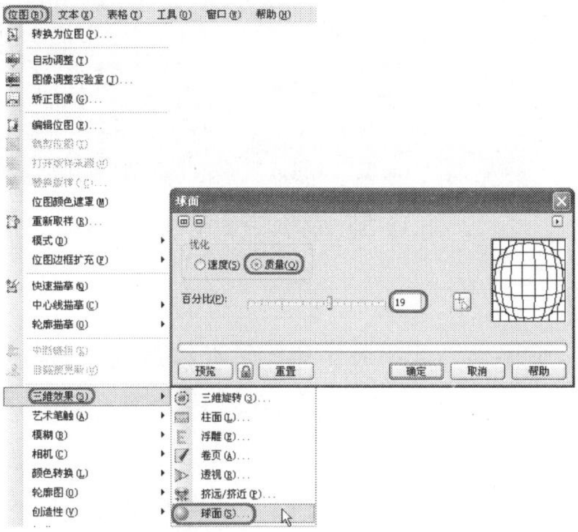

图 11-31　设置参数

图 11-32　添加完球面后的效果

11.6　艺术笔触

位图的艺术笔触效果就是通过对位图进行一些特殊的处理，使位图显示出艺术化的风格。通过艺术笔触下的命令，可以快速地将图像效果模拟为传统绘画效果，可以描绘出炭笔画、单色蜡笔画、蜡笔画、立体派、印象派、调色刀、彩色蜡笔画、钢笔画、点彩派、木版画、素描、水彩画、水印画和波纹纸画共 14 种画风。

11.6.1　炭笔画

使用【炭笔画】命令可以使位图对象产生一种素描效果模拟传统的炭笔画效果，通过执行该命令，可以把图像转换为传统的炭笔黑白画效果。

下面通过一个小实例来介绍炭笔画的应用。

01　新建一个宽度、高度分别为 163mm、109mm 的横向文档，按 Ctrl+I 组合键，在弹出的对话框中选择随书附带光盘中的 CDROM|素材|Cha11|艺术笔触.jpg 素材，单击【导入】按钮，再在绘图页中调整图片的大小和位置，如图 11-33 所示。

图 11-33　导入的素材文件

02 选择菜单栏中的【位图】|【艺术笔触】|【炭笔画】命令，在弹出的对话框中将【大小】和【边缘】的参数分别设置为 1 和 6，如图 11-34 所示。

03 设置完成后单击【确定】按钮，添加完炭笔画后的效果如图 11-35 所示。

图 11-34 设置参数

图 11-35 添加完炭笔画后的效果

11.6.2 单色蜡笔画

【单色蜡笔画】命令可以为图像添加纹理效果，使图像看起来就像用蜡笔在纹理纸或画布上绘制而成的。

继续使用前面的素材进行讲解。

01 按 Ctrl+Z 组合键，返回上一步操作，选择菜单栏中的【位图】|【艺术笔触】|【单色蜡笔画】命令，在弹出的对话框中，将【压力】参数设置为 10，设置完成后单击【确定】按钮，如图 11-36 所示。

02 添加完单色蜡笔后的效果如图 11-37 所示。

图 11-36 设置【压力】参数

图 11-37 添加完单色蜡笔后的效果

11.6.3 蜡笔画

【蜡笔画】命令可以使图像看上去好像是用彩色粉笔在带纹理的背景上描过边。在亮色区域，粉笔看上去很厚，几乎看不见纹理。在深色区域，粉笔似乎被擦去了，使纹理显露出来。

下面对蜡笔画进行简单的介绍。继续使用前面的素材进行讲解。

01 按 Ctrl+Z 组合键返回上一步操作，选择菜单栏中的【位图】|【艺术笔触】|【蜡笔画】命令，在弹出的对话框中，将【大小】设置为 11，将【轮廓】设置为 6，如图 11-38 所示。

02 设置完成后单击【确定】按钮，添加完蜡笔画后的效果如图 11-39 所示。

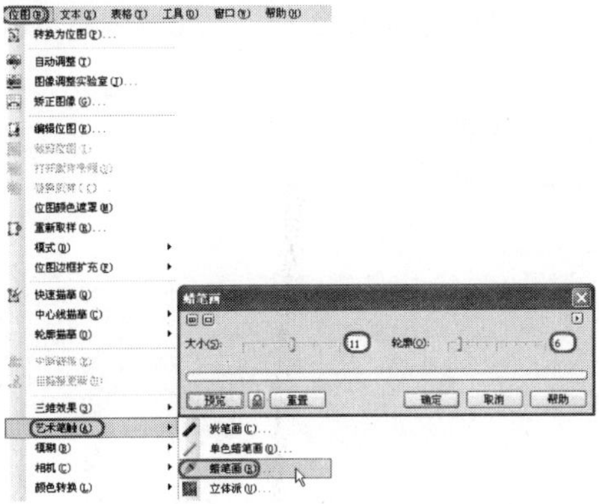

图 11-38 设置参数

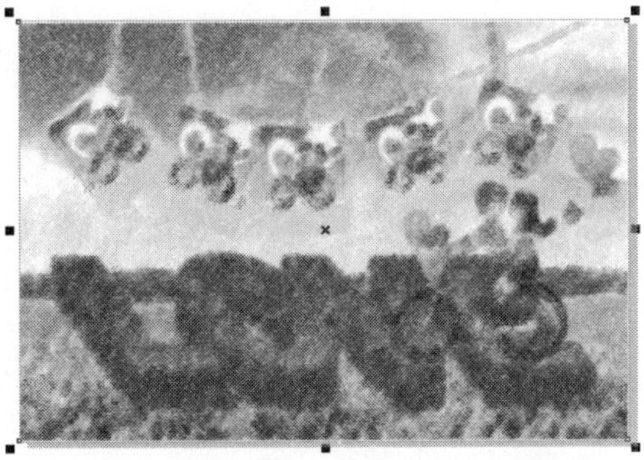

图 11-39 添加完蜡笔画后的效果

11.6.4 调色刀

调色刀，又称画刀，用富有弹性的薄钢片制成，有尖状、圆状之分，用于在调色板上调匀颜料，不少画家也以刀代笔，直接用刀作画或部分地在画布上形成颜料层面、肌理，增加表现力。调色刀类似于使用刀片在绘图像纸上按一定方向以不同颜色刮画的效果。

下面对【调色刀】命令进行讲解。继续使用前面的素材进行讲解。

01 按 Ctrl+Z 组合键返回上一步操作，选择菜单栏中的【位图】|【艺术笔触】|【调色刀】命令，在弹出的对话框中将【刀片尺寸】和【柔软边缘】分别设置为 10 和 1，将【角度】参数设置为 90，如图 11-40 所示。

02 设置完成后单击【确定】按钮，执行完【调色刀】命令后的效果如图 11-41 所示。

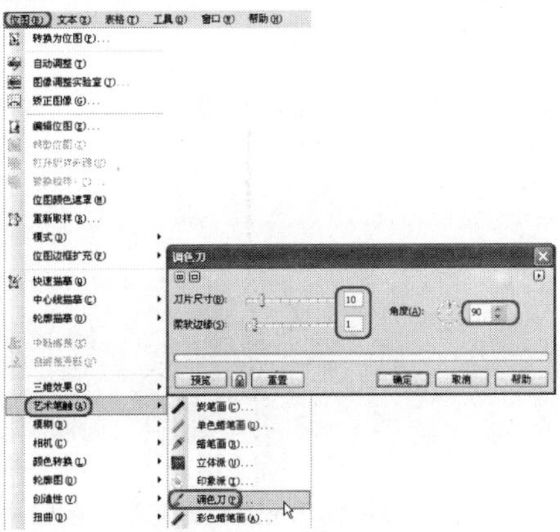

图 11-40 设置参数

图 11-41 执行完【调色刀】命令后的效果

11.6.5 彩色蜡笔画

【彩色蜡笔】命令可以使图像产生彩色蜡笔绘制的艺术效果。CorelDRAW X5 中的彩色蜡笔画有两种类型，一种是“柔性”的，一种是“油性”的。下面分别对它们进行介绍。

继续使用前面的素材进行讲解。

01 按 Ctrl+Z 组合键返回上一步操作，选择菜单栏中的【位图】|【艺术笔触】|【彩色蜡笔画】命令，在弹出的对话框中将【笔触大小】设置为 10，【色度变化】设置为 36，设置完成后单击【确定】按钮，如图 11-42 所示。

02 执行完【彩色蜡笔画】命令后的效果如图 11-43 所示。

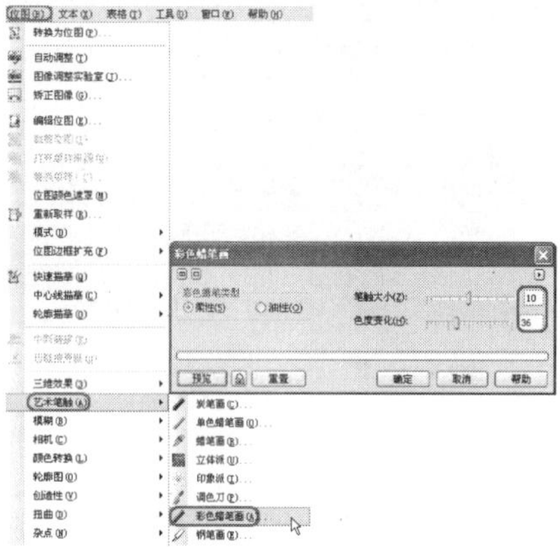

图 11-42　设置参数

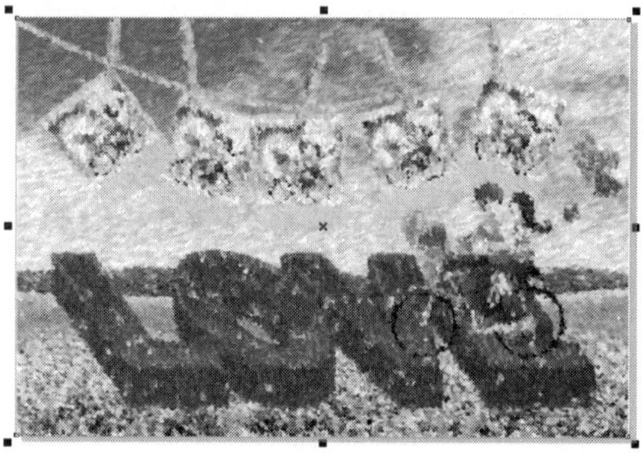

图 11-43　添加完柔性彩色蜡笔画后的效果

下面再来对油性彩色蜡笔画进行介绍。

01 按 Ctrl+Z 组合键返回上一步操作，选择菜单栏中的【位图】|【艺术笔触】|【彩色蜡笔画】命令，在弹出的对话框中将【彩色蜡笔类型】设置为【油性】，将【笔触大小】设置为 10，将【色度变化】设置为 75，如图 11-44 所示。

02 设置完成后单击【确定】按钮，执行完【彩色蜡笔画】命令后的效果如图 11-45 所示。

图 11-44　设置参数

图 11-45　添加完油性彩色蜡笔画后的效果

11.6.6　钢笔画

【钢笔画】命令可以使图像产生类似于用钢笔绘制黑白图画的效果。通过控制钢笔的【密度】和【墨水】，可以很好地在 CorelDRAW X5 中为位图添加钢笔画效果。

下面来介绍【钢笔画】命令的应用。继续使用前面的素材进行讲解。

01　按 Ctrl+Z 组合键返回上一步操作，选择菜单栏中的【位图】|【艺术笔触】|【钢笔画】命令，在弹出的对话框中将【密度】和【墨水】参数分别设置为 80 和 88，如图 11-46 所示。

02　设置完成后单击【确定】按钮，执行完【钢笔画】命令后的效果如图 11-47 所示。

图 11-46　设置参数

图 11-47　钢笔画效果

11.6.7　木版画

木版画俗称木刻，源于我国古代。雕版印刷书籍中的插图，是版画家族中最古老，也是最有代表性的一支。木版画，刀法刚劲有力，黑白相间的节奏，使作品极有力度。【木版画】命令是以木版画的风格，保留原图像的细节和特征在原图像上雕刻图像。

下面对【木版画】命令进行介绍。继续使用前面的素材进行讲解。

01　按 Ctrl+Z 组合键返回上一步操作，选择菜单栏中的【位图】|【艺术笔触】|【木版画】命令，在弹出的对话框中将【密度】和【大小】参数分别设置为 29 和 21，设置完成后单击【确定】按钮，如图 11-48 所示。

02　执行完【木版画】命令后的效果如图 11-49 所示。

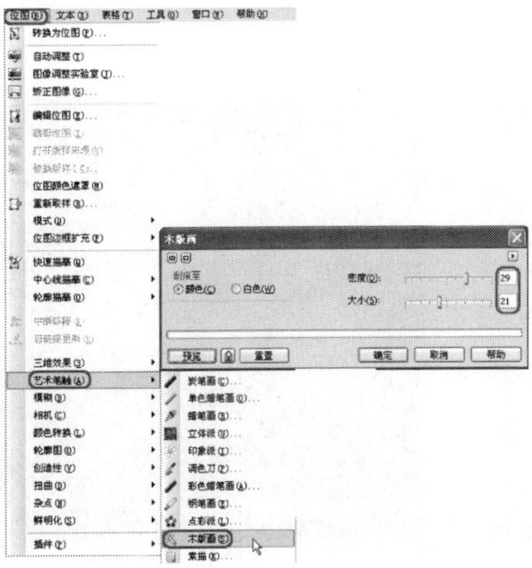

图 11-48　设置参数

图 11-49　木版画效果

11.6.8 素描

【素描】命令可以使图像产生素描的绘画效果，其中可分为黑白素描和彩色素描两种类型。

下面介绍【素描】命令的应用。继续使用前面的素材进行讲解。

01 按 Ctrl+Z 组合键返回上一步操作，选择菜单栏中的【位图】|【艺术笔触】|【素描】命令，在弹出的对话框中将【轮廓】设置为 28，如图 11-50 所示。

02 设置完成后单击【确定】按钮，执行完【素描】命令后的效果如图 11-51 所示。

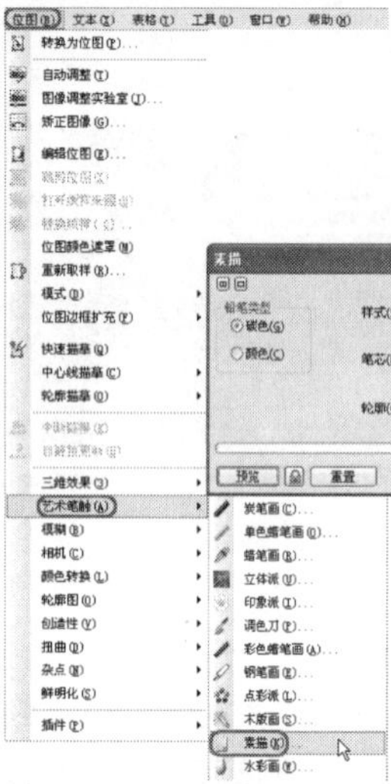

图 11-50 选择【素描】命令

图 11-51 素描效果

11.7 模糊效果

通过【模糊】命令，可以使图像模糊，以模拟移动、杂色或渐变。它可以给图像添加不同程度的模糊效果。模糊命令共包含 9 个子命令，它们分别是定向平滑、高斯式模糊、锯齿状模糊、低通滤波器、动态模糊、放射式模糊、平滑、柔和和缩放。

11.7.1 高斯式模糊

高斯式模糊是模糊命令中使用最频繁的一个命令，高斯模糊是建立在高斯函数基础上的一个模糊计算方法。

下面通过一个简单的小实例来介绍一下高斯式模糊效果。

01 新建一个宽度、高度分别为 161mm、153mm 的空白文档，按 Ctrl+I 组合键，在弹出的对话框中选择随书附带光盘中的 CDROM|素材|Cha11|模糊.jpg 素材，单击【导入】按钮，然后在绘图页中调整素材的大小和位置，如图 11-52 所示。

图 11-52 导入的素材文件

02 确定新导入的素材文件处于选择状态，选择菜单栏中的【位图】|【模糊】|【高斯式模糊】命令，在弹出的

对话框中将【半径】参数设置为 6 像素，如图 11-53 所示。

03　设置完成后单击【确定】按钮，执行完【高斯式模糊】命令后的效果如图 11-54 所示。

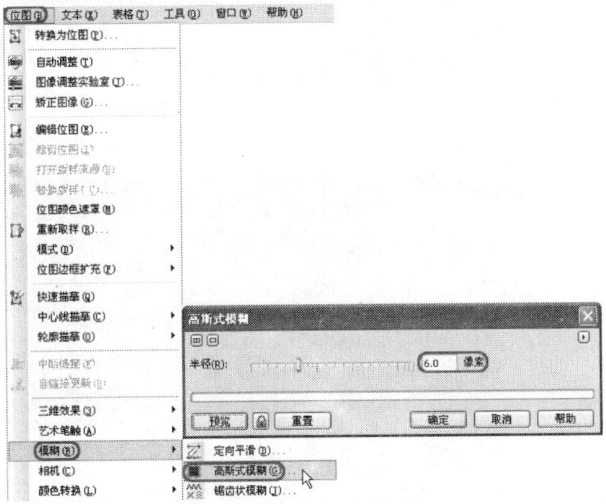

图 11-53　设置参数

图 11-54　高斯式模糊效果

11.7.2　动态模糊

动态模糊使图像产生动感模糊的效果，就像是固定的高光时间给一个移动的对象拍照。

继续使用前面的素材进行讲解。

01　按 Ctrl+Z 组合键，返回上一步操作，选择菜单栏中的【位图】|【模糊】|【动态模糊】命令，在弹出的对话框中将【间隔】参数设置为 48 像素，将【方向】设置为 10，设置完成后单击【确定】按钮，如图 11-55 所示。

02　添加完动态模糊后的效果如图 11-56 所示。

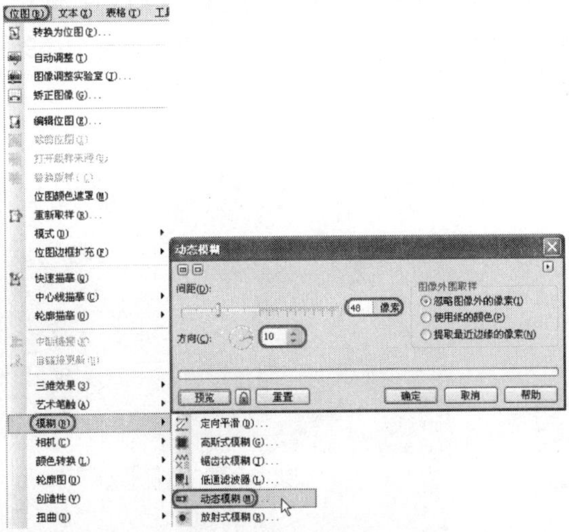

图 11-55　设置参数

图 11-56　动态模糊效果

11.7.3　放射式模糊

给图像添加一种自中心向周围呈旋涡状的放射模糊状态，又称放射式模糊。

继续使用前面的素材进行讲解。

01 按 Ctrl+Z 组合键，返回上一步操作，选择菜单栏中的【位图】|【模糊】|【放射状模糊】命令，在弹出的对话框中将【数量】参数设置为 12，如图 11-57 所示。

02 设置完成后单击【确定】按钮，添加完放射状模糊后的效果如图 11-58 所示。

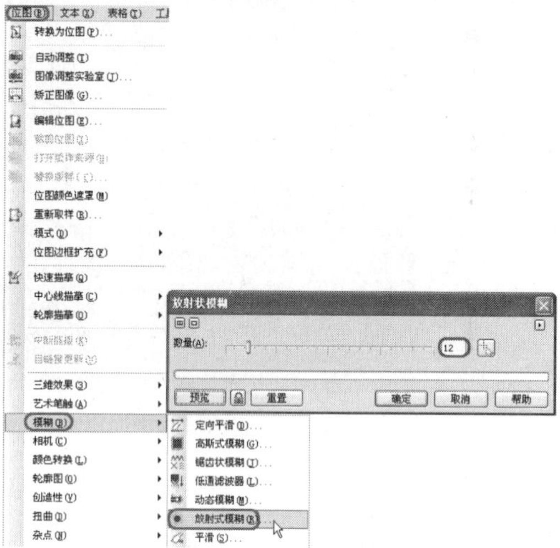

图 11-57 设置参数

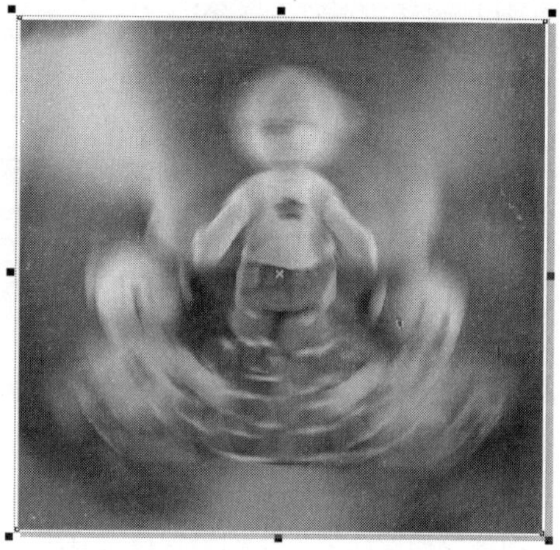

图 11-58 放射状模糊效果

11.7.4 平滑

使用【平滑】命令，可以使图像变得更加平滑，通常用于优化位图图像。

继续使用前面的素材进行讲解。

01 按 Ctrl+Z 组合键，返回上一步操作，选择菜单栏中的【位图】|【模糊】|【平滑】命令，在弹出的对话框中将【百分比】参数设置为 100，设置完成后单击【确定】按钮，如图 11-59 所示。

02 添加完平滑后的效果如图 11-60 所示。

图 11-59 设置参数

图 11-60 平滑效果

11.7.5　缩放

使用【缩放】命令，可使图像自中心产生一种爆炸式的效果。

继续使用前面的素材进行讲解。

01　按 Ctrl+Z 组合键返回上一步操作，选择菜单栏中的【位图】|【模糊】|【缩放】命令，在弹出的对话框中将【数量】参数设置为 28，设置完成后单击【确定】按钮，如图 11-61 所示。

02　添加完缩放后的效果如图 11-62 所示。

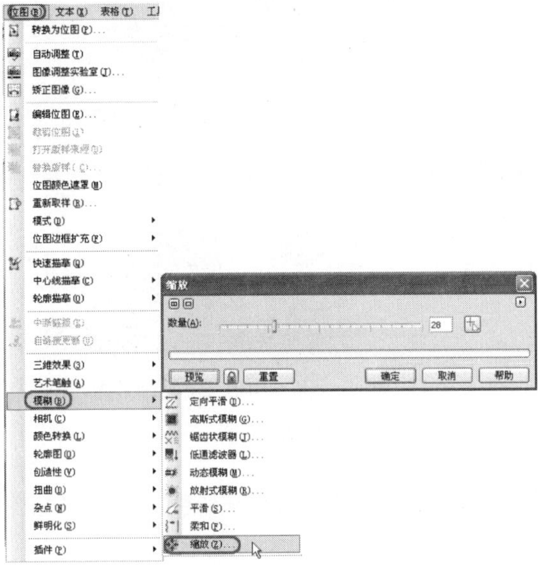

图 11-61　设置参数

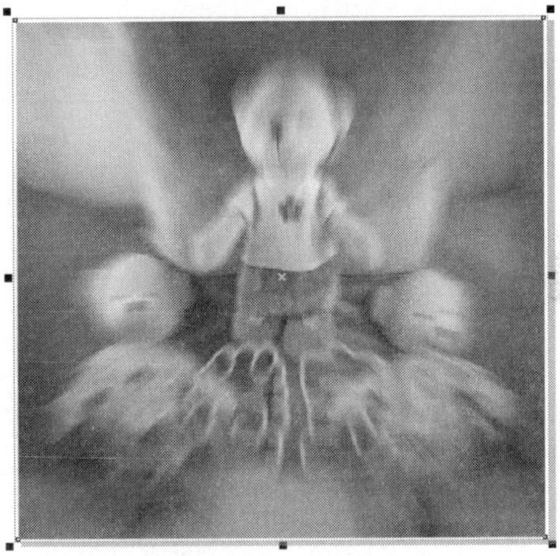

图 11-62　缩放效果

11.8　颜色变换

使用【颜色变换】命令可以通过减少或替换颜色来创建摄影幻觉效果。这些效果包括位平面、半色调、梦幻色典以及曝光等效果。下面分别对它们进行介绍。

11.8.1　位平面

使用【位平面】命令可以创建用红（R）、绿（G）、蓝（B）3 种颜色来替换图像原有颜色的幻觉效果，每一种颜色就是一个面。

下面使用简单的实例来介绍位平面。

01　新建一个宽度、高度分别为 144mm、193mm 的纵向空白文档，按 Ctrl+I 组合键，在弹出的对话框中选择随书附带光盘中的 CDROM|素材|Cha11|颜色变换.jpg 文件，单击【导入】按钮，再调整素材的大小和位置，如图 11-63 所示。

图 11-63　导入素材文件

02　在绘图页中选择导入的素材图形，在菜单栏中选择

【位图】|【颜色转换】|【位平面】命令，在弹出的对话框中将【红】、【绿】、【蓝】的参数都设置为 7，如图 11-64 所示。

03 设置完成后单击【确定】按钮，执行完【位平面】命令后的效果如图 11-65 所示。

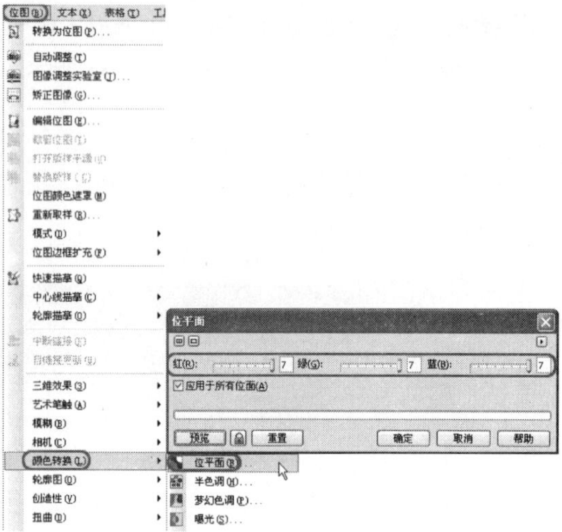

图 11-64　设置参数

图 11-65　位平面效果

11.8.2　半色调

使用【半色调】命令可以创建青、品红、黄、黑 4 种颜色替换图像原有颜色的特殊的色彩效果。继续使用前面的素材进行讲解。

01 按 Ctrl+Z 组合键，返回上一步操作，在菜单栏中选择【位图】|【颜色转换】|【半色调】命令，在弹出的对话框中将【最大点半径】设置为 4，如图 11-66 所示。

02 设置完成后单击【确定】按钮，添加完半色调后的效果如图 11-67 所示。

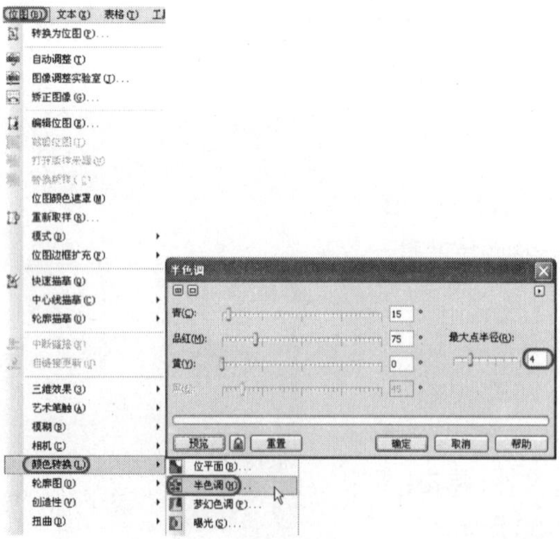

图 11-66　设置参数

图 11-67　半色调效果

11.8.3　梦幻色调

使用【梦幻色调】命令可以将图像色彩转换为具有梦幻色调的色彩效果。

继续使用前面的素材进行讲解。

01 按 Ctrl+Z 组合键，返回上一步操作，选择菜单栏中的【位图】|【颜色转换】|【梦幻色调】命令，在弹出的对话框中将【层次】设置为 56，如图 11-68 所示。

02 设置完成后，单击【确定】按钮，添加完梦幻色调后的效果如图 11-69 所示。

图 11-68　设置参数

图 11-69　梦幻色调效果

11.8.4　曝光

使用【曝光】命令可以模拟胶卷的曝光过程，对图像进行曝光处理。

继续使用前面的素材进行讲解。

01 按 Ctrl+Z 组合键，返回上一步操作，在菜单栏中选择【位图】|【颜色转换】|【曝光】命令，在弹出的对话框中将【层次】设置为 194，如图 11-70 所示。

02 设置完成后单击【确定】按钮，添加完曝光后的效果如图 11-71 所示。

图 11-70　设置参数

图 11-71　曝光效果

11.9 轮廓图

使用【轮廓图】命令可以突出显示和增强图像的边缘。轮廓图效果包括边缘勾面和突出显示。【轮廓图】包括【边缘检测】、【查找边缘】以及【描摹轮廓】3 个子菜单，每一个命令对应一种轮廓图效果。

11.9.1 边缘检测

【边缘检测】命令用于突出刻画图像的边缘轮廓，而忽略图像的色彩。

下面我们通过一个小实例来介绍一下边缘检测命令。

01 新建一个宽度、长度分别为 183.5mm、146mm 的纵向空白文档，按 Ctrl+I 组合键，在弹出的对话框中选择随书附带光盘中的 CDROM|素材|Cha11|轮廓图.jpg 素材，单击【导入】按钮，再在绘图页中调整素材的大小以及位置，如图 11-72 所示。

图 11-72 导入素材

02 在绘图页中选择导入的素材图像，然后在菜单栏中选择【位图】|【轮廓图】|【边缘检测】命令，在弹出的对话框中使用默认值，如图 11-73 所示。

03 单击【确定】按钮，执行完【边缘检测】命令后的效果如图 11-74 所示。

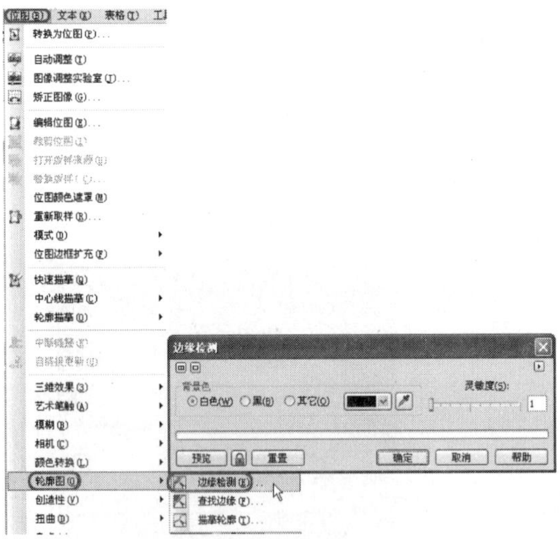

图 11-73 执行边缘检测命令

图 11-74 完成后的效果

11.9.2 查找边缘

【查找边缘】命令用于自动查找并刻画图像的线条，从而突出图像轮廓的层次感。

【查找边缘】命令的边缘类型分为【软】和【纯色】两种，下面我们分别进行讲解。继续使用上面的素材进行讲解。

01 按 Ctrl+Z 组合键，返回上一步的操作，然后在菜单栏中选择【位图】|【轮廓图】|【查找边缘】命令，在弹出的对话框中将【层次】设置为 71，如图 11-75 所示。

02 设置完成后单击【确定】按钮，执行完【查找边缘】命令后的效果如图 11-76 所示。

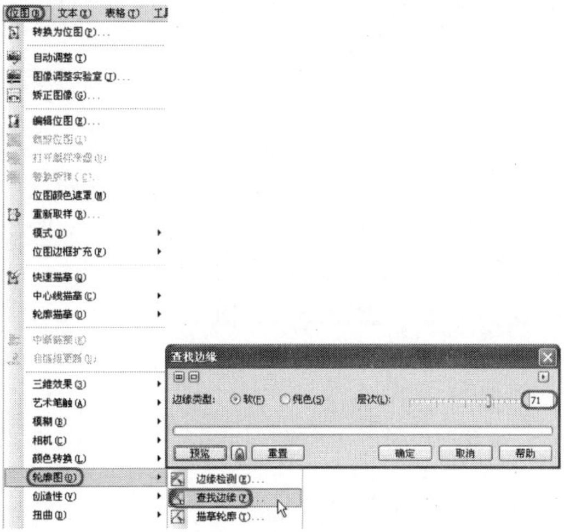

图 11-75　设置参数

图 11-76　完成后的效果

下面介绍一下【纯色】边缘类型。继续使用上面的素材进行讲解。

01 按 Ctrl+Z 组合键，返回上一步的操作，然后在菜单栏中选择【位图】|【轮廓图】|【查找边缘】命令，在弹出的对话框中将【边缘类型】设置为【纯色】，将【层次】设置为 22，如图 11-77 所示。

02 设置完成后单击【确定】按钮，执行完【查找边缘】命令后的效果如图 11-78 所示。

图 11-77　设置参数

图 11-78　完成后的效果

11.9.3　描摹轮廓

【描摹轮廓】命令可以使用多种颜色描摹图像的轮廓。

【描摹轮廓】的边缘类型分为【下降】和【上面】两种类型。继续使用上面的素材进行讲解。

01 按 Ctrl+Z 组合键，返回上一步的操作，然后在菜单栏中选择【位图】|【轮廓图】|【描摹轮廓】命令，在弹出的对话框中使用默认设置，如图 11-79 所示。

02 单击【确定】按钮，执行完【描摹轮廓】命令后的效果如图 11-80 所示。

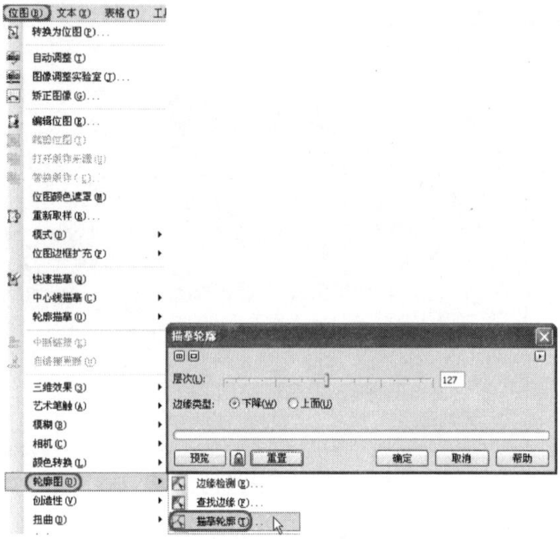

图 11-79 执行【描摹轮廓】命令

图 11-80 完成后的效果

下面讲解一下【上面】边缘类型。继续使用前面的素材进行讲解。

01 按 Ctrl+Z 组合键，返回上一步的操作，在菜单栏中选择【位图】|【轮廓图】|【描摹轮廓】命令，在弹出的对话框中将【边缘类型】设置为【上面】，将【层次】设置为 110，如图 11-81 所示。

02 单击【确定】按钮，执行完【描摹轮廓】命令后的效果如图 11-82 所示。

图 11-81 设置参数

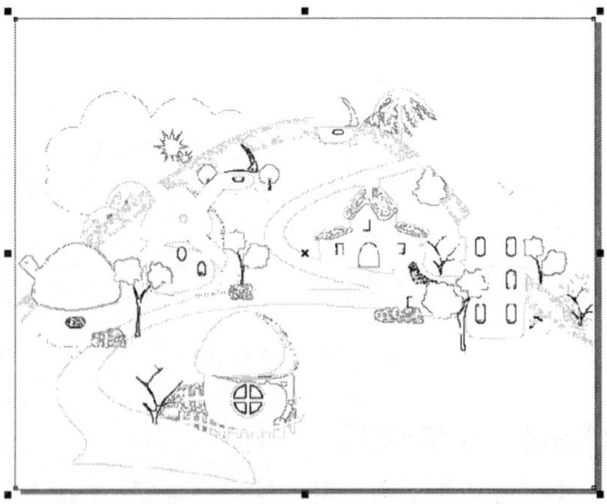

图 11-82 完成后的效果

11.10　创造性

【创造性】命令可以把位图分割成许多小块，不同的效果区分于分割小块风格的不同。通过【创造性】命令，可以给图像添加拼图效果、马赛克效果、彩色玻璃效果、虚光效果和玻璃砖效果等。其中包括工艺、晶体化、织物、框架、玻璃砖、儿童游戏、马赛克、粒子、散开、茶色玻璃、彩色玻璃、虚光、旋涡和天气 14 个子命令。

11.10.1　工艺

通过【工艺】命令，可以给图像添加拼图效果、齿轮效果、弹珠效果、糖果效果、瓷砖效果和筹码效果。我们可以通过【大小】选项来控制分布的数量，值越大，分布的数量越少，反之则越多；可以通过【完成】选项来控制最终的显示数量，值越大，显示得越多。

下面通过简单的实例来介绍【工艺】命令的使用。

01　新建一个宽度、高度分别为 147mm、107mm 的横向空白文档，按 Ctrl+I 组合键，在弹出的对话框中选择随书附带光盘中的 CDROM|素材|Cha11|工艺.jpg 素材，单击【导入】按钮，调整素材的大小和位置，如图 11-83 所示。

图 11-83　导入的素材文件

02　在绘图页中选择导入的素材图形，在菜单栏中选择【位图】|【创造性】|【工艺】命令，在弹出的对话框中将【样式】定义为【弹珠】，将【大小】参数设置为 5，如图 11-84 所示。

03　设置完成后单击【确定】按钮，执行完【工艺】命令后的效果如图 11-85 所示。

图 11-84　设置参数

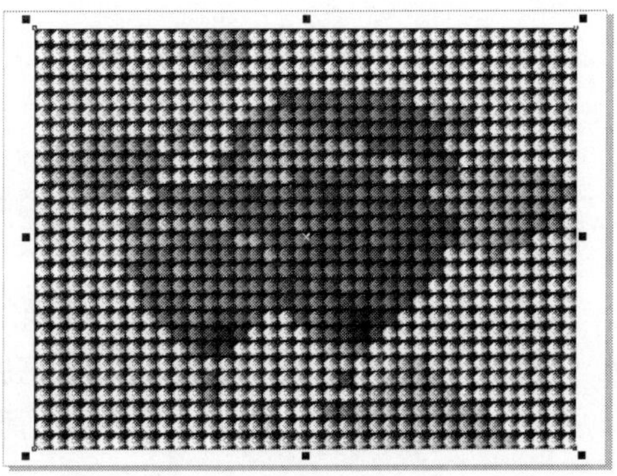

图 11-85　工艺效果

11.10.2 框架

使用【框架】命令可以在图像四周添加一个框架，从而使其产生照片框架的效果。一般用于给照片添加艺术边框。

01 新建一个宽度、高度分别为167mm、112mm的空白横向文档，按Ctrl+I组合键，在弹出的对话框中选择随书附带光盘中的CDROM|素材|Cha11|创造性.jpg素材，单击【导入】按钮，再在绘图页中调整它的位置以及大小，如图11-86所示。

图 11-86 导入的素材

02 在绘图页中选择导入的素材，然后在菜单栏中选择【位图】|【创造性】|【框架】命令，在弹出的对话框中使用默认的参数，如图11-87所示。

03 单击【确定】按钮，添加完框架后的效果如图11-88所示。

图 11-87 选择【框架】命令

图 11-88 框架效果

11.10.3 玻璃砖

使用该命令，可以使画面形成一种玻璃砖的特殊效果。

继续使用上面的素材进行讲解。

01 按Ctrl+Z组合键，返回上一步操作，在菜单栏中选择【位图】|【创造性】|【玻璃砖】命令，在弹出的对话框中将【块宽度】、【块高度】都设置为13，如图11-89所示。

02 设置完成后单击【确定】按钮，添加完玻璃砖后的效果如图11-90所示。

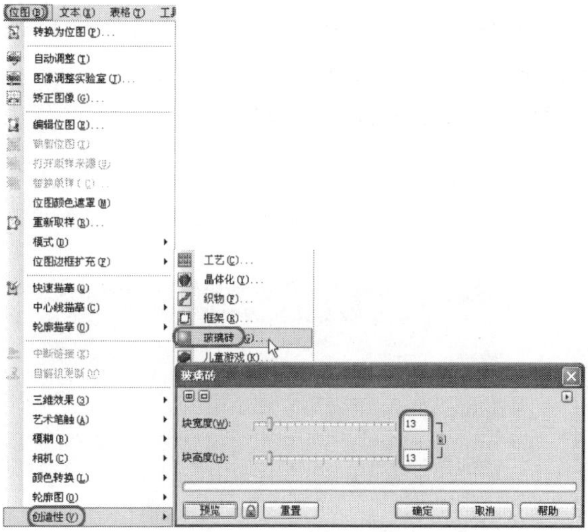

图 11-89　设置参数

图 11-90　玻璃砖效果

11.10.4　粒子

【粒子】命令用于为图像添加星状或气泡状的粒子。

继续使用上面的素材进行讲解。

01　按 Ctrl+Z 组合键，返回上一步操作，在菜单栏中选择【位图】|【创造性】|【粒子】命令，在弹出的对话框中将【样式】设置为【气泡】，将【粗细】、【着色】以及【透明度】分别设置为 46、100、1，如图 11-91 所示。

02　设置完成后单击【确定】按钮，添加完玻璃砖后的效果如图 11-92 所示。

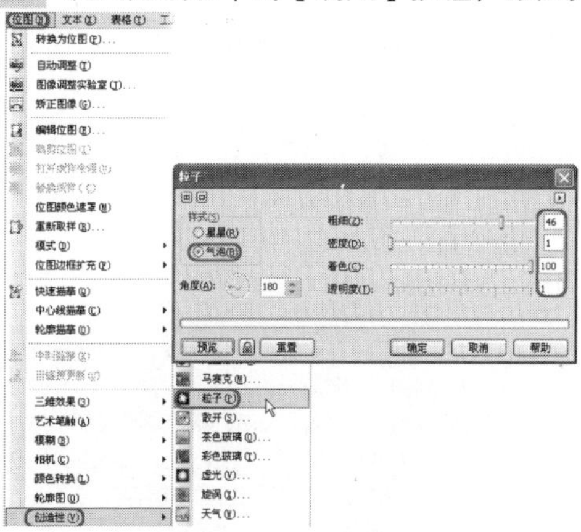

图 11-91　设置参数

图 11-92　完成后的效果

11.10.5　散开

使用【散开】命令，可以使图像产生一种颜色扩散的效果。可以通过【水平】和【垂直】选项来控制晕散的范围大小。

继续使用前面的素材进行讲解。

01 按 Ctrl+Z 组合键，返回上一步操作，在菜单栏中选择【位图】|【创造性】|【散开】命令，在弹出的对话框中将【水平】与【垂直】都设置为 16，如图 11-93 所示。

02 设置完成后单击【确定】按钮，添加完散开后的效果如图 11-94 所示。

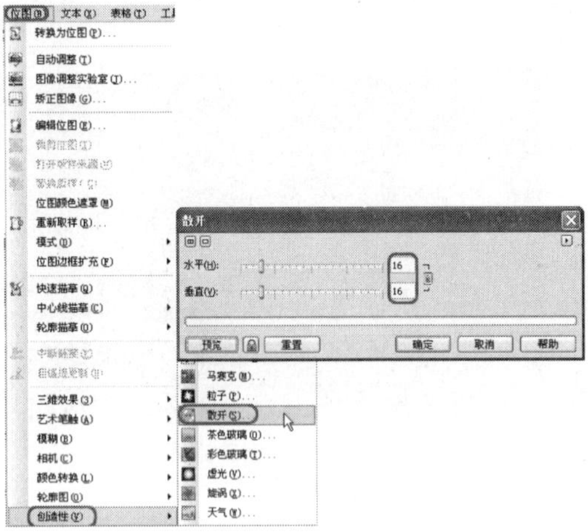

图 11-93 设置参数

图 11-94 散开效果

11.10.6 虚光

使用【虚光】命令，可以给图像添加光线柔和渐变的效果。CorelDRAW X5 中可设置的虚光类型有椭圆形、圆形、矩形和正方形 4 种，在设置对话框中可以找到这些命令。

01 按 Ctrl+Z 组合键返回上一步操作，在菜单栏中选择【位图】|【创造性】|【虚光】命令，在弹出的对话框中选择【颜色】区域中的【白色】单选按钮，如图 11-95 所示。

02 设置完成后单击【确定】按钮，添加完虚光后的效果如图 11-96 所示。

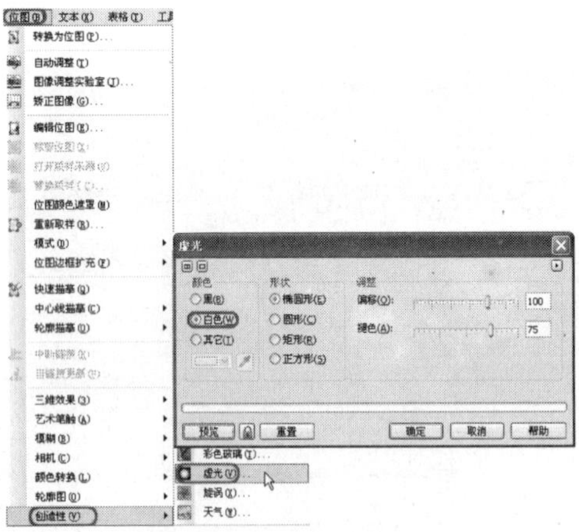

图 11-95 设置参数

图 11-96 虚光效果

11.10.7 旋涡

【旋涡】命令可以使图像产生类似旋涡形状的特效，通过控制【样式】和【粗细】来控制旋涡的形成力度。

01　按 Ctrl+Z 组合键，返回上一步操作，在菜单栏中选择【位图】|【创造性】|【旋涡】命令，在弹出的对话框中将【样式】定义为【层次效果】，将【粗细】设置为 10，如图 11-97 所示。

02　设置完成后单击【确定】按钮，添加完旋涡后的效果如图 11-98 所示。

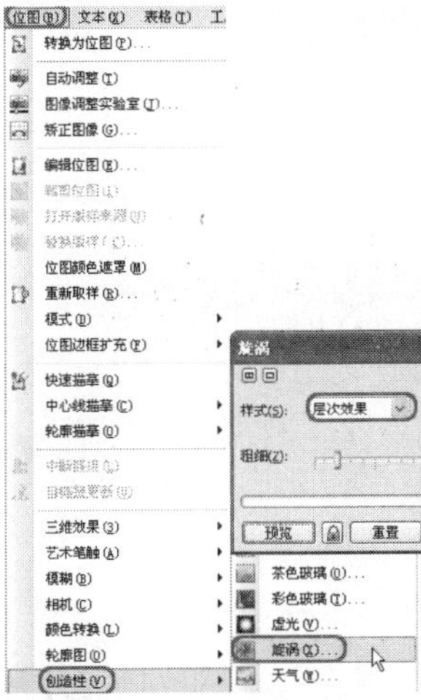

图 11-97　设置参数

图 11-98　旋涡效果

11.10.8　天气

【天气】命令可以使位图对象模拟各种气候特征，即显示为不同天气下观测的效果。通过【浓度】选项，可以控制小雪至暴风雪、小雨至暴雨、薄雾至浓雾的效果。

01　按 Ctrl+Z 组合键返回上一步操作，在菜单栏中选择【位图】|【创造性】|【天气】命令，在弹出的对话框中将【浓度】参数设置为 12，将【大小】设置为 9，如图 11-99 所示。

02　设置完成后单击【确定】按钮，添加完天气后的效果如图 11-100 所示。

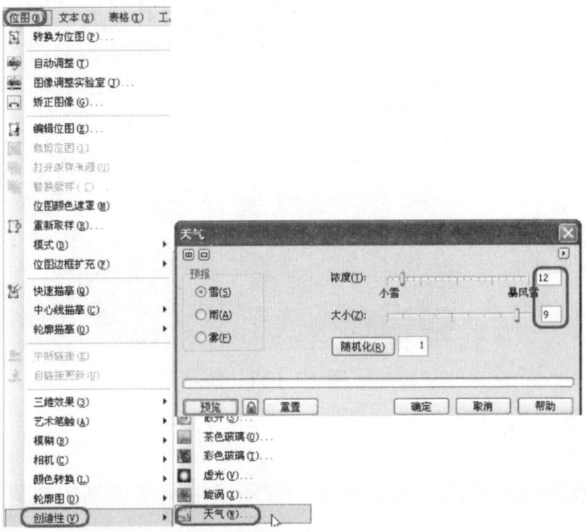

图 11-99　设置参数

图 11-100　添加雪效果

11.11 扭曲

使用【扭曲】命令，可以使图像表面变形。它可以为图像添加块状效果、置换效果、偏移效果、像素效果、龟纹效果、旋涡效果、平铺效果、湿笔画效果、涡流效果和风吹效果。

11.11.1 块状

【块状】命令用于创建碎块状的图像扭曲效果。

下面通过简单的实例来介绍【块状】命令的使用。

01 新建一个横向空白文档，按 Ctrl+I 组合键，在弹出的对话框中选择随书附带光盘中的 CDROM|素材|Cha11|扭曲.jpg 素材，单击【导入】按钮，再在绘图页中调整素材的大小和位置，如图 11-101 所示。

图 11-101 导入素材

02 确定新导入的素材文件处于选择状态，在菜单栏中选择【位图】|【扭曲】|【块状】命令，在弹出的对话框中将【未定义区域】选择【黑体】，设置一种颜色，然后将【块宽度】和【块高度】都设置为 6，如图 11-102 所示。

03 设置完成后单击【确定】按钮，执行完【块状】命令后的效果如图 11-103 所示。

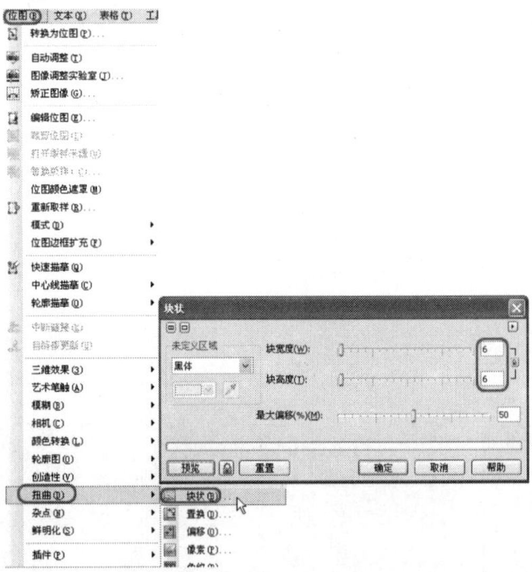

图 11-102 设置参数

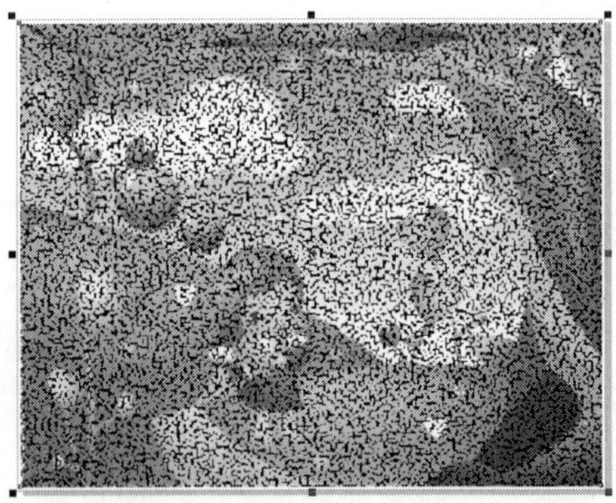

图 11-103 块状效果

11.11.2 置换

利用【置换】命令可以使用多种网格置换图像的缘由区域，从而创建图像被网格切割的效果。继续使用前面的素材进行讲解。

01 按 Ctrl+Z 组合键，返回上一步操作，在菜单栏中选择【位图】|【扭曲】|【置换】命令，

在弹出的对话框中单击 按钮，在弹出的下拉列表中选择【环绕】选项，将【水平】和【垂直】的参数分别设置为 68 和 30，选择一种置换图样，如图 11-104 所示。

02　设置完成后单击【确定】按钮，添加完置换后的效果如图 11-105 所示。

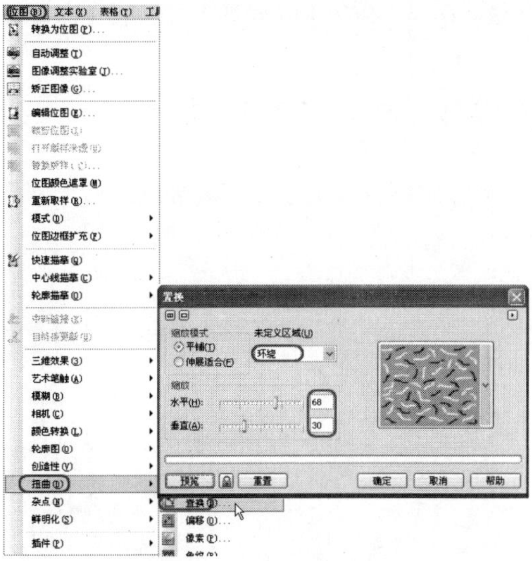

图 11-104　设置参数

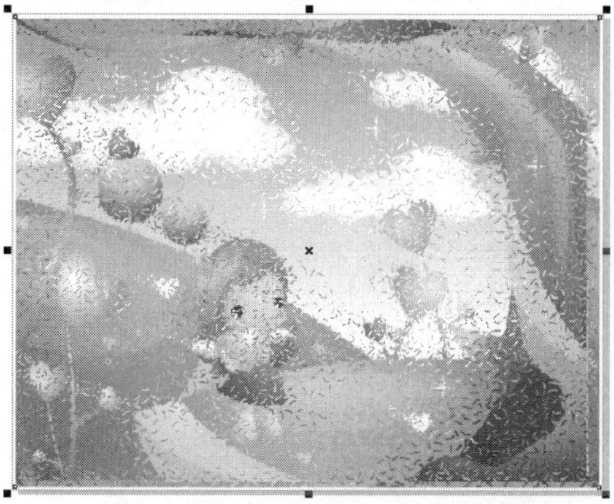

图 11-105　置换效果

11.11.3　像素

【像素】命令使图像在一定的像素范围内产生模糊效果。CorelDRAW X5 自带的像素化模式有正方形、矩形和射线 3 种，通过改变【宽度】值和【高度】值来控制像素化效果的力度。

继续使用上面的素材进行讲解。

01　按 Ctrl+Z 组合键，返回上一步操作，选择菜单栏中的【位图】|【扭曲】|【像素】命令，在弹出的对话框中将【宽度】和【高度】的参数都设置为 25，如图 11-106 所示。

02　设置完成后单击【确定】按钮，添加完像素后的效果如图 11-107 所示。

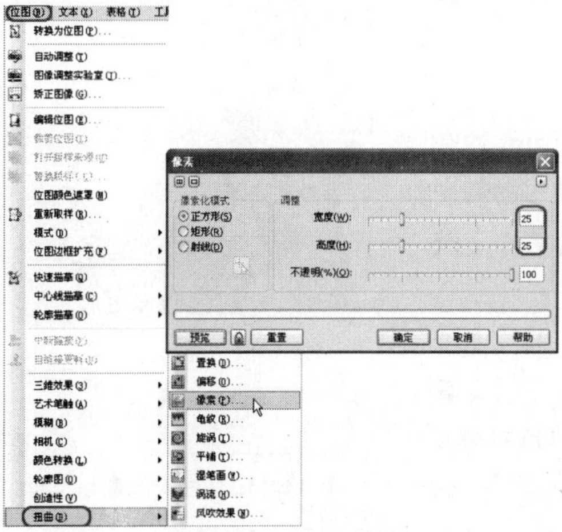

图 11-106　设置参数

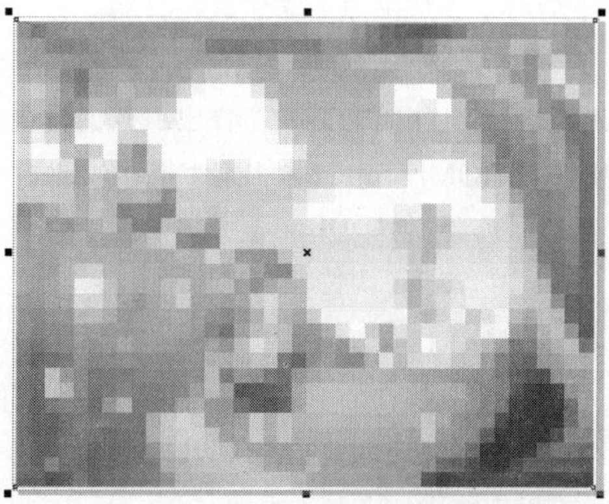

图 11-107　像素效果

11.11.4 旋涡

【旋涡】命令用于使图像产生旋涡状的扭曲。

继续使用上面的素材进行讲解。

01 按 Ctrl+Z 组合键返回上一步操作，选择菜单栏中的【位图】|【扭曲】|【旋涡】命令，在弹出的对话框中将【附加度】参数设置为 120，如图 11-108 所示。

02 设置完成后单击【确定】按钮，添加完旋涡后的效果如图 11-109 所示。

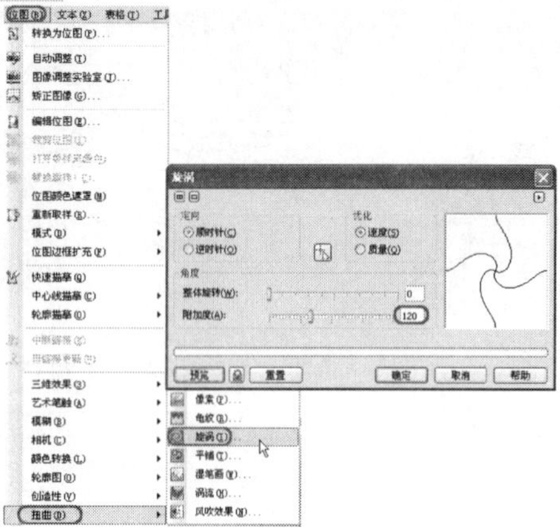

图 11-108　设置参数

图 11-109　旋涡效果

11.12 杂点

该命令主要用于为图像添加颗粒状杂点或去除图像中的杂点，多用于校正图像中的瑕疵，可使图像表面更加平滑完美。【杂点】包括【添加杂点】、【最大值】、【中值】、【最小】、【去除龟纹】以及【去除杂点】6 个子菜单，每一个命令对应一种杂点效果。

11.12.1 添加杂点

【添加杂点】命令用于在图像中添加多种类型的颗粒状杂点。

下面对【添加杂点】命令进行介绍。

01 新建一个宽度、高度分别为 153mm、187mm 的空白文档，按 Ctrl+I 组合键，在弹出的对话框中选择随书附带光盘中的 CDROM|素材|Cha11|杂点.jpg 文件，单击【导入】按钮，然后调整素材的大小和位置，如图 11-110 所示。

图 11-110　导入的素材文件

02 在绘图页中选择导入的素材，在菜单栏中选择【位图】|【杂点】|【添加杂点】命令，在弹出的对话框中将【层次】和【密度】参数分别设置为 90 和 80，如图 11-111 所示。

03 设置完成后单击【确定】按钮，执行完【添加杂点】命令后的效果如图 11-112 所示。

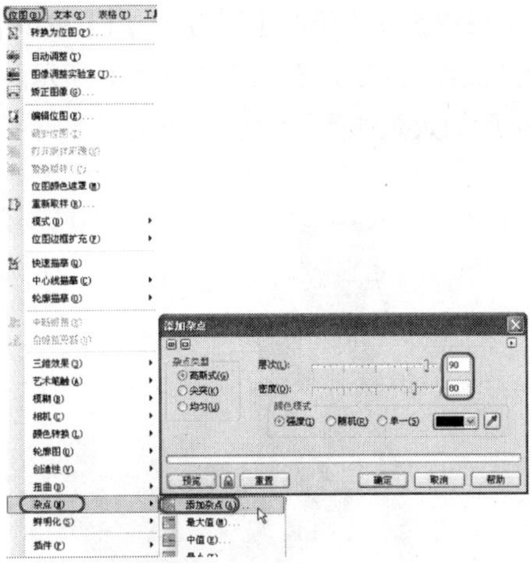

图 11-111　设置参数

图 11-112　添加杂点后的效果

11.12.2　最大值

通过【最大值】命令，可以根据相邻像素最大颜色值去除图像杂点，以此来给图像添加一种类似街头霓虹闪烁的远视效果，可以通过【百分比】和【半径】来控制这种效果。

继续使用前面的素材进行讲解。

01　按 Ctrl+Z 组合键，返回上一步操作，在菜单栏中选择【位图】|【杂点】|【最大值】命令，在弹出的对话框中将【百分比】和【半径】的参数分别设置为 50 和 16，设置完成后单击【确定】按钮，如图 11-113 所示。

02　添加完最大值后的效果如图 11-114 所示。

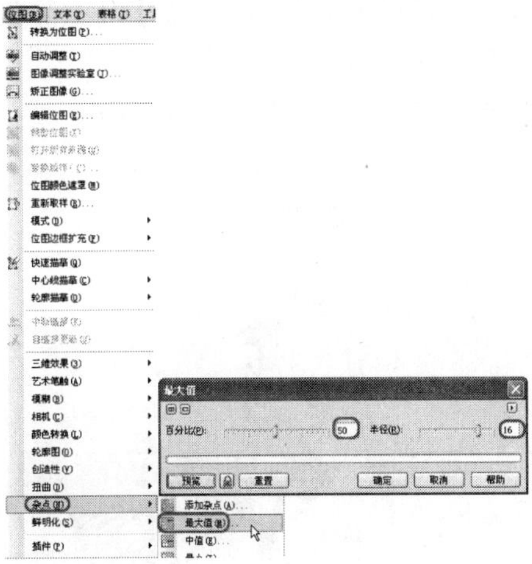

图 11-113　设置参数

图 11-114　最大值效果

11.12.3　最小

【最小】命令可以通过将像素变暗来去除图像中的杂点。

继续使用前面的素材进行讲解。

01 按 Ctrl+Z 组合键，返回上一步操作，在菜单栏中选择【位图】|【杂点】|【最小】命令，在弹出的对话框中将【百分比】和【半径】的参数分别设置为 42 和 8，如图 11-115 所示。

02 设置完成后单击【确定】按钮，添加完最小后的效果如图 11-116 所示。

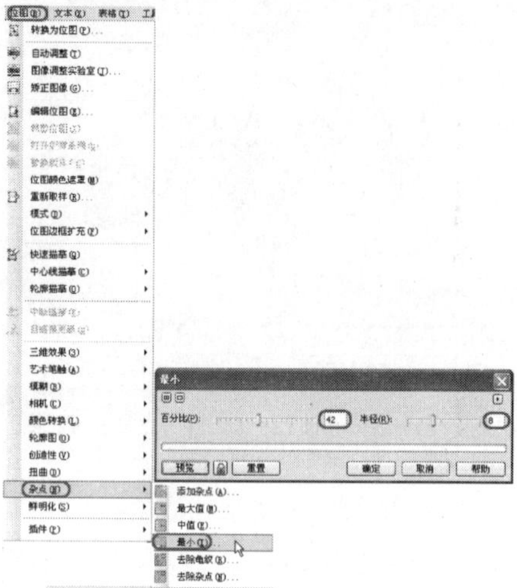

图 11-115　设置参数

图 11-116　最小效果

11.12.4　去除龟纹

通过【去除龟纹】命令可以去除图像中一些比较细微的纹理，如网纹、波纹等，通常用于优化和校正图像中的细节部分。

继续使用前面的素材进行讲解。

01 按 Ctrl+Z 组合键，返回上一步操作，在菜单栏中选择【位图】|【杂点】|【去除龟纹】命令，在弹出的对话框中将【数量】参数设置为 10，如图 11-117 所示。

02 设置完成后单击【确定】按钮，添加完去除龟纹后的效果如图 11-118 所示。

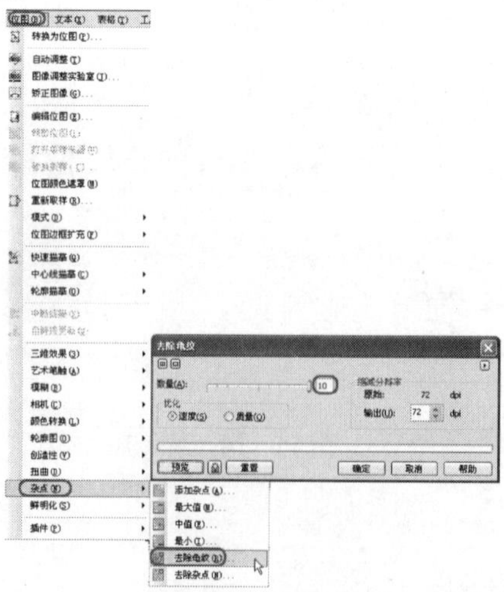

图 11-117　设置参数

图 11-118　去除龟纹效果

11.13　上机练习——为照片添加相框

本例将介绍装饰效果的制作，该例的制作比较简单，首先是位图图像添加框架，然后绘制矩形轮廓，将其转换为位图，并为其添加【浮雕】、【杂点】和【置换】效果，完成后的效果如图 11-119 所示。

图 11-119　添加相框效果

01　选择菜单栏中的【文件】|【新建】命令，在弹出的【创建新文档】对话框中，设置【名称】为【为照片添加相框】，设置【宽度】为 297mm，【高度】为 210mm，其他设置不变，如图 11-120 所示，然后单击【确定】按钮。

02　选择菜单栏中的【文件】|【导入】命令，如图 11-121 所示。

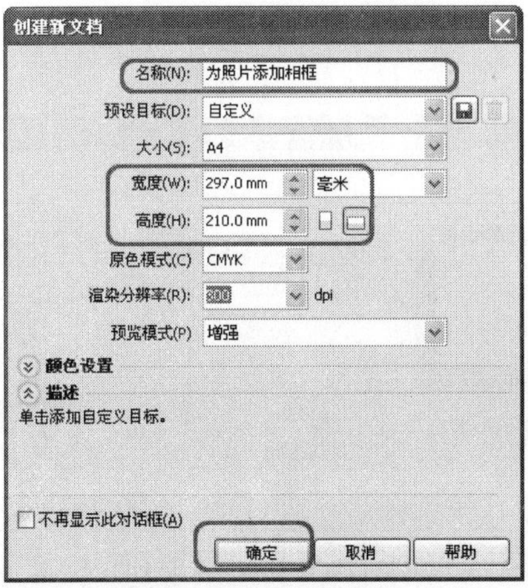

图 11-120　新建文档

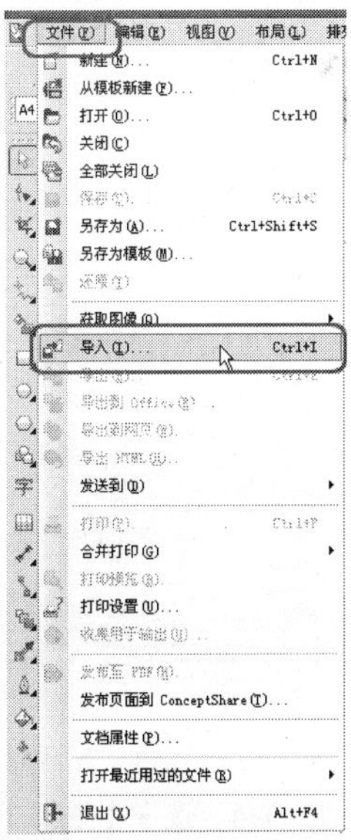

图 11-121　选择【导入】命令

03　在弹出的【导入】对话框中，选择随书附带光盘中的 CDROM|素材|Cha11|人物.jpg 文件，如图 11-122 所示，单击【导入】按钮。

04 按 Enter 键确认，将选择的文件导入到绘图页的中央，然后调整素材的大小和位置，如图 11-123 所示。

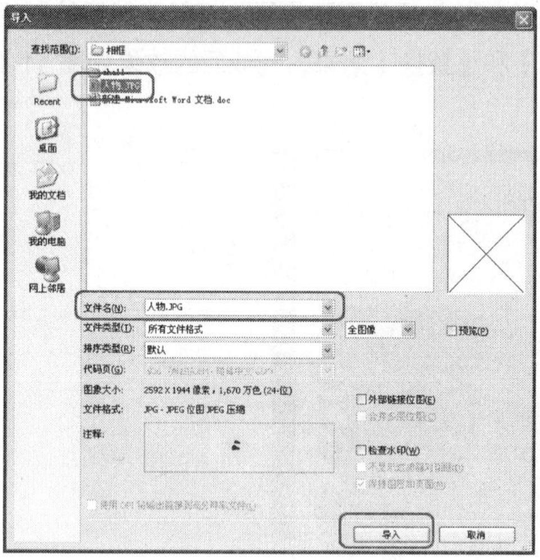

图 11-122　选择导入文档

图 11-123　调整素材位置

05 选中导入的图像文件，选择菜单栏中的【位图】|【创造性】|【框架】命令，如图 11-124 所示。

06 在弹出的【框架】对话框的【选择】选项卡中单击【预览】右侧的下三角按钮，在弹出的下拉列表中选择一种框架，如图 1-125 所示。

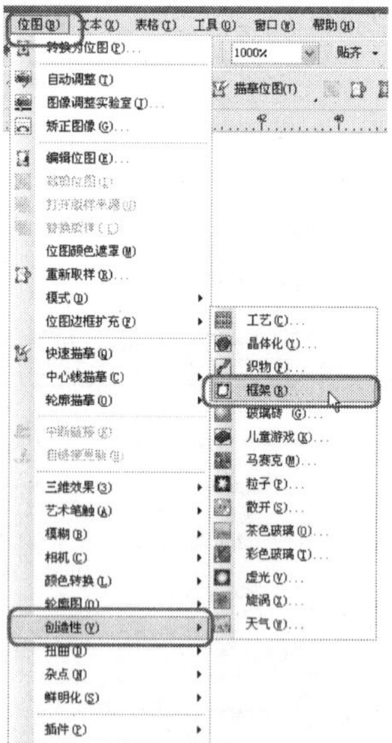

图 11-124　选择【框架】命令

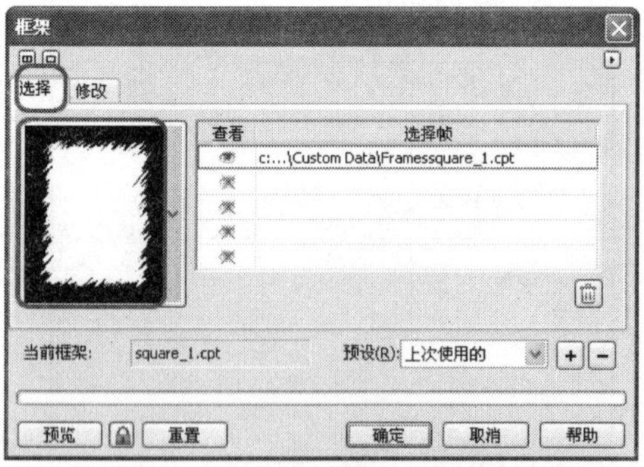

图 11-125　【选择】选项卡

07 选择【框架】对话框中的【修改】选项卡，设置【水平】和【垂直】的参数分为 120 和 110，如图 11-126 所示。

08 然后单击【确定】按钮，将【框架】对话框关闭，添加框架后的效果如图 11-127 所示。

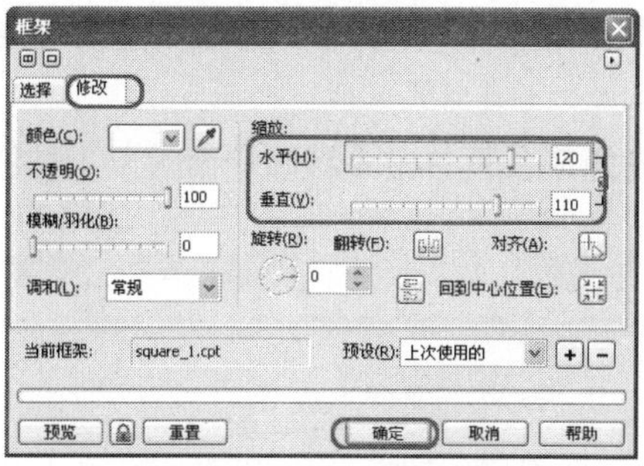

图 11-126　【修改】选项卡

图 11-127　框架效果

09 在工具箱中单击【矩形工具】按钮，在绘图页中沿着素材边缘绘制矩形，如图 11-128 所示。

10 选中绘制的矩形，右击，在弹出的快捷菜单中选择【复制】命令，如图 11-129 所示。

图 11-128　绘制矩形

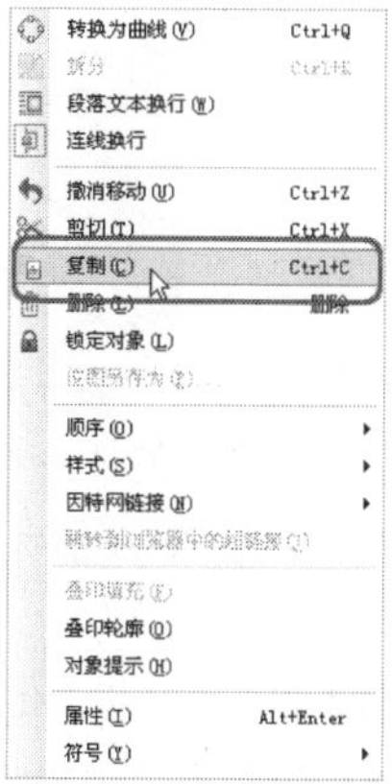

图 11-129　选择【复制】命令

11 移动鼠标指针，在绘图区域之外右击，在弹出的快捷菜单中选择【粘贴】命令，如图 11-130 所示。

12 选中新复制的矩形，单击矩形的右下角点，按 Shift 键拖动鼠标调整新复制矩形的大小，调整后的效果如图 11-131 所示。

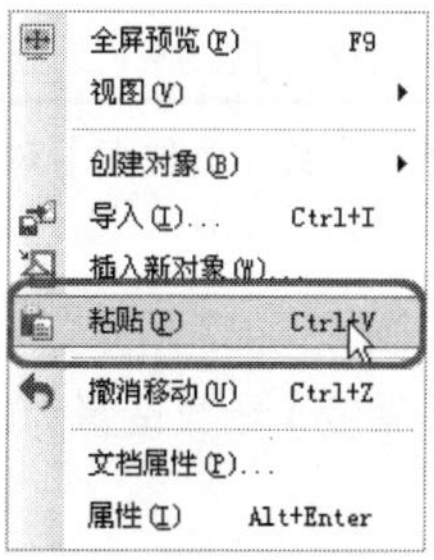

图 11-130　选择【粘贴】命令

图 11-131　调整矩形图形的大小

13 选中新复制的矩形，右击，在弹出的快捷菜单中选择【顺序】|【向后一层】命令，如图 11-132 所示。

14 选择原矩形，按住 Shift 键的同时选择复制矩形，再单击【移除切面对象】按钮，如图 11-133 所示。

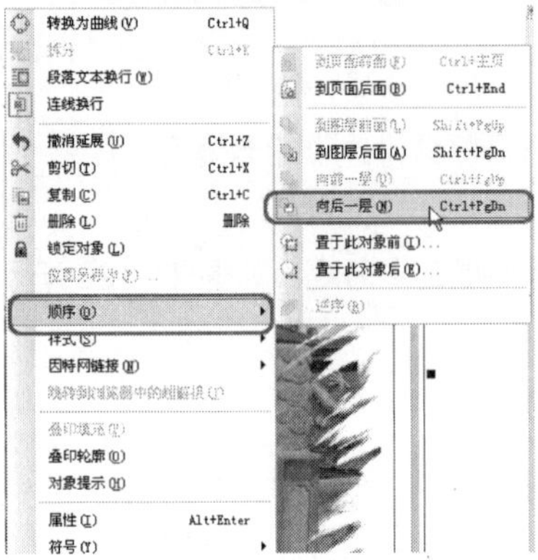

图 11-132　选择【向后一层】命令

图 11-133　移除切面对象

15 选中修改后的矩形框架，按 Shift+F11 组合键，在弹出的【均匀填充】对话框中，设置【模型】为 RGB，设置 RGB 值为 115、208、255，如图 11-134 所示，单击【确定】按钮，然后去除轮廓线。

16 在菜单栏中选择【位图】|【转换为位图】命令，在弹出的【转换为位图】对话框中，设置【分辨率】为 200，勾选【透明背景】复选框，其他参数不变，如图 11-135 所示，单击【确定】按钮。

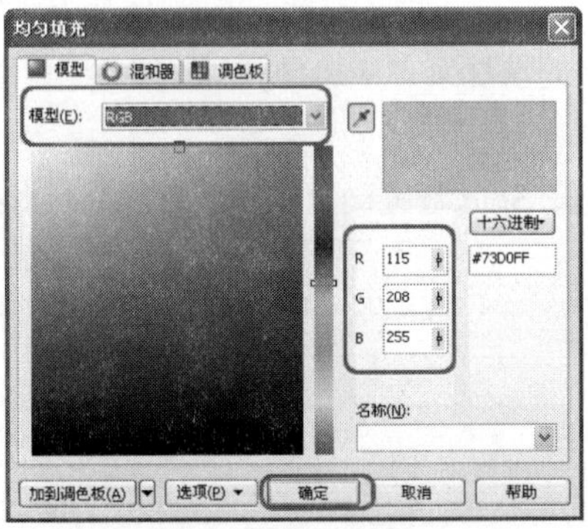

图 11-134　【均匀填充】对话框

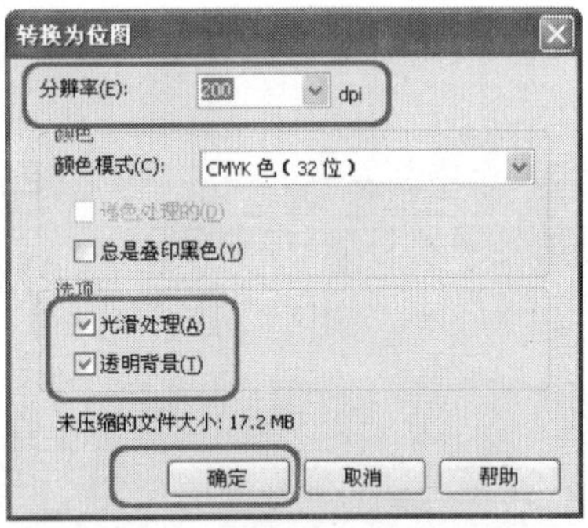

图 11-135　【转化为位图】对话框

17 将矢量图框架转换为位图后的效果如图 11-136 所示。

18 在菜单栏中选择【位图】|【三维效果】|【浮雕】命令，如图 11-137 所示。

19 在【浮雕】对话框中单击【预览】按钮右侧的按钮，将【深度】参数设置为 10，将【方向】设置为 118，将【浮雕色】定义为浅蓝色，如图 11-138 所示。

20 单击【确定】按钮，添加完浮雕后的效果如图 11-139 所示。

图 11-136　新建文档

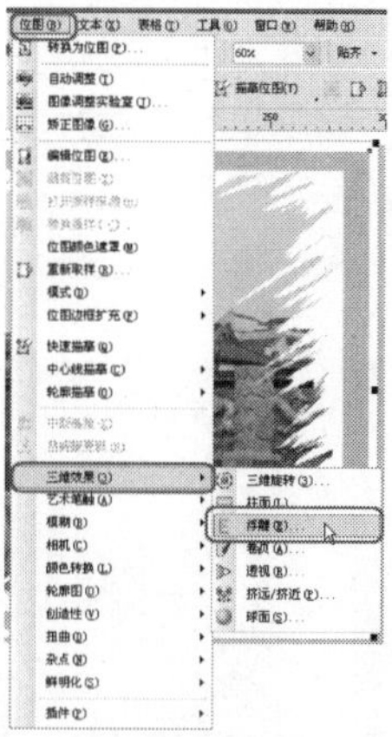

图 11-137　选择【浮雕】命令

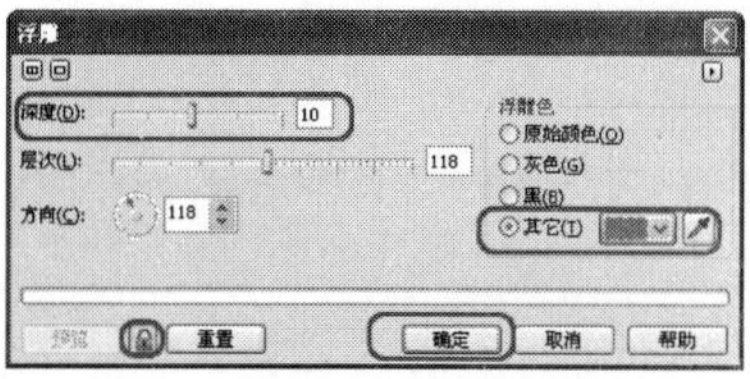

图 11-138　【浮雕】对话框

图 11-139　浮雕效果

21 在菜单栏中选择【位图】|【杂点】|【添加杂点】命令，如图 11-140 所示。

22 在弹出的【添加杂点】对话框中单击【预览】按钮右侧的按钮，将【杂点类型】定义为【尖突】，将【层次】设置为 100，如图 11-141 所示。

图 11-140　选择【添加杂点】命令

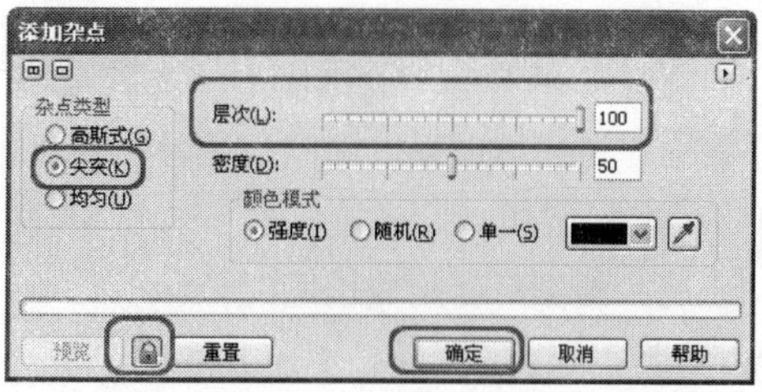

图 11-141　【添加杂点】对话框

23 设置完成后单击【确定】按钮，添加完杂点后的效果如图 11-142 所示。

24 在菜单栏中选择【位图】|【扭曲】|【置换】命令，如图 11-143 所示。

图 11-142　添加杂点效果

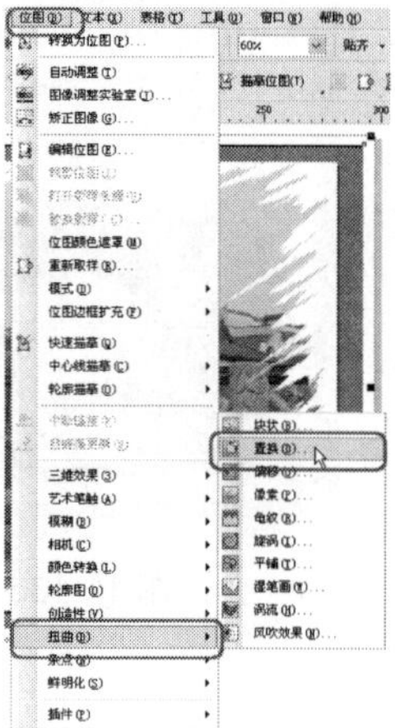

图 11-143　选择【置换】命令

25 在弹出的【置换】对话框中单击【预览】按钮右侧的按钮，将【水平】和【垂直】的参数都设置为 25，设置【缩放模式】为【伸展适合】，如图 11-144 所示。

26 设置完成后单击【确定】按钮，添加完置换后的效果如图 11-145 所示。

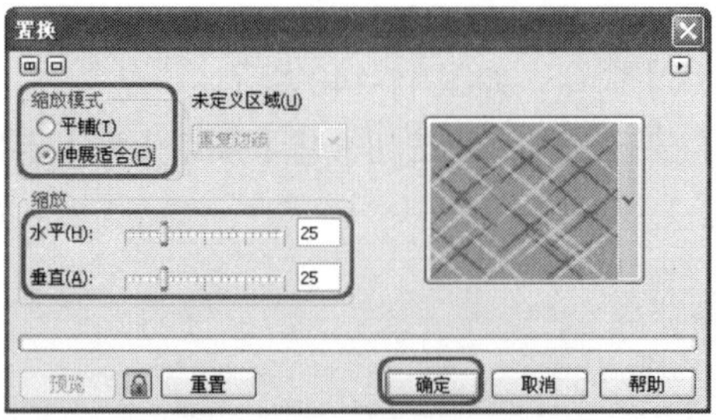

图 11-144　【置换】对话框

图 11-145　置换后的效果

27 至此，为照片添加相框效果制作完成了。将完成后的效果导出，并将场景文件进行存储。

本 章 习 题

下面通过课后习题来巩固前面学习的基础知识。

1．选择题

（1）将矢量图形转换成位图时，和（　　）参数的设置有着直接的关系。

A．像素　　B．分辨率　　C．层次　　D．角度

（2）（　　）命令用于自动查找并刻画图像的线条，从而突出图像轮廓的层次感。

A. 查找边缘　　B. 边缘检测　　C. 描摹轮廓　　D. 木版画

（3）（　　）可以为图像添加纹理效果，使图像看起来就像用蜡笔在纹理纸或画布上绘制而成的。

A. 蜡笔画　　B. 炭笔画　　C. 单色蜡笔画　　D. 钢笔画

2. 填空题

（1）【彩色蜡笔】可以使图像产生彩色蜡笔绘制的艺术效果。CorelDRAW X5 中的彩色蜡笔画有两种类型，一种是________的，一种是________的。

（2）通过【模糊】命令，可以使图像模糊，以模拟移动、杂色或渐变。它可以给图像添加不同程度的模糊效果，模糊命令共包含 9 个子命令，它们分别是__________、__________、__________、________、________、________、________、________和________。

（3）通过________命令，可以给图像添加拼图效果、齿轮效果、弹珠效果、糖果效果、瓷砖效果和筹码效果。

3. 上机操作

在绘图页中导入一张位图，为其添加各种填充效果。

第 12 章　制作抽奖券

本章重点

- 绘制抽奖券主券。
- 绘制抽奖券副券。

本章介绍抽奖券效果的制作，主要使用（矩形）工具、（贝塞尔）工具、（文本）工具来绘制图形和输入文字，并为图形、文字添加各种填充效果，完成后的效果如图 12-1 所示。

图 12-1　抽奖券效果

12.1　绘制抽奖券主券

01　按 Ctrl+N 组合键新建一个图形文件，在弹出的【创建新文档】对话框中设置【名称】为【制作抽奖券】，设置【宽度】为 297mm，设置【高度】为 210mm，如图 12-2 所示。

02　选择工具箱中的（矩形）工具，在绘图区域绘制一个矩形，如图 12-3 所示。

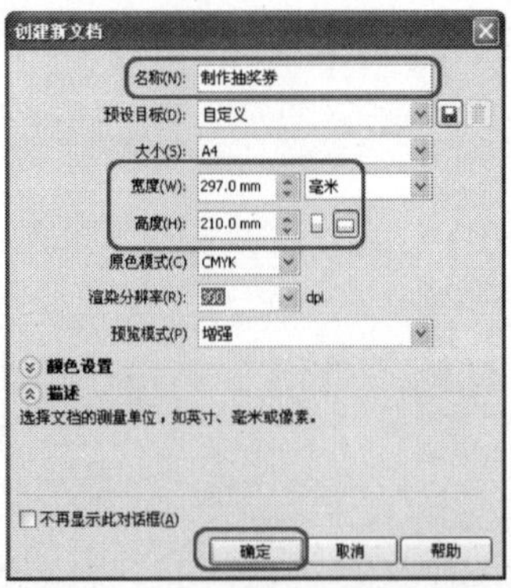

图 12-2　【创建新文档】对话框

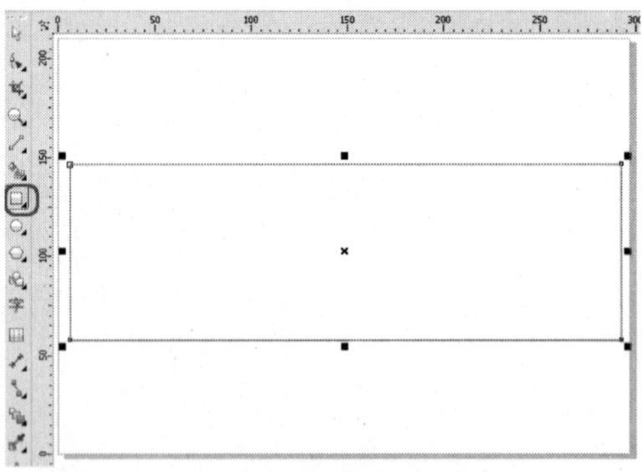

12-3　绘制矩形

03　选中新绘制的矩形，去除轮廓线，按 Shift+F11 组合键，在弹出的【均匀填充】对话框中设置【模型】为 CMYK，参数设置如图 12-4 所示。

04 单击【确定】按钮之后效果如图 12-5 所示。

图 12-4　【均匀填充】对话框

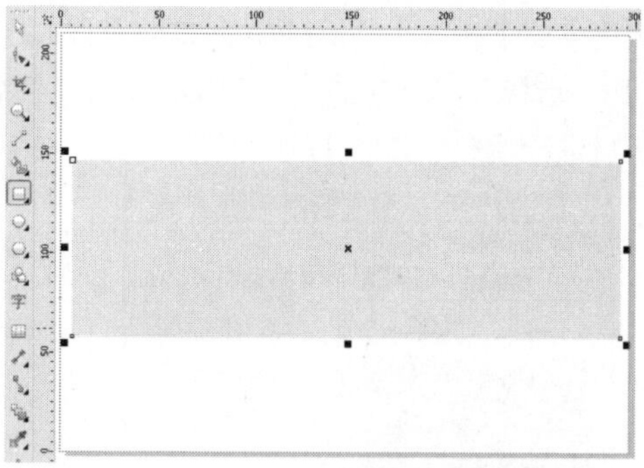

图 12-5　填充颜色

05 选择工具箱中的（矩形）工具，在绘制区域绘制新矩形，如图 12-6 所示。

06 选中新绘制的矩形，取消轮廓线的填充，按 F11 键，在弹出的【渐变填充】对话框中，设置【类型】为【线性】,【角度】为 42.9,【边界】为 11%，选择【颜色调和】区域中的【自定义】单选按钮，并设置渐变颜色，如图 12-7 所示。

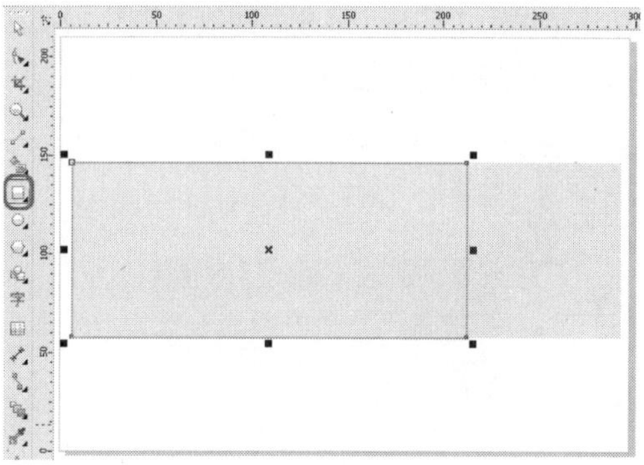

图 12-6　绘制新矩形

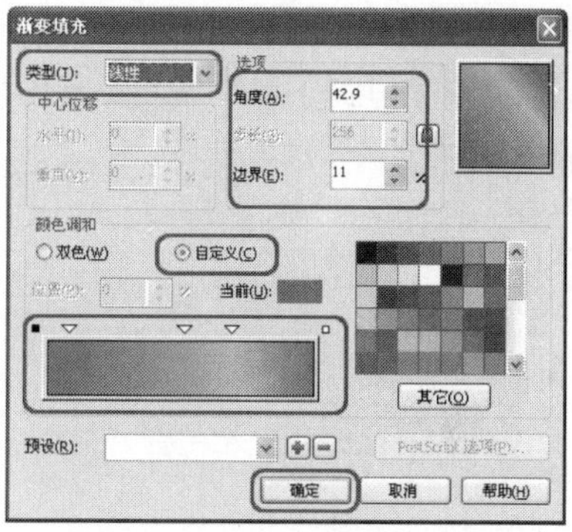

图 12-7　【渐变填充】对话框

07 单击【确定】按钮之后效果如图 12-8 所示。

08 选择工具箱中的（贝塞尔）工具，在填充渐变效果的矩形右上角绘制一个如图 12-9 所示的图形。

图 12-8　渐变填充效果

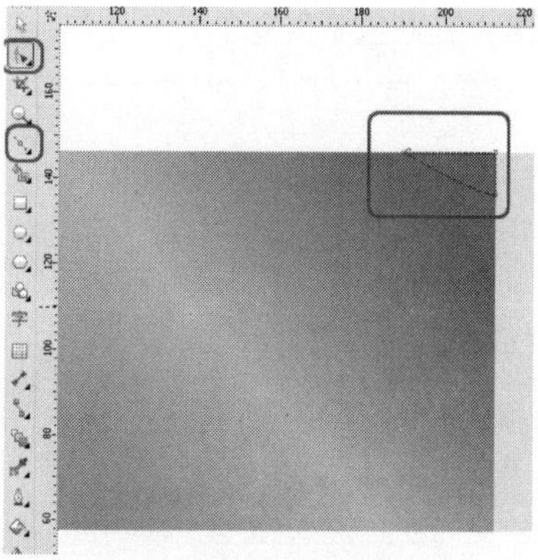

图 12-9　绘制不规则图形

09 选中新绘制的图形，取消轮廓线的填充，然后按 Shift+F11 组合键，在弹出的【均匀填充】对话框中设置【模型】为 CMYK，参数设置如图 12-10 所示，然后单击【确定】按钮。

10 选择工具箱中的（贝塞尔）工具，在填充渐变效果的矩形上继续绘制图形，并使用（形状）工具进行调整，如图 12-11 所示。

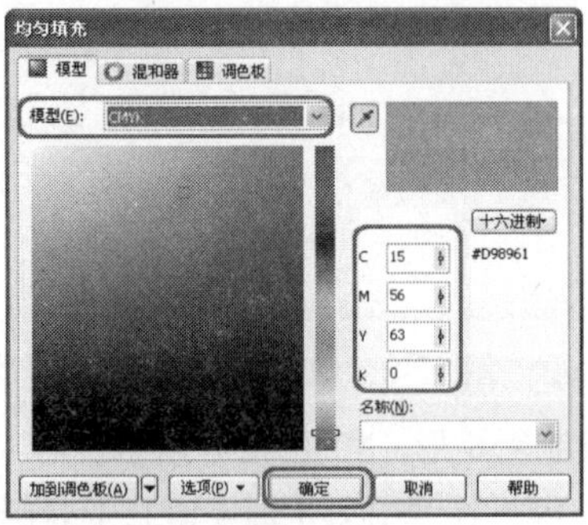

图 12-10 【均匀填充】对话框

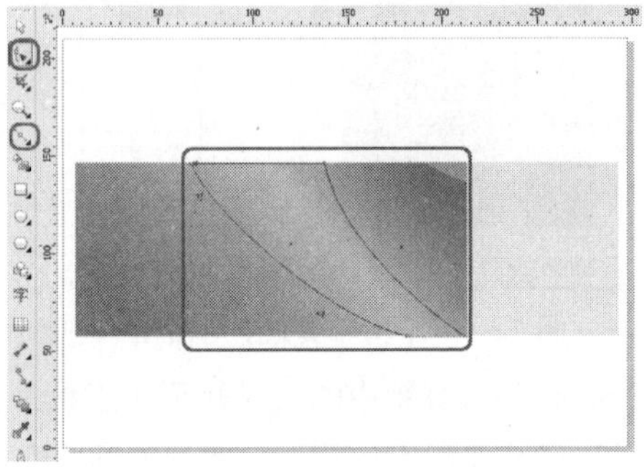

图 12-11 绘制不规则图形

11 选中新绘制的图形，取消轮廓线的填充，按 Shift+F11 组合键，在弹出的【均匀填充】对话框中将 CMYK 值设为 C：2，M：46，Y：64，K：0，单击【确定】按钮，填充后的效果如图 12-12 所示。

12 继续使用（贝塞尔）工具和（形状）工具绘制如图 12-13 所示的图形。

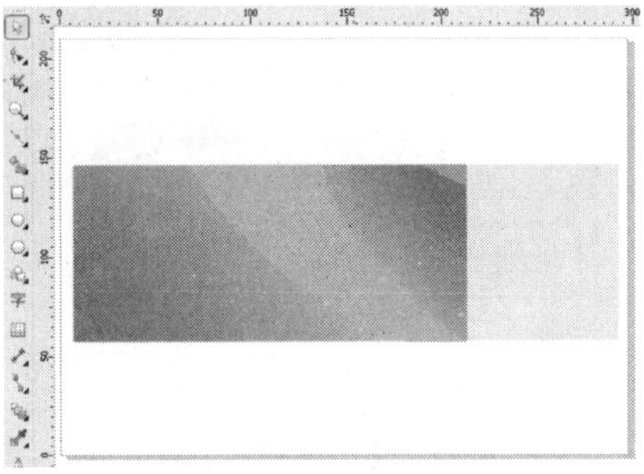

图 12-12 填充效果

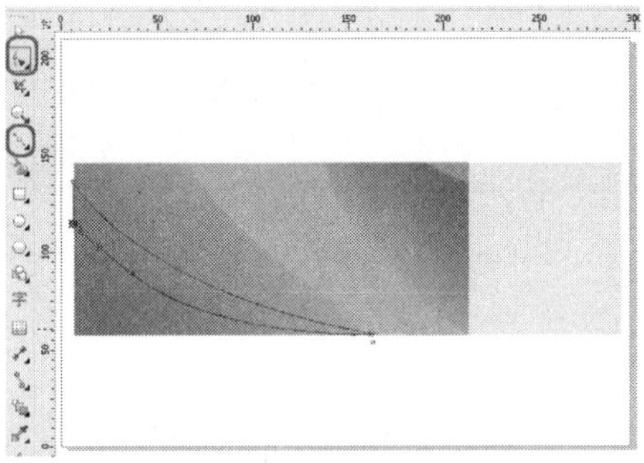

图 12-13 绘制不规则图形

13 选中新绘制的图形，取消轮廓线的填充，并按 Shift+F11 组合键，在弹出的【均匀填充】对话框中将 CMYK 值设为 C：31，M：64，Y：79，K：0，单击【确定】按钮，填充后的效果如图 12-14 所示。

14 使用（贝塞尔）工具和（形状）工具继续绘制图形，如图 12-15 所示。

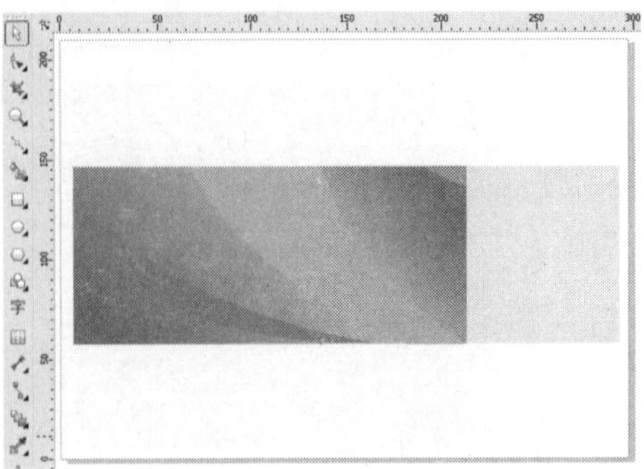

图 12-14 填充效果

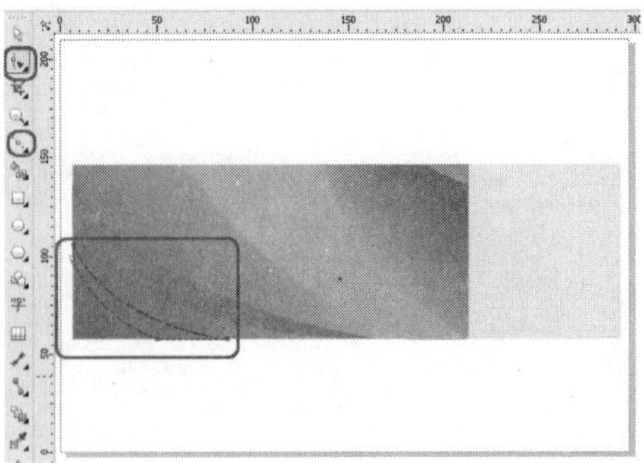

图 12-15 绘制不规则图形

15 选中新绘制的图形，取消轮廓线的填充，并按 Shift+F11 组合键，在弹出的【均匀填充】对话框中将 CMYK 值设为 C：27，M：62，Y：63，K：0，单击【确定】按钮，填充后的效果如图 12-16 所示。

16 选择工具箱中的（两点线）工具，沿着填充渐变矩形右侧边缘绘制一条直线，如图 12-17 所示。

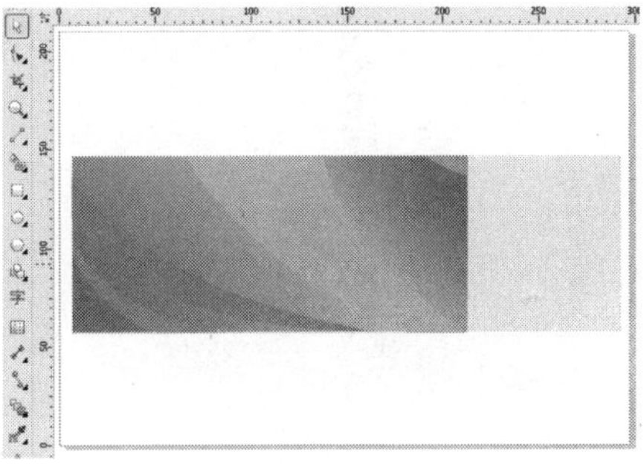

图 12-16　填充效果

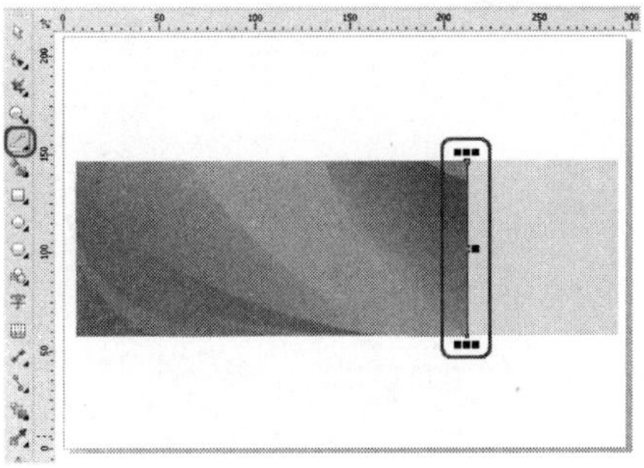

图 12-17　绘制两点直线

17 选择工具箱中的（矩形）工具，在渐变矩形的顶部绘制一个矩形，如图 12-18 所示。

18 选中新绘制的矩形，设置矩形轮廓线颜色为 C：0，M：0，Y：60，K：0，轮廓线宽度为 2px，填充后的效果如图 12-19 所示。

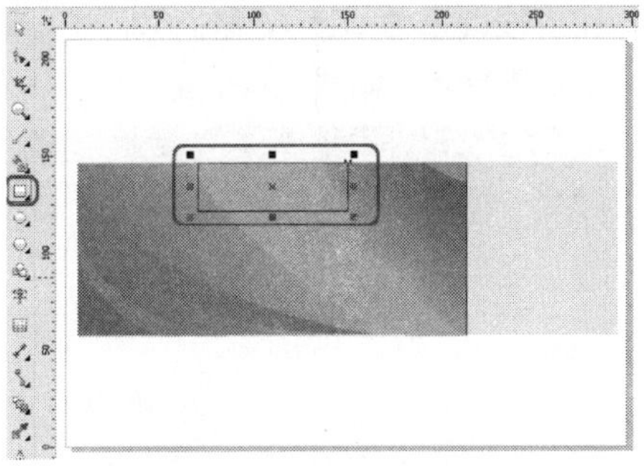

图 12-18　绘制新矩形

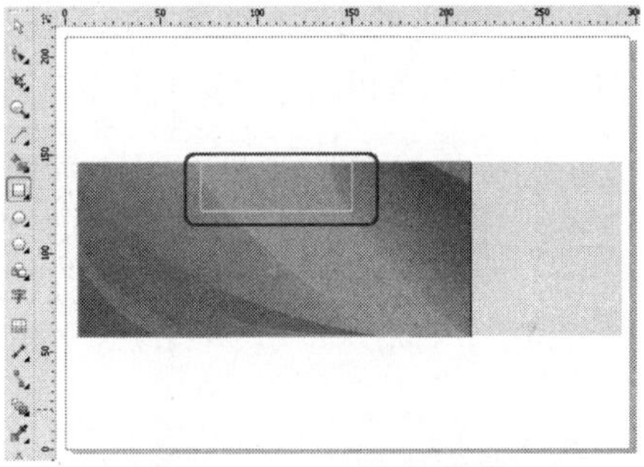

图 12-19　边框属性设置

19 继续使用（矩形）工具，在黄色边框矩形内侧绘制矩形，如图 12-20 所示。

20 选中新绘制的矩形，取消轮廓线的填充，按 F11 键，在弹出的【渐变填充】对话框中，设置【类型】为【线性】，【角度】为 18.9，【边界】为 2%，选择【颜色调和】区域中的【自定义】单选按钮，并设置渐变颜色，如图 12-21 所示。

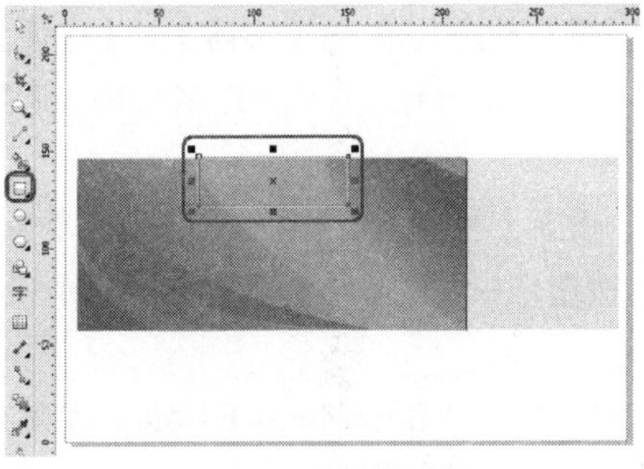

图 12-20　绘制新矩形

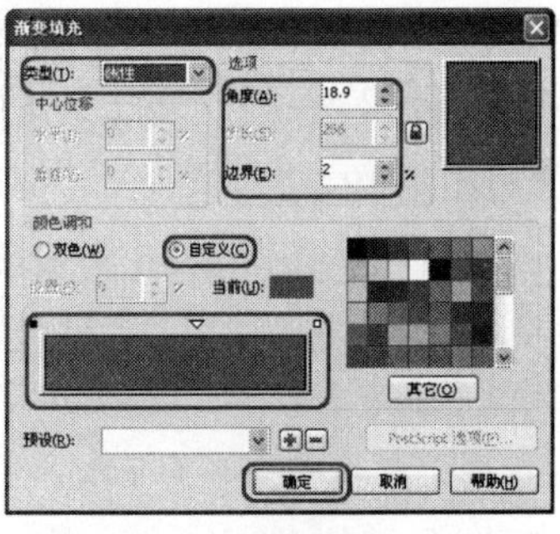

图 12-21　【渐变填充】对话框

21 在菜单栏中选择【文件】|【导入】命令，在弹出的对话框中，选择随书附带光盘中的 CDROM | 素材 | Cha12 | 雪花.psd 文件，然后单击【导入】按钮，如图 12-22 所示。

22 在绘图区中调整导入文件的大小和位置，调整后的效果如图 12-23 所示。

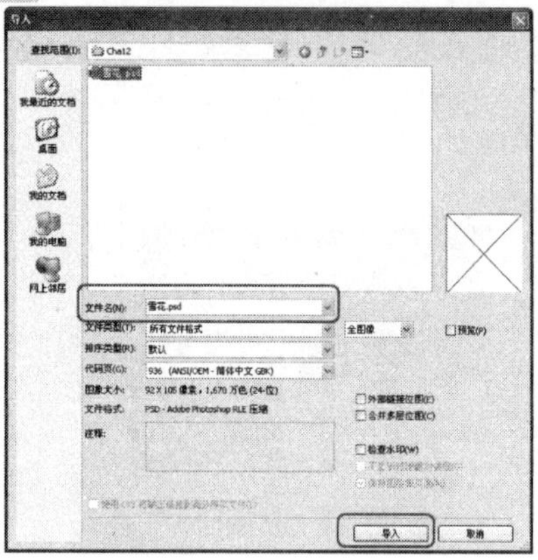

图 12-22 【导入】对话框

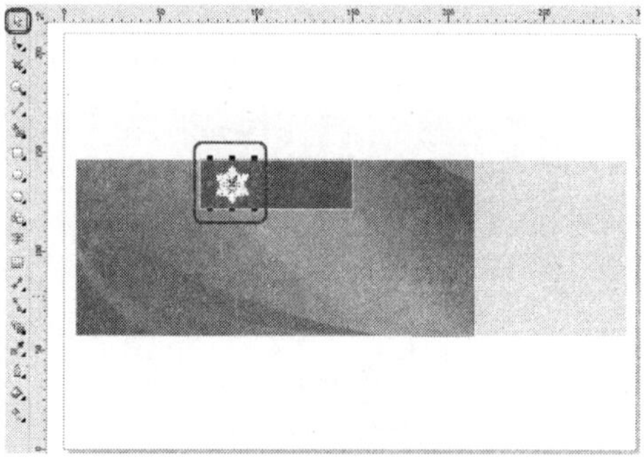

图 12-23 调整导入文件

23 选择工具箱中的字（文本）工具，在属性栏中设置【字体】为【黑体】，【字体大小】为 68 pt，在绘图区中输入文字【抽奖券】，并调整文字的位置，如图 12-24 所示。

24 选中输入的文字，设置其轮廓线宽度为 9px，轮廓线颜色为 C：0，M：60，Y：60，K：40，按 F11 键，在弹出的【渐变填充】对话框中设置一种渐变颜色，如图 12-25 所示。

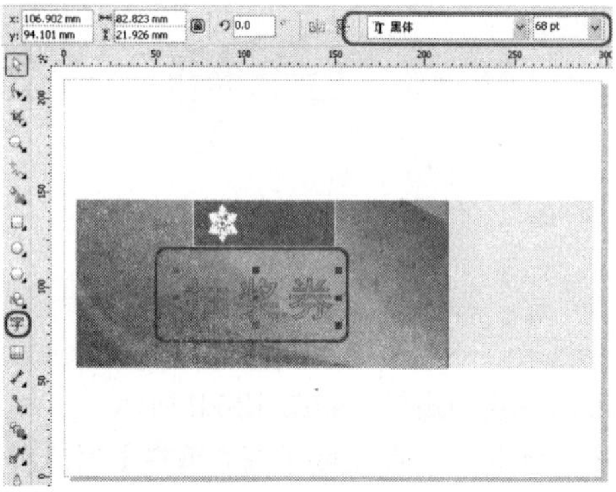

图 12-24 输入文字

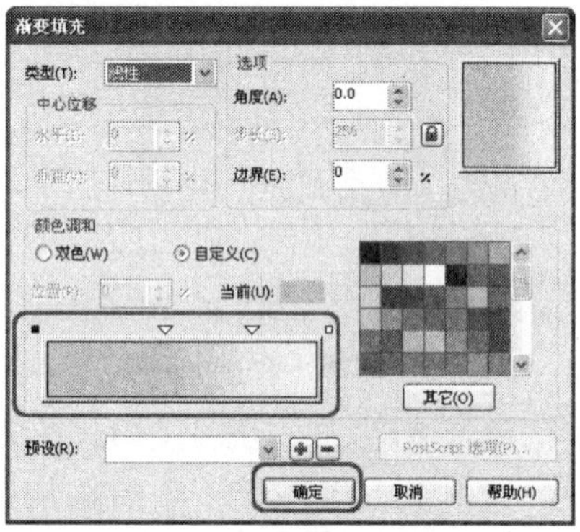

图 12-25 【渐变填充】对话框

25 单击【确定】按钮，对文字设置渐变填充后效果如图 12-26 所示。

26 选择字（文本）工具，在绘图区中输入文字“雪花地产”，并将【字体】为【宋体】，【字体大小】为 20pt，轮廓线【宽度】为【细线】，【颜色】为 C：0，M：0，Y：0，K：10，调整文字的位置，效果如图 12-27 所示。

27 按 F11 键，在弹出的【渐变填充】对话框中，设置【类型】为【线性】，【角度】为 20.5，【边界】为 0，选择【颜色调和】区域中的【双色】单选按钮，并设置一种渐变颜色，如图 12-28 所示，然后单击【确定】按钮。

28 选择工具箱中的字（文本）工具，在绘图区中输入文字 Snowflake Estate，设置文字的填充颜色为 C：0，M：0，Y：60，K：0，取消轮廓线填充，效果如图 12-29 所示。

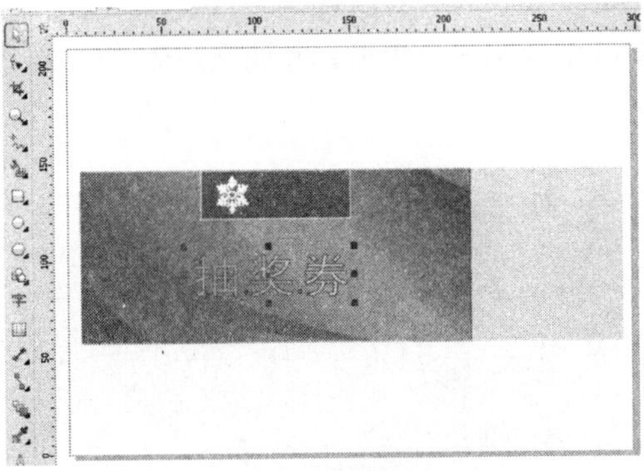

图 12-26　填充效果

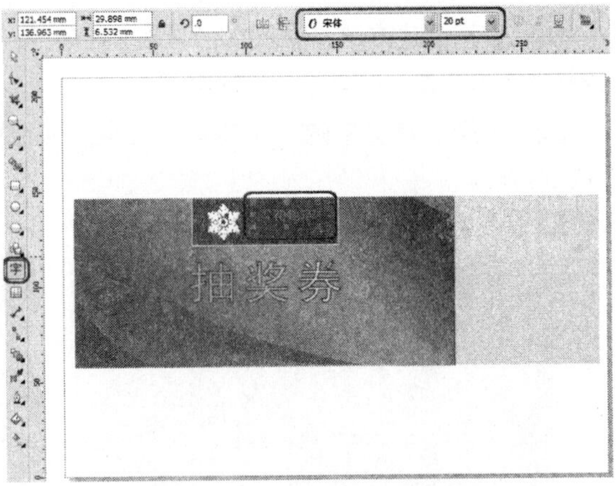

图 12-27　输入文字并调整

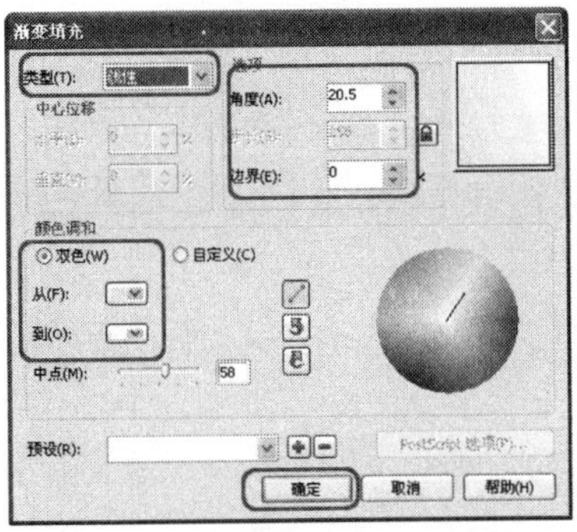

图 12-28　【渐变填充】对话框

图 12-29　文字效果

29　继续使用字（文本）工具输入文字“一等奖：价值 4000 元的笔记本电脑一台;”，并设置【字体】为【宋体】,【字体大小】为 14pt，设置文字轮廓线【宽度】为【细线】，文字的填充颜色和轮廓线颜色均为 C：0，M：0，Y：60，K：0，效果如图 12-30 所示。

30　用上述方法，其他设置不变，在绘图区中输入文字“二等奖：价值 2000 元的手机一台；三等奖：价值 1000 元的商场购物卡一张。”，并调整文字位置，效果如图 12-31 所示。

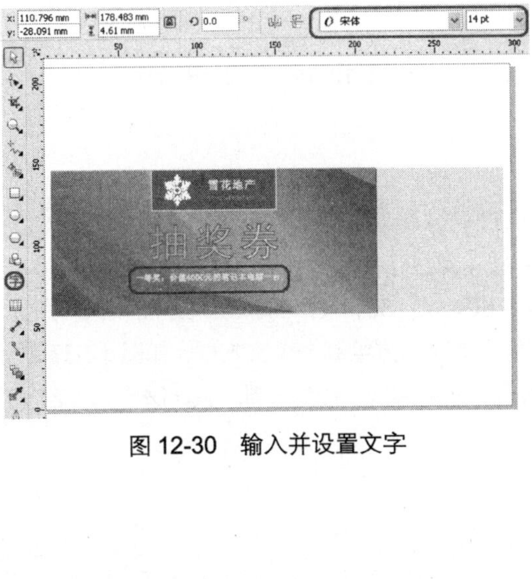

图 12-30　输入并设置文字

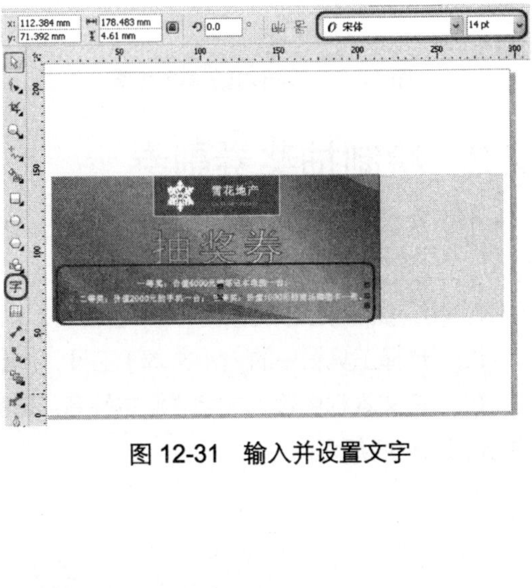

图 12-31　输入并设置文字

31 使用上述方法，输入文字“业主姓名：”，修改文字填充颜色为黑色，取消轮廓线的填充，并调整文字的位置，效果如图 12-32 所示。

32 选择工具箱中的▭（矩形）工具，在绘图区中绘制一个矩形，并调整矩形的位置，如图 12-33 所示。

图 12-32 输入文字

图 12-33 绘制新矩形

33 选中新绘制的矩形，设置其填充颜色为 C：0，M：0，Y：60，K：0，取消轮廓线的填充，效果如图 12-34 所示。

34 继续使用上述方法，依次创建文字“购买房号：”和“联系方式：”，以及两个矩形区域，并调整文字和矩形的位置，效果如图 12-35 所示。

图 12-34 矩形填充颜色效果

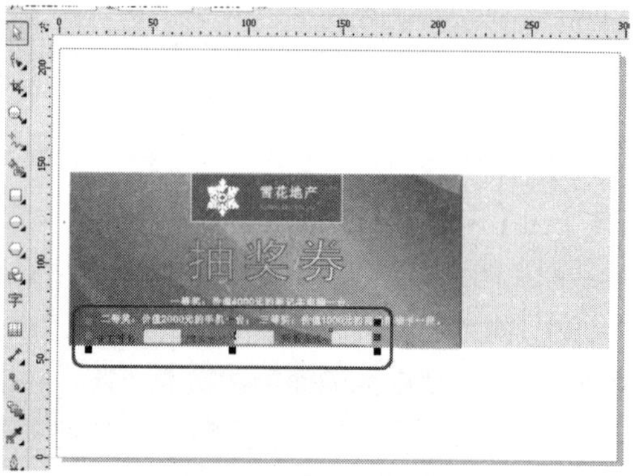

图 12-35 添加元素效果

12.2 绘制抽奖券副券

01 选择工具箱中的字（文本）工具，在属性栏中设置【字体】为【宋体】，【字体大小】为 51px，在绘图区中输入文字“副券”，设置文字轮廓线【宽度】为 3px，颜色为 C：0，M：60，Y：60，K：40，然后设置文字的填充颜色为 C：0，M：60，Y：80，K：20，效果如图 12-36 所示。

02 选择工具箱中的字（文本）工具，在【副券】文字下方绘制一个文本框，如图 12-37 所示。

03 在文本框中输入文字“业主姓名：真实房号：联系方式：抽奖日期：2011 年 9 月 21 日”，效果如图 12-38 所示。

04 选中输入的文字，取消轮廓线的填充，按 Shift+F11 组合键，在弹出的【均匀填充】对话框中，将【模型】选项卡中的【模型】设置为 CMYK，参数设置如图 12-39 所示。

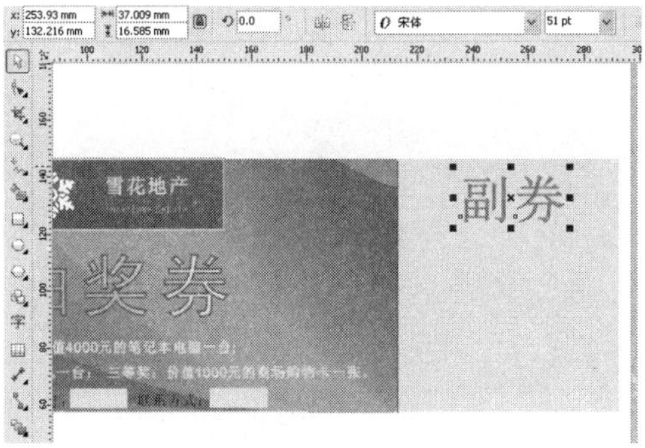

图 12-36　输入并设置文字

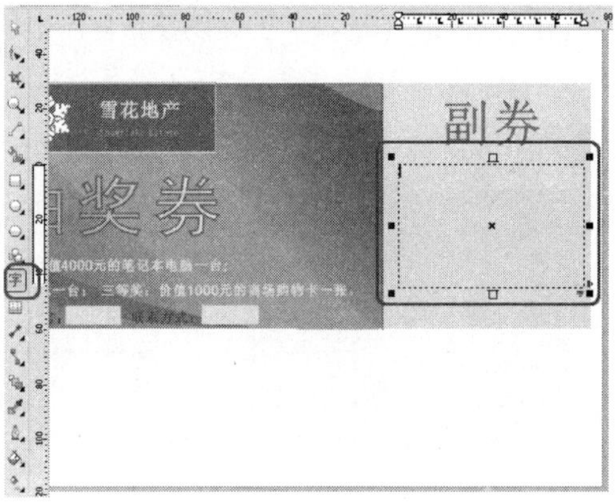

图 12-37　绘制文字输入区域

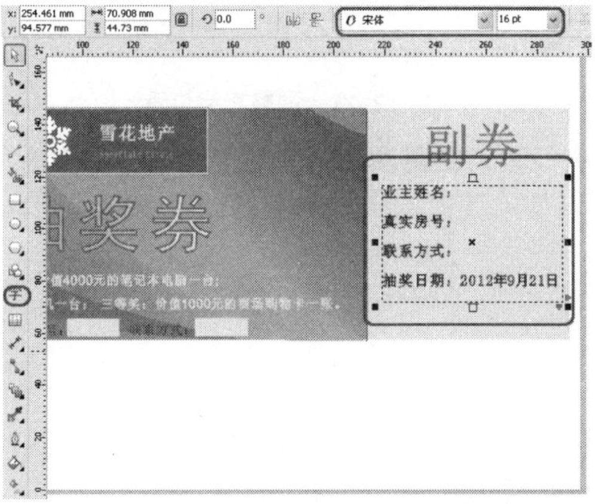

图 12-38　输入文字

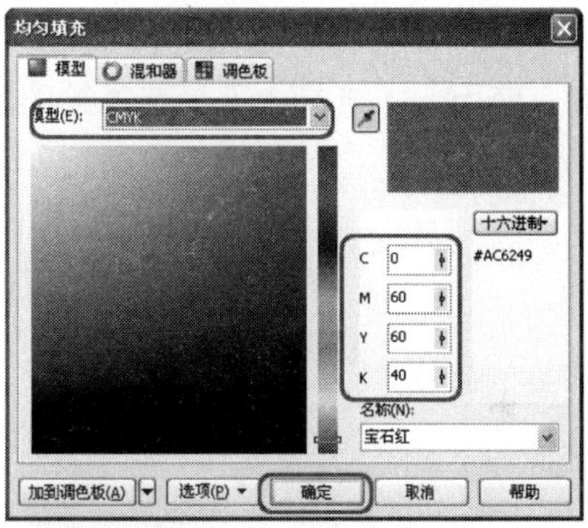

图 12-39　【均匀填充】对话框

05 单击【确定】按钮，为文字填充颜色后的效果如图 12-40 所示。

06 选择工具箱中的（两点线）工具，在如图 12-41 所示的位置处绘制一条直线。

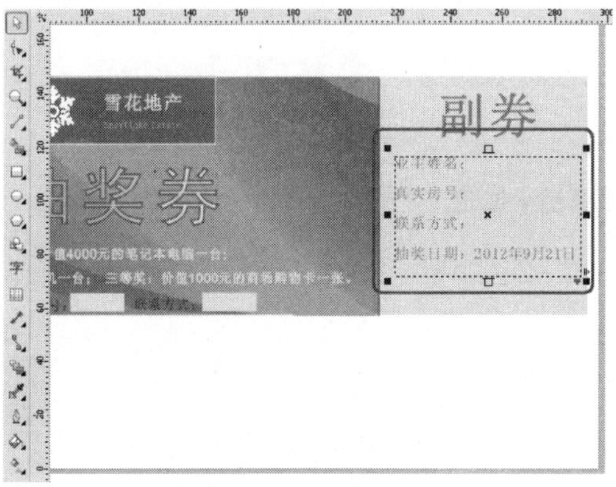

图 12-40　文字填充效果

图 12-41　绘制两点直线

07 选中刚绘制的直线，按下 Ctrl+C 和 Ctrl+V 组合键，对绘制的直线进行复制，复制出两条直线，如图 12-42 所示。

08 使用（选择）工具调整新复制出的两条直线的位置，如图 12-43 所示。

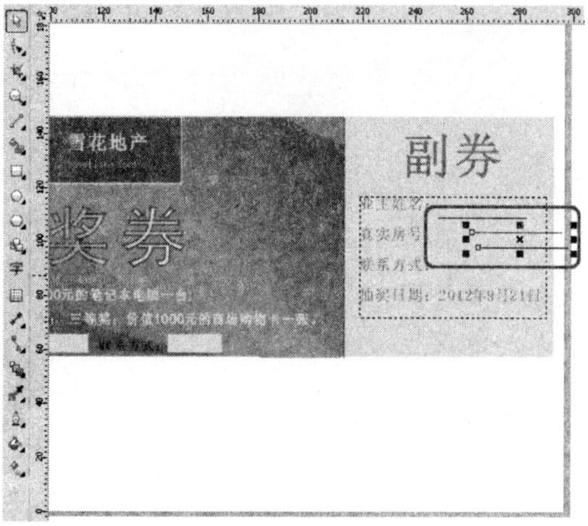

图 12-42 复制直线

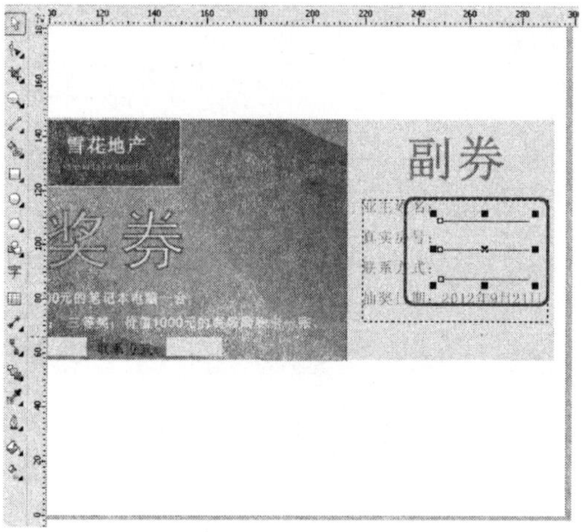

图 12-43 调整直线位置

09 使用（选择）工具选择绘图区中的所有元素，在属性栏中单击（群组）按钮，如图 12-44 所示。

图 12-44 单击【群组】按钮

第 13 章　绘制时尚手机

本章重点

- 绘制时尚手机。

本章介绍时尚手机效果的制作，主要使用（矩形）工具、（钢笔）工具、（文本）工具来绘制图形和输入文字，并为图形、文字添加各种填充效果，完成后的效果如图 13-1 所示。

图 13-1　时尚手机的效果

13.1　绘制手机背景

下面先来介绍一下手机背景的绘制方法。

01　在菜单栏中选择【文件】|【新建】命令，在弹出的【创建新文档】对话框中设置【名称】为【绘制时尚手机】,【宽度】为 300mm,【高度】为 270mm，然后单击【确定】按钮，如图 13-2 所示。

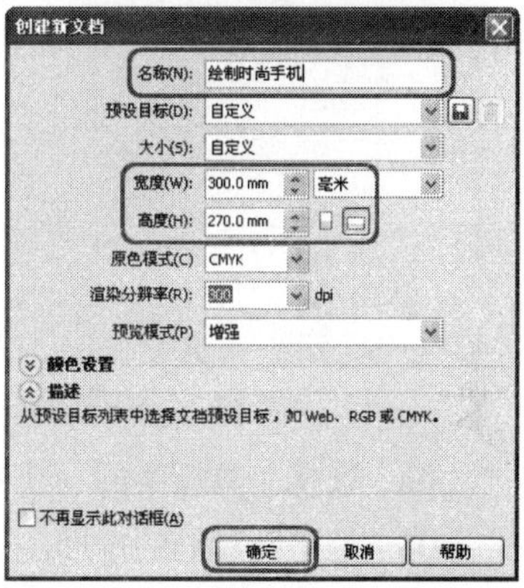

图 13-2　【创建新文档】对话框

02　选择工具箱中的（矩形）工具，在绘制区域绘制一个矩形，如图 13-3 所示。

03　选中新绘制的矩形，按下 Shift+F11 组合键，在弹出的【均匀填充】对话框中选择【模型】选项卡，将【模型】中的 CMYK 设置为 40、0、0、0，然后单击【确定】按钮，如图 13-4 所示。

图 13-3　绘制矩形

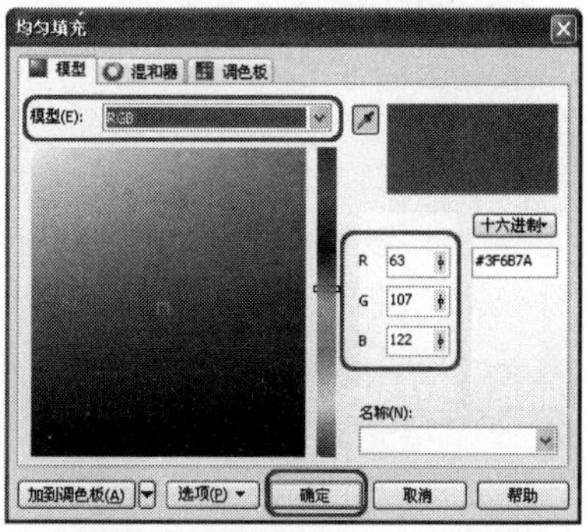

图 13-4　【均匀填充】对话框

13.2 绘制手机外壳

下面来介绍一下手机外壳的绘制方法，主要用到的工具有（矩形）工具和（钢笔）工具。

01 选择工具箱中的（矩形）工具，绘制新矩形，如图 13-5 所示。

02 选中新绘制的矩形，在属性栏中单击（圆角）按钮，并设置圆角半径为 17.304mm，如图 13-6 所示。

03 确定新矩形处于选中状态，在默认的 CMYK 调色板中单击 C、M、Y、K 值分别为 0、0、0、10 的色块，再在调色板中右击 C、M、Y、K 值分别为 0、0、0、20 的色块，如图 13-7 所示。

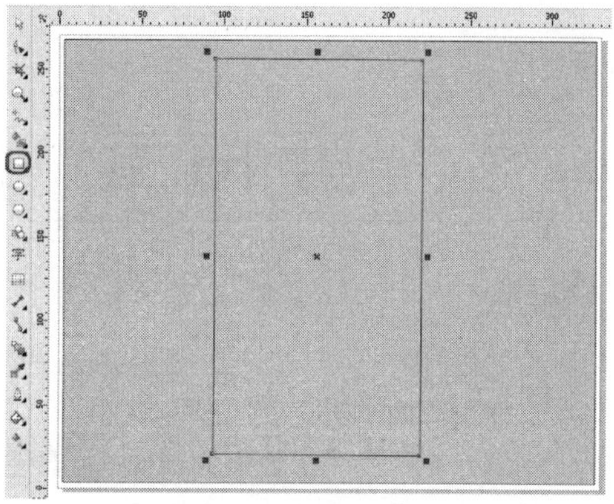

图 13-5　绘制新矩形

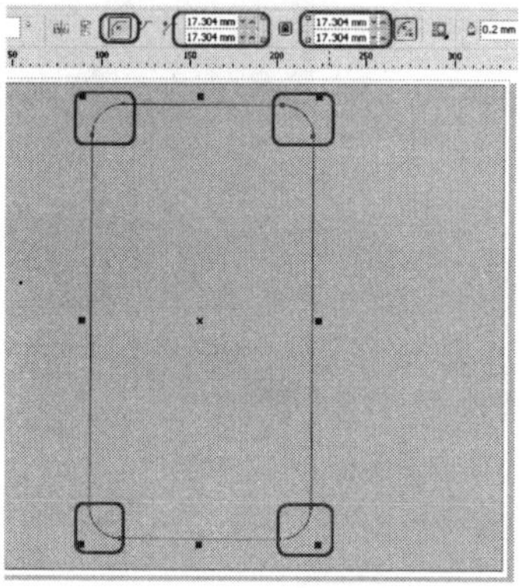

图 13-6　设置圆角

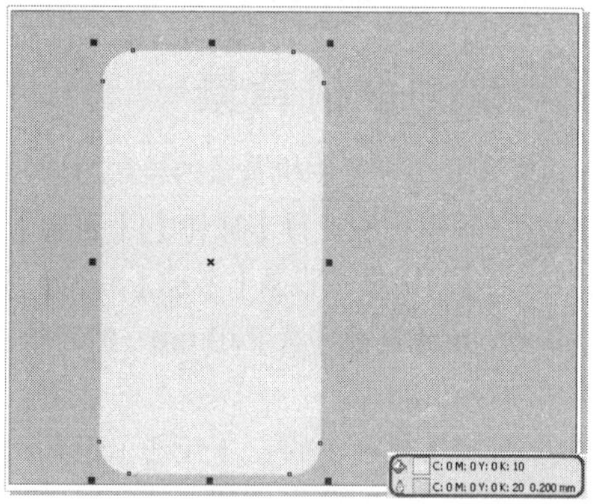

图 13-7　填充颜色

04 选择工具箱中的（矩形）工具，在绘图页适当的位置绘制新矩形，如图 13-8 所示。

05 选中新绘制的矩形，在属性栏中单击（圆角）按钮，并设置圆角半径为 16.948 mm，如图 13-9 所示。

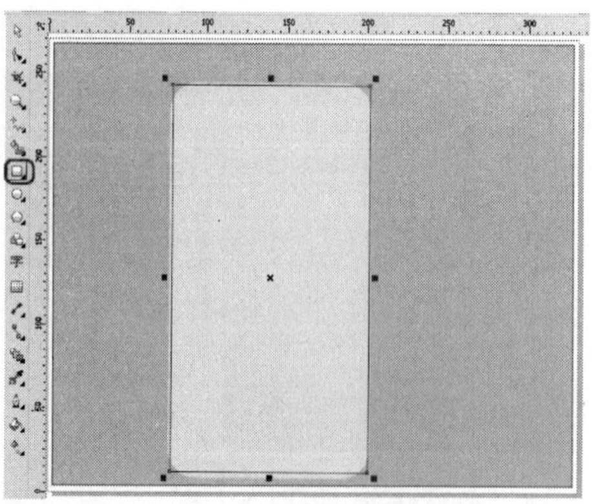

图 13-8　绘制新矩形

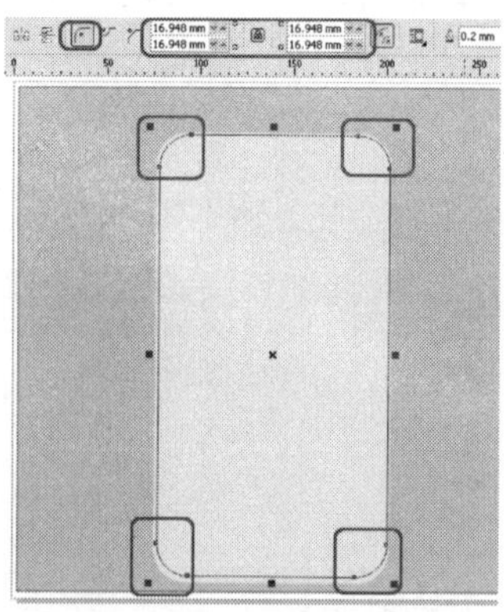

图 13-9　设置圆角

06 确定新矩形处于选中状态，在默认的 CMYK 调色板中单击 C、M、Y、K 值分别为 0、0、0、100 的色块，如图 13-10 所示。

07 设置矩形的轮廓颜色，在默认的 CMYK 调色板中右击 C、M、Y、K 值分别为 0、0、0、20 的色块，如图 13-11 所示。

图 13-10 填充颜色

图 13-11 设置轮廓颜色

08 选择工具箱中 (矩形) 工具，在绘图页的适当位置绘制新矩形，如图 13-12 所示。

09 选择新绘制的矩形，将【轮廓宽度】设置为 1mm，在键盘上按 F11 键，在弹出的【渐变填充】对话框中，将【类型】设置为【线性】，将【角度】设置为 282.7，【边界】为 9，在【颜色调和】区域中选择【双色】单选按钮，将【从】的 RGB 值设置为 29、141、184，将【到】设置为【冰蓝】，如图 13-13 所示。

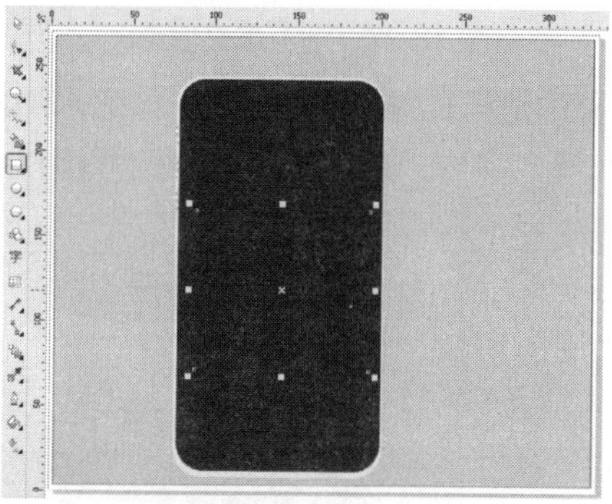

图 13-12 绘制新矩形

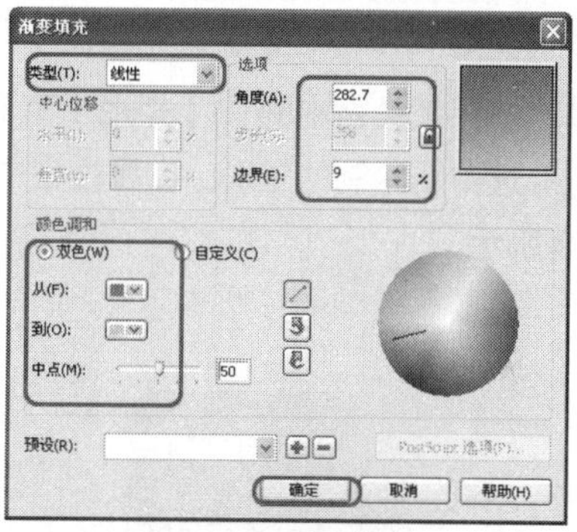

图 13-13 【渐变填充】对话框

10 然后单击【确定】按钮，填充渐变后的效果如图 13-14 所示。

11 选择工具箱中 (矩形) 工具，在绘图区域适当的位置绘制新矩形，如图 13-15 所示。

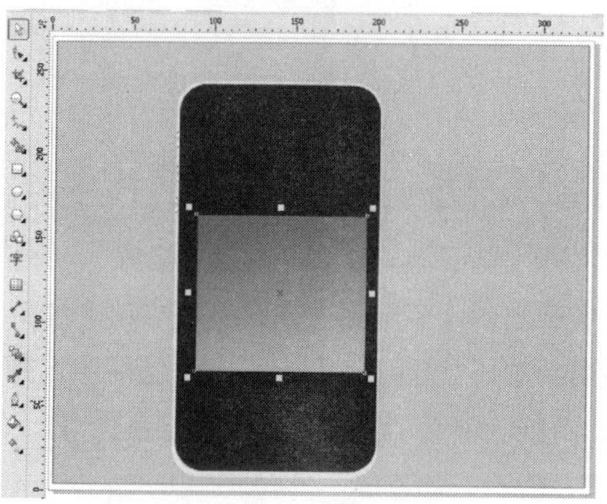

图 13-14 渐变效果

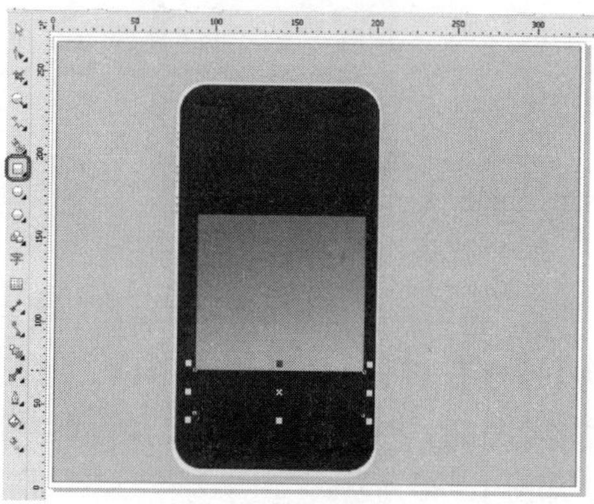

图 13-15 绘制新矩形

12 选中新绘制的矩形，在键盘上按 F11 键，在弹出的【渐变填充】对话框中将【类型】设置为【线性】，将【角度】设置为 89.3，【边界】为 1，然后在【颜色调和】区域中选择【双色】单选按钮，将【从】的 RGB 值设置为 34、84、104，将【到】设置为【冰蓝】，如图 13-16 所示。

13 然后单击【确定】按钮，渐变填充后的效果如图 13-17 所示。

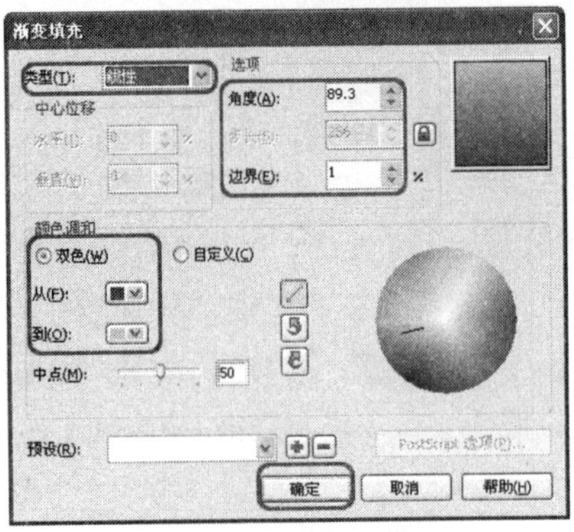

图 13-16 设置渐变

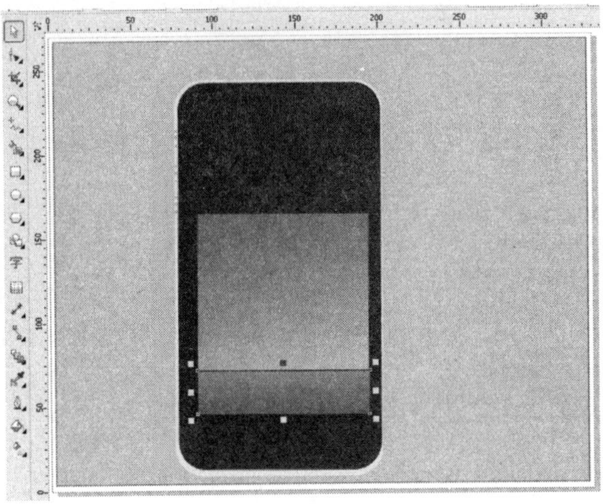

图 13-17 渐变填充效果

14 选择工具箱中的□（矩形）工具，在绘图页的适当位置绘制新矩形，如图 13-18 所示。

15 选中新绘制的矩形，在属性栏中单击（圆角）按钮，并设置圆角半径为 3.169 mm，如图 13-19 所示。

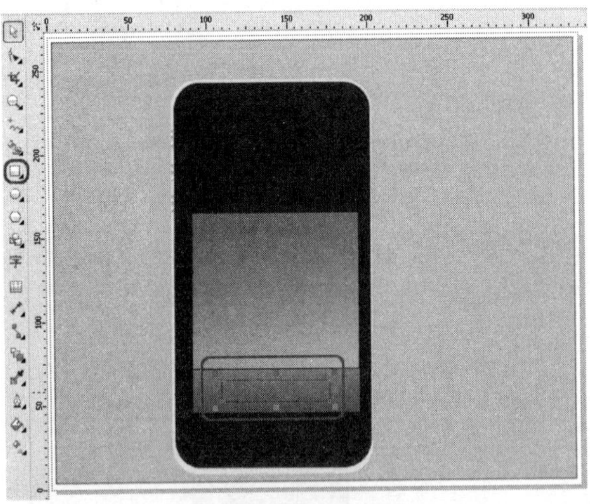

图 13-18 绘制新矩形

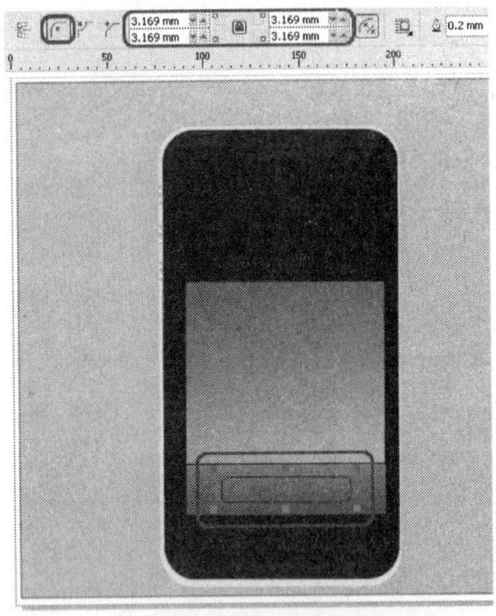

图 13-19 设置圆角

16 选中新绘制的矩形，在键盘上按 F11 键，在弹出的【渐变填充】对话框中将【类型】设置为【线性】，将【角度】设置为 94.4，将【边界】设置为 24，然后在【颜色调和】区域中选择【双色】单选按钮，将【从】的 RGB 值设置为 79、120、136，将【到】的 RGB 值设置为 31、57、67，如图 13-20 所示。

17 然后单击【确定】按钮，设置渐变后的效果如图 13-21 所示。

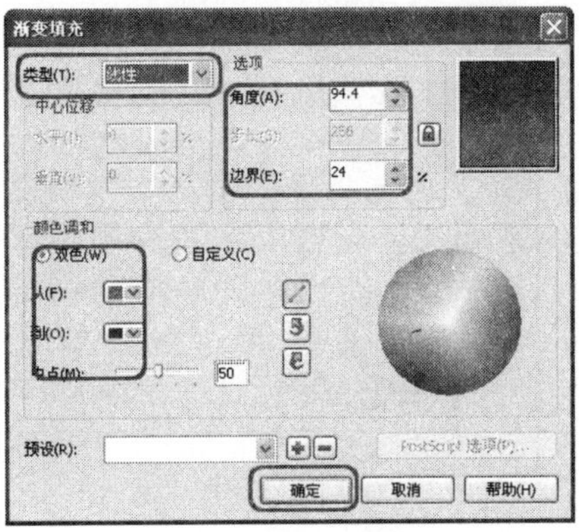

图 13-20 设置渐变

图 13-21 渐变填充效果

18 选择工具箱中的（矩形）工具，在绘图页适当的位置绘制新矩形，如图 13-22 所示。

19 选中新绘制的矩形，取消轮廓的填充，在键盘上按 F11 键，在弹出的【渐变填充】对话框中将【类型】设置为【线性】，将【角度】设置为 91.2，将【边界】设置为 15，然后在【颜色调和】区域中选择【双色】单选按钮，将【从】的 RGB 值设置为 63、107、122，将【到】设置为【冰蓝】，如图 13-23 所示。

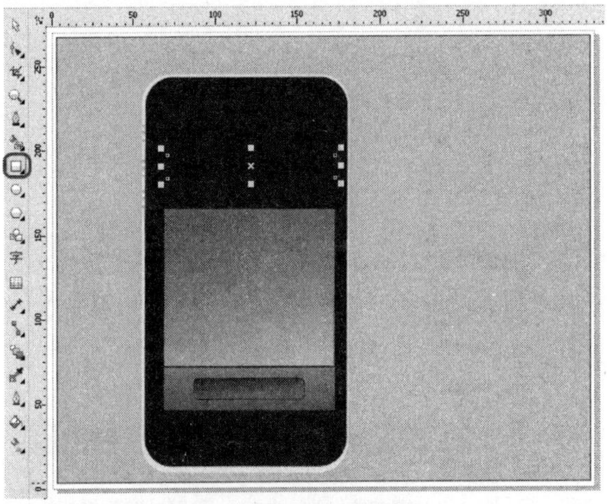

图 13-22 绘制新矩形

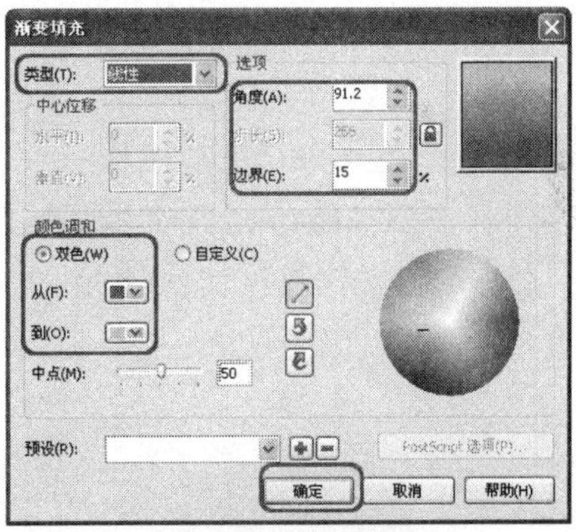

图 13-23 设置渐变填充

20 设置完成后单击【确定】按钮，渐变填充后的效果如图 13-24 所示。

21 再次选择工具箱中的（矩形）工具，在绘制区域适当的位置绘制新矩形，如图 13-25 所示。

22 选中新绘制的矩形，设置边框【轮廓宽度】为 1mm，在键盘上按 F11 键，在弹出的【渐变填充】对话框中将【类型】设置为【线性】，将【角度】设置为 274.4，将【边界】设置为 10，然后在【颜色调和】区域中选择【双色】单选按钮，将【从】的 RGB 值设置为 34、85、104，将【到】设置为【冰蓝】，如图 13-26 所示。

23 然后单击【确定】按钮，渐变填充后的效果如图 13-27 所示。

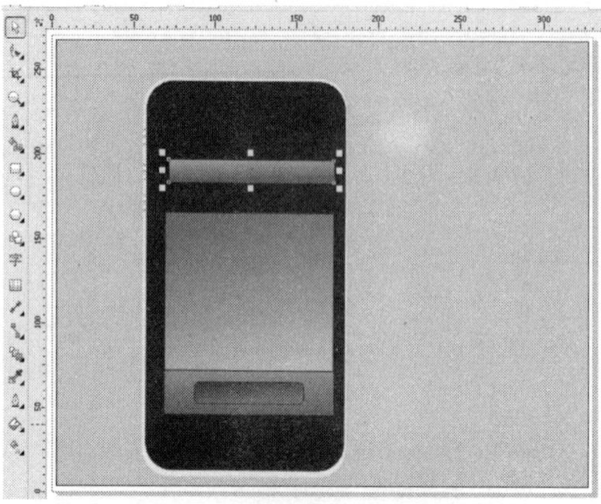

图 13-24　渐变填充效果

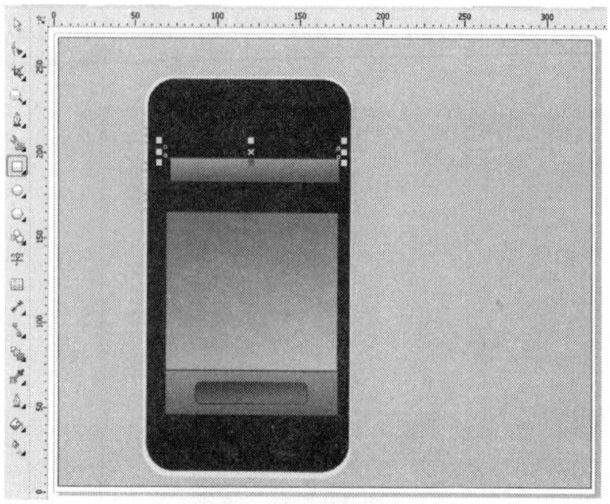

图 13-25　绘制新矩形

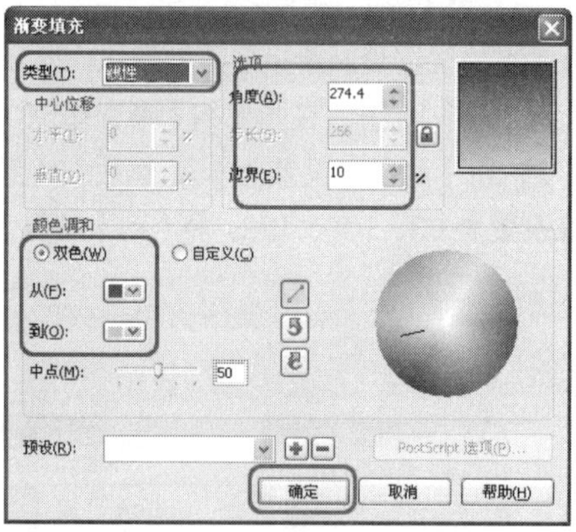

图 13-26　设置渐变填充

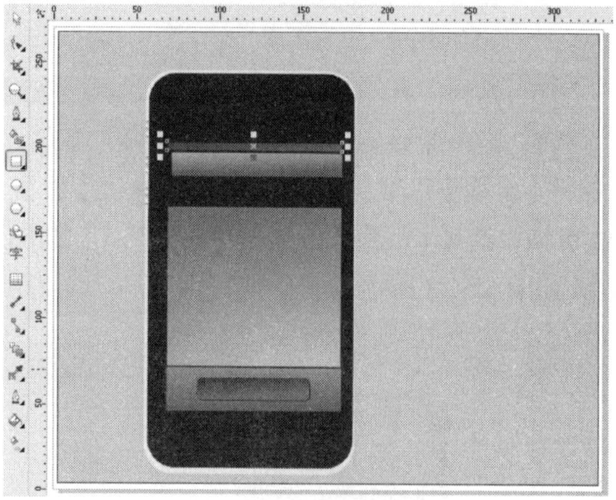

图 13-27　渐变填充效果

24　选择工具箱中的（钢笔）工具，绘制如图 13-28 所示的不规则图形。

25　选中新绘制的不规则图形，在键盘上按 Shift+F11 组合键，在弹出的【均匀填充】对话框中将颜色的 RGB 值设置为 42、96、116，如图 13-29 所示，然后单击【确定】按钮。

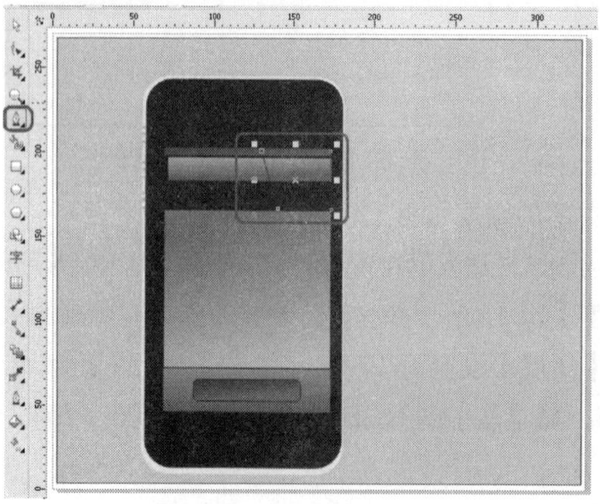

图 13-28　绘制不规则图形

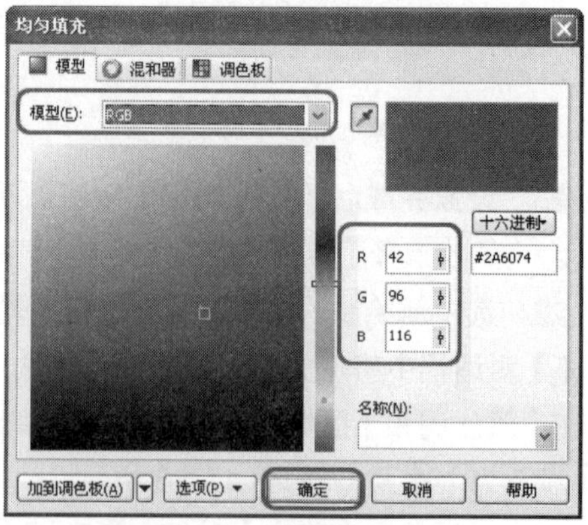

图 13-29　设置均匀填充

26 选择新绘制的不规则图形，在菜单栏中选择【排列】|【顺序】|【向后一层】命令，如图 13-30 所示。

27 执行该命令后的效果如图 13-31 所示。

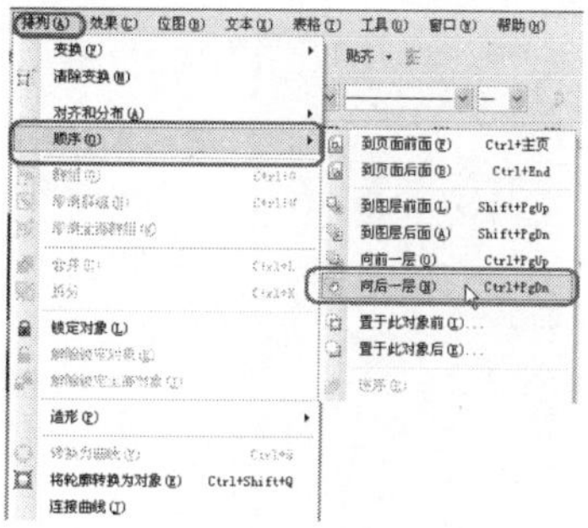

图 13-30　选择【向后一层】命令

图 13-31　图形排列效果

28 在工具箱中选择（钢笔）工具，在绘图页中绘制不规则图形，在键盘上按 F11 键，在弹出的对话框中将颜色的 RGB 值设置为 140、140、140，如图 13-32 所示。

29 选择新绘制的不规则图形，单击工具箱中的（透明度工具）按钮，将鼠标指针移动到场景中，自上而下拖动鼠标，如图 13-33 所示。

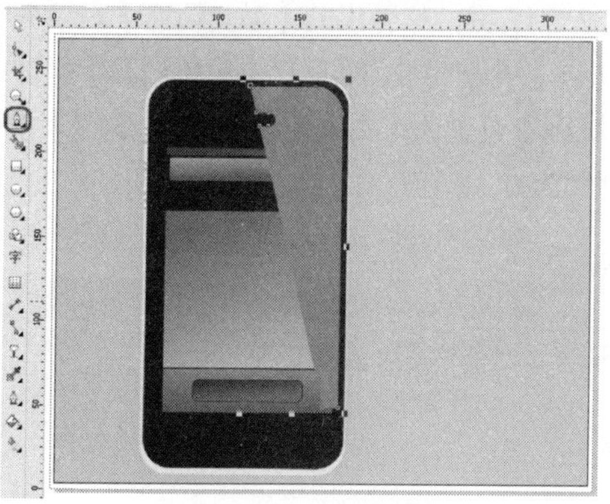

图 13-32　绘制图形

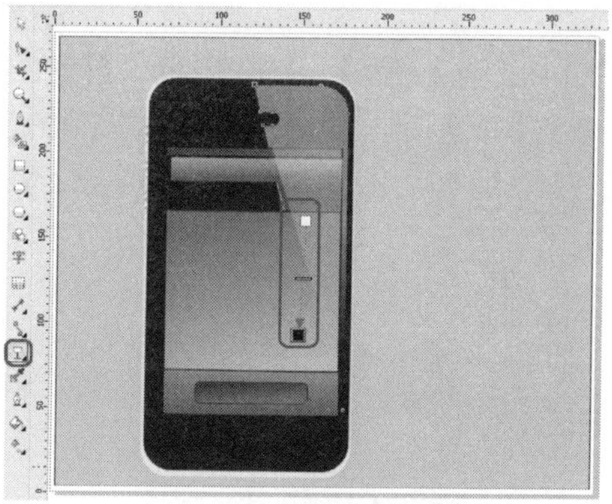

图 13-33　设置图形透明度

30 设置完成后效果如图 13-34 所示。

31 在工具箱中选择（钢笔）工具，在绘图页中绘制如图 13-35 所示的形状，然后在默认的 CMYK 调色板中单击 C、M、Y、K 值分别为 0、0、0、10 的色块，并取消轮廓线的填充。

图 13-34　添加透明度

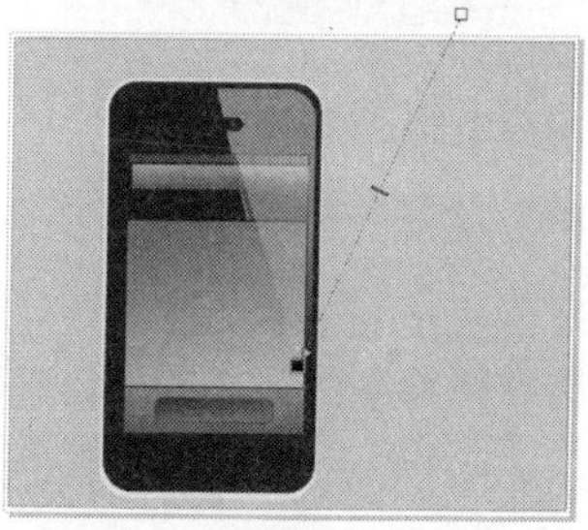

图 13-35　绘制图形并填充颜色

32 在工具箱中选择 （透明度）工具，在绘图页中从上面往左下角拖动鼠标，如图 13-36 所示。

33 在工具箱中选择 （矩形）工具，在绘图页的适当位置绘制一个矩形，如图 13-37 所示。

图 13-36　设置透明度

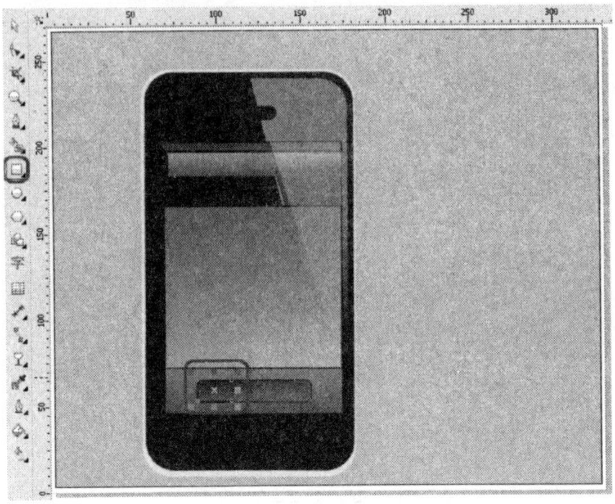

图 13-37　绘制新矩形

34 选择新绘制的图形，在属性栏中单击 （圆角）按钮，并设置圆角半径为 2.361mm，如图 13-38 所示。

35 确定新绘制的矩形处于选择状态，在键盘上按 F11 键，在弹出的【渐变填充】对话框中将【类型】设置为【线性】，将【角度】设置为 85，将【边界】设置为 5，然后在【颜色调和】区域中选择【双色】单选按钮，将【从】设置为【30%黑】，将【到】设置为【白】，然后单击【确定】按钮。然后在默认的 CMYK 调色板中右击 C、M、Y、K 值分别为 0、0、0、10 的色块，如图 13-39 所示。

图 13-38　设置圆角

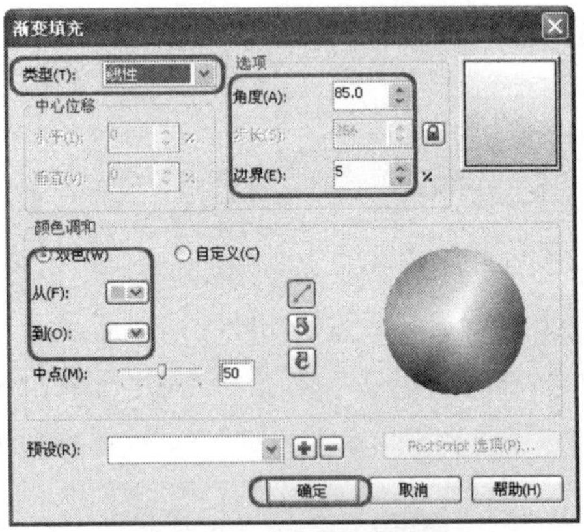

图 13-39　设置渐变填充

36 在工具箱中选择 （箭头形状）工具，在上一步新绘制的图形上绘制一个箭头图形，如图 13-40 所示。

37 选中新绘制的箭头图形，在默认的 CMYK 调色板中右击 C、M、Y、K 分别为 0、0、0、10 的色块，然后在默认的 CMYK 调色板中单击 C、M、Y、K 值分别为 0、0、0、50 的色块，填充后的效果如图 13-41 所示。

图 13-40　绘制图形

图 13-41　渐变填充效果

13.3　绘制屏幕信息

下面来介绍一下屏幕信息的绘制方法，主要用到的工具有（文本）工具和（矩形）工具。

01　在工具箱中选择（文本）工具，在属性栏中将【字体】设置为 Arial，【字体大小】为 15.832pt，然后输入文字 Slide to unlock，如图 13-42 所示。

02　选择输入的文字，在键盘上按 F11 键，在弹出的【渐变填充】对话框中将【类型】设置为【线性】，将【角度】设置为 0.2，将【边界】设置为 9，在【颜色调和】区域中选择【自定义】单选按钮，在位置 29 处将颜色设置为白色，删除其他颜色滑块，如图 13-43 所示。

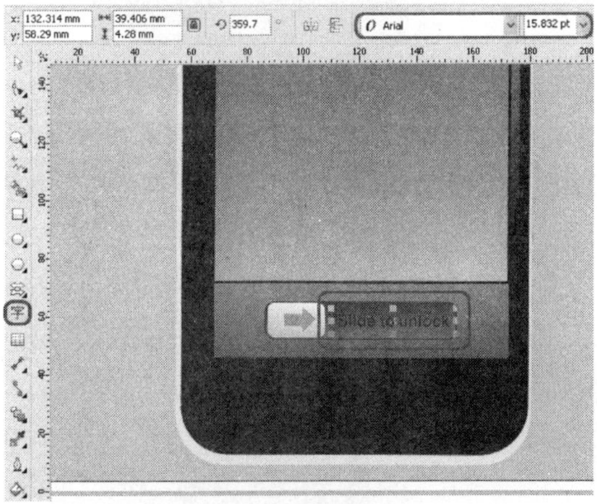

图 13-42　输入文字

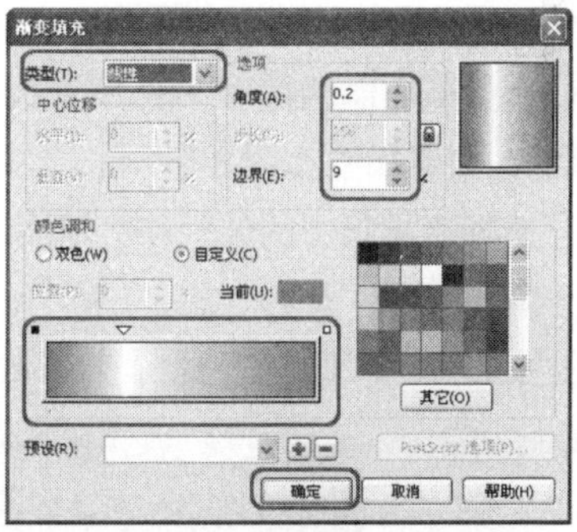

图 13-43　设置渐变填充

03　添加渐变后效果如图 13-44 所示。

04　选择工具箱中的（矩形）工具，绘制一个新矩形，在属性栏中将【圆角半径】设置为 2.309mm，按下 Shift+F11 组合键，在弹出的【均匀填充】对话框中将颜色的 CMYK 值分别设置为 0、0、0、50，如图 13-45 所示。

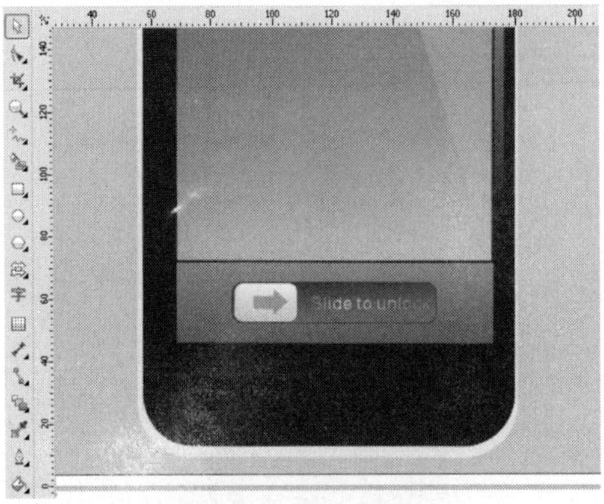

图 13-44　文字渐变效果

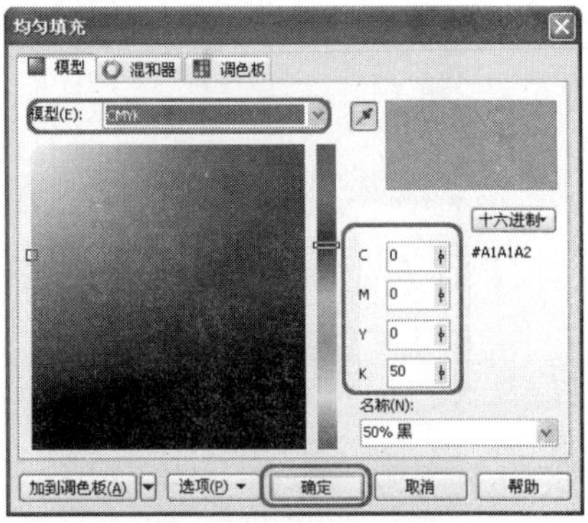

图 13-45　设置均匀填充

05　选择工具箱中（矩形工具），然后在绘图页中绘制一个矩形，如图 13-46 所示。

06　选择新绘制的矩形，将【圆角半径】设置为 1.676 mm，如图 13-47 所示。

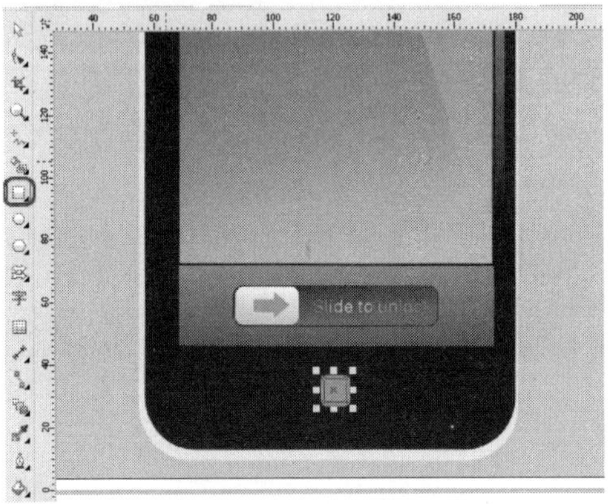

图 13-46　绘制新矩形

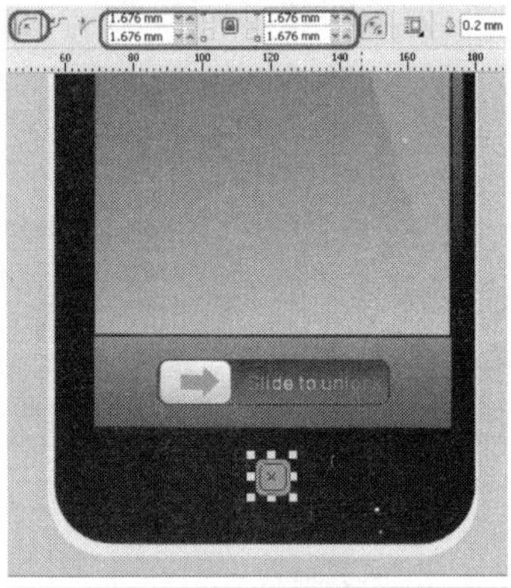

图 13-47　设置圆角

07　选择新绘制的矩形，按下 Shift+F11 组合键，在弹出的【均匀填充】对话框中设置其填充颜色为黑色，效果如图 13-48 所示。

08　选择工具箱中的（钢笔）工具，绘制一个向下凹陷的曲线，将【轮廓宽度】设置为 1.5mm，在默认的 CMYK 调色板中单击 C、M、Y、K 值分别为 0、0、0、20 的色块，然后右击 C、M、Y、K 值分别为 0、0、0、30 的色块，效果如图 13-49 所示。

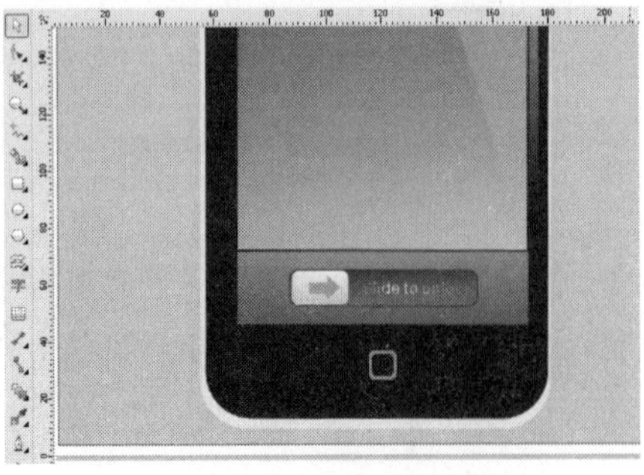

图 13-48　均匀填充效果

图 13-49　绘制曲线并填充颜色

09 选择工具箱中的 （矩形）工具，绘制如图 13-50 所示的矩形。

10 选中新绘制的矩形，在属性栏中将其【圆角半径】设置为 0.784mm，如图 13-51 所示。

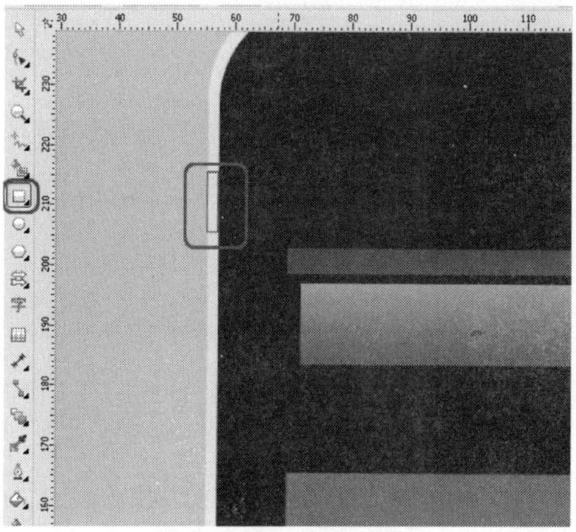

图 13-50　绘制矩形

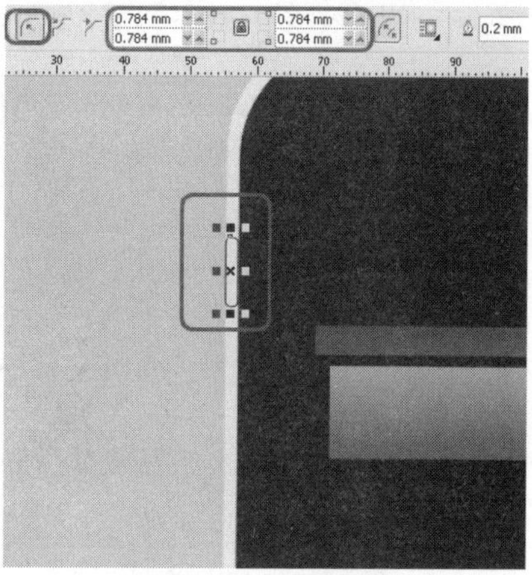

图 13-51　设置圆角

11 确定新绘制的图形处于选择状态，取消轮廓线的填充，在键盘上按 F11 键，在弹出的【渐变填充】对话框中将【类型】设置为【线性】，将【角度】设置为 89.7，将【边界】为设置为 0，在【颜色调和】区域中选择【自定义】单选按钮，根据需要添加颜色滑块，在位置 20 处将颜色设置为白色，在位置 40 处将颜色的 C、M、Y、K 值分别设置为 0、0、0、20，在位置 55 处将颜色的 C、M、Y、K 值分别设置为 0、0、0、40，在位置 69 处将颜色设置为白色，如图 13-52 所示，然后单击【确定】按钮。

12 选中新绘制的图形，在键盘上按两次+键，对图形复制两次，然后调整新复制图形的位置，如图 13-53 所示。

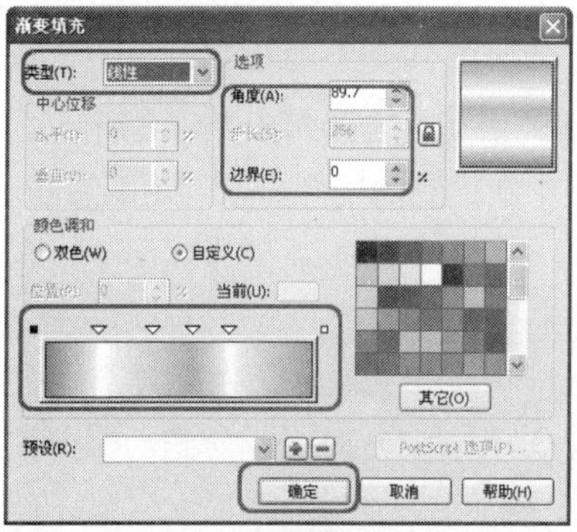

图 13-52　设置渐变填充

图 13-53　调整位置

13 选择工具箱中的 （矩形）工具绘制新矩形，取消轮廓线的填充，在默认的 CMYK 调色板中单击 C、M、Y、K 值分别为 0、0、0、0 的色块，如图 13-54 所示。

14 使用同样的方法，在适当的位置再绘制一个矩形，如图 13-55 所示。

15 选择工具箱中的 （调和）工具，选中左面的矩形，按住鼠标左键拖动鼠标至右侧的矩形之上，松开鼠标左键，然后在属性栏中将【调和对象】设置为 3，如图 13-56 所示。

16 选择工具箱中的字（文本）工具，设置【字体】为 Arial，【字体大小】为 11.729pt，在绘图页中输入文字 APPLE，然后在默认的 CMYK 调色板中单击 C、M、Y、K 值分别为 0、0、0、0 的色块，并右击该色块，效果如图 13-57 所示。

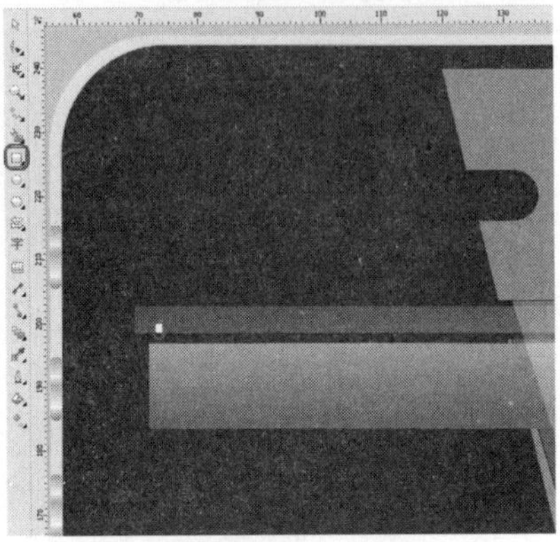

图 13-54　填充效果

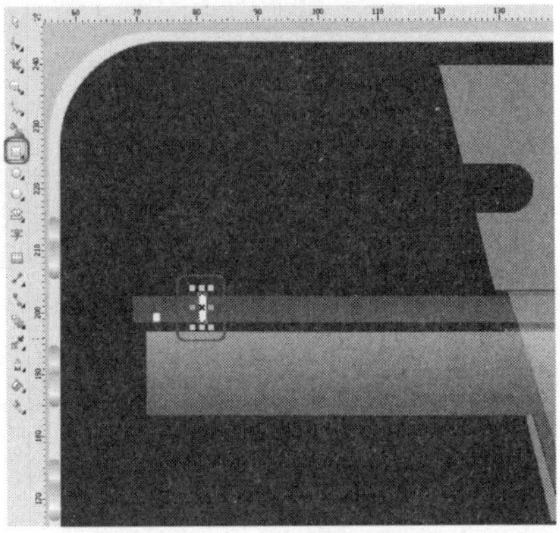

图 13-55　绘制矩形

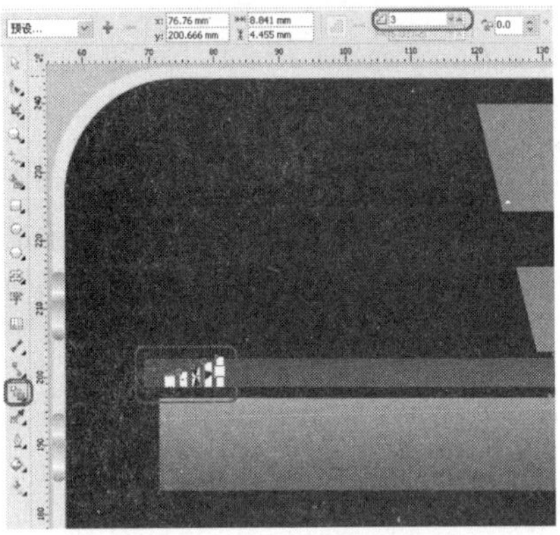

图 13-56　调和工具

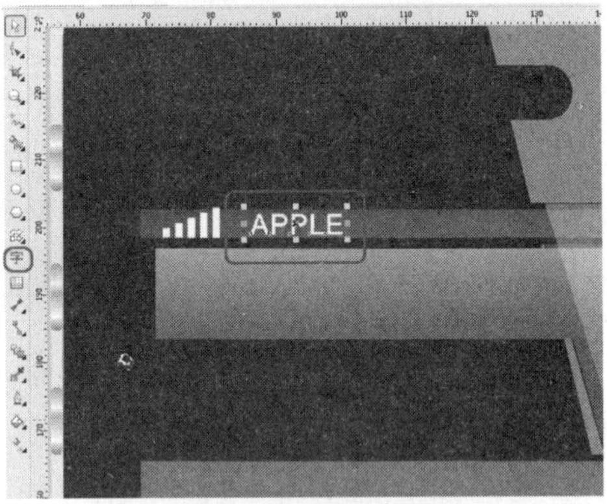

图 13-57　输入文字

17 按照上述方法继续添加文字 3G，然后取消轮廓线的填充，效果如图 13-58 所示。

18 选择工具箱中的□（矩形）工具绘制新矩形，选中新绘制的矩形，取消轮廓线的填充，在默认的 CMYK 调色板中单击 C、M、Y、K 值分别为 0、0、0、0 的色块，效果如图 13-59 所示。

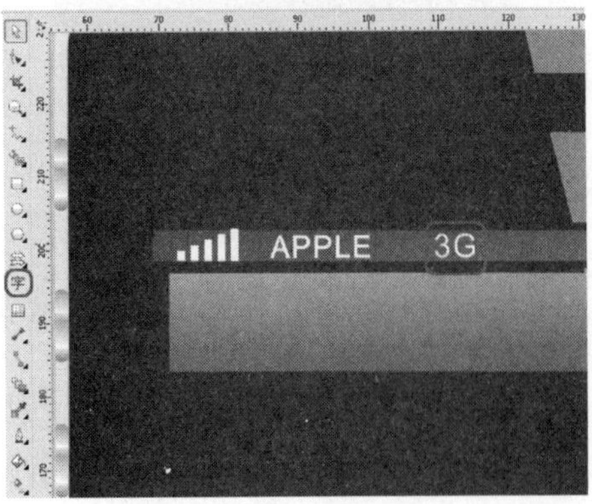

图 13-58　输入文字

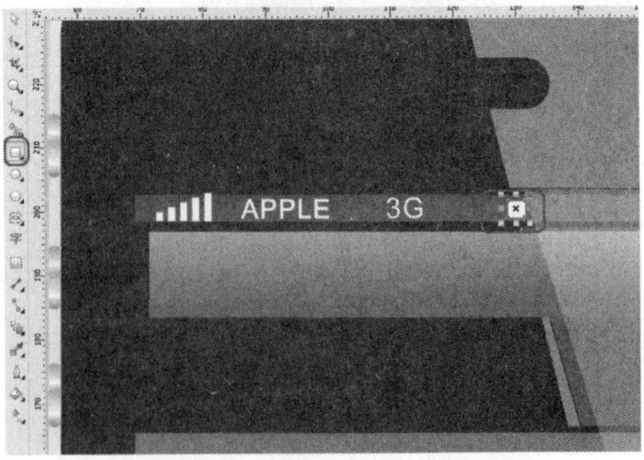

图 13-59　绘制矩形并填充颜色

19 选择工具箱中的 （钢笔）工具，在新绘制的矩形上方绘制一个向上凸起的曲线，在默认的 CMYK 调色板中单击 C、M、Y、K 值分别为 0、0、0、0 的色块，效果如图 13-60 所示。

20 选择工具箱中的 （矩形）工具绘制新矩形，选中新绘制的矩形，取消轮廓线的填充，在默认的 CMYK 调色板中单击 C、M、Y、K 值分别为 0、0、0、0 的色块，效果如图 13-61 所示。

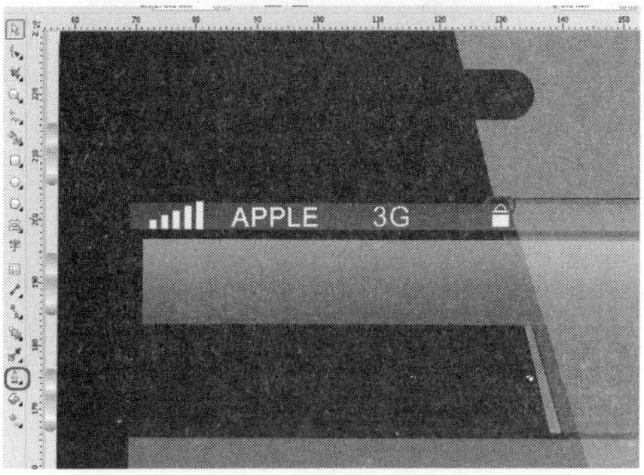

图 13-60　绘制曲线并填充

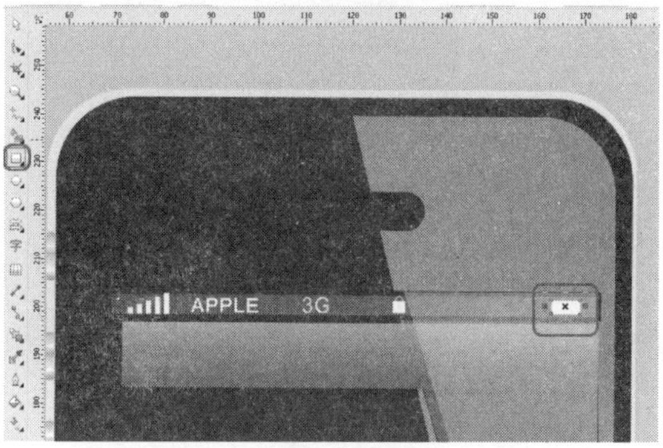

图 13-61　绘制矩形并填充

21 在新绘制的矩形右侧继续绘制矩形，并将【轮廓宽度】设置为 0.25mm，在默认的 CMYK 调色板中单击 C、M、Y、K 值分别为 0、0、0、0 的色块，如图 13-62 所示。

22 继续绘制新矩形，将【轮廓宽度】设置为 0.3mm，在默认的 CMYK 调色板中单击 C、M、Y、K 值分别为 0、0、0、0 的色块，然后右击 C、M、Y、K 值分别为 0、0、0、100 的色块，效果如图 13-63 所示。

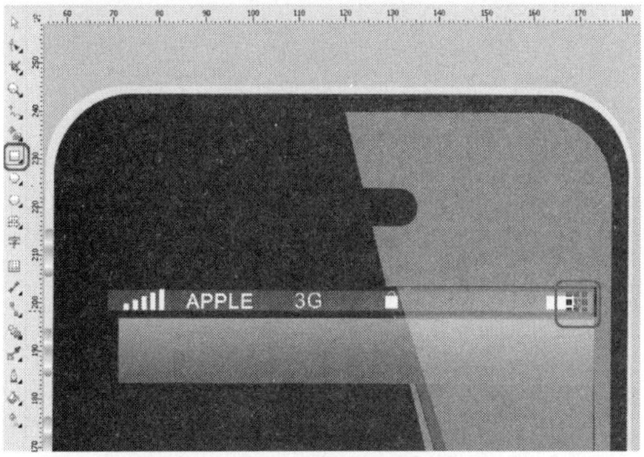

图 13-62　绘制新矩形并填充 1

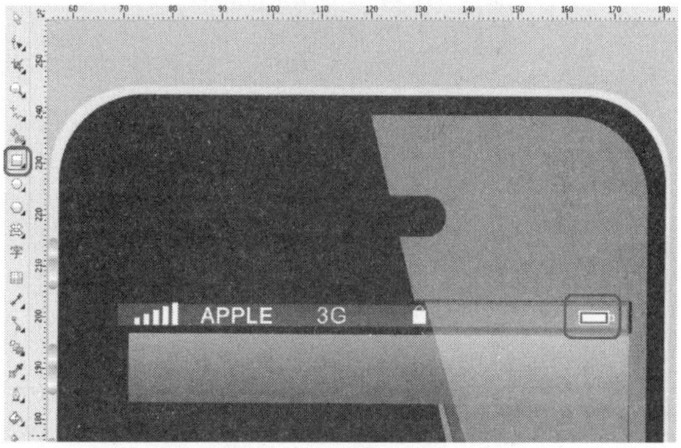

图 13-63　绘制新矩形并填充 2

23 选择工具箱中的 （文本）工具，设置【字体】为 Arial，【字体大小】为 66.181pt，输入“5:18”，在默认的 CMYK 调色板中单击 C、M、Y、K 值分别为 0、0、0、0 的色块，然后右击该色块，填充后的效果如图 13-64 所示。

24 继续输入文字“Wednesday,September 15”，然后选择刚输入的文字，设置【字体大小】为 15.598pt，然后在默认的 CMYK 调色板中单击 C、M、Y、K 值分别为 0、0、0、0 的色块，然后右击该色块，效果如图 13-65 所示。

25 在绘图页中选择所有对象，在属性栏中单击 （群组）按钮，将绘制的手机进行成组。然后在属性栏中将【旋转角度】设置为 336° ，在绘图页中调整其位置，如图 13-66 所示。

26 在绘图页中为复制的手机设置新的渐变颜色，完成后的效果如图 13-67 所示。

图 13-64　输入文字并填充

图 13-65　输入文字并填充

图 13-66　复制并调整位置

图 13-67　完成后的效果

第 14 章　制作礼品盒

本章重点

- 绘制礼品盒平面图。
- 绘制礼品盒封套平面图。
- 创建立体的礼品包装盒。

本章将介绍礼品盒的平面图和立体图的制作方法，主要用到的工具有（矩形）工具、（钢笔）工具和（文本）工具等，制作完成后的效果如图 14-1 所示。

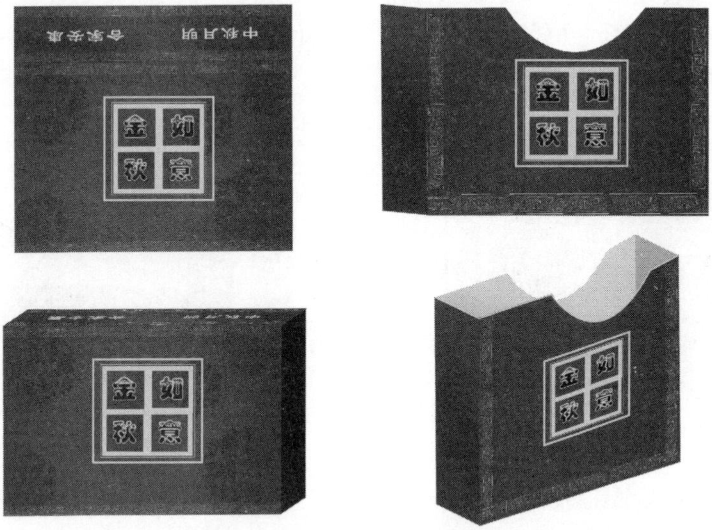

图 14-1　制作的礼品盒效果

14.1　绘制礼品盒平面图

下面来介绍一下礼品盒平面图的制作，主要用到的工具是（矩形）工具，然后导入需要的素材文件，并对素材文件进行设置。

01 按 Ctrl+N 组合键新建一个横向的空白页面，在工具箱中选择（矩形）工具，在绘图页中绘制矩形，如图 14-2 所示。

02 在工具箱中选择（填充）工具，在弹出的浮动框中选择【渐变填充】命令，弹出【渐变填充】对话框，在该对话框中将【类型】定义为【辐射】，在【中心位移】区域中将【水平】和【垂直】参数分别设置为–3 和–2，将【边界】设置为 8，在【颜色调和】区域中选择【自定义】单选按钮，然后设置一种渐变颜色，如图 14-3 所示。

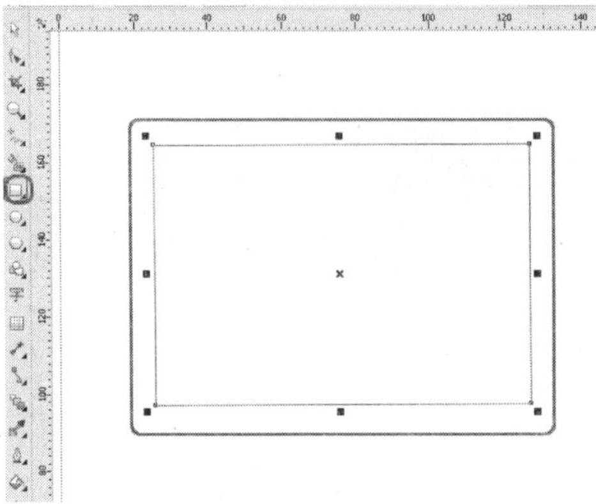

图 14-2 绘制矩形

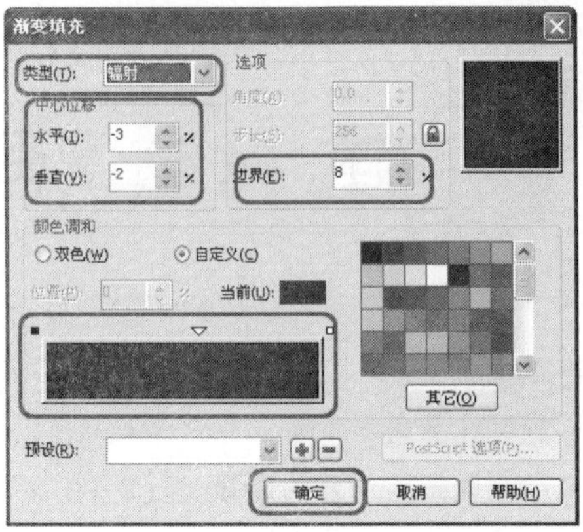

图 14-3 【渐变填充】对话框

03 设置完成后单击【确定】按钮，然后在默认的 CMYK 调色板中右击 C、M、Y、K 值分别为 0、100、100、0 的色块，效果如图 14-4 所示。

04 在工具箱中选择（矩形）工具，在绘图页中继续绘制矩形，如图 14-5 所示。

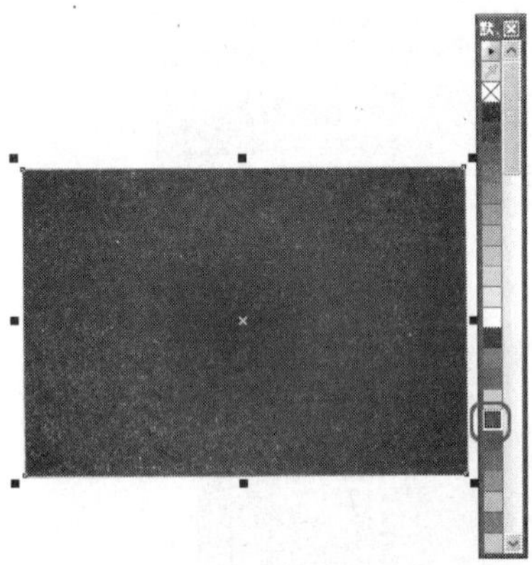

图 14-4 设置轮廓线颜色

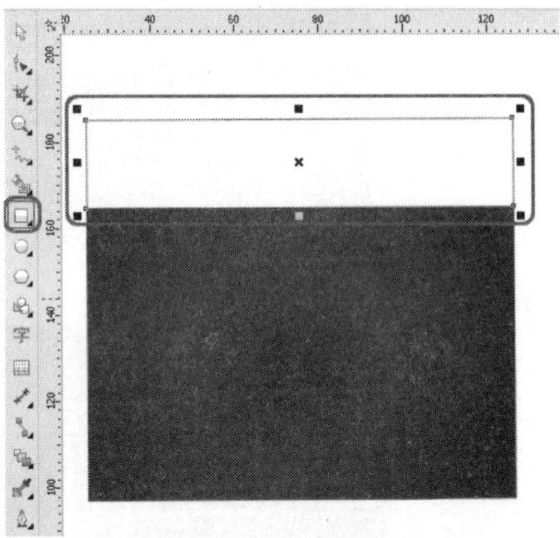

图 14-5 绘制矩形

05 按 F11 键，弹出【渐变填充】对话框，在该对话框中将【选项】区域中的【角度】和【边界】分别设置为 44 和 29，在【颜色调和】区域中选择【自定义】单选按钮，然后设置一种渐变颜色，如图 14-6 所示。

06 设置完成后单击【确定】按钮，然后在默认的 CMYK 调色板中右击 C、M、Y、K 值分别为 0、100、100、0 的色块，效果如图 14-7 所示。

07 按 Ctrl+I 组合键，在弹出的对话框中选择随书附带光盘中的 CDROM | 素材 | Cha14 | 花纹.tif 文件，如图 14-8 所示。

08 单击【导入】按钮，按 Enter 键将素材导入到绘图页的中央，然后在菜单栏中选择【位图】|【轮廓描摹】|【线条图】命令，如图 14-9 所示。

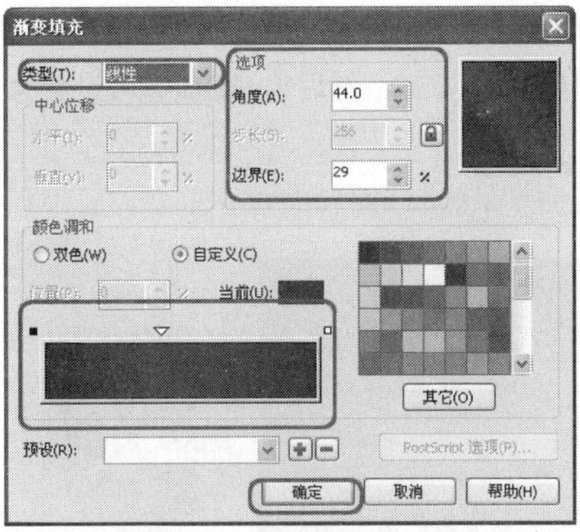

图 14-6　【渐变填充】对话框

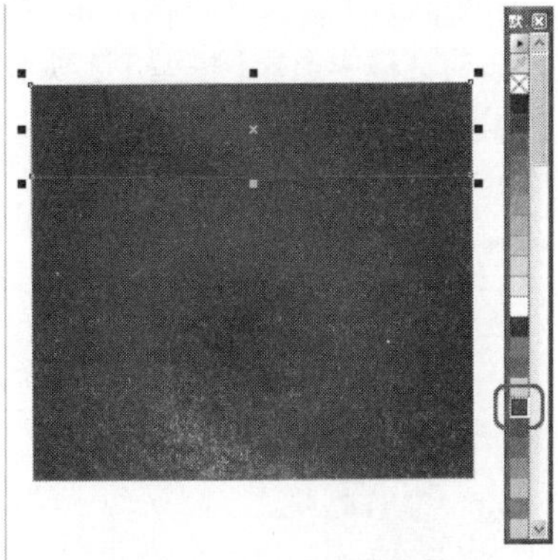

图 14-7　设置轮廓线颜色

图 14-8　【导入】对话框

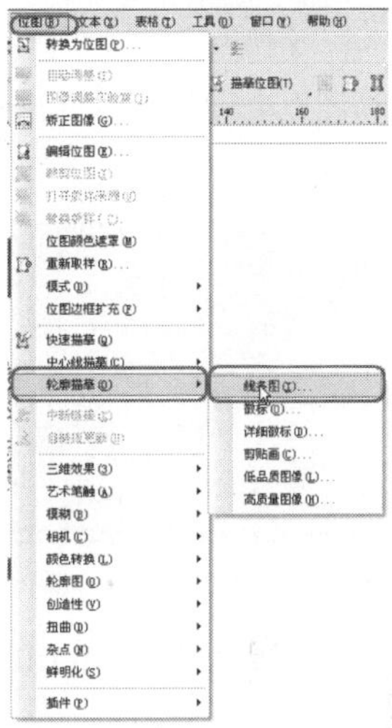

图 14-9　选择【线条图】命令

09　在弹出的对话框中使用默认参数，描摹完成后单击【确定】按钮，如图 14-10 所示。

10　描摹后的效果如图 14-11 所示。

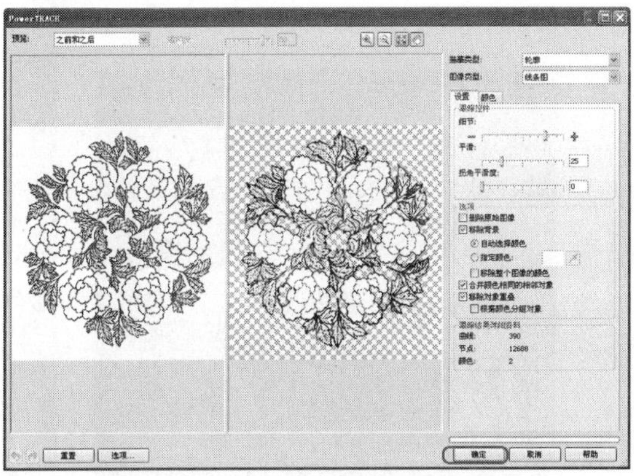

图 14-10　描摹对象

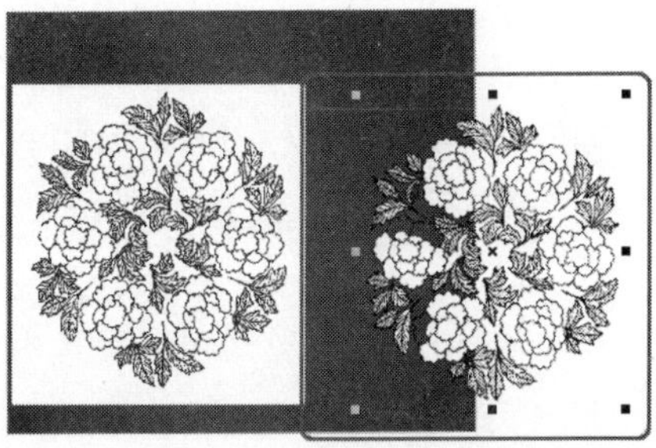

图 14-11　描摹后的效果

11　将导入的素材文件删除，然后选择描摹后的图案，按 Shift+F11 组合键，弹出【均匀填充】对话框，在该对话框中选择【模型】选项卡，将【模型】定义为 RGB，然后将 RGB 参数设置为 125、0、16，如图 14-12 所示。

12　设置完成后单击【确定】按钮，填充颜色后的效果如图 14-13 所示。

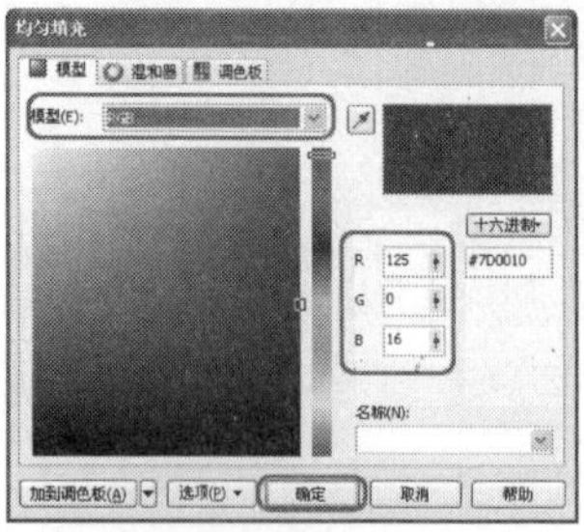

图 14-12　【均匀填充】对话框

图 14-13　填充效果

13　在绘图页中调整描摹后的图案的大小和位置，如图 14-14 所示。

14　对描摹后的图案多次进行复制，然后调整它们的大小和位置，效果如图 14-15 所示。

图 14-14　改变图形大小和位置

图 14-15　复制并调整图形

15　按 Ctrl+I 组合键，在弹出的对话框中选择随书附带光盘中的 CDROM|素材|Cha14|花边.tif 文件，如图 14-16 所示。

16　单击【导入】按钮，按 Enter 键将素材导入到绘图页的中央，并调整其大小和位置，在默认的 CMYK 调色板中单击☒色块，然后右击黄色色块，效果如图 14-17 所示。

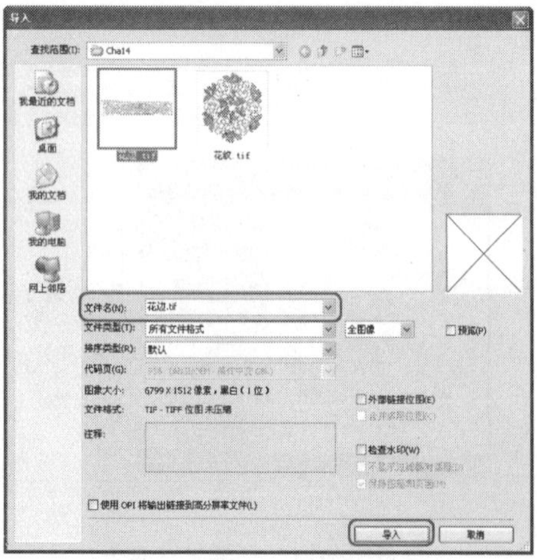

图 14-16　【导入】对话框

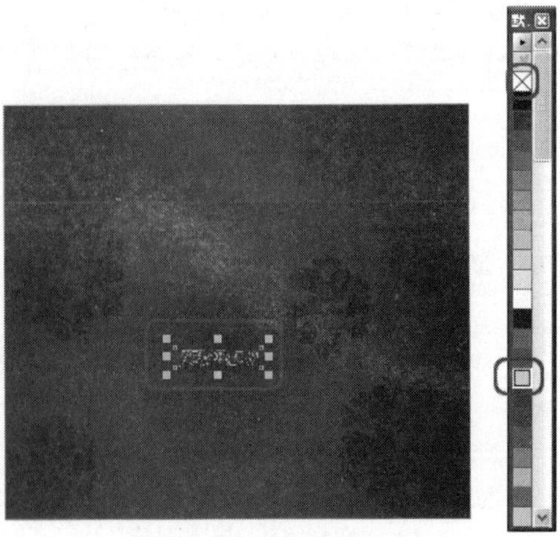

图 14-17　设置导入图形

17 对导入的素材文件多次进行复制，然后在绘图页中调整其位置，如图 14-18 所示。

18 在工具箱中选择□（矩形）工具，在绘图页中绘制矩形，如图 14-19 所示。

图 14-18 复制并调整图形

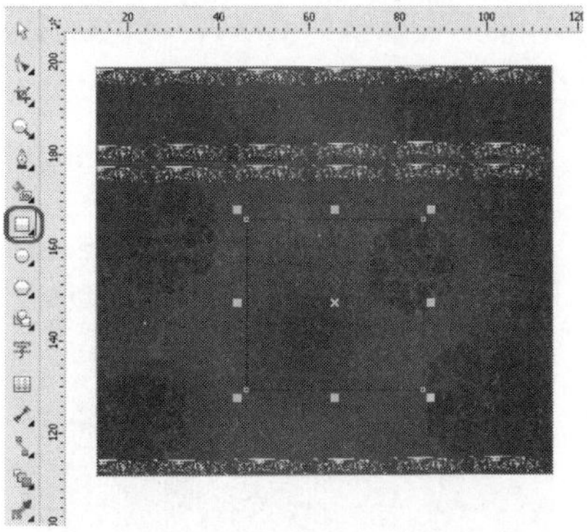

图 14-19 绘制矩形

19 在属性栏中将【轮廓宽度】设置为 0.75mm，然后在默认的 CMYK 调色板中单击☒色块，并右击黄色色块，效果如图 14-20 所示。

20 在工具箱中选择□（矩形）工具，在绘图页中绘制矩形，如图 14-21 所示。

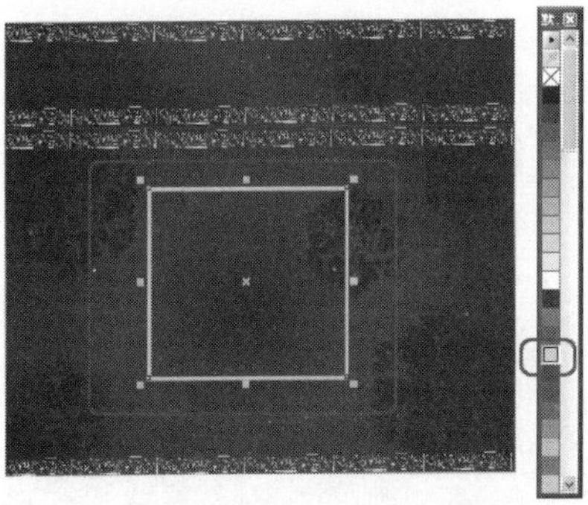

图 14-20 为图形填充颜色

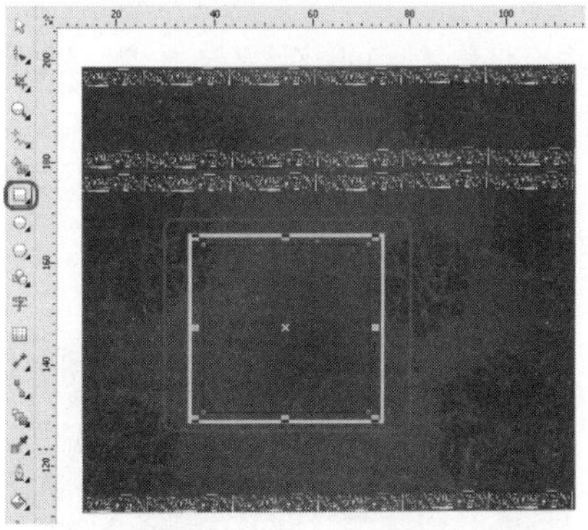

图 14-21 绘制矩形

21 在默认的 CMYK 调色板中单击☒色块，并右击黄色色块，效果如图 14-22 所示。

22 继续使用□（矩形）工具，配合 Ctrl 键在绘图页中绘制如图 14-23 所示的两个正方形。

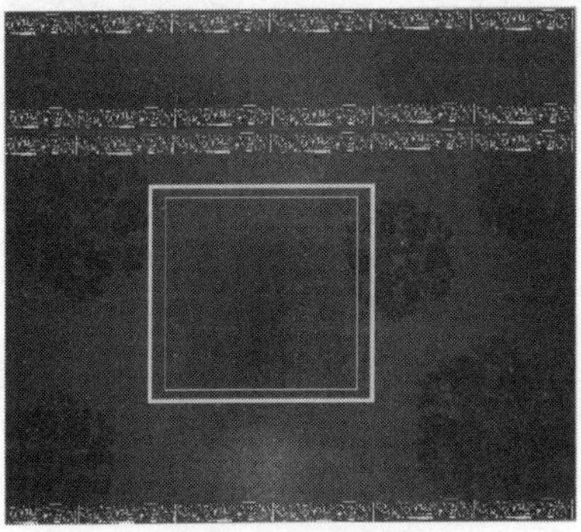

图 14-22 设置轮廓颜色

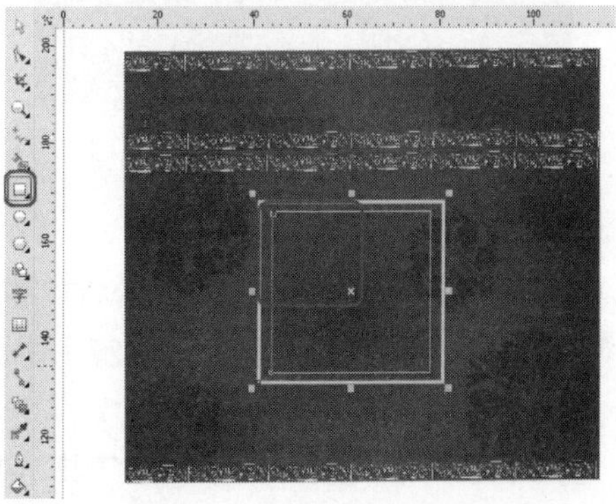

图 14-23 绘制两个正方形

23 在绘图页中配合 Shift 键选择新绘制的两个正方形，然后在属性栏中单击（移除前面对象）按钮，如图 14-24 所示。

24 然后在默认的 CMYK 调色板中单击黄色色块，为修改后的图形填充黄色，然后右击☒色块，如图 14-25 所示。

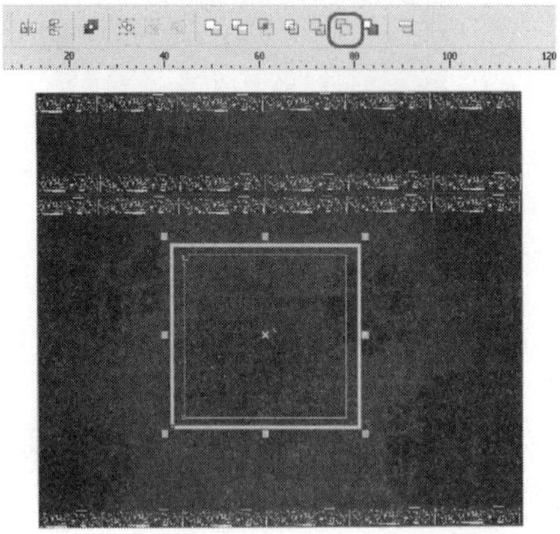

图 14-24　单击（移除前面对象）按钮

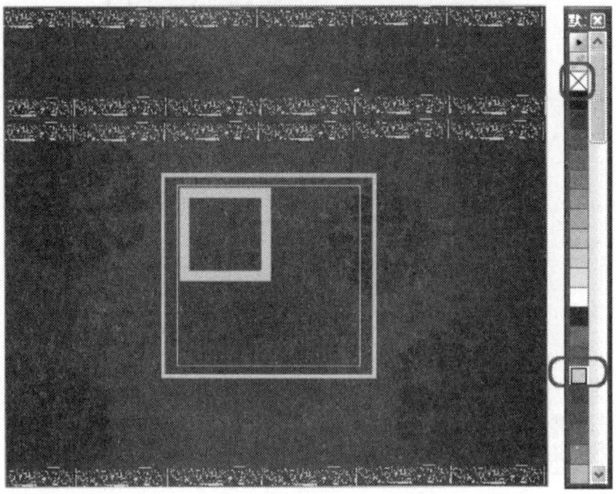

图 14-25　填充颜色

25 将修剪后的图形复制 3 次，然后调整它们的位置，效果如图 14-26 所示。

26 在工具箱中选择字（文本）工具，在绘图页中单击，在属性栏中单击（将文本更改为水平方向）按钮，将【字体】设置为【汉仪雪峰体简】，将【字体大小】设置为 25pt，然后在绘图页中输入文字“如”，如图 14-27 所示。

图 14-26　复制图形并调整位置

图 14-27　输入文字

27 确定输入的文字处于选择状态，在工具箱中选择（轮廓笔）工具，在弹出的浮动框中选择 0.25mm 选项，然后在默认的 CMYK 调色板中右击黄色色块，效果如图 14-28 所示。

28 使用步骤（26）和步骤（27）中的方法，在绘图页中输入其他文字，效果如图 14-29 所示。

29 在工具箱中选择字（文本）工具，在绘图页中单击，在属性栏中将【字体】设置为【隶书】，将【字体大小】设置为 19pt，然后在绘图页中输入文本，如图 14-30 所示。

30 确定输入的文本处于选择状态，在默认的 CMYK 调色板中单击黄色色块，然后右击黄色色块，并对文本进行旋转，效果如图 14-31 所示。

图 14-28　设置文字效果

图 14-29　输入文字

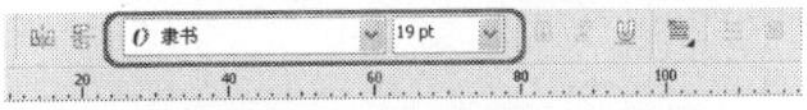

图 14-30　输入文字

图 14-31　为文本填充颜色

31 选择绘制的黄色矩形和输入的文字“如意金秋”，然后在属性栏中单击（群组）按钮，将选择的对象成组，如图 14-32 所示。

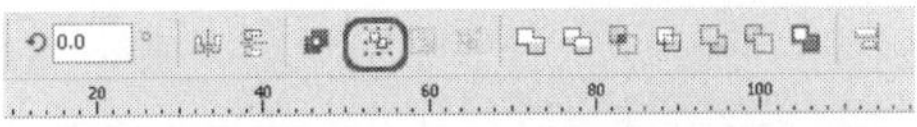

图 14-32　成组选择对象

14.2 绘制礼品盒封套平面图

下面来介绍一下礼品盒封套平面图的制作，主要是使用（钢笔）工具绘制形状，然后填充渐变颜色，并复制导入的素材文件。

01 在工具箱中选择（钢笔）工具，在绘图页中绘制图形，如图 14-33 所示。

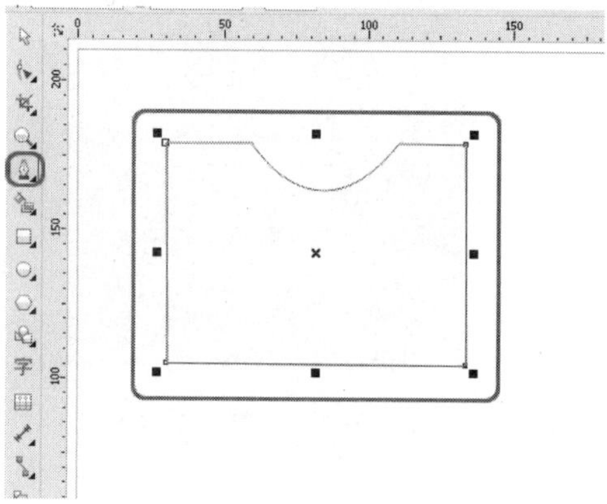

图 14-33 绘制图形

02 按 F11 键弹出【渐变填充】对话框，在该对话框中将【类型】定义为【辐射】，在【中心位移】区域中将【水平】和【垂直】参数分别设置为 2 和 23，在【颜色调和】区域中选择【双色】单选按钮，将【从】的 RGB 值设置为 131、5、6，将【到】的 RGB 值设置为 215、0、2，如图 14-34 所示。

03 设置完成后单击【确定】按钮，然后在默认的 CMYK 调色板中右击红色色块，如图 14-35 所示。

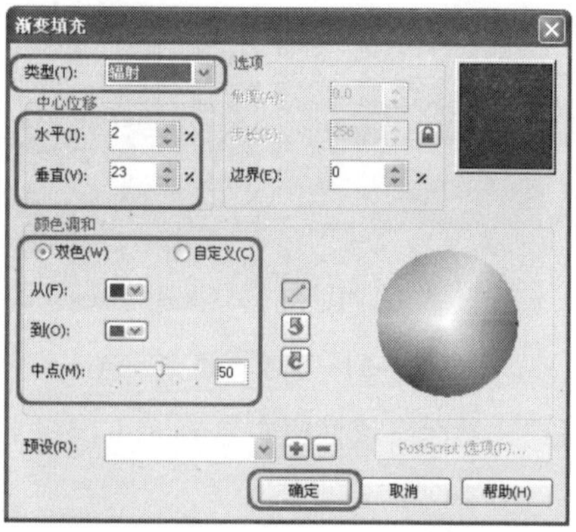

图 14-34 【渐变填充】对话框

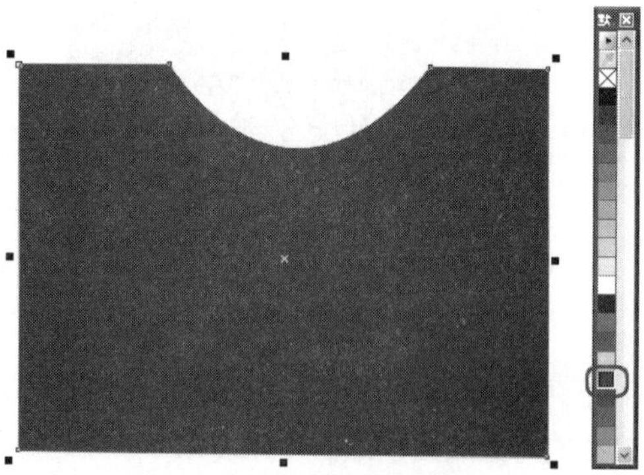

图 14-35 设置轮廓线颜色

04 在礼品盒平面图中选择导入的【花边.tif】素材，按小键盘上的+号键对其进行复制，然后将复制后的素材文件移至礼品盒封套平面图上，效果如图 14-36 所示。

05 对复制后的素材文件进行多次复制，然后在绘图页中对它们进行调整，效果如图 14-37 所示。

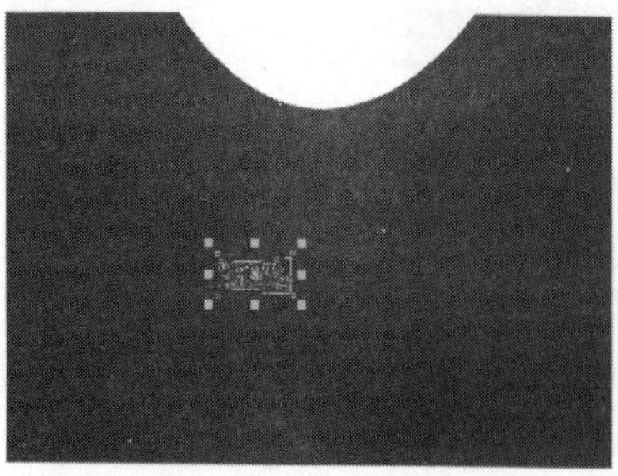

图 14-36 复制图形

图 14-37 复制并调整图形

06 在礼品盒平面图中选择群组后的对象，按小键盘上的+号键对其进行复制，然后将复制后的对象移至礼品盒封套平面图上，并调整其大小，如图 14-38 所示。

07 在工具箱中选择（钢笔）工具，在绘图页中绘制图形，如图 14-39 所示。

图 14-38　复制群组后的对象

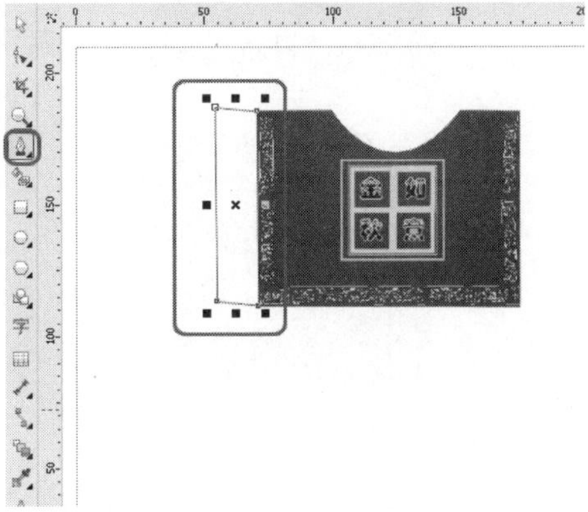
图 14-39　绘制图形

08 按 F11 键弹出【渐变填充】对话框，在该对话框中将【选项】区域中的【角度】和【边界】分别设置为 228.9 和 36，在【颜色调和】区域中选择【双色】单选按钮，将【从】设置为红色，将【到】的 RGB 值设置为 125、5、7，如图 14-40 所示。

09 设置完成后单击【确定】按钮，然后在默认的 CMYK 调色板中右击红色色块，如图 14-41 所示。

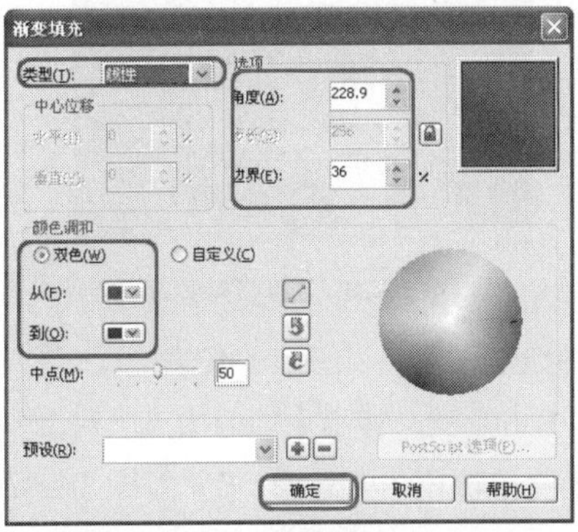

图 14-40　【渐变填充】对话框

图 14-41　设置轮廓线颜色

14.3　创建立体的礼品包装盒

下面来介绍立体的包装盒的制作方法，主要是在平面图的基础上对其进行变形，然后再绘制包装盒的侧面。

01 选择绘制的礼品盒平面图，按小键盘上的+号键对其进行复制，然后调整复制后的对象的位置，如图 14-42 所示。

02 在复制的对象上选择上面的矩形和矩形上的所有对象，在属性栏中单击（群组）按钮，将选择的对象成组，如图 14-43 所示。

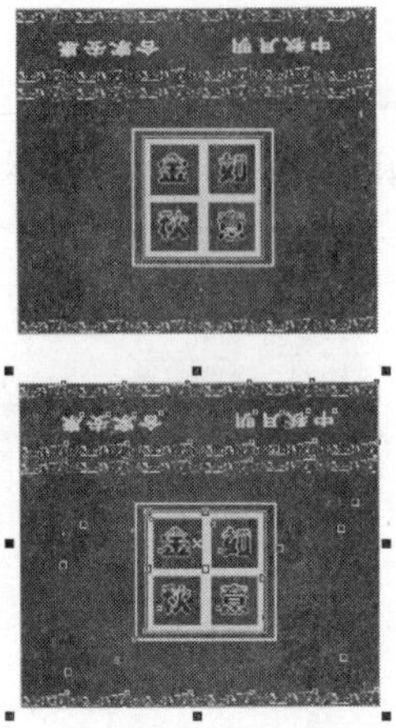

图 14-42　复制礼品盒平面图

图 14-43　群组选择对象

03　确定成组后的对象处于选择状态，再次单击一下成组后的对象，使其进入旋转状态，然后对其进行调整，如图 14-44 所示。

04　在空白处单击，取消选择，然后再次选择成组后的对象，对其高度进行调整，效果如图 14-45 所示。

图 14-44　调整对象

图 14-45　调整对象高度

05　在工具箱中选择（钢笔）工具，在绘图页中绘制图形，如图 14-46 所示。

06　确定新绘制的图形处于选择状态，按 Shift+F11 组合键，弹出【均匀填充】对话框，选择【模型】选项卡，将【模型】定义为 RGB，然后将 RGB 参数设置为 88、2、3，如图 14-47 所示。

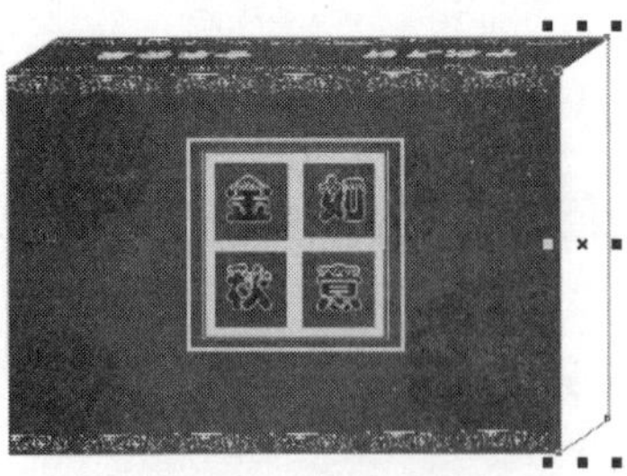

图 14-46　绘制图形

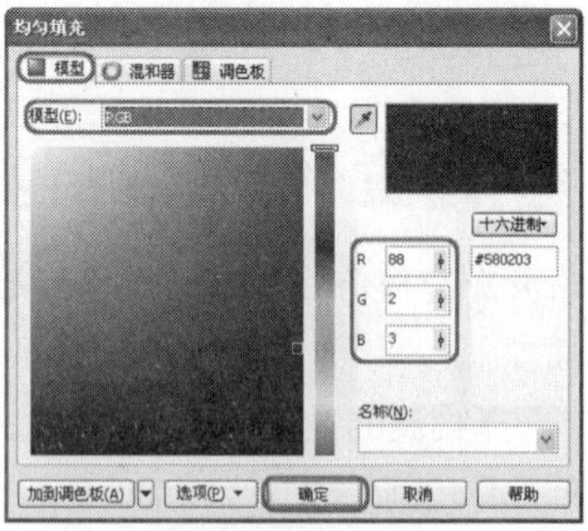

图 14-47　设置颜色

07 设置完成后单击【确定】按钮，然后在默认的 CMYK 调色板中右击红色色块，如图 14-48 所示。

08 选择绘制的礼品盒封套平面图，按小键盘上的+号键对其进行复制，然后调整复制后的对象的位置，如图 14-49 所示。

图 14-48　设置轮廓颜色

图 14-49　复制礼品盒封套平面图

09 在复制的对象上选择左侧的图形，再次单击选择的图形，使其进入旋转状态，然后对其进行调整，如图 14-50 所示。

10 再在复制的对象上选择除左侧图形外的所有对象，并将选择的对象调整成如图 14-51 所示的形状。

图 14-50　调整图形

图 14-51　调整右侧图形

11 选择如图 14-52 所示的图形，然后在工具箱中选择（形状）工具，对选择的对象进行调整，如图 14-53 所示。

图 14-52　选择图形

图 14-53　调整图形

12 确定调整后的图像处于选择状态，按小键盘上的+号键对其进行复制，在复制后的图像上右击，在弹出的快捷菜单中选择【顺序】|【到页面后面】命令，并调整其位置，如图 14-54 所示。

13 确定复制后的对象处于选择状态，按 F11 键，弹出【渐变填充】对话框，在该对话框中将【选项】区域中的【角度】和【边界】分别设置为 242.4 和 35，在【颜色调和】区域中选择【双色】单选按钮，将【从】设置为 20%黑，将【到】设置为 50%黑，将【中点】设置为 58，如图 14-55 所示。

图 14-54　复制并调整图形

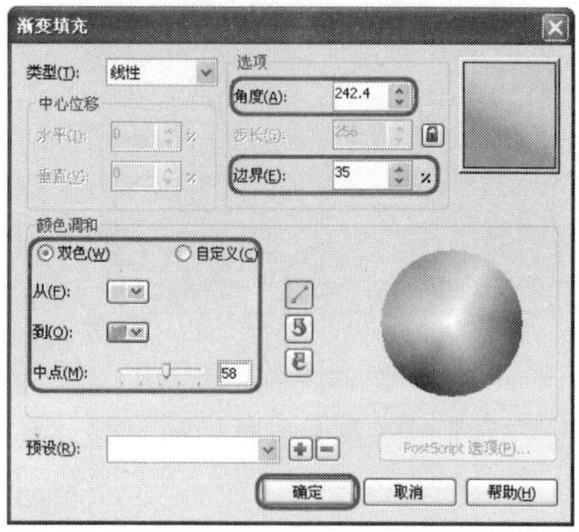

图 14-55　设置渐变颜色

14 设置完成后单击【确定】按钮，然后在默认的 CMYK 调色板中右击☒色块，取消轮廓线的填充，如图 14-56 所示。

15 选择左侧的图形，按小键盘上的+号键对其进行复制，在复制后的图像上右击，在弹出的快捷菜单中选择【顺序】|【到页面后面】命令，并调整其位置，如图 14-57 所示。

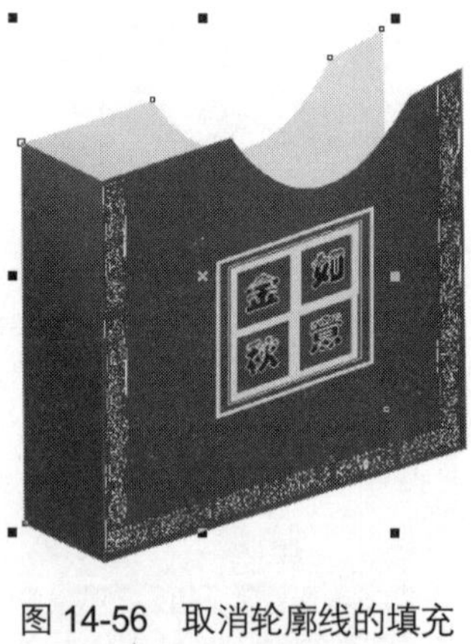

图 14-56　取消轮廓线的填充

图 14-57　复制并调整对象

16 确定复制后的对象处于选择状态，在默认的 CMYK 调色板中单击 C、M、Y、K 值为 0、0、0、40 的色块，并右击☒色块，如图 14-58 所示。

17 在工具箱中选择（钢笔）工具，在绘图页中绘制图形，确定绘制的图形处于选择状态，在属性栏中将【轮廓宽度】设置为 0.5mm，并在默认的 CMYK 调色板中右击黄色色块，如图 14-59 所示。

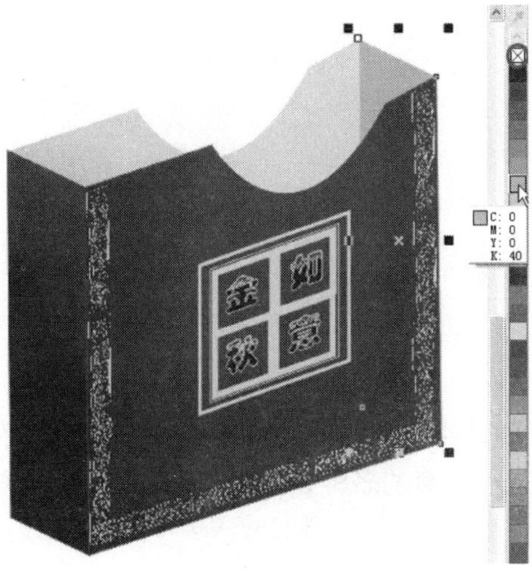
图 14-58　设置颜色

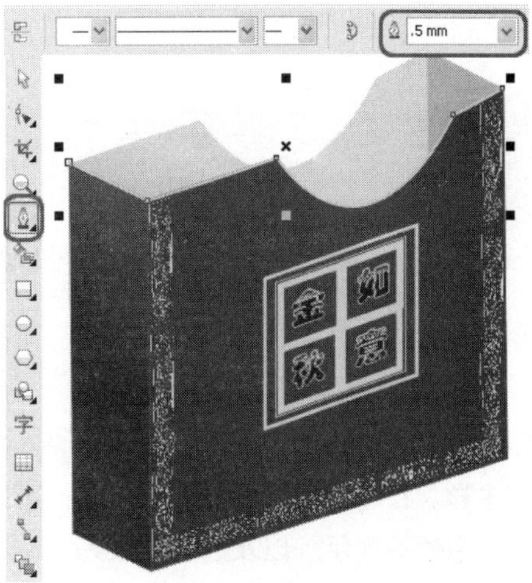
图 14-59　绘制图形并填充颜色

18 至此，礼品盒就绘制完成了。在菜单栏中选择【文件】|【另存为】命令，弹出【保存绘图】对话框，在该对话框中选择存储路径，并为文件命名，然后单击【保存】按钮，即可将场景保存，如图 14-60 所示。

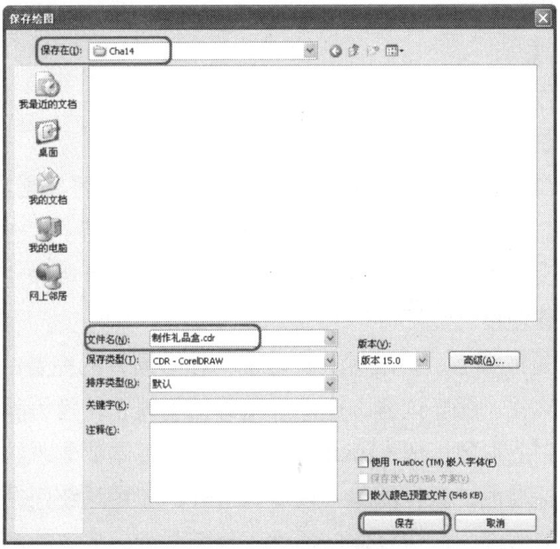
图 14-60　保存场景

第 15 章　VI 设计

CorelDRAW 还可以对于 Premiere Pro CS5 提供的过滤效果进行设置，以使最终的显示效果更加丰富多彩。在【特效控制台】窗口中，可以设置每一个过渡的多种参数，从而改变过渡的方向、开始和结束帧的显示，以及边缘效果等。

本章重点

- LOGO 的设计与制作。
- 名片的设计与制作。
- 信封和信纸的设计与制作。
- 档案袋的设计与制作。
- 工作证的设计与制作。
- 工作服的设计与制作。
- 公司货车的设计与制作。

VI 是（Visual Identity）的缩写，即为视觉识别系统，是 CIS 系统最具传播力和感染力的部分。是将 CI 的非可视内容转化为静态的视觉识别符号，以无比丰富的多样的应用形式，在最为广泛的层面上进行最直接的传播。设计到位、实施科学的视觉识别系统，是传播企业经营理念、建立企业知名度、塑造企业形象的快速便捷之途。

VI（Visual Identity）是以标志、标准字、标准色为核心展开的完整的、系统的视觉表达体系。将上述的企业理念、企业文化、服务内容、企业规范等抽象概念转换为具体记忆和可识别的形象符号，从而塑造出排他性的企业形象。VI（Visual Identity）的基本要素系统包括：企业名称、企业标志、企业造型、标准字、标准色、象征图案、宣传口号等；应用系统包括：产品造型、办公用品、企业环境、交通工具、服装服饰、广告媒体、招牌、包装系统、公务礼品、陈列展示以及印刷出版物等。

本章将介绍公司形象的设计，主要用到的工具有（矩形）工具、（钢笔）工具、（文本）工具和（贝塞尔）工具等来绘制图形和文本，然后再为图形以及文本添加效果。

15.1　LOGO 设计

LOGO 就是图标广告，它的设计要能够充分体现该公司的核心理念，并且设计要求动感、活力、简约、大气、高品位、色彩搭配合理、美观、印象深刻。简单地讲，当我们看到一个 LOGO 时，就是看到了这个品牌。

LOGO 的特点包括功用性、识别性、显著性、多样性、艺术性、准确性、持久性等。它的创意来源于通过全盘规划，寻找商品与企业独特新颖的造型符号，并以这种造型来传达思想。在构思 LOGO 时，必须遵循简明易人、形象直观、避免雷同以及符合大众的审美规律。

LOGO 标志不仅仅是一个图形或文字组合，而是依据企业的构成结构、行业类别、经营理念，并充分考虑标志接触的对象和应用环境，是为企业制定的标准视觉符号。在设计之前，首先要对企业进行全面深入的了解，为制作更好的 LOGO 做准备。一个好的 LOGO 应具备的条件：符合国际标准；精美、独特；与产品的整体风格相融；能够体现产品的类型、内容和风格。

本章将以设计一个快递公司专属的 LOGO 标志为例，介绍为企业设计个性化 LOGO 的方法，其最终效果如图 15-1 所示。

图 15-1　LOGO 效果

01　新建一个横面的空白文档，在菜单栏中选择【文件】|【新建】命令，在弹出的对话框中将【宽度】和【高度】分别设置为 250mm、170mm，将【渲染分辨率】设置为 300dpi，如图 15-2 所示，然后单击【确定】按钮。

02　在工具箱中选择（钢笔）工具，在绘图页中绘制图形，如图 15-3 所示。

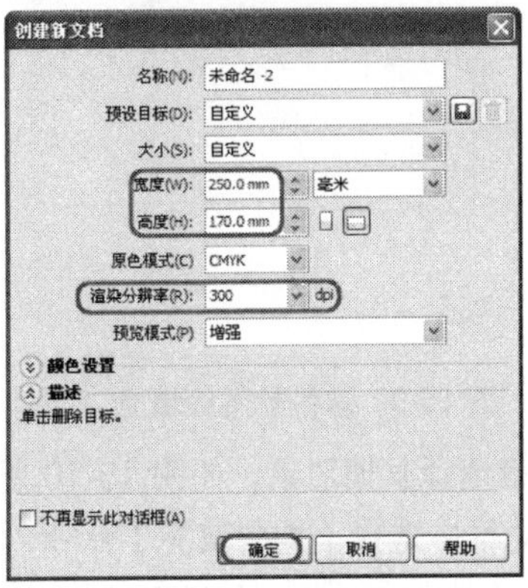

图 15-2　新建文档

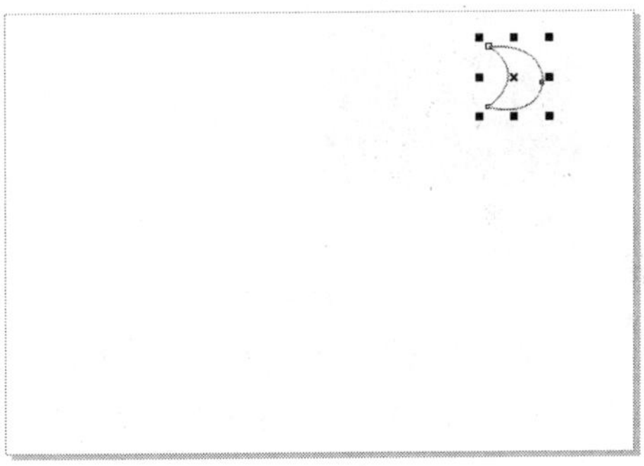
图 15-3　绘制图形 1

03　选择工具箱中的（钢笔）工具，在绘图页中绘制图形，如图 15-4 所示。

04　再使用钢笔工具在绘图页中绘制图形，如图 15-5 所示。

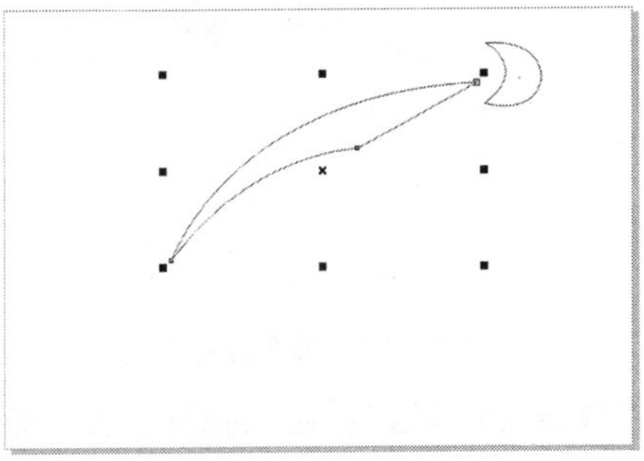
图 15-4　绘制图形 2

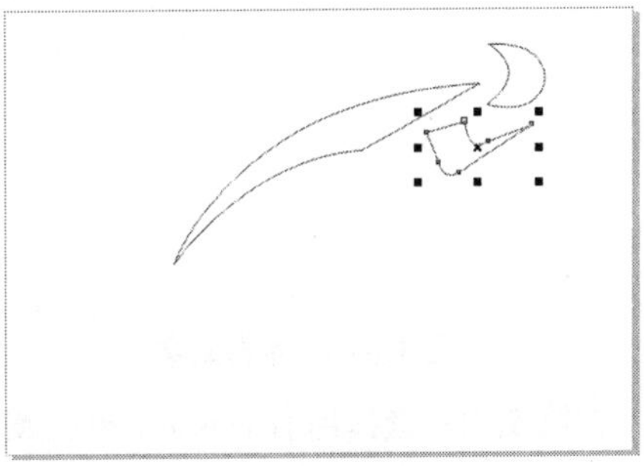
图 15-5　绘制图形 3

05 在绘图页中继续使用钢笔工具绘制图形，如图 15-6 所示。

06 继续使用钢笔工具绘制图形，如图 15-7 所示。

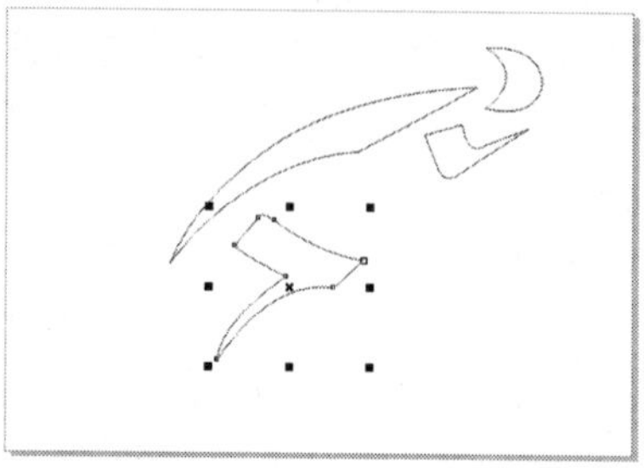
图 15-6　绘制图形 4

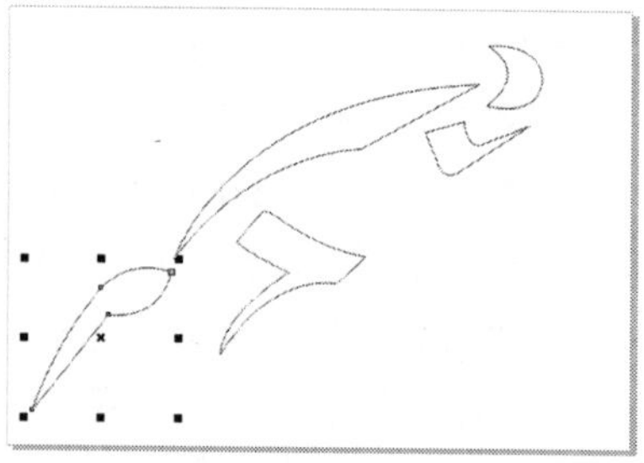
图 15-7　绘制图形 5

07 选择人物的头部，在工具箱中选择（填充）工具，在弹出的浮动框中选择【均匀填充】工具，再在弹出的对话框中将 C、M、Y、K 值设置为 0、67、82、0，如图 15-8 所示。

08 单击【确定】按钮，然后在默认的 CMYK 调色板中右击无色块，取消轮廓线的填充，如图 15-9 所示。

图 15-8　设置均匀填充

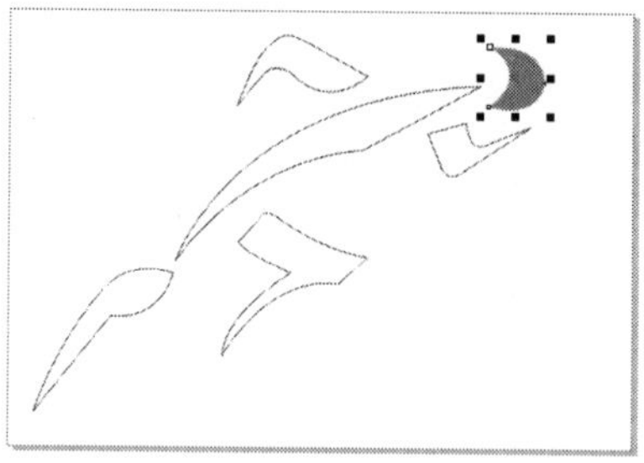
图 15-9　取消轮廓线填充

09 在绘图页中选择人物的左胳膊，然后按住 Shift 键选择其他对象，如图 15-10 所示。

10 在工具箱中选择（填充）工具，在弹出的浮动框中选择【均匀填充】命令，再在弹出的对话框中将 C、M、Y、K 值设置为 0、67、82、0，单击【确定】按钮，然后取消轮廓线的填充，如图 15-11 所示。

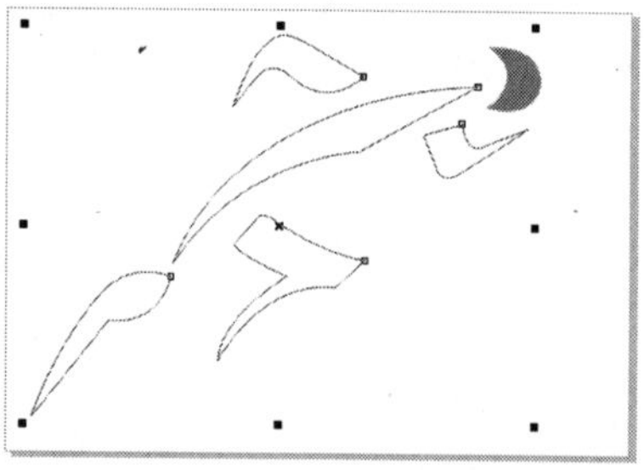
图 15-10　选择对象

图 15-11　填充颜色

11 在绘图页中选择所有的对象，再在属性栏中单击（群组）按钮，将对象成组，如图 15-12 所示。

12 在工具箱中选择（阴影）工具，在绘图页中拖动鼠标，为对象添加阴影，如图 15-13 所示。

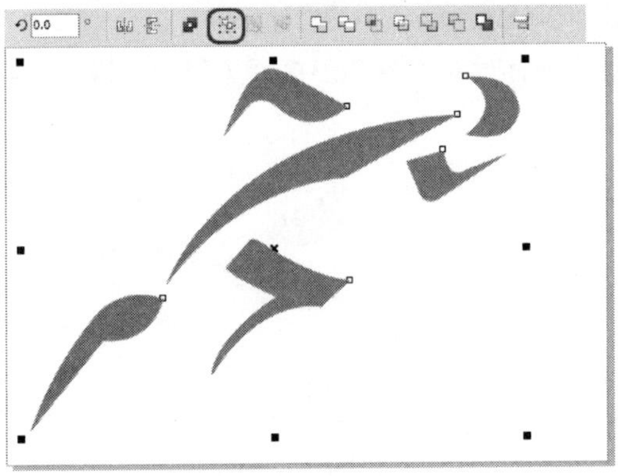

图 15-12　将对象成组

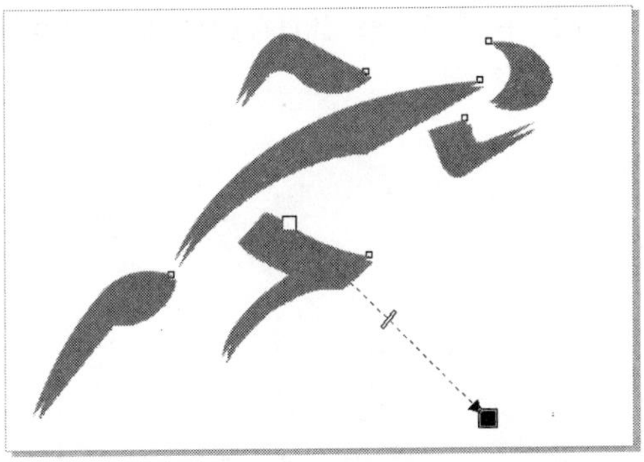

图 15-13　添加阴影

13 在工具箱中选择（文本）工具，在绘图页中输入“飞毛腿快递”，如图 15-14 所示。

14 在工具箱中选择（选择）工具，在属性栏中将【字体】设置为【方正康体简体】，将【字体大小】设置为 72pt，在绘图页中调整其位置，如图 15-15 所示。

图 15-14　输入文本

图 15-15　设置字体

15 在工具箱选择（阴影）工具，在绘图页中拖动鼠标，为对象添加阴影。然后在属性栏中将【阴影颜色】的 CMYK 值设置为 0、67、82、0，如图 15-16 所示。

16 在工具箱中选择（文本）工具，在绘图页中输入 feimaotuiexpress，如图 15-17 所示。

图 15-16　添加阴影

图 15-17　输入文本

17 在工具箱中选择（选择）工具，在属性栏中将【字体】设置为 Vladimir Script，将【字体大小】设置为 72pt，在绘图页中调整其位置，如图 15-18 所示。

18 在键盘上按 Ctrl+A 组合键，选择绘图页中的所有对象，按 Ctrl+G 组合键将其进行成组，如图 15-19 所示。

图 15-18 设置字体

图 15-19 将对象进行成组

19 制作完成后，按 Ctrl+S 组合键将场景文件进行保存。

15.2 名片的设计与制作

下面将介绍名片的制作，完成后的效果如图 15-20 所示。

01 首先新建一个横向、大小为默认、渲染分辨率为 300dpi 的空白文件，在弹出的对话框中单击【确定】按钮，如图 15-21 所示。新建一个画面，如图 15-22 所示。

02 选择工具箱中的（矩形）工具，在画面中绘制矩形，将其填充为白色，并取消轮廓线的填充，如图 15-23 所示。

图 15-20 名片效果

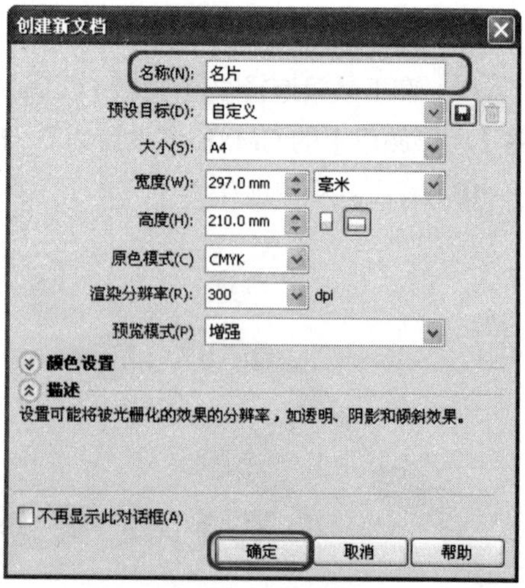

图 15-21 设置参数

图 15-22 新建画面

图 15-23 绘制白色矩形

03 按 Ctrl+I 组合键，将前面制作的 LOGO 导入，并调整其大小和位置，如图 15-24 所示。

04 在工具箱中选择（钢笔）工具，在绘图页中绘制出如图 15-25 所示的形状。

图 15-24 导入 LOGO 效果

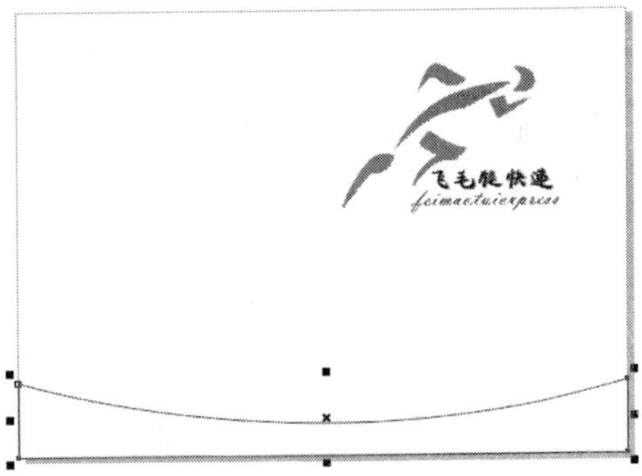

图 15-25 创建形状效果

05 创建完成后，在工具箱中单击【填充工具】按钮，在弹出的浮动框中选择【渐变填充】命令，此时会弹出【渐变填充】对话框，如图 15-26 所示。

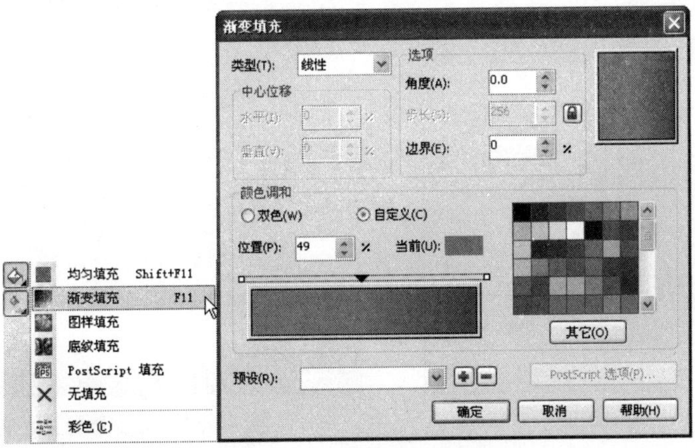

图 15-26 【渐变填充】对话框

06 下面我们设置渐变颜色，左右两侧色标颜色如图 15-27 所示。设置完成后将颜色滑块调整至 49 位置处。

图 15-27　设置渐变颜色

07 设置完成后的效果如图 15-28 所示。

08 再在场景中创建形状，效果如图 15-29 所示。

图 15-28　填充渐变效果

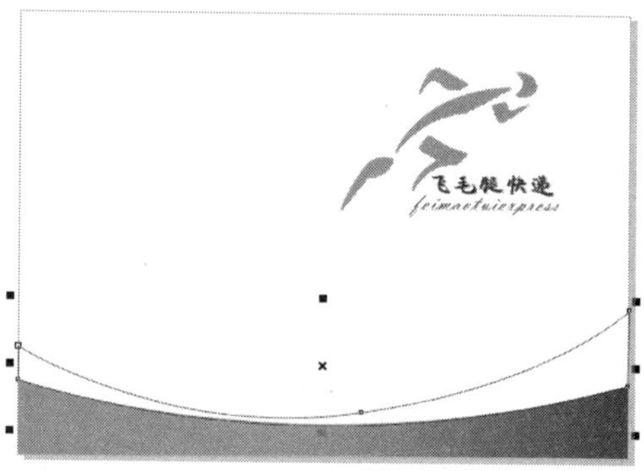

图 15-29　创建形状

09 创建完成后，按 Shift+F11 组合键弹出【均匀填充】对话框，在该对话框中选择【模型】选项卡，并将 RGB 值设置为 169、169、169，如图 15-30 所示。单击【确定】按钮，填充完成后的效果如图 15-31 所示。

图 15-30　【均匀填充】对话框

图 15-31　填充颜色后的效果

10 继续在场景中创建形状，如图 15-32 所示。

11 创建完成后，按 Shift+F11 组合键弹出【均匀填充】对话框，在该对话框中选择【模型】选项卡，并将 RGB 值设置为 223、223、221，如图 15-33 所示。

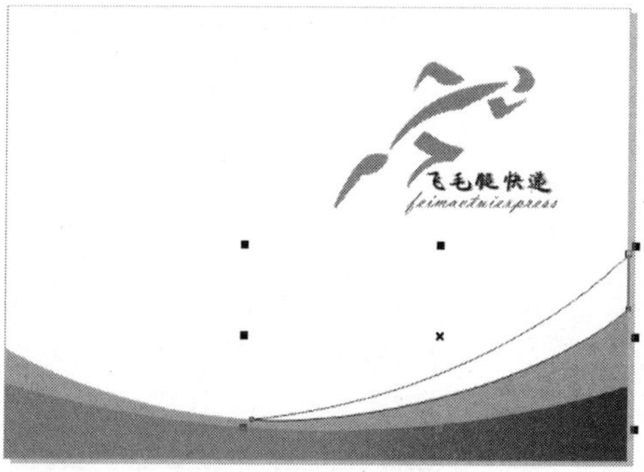

图 15-32　创建形状

图 15-33　【均匀填充】对话框

12 单击【确定】按钮，进行填充，填充完成后的效果如图 15-34 所示。

13 在工具箱中选择□（矩形）工具，然后在绘图页中绘制矩形，如图 15-35 所示。

图 15-34　填充颜色后的效果

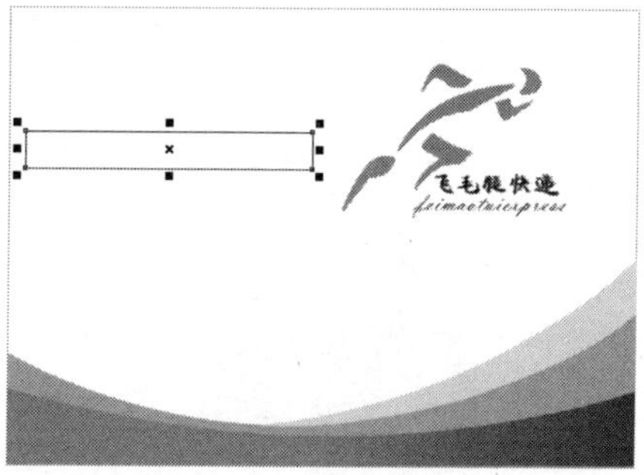

图 15-35　绘制矩形

14 绘制完成后，在属性栏中将【圆角半径】设为 10mm，效果如图 15-36 所示。

15 设置完成后，选中绘制的矩形，右击，在弹出的快捷菜单中选择【转换为曲线】命令，如图 15-37 所示。

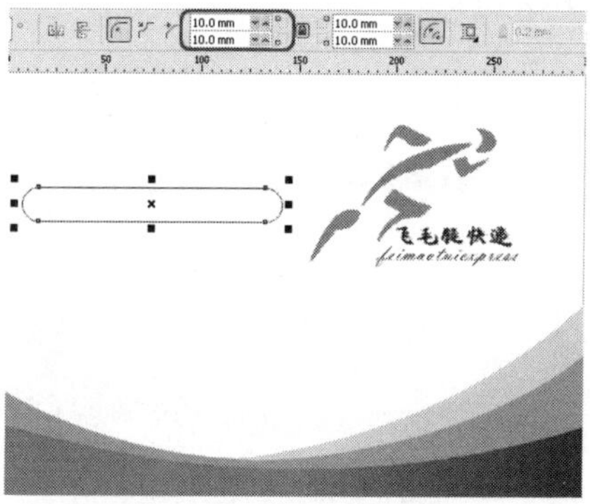

图 15-36　设置【圆角半径】

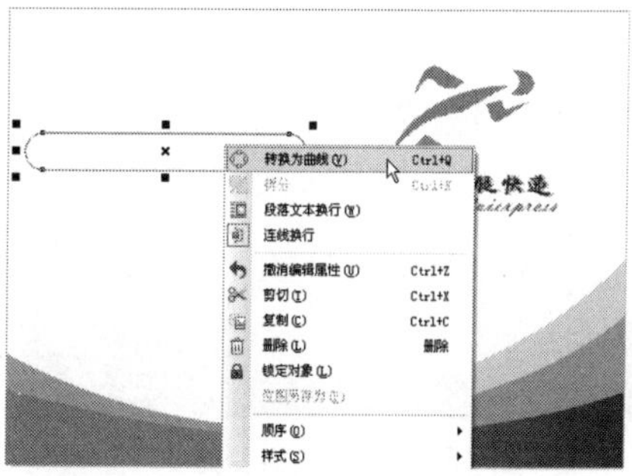

图 15-37　选择【转换为曲线】命令

16 然后将矩形左侧边上的中间点删除，选择左侧边上两个点，在属性栏中单击【转换为线条】按钮，效果如图 15-38 所示。

17 在工具箱中单击【填充工具】按钮，在弹出的浮动框中选择【渐变填充】命令，此时会弹出【渐变填充】对话框，如图 15-39 所示。

图 15-38 单击【转换为线条】

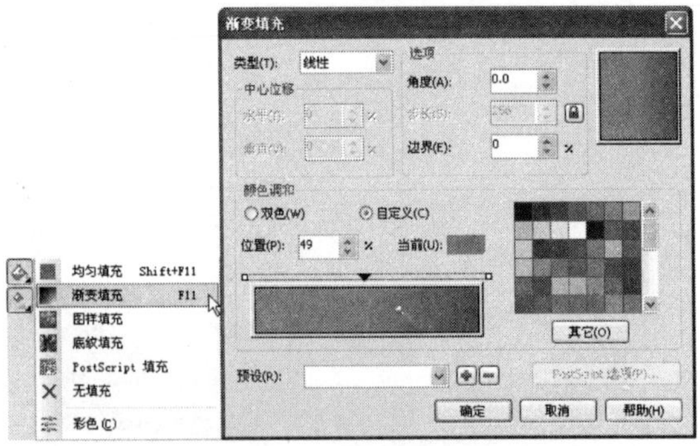

图 15-39 【渐变填充】对话框

18 下面我们设置渐变颜色，左右两侧色标颜色如图 15-40 所示。设置完成后将颜色滑块调整至 49 位置处。

图 15-40 设置渐变颜色

19 设置完成后的效果如图 15-41 所示。

20 在工具箱中选择字（文本）工具，在场景中输入文字，然后在属性栏中将其【字体】设置为【黑体】，设置【字体大小】为 48pt，效果如图 15-42 所示。

图 15-41 填充渐变效果

图 15-42 创建文本

21 再在工具箱中选择字（文本）工具，在场景中输入文字，然后在属性栏中将其【字体】设置为【黑体】，设置【字体大小】为 36pt，效果如图 15-43 所示。

22 在工具箱中选择字（文本）工具，然后在场景中拖动出如图 15-44 所示的文本框。

23 在文本框中输入所需的文字，然后在属性栏中将其【字体】设置为【黑体】，【字体大小】设置为 24pt，效果如图 15-45 所示。

24 设置完成后，在场景中选择需要调整的文字，然后在菜单栏中选择【文本】|【段落格式化】命令，如图 15-46 所示。

图 15-43 创建文本

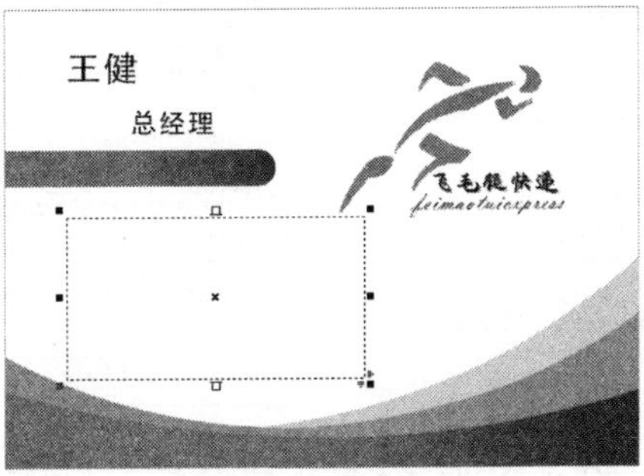

图 15-44 创建文本框

图 15-45 输入文本

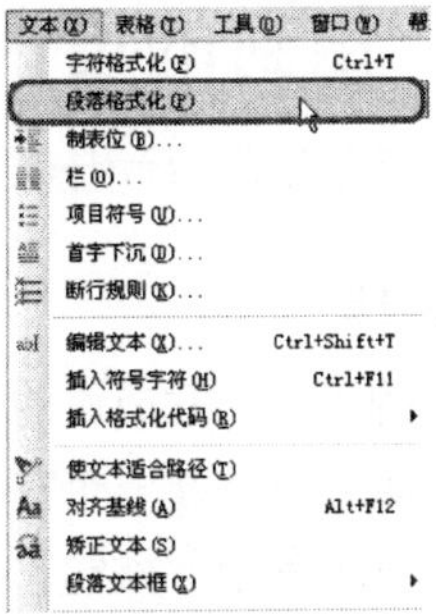

图 15-46 选择【段落格式化】命令

25 在打开的【段落格式化】窗格中将【段落和行】区域中的【段落前】参数设置为 135%，效果如图 15-47 所示。

26 使用同样的方法调整其他【段落前】参数为 135%，效果如图 15-48 所示。

图 15-47 调整文字效果

图 15-48 再次调整文字

27 在场景中选择要插入项目符号的文字，然后在菜单栏中选择【文本】|【项目符号】命令，如图 15-49 所示。

28 在弹出的【项目符号】对话框中进行设置，设置完成后单击【确定】按钮，如图 15-50 所示。

29 此时即可为选择的对象添加项目符号，效果如图 15-51 所示。

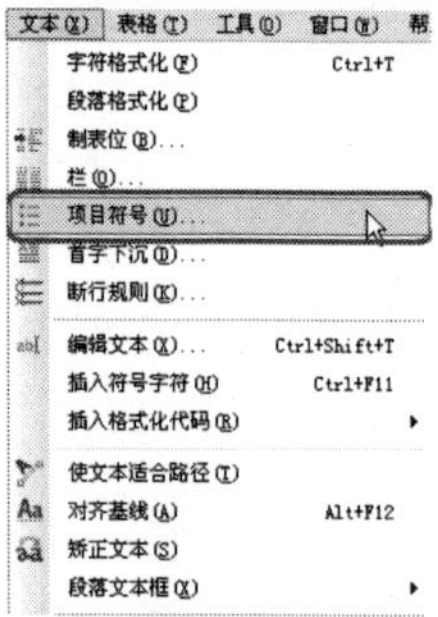

图 15-49 选择【项目符号】命令

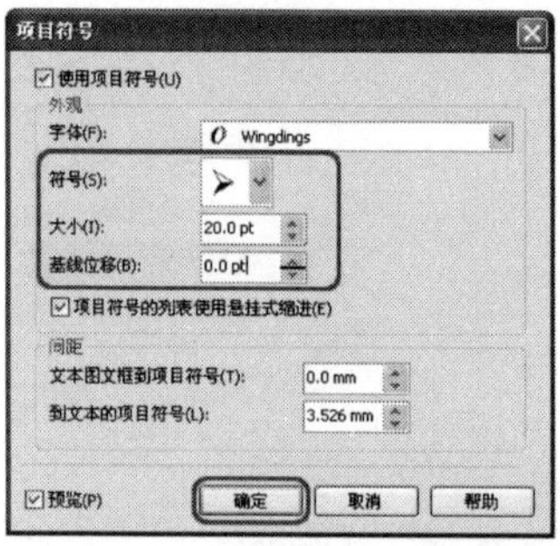

图 15-50 【项目符号】对话框

图 15-51 添加项目符号效果

15.3 信纸、信封的设计与制作

下面将介绍信封与信纸的设计与制作。

15.3.1 信纸的制作

下面将介绍信纸的制作，完成后的信纸效果如图 15-52 所示。

01 按 Ctrl+N 组合键新建一个空白文档，然后在其中按照如图 15-53 所示的参数对页面进行设置，设置完成后单击【确定】按钮，效果如图 15-54 所示。

图 15-52 制作信纸效果

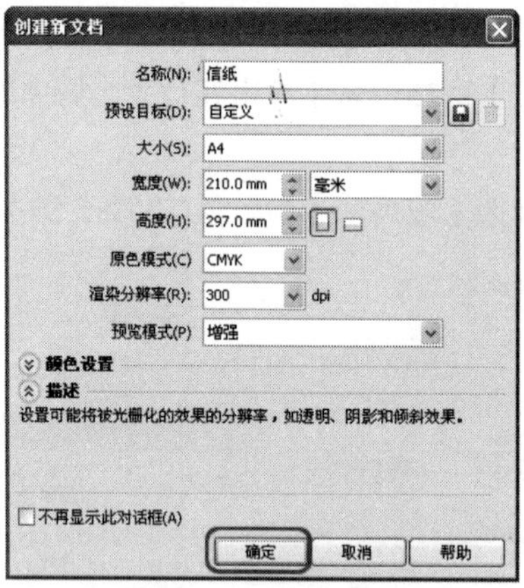

图 15-53 新建文件

图 15-54 新建画面

02 在工具箱中选择（矩形）工具，然后在绘图页中绘制矩形，为其填充白色，效果如图 15-55 所示。

03 按 Ctrl+I 组合键，将前面制作的 LOGO 导入到画面中，并调整其大小和位置，如图 15-56 所示。

04 按 Ctrl+I 组合键，将前面制作的名片导入到画面中，如图 15-57 所示，然后将不需要的部分选择并按 Delete 键删除，效果如图 15-58 所示。

图 15-55　绘制白色矩形

图 15-56　导入 LOGO 效果

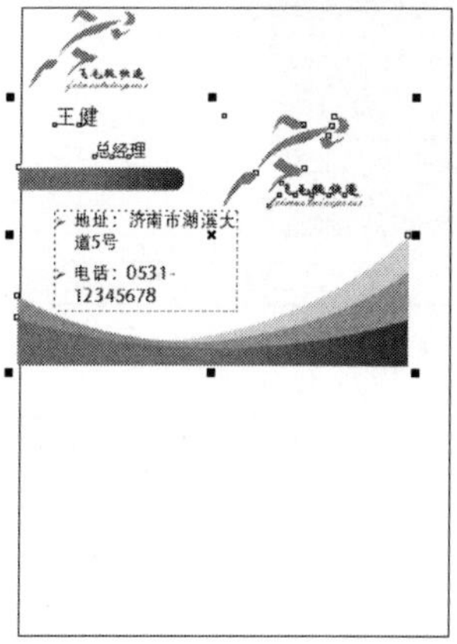

图 15-57　导入名片效果

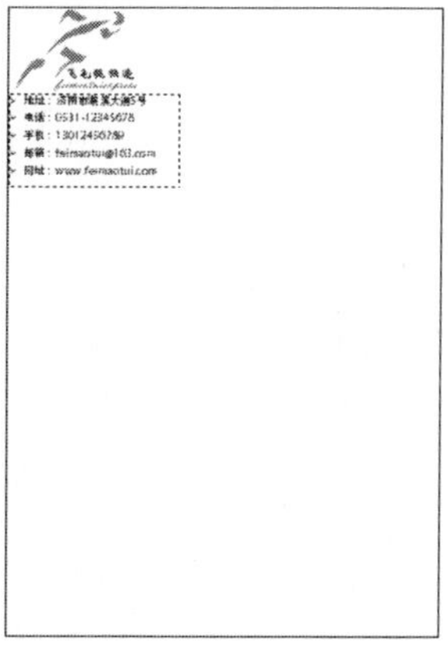

图 15-58　删除对象效果

05　选择剩余的部分，右击，在弹出的快捷菜单中选择【转换到美术字】命令，如图 15-59 所示。

06　在场景中选择转换后的文本，然后调整其大小和位置，效果如图 15-60 所示。

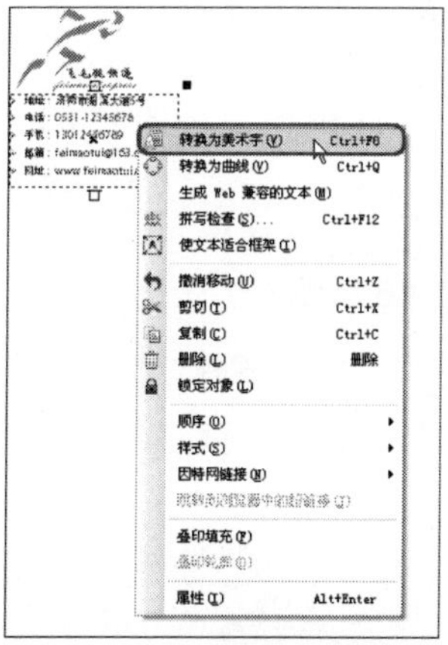

图 15-59　转换文本效果

图 15-60　修改文字效果

07　在工具箱中选择（矩形）工具，然后在绘图页中绘制矩形，效果如图 15-61 所示。

08　创建完成后，按 Shift+F11 组合键弹出【均匀填充】对话框，在该对话框中选择【模型】

选项卡，并将 CMYK 值设置为 0、31、31、0，如图 15-62 所示。取消轮廓线填充，填充完成后的效果如图 15-63 所示。

09 填充完成后，在矩形上右击，在弹出的快捷菜单中选择【顺序】|【向后一层】命令，如图 15-64 所示。

10 使用相同的方法继续调整矩形的顺序，调整完成后的效果如图 15-65 所示。至此我们就完成了信纸的制作，按 Ctrl+S 组合键将场景文件进行保存。

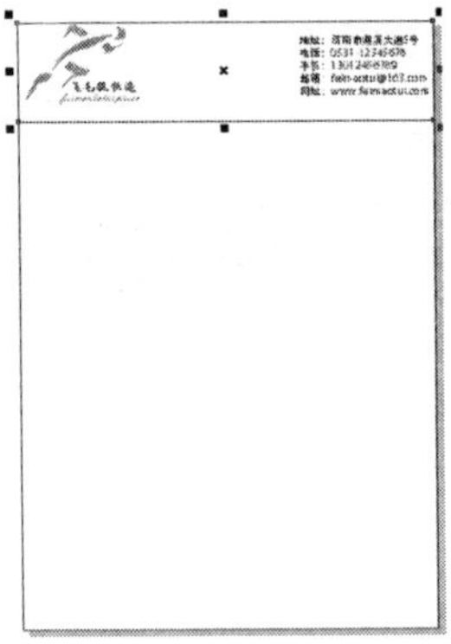

图 15-61 创建矩形效果

图 15-62 【均匀填充】对话框

图 15-63 填充后的效果

图 15-64 选择【向后一层】命令

图 15-65 调整后的效果

15.3.2 信封正面的制作

下面将介绍信封正面的制作，完成后的效果如图 15-66 所示。

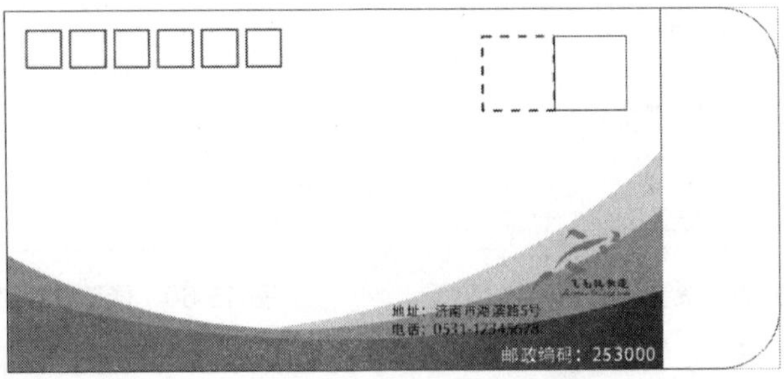

图 15-66 制作信封正面效果

01 按 Ctrl+N 组合键新建一个空白文档，然后在【大小】下拉列表中选择【信封】，如图 15-67 所示，创建完成后的效果如图 15-68 所示。

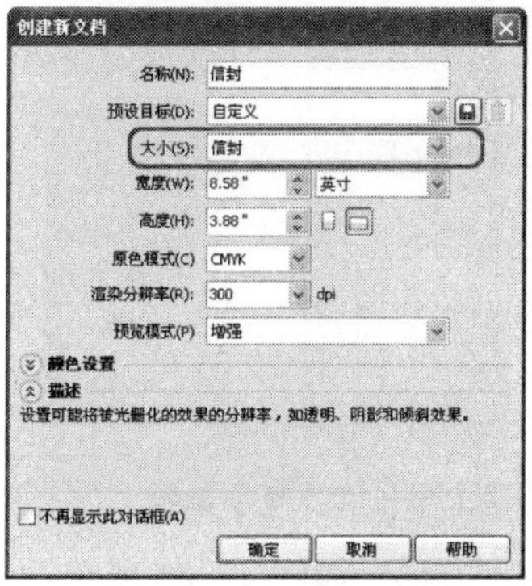

图 15-67　新建文件

图 15-68　新建文件效果

02 在工具箱中选择（矩形）工具，然后在绘图页中绘制矩形，为其填充白色，效果如图 15-69 所示。

03 在工具箱中选择（矩形）工具，然后在绘图页中绘制矩形，为其填充白色，效果如图 15-70 所示。

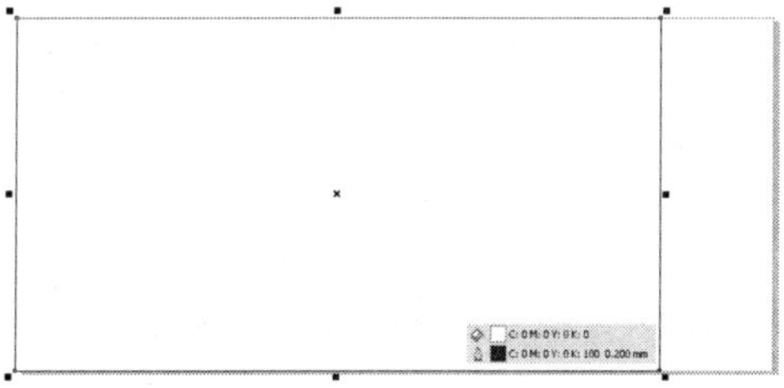

图 15-69　创建并填充矩形效果

图 15-70　创建矩形效果

04 使用（矩形）工具在场景中按 Ctrl 键绘制正方形，然后按 F12 键，弹出【轮廓笔】对话框，在其中将其【轮廓颜色】设置为【红色】，并将其【轮廓宽度】设置为 0.5mm，如图 15-71 所示。设置完成后单击【确定】按钮，效果如图 15-72 所示。

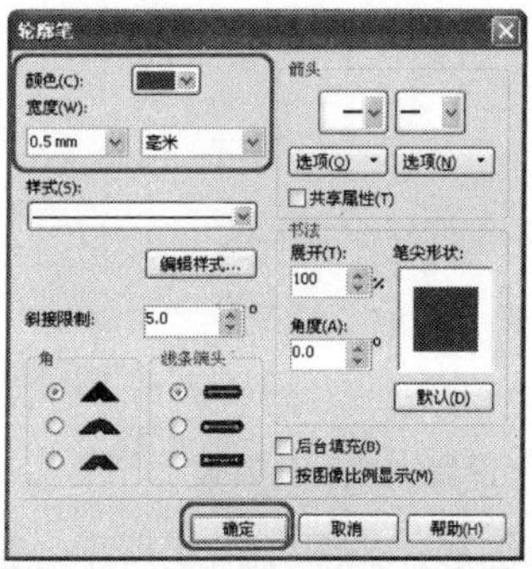

图 15-71　【轮廓笔】对话框

图 15-72　绘制正方形效果

05 在菜单栏中选择【编辑】|【步长和重复】命令，如图 15-73 所示，在打开的【步长和重复】泊坞窗中进行设置，效果如图 15-74 所示。

图 15-73 选择【步长和重复】命令

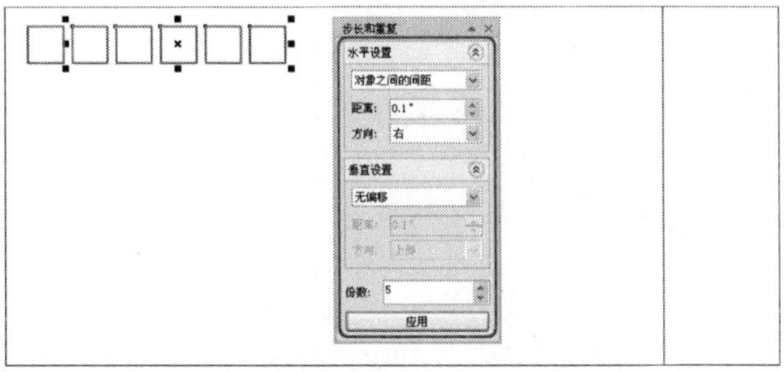

图 15-74 设置【步长和重复】参数

06 在工具箱中选择□(矩形)工具，在场景中绘制正方形，如图 15-75 所示。

07 在打开的【步长和重复】泊坞窗中设置参数，然后单击【应用】按钮，效果如图 15-76 所示。

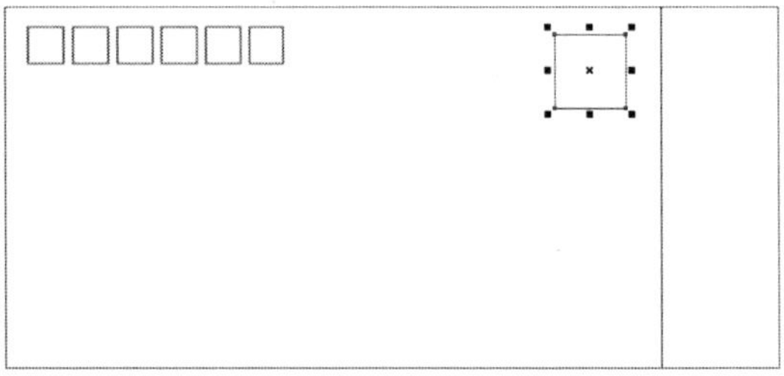

图 15-75 创建正方形效果

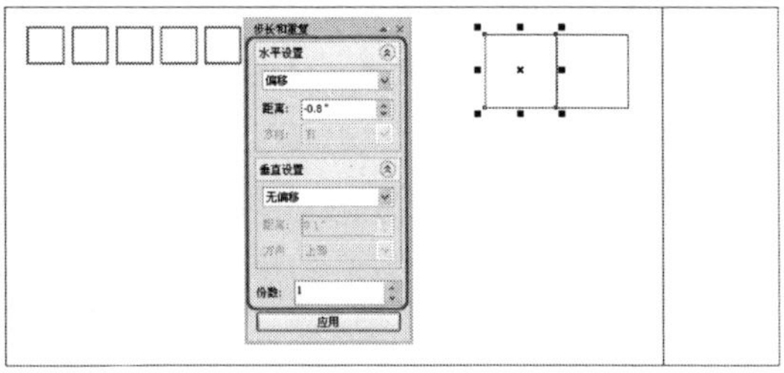

图 15-76 设置【步长和重复】参数效果

08 为复制出的对象选择一种轮廓类型，然后将其轮廓【宽度】参数设置为 0.5mm，如图 15-77 所示，单击【确定】按钮，效果如图 15-78 所示。

图 15-77 设置轮廓参数

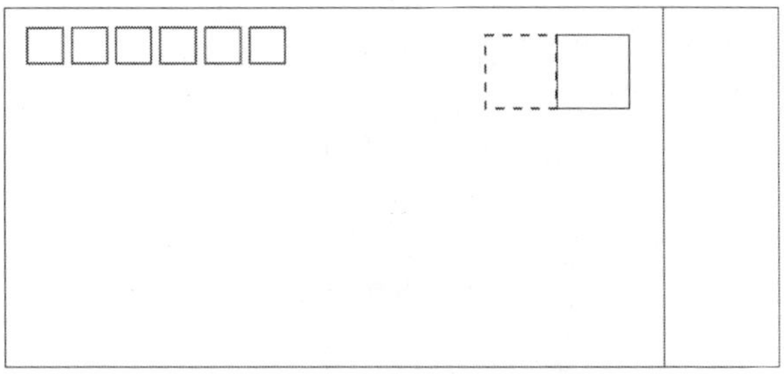

图 15-78 设置完成后的效果

09 参照上一节制作名片的方法，在信封的下方绘制两个图形，如图 15-79 所示。绘制完成后输入文本，然后按 Ctrl+I 组合键导入 LOGO，如图 15-80 所示。

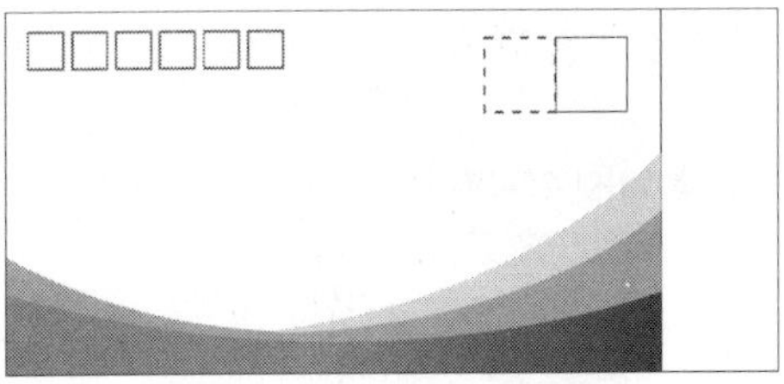

图 15-79 创建形状效果

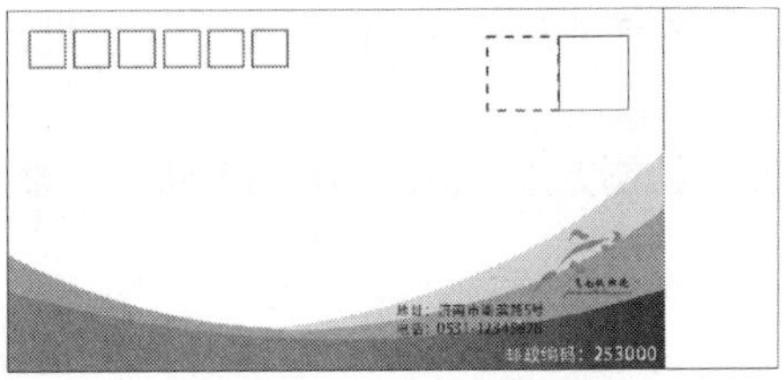

图 15-80 输入文字效果

10 在场景中调整小矩形的形状，效果如图 15-81 所示。制作完成后，按 Ctrl+S 组合键将场景文件进行保存。

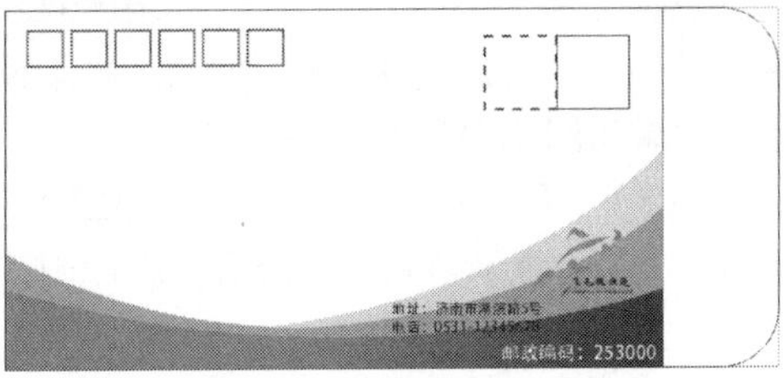

图 15-81 调整矩形形状效果

15.3.3 信封背面的制作

下面将介绍信封背面的制作，完成后的效果如图 15-82 所示。

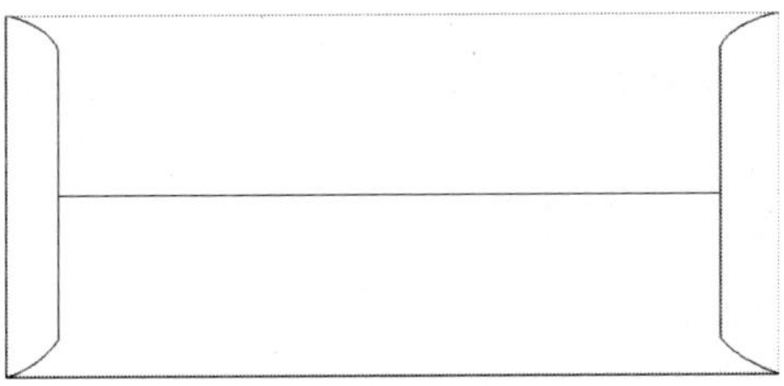

图 15-82 制作信封背面效果

01 按 Ctrl+N 组合键新建一个空白文档，然后在【大小】下拉列表中选择【信封】，如图 15-83 所示，单击【确定】按钮，创建完成后的效果如图 15-84 所示。

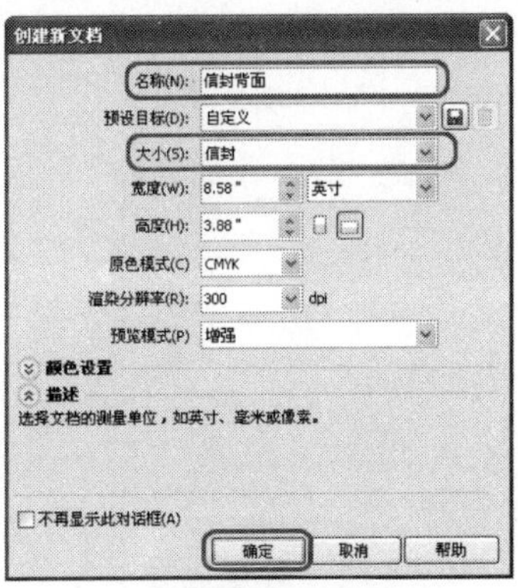

图 15-83 新建文件

图 15-84 新建文件效果

02 在工具箱中选择（矩形）工具，然后在绘图页中绘制矩形，为其填充白色，效果如图 15-85 所示。

03 绘制完成后，调整矩形形状，调整完成后的效果如图 15-86 所示。

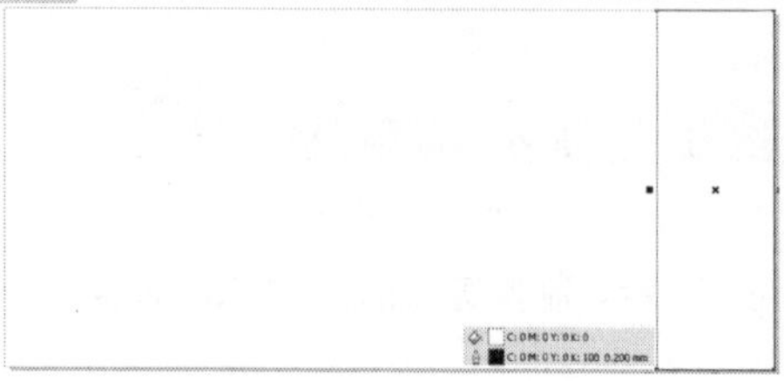

图 15-85　创建并填充矩形

图 15-86　调整矩形效果

04 按键盘上的+键复制一个副本，然后在属性栏中单击（水平镜像）按钮，将复制的对象镜像，镜像完成后调整其位置，效果如图 15-87 所示。

05 在工具箱中选择（手绘）工具，然后在场景中适当位置单击，配合 Shift 键将其向右拖动，到适当的位置单击，效果如图 15-88 所示。制作完成后，按 Ctrl+S 组合键将场景进行保存，至此信封背面就绘制完成了。

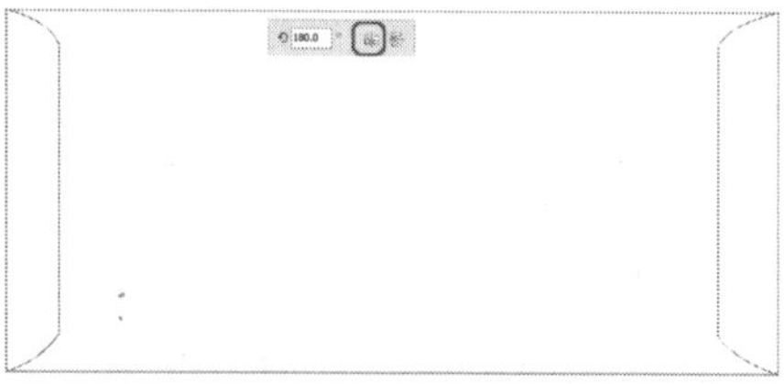

图 15-87　镜像复制对象效果

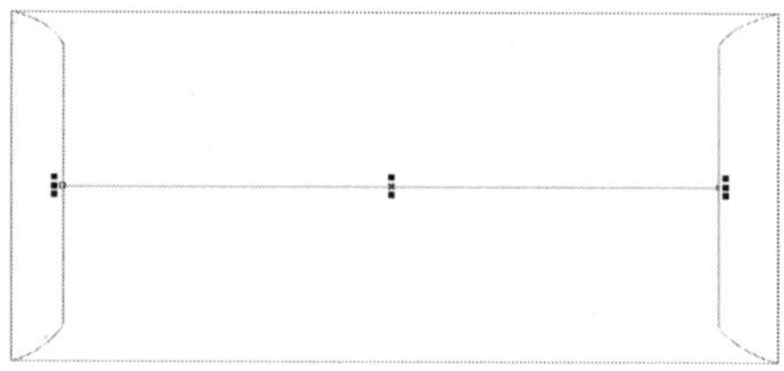

图 15-88　调整对象位置

15.4　档案袋的设计与制作

下面将介绍档案袋的设计与制作。

15.4.1　档案袋正面的制作

下面将介绍档案袋正面的制作，完成后的效果如图 15-89 所示。

01 按 Ctrl+N 组合键新建一个空白文档，在工具箱中选择（矩形）工具，在绘图页中绘制矩形，在其属性栏中将【圆角半径】设置为 4.0mm，再在默认的 CMYK 调色板中单击 C、M、Y、K 值分别为 0、0、0、0 的色块，效果如图 15-90 所示。

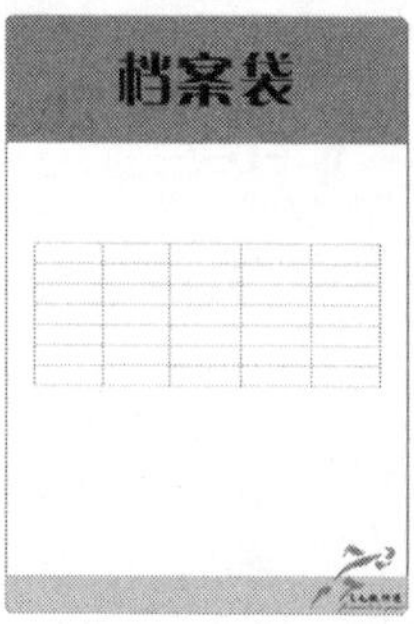

图 15-89　制作的档案袋正面效果

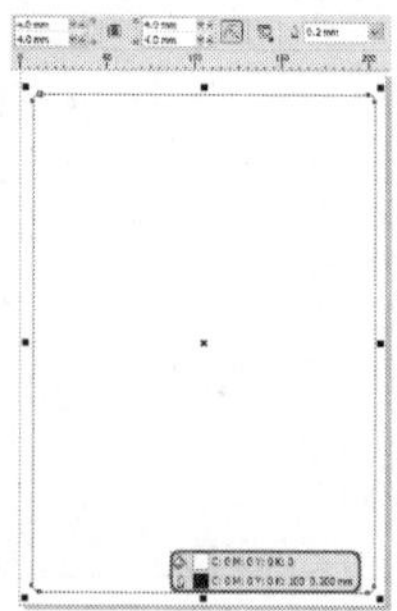

图 15-90　绘制圆角矩形并填充颜色

02 在绘图页中使用同样的方法创建矩形，在其属性栏中将矩形上面的【圆角半径】设置为 4.0mm，然后在工具箱中选择（填充）工具，在弹出的浮动框中选择【均匀填充】命令，再在弹出的对话框中将颜色的 C、M、Y、K 值分别设置为 0、67、82、0，单击【确定】按钮，为其去除轮廓，效果如图 15-91 所示。

03 再次创建矩形，在其属性栏中将矩形下面的【圆角半径】设置为 4.0mm，如图 15-92 所示。

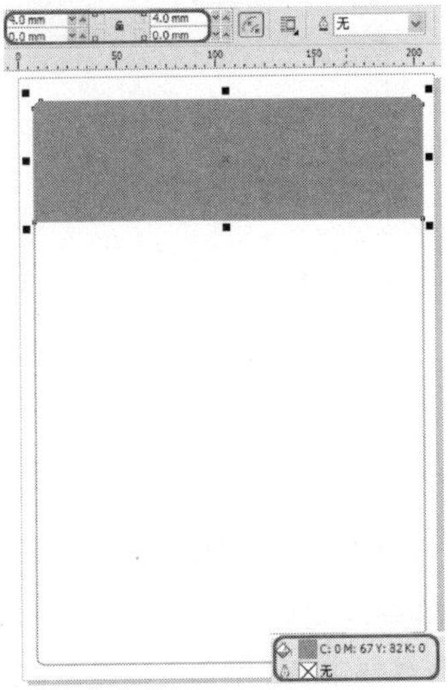

图 15-91　创建并填充圆角矩形

图 15-92　再次创建圆角矩形

04 然后在工具箱中选择（填充）工具，在弹出的浮动框中选择【均匀填充】命令，在弹出的对话框中将颜色的 C、M、Y、K 值分别设置为 0、31、31、0，单击【确定】按钮，为其去除轮廓，效果如图 15-93 所示。

05 在工具箱中选择（表格）工具，在属性栏中将【表格行数和列数】设置为 7、5，然后在场景中的适当位置拖动出一个表格，效果如图 15-94 所示。

图 15-93　填充颜色

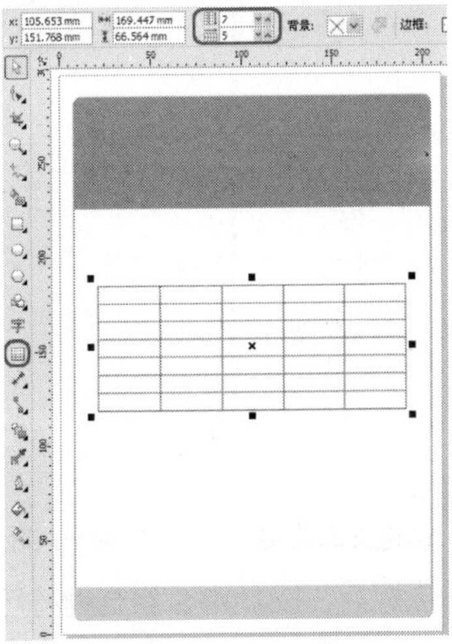

图 15-94　绘制表格

06 在绘制的表格上右击，在弹出的快捷菜单中选择【转换为曲线】命令，将表格转换成曲线，如图 15-95 所示。

07 在状态栏中双击轮廓的颜色色块，在弹出的对话框中将颜色的 C、M、Y、K 值分别设置为 0、67、82、0，单击【确定】按钮，效果如图 15-96 所示。

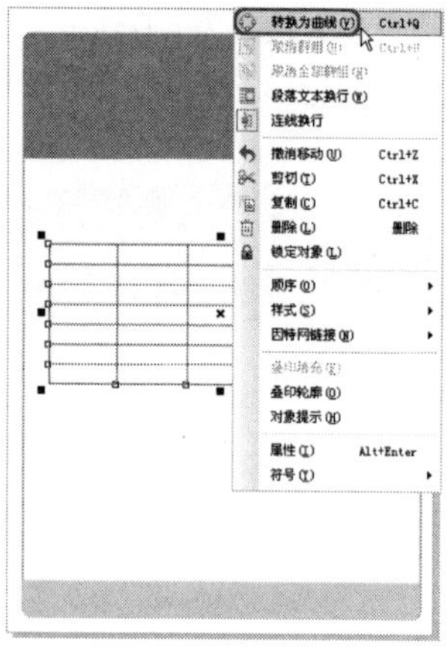

图 15-95 将表格对象转换为曲线

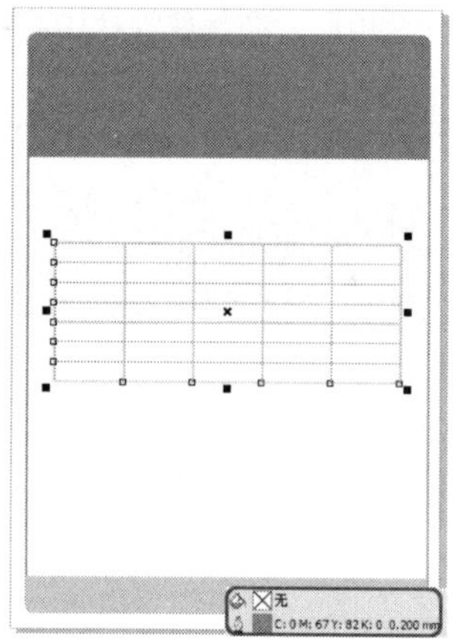

图 15-96 为曲线设置轮廓

08 在工具箱中选择字（文本）工具，在绘图页中输入文字，如图 15-97 所示。

09 在工具箱中选择（选择）工具，然后在其属性栏中将【字体】设置为【方正粗倩简体】，设置【字体大小】为 78pt，效果如图 15-98 所示。

10 在键盘上按 Ctrl+O 组合键打开制作的 LOGO，然后将其拖动到场景中，调整其大小及位置，效果如图 15-99 所示。

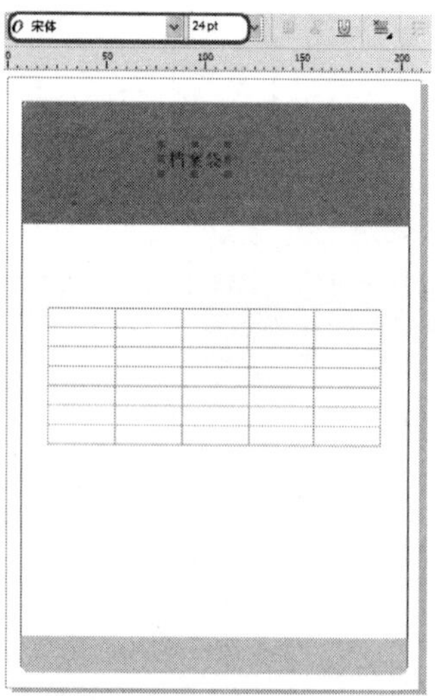

图 15-97 创建文本效果

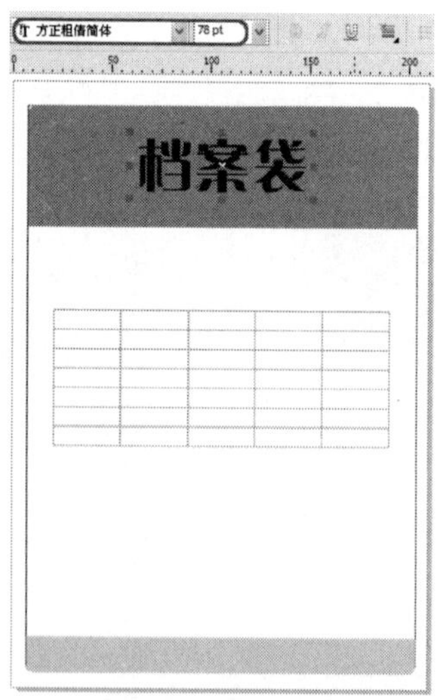

图 15-98 设置字体以及大小

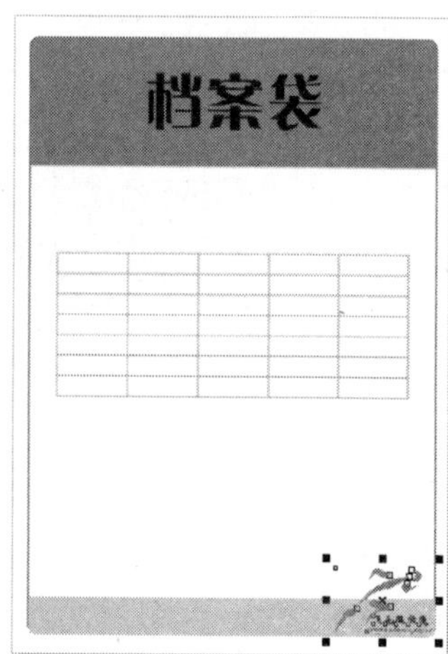

图 15-99 拖动到场景

11 制作完成后，按 Ctrl+S 组合键将场景文件进行保存。

15.4.2　档案袋背面的制作

下面将介绍档案袋背面的制作，完成后的效果如图 15-100 所示。

01　按 Ctrl+O 组合键打开上面制作的“档案袋正面”效果，然后在场景中将不需要的部分删除，效果如图 15-101 所示。

02　在上面的圆角矩形上右击，在弹出的快捷菜单中选择【转换为曲线】命令，如图 15-102 所示。

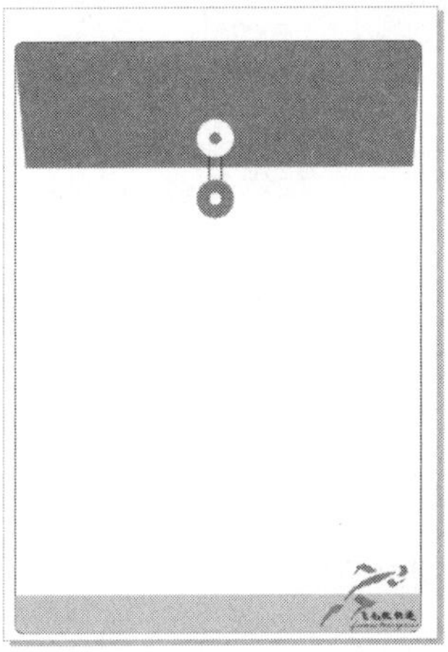

图 15-100　制作档案袋背面效果

图 15-101　删除对象后的效果

图 15-102　将矩形转换为曲线

03　在工具箱中选择（形状）工具，然后在场景中调整曲线的形状，调整完成后的效果如图 15-103 所示。

04　在工具箱中选择（基本形状）工具，在属性栏中选择一个完美形状，在绘图页中创建完美形状，并对其进行调整，如图 15-104 所示。

05　在默认的 CMYK 调色板中将 C、M、Y、K 值分别设置为 0、0、0、0，调整其位置，如图 15-105 所示。

图 15-103　调整曲线形状

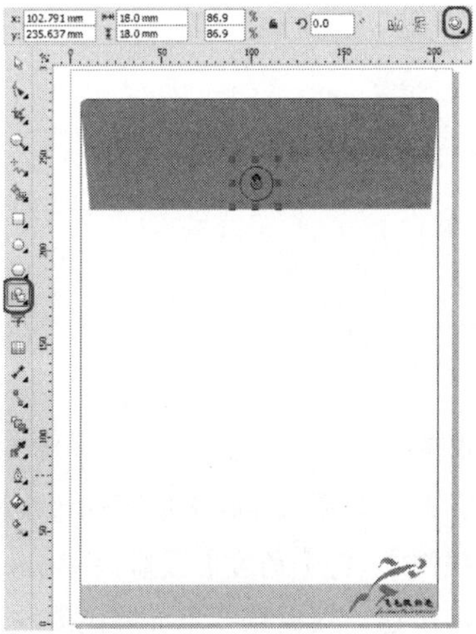

图 15-104　创建完美形状

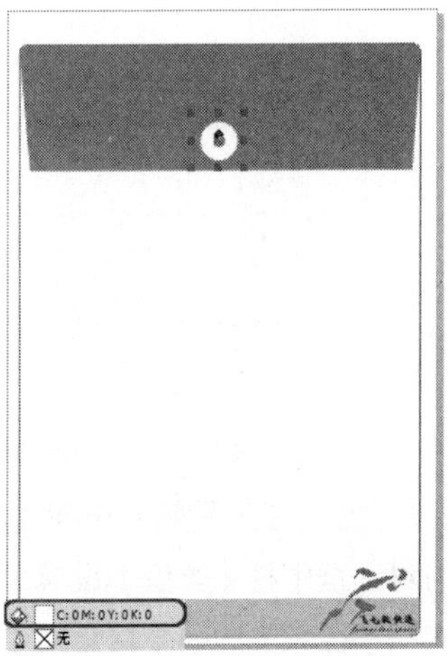

图 15-105　填充颜色

06 用同样的方法创建完美形状，并将其填充为 C、M、Y、K 值分别为 0、67、82、0 的颜色，效果如图 15-106 所示。

07 在工具箱中选择（矩形）工具，在绘图页中创建矩形，在绘图页中调整其位置，然后在【对象管理器】中将其放置在两个完美形状的下方，效果如图 15-107 所示。

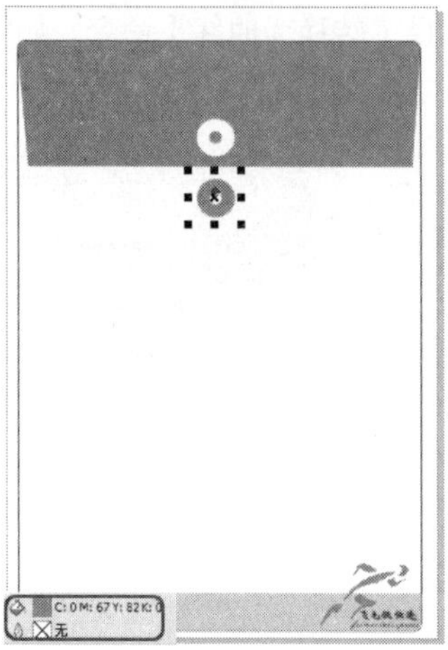

图 15-106　创建完美形状并填充颜色

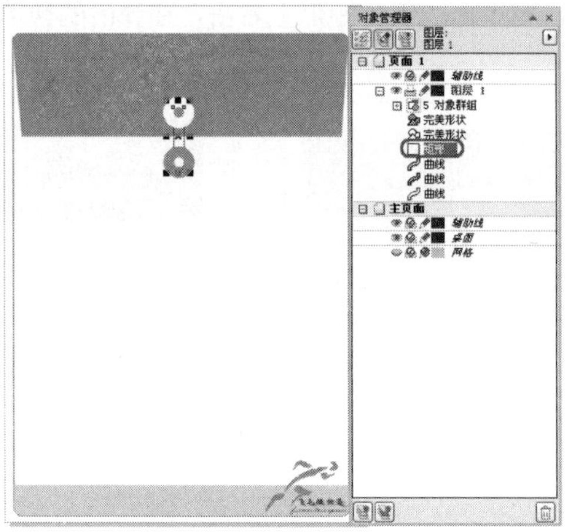

图 15-107　创建矩形效果

08 制作完成后，按 Ctrl+Shift+S 组合键将场景文件进行另存为。

15.5　工作证的设计与制作

下面将介绍工作证的制作，完成后的效果如图 15-108 所示。

01 按 Ctrl+N 组合键新建一个空白的横向文档，然后在绘图区中创建矩形，并在其属性栏中将【圆角半径】参数设置为 12mm，效果如图 15-109 所示。

图 15-108　制作胸牌效果

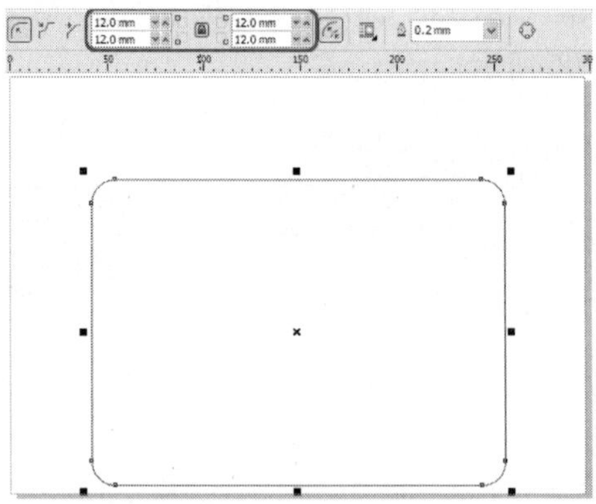

图 15-109　创建圆角矩形效果

02 在工具箱中选择（填充）工具，在弹出的浮动框中选择【渐变填充】命令，再在弹出的对话框中将【类型】设置为【线性】，将【角度】设置为−35.5，将【边界】设置为 2，在【颜色调和】区域中选择【自定义】单选按钮，根据需要添加颜色滑块，在位置 17 处将颜色的设置为白色，在位置 38 处将颜色的 C、M、Y、K 值设置为 0、0、0、10，在位置 62 处将颜色设置为白色，在位置 85 处将颜色的 C、M、Y、K 值设置为 0、0、0、10，如图 15-110 所示。

03　设置完成后单击【确定】按钮，添加渐变后的效果如图 15-111 所示。

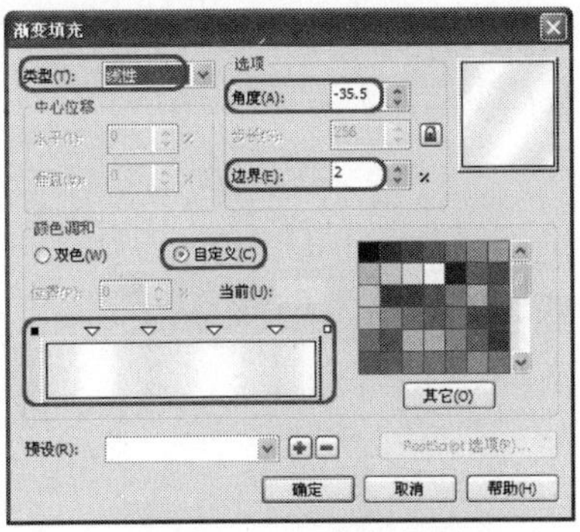

图 15-110　设置渐变

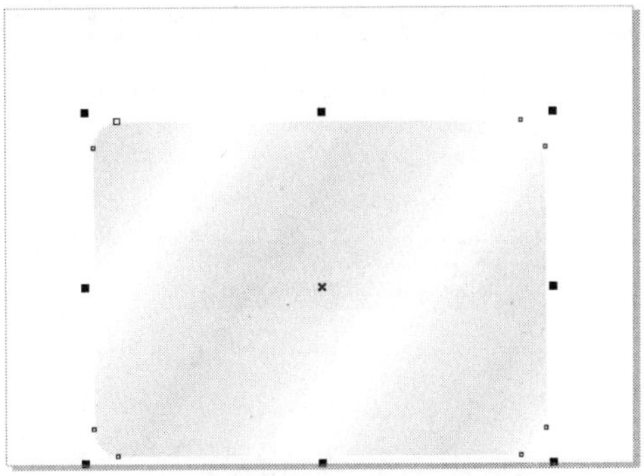

图 15-111　添加渐变后的效果

04　再在场景中创建矩形，将【圆角半径】设置 4mm，然后在默认的 CMYK 调色板中将 C、M、Y、K 值设置为 0、0、0、0，再在键盘上按+键，复制一个矩形，效果如图 15-112 所示。

05　在工具箱中选择□（矩形）工具，在绘图页中绘制矩形，如图 15-113 所示。

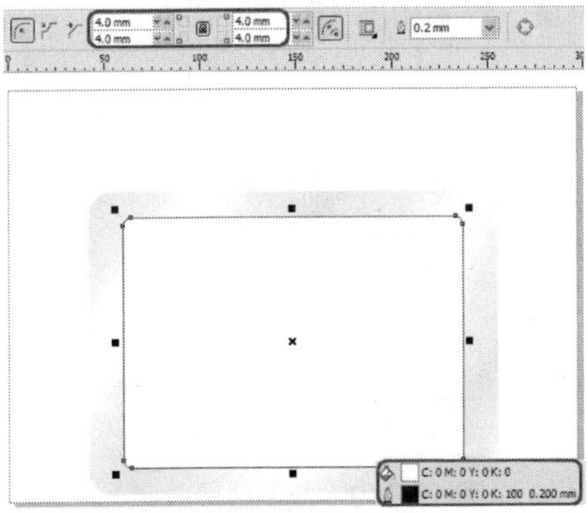

图 15-112　创建矩形

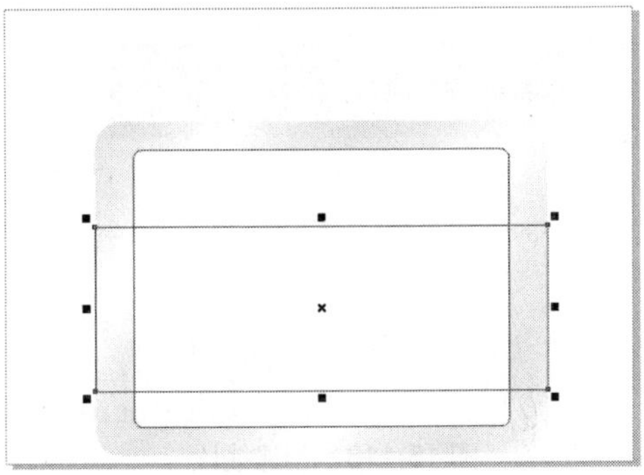

图 15-113　绘制矩形

06　在【对象管理器】泊坞窗中选择矩形，然后在属性栏中单击□（移除前面对象）按钮，如图 15-114 所示，即可得到如图 15-115 所示的效果。

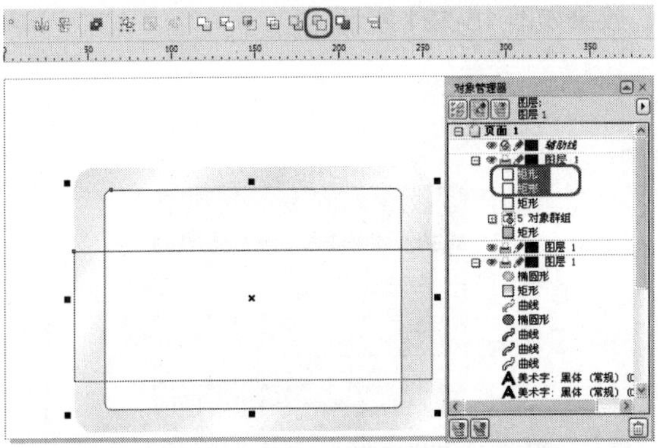

图 15-114　选择对象

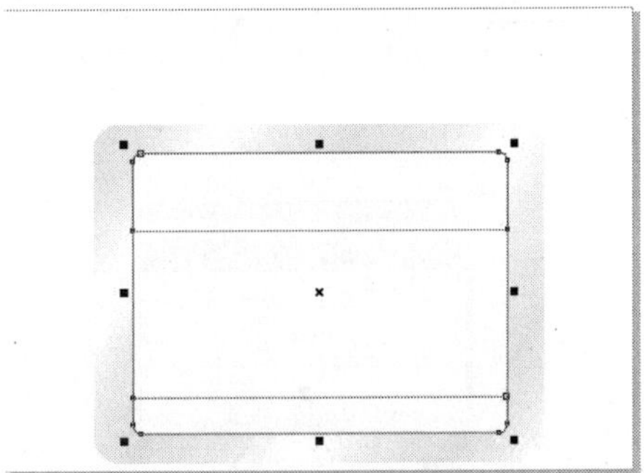

图 15-115　移除前面对象的效果

07 在键盘上按 Shift+F11 组合键，在弹出的对话框中将 C、M、Y、K 值设置为 0、67、82、0，然后单击【确定】按钮，如图 15-116 所示。

08 再在工具箱中选择□（矩形）工具，在绘图页中绘制矩形并将其填充为 C、M、Y、K 值分别为 0、31、31、0 的颜色，如图 15-117 所示。

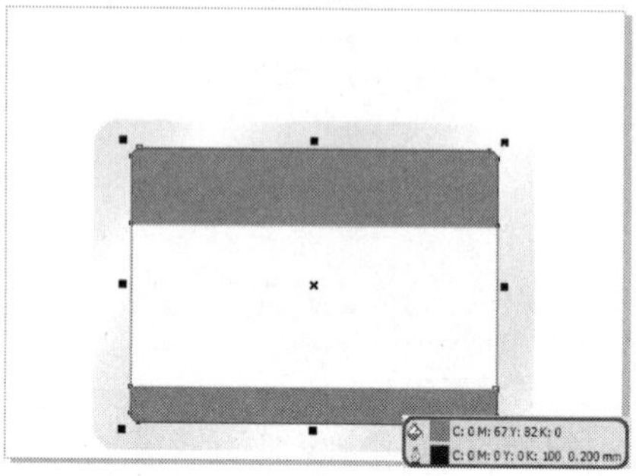

图 15-116 为对象填充颜色效果

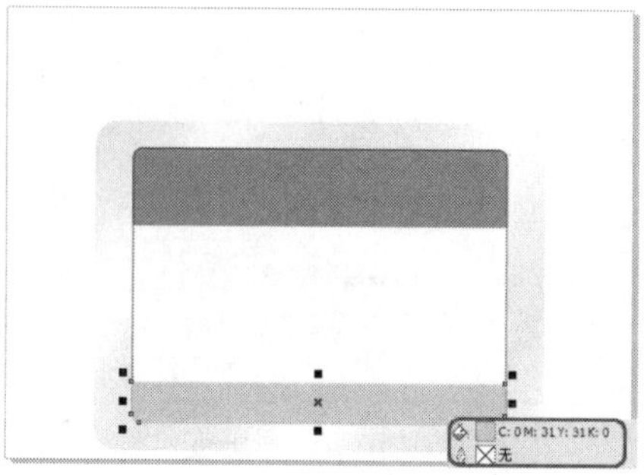

图 15-117 创建矩形并填充

09 在场景中创建线段效果，然后将其【轮廓颜色】的 C、M、Y、K 值分别设置为 0、67、82、0，并设置其【轮廓宽度】为【细线】，效果如图 15-118 所示。

10 在场景中复制线段对象，并将其调整到适当位置，效果如图 15-119 所示。

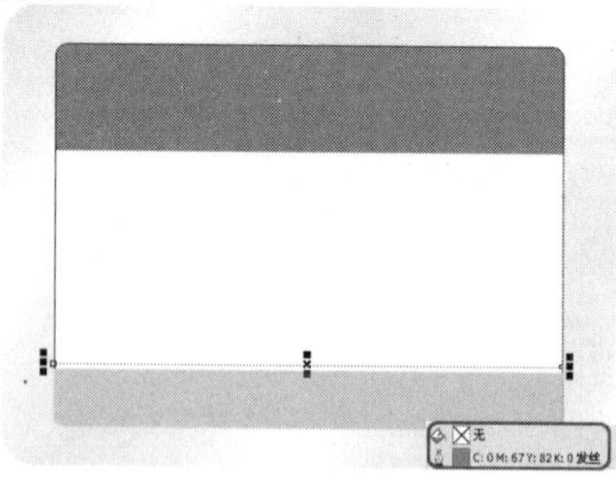

图 15-118 创建线段

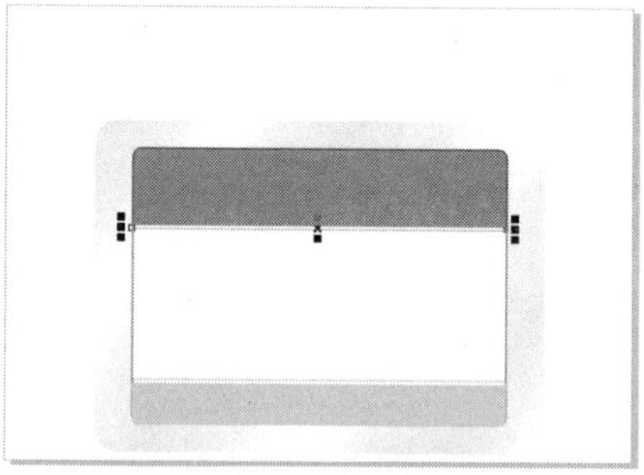

图 15-119 复制线段效果

11 在工具箱中选择（调和）工具，在两条线段之间进行调和，在属性栏中将【步长】设置为 15，调和后的效果如图 15-120 所示。

12 在工具箱中选择□（矩形）工具，在场景中创建矩形，然后在默认的 CMYK 调色板中单击 C、M、Y、K 值分别为 0、0、0、0 的色块，效果如图 15-121 所示。

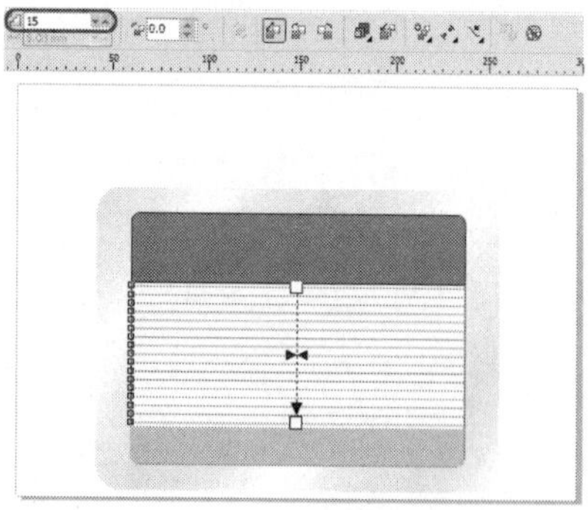

图 15-120 调和对象效果

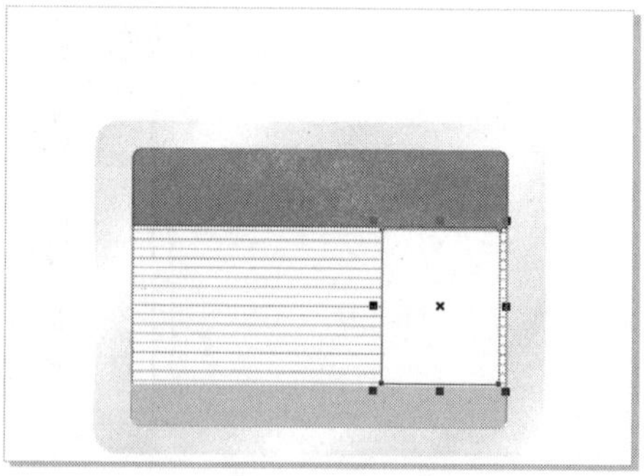

图 15-121 创建矩形效果

13 在工具箱中选择（贝塞尔）工具，在场景中创建线段，如图 15-122 所示。

14 在工具箱中选择字（文本）工具，创建文本，在工具箱中选择（选择）工具，在属性栏中将【字体】设置为【黑体】，设置【字体大小】为 30pt，如图 15-123 所示。

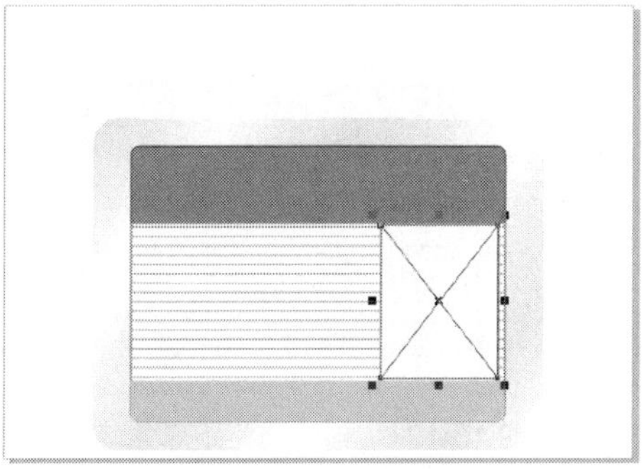

图 15-122　创建图形

图 15-123　输入文本并设置字体及大小

15 在工具箱中选择字（文本）工具，在属性栏中将【字体】设置为【黑体】，将【字体大小】设置为 48pt，效果如图 15-124 所示。

16 使用同样的方法创建文本，在其属性栏中将【字体】设置为【黑体】，设置【字体大小】为 22pt，在【段落格式化】泊坞窗中将【行间距】设置为 140%，效果如图 15-125 所示。

图 15-124　创建文本

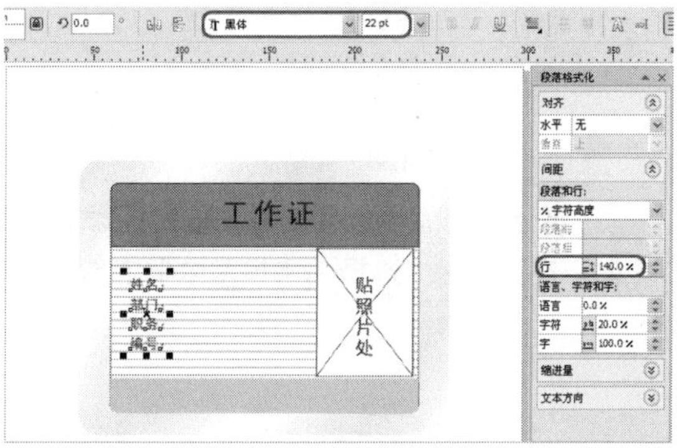

图 15-125　输入文本效果

17 按 Ctrl+O 组合键打开制作完成的 LOGO，将其拖动到场景中，然后在绘图页中调整其大小及位置，如图 15-126 所示。

18 在场景中创建矩形，然后在其属性栏中将其【圆角半径】参数设置为 4mm，在默认的 CMYK 调色板中单击 C、M、Y、K 值分别为 0、0、0、0 的色块，并将其调整到适当的位置，效果如图 15-127 所示。

19 在工具箱中选择（矩形）工具，在场景中创建矩形，如图 15-128 所示。

20 在键盘上按 F11 键，在弹出的【渐变填充】对话框中将【选项】区域中的【角度】和【边界】分别设置为 90° 和 9%，在【颜色调和】区域中选择【自定义】单选按钮，根据需要添加颜色滑块，在位置 22 处将颜色设置为白色，在位置 46 处将颜色的 C、M、Y、K 值分别设置为 0、0、

0、10，在位置 66 处将颜色的 C、M、Y、K 值分别设置为 0、0、0、20，在位置 85 处将颜色的 C、M、Y、K 值设置为 0、0、0、10，效果如图 15-129 所示。

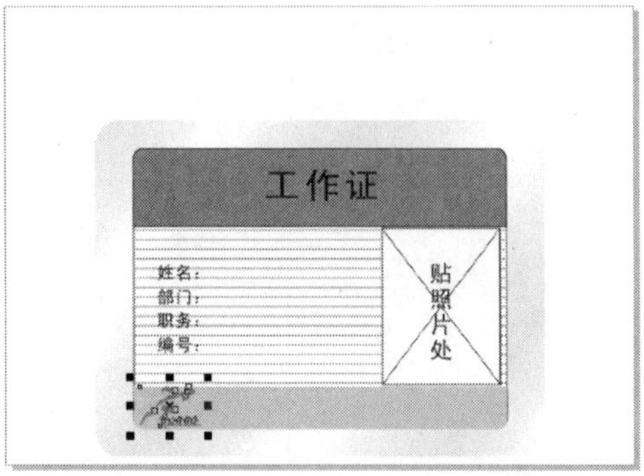

图 15-126　将 LOGO 拖动到场景中

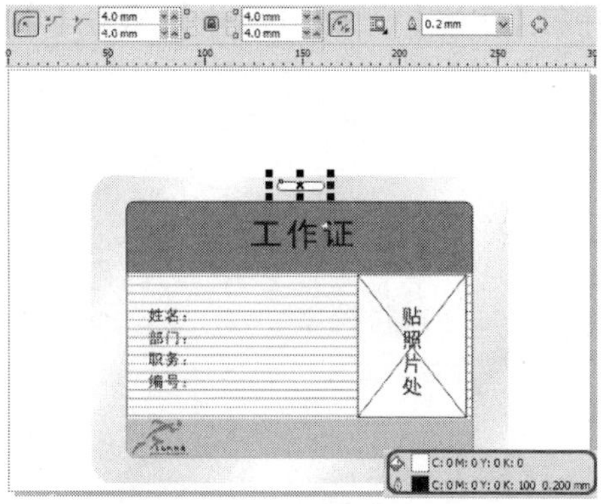

图 15-127　创建圆角矩形并填充颜色

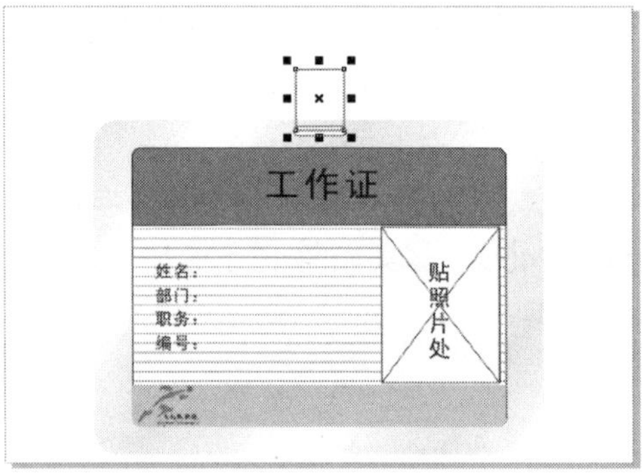

图 15-128　绘制矩形

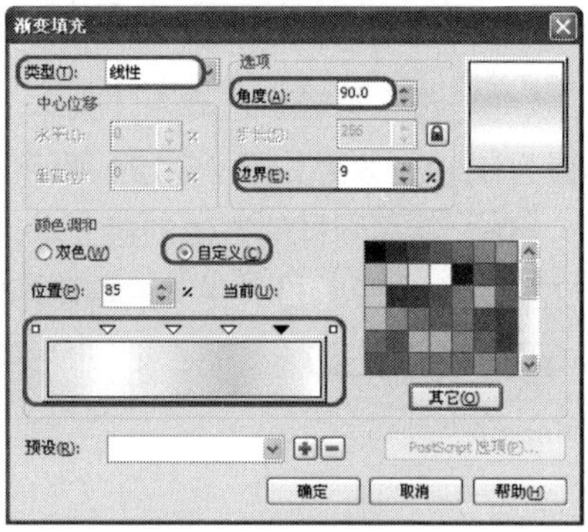

图 15-129　设置渐变

21 设置完成后单击【确定】按钮，添加渐变后的效果如图 15-130 所示。

22 在工具箱中选择（贝塞尔）工具，在场景中绘制形状，如图 15-131 所示。

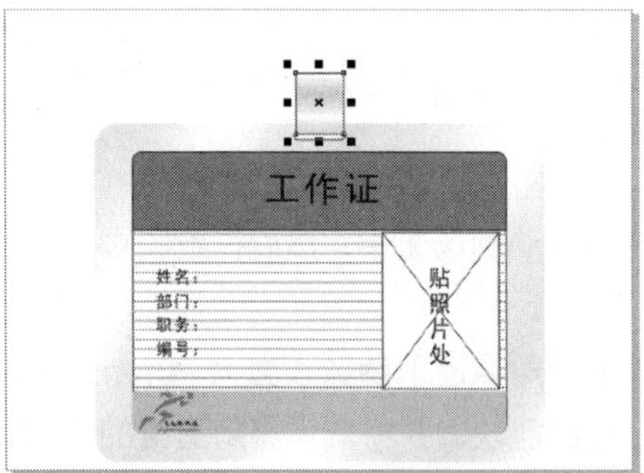

图 15-130　添加渐变后的效果

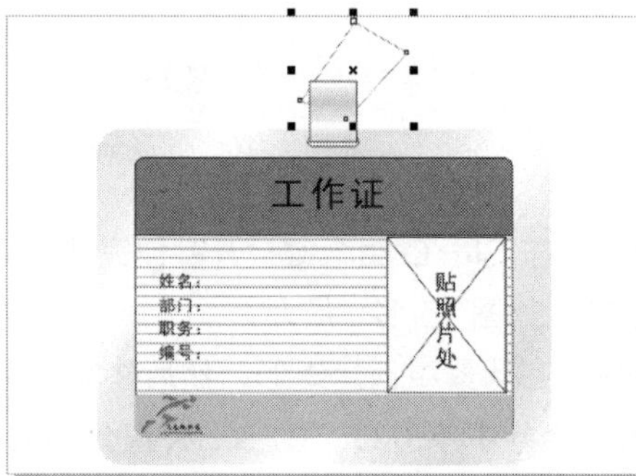

图 15-131　绘制图形

23 按 F11 键弹出【渐变填充】对话框，在【颜色调和】区域中选择【自定义】单选按钮，在位置 44 处将颜色的 C、M、Y、K 值分别设置为 0、0、0、20，在位置 79 处将颜色设置为白色，如图 15-132 所示。

24 设置完成后单击【确定】按钮，然后在默认的 CMYK 调色板中右击 C、M、Y、K 值分别为 0、0、0、60 的色块，效果如图 15-133 所示。

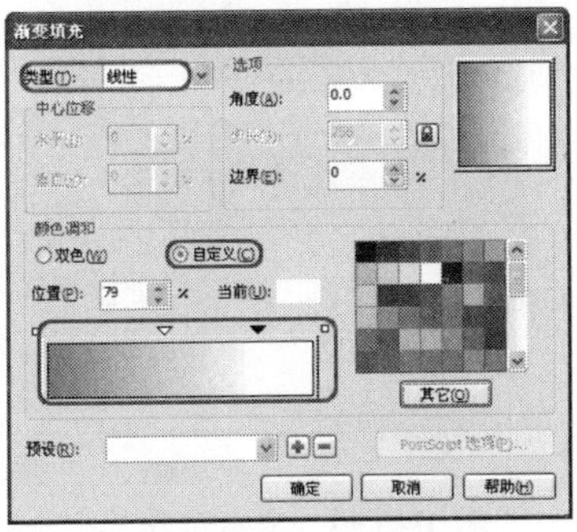

图 15-132　设置渐变

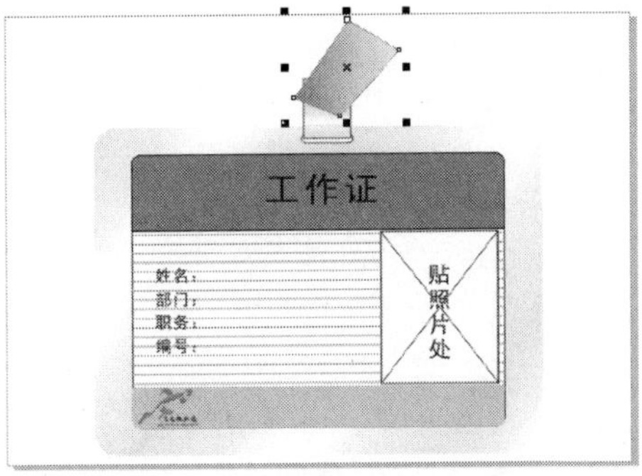

图 15-133　添加渐变后的效果

25 在创建的新形状上右击，在弹出的快捷菜单中选择【顺序】|【置于此对象后】命令，如图 15-134 所示。

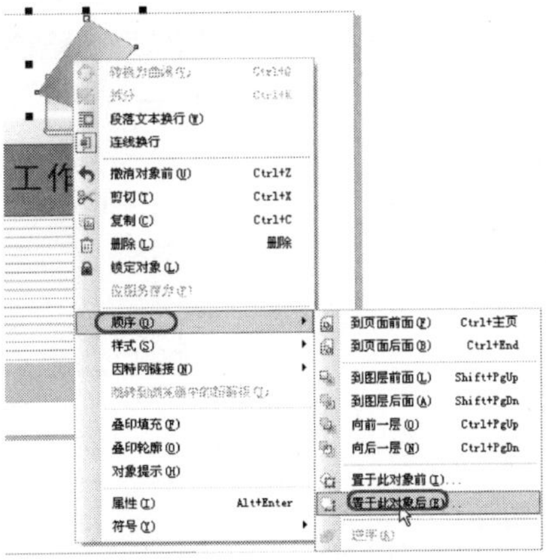

图 15-134　选择【置于此对象后】命令

26 此时鼠标指针呈粗箭头状，然后在矩形上单击，如图 15-135 所示，即可将其放置在选择对象的下面，效果如图 15-136 所示。

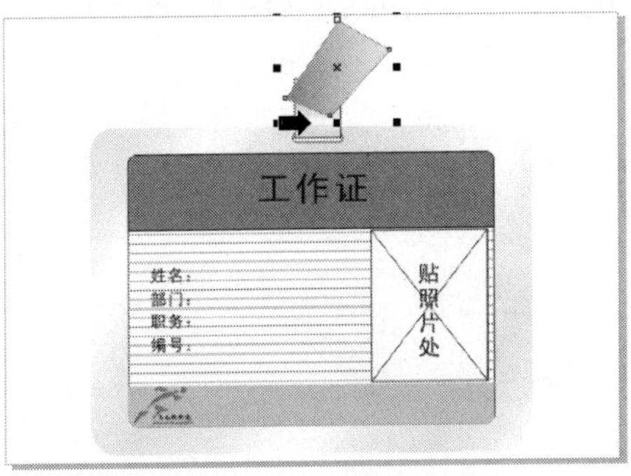

图 15-135　选择对象

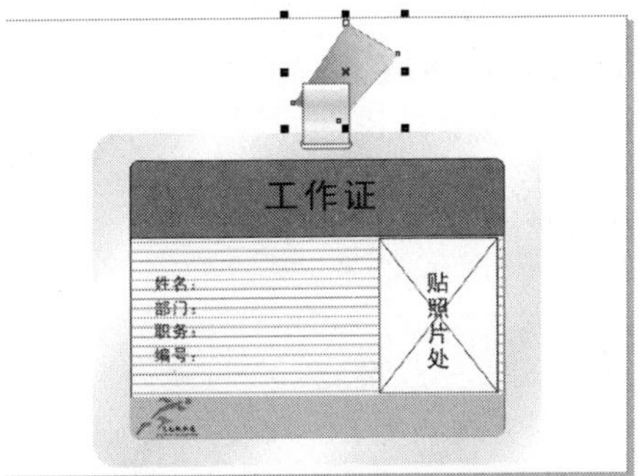

图 15-136　执行命令后的效果

27 在场景中复制上面制作的对象，然后对其进行调整，如图 15-137 所示。

28 在默认的 CMYK 调色板中单击 C、M、Y、K 值分别为 0、0、0、40 的色块，然后右击 C、M、Y、K 值分别为 0、0、0、100 的色块，效果如图 15-138 所示。

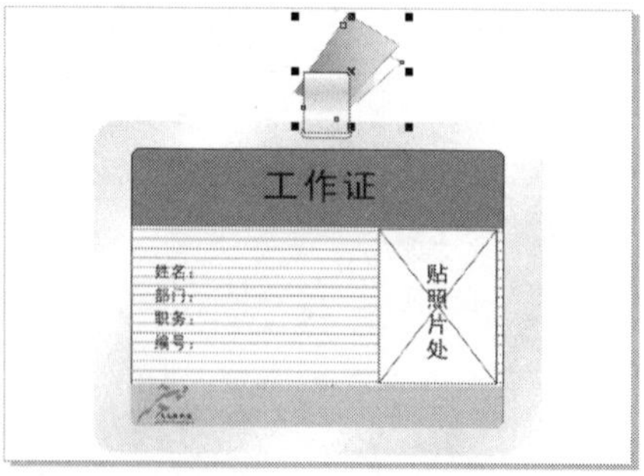

图 15-137　复制对象

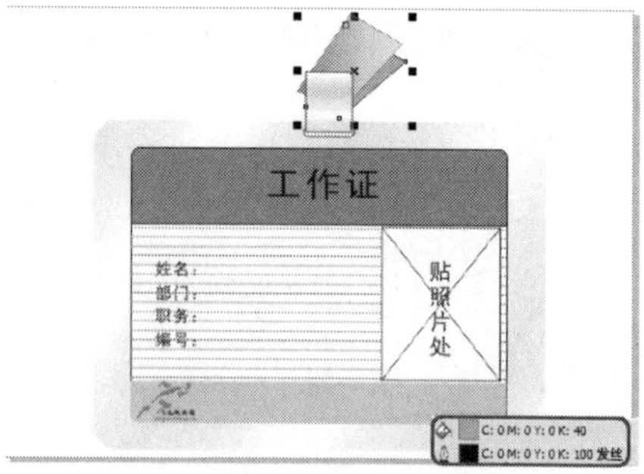

图 15-138　填充对象

29 使用同样的方法，在场景中创建如图 15-139 所示的形状。

30 在键盘上按 F11 键，在弹出的对话框中将【类型】设置为【线性】，在【颜色调和】区域中选择【自定义】单选按钮，在位置 42 处将颜色的 CMYK 值设置为 0、0、0、30，如图 15-140 所示。

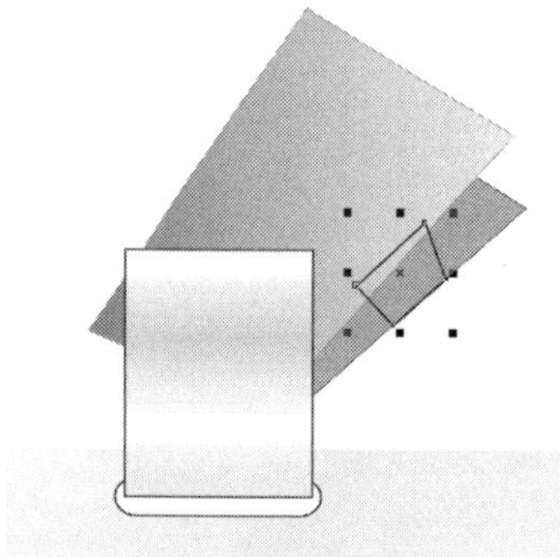

图 15-139　绘制图形

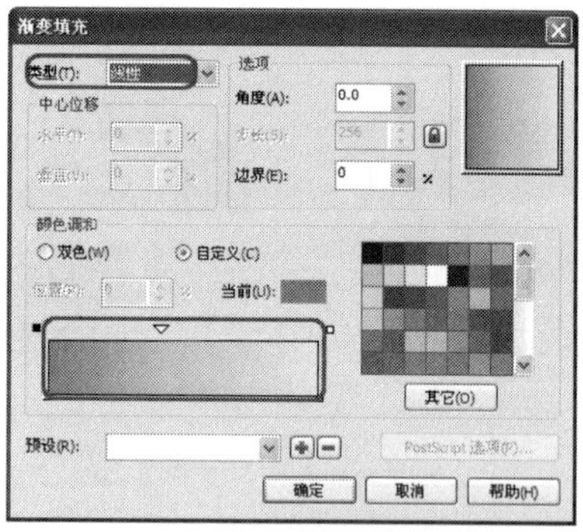

图 15-140　设置渐变

31 单击【确定】按钮，取消轮廓线的填充，并在【对象管理器】泊坞窗上调整位置，如图 15-141 所示。

32 在工具箱中选择（椭圆形）工具，配合 Ctrl 键，在场景中创建圆形效果，在默认的 CMYK 调色板中单击 C、M、Y、K 值分别为 0、0、0、60 的色块，然后右击 C、M、Y、K 分别为 0、0、0、100 的色块，如图 15-142 所示。

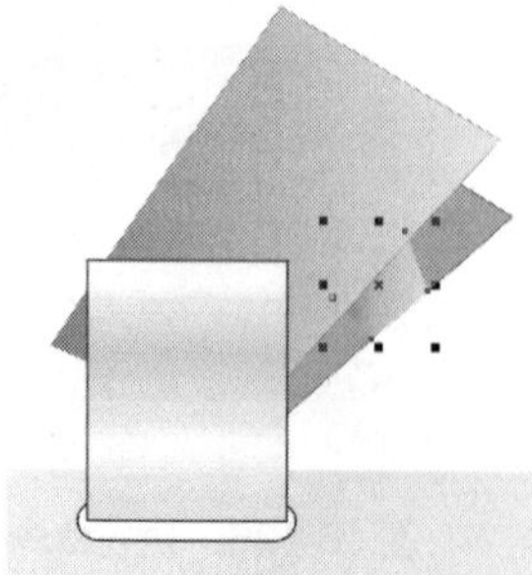

图 15-141　添加渐变后的效果

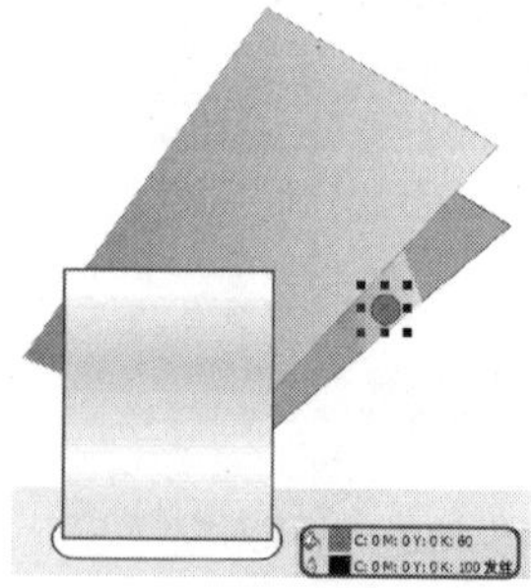

图 15-142　绘制圆形并填充颜色

33 使用相同的方法绘制圆形，然后按 F11 键，在弹出的对话框中将【类型】设置为【辐射】，在【颜色调和】区域中选择【双色】单选按钮，将【从】设置为 70%黑，将【到】设置为白色，将【中点】设置为 45，如图 15-143 所示。

34 设置完成后单击【确定】按钮，完成后的效果如图 15-144 所示。

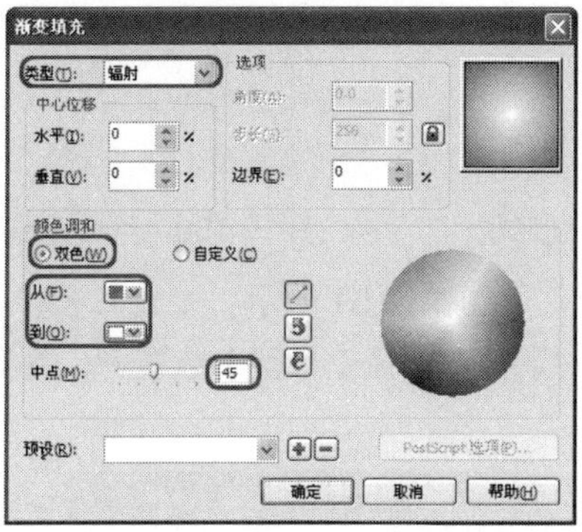

图 15-143　设置渐变

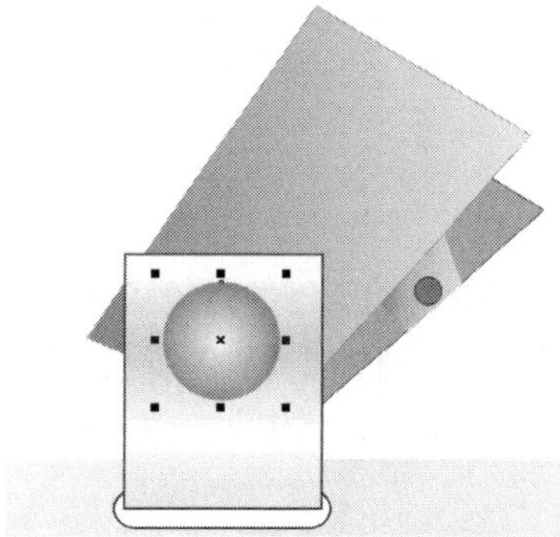

图 15-144　设置渐变后的效果

35 制作完成后，按 Ctrl+S 组合键对场景文件进行保存。

15.6　工作服的设计与制作

本例将介绍工作服的设计与制作，首先介绍女士工作服的制作，然后再制作男士工作服。

15.6.1　女士工作服的制作

下面将介绍女士工作服的制作，完成后的效果如图 15-145 所示。

01 按 Ctrl+N 组合键新建一个空白文档，然后在工具箱中选择（钢笔）工具，在绘图页中绘制出如图 15-146 所示的形状。

02 再使用（钢笔）工具在绘图页中绘制形状，如图 15-147 所示。

图 15-145　女士工作服效果

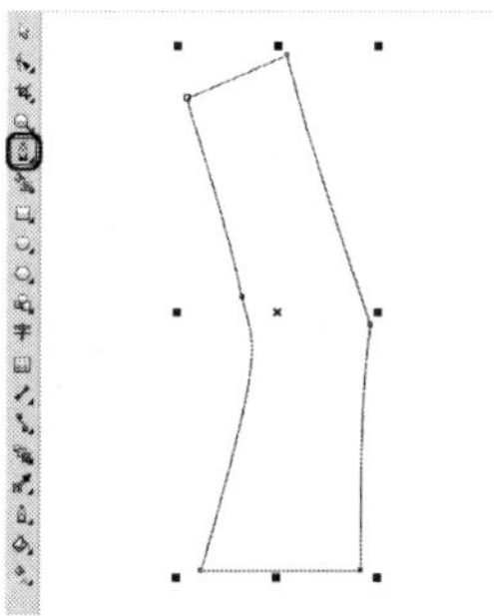

图 15-146　绘制形状

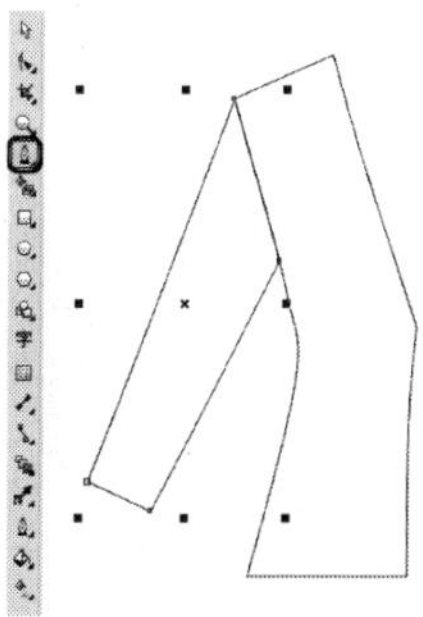

图 15-147　继续绘制形状

03 在工具箱中选择（手绘）工具，在场景中适当的位置绘制一条线段，如图 15-148 所示。

04 在工具箱中选择（钢笔）工具，然后在绘图页中绘制形状，如图 15-149 所示。

05 再使用（钢笔）工具在绘图页中绘制形状，如图 15-150 所示。

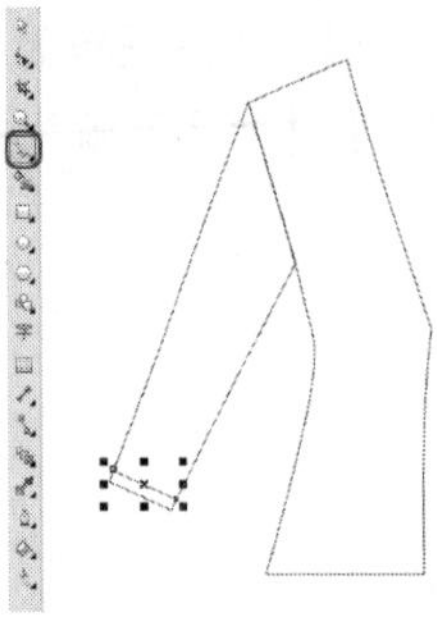

图 15-148　绘制线段

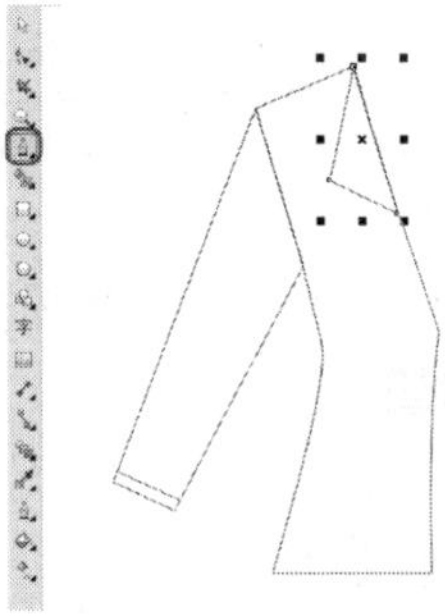

图 15-149　绘制形状

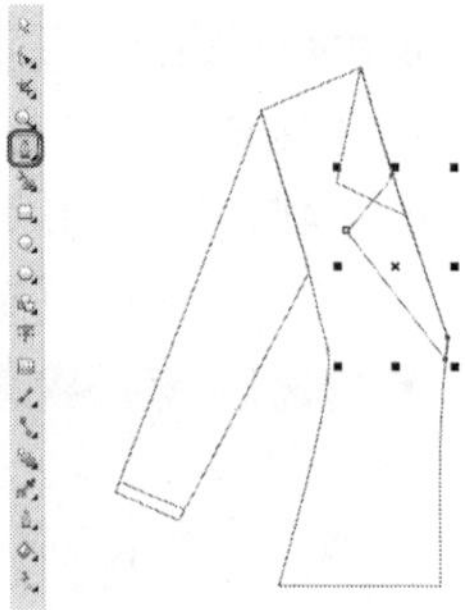

图 15-150　继续绘制形状

06 按 Ctrl+A 组合键选择绘图页中的所有对象，如图 15-151 所示。

07 按 Shift+F11 组合键，弹出【均匀填充】对话框，选择【模型】选项卡，并将 CMYK 值设置为 0、67、82、0，如图 15-152 所示。

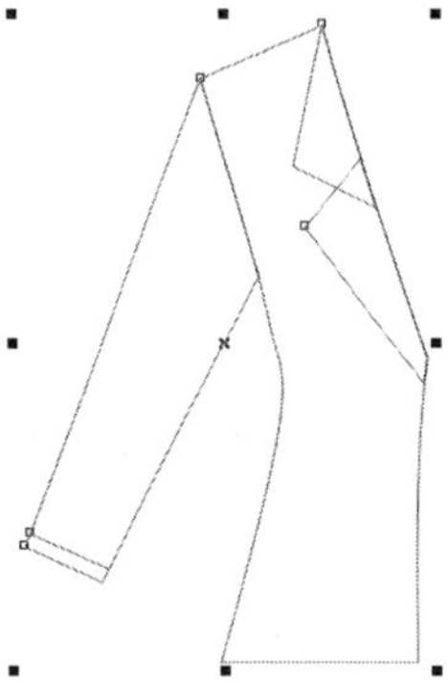

图 15-151　选择所有对象

图 15-152　设置颜色

08 设置完成后单击【确定】按钮，填充颜色后的效果如图 15-153 所示。

09 在工具箱中选择（钢笔）工具，然后在绘图页中绘制形状，并将其填充为白色，如图 15-154 所示。

图 15-153　填充颜色后的效果

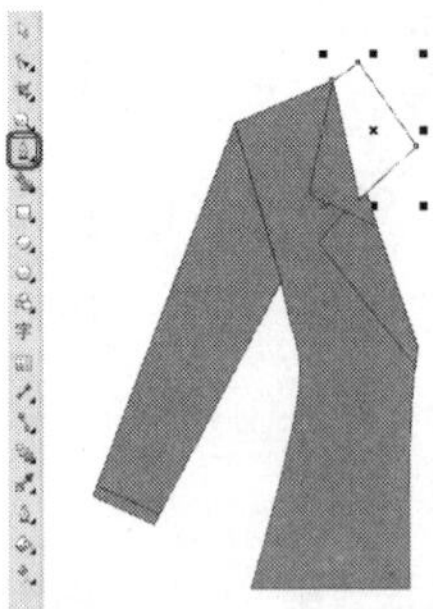

图 15-154　绘制形状并填充颜色

10 按 Ctrl+A 组合键选择绘图页中的所有对象，在小键盘上按+键对其进行复制，然后在属性栏中单击（水平镜像）按钮，并调整复制后的对象的位置，效果如图 15-155 所示。

11 在工具箱中选择（形状）工具，然后在绘图页中将衣服调整至如图 15-156 所示的样子。

图 15-155　复制并水平镜像选择对象

图 15-156　调整图形

12 在工具箱中选择 （矩形）工具，然后在绘图页中绘制矩形，并将其填充为白色，如图 15-157 所示。

13 在绘制的矩形上右击，在弹出的快捷菜单中选择【顺序】|【到图层后面】命名，如图 15-158 所示。

14 在工具箱中选择 （钢笔）工具，在绘图页中绘制如图 15-159 所示的形状，然后为其填充白色。

15 继续使用 （钢笔）工具，在绘图页中绘制领带，效果如图 15-160 所示。

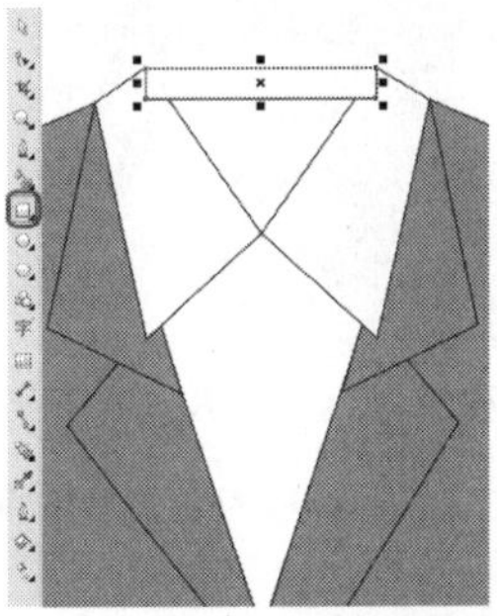

图 5-157　绘制矩形并填充颜色

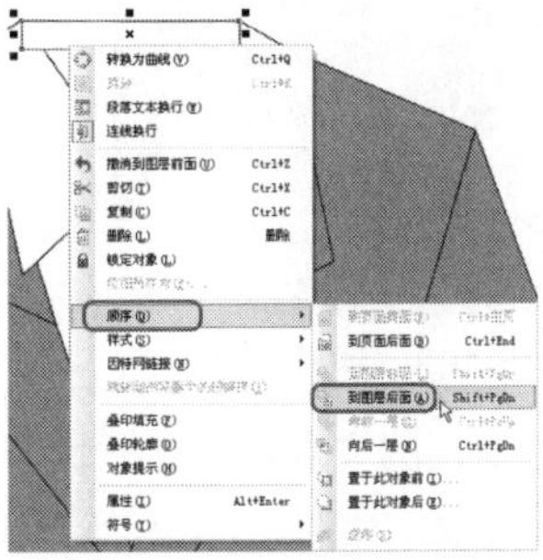

图 15-158　选择【到图层后面】命名

图 15-159　绘制形状并填充颜色

图 15-160　绘制领带

16 选择绘制的领带形状，然后在默认的 CMYK 调色板中单击黑色色块，为其填充黑色，如图 15-161 所示。

17 在工具箱中选择 （矩形）工具，然后在绘图页中绘制矩形，在属性栏中将【轮廓宽度】设置为 0.3mm，并为其填充 CMYK 值为 0、67、82、0 的颜色，效果如图 15-162 所示。

图 15-161　填充黑色

图 15-162　绘制矩形并填充颜色

18 选择新绘制的矩形，然后多次按下 Ctrl+PageDown 组合键，直至将其移至衣领的下方为止，效果如图 15-163 所示。

19 在工具箱中选择字（文本）工具，在属性栏中单击▤（将文本更改为水平方向）按钮，然后在绘图页中输入文本，如图 15-164 所示。

图 15-163　调整矩形顺序

图 15-164　输入文本

20 确定新输入的文本处于选择状态，在属性栏中将【字体】设置为【方正康体简体】，将【字体大小】设置为 3.5pt，如图 15-165 所示。

21 继续使用字（文本）工具，在绘图页中输入文本，如图 15-166 所示。

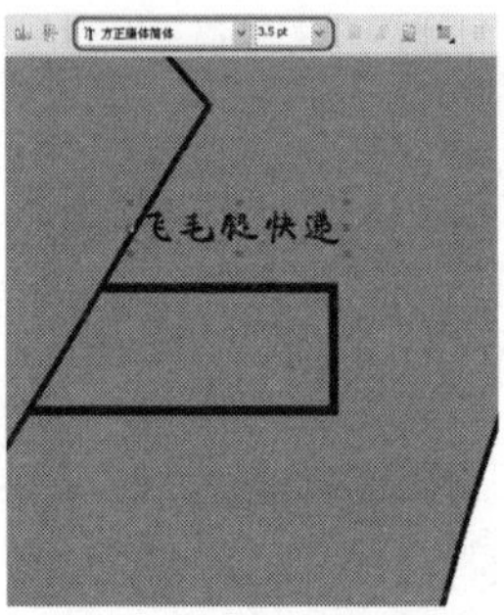

图 15-165　设置文本

图 15-166　输入文本

22 确定新输入的文本处于选择状态，在属性栏中将【字体】设置为 Vladimir Script，将【字体大小】设置为 3.3pt，如图 15-167 所示。

23 在工具箱中选择◯（椭圆形）工具，在场景中创建 3 个相同大小的圆形作为衣服的纽扣，然后为其填充 10%黑色，并取消轮廓线的填充，效果如图 15-168 所示。

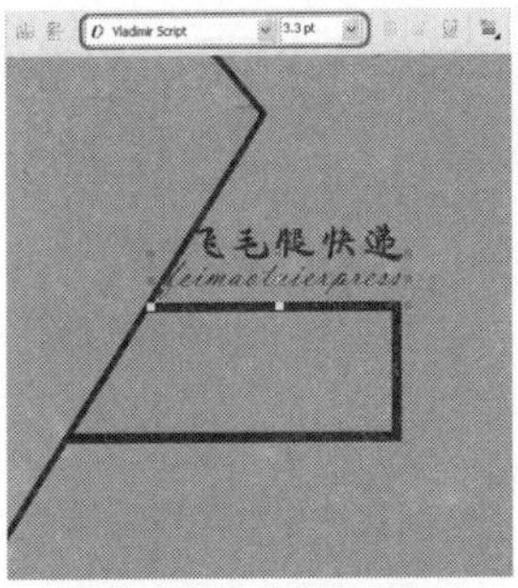

图 15-167　设置文本

图 15-168　绘制形状并填充颜色

24 再在工具箱中选择（钢笔）工具，在场景中创建如图 15-169 所示的形状作为裙子。

25 确定新绘制的形状处于选择状态，按 Shift+F11 组合键，弹出【均匀填充】对话框，选择【模型】选项卡，并将 CMYK 值设置为 0、67、82、0，设置完成后单击【确定】按钮，效果如图 15-170 所示。

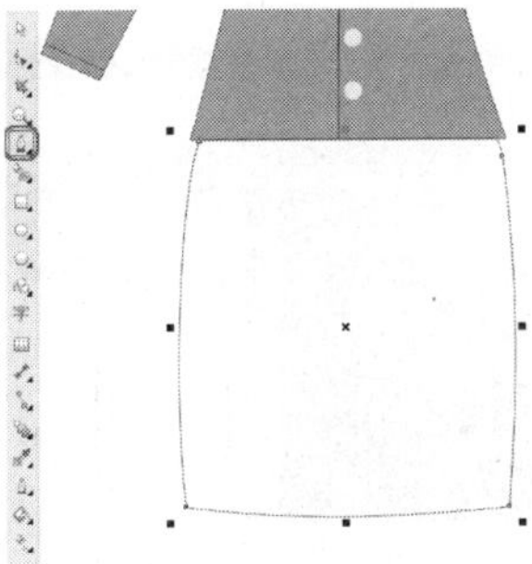

图 15-169　绘制形状

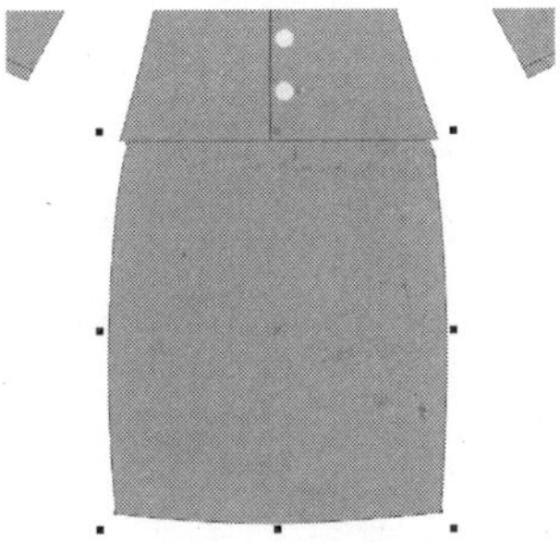

图 15-170　填充颜色

26 至此，女士工作服就制作完成了，按 Ctrl+S 组合键将场景文件进行保存。

15.6.2　男士工作服的制作

下面将介绍男士工作服的制作，完成后的效果如图 15-171 所示。

01 按 Ctrl+N 组合键新建一个空白文档，然后在工具箱中选择（钢笔）工具，在绘图页中绘制出如图 15-172 所示的形状。

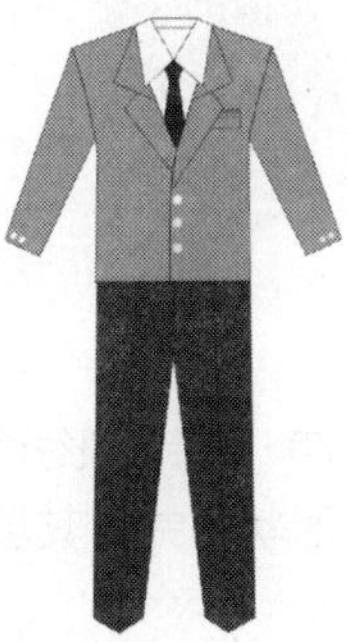

图 15-171　男士工作服效果

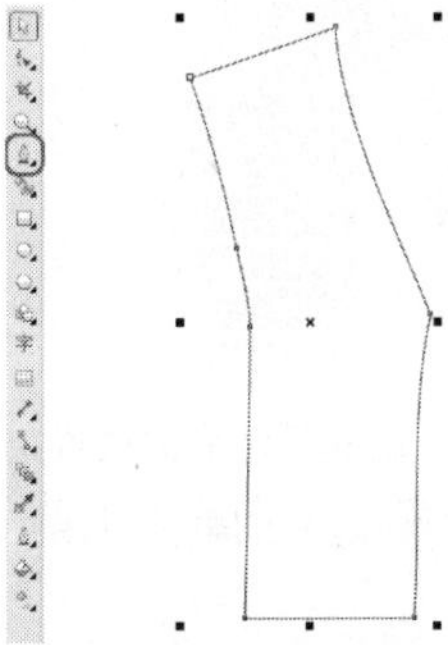

图 15-172　绘制形状

02 再使用（钢笔）工具在绘图页中绘制形状，如图 15-173 所示。

03 继续使用（钢笔）工具在绘图页中绘制作为衣领的两个图形，效果如图 15-174 所示。

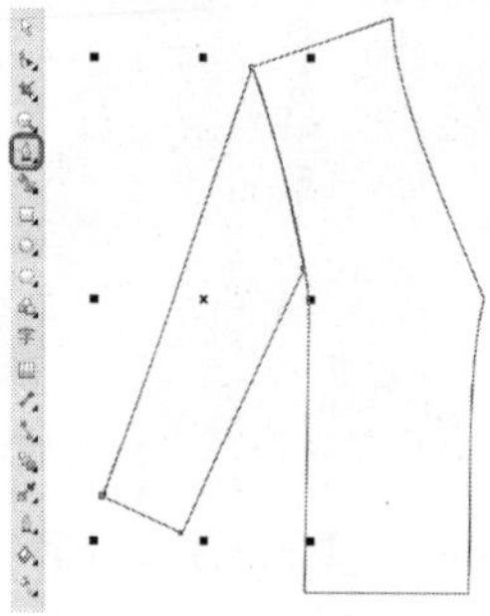

图 15-173 绘制形状

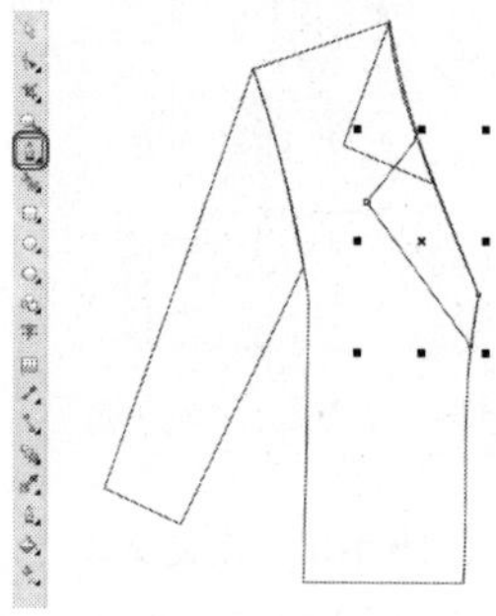

图 15-174 绘制衣领

04 按 Ctrl+A 组合键选择绘图页中的所有对象，如图 15-175 所示。

05 按 Shift+F11 组合键，弹出【均匀填充】对话框，选择【模型】选项卡，并将 C、M、Y、K 值设置为 0、67、82、0，如图 15-176 所示。

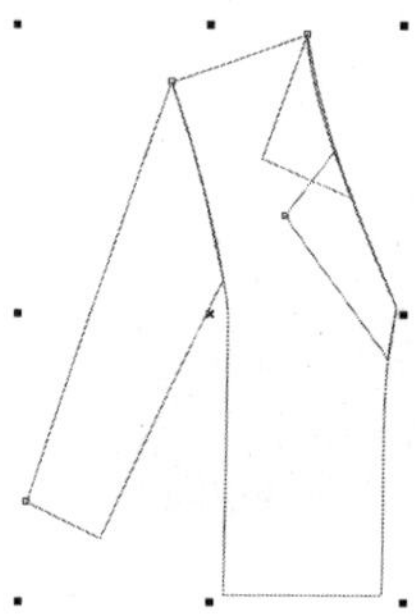

图 15-175 选择所有对象

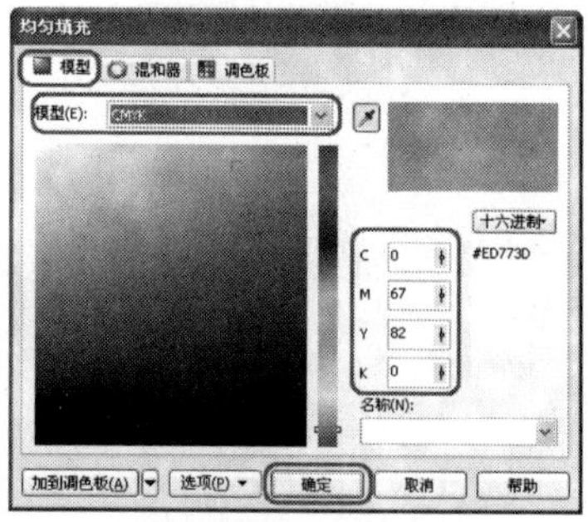

图 15-176 设置颜色

06 设置完成后单击【确定】按钮，填充颜色后的效果如图 15-177 所示。

07 在工具箱中选择（椭圆形）工具，在场景中适当的位置创建两个圆形作为袖子上的纽扣，然后为其填充白色，效果如图 15-178 所示。

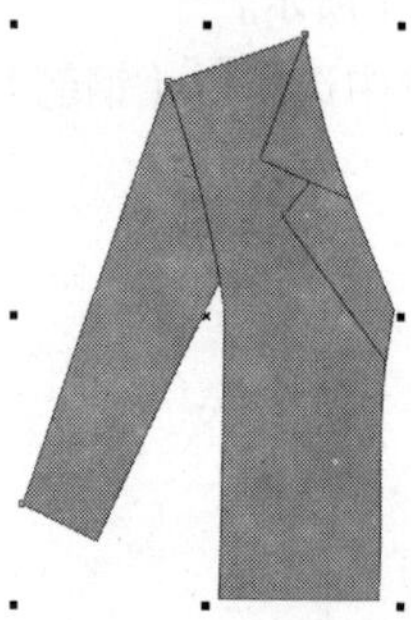

图 15-177 填充颜色后的效果

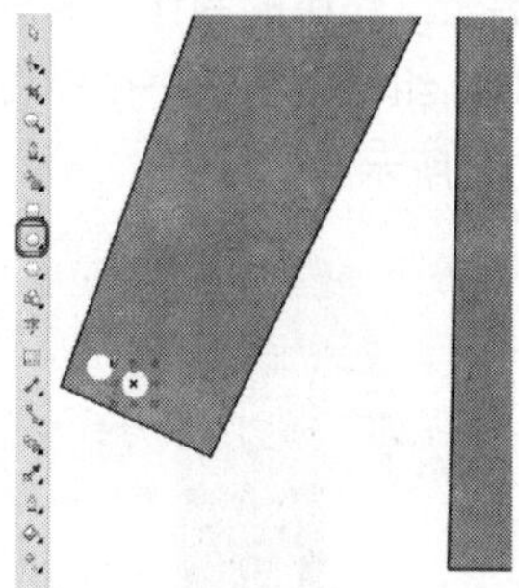

图 15-178 绘制圆形并填充颜色

08 在工具箱中选择（钢笔）工具，在绘图页中绘制形状，并为其填充白色，如图 15-179 所示。

09 按 Ctrl+A 组合键选择绘图页中的所有对象，在小键盘上按+键对其进行复制，然后在属性栏中单击（水平镜像）按钮，并调整复制后的对象的位置，效果如图 15-180 所示。

图 15-179 绘制形状并填充白色

图 15-180 复制并水平镜像对象

10 在工具箱中选择（形状）工具，然后在绘图页中将衣服调整至如图 15-181 所示的样子。

11 在工具箱中选择（矩形）工具，在场景中创建矩形，然后将对象放置到图层的后面，并为对象填充白色，效果如图 15-182 所示。

图 15-181 调整图形

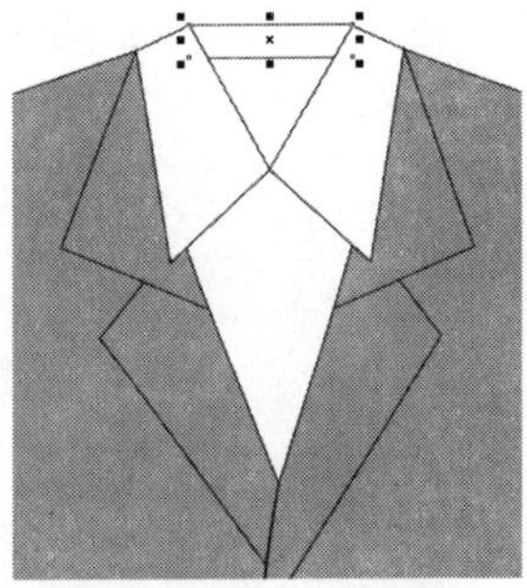

图 15-182 创建矩形并填充颜色

12 再在工具箱中选择（钢笔）工具，在场景中创建如图 15-183 所示的形状，并为其填充白色。

13 继续使用（钢笔）工具，在绘图页中绘制领带，效果如图 15-184 所示。

图 15-183 绘制形状

图 15-184 绘制领带

14 选择绘制的领带形状，然后在默认的 CMYK 调色板中单击黑色色块，为其填充黑色，如图 15-185 所示。

15 在工具箱中选择（矩形）工具，然后在绘图页中绘制矩形，在属性栏中将【轮廓宽度】设置为 0.3mm，并为其填充 CMYK 值为 0、67、82、0 的颜色，如图 15-186 所示。

图 15-185　填充黑色

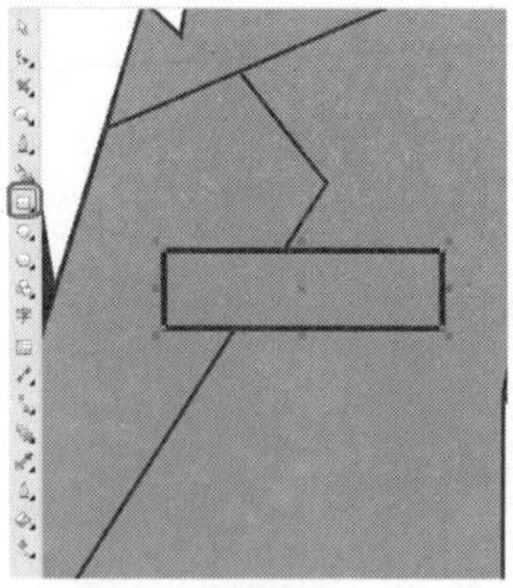

图 15-186　绘制矩形并填充颜色

16 选择新绘制的矩形，然后多次按下 Ctrl+PageDown 组合键，直至将其移至衣领的下方为止，效果如图 15-187 所示。

17 在工具箱中选择字（文本）工具，在属性栏中单击（将文本更改为水平方向）按钮，然后在绘图页中输入文本，如图 15-188 所示。

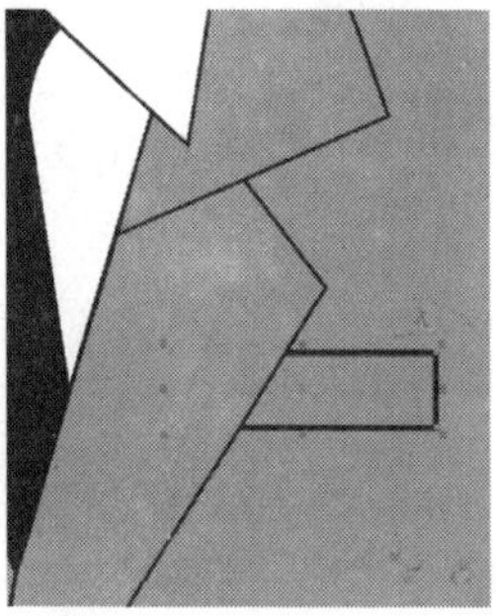

图 15-187　调整矩形顺序

图 15-188　输入文本

18 确定新输入的文本处于选择状态，在属性栏中将【字体】设置为【方正康体简体】，将【字体大小】设置为 3.5pt，如图 15-189 所示。

19 继续使用字（文本）工具，在绘图页中输入文本，如图 15-190 所示。

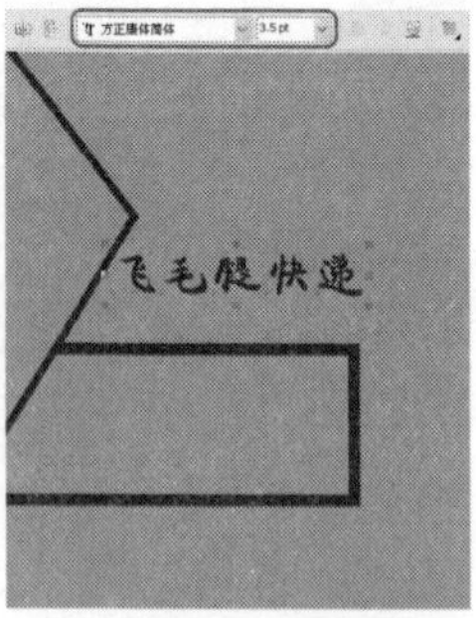

图 15-189　设置文本

图 15-190　输入文本

20 确定新输入的文本处于选择状态，在属性栏中将【字体】设置为 Vladimir Script，将【字体大小】设置为 3.3pt，如图 15-191 所示。

21 在工具箱中选择（椭圆形）工具，在场景中创建 3 个相同大小的圆形作为衣服的纽扣，然后为其填充白色，并取消轮廓线的填充，效果如图 15-192 所示。

图 15-191　输入文本

图 15-192　绘制纽扣

22 在工具箱中选择（钢笔）工具，在绘图页中绘制如图 15-193 所示的形状作为左边的裤腿，并将其放置到图层的后面。

23 继续使用（钢笔）工具，在绘图页中绘制作为右边的裤腿形状，然后将其放置到图层的后面，效果如图 15-194 所示。

24 在绘图页中选择作为裤腿的两个图形，按 Shift+F11 组合键，弹出【均匀填充】对话框，选择【模型】选项卡，将【模型】类型定义为 RGB，然后将 RGB 值设置为 39、48、31，如图 15-195 所示。

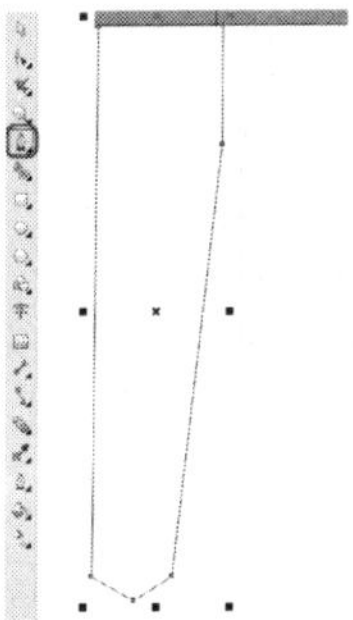

图 15-193　绘制左边裤腿

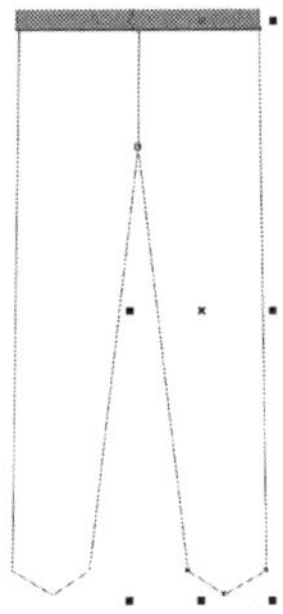

图 15-194　绘制右边裤腿

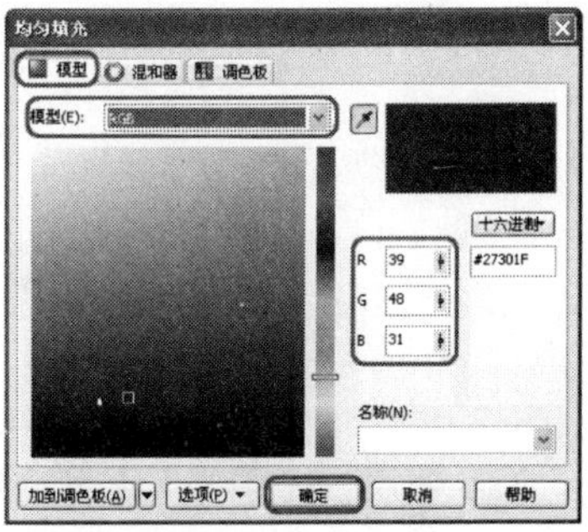

图 15-195　设置颜色

25 设置完成后单击【确定】按钮，填充颜色后的效果如图 15-196 所示。

26 在工具箱中选择（手绘）工具，在绘图页中的左侧裤腿上拖动出一条线段，效果如图 15-197 所示。

27 使用上面的方法，再在右侧裤腿上拖动出一条线段，效果如图 15-198 所示。

图 15-196　填充颜色后的效果

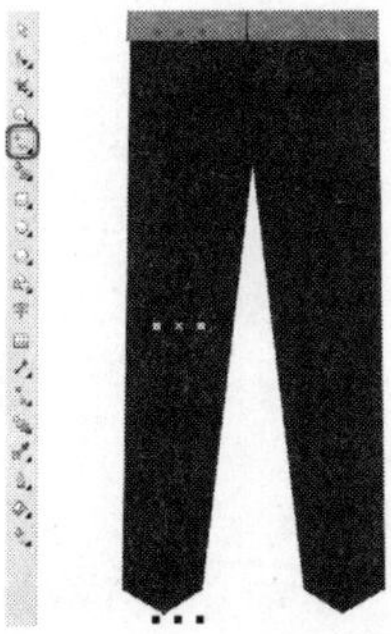

图 15-197　在左边绘制线段

图 15-198　在右边绘制线段

28 至此，男士工作服就制作完成了，按 Ctrl+S 组合键将场景文件进行保存。

15.7 公司货车的设计与制作

下面来介绍公司货车的设计与制作。

15.7.1 公司货车侧面的设计与制作

下面将介绍公司货车侧面的制作，完成后的效果如图 15-199 所示。

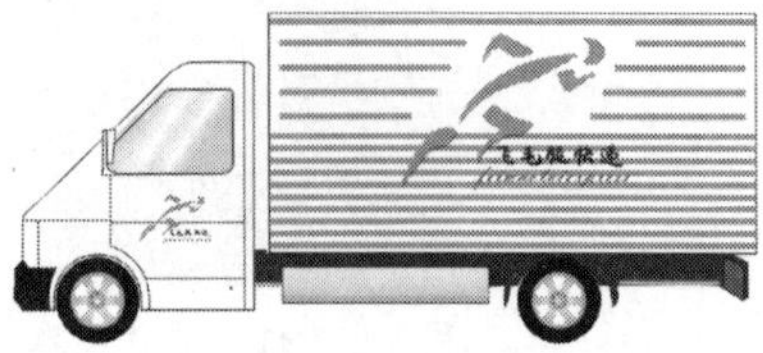

图 15-199 公司货车侧面效果

01 新建一个横向的空白文件，在工具箱中选择(钢笔)工具并配合(形状) 工具在绘图区中绘制如图 15-200 所示的图形，为其填充白色，将轮廓线宽度设为 5px。

02 使用(钢笔)工具在如图 15-201 所示的位置绘制一条线段，并将其轮廓线的宽度设为 5px。

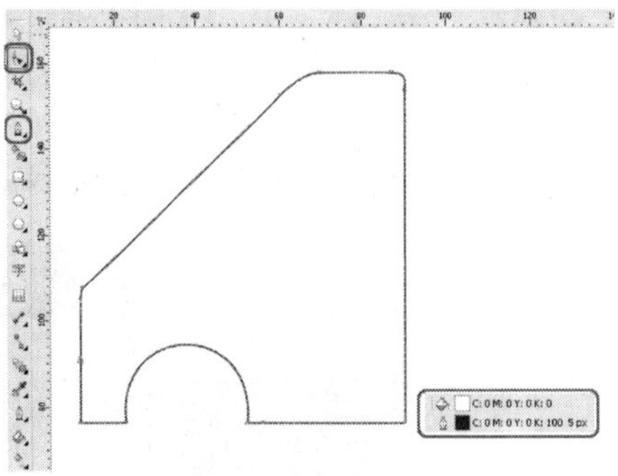

图 15-200 绘制并填充图形

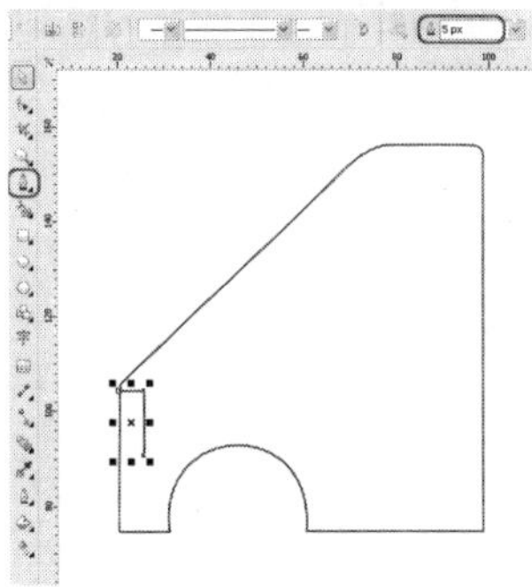

图 15-201 绘制线段

03 使用(钢笔)工具并配合(形状)工具在绘图区中绘制如图 15-202 所示的图形，将颜色填充为黑色，轮廓线宽度设为 5px，并调整图形的位置。

04 继续使用(钢笔)工具并配合(形状)工具在绘图区中绘制如图 15-203 所示的图形，为其填充白色，设置轮廓线宽度为 5px。

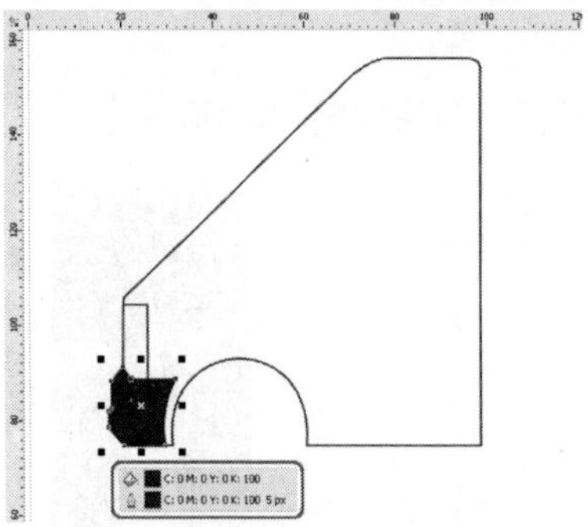

图 15-202 绘制并填充图形

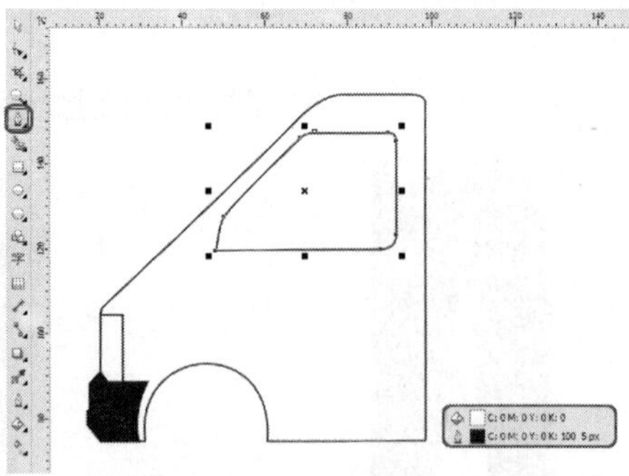

图 15-203 绘制并填充图形

05 选中新绘制的图形，在工具箱中选择(阴影)工具，在属性栏中单击【预设】右侧的下三角按钮，在弹出的下拉列表中选择【小型辉光】选项，如图 15-204 所示。

06 继续在属性栏中将阴影的【不透明度】设为 80，【阴影羽化】设为 5，【透明度操作】设为【差异】，并为其指定一种颜色，如图 15-205 所示。

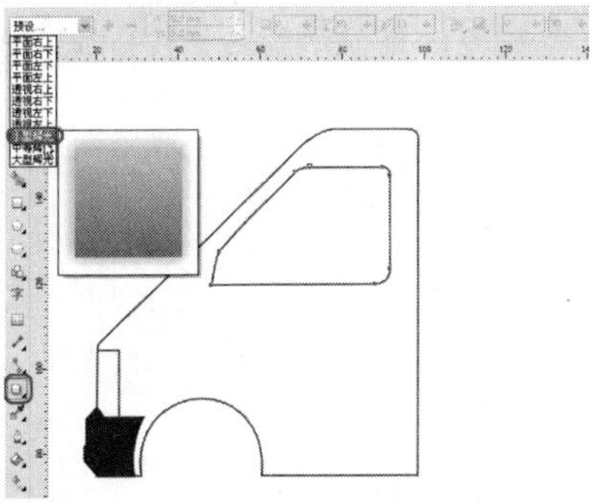

图 15-204 选择【小型辉光】效果

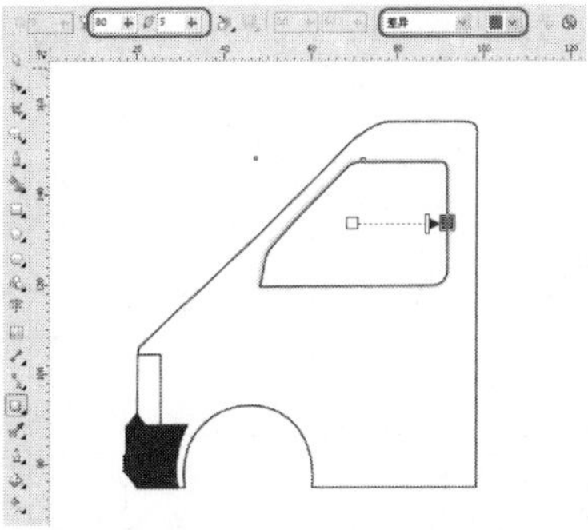

图 15-205 设置阴影属性

07 使用（选择）工具选择刚绘制的图形，按 F11 键，在弹出的【渐变填充】对话框中将【类型】设为【线性】，【角度】设为–35，【边界】设为 28，选择【颜色调和】区域中的【自定义】单选按钮，将颜色条两端的颜色分别设为 C：25，M：0，Y：4，K：0 和 C：35，M：0，Y：6，K：0，如图 15-206 所示。

08 在【位置】为 38 处添加一个颜色滑块，并将颜色设为白色，如图 15-207 所示。

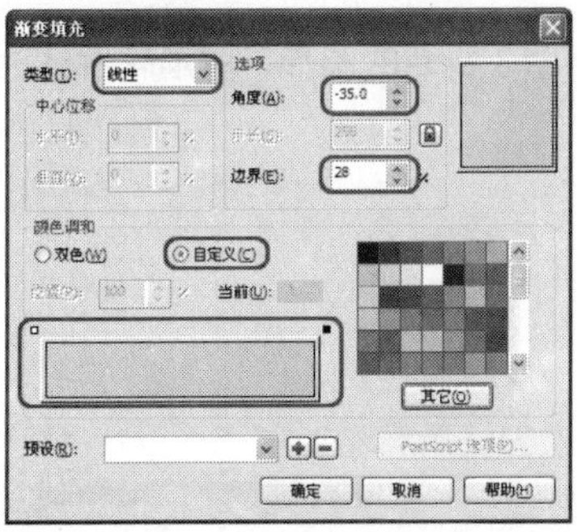

图 15-206 【渐变填充】对话框

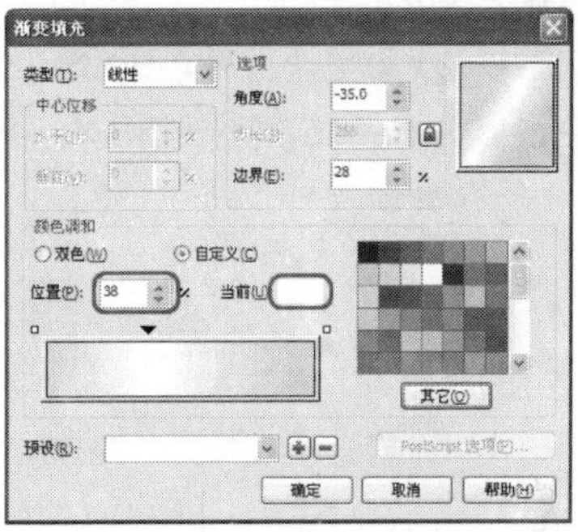

图 15-207 添加颜色滑块

09 使用同样的方法在【位置】为 55 处添加一个颜色滑块，将其颜色设为 C：11，M：4，Y：4，K：0；在【位置】为 77 处添加一个颜色滑块，将其颜色设为白色，如图 15-208 所示，并单击【确定】按钮。

10 使用（钢笔）工具在绘图区中绘制如图 15-209 所示的图形，为其填充白色，轮廓线宽度设为 5px。

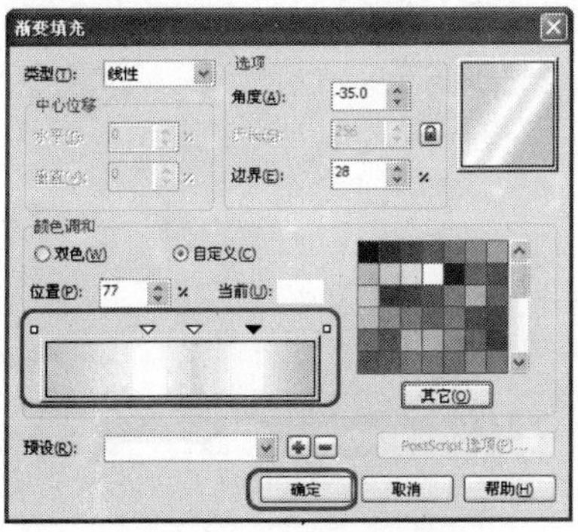

图 15-208 添加颜色滑块

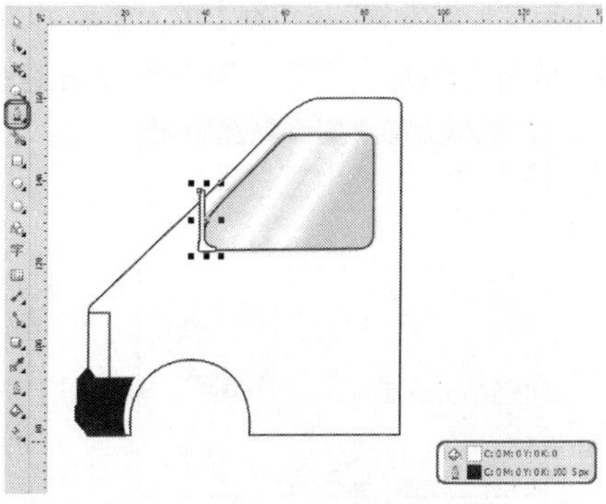

图 15-209 绘制并填充图形

11 使用同样的方法在刚创建的图形右侧再绘制一个图形，颜色填充为白色，轮廓线宽度设为 5px，效果如图 15-210 所示。

12 使用（钢笔）工具在绘图区中绘制一条如图 15-211 所示的线段，并将其轮廓线宽度设为 5px。

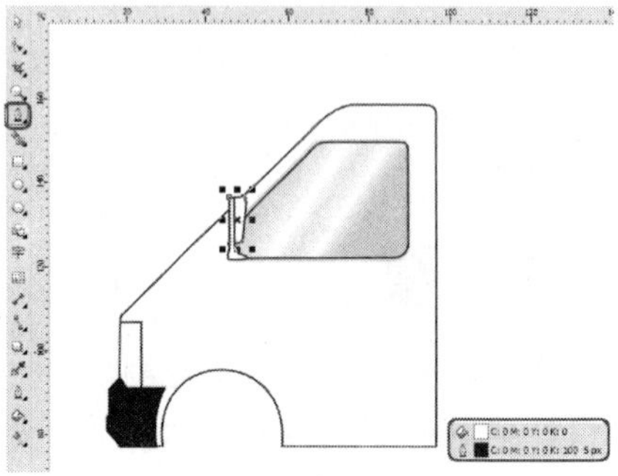

图 15-210　绘制并填充图形

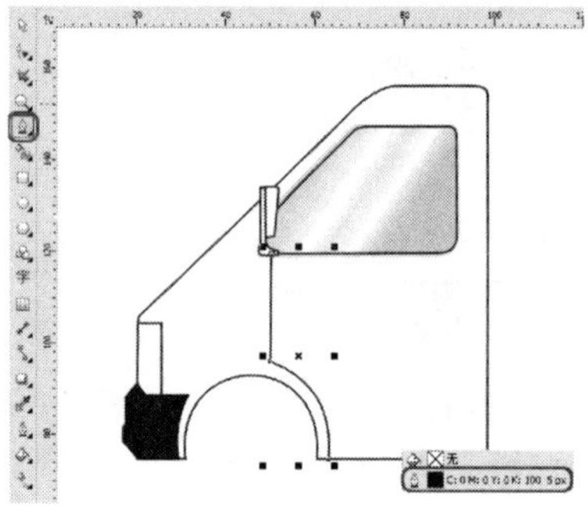

图 15-211　绘制并填充图形

13 选择工具箱中的（两点线）工具，在绘图区中绘制如图 15-212 所示的线段，并将其轮廓线的宽度设为 5px。

14 使用（钢笔）工具，在绘图区中绘制如图 15-213 所示的图形，取消轮廓线的填充，将其填充颜色设置为 C：45，M：45，Y：45，K：45。

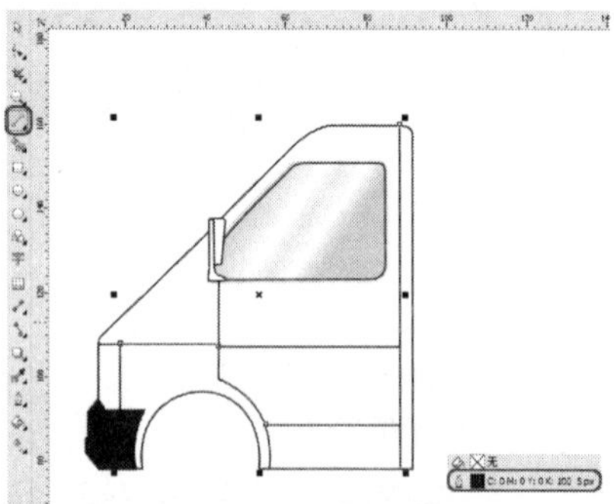

图 15-212　绘制线段

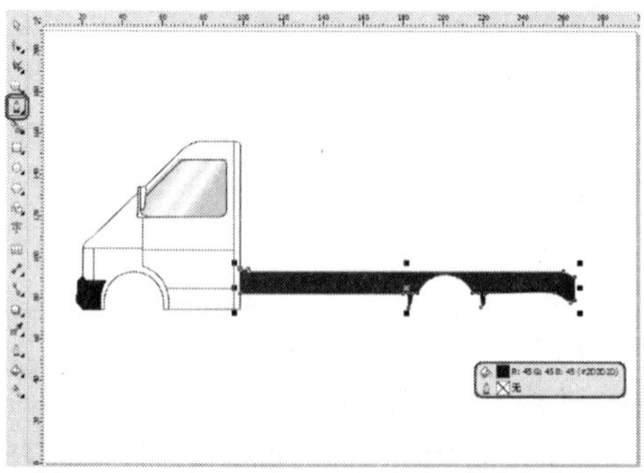

图 15-213　绘制并填充图形

15 选择工具箱中的（矩形）工具，在绘图区中绘制矩形。按 F11 键，在弹出的【渐变填充】对话框中将【角度】设为 90，【边界】设为 20，设置一种渐变颜色，将【中点】设为 1，如图 15-214 所示。

16 单击【确定】按钮，填充渐变后的效果如图 15-215 所示。

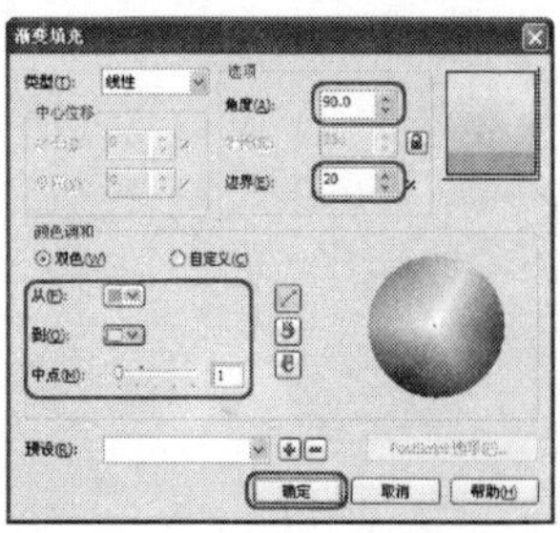

图 15-214　【渐变填充】对话框

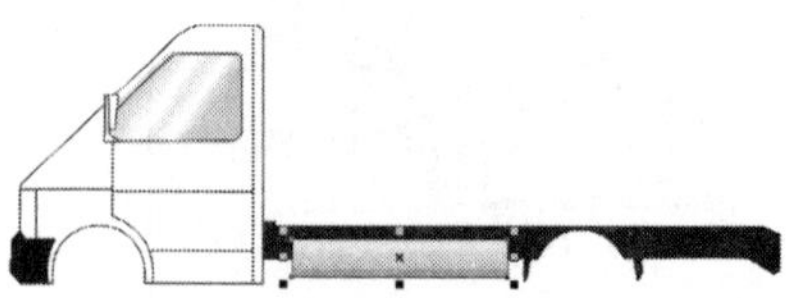

图 15-215　填充渐变后的效果

17 使用（矩形）工具在绘图区中绘制矩形，取消轮廓线的填充，将其填充颜色设为 C：39，M：24，Y：33，K：0，效果如图 15-216 所示。

18 使用（钢笔）工具在绘图区中绘制如图 15-217 所示的图形，将其填充颜色设为 C：0，M：0，Y：0，K：80，轮廓线宽度为 5px，颜色为 C：0，M：0，Y：0，K：100。

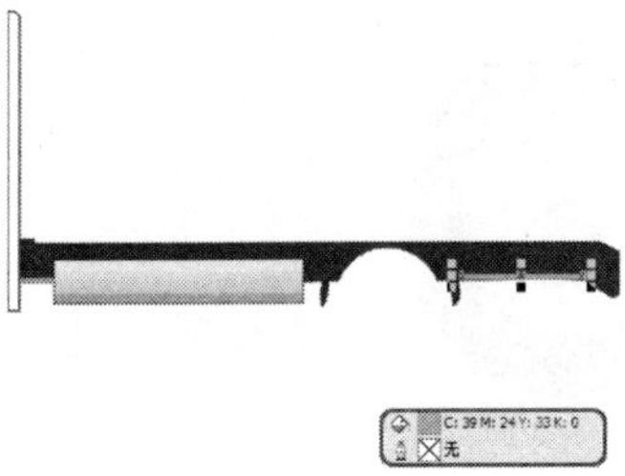

图 15-216　绘制并填充矩形

图 15-217　绘制并填充图形

19 选择工具箱中的（椭圆）工具，按住 Ctrl 键在绘图区中绘制两个同心圆，并选中绘制的两个同心圆，在属性栏中单击【移除前面对象】按钮，并为其填充黑色，效果如图 15-218 所示。

20 再在同心圆的中心处绘制一个圆，按 F11 键，在弹出的【渐变填充】对话框中将【类型】设为【辐射】，将【从】值设为 C：0，M：0，Y：0，K：60，【到】值设为白色，将【中点】设为 49，如图 15-219 所示，单击【确定】按钮后的效果如图 15-220 所示。

21 使用（钢笔）工具在绘图区中绘制如图 15-221 所示的图形，为其填充白色，并取消轮廓线的填充。

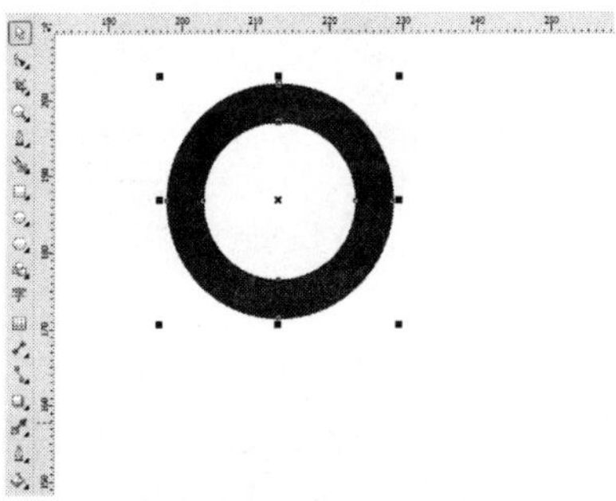

图 15-218　绘制同心圆并填充

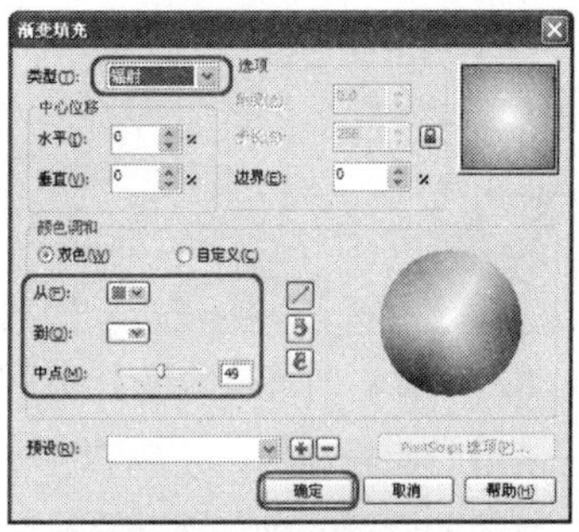

图 15-219　【渐变填充】对话框

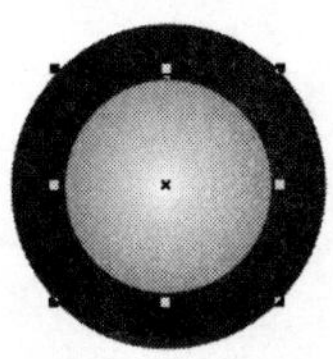

图 15-220　填充后的效果

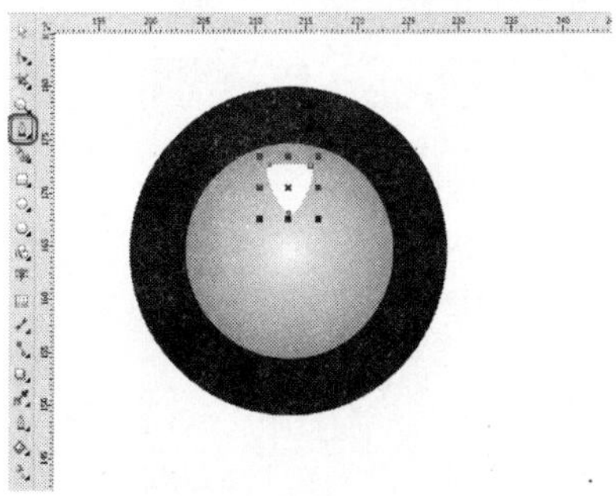

图 15-221　绘制并填充图形

22 选中新创建的图形，使用（选择）工具调整中心点的位置，如图 15-222 所示。

23 在菜单栏中选择【排列】|【变换】|【旋转】命令，在弹出的泊坞窗中将【角度】设为 60，【副本】设为 5，单击【应用】按钮，如图 15-223 所示。

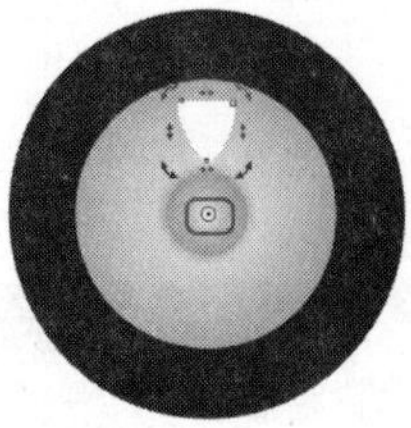

图 15-222　调整中心点位置

图 15-223　设置旋转参数

24 使用（椭圆）工具创建一个正圆形，取消轮廓线的填充，按 F11 键，在弹出的【渐变填充】对话框中将【类型】设为【辐射】，将【从】值设为 C：0，M：0，Y：0，K：60，【到】值设为白色，将【中点】设为 70，如图 15-224 所示。

25 单击【确定】按钮，使用（阴影）工具为创建的圆形添加阴影，如图 15-225 所示。

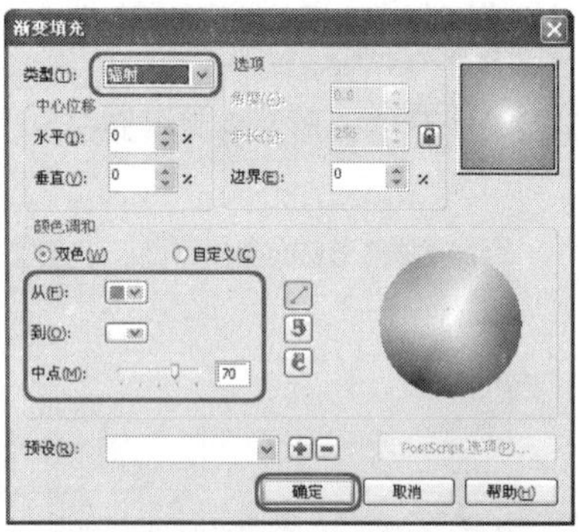

图 15-224　【渐变填充】对话框

图 15-225　设置阴影

26 使用前面介绍的方法创建一个圆形，并调整其中心点的位置，如图 15-226 所示。

27 为圆形设置一种渐变填充，并取消轮廓线的填充，打开【转换】泊坞窗，设置旋转参数，效果如图 15-227 所示。

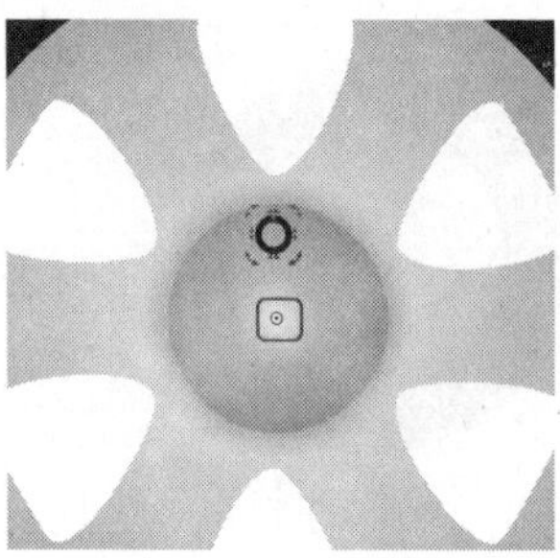

图 15-226　调整中心点位置

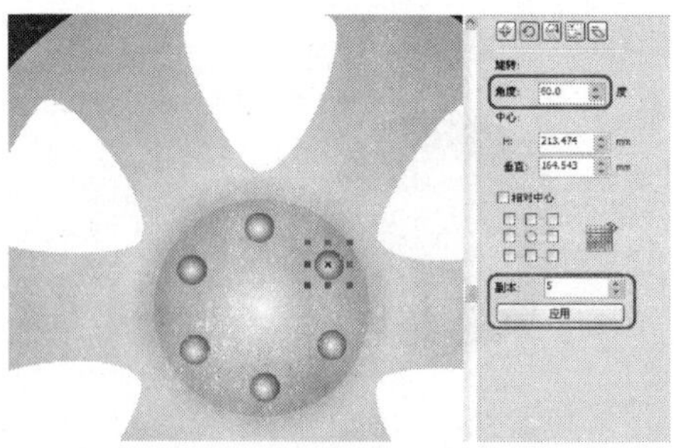

图 15-227　旋转复制效果

28 选择创建的车轮，将其进行群组，复制一个车轮对象，并分别调整两个车轮的位置，效果如图 15-228 所示。

29 选择工具箱中的（矩形）工具，在绘图区中绘制一个矩形，为其填充白色，如图 15-229 所示。

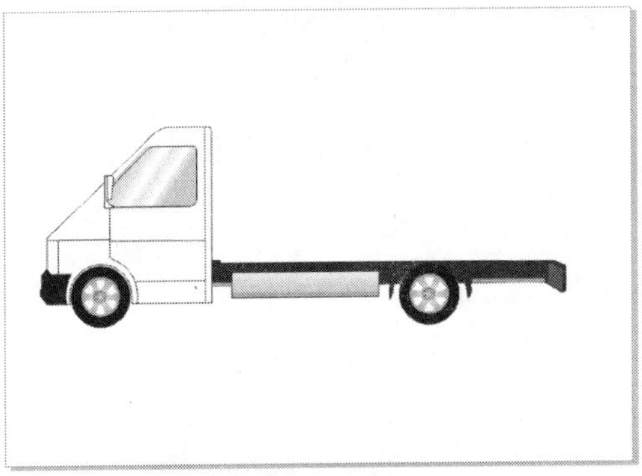

图 15-228　复制并调整车轮

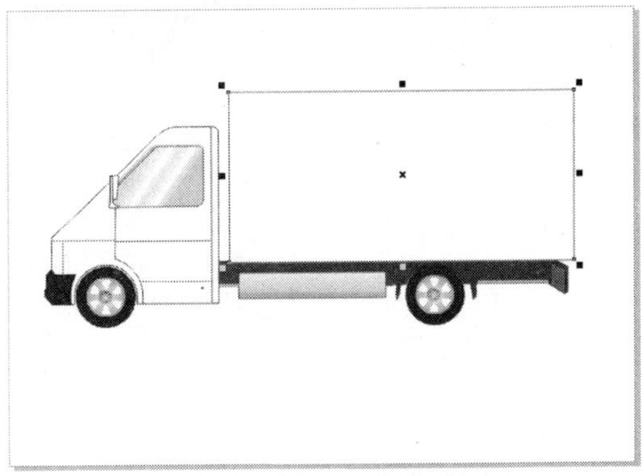

图 15-229　绘制并填充矩形

30 使用矩形工具在绘图区中绘制一个矩形，将其填充颜色设为 C：0，M：67，Y：82，K：0，取消轮廓线的填充，如图 15-230 所示。

31 选中新创建的矩形，在菜单栏中选择【排列】|【变换】|【位置】命令，在打开的泊坞窗中进行设置，并调整最上方矩形的位置，效果如图 15-231 所示。

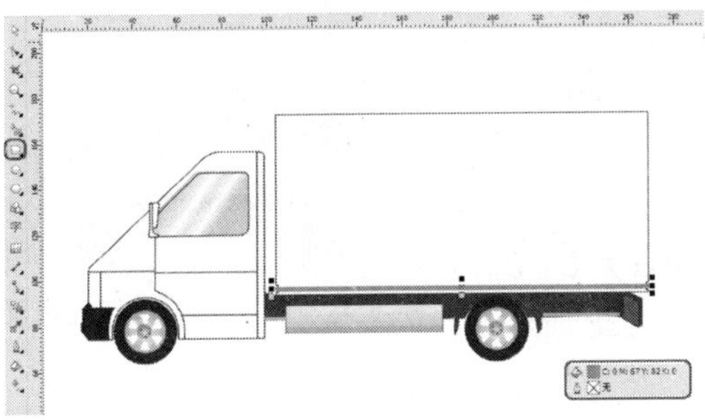

图 15-230　绘制并填充矩形

图 15-231　位置复制效果

32 按 Ctrl+I 组合键导入前面制作的 LOGO，并将其复制一个，分别调整两个 LOGO 的大小和位置，调整后的效果如图 15-232 所示。

33 复制一个车箱上的矩形，并调整矩形的大小和位置，如图 15-233 所示。打开【转换】泊坞窗并设置参数，如图 15-234 所示。

34 在绘图区中调整复制的矩形长度，选中这 4 个矩形并复制一个，单击属性栏中的（水平镜像）和（垂直镜像）按钮，在绘图区中调整其位置和大小，效果如图 15-235 所示。最后将文件进行保存。

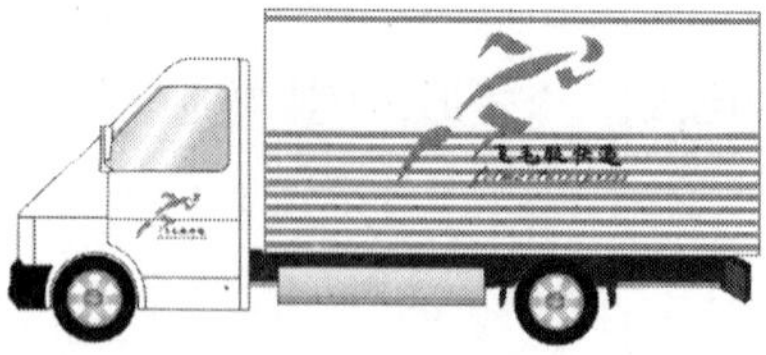

图 15-232　导入并调整 LOGO

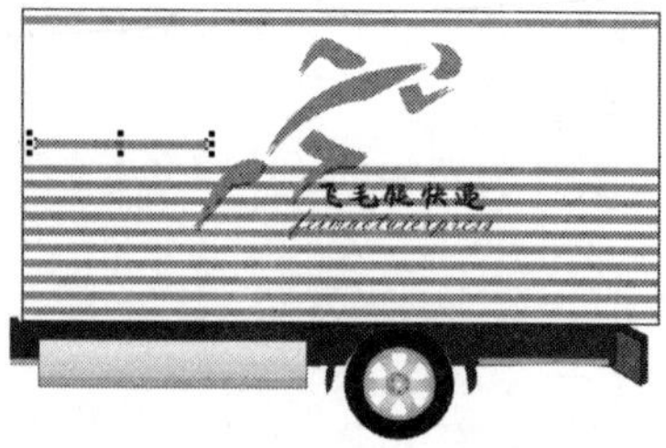

图 15-233　复制并调整矩形 1

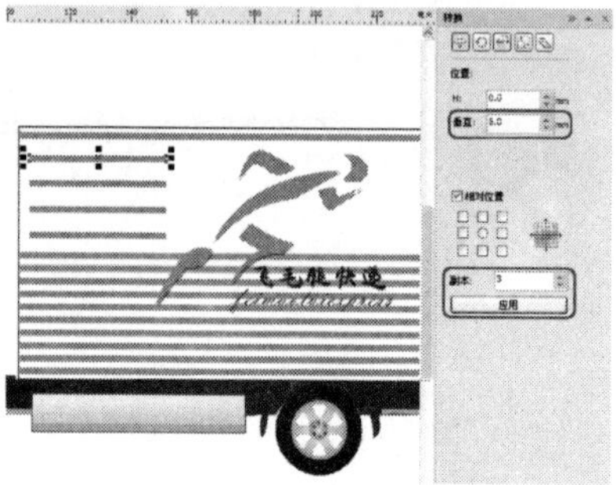

图 15-234　位置复制效果

图 15-235　复制并调整矩形 2

15.7.2　公司货车正面的设计与制作

图 15-236　公司货车正面效果

下面将介绍公司货车正面的制作，完成后的效果如图 15-236 所示。

01 按 Ctrl+N 组合键新建一个空白文档，选择工具箱中的 (矩形) 工具，在绘图区中绘制矩形，并为其填充白色，效果如图 15-237 所示。

02 使用同样的方法再创建一个矩形，将填充颜色设为 C：0，M：67，Y：82，K：0，取消轮廓线的填充，效果如图 15-238 所示。

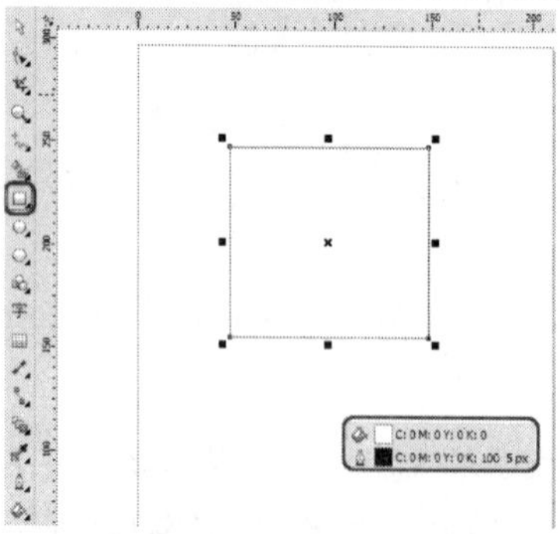

图 15-237　绘制并填充矩形

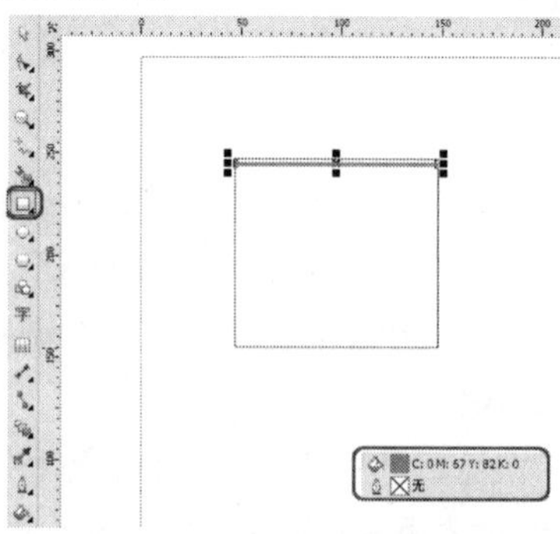

图 15-238　绘制并填充矩形

03 按 Ctrl+I 组合键导入 LOGO，将其进行取消群组，删除标志，并在绘图区中调整文字与字母的位置，效果如图 15-239 所示。

04 使用 (钢笔) 工具，在绘图区中绘制图形，为其填充白色，效果如图 15-240 所示。

图 15-239　导入并调整文字

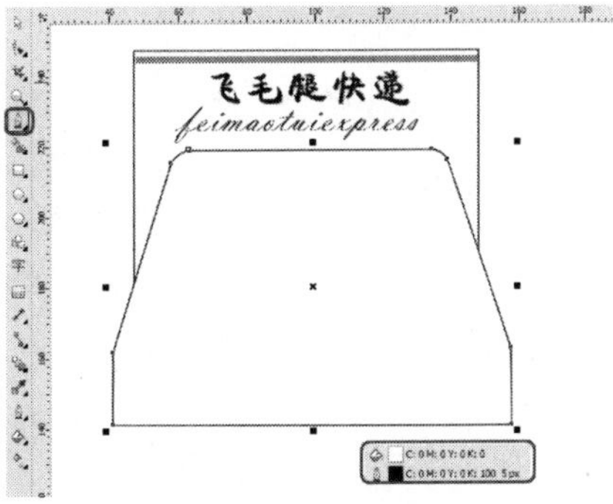

图 15-240　绘制并填充图形

05 继续使用(钢笔)工具在绘图区中绘制图形，并将其填充为白色，效果如图 15-241 所示。

06 在工具箱中选择(阴影)工具，在属性栏中的【预设】下拉列表中选择【小型辉光】，将【阴影羽化】设为 5,【颜色】设为黑色，效果如图 15-242 所示。

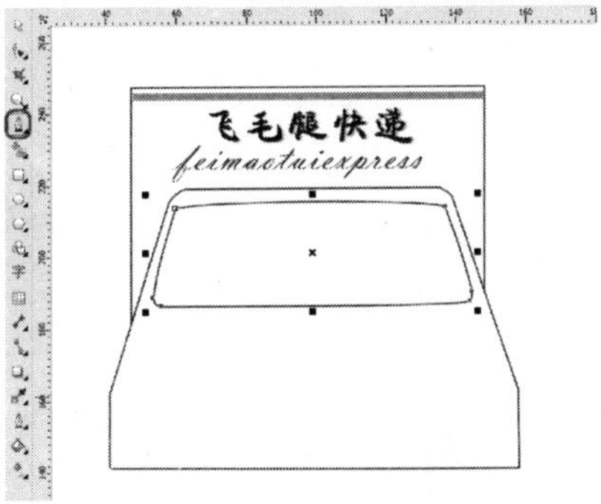

图 15-241　绘制并填充图形

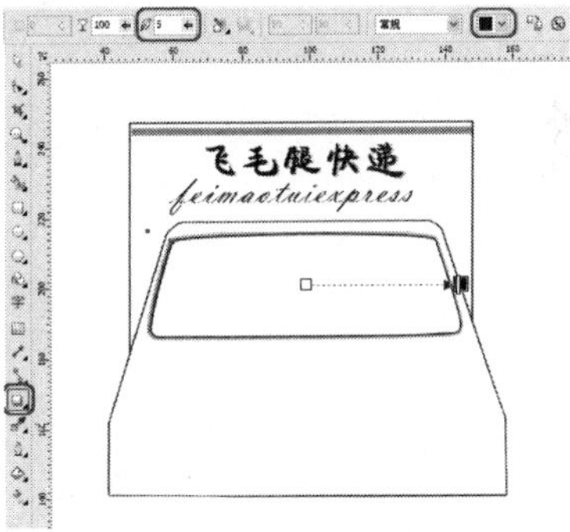

图 15-242 设置阴影

07 使用(钢笔)工具在绘图区中绘制如图 15-243 所示的线段，并将其轮廓线宽度设为 5px。

08 使用同样的方法绘制如图 15-244 所示的两条线段，并为其设置轮廓线宽度为 4px。

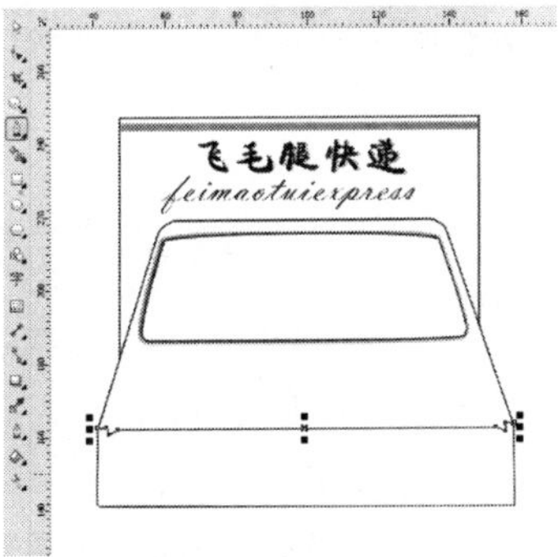

图 15-243　绘制线段

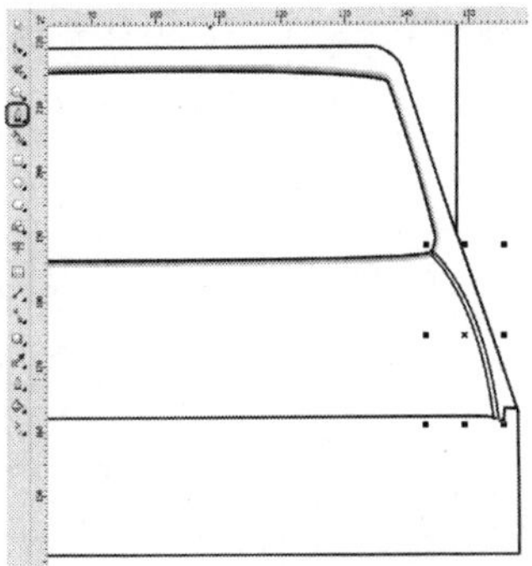

图 15-244　绘制线段

09 将新绘制的两条线段进行复制，并对其进行水平镜像及调整位置，使用(钢笔)工具在绘图区中绘制如图 15-245 所示的图形，将其填充颜色设为 C：0，M：0，Y：0，K：50，将轮廓线的宽度设为 2px。

10 将新绘制的图形进行复制并使用(选择)工具和(形状)工具调整每个图形的位置和形状，效果如图 15-246 所示。

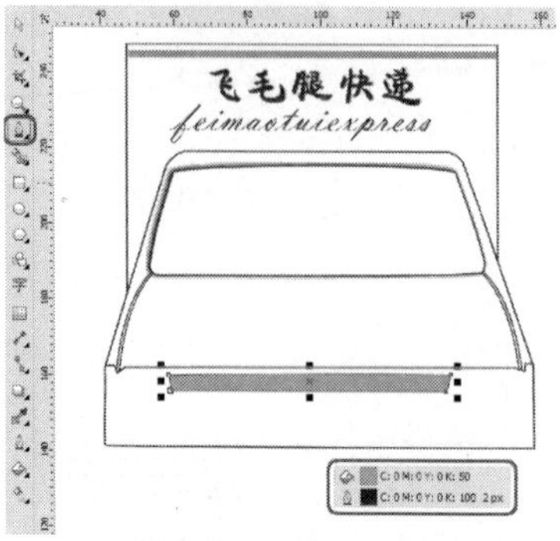

图 15-245　创建并填充图形

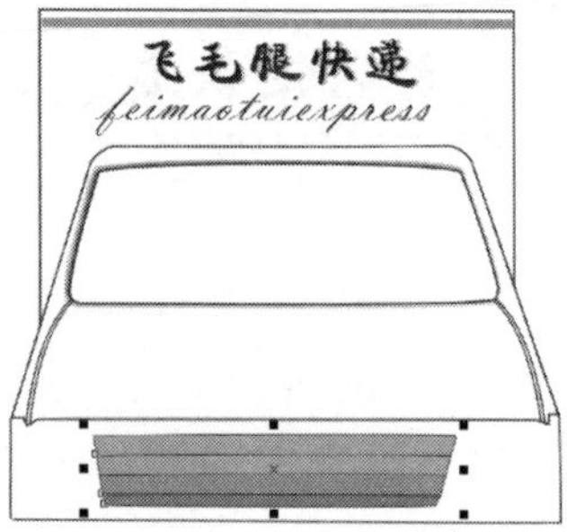

图 15-246　复制并调整图形

11 使用（钢笔）工具绘制如图 15-247 所示的两个图形，并将轮廓线的宽度设为 2px，分别为其填充红色和黄色。

12 将新创建的两个图形进行复制，在属性栏中单击（水平镜像）按钮，并调整其位置，效果如图 15-248 所示。

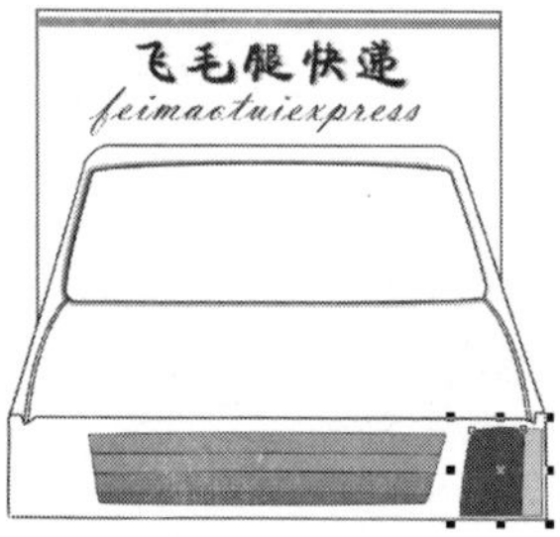

图 15-247　绘制并填充图形

图 15-248　复制并调整图形

13 使用（钢笔）工具在绘图区中绘制如图 15-249 所示的图形，将其填充为白色，轮廓线宽度设为 5px，并将其顺序调整为【到图层后面】。

14 使用（钢笔）工具在绘图区中绘制如图 15-250 所示的图形，将填充颜色设为 C：0，M：0，Y：0，K：0，将轮廓线宽度设为 5px。

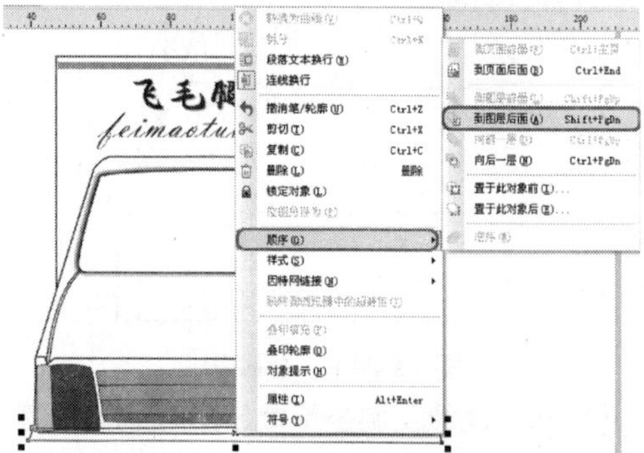

图 15-249　绘制图形并调整顺序

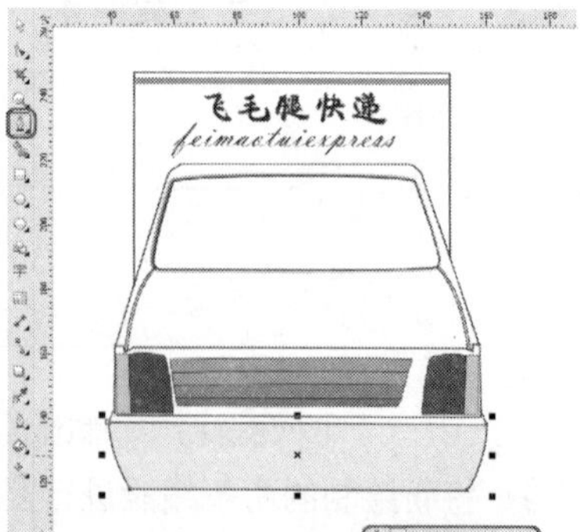

图 15-250　绘制并填充图形

15 继续使用（钢笔）工具在绘图区中绘制如图 15-251 所示的图形，将其填充为黑色，并取消轮廓线的填充。

16 在绘图区中使用 (钢笔) 工具绘制如图 15-252 所示的图形，为其填充为黑色，取消轮廓线的填充，对其进行复制并调整位置。

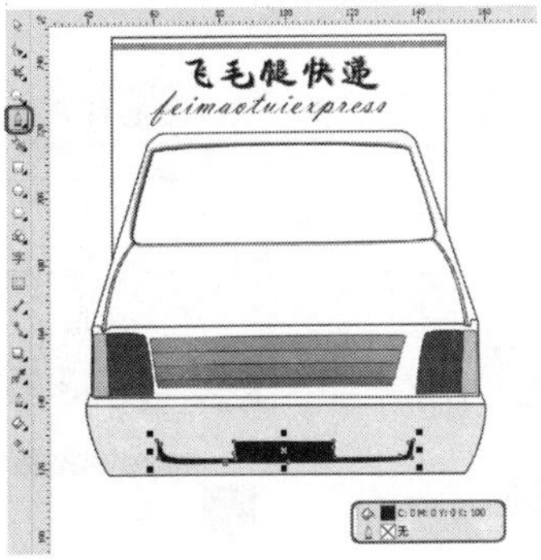

图 15-251　绘制并填充图形

图 15-252　绘制并填充图形

17 使用 (钢笔) 工具在绘图区中绘制如图 15-253 所示的图形。

18 按 F11 键，在弹出的【渐变填充】对话框中将【角度】设为 180，将【从】值设为 C：0，M：0，Y：0，K：60，将【到】值设为白色，如图 15-254 所示，并单击【确定】按钮。

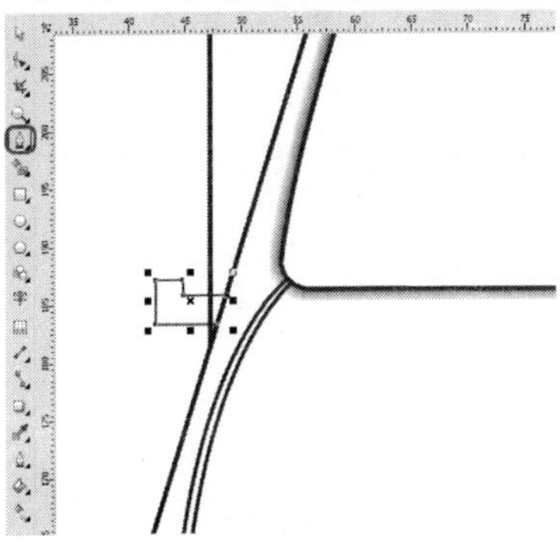

图 15-253　绘制图形

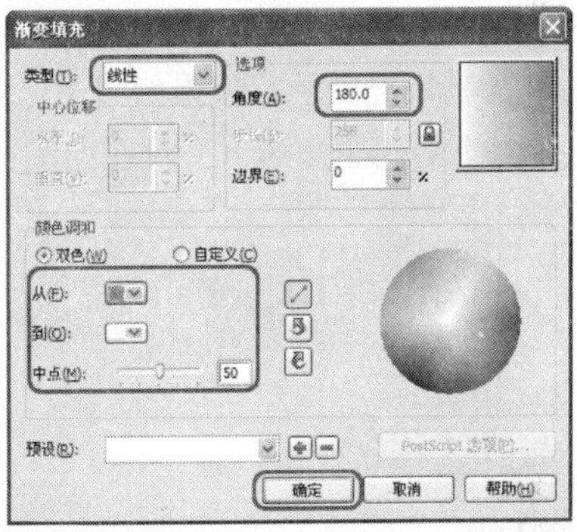

图 15-254　【渐变填充】对话框

19 使用同样的方法绘制如图 15-255 所示的图形，并为其设置渐变填充。将刚绘制的两个图形进行复制并调整位置，效果如图 15-256 所示。

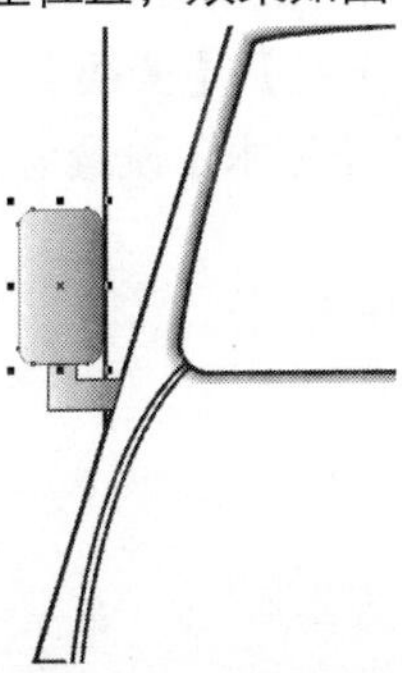

图 15-255　绘图并填充图形

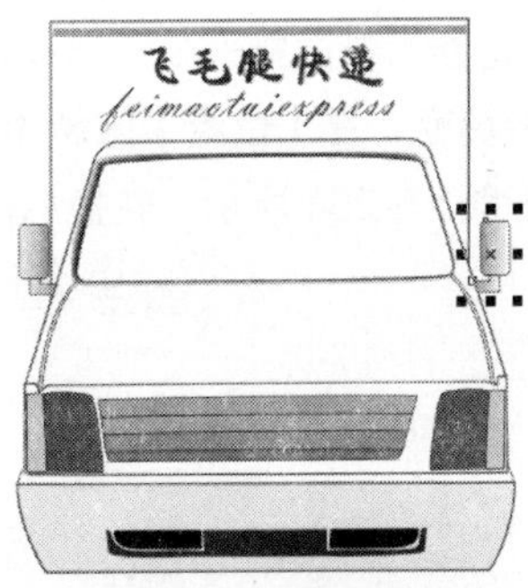

图 15-256　复制并调整图形

20 通过图 15-256 可以看出车箱位置有偏移，使用 (选择) 工具调整车箱的位置至合适。使用 (钢笔) 工具在绘图区中绘制如图 15-257 所示的图形，将其填充为黑色。

21 对该图形进行复制并调整复制出的图形的位置，调整这两个图形的顺序，效果如图 15-258 所示。

22 按 Ctrl+I 组合键导入 LOGO，并调整其大小和位置，调整后的效果如图 15-259 所示。最后对文件进行保存。

图 15-257 绘制并填充图形

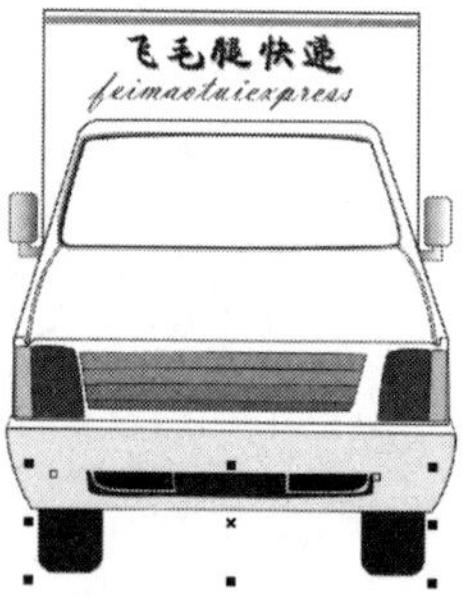

图 15-258 复制并调整图形

图 15-259 添加并调整 LOGO 效果

15.7.3 公司汽车后面的设计与制作

下面将介绍公司汽车后面的制作，完成后的效果如图 15-260 所示。

01 按 Ctrl+N 组合键新建一个空白文档，然后在工具箱中选择□（矩形）工具，在绘图页中绘制矩形，并为其填充白色，效果如图 15-261 所示。

02 继续使用□（矩形）工具在绘图页中绘制矩形，效果如图 15-262 所示。

图 15-260 汽车后面效果

图 15-261 绘制矩形并填充颜色

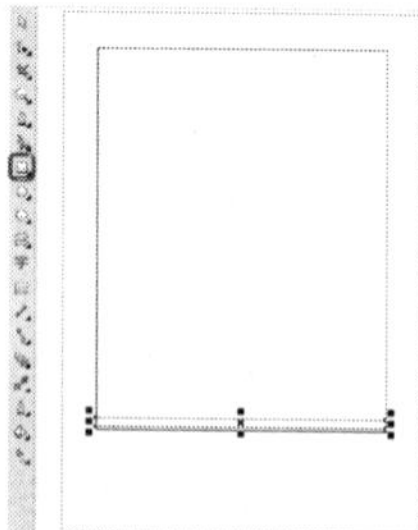

图 15-262 绘制矩形

03 为新绘制的矩形填充 CMYK 值为 0、67、82、0 的颜色，并取消轮廓线的填充，如图 15-263 所示。

04 确定新绘制的矩形处于选择状态，在菜单栏中选择【排列】|【变换】|【位置】命令，弹出【转换】泊坞窗，在【位置】区域中将【垂直】设置为 8，将【副本】设置为 9，然后单击【应用】按钮，如图 15-264 所示，转换后的效果如图 15-265 所示。

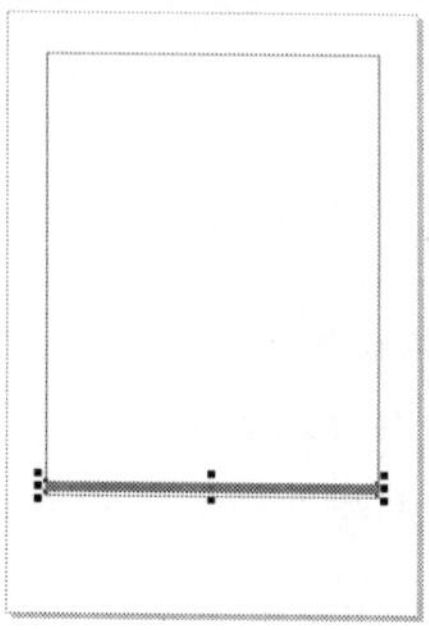

图 15-263 填充颜色

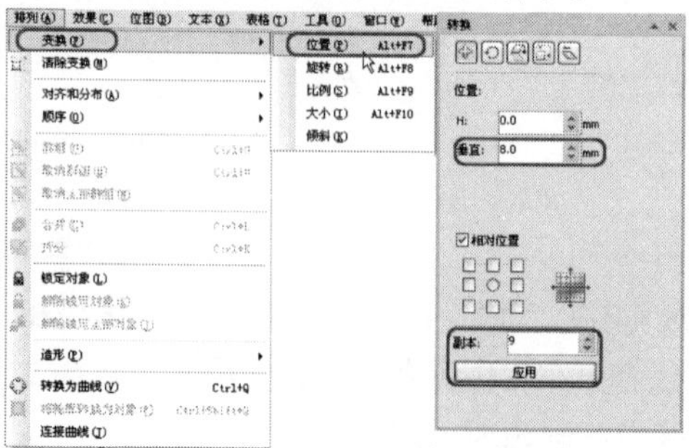

图 15-264 【转换】泊坞窗

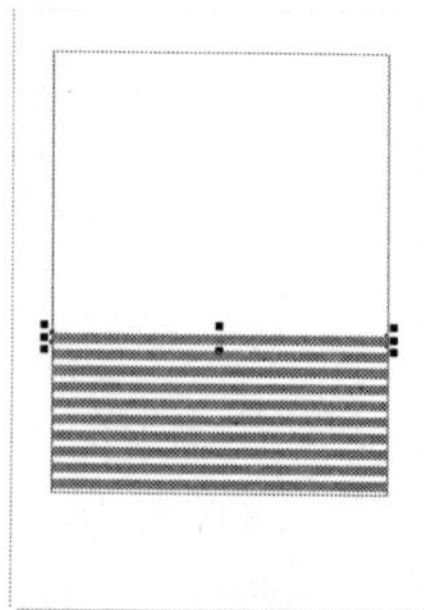

图 15-265 转换后的效果

05 使用 (矩形)工具在绘图页中绘制矩形，填充 CMYK 值为 0、67、82、0 的颜色，并取消轮廓线的填充，如图 15-266 所示。

06 按 Ctrl+I 组合键，在弹出的对话框中导入 LOGO，并在绘图页中调整其大小和位置，效果如图 15-267 所示。

07 使用 (矩形)工具在绘图页中绘制矩形，然后为其填充黑色，效果如图 15-268 所示。

图 15-266　绘制矩形并填充颜色

图 15-267　导入 LOGO

图 15-268　绘制矩形

08 确定新绘制的矩形处于选择状态，按小键盘上的+键复制两次，然后调整复制的矩形的位置，如图 15-269 所示。

09 使用 (矩形工具)，在绘图页中绘制如图所示的两个矩形，并将其填充为黑色，如图 15-270 所示。

10 确定新绘制的两个矩形处于选择状态，按小键盘上的+键对其进行复制，然后在属性栏中单击 (水平镜像)按钮，并调整复制后的对象的位置，如图 15-271 所示。

图 15-269　复制矩形并调整位置

图 15-270　绘制矩形并填充黑色

图 15-271　复制并水平镜像对象

11 使用 (矩形)工具，在绘图页中绘制矩形，如图 15-272 所示。

12 确定新绘制的矩形处于选择状态，按小键盘上的+键复制两次，然后调整复制的矩形的位置，如图 15-273 所示。

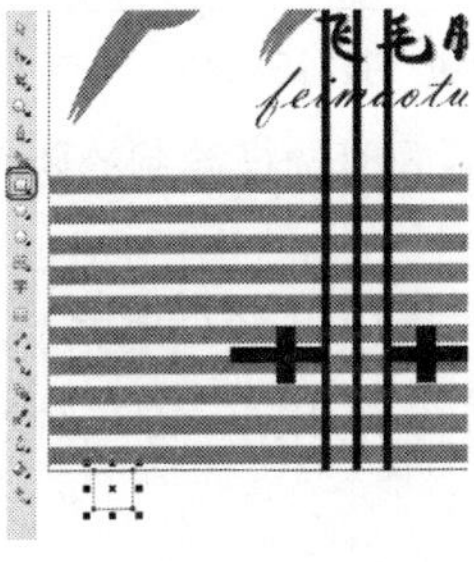
图 15-272　绘制矩形

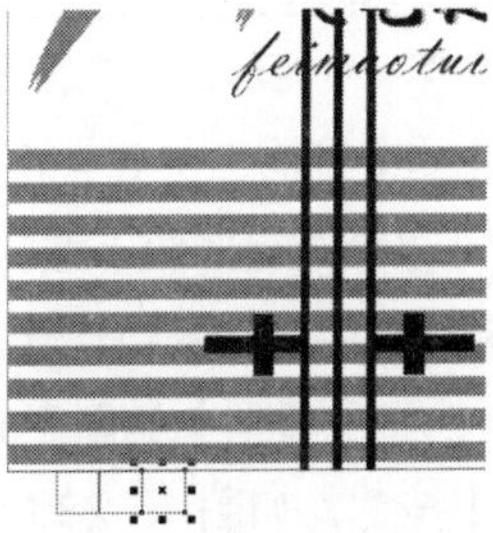
图 15-273　复制矩形并调整位置

13 选择 3 个小矩形中的第一个矩形，按 Shift+F11 组合键，弹出【均匀填充】对话框，选择【模型】选项卡，将【模型】类型定义为 RGB，然后设置 RGB 参数为 253、74、178，设置完成后单击【确定】按钮，如图 15-274 所示。

14 选择 3 个小矩形中的第二个矩形，按 Shift+F11 组合键，弹出【均匀填充】对话框，选择【模型】选项卡，将【模型】类型定义为 RGB，然后设置 RGB 参数为 255、81、114，设置完成后单击【确定】按钮，如图 15-275 所示。

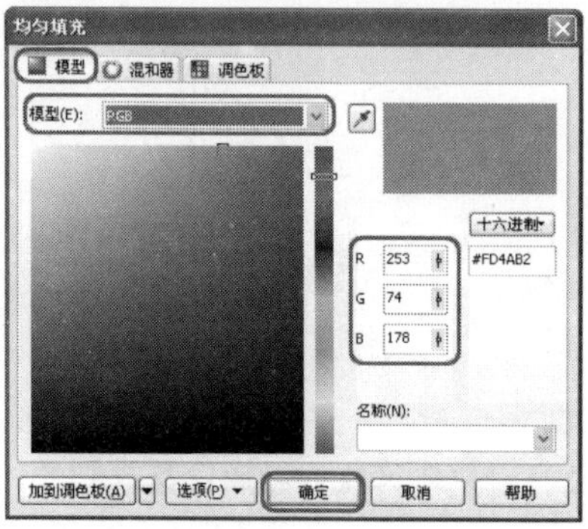

图 15-274 设置第一个矩形的填充颜色

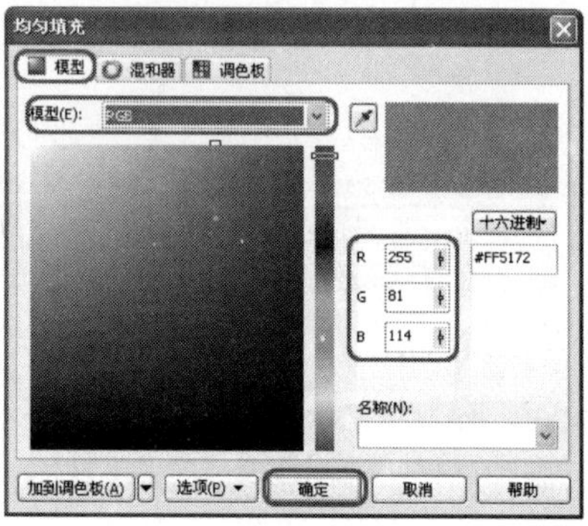

图 15-275 设置第二个矩形的填充颜色

15 选择 3 个小矩形中的第三个矩形，按 Shift+F11 组合键，弹出【均匀填充】对话框，选择【模型】选项卡，将【模型】类型定义为 RGB，然后设置 RGB 参数为 255、13、64，设置完成后单击【确定】按钮，如图 15-276 所示。

16 填充颜色后的效果如图 15-277 所示。

17 确定 3 个小矩形处于选择状态，按小键盘上的+键对其进行复制，然后在属性栏中单击（水平镜像）按钮，并调整复制后的对象的位置，如图 15-278 所示。

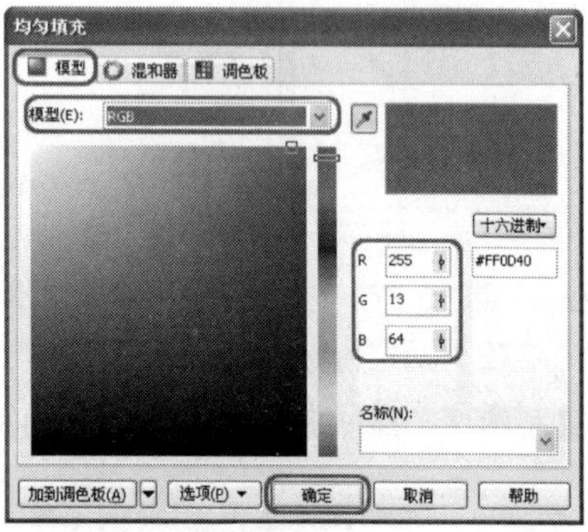

图 15-276 设置第三个矩形的填充颜色

图 15-277 填充颜色后的效果

图 15-278 复制并水平镜像对象

18 使用（矩形）工具，在绘图页中绘制两个矩形，然后同时选择绘制的两个矩形，在属性栏中单击（移除前面对象）按钮，如图 15-279 所示。

19 确定修剪后的对象处于选择状态，按 Shift+F11 组合键，弹出【均匀填充】对话框，选择【模型】选项卡，将【模型】类型定义为 RGB，然后设置 RGB 参数为 127、127、127，设置完成后单击【确定】按钮，如图 15-280 所示。

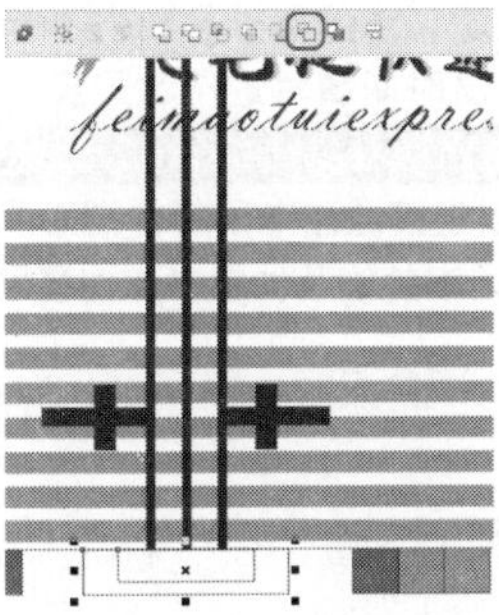

图 15-279 单击（移除前面对象）按钮

图 15-280 设置填充颜色

20 填充颜色后的效果如图 15-281 所示。

21 在工具箱中选择（矩形）工具，然后在绘图页中绘制矩形，如图 15-282 所示。

22 确定新绘制的矩形处于选择状态，在默认的 CMYK 调色板中单击黑色色块，为其填充黑色，如图 15-283 所示。

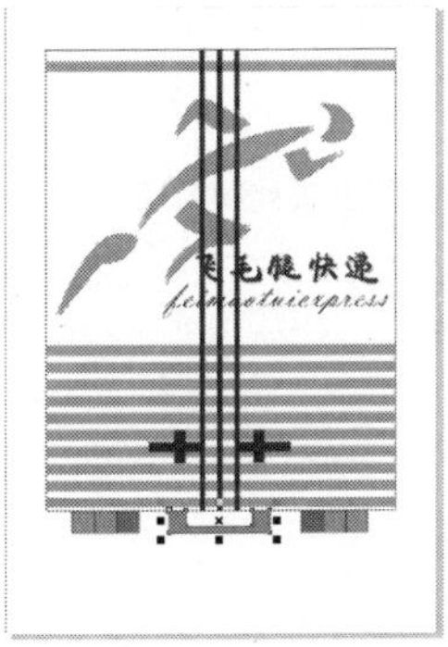

图 15-281 填充颜色后的效果

图 15-282 绘制矩形

图 15-283 填充黑色

23 在工具箱中选择（矩形）工具，在绘图页中绘制矩形，并在属性栏中将【圆角半径】设置为 1.4mm，然后为其填充黑色，效果如图 15-284 所示。

24 确定新绘制的圆角矩形处于选择状态，按小键盘上的+键对其进行复制，然后调整复制后的对象的位置，如图 15-285 所示。

25 同时选择两个圆角矩形，按小键盘上的+键对其进行复制，然后调整复制后的对象的位置，如图 15-286 所示。

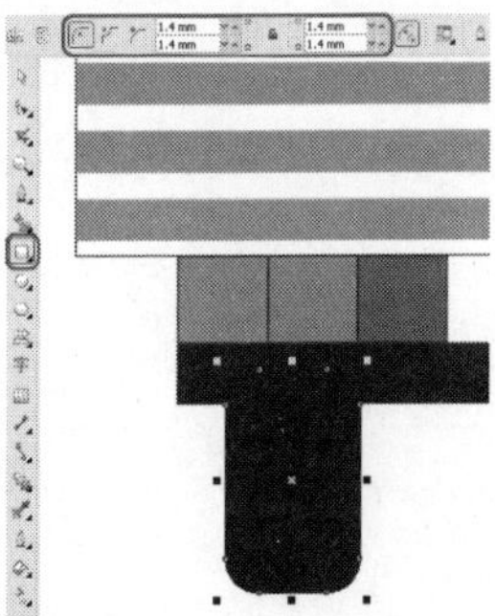

图 15-284 绘制圆角矩形

图 15-285 复制圆角矩形并调整位置

图 15-286 复制并调整对象位置

读者意见反馈表

亲爱的读者：

感谢您对中国铁道出版社的支持，您的建议是我们不断改进工作的信息来源，您的需求是我们不断开拓创新的基础。为了更好地服务读者，出版更多的精品图书，希望您能在百忙之中抽出时间填写这份意见反馈表发给我们。随书纸制表格请在填好后剪下寄到：北京市西城区右安门西街8号中国铁道出版社综合编辑部 于先军 收（邮编：100054）。或者采用传真（010-63549458）方式发送。此外，读者也可以直接通过电子邮件把意见反馈给我们，E-mail地址是：46768089@qq.com。我们将选出意见中肯的热心读者，赠送本社的其他图书作为奖励。同时，我们将充分考虑您的意见和建议，并尽可能地给您满意的答复。谢谢！

所购书名： ____________________

个人资料：

姓名：__________ 性别：__________ 年龄：__________ 文化程度：__________

职业：__________ 电话：__________ E-mail：__________

通信地址：____________________ 邮编：__________

您是如何得知本书的：

□书店宣传 □网络宣传 □展会促销 □出版社图书目录 □老师指定 □杂志、报纸等的介绍 □别人推荐

□其他（请指明）____________________

您从何处得到本书的：

□书店 □邮购 □商场、超市等卖场 □图书销售的网站 □培训学校 □其他

影响您购买本书的因素（可多选）：

□内容实用 □价格合理 □装帧设计精美 □带多媒体教学光盘 □优惠促销 □书评广告 □出版社知名度

□作者名气 □工作、生活和学习的需要 □其他

您对本书封面设计的满意程度：

□很满意 □比较满意 □一般 □不满意 □改进建议

您对本书的总体满意程度：

从文字的角度 □很满意 □比较满意 □一般 □不满意

从技术的角度 □很满意 □比较满意 □一般 □不满意

您希望书中图的比例是多少：

□少量的图片辅以大量的文字 □图文比例相当 □大量的图片辅以少量的文字

您希望本书的定价是多少：

本书最令您满意的是：

1.

2.

您在使用本书时遇到哪些困难：

1.

2.

您希望本书在哪些方面进行改进：

1.

2.

您需要购买哪些方面的图书？对我社现有图书有什么好的建议？

您更喜欢阅读哪些类型和层次的计算机书籍（可多选）？

□入门类 □精通类 □综合类 □问答类 □图解类 □查询手册类 □实例教程类

您在学习计算机的过程中有什么困难？

您的其他要求：